Multisim 11
电路仿真与实践

梁青　侯传教　熊伟　孟涛◎编著

清华大学出版社
北　京

内容简介

本书是一本易学易用、编排合理、实用性很强的NI Multisim 11学习用书，可以引导读者轻松入门、快速提高。

全书分为3篇，共16章。第1篇为软件基础，主要介绍NI Multisim 11电路仿真软件的使用，包括NI Multisim 11的发展历程、软件特点、创建仿真电路的基本操作、虚拟仪表的使用和电路的分析方法等。第2篇为课程应用，主要介绍NI Multisim 11在电子类课程（如电路分析、低频电子线路、脉冲与数字电路、高频电子线路以及单片机）中的应用。第3篇为实践应用，主要介绍美国NI公司设计的教学实验室虚拟仪表套件，包括虚拟NI ELVIS操作仿真、原型NI ELVIS的性能指标和使用，有助于学生开展电子电路实践活动。随书光盘收录了NI Multisim 11（试用版）仿真软件、虚拟仪表驱动软件NI ELVISmx以及书中各种仿真实例，所有仿真实例都具备可重复性。

本书内容充实，实例丰富，既适合作为高等院校电子类专业的教材，也可以作为相关工程技术人员进行电路设计的参考用书。

图书在版编目（CIP）数据

Multisim 11电路仿真与实践/梁青，侯传教，熊伟，孟涛编著. —北京：清华大学出版社，2012.12
（2018.9重印）
ISBN 978-7-302-30938-3

I. ①M… II. ①梁… ②侯… ③熊… ④孟… III. ①电子电路-计算机仿真-应用软件 IV. ①TN702

中国版本图书馆CIP数据核字（2012）第291702号

责任编辑：朱英彪
封面设计：刘 超
版式设计：文森时代
责任校对：赵丽杰
责任印制：宋 林

出版发行：清华大学出版社
网 址：http://www.tup.com.cn，http://www.wqbook.com
地 址：北京清华大学学研大厦A座 邮 编：100084
社 总 机：010-62770175 邮 购：010-62786544
投稿与读者服务：010-62776969，c-service@tup.tsinghua.edu.cn
质量反馈：010-62772015，zhiliang@tup.tsinghua.edu.cn
印 刷 者：北京富博印刷有限公司
装 订 者：北京市密云县京文制本装订厂
经 销：全国新华书店
开 本：185mm×260mm 印 张：27.5 字 数：646千字
（附光盘1张）
版 次：2012年12月第1版 印 次：2018年9月第6次印刷
定 价：59.80元

产品编号：044583-02

再版说明

时间如梭，自2005年7月编写《Multisim 7电路设计及仿真应用》一书以来，已有7年的时间。在这期间，我国高等院校EDA实验室广泛选用的电子电路仿真软件——Multisim得到了长足的进步和发展。如今，原Multisim推出的公司——加拿大IIT公司已经隶属美国NI公司， NI将本公司最具特色的LabVIEW仪表融入Multisim仿真软件中，克服了原Multisim软件不能采集实际数据的缺陷，给Multisim仿真软件注入了新鲜血液，使其特色更加鲜明。用户在学习Multisim的过程中，若能配合使用NI公司推出的教学实验室虚拟仪表套件（ELVIS），则能够将理论学习与实际电路设计结合得更加完美。

Multisim仿真软件的最新版本——NI Multisim 11，不仅继承了原版本界面直观、易学易用、仿真功能强大等特点，更增加了许多新功能，主要有以下几点：

☑ 不断扩充的元器件库。新增了Microchip、Texas Instruments、Linear Technologies等公司的五百五十多种元器件，使元件总数达到一万七千余种。

☑ 增添了LabVIEW仪表。用户可以利用这些LabVIEW仪表进行实际电路波形的数据采集和必要的数学分析，克服了原Multisim电路仿真软件不能采集实际数据的缺点。此外，还可以在LabVIEW中自建所需要的仪表，并导入NI Multisim 11仿真软件中使用。

☑ 提升了可编程逻辑器件（PLD）原理图设计仿真与硬件实现一体化融合的性能。将一百多种新型基本元器件放置到仿真工作界面，搭接电路后可直接生成VHDL代码。

☑ 新增了单一频率交流分析。可用来测试电路对某个特定频率的交流频率响应分析结果，其结果以实部/虚部或幅度/相位的形式给出。

☑ 支持用梯形图语言编程设计的系统仿真，增强了对工业控制系统仿真的支持。

☑ 配置了虚拟NI ELVIS仿真。可使初学者在NI Multisim 11电路仿真环境中模拟实物NI ELVIS的各种操作。

☑ 新增NI范例查找器。NI Multisim 11软件为了帮助用户熟悉仿真软件的使用，专门构建了NI范例查找器，用户通过关键词或带有逻辑性的文件夹来搜索仿真软件自带的大量范例。

☑ 增强了探针功能。能够方便、快速地检查电路中不同支路、节点或引脚的电压、电流及频率。

NI Multisim 11最重要的特色仍属首推的教学实验室虚拟仪表套件（ELVIS）。众所周知，电类课程是一门实践性很强的课程，只有通过实验活动才能加深对电路理论的理解，培养学生的动手能力和创新能力。但目前国内高等院校的实验场地和设备资源都非常有限，学生只有到实验室才能搭建电路、测试性能指标、巩固理论知识，这在一定程度上制约了学生动手能力的提高和创新意识的培养。现在学校只要配备了计算机和 NI Multisim 11 仿真软件，就相当于有了一个“电子实验室”，学生可以不拘场所和时间，用“以虚代实，以软代硬”的方法做实验，提高了学习效率，降低了实验成本，扩展了实验时间。NI ELVIS 平台介于真实实验室和虚拟仿真实验室之间，它提供了一个搭建实际电路的平台，将真实仪表全部用虚拟仪表代替，大大简化了实验条件。学生只要有计算机和一些必要的元件，就可以利用 NI ELVIS 平台和 8 种虚拟仪表进行自主实验。NI 公司提供了这些虚拟仪表的源代码，用户可以根据自己的需求在 LabVIEW 中更改仪表的功能。熟悉 LabVIEW 的用户可以构建自己的仪表，测量所关注的信号。被采集实际电路的信号还可以利用 NI 公司提供的 Signal Express 软件进行进一步处理、存储和虚实信号对比。

根据 NI Multisim 11 仿真软件的新特点和近几年的教学实践，编者对《Multisim 7 电路设计及仿真应用》一书做了较大改动，精简了软件介绍，沿袭了其在电类课程中的应用，加强了实践活动，故本书改名为《Multisim 11 电路仿真与实践》。全书分为 3 篇，共 16 章。第 1 篇简单介绍了 NI Multisim 11 仿真软件，其中，第 1 章介绍 NI Multisim 11 的发展历程、安装方法和特点，第 2 章通过一个实例具体阐述电路的搭建、仪表测试、电路分析和实际测试过程，第 3 章介绍 NI Multisim 11 的基本操作，第 4 章介绍软件自带的虚拟仪表，第 5 章介绍 NI LabVIEW 仪表，第 6 章介绍 NI ELVIS 仪表，第 7 章通过实例介绍电路的各种分析方法。第 2 篇为课程应用，主要阐述 NI Multisim 11 仿真软件在电路分析、低频电子线路、脉冲与数字电路、高频电子线路以及单片机中的应用。第 3 篇为实践应用，其中，第 13 章介绍虚拟面包板的特点和应用，第 14 章通过实例介绍 NI ELVIS I、NI ELVIS II 和 NI myDAQ 等电子工作平台的模拟仿真操作，第 15 章介绍原型 NI ELVIS II^+的功能和应用，第 16 章介绍便携式数据采集设备——原型 NI myDAQ 的功能和使用。

本书第 1、2、5、6、8 章由梁青编写，第 3、9、10、12 章由侯传教编写，第 13、14、15、16 章由熊伟编写，第 4、7、11 章由孟涛编写，全书由梁青统稿。

西安邮电大学的阴亚芳、张新，空军工程大学的王宽仁、吴晓丽、赵雪岩等老师审阅了本书部分章节内容，并提出了大量宝贵意见，在此表示衷心感谢。

本书在编写过程中参考了大量图书和网站，皆已列入书后的参考文献中，在此对这些资料的作者表示衷心的感谢。

编写工作中，美国国家仪器有限公司李甫成提供了 NI Multisim 11 仿真软件、NI ELVIS 和 NI myDAQ 等硬件平台以及技术上的大力支持，在此表示感谢。同时也感谢北京掌宇金仪科教仪器有限公司西安分公司的李新建先生提供的帮助。郭龙、李牧东等研究生也为本书的编写提供了帮助，本书还得到了西安邮电大学电子与信息工程学院、空军工程大学信息与导航学院的各级领导和同仁的大力支持和帮助，在此表示感谢。

本书中涉及的元件符号由于软件原因部分保留了原有符号，以便于和软件保持一致。

由于 Multisim 电路涉及的知识较广，再加上编者水平有限，时间所限，书中难免有疏漏和不妥之处，敬请读者批评指正。

编　者

目 录

第 1 章　NI Multisim 11 概述

NI Circuit Design Suite 11 是美国国家仪器有限公司（National Instrument，NI）下属的 Electronics Workbench Group 于 2010 年 1 月推出的以 Windows 为基础、符合工业标准、具有 SPICE 最佳仿真环境的 NI 电路设计套件。该电路设计套件含有 NI Multisim 11 和 NI Ultiboard 11 两个软件，能够实现电路原理图的图形输入、电路硬件描述语言输入、电子线路和单片机仿真、虚拟仪器测试、多种性能分析、PCB 布局布线和基本机械 CAD 设计等功能。本章主要介绍 NI Multisim 11 电路仿真软件的发展历程、使用环境、安装过程、用户界面和主要特点等内容。

1.1　NI Multisim 11 的发展历程

NI Multisim 11 电路仿真软件最早是加拿大图像交互技术公司（Interactive Image Technologies，IIT）于 20 世纪 80 年代末推出的一款专门用于电子线路仿真的虚拟电子工作平台（Electronics Workbench，EWB），它可以对数字电路、模拟电路以及模拟/数字混合电路进行仿真，克服了传统电子产品设计受实验室客观条件限制的局限性，用虚拟元件搭建各种电路，用虚拟仪表进行各种参数和性能指标的测试。20 世纪 90 年代初，EWB 软件进入我国，1996 年 IIT 公司推出 EWB 5.0 版本，由于其操作界面直观、操作方便、分析功能强大、易学易用等突出优点，在我国高等院校得到迅速推广，也受到电子行业技术人员的青睐。

从 EWB 5.0 版本以后，IIT 公司对 EWB 进行了较大的变动，将专门用于电子电路仿真的模块改名为 Multisim，将原 IIT 公司的 PCB 制板软件 Electronics Workbench Layout 更名为 Ultiboard，为了增强器布线能力，开发了 Ultiroute 布线引擎。另外，还推出了用于通信系统的仿真软件 Commsim。至此，Multisim、Ultiboard、Ultiroute 和 Commsim 构成现在 EWB 的基本组成部分，能完成从系统仿真、电路仿真到电路板图生成的全过程。其中，最具特色的仍然是电路仿真软件 Multisim。

2001 年，IIT 公司推出了 Multisim 2001，重新验证了元件库中所有元件的信息和模型，提高了数字电路仿真速度，开设了 EdaPARTS.com 网站，用户可以从该网站得到最新的元件模型和技术支持。

2003 年，IIT 公司又对 Multisim 2001 进行了较大的改进，并升级为 Multisim 7，其核心是基于带 XSPICE 扩展的伯克利 SPICE 的强大的工业标准 SPICE 引擎来加强数字仿真的，提供了 19 种虚拟仪器，尤其是增加了 3D 元件以及安捷伦的万用表、示波器、函数信号发生器等仿实物的虚拟仪表，将电路仿真分析增加到 19 种，元件增加到 13000 个。提供了专门用于射频电路仿真的元件模型库和仪表，以此搭建射频电路并进行实验，提高了射频电路仿真的准确性。此时，电路仿真软件 Multisim 7 已经非常成熟和稳定，是加拿大 IIT 公司在开拓电路仿真领域的一个里程碑。随后 IIT 公司又推出 Multisim 8，增加了虚拟 Tektronix 示波器，仿真速度有了进一步提高，仿真界面、虚拟仪表和分析功能则变化不大。

2005 年以后，加拿大 IIT 公司隶属于美国 NI 公司，并于 2005 年 12 月推出 Multisim 9。Multisim 9 在仿真界面、元件调用方式、搭建电路、虚拟仿真、电路分析等方面沿袭了 EWB 的优良特色，但软件的内容和功能有了很大不同，将 NI 公司的最具特色的 LabVIEW 仪表融入 Multisim 9，可以将实际 I/O 设备接入 Multisim 9，克服了原 Multisim 软件不能采集实际数据的缺陷。Multisim 9 还可以与 LabVIEW 软件交换数据，调用 LabVIEW 虚拟仪表。增加了 51 系列和 PIC 系列的单片机仿真功能，还增加了交通灯、传送带、显示终端等高级外设元件。

NI 公司于 2007 年 8 月 26 日发行 NI 系列电子电路设计套件（NI Circuit Design Suite 10），该套件含有电路仿真软件 NI Multisim 10 和 PCB 板制作软件 NI Ultiboard 10 两个软件。安装 NI Multisim 10 时，会同时安装 NI Ultiboard 10 软件，且两个软件位于同一路径下，给用户的使用带来极大方便。NI Multisim 10 的启动画面也在 Multisim 前冠以 NI，还出现了 NI 公司的徽标和“NATIONAL INSTRUMENTS™”字样。增加了交互部件的鼠标单击控制、虚拟电子实验室虚拟仪表套件（NI ELVIS II）、电流探针、单片机的 C 语言编程以及 6 个 NI ELVIS 仪表。

2010 年初，NI 公司正式推出 NI Multisim 11，其新增加的功能介绍如下：

（1）扩展了原有元器件库。新增了源自 Microchip、Texas Instruments、Linear Technologies 等公司的五百五十多种元器件，使元件总数达到一万七千余种。

（2）不断改进虚拟接口。所谓虚拟接口就是无须在连接点之间显式地放置连线，可以用虚拟接口进行网络连接，广泛用于单页、多页和层次结构的设计中。改进的方面有隐藏接口名称、精确名称定位和更安全的接口命名功能，以此来帮助用户创建可读性更高的原理图。

（3）提升了可编程逻辑器件（PLD）原理图设计仿真与硬件实现一体化融合的性能。将一百多种新型基本元器件放置到仿真工作界面，搭接电路后可直接生成 VHDL 代码。

（4）新增波特图分析仪。通过安装 NI ELVISmx 驱动软件 4.2.3 及以上版本，用户可以访问一个新的 NI ELVIS 仪器——波特图分析仪，以帮助学生分析其实际电路。

（5）专为学生定制了 NI myDAQ。NI myDAQ 是一款适合大学工程类课程的便携式数据采集设备，集成了 8 个虚拟仪表。NI myDAQ、NI LabVIEW 和 Multisim 三者可以协同进行实际的工程实验，使学生们在课堂或实验室之外也能接触原型系统并分析电路性能。

（6）增加了 AC 单频分析。

（7）提高打开和保存文件的速度以及移动组件、取消、更改和重新更改的速度。以前在 Multisim 中打开多个设计时，有时难以识别哪些设计是主动仿真设计，为了克服这种情况，仿真设计指示器出现在主动仿真设计旁边的设计工具栏（Design Toolbox）的层次（Hierarchy）标签内，设计者可以快速识别各种文档的层次关系。

（8）新增 NI 范例查找器。NI Multisim 11 软件为了帮助用户熟悉仿真软件的使用，自身携带了大量的实例，用户可通过关键词或带有逻辑性的文件夹搜索所有范例进行学习。

（9）提高了 Multisim 原理图与 Ultiboard 布线之间的设计同步性与完整性。包括对于设计冲突的用户界面改进，允许对同一封装中多个门电路之间进行显式匹配的全新对话框以及通过电子表格视图中的结果标签页来更方便地找出那些容易被忽略的设计改动。

1.2　NI Multisim 11 的安装

NI Multisim 11 可以在 Windows XP/Visata（64 位）或 Windows 7 下安装与运行，安装过程比较简单。主要安装步骤如下：

（1）将 NI 公司提供的 NI Circuit Design Suite 11(Academic Edition)光盘放入光驱，光盘自动播放后弹出安装选择界面，如图 1-1 所示。

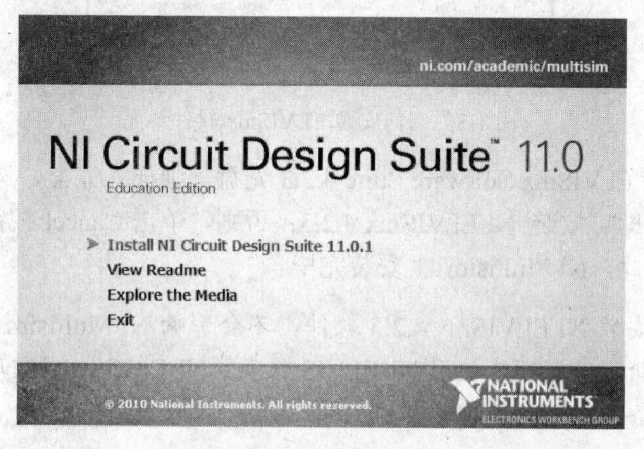

图 1-1　NI Circuit Design Suite 11 安装选择界面

（2）选择 Install NI Circuit Design Suite 11.0.1 选项，会依次出现 Install NI Circuit Design Suite 的安装界面、用户信息界面、安装目标目录界面，只要输入相应信息，单击 Next 按钮即可。随后出现选择安装功能部件界面，如图 1-2 所示。

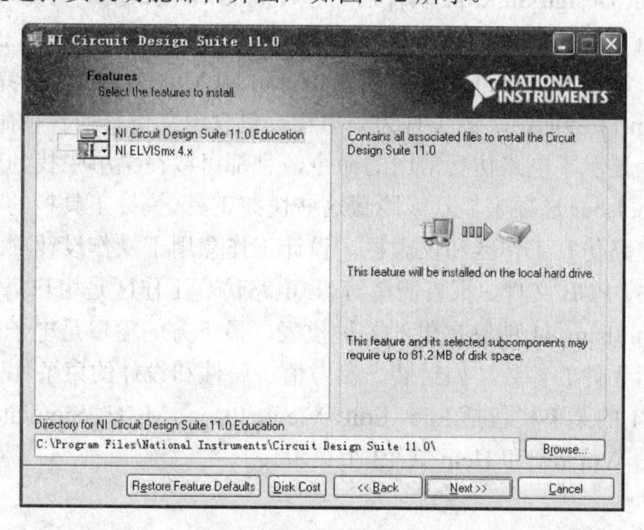

图 1-2　选择安装功能部件界面

（3）NI ELVISmx 4.x 不在 NI Circuit Design Suite 11 光盘中，它是电子实验室虚拟仪表套件（NI ELVIS）的驱动程序，可在以后单独安装。单击 Next 按钮，会依次出现产品认证界面、软件许可协议界面、开始安装界面、34 个模块安装界面，然后出现询问安装 NI ELVISmx 软件界面，如图 1-3 所示。

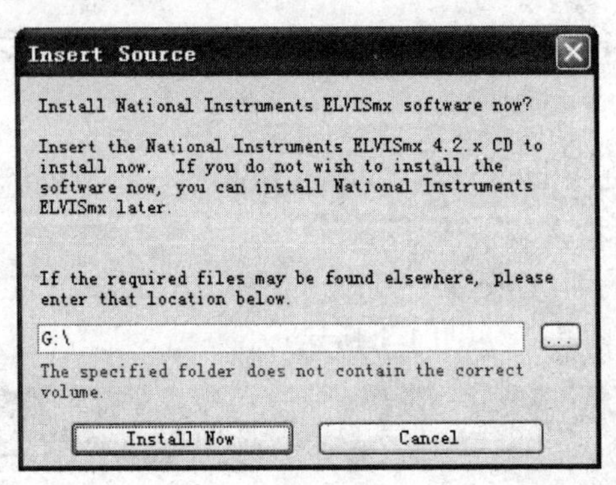

图 1-3　询问安装 ELVISmx 软件界面

（4）如果有 NI ELVISmx Software Suite 4.2.3 光盘，则插入光盘，选择正确的路径，单击 Install Now 按钮即可安装 NI ELVISmx 4.2.3；否则，单击 Cancel 按钮，弹出 Installation Complete 界面。至此，NI Multisim 11 安装完毕。

注意：如果未安装 NI ELVISmx 4.2.3 软件，不会影响 NI Multisim 11 对电路的正常仿真和分析，只是不能使用 NI ELVIS 仪表、NI ELVIS II 和 NI myDAQ 两种数据采集设备及它们的虚拟仿真。

1.3　NI Multisim 11 用户界面

安装 NI Circuit Design Suite 11 软件后，在 Windows 窗口的“开始»所有程序»National Instruments»Circuit Design Suite 11.0”下出现电路仿真软件 Multisim 11.0 和 PCB 板制作软件 Ultiboard 11.0，选择 Multisim 11.0 选项就会启动 NI Multisim 11，其界面如图 1-4 所示。

在 NI Multisim 11 界面中，第 1 行为菜单栏，包含电路仿真的各种命令。第 2、3 行为快捷工具栏，其上显示了电路仿真常用的命令，且都可以在菜单中找到对应的命令，可用菜单 View 下的 Toolsbar 选项来显示或隐藏这些快捷工具。快捷工具栏的下方从左到右依次是设计工作盒、电路仿真工作区和仪表栏。设计工作盒用于操作设计项目中各种类型的文件（如原理图文件、PCB 文件、报告清单等），电路仿真工作区是用户搭建电路的区域，仪表栏显示了 NI Multisim 11 能够提供的各种仪表。最下方的窗口是电子表格视窗，主要用于快速地显示编辑元件的参数，如封装、参考值、属性和设计约束条件等。

NI Multisim 11 的菜单栏包括 File、Edit、View、Place、MCU、Simulate、Transfer、Tools、Reports、Options、Window 和 Help 共 12 个菜单。

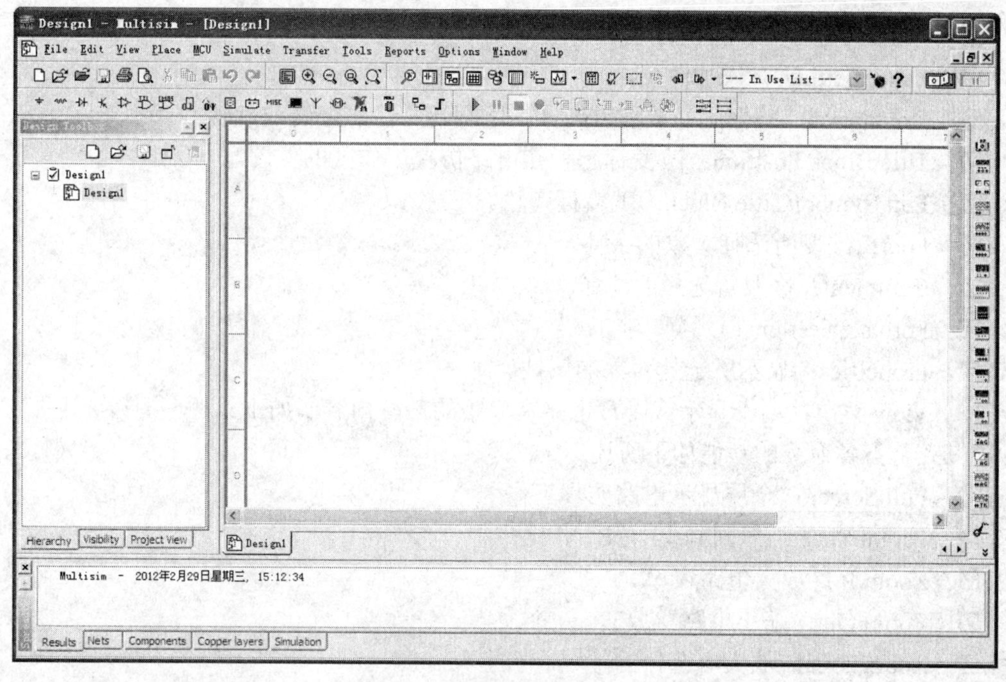

图 1-4　NI Multisim 11 界面

（1）File 菜单：用于对 NI Multisim 11 所创建电路文件的管理，其命令与 Windows 中其他应用软件基本相同。NI Multisim 11 主要增强了 Project 的管理，其相关命令功能如下所述。

☑ New Project：新建一个项目文件。新建的项目文件含有电路图、印刷电路板、仿真、文件、报告共 5 个文件夹，可以将工作的文件分门别类存放，便于管理。

☑ Open Project：打开一个项目文件。

☑ Save Project：保存一个项目文件。

☑ Close Project：关闭一个项目文件。

☑ Pack Project：压缩一个项目文件。

☑ Unpack Project：解压一个项目文件。

☑ Upgrade Project：更新一个项目文件。

☑ Version Control：版本控制。

（2）Edit 菜单：主要对电路窗口中的电路或元件进行删除、复制或选择等操作。其中，Undo、Redo、Cut、Copy、Paste、Delete、Find 和 Select All 等命令与其他应用软件基本相同，在此不再赘述。其余命令的主要功能如下所述。

☑ Paste Special：此命令不同于 Paste 命令，是将所复制的电路作为子电路进行粘贴。

☑ Delete Multi-Page：删除多页面电路文件中的某一页电路文件。

☑ Merge Selected Buses：合并所选择的总线。

☑ Graphic Annotation：图形的设置。

☑ Order：转换图层。

- ☑ Assign to Layer：指定图层。
- ☑ Layer Settings：添加图层。
- ☑ Orientation：改变元件放置方向（上下翻转、左右翻转或旋转）。
- ☑ Title Block Position：改变标题栏在电路仿真工作区的位置。
- ☑ Edit Symbol/Title Block：编辑标题栏。
- ☑ Font：改变所选择对象的字体。
- ☑ Comment：修改所选择的注释。
- ☑ Forms/Questions：疑问。
- ☑ Properties：显示所选择对象的属性。

（3）View 菜单：用于显示或隐藏电路窗口中的某些内容（如工具栏、栅格、纸张边界等）。其菜单下各命令的功能如下所述。

- ☑ Full Screen：全屏显示电路仿真工作区。
- ☑ Parent Sheet：返回到上一级工作区。
- ☑ Zoom In：放大电路窗口。
- ☑ Zoom Out：缩小电路窗口。
- ☑ Zoom Area：放大所选择的区域。
- ☑ Zoom Fit to Page：显示整个页面。
- ☑ Zoom to Magnification：以一定的比例显示页面。
- ☑ Show Grid：显示或隐藏栅格。
- ☑ Show Border：显示或隐藏电路的边界。
- ☑ Show Print Page Border：显示或隐藏打印时的边界。
- ☑ Ruler Bars：显示或隐藏标尺。
- ☑ Status Bar：显示或隐藏状态栏。
- ☑ Design Toolbox：显示或隐藏设计工具盒。
- ☑ Spreadsheet View：显示或隐藏电子表格视窗。
- ☑ SPICE Netlist Viewer：显示或隐藏 SPICE 网表视窗。
- ☑ Description Box：显示或隐藏电路窗口的描述窗。利用此窗口可以添加电路的某些信息（如电路的功能描述等）。
- ☑ Toolbars：显示或隐藏快捷工具。
- ☑ Show Comment/Probe：显示注释或鼠标经过时显示注释。
- ☑ Grapher：显示或隐藏仿真结果的图表。

（4）Place 菜单：用于在电路窗口中放置元件、节点、总线、文本或图形等。其菜单下各命令的功能如下所述。

- ☑ Component：放置元件。
- ☑ Junction：放置节点。
- ☑ Wire：放置导线。
- ☑ Bus：放置总线。
- ☑ Connectors：给子电路或分层模块内部电路添加所需要的电路连接器。

☑ Replace by Hierarchical Block：电路窗口中所选电路将会被一个新的分层模块替换。
☑ New Hierarchical Block：建立一个新的分层模块（此模块是只含有输入、输出节点的空白电路）。
☑ Hierarchical Block from File：调用一个*.mp11 文件，并以子电路的形式放入当前电路。
☑ New Subcircuit：创建一个新子电路。
☑ Replace by Subcircuit：用一个子电路替代所选择的电路。
☑ New PLD Subcircuit：创建一个新 PLD 子电路。
☑ New PLD Hierarchical Block：创建一个新 PLD 电路。
☑ Multi-Page：增加多页电路中的一个电路图。
☑ Bus Vector Connect：放置总线矢量连接。
☑ Comment：放置注释。
☑ Text：放置文本。
☑ Graphics：放置直线、折线、长方形、椭圆、圆弧、多变形等图形。
☑ Title Block：放置一个标题栏。

（5）MCU 菜单：提供 MCU 调试的各种命令。其菜单下各命令的功能如下所述。

☑ No Component MCU：尚未创建 MCU 器件。
☑ Debug View Format：调试格式。
☑ MCU Windows：显示 MCU 各种信息窗口。
☑ Show Line Numbers：显示线路数目。
☑ Pause：暂停。
☑ Step Into：进入。
☑ Step Over：跨过。
☑ Step Out：离开。
☑ Run to Cursor：运行到指针。
☑ Toggle Breakpoint：设置断点。
☑ Remove All Breakpoints：取消所有断点。

（6）Simulate 菜单：主要用于仿真的设置与操作。其菜单下各命令的功能如下所述。

☑ Run：启动当前电路的仿真。
☑ Pause：暂停当前电路的仿真。
☑ Instruments：在当前电路窗口中放置仪表。
☑ Interactive Simulation Settings：仿真参数设置。
☑ Mixed-Mode Simulation Settings：混合模式仿真参数设置。
☑ NI ELVIS II Simulation Settings：NI ELVIS II 仿真参数设置。
☑ Analyses：对当前电路进行电路分析选择。
☑ Postprocessor：对电路分析进行后处理。
☑ Simulation Error Log/Audit Trail：仿真错误记录/审计追踪。
☑ Xspice Command Line Interface：显示 XSPICE 命令行窗口。

- ☑ Load Simulation Settings：加载仿真设置。
- ☑ Save Simulation Settings：保存仿真设置。
- ☑ Auto Fault Option：设置电路元件发生故障的数目和类型。
- ☑ Dynamic Probe Properties：动态探针属性。
- ☑ Reverse Probe Direction：探针方向反向。
- ☑ Clear Instrument Data：清除仪表数据。
- ☑ Use Tolerances：使用元件容差值。

（7）Transfer 菜单：用于将 NI Multisim 11 的电路文件或仿真结果输出到其他应用软件。其菜单下各命令的功能如下所述。

- ☑ Transfer to Ultiboard：转换到 Ultiboard 11.0 或低版本的 Ultiboard。
- ☑ Forward Annotate to Ultiboard：将 NI Mutisim 11 中电路元件注释的变动传送到 NI Ultiboard 11.0 或低版本的 Ultiboard 的电路文件中，使 PCB 板的元件注释也作相应的变化。
- ☑ Backannotate from File：将 NI Ultiboard 11.0 中电路元件注释的变动传送到 NI Mutisim 11 的电路文件中，使电路图中的元件注释也作相应的变化。
- ☑ Export to other PCB Layout File：产生其他印刷电路板设计软件的网表文件。
- ☑ Export Netlist：输出网表文件。
- ☑ Highlight Selection in Ultiboard：对所选择的元件在 Ultiboard 电路中以高亮度显示。

（8）Tools 菜单：用于编辑或管理元件库或元件。其菜单下各命令的功能如下所述。

- ☑ Component Wizard：创建元件向导。
- ☑ Database：元件库。
- ☑ Circuit Wizard：创建电路向导。
- ☑ SPICE Netlist Viewer：对 SPICE 网表视窗中的网表文件进行保存、选择、复制、打印、再次产生等操作。
- ☑ Rename/Renumber Components：元件重命名或重编号。
- ☑ Replace Components：替换元件。
- ☑ Update Circuit Components：更新电路元件。
- ☑ Update HB/SC Symbol：在含有子电路的电路中，随着子电路的变化改变 HB/SB 连接器的标号。
- ☑ Electrical Rulers Check：电气特性规则检查。
- ☑ Clear ERC Markers：清除 ERC 标志。
- ☑ Toggle NC Marker：绑定 NC 标志。
- ☑ Symbol Editor：符号编辑器。
- ☑ Title Block Editor：标题栏编辑器。
- ☑ Description Box Editor：描述框编辑器。
- ☑ Capture Screen Area：捕获屏幕区域。
- ☑ Show Breadboard：显示虚拟面包板。
- ☑ Online Design Resource：在线设计资源。

☑ Education Web Page：教育网页。

（9）Reports 菜单：产生当前电路的各种报告。其菜单下各命令的功能如下所述。

☑ Bill of Materials：产生当前电路的元件清单文件。
☑ Component Detail Report：产生特定元件存储在数据库中的所有信息。
☑ Netlist Report：产生含有元件连接信息的网表文件。
☑ Cross Reference Report：元件交叉对照表。
☑ Schematic Statistics：电路图元件统计表。
☑ Spare Gates Report：空闲门统计报告。

（10）Options 菜单：用于定制电路的界面和某些功能的设置。其菜单下各命令的功能如下所述。

☑ Global Preferences：全局参数设置。
☑ Sheet Properties：电路工作区属性设置。
☑ Global Restrictions：利用口令，对其他用户设置 NI Multisim 11 某些功能的全局限制。
☑ Circuit Restrictions：利用口令，对其他用户设置特定电路功能的全局限制。
☑ Simplified Version：简化版本。
☑ Lock Toolbars：锁定工具条。
☑ Customize User Interface：对 NI Multisim 11 用户界面进行个性化设计。

（11）Window 菜单：用于控制 NI Multisim 11 窗口显示的命令，并列出所有被打开的文件。其菜单下各命令的功能如下所述。

☑ New Window：新开窗口。
☑ Close：关闭窗口。
☑ Close All：关闭所有窗口。
☑ Cascade：电路窗口层叠。
☑ Title Horizontal：窗口水平排列。
☑ Title Vertical：窗口垂直排列。
☑ Next Window：下一个窗口。
☑ Previous Window：前一个窗口。

（12）Help 菜单：为用户提供在线技术帮助和使用指导。其菜单下各命令的功能如下所述。

☑ Multisim Help：NI Multisim 11 的帮助文档。
☑ Component Reference：元件帮助文档。
☑ NI ELVISmx 4.0 Help：NI ELVIS 的帮助文档。
☑ Find Examples：查找范例。用户可以使用关键词或按主题快速、方便地浏览和定位范例文件。
☑ Patents：专利说明。
☑ Release Notes：版本说明。
☑ File Information：文件信息。

☑ About Multisim：有关 NI Multisim 11 的说明。

1.4 NI Multisim 11 的主要特点

NI Multisim 软件是一个专门用于电子电路仿真与设计的 EDA 工具软件。Multisim 仿真软件自 20 世纪 80 年代产生以来，已经过数个版本的升级，除保持操作界面直观、操作方便、易学易用等优良传统外，电路仿真功能也得到不断完善。目前，其最新版本 NI Multisim 11 主要有以下特点。

（1）直观的图形界面

NI Multisim 11 保持了原 EWB 图形界面直观的特点，其电路仿真工作区就像一个电子实验工作台，元件和测试仪表均可直接拖放到屏幕上，可通过单击鼠标用导线将它们连接起来，虚拟仪器操作面板与实物相似，甚至完全相同。可方便选择仪表测试电路波形或特性，可以对电路进行 20 多种电路分析，以帮助设计人员分析电路的性能。

（2）丰富的元件

自带元件库中的元件数量已超过 17000 个，可以满足工科院校电子技术课程的要求。NI Multisim 11 的元件库不但含有大量的虚拟分离元件、集成电路，还含有大量的实物元件模型，包括一些著名制造商，如 Analog Device、Linear Technologies、Microchip、National Semiconductor 以及 Texas Instruments 等。用户可以编辑这些元件参数，并利用模型生成器及代码模式创建自己的元件。

（3）众多的虚拟仪表

从最早的 EWB 5.0 含有 7 个虚拟仪表到 NI Multisim 11 提供 22 种虚拟仪器，这些仪器的设置和使用与真实仪表一样，能动态交互显示。用户还可以创建 LabVIEW 的自定义仪器，既能在 LabVIEW 图形环境中灵活升级，又可调入 NI Multisim 11 方便使用。

（4）完备的仿真分析

以 SPICE 3F5 和 XSPICE 的内核作为仿真的引擎，能够进行 SPICE 仿真、RF 仿真、MCU 仿真和 VHDL 仿真。通过 NI Multisim 11 自带的增强设计功能优化数字和混合模式的仿真性能，利用集成 LabVIEW 和 Signalexpress 可快速进行原型开发和测试设计，具有符合行业标准的交互式测量和分析功能。

（5）独特的虚实结合

在 NI Multisim 11 电路仿真的基础上，NI 公司推出教学实验室虚拟仪表套件（ELVIS），用户可以在 NI ELVIS 平台上搭建实际电路，利用 NI ELVIS 仪表完成实际电路的波形测试和性能指标分析。用户可以在 NI Multisim 11 电路仿真环境中模拟 NI ELVIS 的各种操作，为实际 NI ELVIS 平台上搭建、测试实际电路打下良好的基础。NI ELVIS 仪表允许用户自定制并进行灵活的测量，还可以在 NI Multisim 11 虚拟仿真环境中调用，以此完成虚拟仿真数据和实际测试数据的比较。

（6）远程的教育

用户可以使用 NI ELVIS 和 LabVIEW 来创建远程教育平台。利用 LabVIEW 中的远程面板，将本地的 VI 在网络上发布，通过网络传输到其他地方，从而给异地的用户进行教学或演示相关实验。

（7）强大的 MCU 模块

可以完成 8051、PIC 单片机及其外部设备（如 RAM、ROM、键盘和 LCD 等）的仿真，支持 C 代码、汇编代码以及十六进制代码，并兼容第三方工具源代码；具有设置断点、单步运行、查看和编辑内部 RAM、特殊功能寄存器等高级调试功能。

（8）简化了 FPGA 应用

在 NI Multisim 11 电路仿真环境中搭建数字电路，通过测试功能正确后，执行菜单命令将之生成原始 VHDL 语言，有助于初学 VHDL 语言的用户对照学习 VHDL 语句。用户可以将这个 VHDL 文件应用到现场可编程门阵列（FPGA）硬件中，从而简化了 FPGA 的开发过程。

习　　题

1．NI Multisim 11 仿真软件在电路设计中的作用是什么？它有哪些优点？

2．安装 NI Multisim 11 的过程中，NI ELVISmx 4.x 模块的功能是什么？如果不安装，对电路仿真将会有何影响？

3．NI Multisim 11 仿真软件能提供多少种仪表？

4．什么是子电路？什么是多页电路？它们有什么区别？

5．试在 NI Multisim 11 电路仿真工作区中创建如图 1-5 所示的电路，试分析其功能，并进行仿真分析。

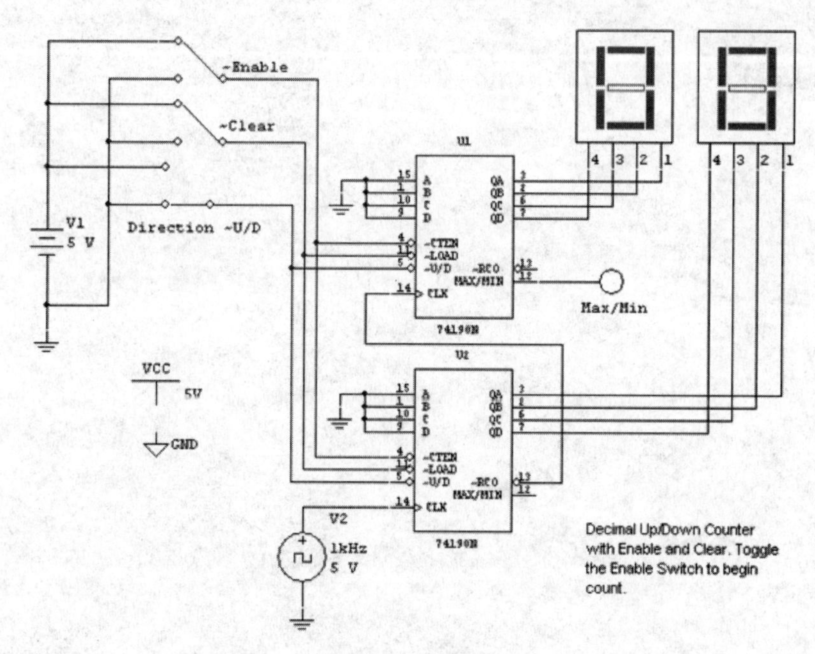

图 1-5　电路图 1

6．试在 NI Multisim 11 电路仿真工作区中创建如图 1-6 所示的电路，并用示波器观察输入、输出波形。

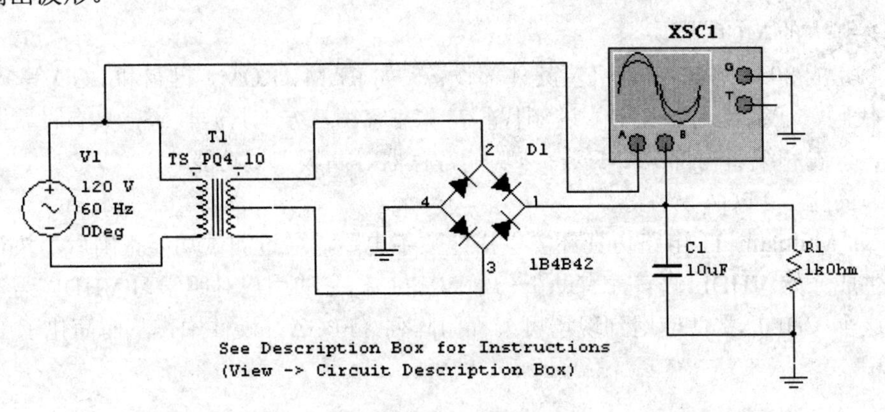

图 1-6　电路图 2

第 2 章　NI Multisim 11 快速入门

为了更好地说明 NI Multisim 11 在电路设计、电路仿真以及实际电路搭建等方面的应用，下面通过一个实例由浅入深地介绍利用 NI Multisim 11 创建电路、协助电路设计、进行电路仿真、利用虚拟仪表观察电路节点波形、分析电路性能指标以及使用教学实验室虚拟仪表套件（ELVIS）等内容。

2.1　电路设计

设计题目：设计一个音频信号放大器。

性能指标要求：在 3kHz 处电压增益为|150|±10%，输入阻抗大于或等于 1MΩ，放大器的负载为 8Ω 扬声器，通过 1200:8 的匹配变压器接入放大器的输出端，电源电压为+15V。

设计思想：（1）由于电压增益较大，故采用多级放大器级联方式（在此取 3 级）。

（2）由于放大的信号为音频信号，故级间耦合电容可取 10μF，音频旁路电容可取 100μF。

（3）由于输入阻抗大于或等于 1MΩ，故第一级放大电路采用由场效应管组成的放大电路。

（4）放大器输出通过 1200:8 匹配变压器接 8Ω 扬声器，则放大器输出的等效负载为 1200Ω。

（5）+15V 直流电压源可由 NI ELVIS 平台的固定电源提供。

由此可得到电路设计框图，如图 2-1 所示。

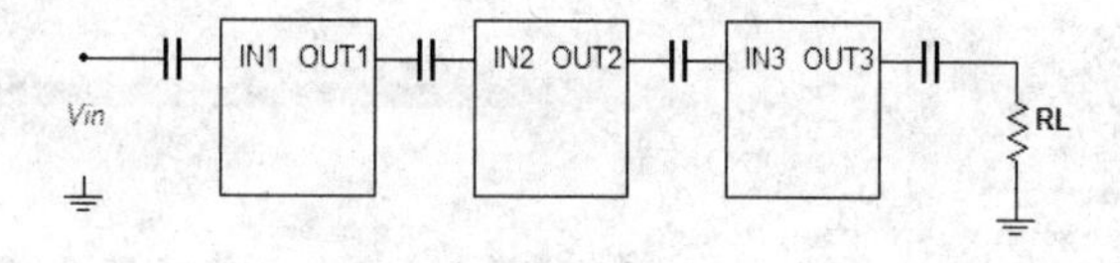

图 2-1　音频放大电路设计框图

某级的电压增益依赖于该级的负载电阻，而该负载电阻又由下一级的电路决定。因此，为了获得各级的负载电阻值（RL），最好从最后一级开始，逐级向前设计。具体设计步骤如下。

1．第三级放大电路的设计

第三级放大电路选择共发射极三极管放大电路，其电路形式如图 2-2 所示。

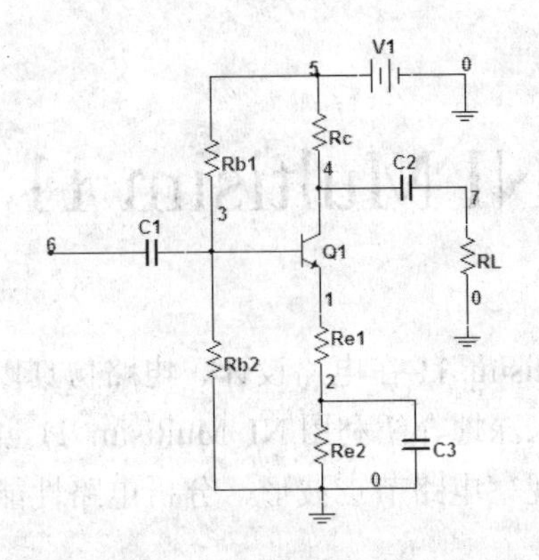

图 2-2　共发射极三极管放大电路

在图 2-2 中，C1、C2 为级间耦合电容，C3 为音频旁路电容。

（1）选择三极管。在此可选择通用型 NPN 晶体管，如 2N4401。

（2）确定静态工作点。选择适当的静态工作点可确保晶体管对信号不失真放大。在此可借助 NI Multisim 11 来选择合适的静态工作点。具体步骤如下。

① 启动 NI Multisim 11 仿真软件。

② 执行 Place»Component 命令，弹出 Select a Component 对话框。在 Group 下拉列表中选择 Transistors 选项，在 Component 列表栏中选择 2N4401 选项，如图 2-3 所示。

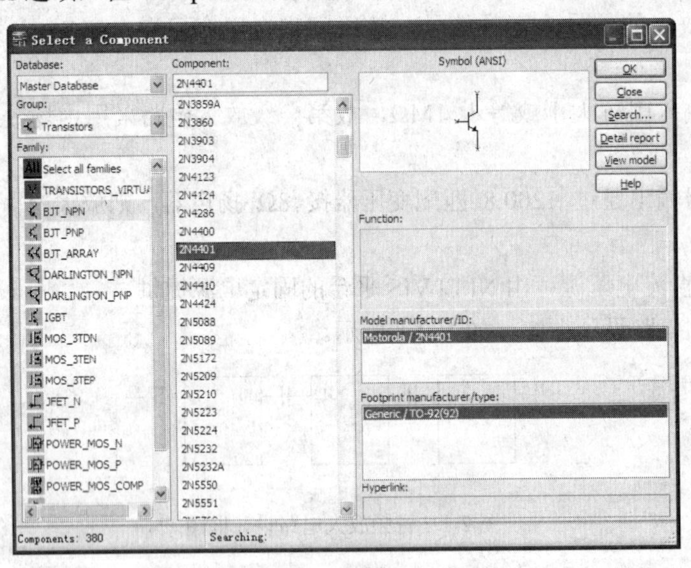

图 2-3　选择 2N4401 晶体管

单击 OK 按钮，NI Multisim 11 电路仿真工作区将会出现一个型号为 2N4401 的三极管。

③ 在 NI Multisim 11 电路仿真工作区右侧仪表列中选择 IV-Analysis 仪表，拖动鼠标将被选择的 IV-Analysis 仪表放置在合适的位置；移动鼠标到 2N4401 晶体管的引脚，鼠标指针就会变成带十字线的黑点，单击鼠标左键即可连线，到目标引脚处又会出现带十字线的黑点，再次单击鼠标左键即可完成一次连线。连接好的电路如图 2-4 所示。

④ 双击 IV-Analysis 仪表，弹出 IV-Analysis 仪表显示屏，单击 Simulate param.按钮，

弹出 Simulate Parameters 对话框，如图 2-5 所示进行设置。

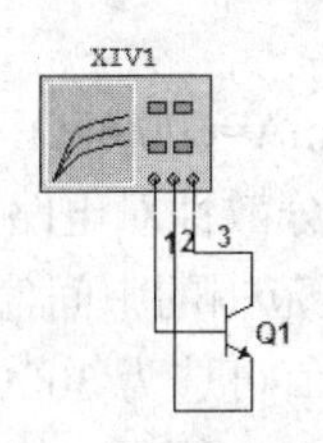

图 2-4　测试晶体管输出特性曲线

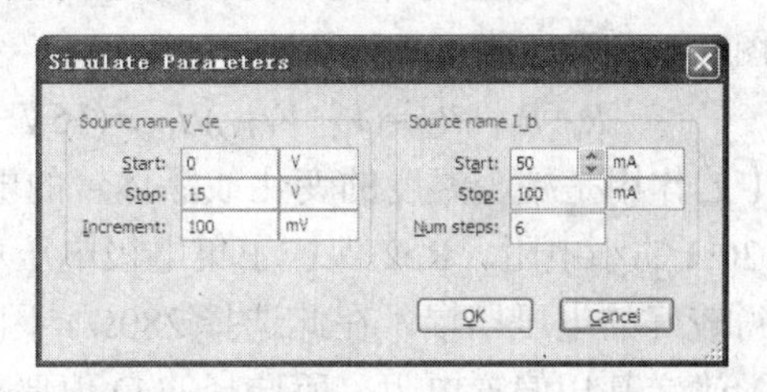

图 2-5　Simulate Parameters 对话框

⑤ 单击 OK 按钮，返回 IV-Analysis 仪表显示屏。执行 Simulate » Run 命令，IV-Analysis 仪表显示屏显示被测晶体管的输出特性，如图 2-6 所示。

⑥ 将鼠标指针放置在 IV-Analysis 仪表显示屏，单击鼠标右键，在弹出的快捷菜单中执行 Select a Trace 命令，弹出 Select a Trace 对话框，如图 2-7 所示。

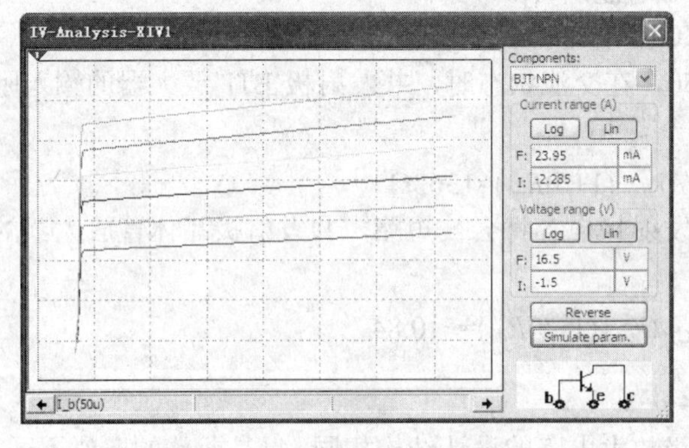

图 2-6　晶体管的输出特性

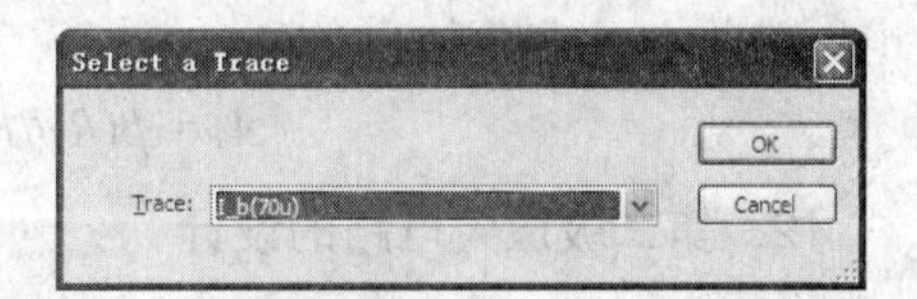

图 2-7　Select a Trace 对话框

⑦ 在 Trace 下拉列表中选择 I_b(70u)选项，然后单击 OK 按钮，在 IV-Analysis 仪表显示屏的下方显示 I_b(70u)，表示显示的数据为 I_b=70μA 对应的输出特性曲线值。

⑧ 为了获取合适的鼠标静态工作点，本例选择 V_{CEQ}=6.9872V。将鼠标指向 IV-Analysis 仪表显示屏左侧游标，单击鼠标右键，在弹出的快捷菜单中选择 Set X Value，弹出 Set X Value on Crosshair_1 对话框，在其中设置数值为 6.9872。设置完毕后单击 OK 按钮返回 IV-Analysis 仪表显示屏，结果如图 2-8 所示。

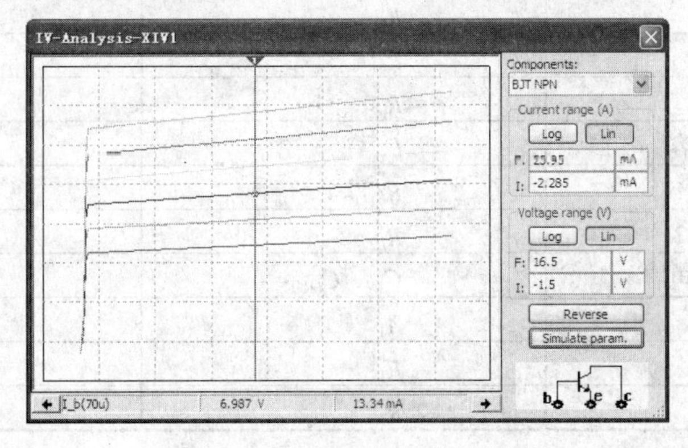

图 2-8　IV-Analysis 仪表显示屏

由 IV-Analysis 仪表显示屏可知，当 I_b=70μA，V_{CEQ}=6.9872V 时，I_{CQ}=13.34mA。

由图 2-2 所示电路可知：

$$R_c+R_{e1}+R_{e2}=(V_1-V_{CEQ})/I_{CQ}=(15\text{V}-6.9872\text{V})/13.34\text{mA}=600.66\Omega$$

Re1 的作用是减少温度的变化或晶体管的电流放大倍数的分散性对电路 Q 点的影响，在此取 20Ω 的小电阻。Re2 保证了集电极电压尽可能接近电压范围的中间值，从而可在输出端获得较好的电压摆幅，在此选择 280Ω。因此，Rc 的电阻值可选为 300Ω。

（3）确定基极偏置电阻。所选择的 Q 值要求 V_{CEQ}=6.9872V，对应的 I_{CQ}=13.34mA。基极电压由下述公式确定：

$$V_{EQ}=(R_{e1}+R_{e2})I_{CQ}=300\Omega\times13.34\text{mA}=4.002\text{V}$$

则 $V_{BQ}=V_{EQ}+0.7\text{V}=4.702\text{V}$。

为了正确地偏置晶体管的基极，可依据分压原理和通用设计准则选择 R_{b1} 和 R_{b2} 的值：

$$V_1/(R_{b1}+R_{b2})=I_{CQ}/10$$

可选择 R_{b1} 值为 6700Ω，R_{b2} 值为 3300Ω。

（4）确定输入阻抗。假设 β 值为 150，在交流状态时，共发射极 BJT 放大器的输入阻抗由下式确定：

$$R_i=R_{b1}//R_{b2}//(r_{be}+(1+\beta)R_{e1})=1363\Omega$$

（5）确定电压增益。在交流状态，发射极电容将会被短路，共发射极晶体管放大器的电压增益由下式确定：

$$A_V=-\beta(R_L//R_C)/(r_{be}+(1+\beta)R_{e1})=-10.84$$

2．第二级放大电路的设计

第二级放大电路的设计方法同第三级放大电路的设计结构相同，只是元件的取值不同。第二级放大电路的元件参数如表 2-1 所示。

表 2-1　第二级放大电路的元件参数

参数名称	参数符号	数　值
基极偏置电流	I_{BQ}	70μA
集电极偏置电流	I_{CQ}	13.34mA
集电极电压	V_{CEQ}	6.89V
集电极电阻	R_C	150Ω
发射极电阻 1	R_{e1}	20Ω
发射极电阻 2	R_{e2}	430Ω
发射极旁路电容	C_e	100μF
基极偏置电阻 1	R_{b1}	22kΩ
基极偏置电阻 2	R_{b2}	22kΩ
输入输出耦合电容	C_{IN}、C_{OUT}	10μF
电压增益	A_V	6.1
输入电阻	R_i	2472Ω
负载电阻	R_L	1039Ω

3. 第一级放大电路的设计

第一级放大电路选用共源极场效应放大电路，其设计方法见其他有关参考资料，在此设计的电路如图 2-9 所示，其参数如表 2-2 所示。

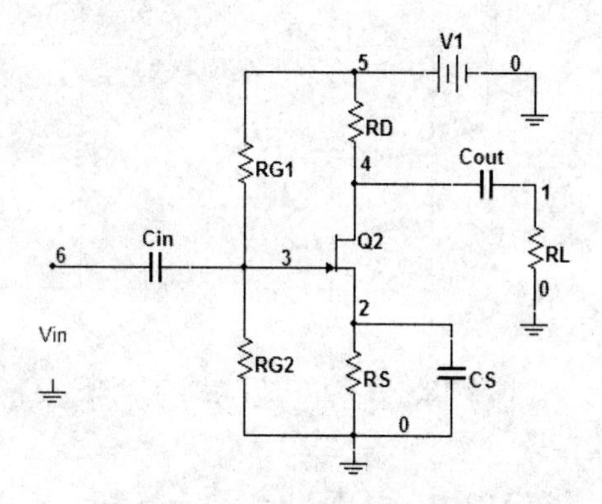

图 2-9　共源极场效应放大电路

表 2-2　第一级放大电路的元件参数

参数名称	参数符号	数　值
栅极电阻 1	R_{G1}	2MΩ
栅极电阻 2	R_{G1}	2MΩ
输入电阻	R_i	1MΩ
栅极电压	V_G	7.5V
漏极电阻	R_D	168Ω
源极电阻	R_S	1500Ω
源极电容	C_S	100μF
输入电容	C_{IN}	10μF
负载电阻	R_L	2594Ω
电压增益	A_V	2.2

2.2　创建仿真电路

完成共发射极晶体管放大电路的设计后，接下来的任务就是在 NI Multisim 11 电路仿真工作区中创建仿真电路图。放置元件的方法同 2.1 节中放置晶体管 2N4401 的方法相似，即执行 Place»Component 命令，弹出 Select a Component 对话框，在 Group 下拉列表框中选择元件所在的类，再在 Component 栏中选择具体的型号即可。创建好的音频放大器仿真电路图如图 2-10 所示。

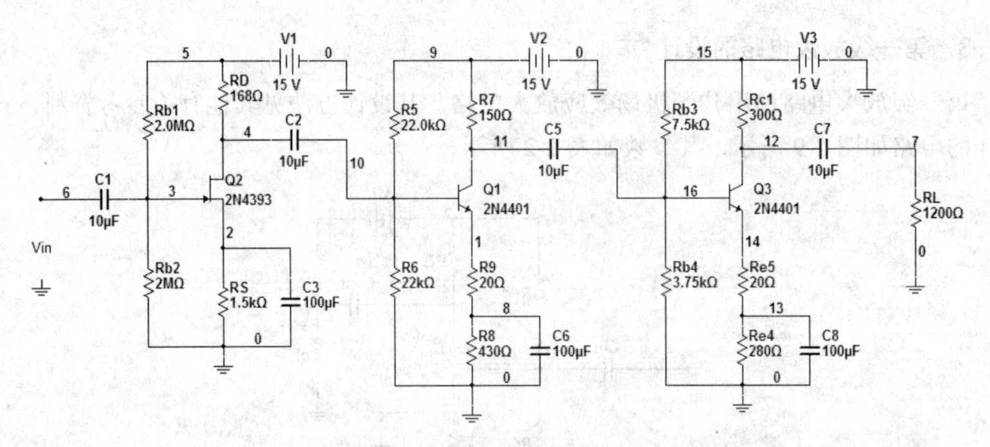

图 2-10　音频放大器仿真电路图

2.3　电路仿真分析

创建音频放大器仿真电路图后，即可利用 NI Multisim 11 提供的各种仿真工具对电路进行仿真分析。

1．利用虚拟仪表观察波形

在 NI Multisim 11 电路仿真工作区右侧的仪表列中选择 Function Generator（函数信号发生器），将其作为信号源接入音频放大电路输入端。双击 Function Generator 图标，弹出 Function Generator 参数设置面板，设置波形为正弦波，频率为 10kHz，振幅为 200mVp，设置好的参数如图 2-11 所示。

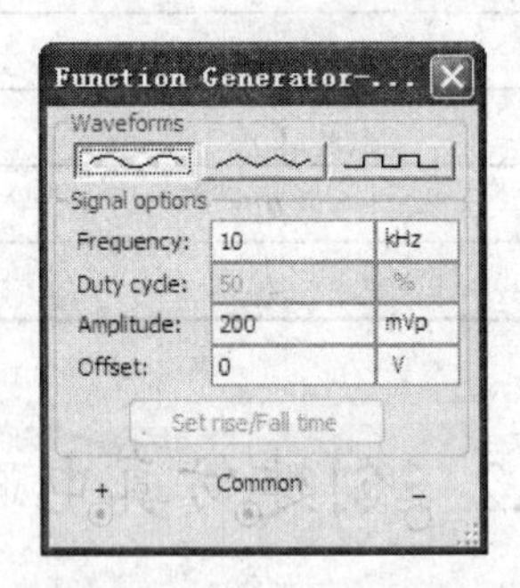

图 2-11　Function Generator 参数设置面板

然后，在仪表列中选择 Oscilloscope（示波器），将通道 A 和通道 B 分别接到音频放大电路的输入端和输出端。接好仪表的电路图如图 2-12 所示。

单击仿真按钮，或执行 Simulate»Run 命令，双击示波器图标，弹出示波器面板，调节时间轴和 Y 轴，使其衰减到合适数值，以便清晰显示图像，单击仿真暂停按钮，移动示波器显示屏游标到输出波形的波峰和波谷处。示波器的测试结果如图 2-13 所示。

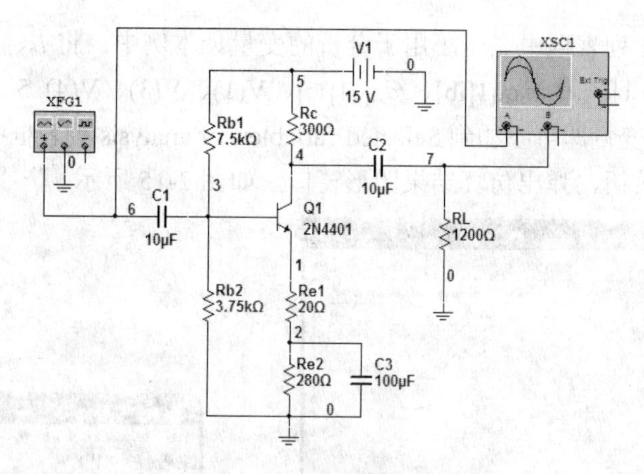

图 2-12　音频放大电路仪表测试

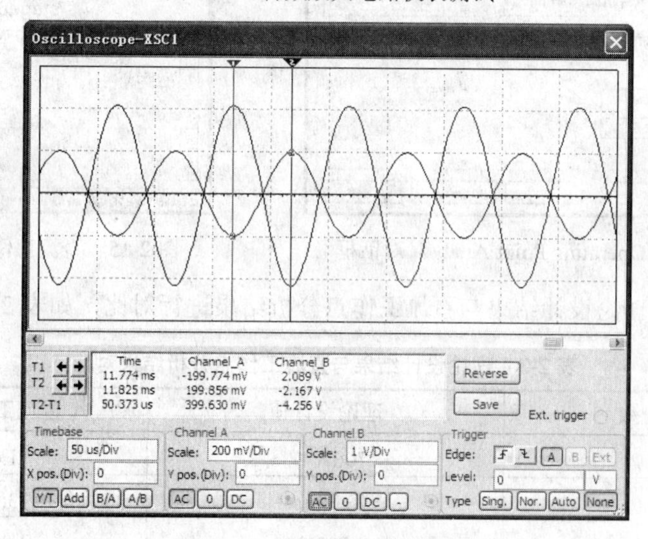

图 2-13　示波器的测试结果

由图 2-13 可见，输出波形的波峰和波谷的时间为 50.373μs，Channel A 显示输入波形的峰峰值为 399.630mV，Channel B 显示输出波形的峰峰值为 4.256V。由测量数值可知：

输出波形的周期=2×50.373μs=100.716μs

电压增益=4.256V/399.630mV=10.65

可见，除测量误差和读数误差外，仿真结果与设计指标是相符的。

2．利用 NI Multisim 11 自带的分析功能对电路进行指标分析

NI Multisim 11 仿真软件携带了 20 多种分析，可以对电路性能指标进行多方位的分析。下面以直流工作点分析和交流分析为例，说明 NI Multisim 11 仿真分析功能在音频放大电路中的应用。

（1）直流工作点分析（DC Operating Point）

执行 Simulate»Analyses»DC Operating Point 命令，弹出 DC Operating Point Analysis 对话框，在 Output 选项卡的 Variable in circuit 列表框中罗列了电路中所有变量，在 Selected variables for analysis 列表框中显示了用于分析的变量。本例中，将 I_b、I_c、V_{BQ}、V_{CQ}、V_{EQ} 作为待分析的变量，即选中@qq1[ib]、@qq1[ic]、V(1)、V(3)、V(4) 5 个变量，单击 Add 按钮，被选择的 5 个变量即可添加到 Selected variables for analysis 列表框中，如图 2-14 所示。

单击 Simulate 按钮，弹出仿真结果图形窗口，如图 2-15 所示。

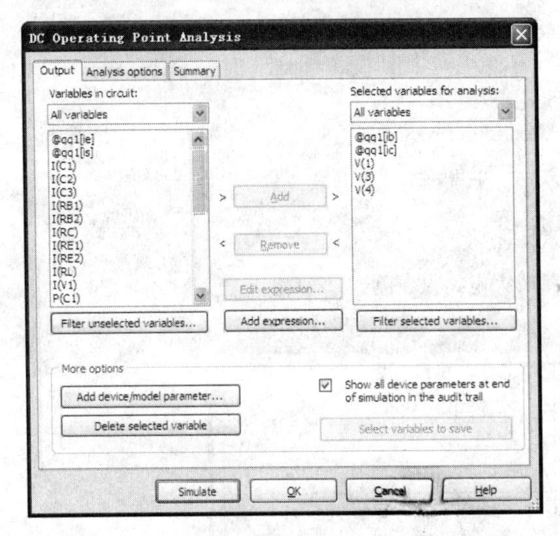

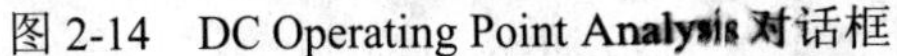
图 2-14　DC Operating Point Analysis 对话框

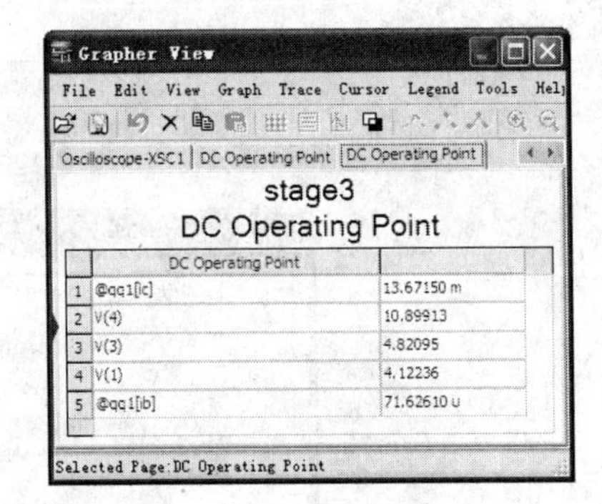

图 2-15　直流工作点分析结果

将 2.1 节中的理论设计结果与直流工作点分析结果进行对比，如表 2-3 所示。

表 2-3　理论设计结果与直流工作点分析结果对比

对 比 参 数	理论设计值	直流工作点分析值
I_b	70μA	71.626μA
I_c	13.34mA	13.67150mA
V_{BQ}	4.702V	4.82095V
V_{CQ}	4.002V	4.12236V
V_{EQ}	10.989V	10.89913V

由表 2-3 可知，5 个参数的理论设计值与直流工作点分析结果基本相符。

（2）交流分析（AC Analysis）

交流分析用于确定电路的频率响应，其结果是电路的幅频特性和相频特性。在进行交流分析之前，首先要给电路添加一个信号源。此例中将放置一个交流信号源，其参数设置如图 2-16 所示。

设置完交流信号源参数后，即可进行交流分析。执行 Simulate»Analyses»AC Analysis 命令，弹出 AC Analysis 对话框，Frequency parameters 选项卡下的各种参数设置如图 2-17 所示。

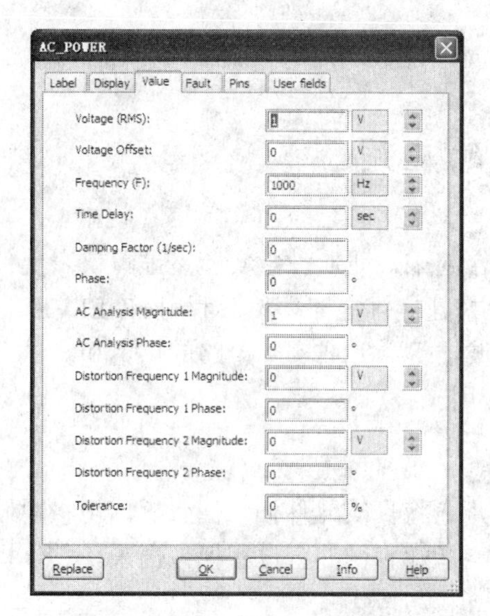

图 2-16　交流信号源面板设置

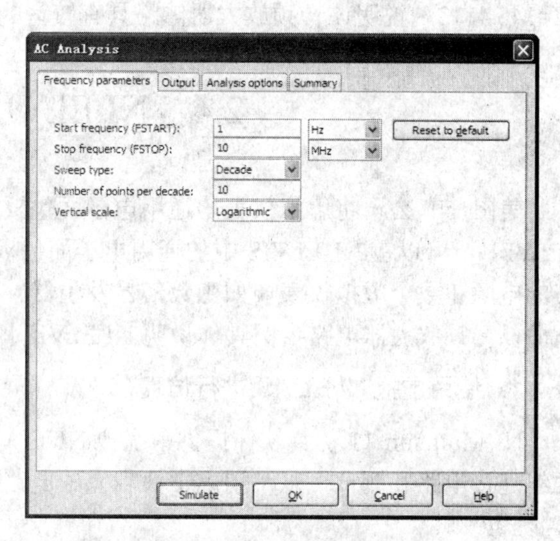

图 2-17　AC Analysis 对话框

选择 Output 选项卡，设置电路输出节点为 V(7)，如图 2-18 所示。

然后单击 Simulate 按钮，弹出 Grapher View 窗口，如图 2-19 所示。

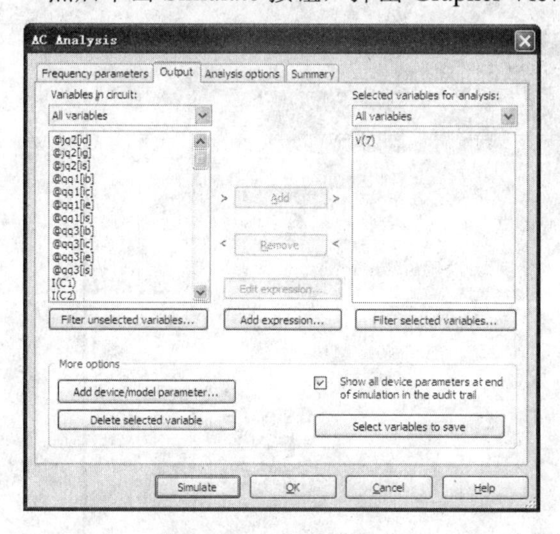

图 2-18　Output 选项卡

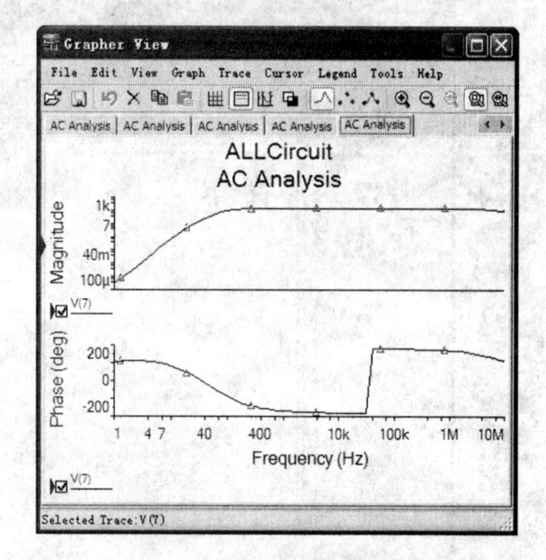

图 2-19　Grapher View 窗口

在 Grapher View 窗口中执行 Cursor»Show Cursor 命令，Grapher View 窗口就会出现两个游标，同时弹出 Cursor 面板，该面板显示游标所处位置的参数。将游标 1 移动到 3kHz 处，Cursor 面板显示的参数如图 2-20 所示。

Cursor

	V(7)
x1	3.0000k
y1	149.9832
x2	1.7255M
y2	146.4113
dx	1.7225M
dy	-3.5719
dy/dx	-2.0737µ
1/dx	580.5520n

图 2-20　Cursor 面板

由图 2-20 可知，当 x1=3.0000k 时，y1=149.9832，符合设计指标在 3kHz 处时电路增益为|150|±10%的要求。且通过游标 2 可知，当 x2=1.7255M 时，

y2=146.4113，说明该音频放大器电路具有较宽的带宽，能够满足放大音频信号的要求。

2.4 NI ELVIS 的应用

美国 NI 公司将虚拟仪表与通用电子面包板结合起来，研制教学实验室虚拟仪表套件（ELVIS）。可以在 NI ELVIS 中的通用电子面包板上搭建实际电路，然后利用 NI ELVIS 自带的电源和数个虚拟仪表（如函数信号发生器、示波器等）完成实际电路的供电和测试。下面以音频放大器电路为例具体说明 NI ELVIS 的应用。

1. 使用虚拟 NI ELVIS 进行仿真

NI Multisim 11 仿真软件提供了虚拟 NI ELVIS，它将真实元件插入面包板，可将用硬插线连接电路和测试点以及用虚拟仪表完成电路性能指标测试的全过程模拟出来。具体操作步骤如下。

（1）启动 NI Multisim 11 仿真软件。

（2）执行 File»New»NI ELVIS I Design 命令，创建一个 NI ELVIS I 电路仿真工作区，如图 2-21 所示。

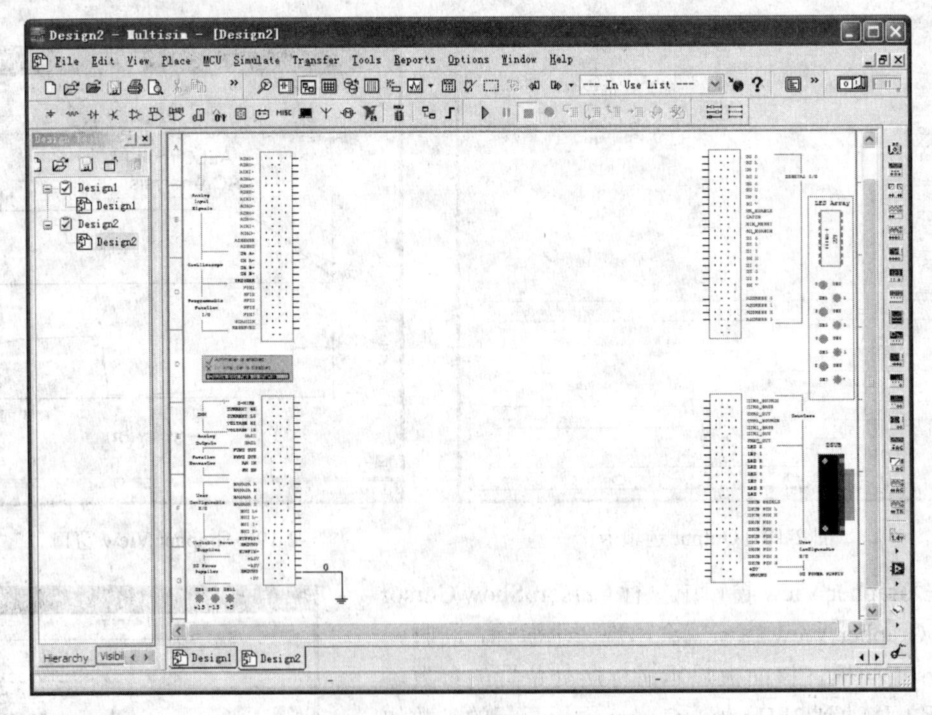

图 2-21 NI ELVIS I 电路仿真窗口

在图 2-21 中，两列通用插孔表示了 NI ELVIS I 原型机各种信号插孔和虚拟仪表的接口。

（3）在 NI ELVIS I 电路仿真工作区中创建第三级放大电路，搭建好的电路如图 2-22 所示。

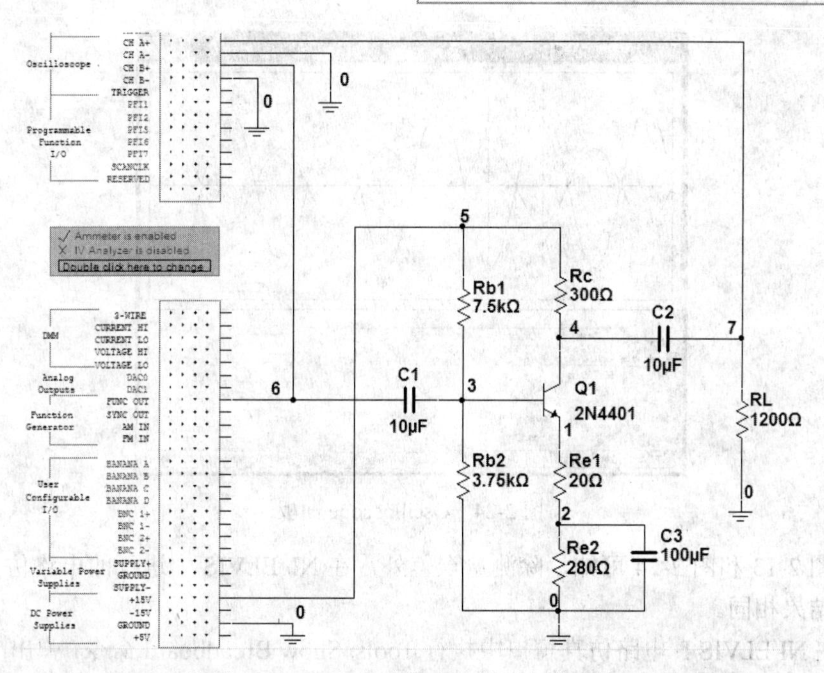

图 2-22　在虚拟 NI ELVIS I 电路仿真工作区中搭建第三级放大电路

在虚拟 NI ELVIS I 电路仿真工作区中搭建的第三级放大电路与 2.2 节中搭建的电路有所不同，这里要将放大电路的电源接入 DC Power Supplies 线框中的+15V 接线端，将放大电路的输入端接入 Function Generator 线框中的 FUCN OUT 接线端，将放大电路的输入、输出端分别接入 Oscilloscope 的 CH A+和 CH B+。

（4）双击 Function Generator 线框，弹出 NI_ELVIS_FUNCTION_GENERATOR 对话框，在此可以设置信号的参数，如图 2-23 所示。

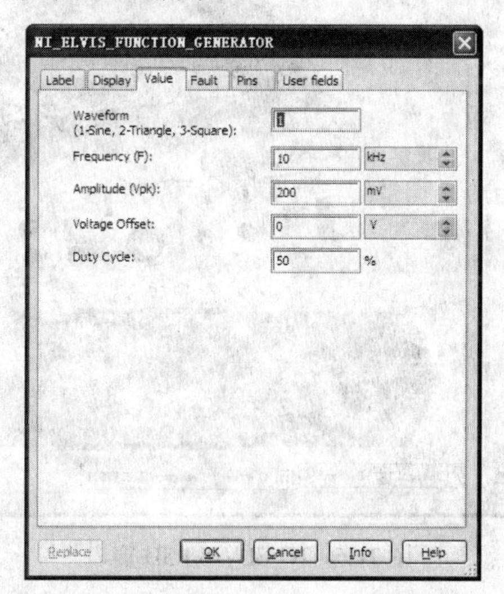

图 2-23　NI_ELVIS_FUNCTION_GENERATOR 对话框

（5）单击仿真按钮，再双击 Oscilloscope 线框，弹出 Oscilloscope 面板，显示的输入/输出波形如图 2-24 所示。

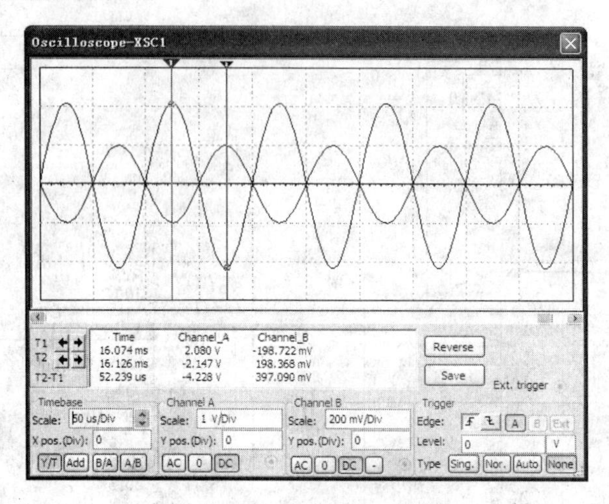

图 2-24　Oscilloscope 面板

对比图 2-13 和图 2-24 可知，除测量误差外，在 NI ELVIS 中进行的电路仿真与 2.3 节中的仿真结果相同。

（6）在 NI ELVIS I 电路仿真窗口中执行 Tools»Show Breadboard 命令，弹出 NI ELVIS I 3D 窗口，如图 2-25 所示。

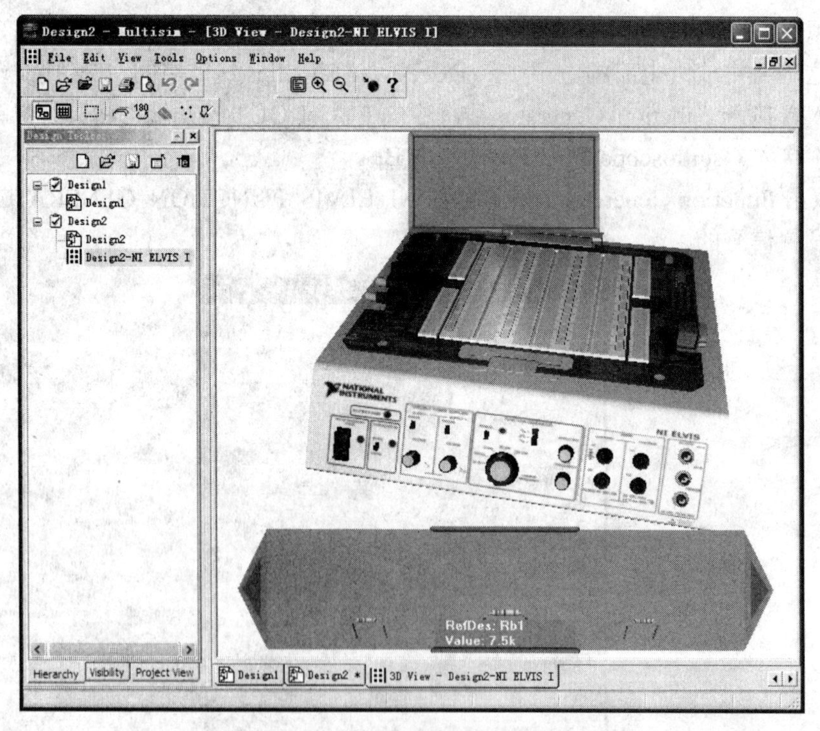

图 2-25　NI ELVIS I 3D 窗口

在图 2-25 所示电路仿真工作区中，最下面是元件盒，存放着第三级放大电路的所有元件，中间是虚拟 NI ELVIS I 实物，用户可以将元件盒中的元件取出，插入虚拟 NI ELVIS I 中，以此练习在 NI ELVIS I 上插接元件。将音频放大电路放置在 NI ELVIS I 中的 3D 视图上，如图 2-26 所示。

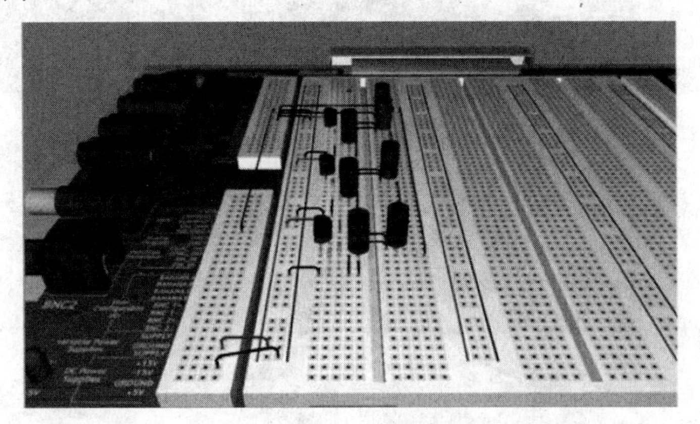

图 2-26　音频放大电路在 NI ELVIS I 中的 3D 视图

2. 使用 NI ELVIS I 进行原型设计

可以在 NI ELVIS I 的通用电子面包板上使用真正的元件来建立完整的电路。搭建好的音频放大器实际电路如图 2-27 所示。

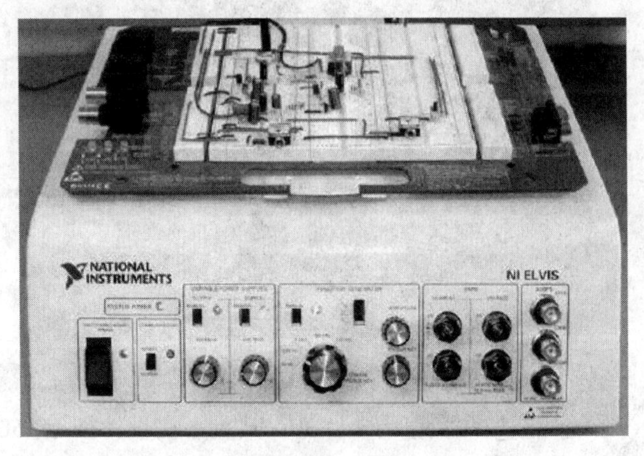

图 2-27　音频放大器实际电路

利用 NI ELVIS I 的+15V 稳压电源给音频放大器实际电路供电，利用 NI ELVIS I 的虚拟示波器和虚拟波特图仪分别测量输入/输出波形和频率响应。测得的电路增益如表 2-4 所示，系统的输入/输出波形和频率响应如图 2-28 和图 2-29 所示。

表 2-4　电路增益

名　称	仿真电压增益	测量电压增益	测量、仿真误差
第一级放大器	2.18	2.1	3.67%
第二级放大器	5.82	6.05	3.95%
第三级放大器	10.65	11.6	0.47%
系统电压增益	149.98	144.39	3.73%

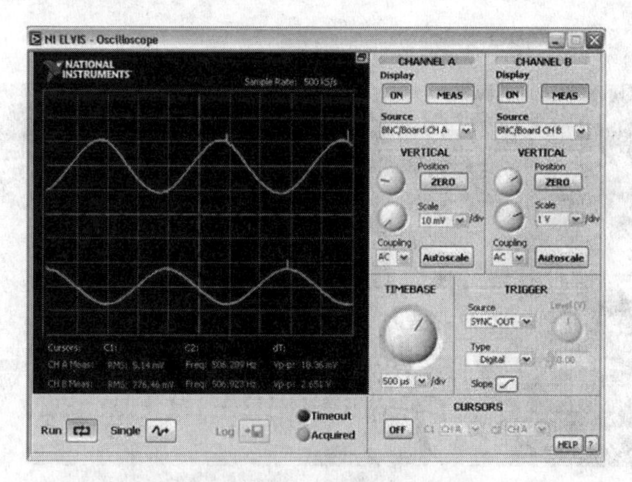

图 2-28　系统的输入/输出波形

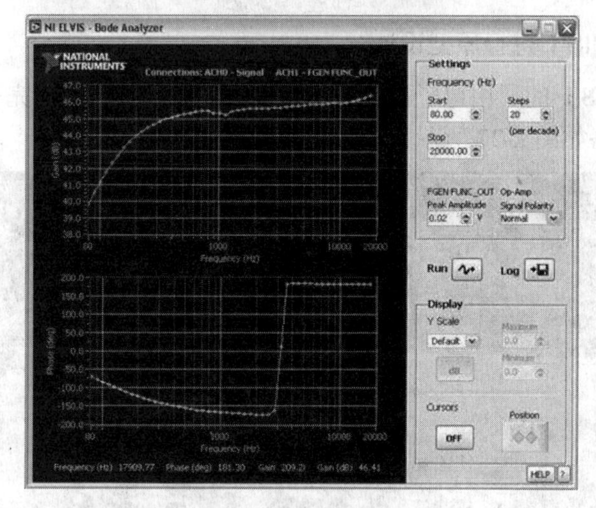

图 2-29　系统的频率响应

由表 2-4 可知，系统增益的测量值为 144.39，其大小在设计指标|150| ±10%范围内，实际测量值和仿真结果的误差为 3.73%，说明所设计电路的电压增益达到了设计指标的要求，仿真结果也能真实反映实际值。

3．使用 NI ELVIS I 进行仿真波形和测量波形对比

NI ELVIS I 自带的虚拟仪表不但可以用于测量实际电路，而且可以放置到 NI Multisim 11 仿真软件中用于测量仿真电路，其差别仅是虚拟仪表面板中的 Device 选项不同。例如，用虚拟示波器测量某放大电路的输入/输出波，首先要将虚拟示波器 Oscilloscope 放入 NI Multisim 11 电路仿真工作区，在示波器面板的 Device 下拉列表中选择 Simulate NI ELVIS，测量放大器电路的虚拟仿真输入/输出波形；然后在 NI ELVIS 原型上搭建实际电路，在示波器面板的 Device 下拉列表中选择 Dev2(NI myDAQ)选项，此时原虚拟仿真波形会驻留在显示屏上；最后，用示波器探头测量实际电路的某节点波形，该节点的波形就会叠加在原示波器的屏幕上，由此就可以比较虚拟仿真波形和实测波形，如图 2-30 所示。

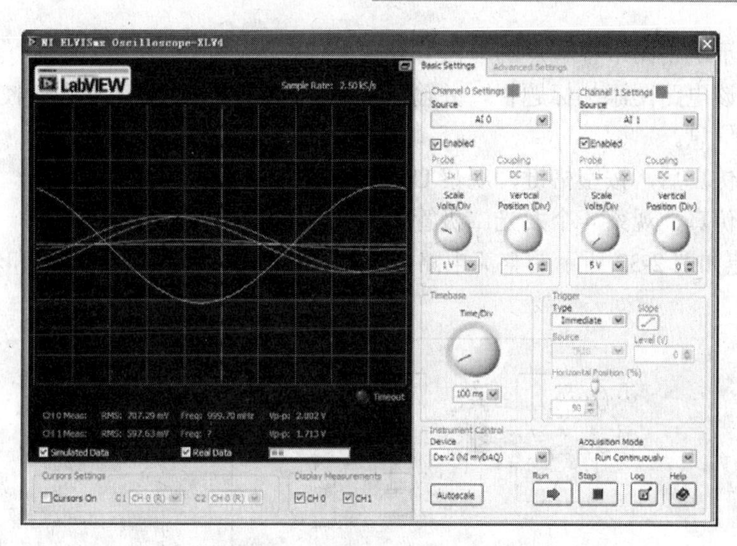

图 2-30　虚拟仿真波形和实测波形对比

习　　题

1．试比较电阻、电容、电感等元件在 DIN 和 ANSI 符号标准中的符号有什么不同？

2．简述 NI Multisim 11 用户界面的主要组成部分。

3．试在 NI Multisim 11 电路窗口中放置一个标题栏。

4．试在 Select a Component 对话框中搜索元件型号为 74LS138D 的集成电路。

5．试查看 74LS74N 的模型参数。

6．试查看电阻、可变电阻、电容、可变电容、电感等虚拟元件的属性对话框中可设置参数的含义。

7．试创建图 2-31 所示的电路。

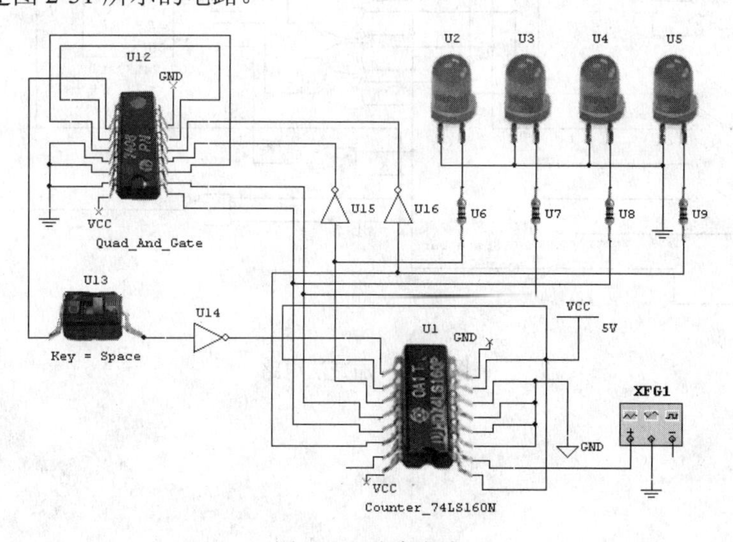

图 2-31　仿真电路

（1）试显示电路图中各节点的节点号。

（2）试给该电路图添加标题栏，并输入电路图的创建日期、创建人、校对人、使用人和图纸编号等信息。

（3）启动仿真后，按空格键，观察 U13 的变化。

（4）启动仿真，观察 4 个发光二极管的变化，并记录变化规律。

8．试创建如图 2-32 所示的整流电路，进行计算机仿真，并观察输入和输出波形。

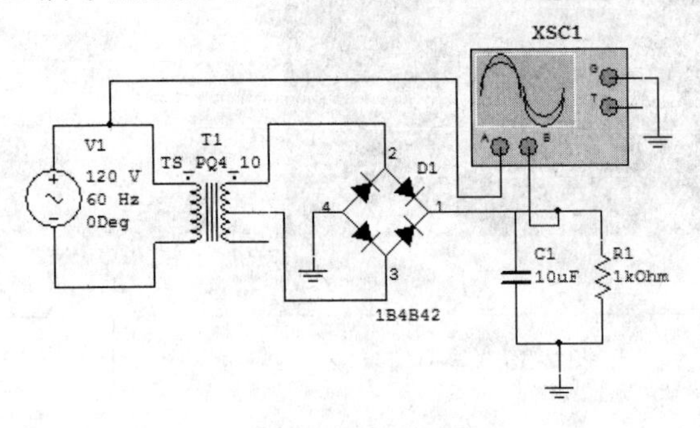

图 2-32　整流电路

9．试创建图 2-33 所示的加减法电路，分析其电路原理并进行计算机仿真。

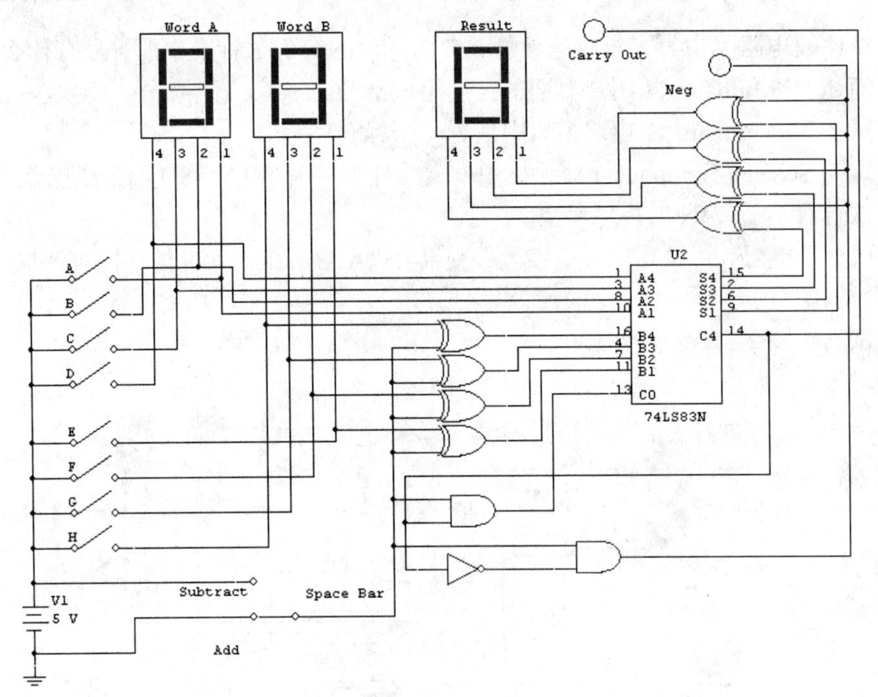

图 2-33　加减法电路

第 3 章　NI Multisim 11 基本操作

通过第 2 章的 NI Multisim 11 快速入门，读者对利用 NI Multisim 11 建立电路图有了一个初步认识。电路图是设计电路的第一步，首先要选择所需要的元件，然后将它们放置到所希望的位置，并将它们连接在一起，就完成一个电路图的创建。NI Multisim 11 还允许设置电路界面、修改元件的属性、建立子电路、给电路添加文本或标题栏、更改元件或导线的颜色、编辑标题栏、分层电路和对仿真电路的处理等。掌握这些操作技巧，将有助于提高创建电路图的效率和质量。

3.1　仿真电路界面的设置

运行 NI Multisim 11，软件自动打开一个空白的电路窗口，它是用户仿创建仿真电路的工作区域。NI Multisim 11 允许用户设置符合自己个性的电路窗口，其中包括界面的大小、网格、页边框、纸张边界及标题框是否可见及符号标准等。设置仿真电路界面的目的是方便电路图的创建、分析和观察。

3.1.1　设置工作区的界面参数

执行 Options»Sheet Properties 命令，弹出 Sheet Properties 对话框，通过选择 Workspace 选项卡来设置工作区的图纸大小、显示等参数，如图 3-1 所示。

图 3-1　Workspace 选项卡

（1）在 NI Multisim 11 的工作区中可以显示或隐藏背景网格、页边界和边框。更改了设置的工作区的示意图在选项栏的左侧预览窗口显示。

☑ 选中 Show grid 复选框，工作区将显示背景网格，便于用户根据背景网格对元器件定位。

☑ 选中 Show page bounds 复选框，工作区将显示纸张边界，纸张边界决定了界面的大小，为电路图的绘制限制了一个范围。

☑ 选中 Show border 复选框，工作区将显示电路图的边框，该边框为电路图提供了一个标尺。

（2）在 Sheet size 下拉列表框中选择电路图的图纸大小和方向，软件提供了 A、B、C、D、E、A4、A3、A2、A1 和 A0 等 10 种标准规格的图纸，并可选择尺寸单位为 Inches（英寸）或 Centimeters（厘米）。若用户想自定义图纸大小，可在 Custom size 区选择所设定纸张 Width（宽度）和 Height（高度）的单位。在 Orientation 区中可设定图纸方向为 Portrait（纵向）或 Landscape（横向）。

3.1.2 设置电路图和元器件参数

执行 Options»Sheet Properties 命令，弹出 Sheet Properties 对话框，通过选择 Circuit 选项卡来设置电路图和元器件参数的显示属性，如图 3-2 所示。

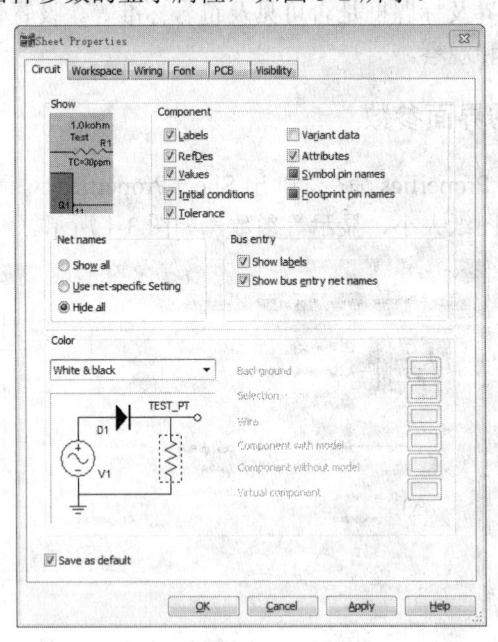

图 3-2　Circuit 选项卡

（1）在 NI Multisim 11 的电路窗口可以显示或隐藏元件的主要参数。更改了设置的电路窗口的示意图在选项栏的左侧预览窗口显示。

☑ Component 区中的 Labels、RefDes、Values、Initial conditions、Tolerance、Variant data、Attributes、Symbol pin names、Footprint pin names 复选框分别用来显示元器件的

标识、编号、数值、初始化条件、公差、可变元件不同数据、元件属性、元件符号管脚名称、元器件封装管脚名称。

☑ Net names 区中的 Show all、Use net-specific Setting、Hide all 复选框分别用来显示节点全显示、设置部分特殊节点显示、节点全隐藏。

☑ Bus entry 区中的 Show labels、Show bus entry net names 复选框分别用来选择显示总线标志、显示总线的接入线名称。

（2）在 Color 区的下拉菜单中选取一种预定的配色方案或用户自定义配色方案对电路图的背景、导线、有源器件、无源器件和虚拟器件进行颜色配置。

☑ Black Background：软件预置的黑色背景/彩色电路图的配色方案。

☑ White Background：软件预置的白色背景/彩色电路图的配色方案。

☑ White & black：软件预置的白色背景/黑色电路图的配色方案。

☑ Black & white：软件预置的黑色背景/白色电路图的配色方案。

☑ Custom：用户自定义配色方案。

3.1.3 设置电路图的连线、字体及 PCB 参数

执行 Options»Sheet Properties 命令，弹出 Sheet Properties 对话框，选择 Wiring、Font、PCB 及 Visibility 选项卡，可以分别设置电路图的连线、字体及 PCB 的参数。

（1）选择 Wiring 选项卡，可以设置电路导线的宽度和总线的宽度。

☑ Wire width 区：设置导线的宽度。左边是设置预览，右边是导线宽度设置，可以输入 1～15 之间的整数，数值越大，导线越宽。

☑ Bus width 区：设置总线的宽度。左边是设置预览，右边是导线宽度设置，可以输入 3～45 之间的整数，数值越大，导线越宽。

（2）选择 Font 选项卡，可以设置元件的参考序号、大小、标识、引脚、节点、属性和电路图等所用文本的字体。其设置方法与 Windows 操作系统相似，在此不再赘述。

（3）选择 PCB 选项卡，可以设置 PCB 的一些参数。

☑ Ground Option 区：对 PCB 接地方式进行选择。选择 Connect digital ground to analog 选项，则在 PCB 中将数字接地和模拟接地连在一起，否则分开。

☑ Unit Setting 区：选择图纸尺寸单位，软件提供了 mil、inch、nm 和 mm 4 种标准单位。

☑ Copper Layer 区：对电路板的层数进行选择，右边是设置预览，左边是电路板的层数设置。

- ➢ Layer Pairs：双层添加。添加范围为 1～32 之间的整数，数值越大，层数越多。
- ➢ Single layer stack-up：单层添加。添加范围为 1～32 之间的整数，数值越大，层数越多。

（4）Visibility 选项卡主要用于自定义选项的设置。

☑ Fixed layers 区：软件已有选项，如 Labels、RefDes、Values 等。

☑ Custom layers 区：用户可以通过 Add、Delete、Rename 按钮添加、删除、重命名用户自己希望的选项。

3.1.4 设置放置元器件模式及符号标准

执行 Options»Global Preferences 命令，弹出 Global Preferences 对话框，选择 Parts 选项卡，可选择元器件模式及符号标准，如图 3-3 所示。

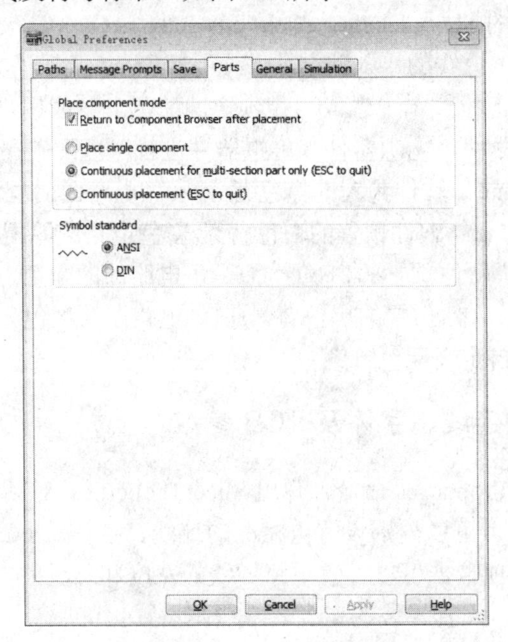

图 3-3 Global Preferences 对话框

（1）在 Place component mode 区中选择元器件放置模式。

☑ 选中 Return to Component Browser after placement 复选框，放置一个元器件后自动返回元器件浏览窗口。

☑ 选中 Place single component 单选按钮，放置单个元器件。

☑ 选中 Continuous placement for multi-section part only(ESC to quit)单选按钮，放置单个元器件，但是对集成元件内的相同模块可以连续放置，按 Esc 键停止。

☑ 选中 Continuous placement(ESC to quit)复选框，连续放置元器件，按 Esc 键停止。

（2）NI Multisim 11 允许用户在电路窗口中使用美国元器件符号标准或欧洲元器件符号标准。在 Symbol standard 区中的 ANSI 为美国标准，DIN 为欧洲标准。

3.1.5 设置文件路径及保存

执行 Options»Global Preferences 命令，弹出 Global Preferences 对话框，选择 Paths 选项卡，设置电路图的路径、数据文件存储路径及用户设置文件的路径；选择 Save 选项卡，设置文件保存的方式。

3.1.6 设置信息提示及仿真模式

（1）执行 Options»Global Preferences 命令，弹出 Global Preferences 对话框，选择

Message prompts 选项卡，设置是否显示电路连接出错警告、SPICE 网表文件连接出错警告等信息。

（2）执行 Options»Global Preferences 命令，在弹出的 Global Preferences 对话框中选择 Simulation 选项卡，设置电路仿真模式。

☑ 在 Netlist errors 区中，当网络连接出错或警告时，在 Cancel simulation/analysis、Proceed with simulation/analysis、Prompt me 3 个选项中任选一项。

☑ 在 Graphs 区中，在默认状态下，在 Black、White 两个选项中任选一项作为曲线及仪表的颜色。

☑ 在 Positive phase shift direction 区中，在 shift right、shift left 两个选项中任选一项作为仿真曲线的移动方向。

3.2 元器件库

电路是由不同的元件组成的，要对电路进行仿真，组成电路的每个元件必须有自己的仿真模型，NI Multisim 11 仿真软件把有仿真模型的元件组合在一起构成元器件库，NI Multisim 11 提供了 3 种元件库，每个库中放置同一类型的元器件，在取用其中某一个元器件符号时，实质上是调用了该元器件的数学模型。NI Multisim 11 提供的元件库分别是 Master Database（厂商提供的元器件库）、Corporate Database（特定用户向厂商索取的元器件库）和 User Database（用户定义的元件库）。NI Multisim 11 默认元件库为 Master Database 元件库，也是最常用的元件库。NI Multisim 11 软件提供了如图 3-4 所示的 Master Database 元件工具栏图标。

图 3-4　元件工具栏图标

图 3-4 中包含 NI Multisim 11 教育版的 Master Database 库，从左至右分别是：电源/信号源库（Source）、基本元件库（Basic）、二极管库（Diode）、晶体管库（Transistor）、模拟集成电路库（Analog）、TTL 元件库（TTL）、CMOS 元件库（CMOS）、混杂数字器件库（Miscellaneous Digital）、数模混合库（Mixed）、指示元件库（Indicator）、电源器件库（Power Component）、其他元件库（Miscellaneous）、高级外设元器件库（Advanced Peripherals）、射频元件库（RF）、机电类元件库（Electromechanical）、NI 库（NI Component）和微控制器库（MCU）。

3.2.1 电源库/信号源库

电源库/信号源库有 7 个系列，分别是电源（POWER_SOURCES）、电压信号源（SIGNAL_VOLTAGE_SOURCES）、电流信号源（SIGNAL_CURRENT_SOURCES）、函数控制模块（CONTROL_FUNCTION_BLOCKS）、受控电压源（CONTROLLED_VOLTAGE_SOURCES）和受控电流源（CONTROLLED_CURRENT_SOURCES）以及数字信号源

（DIGITAL_SOURCE）。每一系列又含有许多电源或信号源，考虑到电源库的特殊性，所有电源皆为虚拟组件。在使用过程中要注意以下几点。

（1）交流电源所设置电源的大小皆为有效值。

（2）直流电压源的取值必须大于零，大小可以从微伏到千伏，且没有内阻，如果它与另一个直流电压源或开关并联使用，就必须给直流电压源串联一个电阻。

（3）许多数字器件没有明确的数字接地端，但必须接上地才能正常工作。

（4）地是一个公共的参考点，电路中所有的电压都是相对于该点的电位差。在一个电路中，一般来说应当有一个且只能有一个地。在 NI Multisim 11 中，可以同时调用多个接地端，但它们的电位都是 0V。并非所用电路都需要接地，但下列情形下应考虑接地。

☑ 运算放大器、变压器、各种受控源、示波器、波特图仪和函数发生器等必须接地。对于示波器，如果电路中已有接地，示波器的接地端可不接地。

☑ 含模拟和数字元件的混合电路必须接地。

3.2.2 基本元件库

基本元件库有 16 个系列，分别是基本虚拟器件（BASIC_VIRTUAL）、设置额定值的虚拟器件（RATED_VIRTUAL）、电阻（RESISTOR）、排阻（RESISTOR PACK）、电位器（POTENTIONMETER）、电容（CAPACITOR）、电解电容（CAP_ELECTROLIT）、可变电容（VARIABLE CAPACITO）、电感（INDUCTOR）、可变电感（VARIABLE INDUCTOR）、开关（SWITCH）、变压器（TRANSFORMER）、非线性变压器（NONLINEAR TRANSFORMER）、继电器（RELAY）、连接器（CONNECTOR）和插座（SOCKET）等，每一系列又含有各种具体型号的元件。

3.2.3 二极管库

NI Multisim 11 提供的二极管库中有虚拟二极管（DIODE_VIRTUAL）、二极管（DIODE）、齐纳二极管（ZENER）、发光二极管（LED）、全波桥式整流器（FWB）、可控硅整流器（SCR）、双向开关二极管（DIAC）、三端开关可控硅开关（TRIAC）、变容二极管（VARACTOR）和 PIN 二极管（PIN_DIODE）等。

3.2.4 晶体管库

晶体管库将各种型号的晶体管分成 20 个系列，分别是虚拟晶体管（BJT_NPN_VIRTUAL）、NPN 晶体管（BJT_NPN）、PNP 晶体管（BJT_PNP）、达灵顿 NPN 晶体管（DARLINGTON_NPN）、达灵顿 PNP 晶体管（DARLINGTON_PNP）、达灵顿晶体管阵列（DARLINGTON_ARRAY）、含电阻 NPN 晶体管（BJT_NRES）、含电阻 PNP 晶体管（BJT_PRES）、BJT 晶体管阵列（ARRAY）、绝缘栅双极型晶体管（IGBT）、三端 N 沟道耗尽型 MOS 管（MOS_3TDN）、三端 N 沟道增强型 MOS 管（MOS_3TEN）、三端 P 沟道增强型 MOS 管（MOS_3TEP）、N 沟道 JFET（JFET_N）、P 沟道 JFET（JFET_P）、N 沟道功率 MOSFET（POWER_MOS_N）、P 沟道功率 MOSFET（POWER_MOS_P）、单结晶体管（UJT）、

MOSFET 半桥（POWER_MOS_COMP）和热效应管（THERMAL_MODELS）系列。每一系列又含有具体型号的晶体管。

3.2.5 模拟集成元件库

模拟集成元件库（Analog）含有 6 个系列，分别是模拟虚拟器件（ANALOG_VIRTUAL）、运算放大器（OPAMP）、诺顿运算放大器（OPAMP_NORTON）、比较器（COMPARATOR）、宽带放大器（WIDEBAND_AMPS）和特殊功能运算放大器（SPECIAL_FUNCTION）等，每一系列又含有若干个具体型号的器件。

3.2.6 TTL 元件库

TTL 元件库含有 9 个系列，分别是 74STD、74STD_IC、74S、74S_IC、74LS、74IS_IC、74F、74ALS 和 74AS 等，每一系列又含有若干个具体型号的器件。

3.2.7 CMOS 元件库

CMOS 元件库含有 14 个系列，分别是 CMOS_5V、CMOS_5V_IC、CMOS_10V_IC、CMOS_10V、CMOS_15V、74HC_2V、74HC_4V、74HC_4V_IC、74HC_6V、Tiny_logic_2V、Tiny_logic_3V、Tiny_logic_4V、Tiny_logic_5V 和 Tiny_logic_6V。

3.2.8 混杂数字器件库

TTL 和 CMOS 元件库中的元件是按元件的序号排列的，当设计者仅知道器件的功能，而不知道具有该功能的器件型号时，就会非常不方便。而混杂数字元件库中的元件则是按元件功能进行分类排列的。它包含 TIL 系列、Line_Drive 系列、Line_Receiver 系列和 Line_Transceiver 系列。

3.2.9 混合器件库

混合器件库含有 5 个系列，分别是虚拟混合器件库（Mixed_Virtual）、模拟开关（Analog_Switch）、定时器（Timer）、模数-数模转换器（ADC_DAC）和单稳态器件（MultiviBrators），每一系列又含有若干个具体型号的器件。

3.2.10 指示器件库

指示器件库含有 8 个系列，分别是电压表（Voltmctcr）、电流表（Ammeter）、探测器（Probe）、蜂鸣器（Buzzer）、灯泡（Lamp）、十六进制计数器（Hex Display）、条形光柱（Bar graph）等。部分元件系列又含有若干个具体型号的指示器。在使用过程中要注意以下几点。

（1）电压表、电流表比万用表有更多的优点，一是电压表、电流表的测量范围宽；二是电压表、电流表在不改变水平放置的情况下，可以改变输入测量端的水平、垂直位置以适应整个电路的布局。电压表的典型内阻为 1MΩ，电流表的默认内阻为 1mΩ，还可以通过其属性对话框设置内阻。

（2）对于电压表、电流表，要注意以下几点。

☑ 所显示的测量值是有效值。

☑ 在仿真过程中改变了电路的某些参数，要重新启动仿真再读数。

☑ 设置电压表内阻过高或电流表内阻过低会导致数学计算的舍入误差。

3.2.11 电源器件库

电源器件库含有5个系列，分别是BASSO_SMPS_AUXILIARY、BASSO_SMPS_CORE、FUSE、VOLTAGE_SUPPRESSOR 和 VOLTAGE_REFFERENCE，每一系列又含有若干个具体型号的器件。

3.2.12 其他元器件库

NI Multisim 11 把不能划分为某一具体类型的器件另归一类，称为其他元器件库。其他元器件库含有混合虚拟元器件（MISC_VIRTUAL）、转换器件（TRANSDUCERS）、光耦（OPTOCUPLER）、晶体（Crystal）、真空管（Vacuum Tube）、开关电源降压转换器（Buck_Converter）、开关电源升压转换器（（Boost_Converter）、开关电源升降压转换器（Buck_Boost_Converter）、有损耗传输线（Lossy_Transmission_Line）、无损耗传输线 1（Lossless_Line_Type1）、无损耗传输线 2（Lossless_Line_Type2）、滤波器模块（FILERS）和网络（Net）等 13 个系列，每一系列又含有许多具体型号的器件。在使用过程中要注意以下几点。

（1）具体晶体型号的振荡频率不可改变。

（2）保险丝是一个电阻性的器件，当流过电路的电流超过最大额定电流时，保险丝熔断。对交流电路而言，所选择保险丝的最大额定电流是电流的峰值，不是有效值。保险丝熔断后不能恢复，只能重新选取。

（3）用零损耗的有损耗传输线 1 来仿真无损耗的传输线，仿真的结果会更加准确。

3.2.13 高级外设元器件库

高级外设元器件库含有键盘（KEYPADS）、液晶显示器（LCDS）、模拟终端机（TERMINALS）和模拟外围设备（MISC_PERIPHERALS）4 个系列元器件。

3.2.14 射频器件库

射频器件库含有射频电容（RF_Capacitor）、射频电感（RF_Inductor）、射频 NPN 晶体管（RF_Transistor_NPN）、射频 PNP 晶体管（RF_Transistor_PNP）、射频 MOSFET（RF_MOS_3TDN）、铁素体珠（FERRITE_BEAD）、隧道二极管（Tunnel_Diode）和带状传输线（Strip_line）8 个系列元器件。

3.2.15 机电器件库

机电器件库含有感测开关（Sensing_Switches）、瞬时开关（Momentary_Switches）、附

加触点开关（Supplementary_Contacts）、定时触点开关（Timed_Contact）、线圈和继电器（Coils_Relays）、线性变压器（Line_Transformer）、保护装置（Protection_Devices）和输出装置（Output_Devices）8 个系列元器件，每一系列又含有若干个具体型号的器件。

3.2.16 NI 库

NI 库含有 NI 定制的 GENERIC_CONNECTOR（NI 定制通用连接器）、M_SERIES_DAQ（NI 定制 DAQ 板 M 系列串口）、sbRIO（NI 定制可配置输入输出的单板连接器）和 cRIO（NI 定制可配置输入输出紧凑型板连接器）4 个系列元器件。

3.2.17 微控制器库

微控制器库含有 805x 单片机（8051 及 8052）、PIC 单片机（PIC16F84 及 PIC16F84A）、随机存储器（RAM）和只读随机存储器（ROM）4 个系列元器件。

关于元器件的详细功能描述可查看 NI Multisim 11 仿真软件自带的 Compref.pdf 文件，也可以查看 NI Multisim 11 的帮助文件。

3.3 元器件操作

3.3.1 元器件的选用

元器件选用就是将所需要的元器件从元器件库中选择后放入电路窗口中。

1. 从元件工具栏选取

选用元器件时，首先在图 3-4 所示元件工具栏中单击包含该元器件的图标，打开包含该元器件库浏览窗口，如图 3-5 所示，然后单击选中该元器件，再单击 OK 按钮即可。

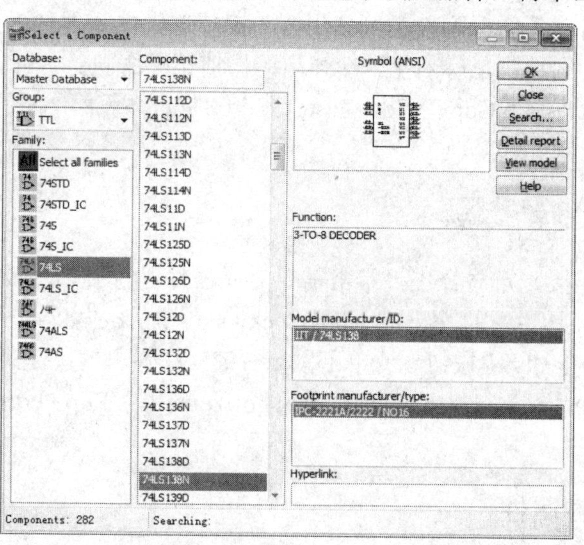

图 3-5 元器件库浏览窗口

2. 使用放置元件命令选取

执行 NI Multisim 11 用户界面中的 Place»Component 命令，弹出如图 3-5 所示的元器件库浏览窗口，按照元器件分类来查找合适元器件。也可利用图 3-5 所示的元器件库浏览窗口中的 Search 命令选取元件。

3. 从 In User List 中选取元件

在 NI Multisim 11 的用户界面中，在 In User List 中列出了当前电路中已经放置的元件，如果使用相同的元件，可以直接从 In User List 的下拉列表中选取，选取元件的参考序号将自动加 1。

3.3.2 元器件的放置

选中元器件后，单击 OK 按钮，关闭元器件库浏览窗口，被选中的元器件的影子跟随光标移动，说明元器件（如二极管）处于等待放置的状态，如图 3-6 所示。

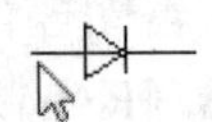

图 3-6 元器件的影子随鼠标移动

移动光标，用鼠标拖拽该元器件到电路窗口的适当地方即可。

3.3.3 元器件的选中

在连接电路时，对元器件进行移动、旋转、删除、设置参数等操作时，就需要选中该元器件。要选中某个元器件可使用鼠标单击该元器件。若要选择多个元器件，可以先按住 Ctrl 键再依次单击需要的元器件即可。被选中的元器件以虚线框显示，便于识别。

3.3.4 元器件的复制、移动、删除

要移动一个元器件，只要拖拽该元器件即可。要移动一组元器件，必须先选中这些器件，然后拖拽其中任意一个元器件，则所有选中的元器件就会一起移动。元器件移动后，与其连接的导线会自动重新排列。也可使用箭头键使选中的元器件做最小移动。

在选中的元器件上单击鼠标右键，在弹出的快捷菜单中执行 Cut、Copy、Paste、Delete 命令或执行 Edit»Cut、Edit»Copy、Edit»Paste、Edit»Delete 等菜单命令，可以实现元器件的复制、删除等操作。

3.3.5 元器件的旋转与反转

为了使电路的连接、布局合理，常常需要对元器件进行旋转和反转操作。可先选中该元器件，然后单击工具栏中的 Rotate 90° clockwise、Rotate 90° counter clockwise、Flip horizontally、Flip vertically 等按钮，或单击鼠标右键，在弹出的快捷菜单中选择 Rotate 90° clockwise、Rotate 90° counter clockwise、Flip horizontally、Flip vertically 等命令完成具体操作。

3.3.6 设置元器件属性

为了使元器件的参数符合电路要求，有必要修改元器件属性。在选中元器件后，单击

鼠标右键，在弹出的快捷菜单中执行 Properties 命令或执行 Edit»Properties 命令，会弹出相关的对话框，如图 3-7 所示，可供输入数据。

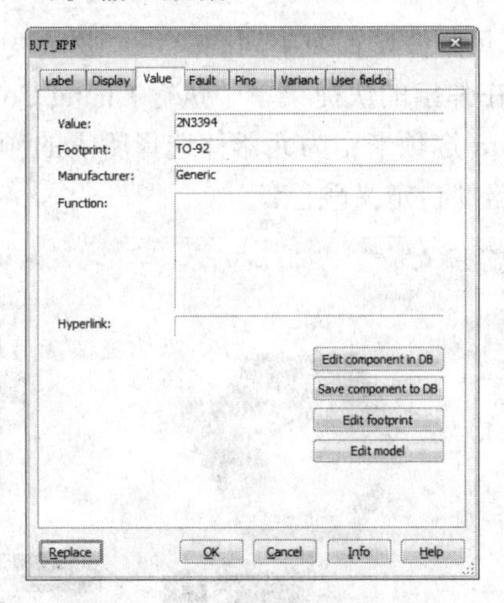

图 3-7　元器件属性对话框

该属性对话框有 7 个选项卡，分别是 Label、Display、Value、Fault、Pins、Variant 和 User fields。

1. Label（标识）选项卡

Label 选项卡用于设置元器件的标识和编号（RefDes）。标识是指元器件在电路图中的标记，如电阻 R1、晶体管 Q1 等。编号（RefDes）由系统自动分配，必要时可以修改，但必须保证编号的唯一性。

注意：连接点、接地等元器件没有编号。电路图上是否显示标识和编号，可由 Options 菜单中 Sheet Properties 命令弹出的对话框设置。

2. Display（显示）选项卡

Display 选项卡用于设置元器件显示方式。若选中该选项卡中的 Use schematic global setting 选项，则元器件显示方式的设置由 Options 菜单中的 Sheet Properties 对话框设置确定，反之可自行设置 Labels、RefDes、Values、Initial conditions、Tolerance、Variant data、Attributes、Symbol pin names、Footprint pin names 中的选项是否需要显示。

3. Value（数值）选项卡

Value 选项卡用于设置元器件数值参数，通过该选项卡，可以修改元器件参数。也可以通过单击 Replace 按钮，弹出如图 3-5 所示的元器件库浏览窗口，重新选择元器件。

4. Fault（故障）选项卡

Fault 选项卡用于人为设置元器件隐含故障。例如，在晶体三极管的故障设置对话框中，E、B、C 为与故障设置有关的引脚号，对话框提供 None（无故障器件正常）、Short（短路）、Open（开路）、Leakage（漏电）4 种选择。如果选择 E 和 B 管脚 Open（开路），尽管该三极管仍连接在电路图中，但实际上隐含了开路故障，这为电路的故障分析提供了方便。

3.3.7 设置元器件颜色

在复杂电路中，可以将元器件设置为不同的颜色。要改变元器件的颜色，用鼠标指向该元器件，单击鼠标右键，在弹出的快捷菜单中执行 Chang Color 命令，弹出如图 3-8 所示的 Colors 对话框，在 Standard 选项卡中为元器件选择所需的颜色，单击 OK 按钮即可。也可在 Custom 选项卡中为元器件自定义颜色。

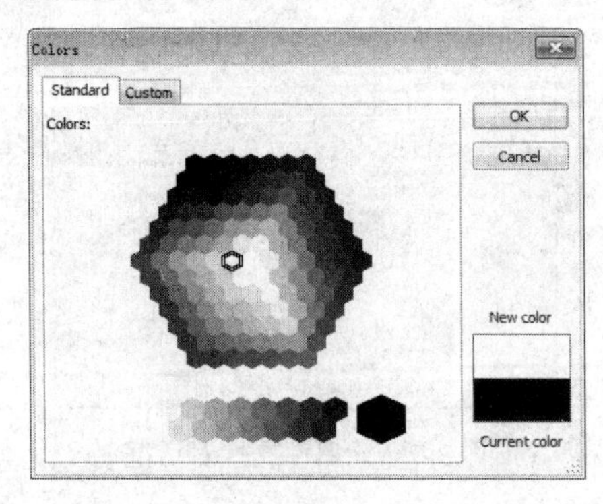

图 3-8 Colors 对话框

3.4 导线的连接

在电路窗口放置好元器件以后，就需要用线把它们按照一定顺序连接起来，构成完整的电路图。

3.4.1 导线的连接

1．导线的连接

在两个元器件之间，首先将鼠标指向一个元器件的端点使其出现一个小圆点，按下鼠标左键并拖曳出一根导线，拉住导线并指向另一个元器件的端点使其出现小圆点，释放鼠标左键，则导线连接完成。连接完成后，导线将自动选择合适的走向，不会与其他元器件或仪器发生交叉。

鼠标在电路窗口移动时，若需在某一位置人为地改变线路的走向，则单击鼠标左键，那么在此之前的连线就被确定下来，不随着鼠标以后的移动而改变位置，并且在此位置，可通过移动鼠标的位置改变连线的走向。

注意：如果连接没有成功，可能是放置的连线与周围元件太近，稍微移动元器件的位置重新连接即可。要想让交叉线相连接，不能将节点直接放置在交叉点上，否则会出现“虚焊”。

2．导线的删除与改动

将鼠标指向元器件与导线的连接点，使出现一个圆点，按下鼠标左键拖拽该圆点使导线离开元器件端点，释放鼠标左键，导线自动消失，即可完成连线的删除。也可选中要删除的连线，按 Delete 键或单击鼠标右键，在弹出的快捷菜单中执行 Delete 命令删除连线。

若按下鼠标左键拖拽该圆点移开的导线连至另一个接点，可以实现连线的改动。

3．在导线中插入元器件

将元器件直接拖拽到导线上，然后释放即可插入元器件在导线中。

4．改变导线的颜色

在复杂的电路中，可以将导线设置为不同的颜色。选中要改变导线的颜色，单击鼠标右键，在弹出的快捷菜单中执行 Chang Color 命令或单击鼠标右键，在弹出的快捷菜单中执行 Color Segment 命令，弹出如图 3-8 所示的 Colors 对话框，从中选择所需的导线颜色，单击 OK 按钮即可。

3.4.2 导线的调整

如果对已经连好的导线轨迹不满意，可调整导线的位置。具体方法是：将鼠标指针指向欲调整的导线并单击选中此导线，被选中连线的两端和中间拐弯处变成方形黑点，此时放在导线上的鼠标也变成一个双向箭头，如图 3-9 所示，按住鼠标左键移动即可改变导线的位置。

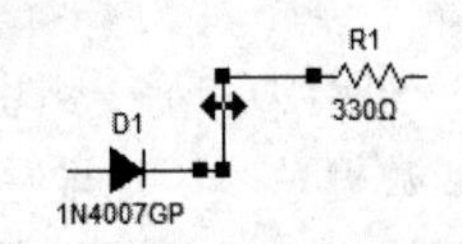

图 3-9 连线轨迹的调整

3.4.3 连接点的使用

1．放置连接点

连接点是一个小圆点，执行 Place»Junction 命令可以放置一个连接点。一个连接点最多可以连接来自 4 个方向的导线。

2．从连接点连线

将鼠标移到连接点处，鼠标就会变成一个中间有黑点的十字标，单击鼠标，移动鼠标即可开始一条新连线的连接。

3．连接点编号

在建立电路图的过程中，NI Multisim 11 会自动为每个连接点添加一个序号，为了使序号符合工程习惯，有时需要修改这些序号，具体方法是：双击电路图的连线，弹出如图 3-10 所示的连接点设置对话框。通过 Preferred net name 文本框可修改连接点序号。

注意：修改连接点号要慎重。因为连接点号和电路元件的连接一一对应，它对于电路的仿真和 PCB 制作都是非常重要的。

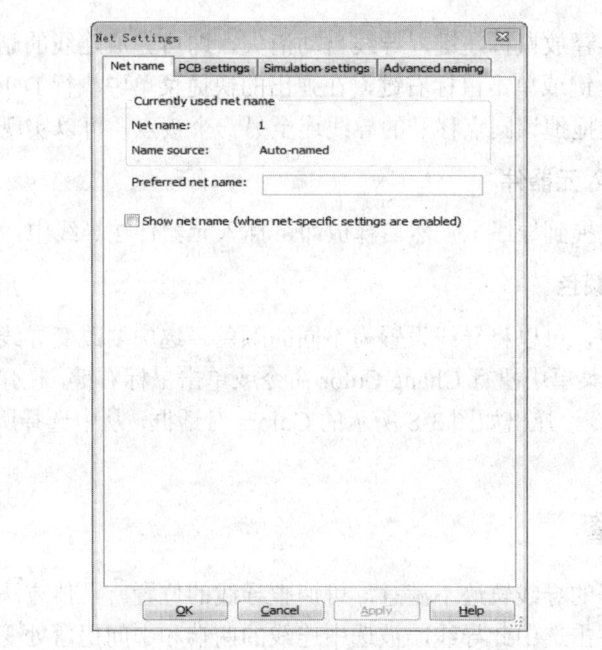

图 3-10　连接点设置对话框

3.4.4　放置总线

总线（Bus）就是一组用来连接一组引脚和另一组引脚的连线。在建立电路图时，经常会遇到一组性能相同导线的连接，如数据总线、地址总线等，当这些连接增多或距离加长时，就会使人难以分辨。如果采用总线，总线两端分别用单线连接，构成单线—总线—单线的连接方式，就会使建立的电路图简单明了。

放置总线的基本步骤如下：

（1）在 NI Multisim11 用户界面中，执行 Place»Bus 命令或在电路窗口空白处单击鼠标右键，在弹出的快捷菜单中执行 Place Bus 命令。

（2）移动鼠标到合适的位置，单击鼠标左键，也就确定了总线的起点。

（3）移动鼠标，就会在电路窗口中画一条黑粗线。

（4）在总线终点处双击鼠标左键，就会完成一条总线的放置。

注意：*总线颜色与虚拟元件的颜色相同。*

（5）从元件的引脚处连接一条连线到总线，接近总线时，会出现一个+45° 角或−45° 的斜线，单击鼠标，弹出 Bus Entry Connection 对话框，如图 3-11 所示。

（6）修改接入线名称。修改完毕后，单击 OK 按钮，完成引脚到总线的连接。

总线颜色、参考序号和长短的修改同导线，在此不再赘述。

注意：*一旦将一根导线连接在总线上，NI Multisim 11 会自动锁定总线以防止它在电路窗口内被移动。*

图 3-11　Bus Entry Connection 对话框

3.5 添加文本

电路图建立后，有时要为电路添加各种文本。例如，放置文字、放置电路图的标题栏以及电路描述窗等。下面阐述各种文本的添加方法。

3.5.1 添加文字文本

为了便于对电路的理解，常常给局部电路添加适当的注释。允许在电路图中放置英文或中文，基本步骤如下：

（1）执行 Pace»Text 命令，然后单击所要放置文字文本的位置，在该处出现如图 3-12 所示的文字文本描述框。

图 3-12　文字文本描述框

（2）在文字文本描述框中输入要放置的文字，文字文本描述框会随着文字的多少进行缩放。

（3）输入完毕后，单击文字文本描述框以外的界面，文字文本描述框也相应地消失，输入文本描述框的文字就显示在电路图中。

注意： ① 由于文字文本描述框的底色是白色，当电路背景色为白色时，将导致文字框不可见，但可按同样的方法输入文字。

② 可修改文字的颜色。首先将鼠标移向该文字文本描述框选中需要修改的文字，单击鼠标右键弹出如图 3-13 所示的快捷菜单，选择 Pen Color 即可修改文字文本描述框中的文本颜色。

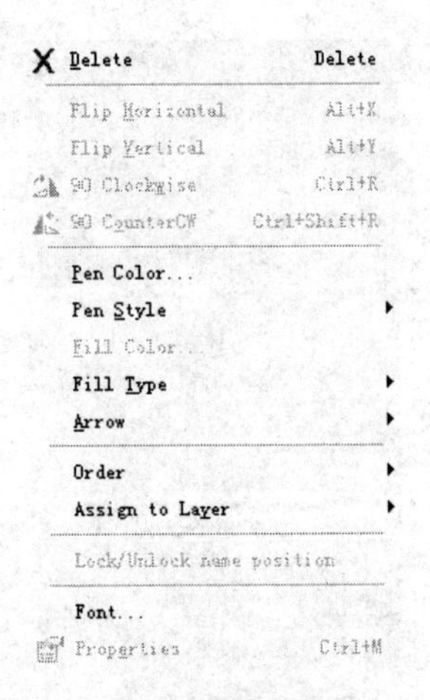

图 3-13 文字文本描述框的快捷菜单

③ 可修改文字的尺寸和字体。执行图 3-13 所示的快捷菜单中的 Font 命令，弹出如图 3-14 所示的 Font 对话框。通过 Font、Font style 和 Size 列表框，可以改变文本的字体、字体格式和字号，在 Change all 区中选中 Schematic text 复选框，选择完毕后，单击 OK 按钮即可。

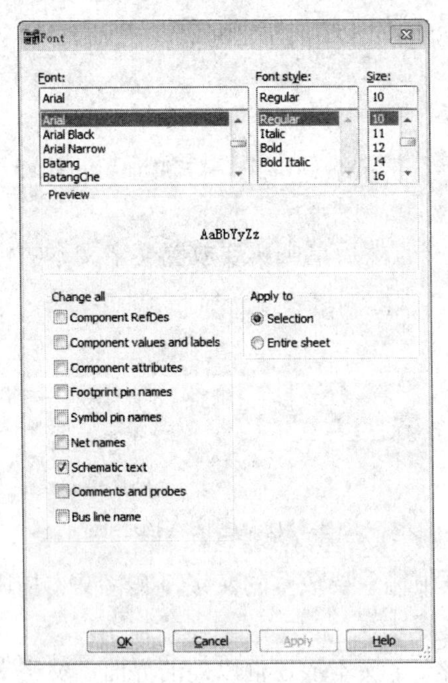

图 3-14 Font 对话框

④ 对文字进行移动和删除。将鼠标移向该文本描述框，按住鼠标左键即可随意移动文本描述框。如果要删除文字，先选中文字，然后按 Delete 键即可。

⑤ 由于受电路图和图纸版面大小的影响，在电路图上放置文本不可能输入较多的文字，若要对电路图进行详细的功能描述，可采用如下所述的添加电路描述窗。

3.5.2　添加电路描述窗

利用电路描述窗对电路的功能和使用说明进行详细的描述。在需要查看时打开，否则关闭，不会占用电路窗口有限的空间。对文字描述框进行写入操作时，执行 Tool»Description Box Editor 命令，打开电路描述窗编辑器，弹出如图 3-15 所示的电路描述窗，在其中可输入说明文字（中、英文均可），还可插入图片、声音和视频。执行 View»Description Box 命令，可查看电路描述窗的内容，但不可修改。

图 3-15　电路描述窗

3.5.3　添加注释

利用注释描述框输入文本可以对电路的功能、使用进行简要说明。添加注释描述框的方法是：在需要注释的元器件旁，执行 Place»Comment 命令，弹出图标，双击该图标，打开如图 3-16 所示的 Comment Properties 对话框，在 Comment text 区中输入文本。注释文本的字体选项可以在 Comment Properties 对话框的 Font 选项卡中设置，注释文本的放置位置及背景颜色、文本框的尺寸可以在 Comment Properties 对话框的 Display 选项卡中设置。在电路图中，在需要查看注释内容时需将鼠标移到注释图标处，否则只显示注释图标。

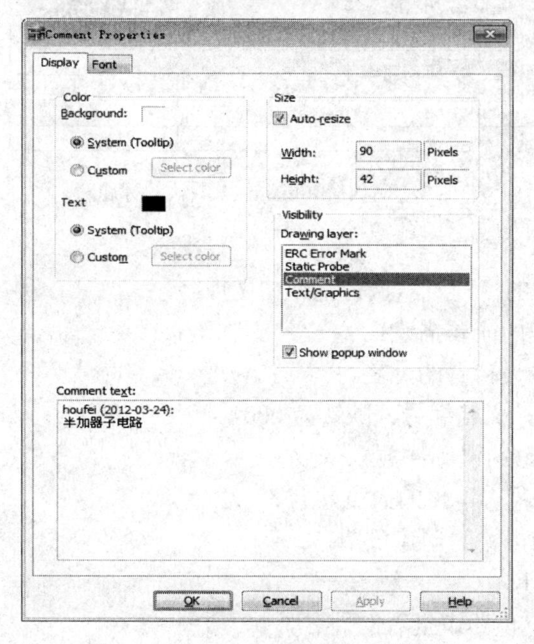

图 3-16　Comment Properties 对话框

图 3-17 是包含注释的全加器电路图。其中子电路 SC1 和开关 J3 添加了注释，子电路 SC1 的注释既显示注释图标又显示注释内容（鼠标移到子电路 SC1 的注释图标处），而开关 J3 只显示注释图标。

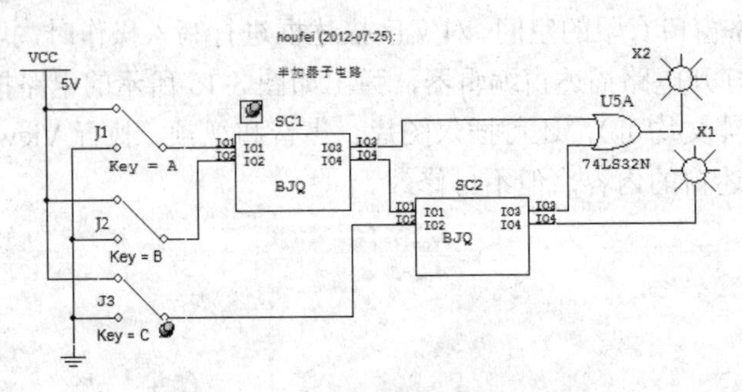

图 3-17　包含注释的全加器电路图

3.5.4　添加标题栏

在电路图纸的右下角常常放置一个标题栏，对电路图的创建日期、创建人、校对人、使用人、图纸编号等信息进行说明。放置标题栏的方法是：执行 NI Multisim11 用户界面的 Place»Title Block 命令，弹出打开对话框，将文件路径添加为 NI Multisim 11 安装路径下的 Titleblocks 子目录，在该文件夹中存放了 NI Multisim 11 为用户设计的 6 个标题栏文件。

例如，选中 NI Multisim 11 默认标题文件（default.tb7），单击打开按钮，可弹出如图 3-18 所示的标题栏。

National Instruments 801-111 Peter Street Toronto, ON M5V 2H1 (416) 977-5550	NATIONAL INSTRUMENTS ELECTRONICS WORKBENCH GROUP	
Title:　减法电路	Desc.: 减法电路	
Designed by:　hcj	Document No:　0001	Revision:　1.0
Checked by:　kk	Date:　2012-03-23	Size:　A
Approved by:　dd	Sheet　1　of　1	

图 3-18　NI Multisim 11 默认的标题栏

标题栏主要包含以下信息。

- ☑　Title：电路图的标题。默认为电路的文件名。
- ☑　Desc：对工程的简要描述。
- ☑　Designed by：设计者的姓名。
- ☑　Document No：文档编号。默认为 0001。
- ☑　Revision：电路的修订次数。
- ☑　Checked by：检查电路的人员姓名。
- ☑　Date：默认为电路的创建日期。
- ☑　Size：图纸的尺寸。
- ☑　Approved by：电路审批者的姓名。
- ☑　Sheet 1 of 1：当前图纸编号和图纸总数。

若要修改标题栏，只需双击它，在弹出的 Title Block 对话框中进行修改即可。

3.6　子电路和层次化电路

3.6.1　子电路

子电路（Subcircuit）是由用户自己定义的一个电路（相当于一个电路模块），可存放在自定义元器件库供电路设计时反复调用。利用子电路可使大型的、复杂电路的设计模块化、层次化，从而提高设计效率与设计文档的简洁性、可读性，实现设计的重用，缩短产品的开发周期。

为了使用子电路，首先要创建一个子电路。下面以半加器构成全加器电路为例，详细阐述子电路的创建过程。

1．创建子电路的电路图

（1）建立将要作为子电路的电路图。例如，建立如图 3-19 所示的半加器。

（2）为了能对子电路进行连接，就要给作为子电路的电路添加输入/输出节点。在 NI Multisim11 用户界面中，执行菜单命令 Place»Connectors»HB/SC Connector 或在电路窗口空白处单击鼠标右键，在弹出的快捷菜单中执行 Place on Schematic»HB/SC Connector 命令添加输入/输出节点。对于本例，也就是分别给两个输入端点、两个输出端点添加输入/输出节点。添加完毕后的电路图如图 3-20 所示。

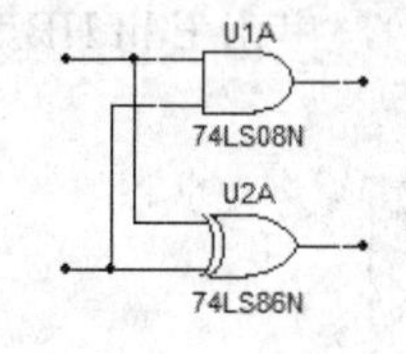

图 3-19　半加器

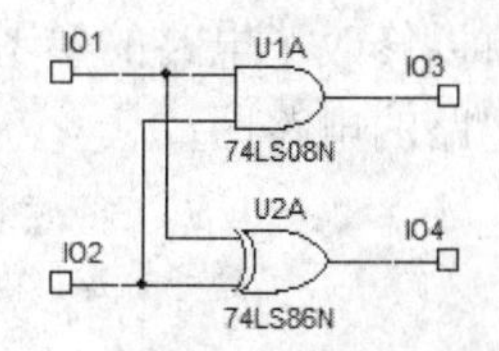

图 3-20　添加输入/输出节点的半加器

至此，就完成了一个子电路的电路图的建立。

2．添加子电路

建立子电路的内部电路图后，下一个步骤就是将此电路转化成一个子电路并把它放到电路窗口中，具体操作步骤如下。

（1）全部选中图 3-20 所示的电路图，执行 Place»Replace by Subcircuit 命令或单击鼠标右键，在弹出的快捷菜单中执行 Replace by Subcircuit 命令，弹出 Subcircuit Name 对话框，如图 3-21 所示。

（2）在 Subcircuit Name 对话框中，给所创建的子电路起一个名字，例如给半加器子电路命名为 BJQ。

（3）命名之后，单击 OK 按钮，在电路窗口中的鼠标箭头处出现一个尾随的虚框，表明子电路已做好放置的准备。

（4）移动鼠标到合适的地方单击鼠标左键，即可完成一个子电路的放置。放置的半加器子电路如图 3-22 所示。

图 3-21　Subcircuit Name 对话框

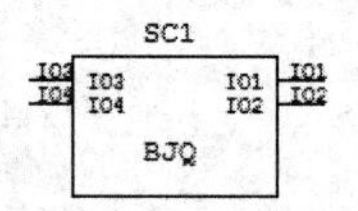

图 3-22　半加器子电路

（5）在含有子电路的电路窗口中，子电路可作为一个元件使用。在本例中，用半加器实现全加器的电路如图 3-23 所示。

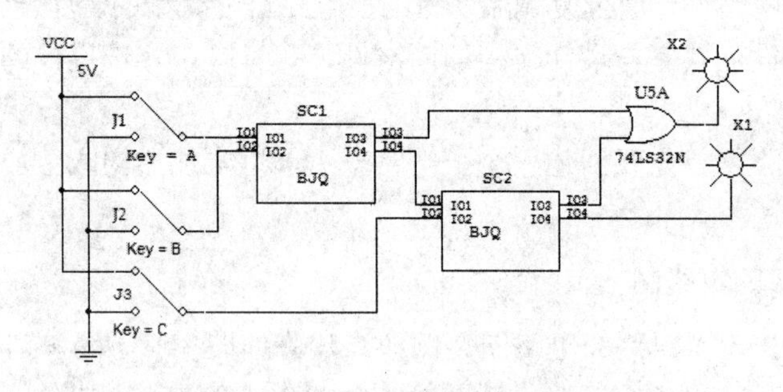

图 3-23　含子电路的全加器仿真电路

启动仿真，观察输入与输出的逻辑关系，与全加器功能一致。

3．编辑子电路

双击电路图中的子电路，弹出 Hierarchical Block/Subcircuit 对话框，如图 3-24 所示。通过此对话框可以修改子电路的参考序列号（Reference ID），单击 Edit HB/SC 按钮，可以查看和修改子电路的电路图。

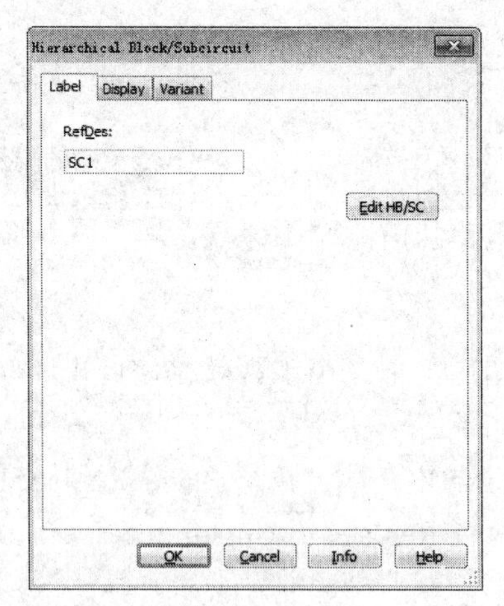

图 3-24　Hierarchical Block/Subcircuit 对话框

在电路窗口中对元件的操作都适合于子电路。如添加子电路后，子电路的名称就会出现在元件列表中；选中子电路后，单击鼠标右键执行相应的弹出菜单命令，可以对子电路进行剪切、复制、水平翻转、垂直翻转、顺时针 90°旋转、逆时针 90°旋转、设置颜色、字体和符号等操作。

注意：子电路不能直接打开，必须从它所嵌套的电路图中打开。子电路的保存是随着所嵌套的电路图的保存而被保存，它是所嵌套电路文件的一部分。子电路能被修改，所作的修改直接反映/传输到它所嵌套电路图中的子电路上。

此外，也可先创建子电路符号再编辑具体电路。即执行 Place»New Subcircuit 命令，弹出 Subcircuit Name 对话框，如图 3-21 所示。给子电路命名后，单击 OK 按钮，出现如图 3-25 所示的子电路符号。

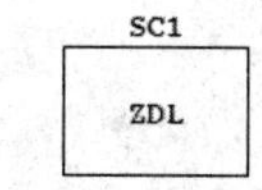

图 3-25　子电路符号

双击子电路符号，弹出如图 3-24 所示的 Hierarchical Block/Subcircuit 对话框，单击 Edit HB/SC 按钮，弹出子电路编辑窗口，创建子电路的电路图即选取电路元器件、连线并添加输入/输出节点，返回主电路窗口时在主电路窗口会显示带 I/O 引脚的子电路模块。

3.6.2　分层电路

NI Multisim 11 允许设计者创建一个内部相互连接的分层电路，以提高电路设计的重复性和一致性。例如，可以建立一个常用电路设计的电路图库，这些电路可以包含在其他电路中，也可以用于创建其他分层电路的设计。由于 NI Multisim 11 允许相互连接的局部电路连接在一起，因此对其中某一电路进行修改，所作的修改自动反映到和它相联系的其他电路中。采用这种方法可以使复杂电路的设计分解为数个相互联系的局部电路的设计，设计小组的每个成员负责一个局部电路设计，任何局部电路的修改都直接反映到总电路的设计中。

下面以稳压电源电路为例，详细阐述分层电路的创建过程。

将图 3-26 所示稳压电源电路中的+5V 稳压电源、+15V 稳压电源和-15V 稳压电源用分层模块表示，使电路简洁。

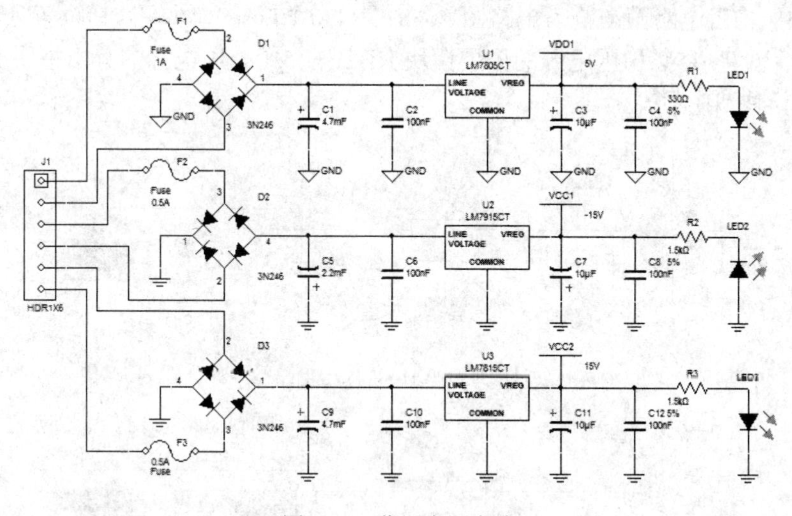

图 3-26　稳压电源电路

（1）启动 NI Multisim 11 仿真软件，将默认打开的电路文件 Design1 换名存盘，存盘的文件名为 PowerSupply。

（2）在 PowerSupply 文件下创建如图 3-27 所示的+5V 稳压电路图，并在合适位置处添加 HB/SB 连接器。

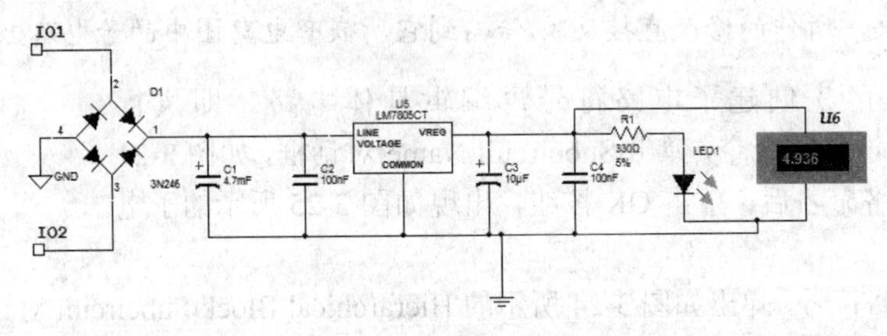

图 3-27　+5V 稳压电路图

（3）选中+5V 稳压电路图，执行 Place»Replace by Hierarchical Block 命令，弹出 Hierarchical Block Properties 对话框，如图 3-28 所示。

（4）创建+5V 稳压电源的分层模块。在 File name of hierarchical block 文本框中输入分层模块名称，如 7805，单击 Browse 按钮选择文件保存的合适路径，单击 OK 按钮，在 PowerSupply 电路窗口中出现如图 3-29 所示的 7805 模块 HB3。

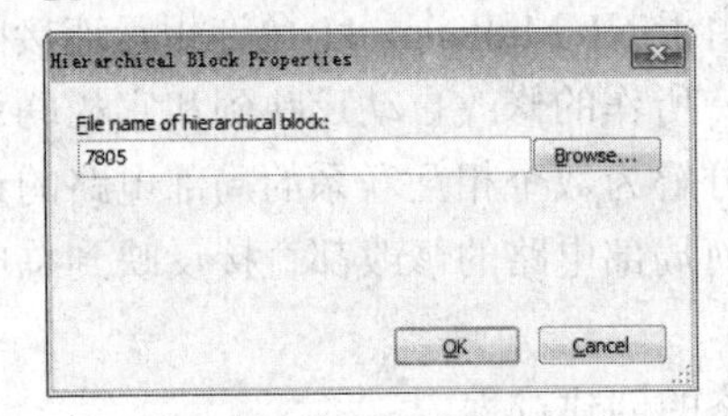

图 3-28　Hierarchical Block Properties 对话框

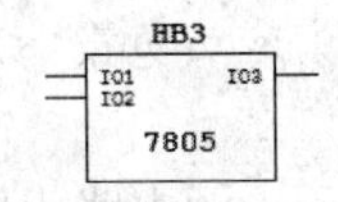

图 3-29　放置的+5V 稳压电源的分层模块

（5）在 PowerSupply 电路窗口中分别创建如图 3-30、图 3-31 和图 3-32 所示+15V 稳压电路图、-15V 稳压电路图和输入电路图（含 HDR1X6、Fuse），并在合适位置处添加 HB/SB 连接器。然后创建+15V 稳压电源的分层模块 HB2、-15V 稳压电源的分层模块 HB1 和输入电路的分层模块 HB4。

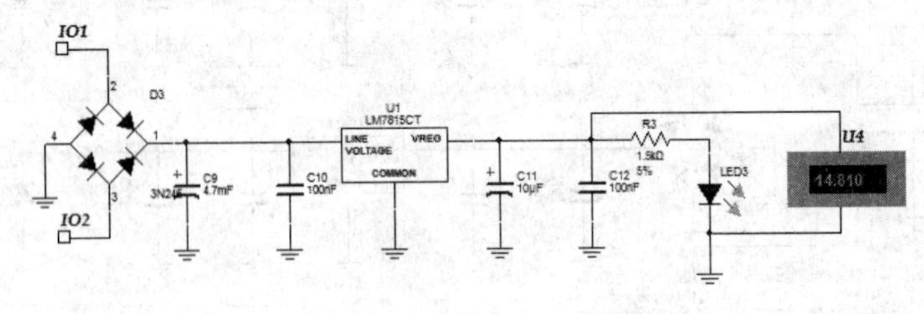

图 3-30　+15V 稳压电路

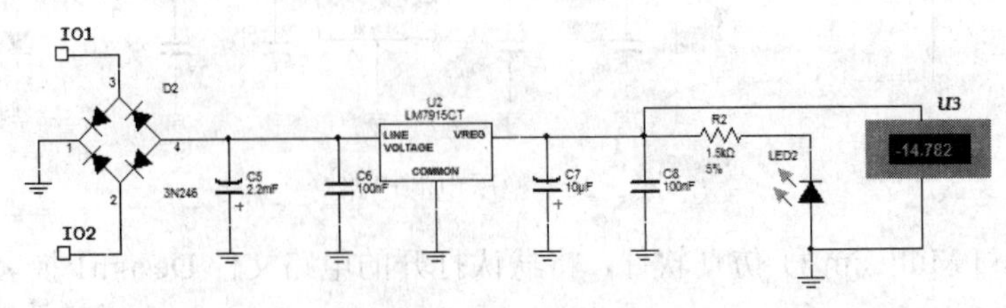

图 3-31　-15V 稳压电路

（6）完成分层设计的稳压电源电路图。在 PowerSupply 电路窗口中选择各个 HB 模块并连线，如图 3-33 所示。

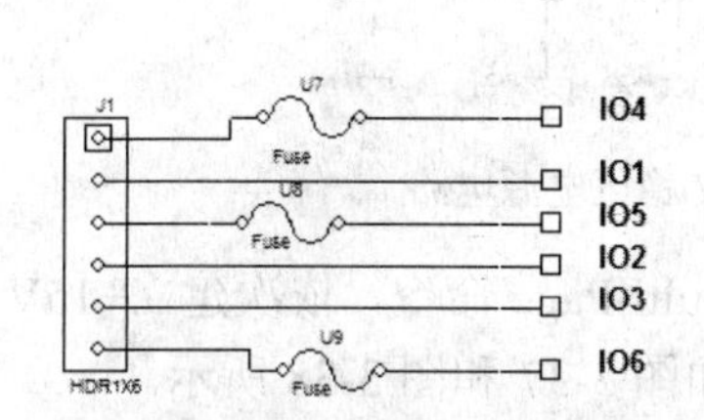

图 3-32　分层设计的输入电路图

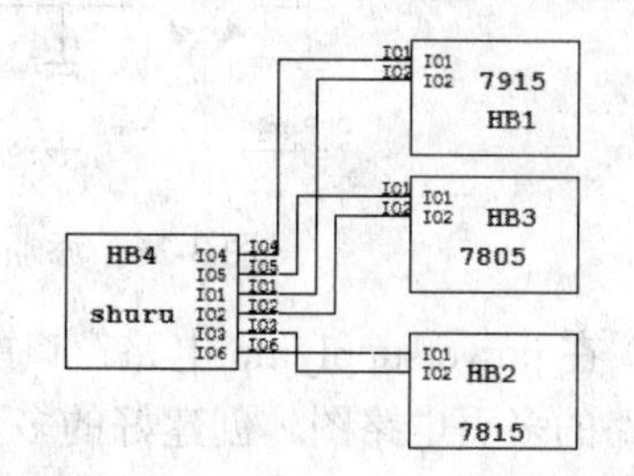

图 3-33　分层设计的稳压电源电路图

启动仿真，观察仿真，可发现该电路仿真结果与图 3-26 所示稳压电源电路仿真结果一致，但显然更为简洁。

3.6.3　多页电路

在电路设计过程中，有些电路图太大以至于不能在一张电路图中放置所有的元件。在这种情况下，NI Multisim 11 提供了多页电路的设计，首先将一个较大的电路图分解成数个局部电路图，然后分别创建局部电路图，最后使用多页连接器将这些局部电路图连接起来。

下面以稳压电源电路为例，详细阐述多页电路的创建过程。

将图 3-26 所示稳压电源电路中的+5V 稳压电源、+15V 稳压电源和−15V 稳压电源用多页电路表示，使总电路简洁。

（1）启动 NI Multisim 11 仿真软件，将默认打开的电路文件 Design1 换名存盘，存盘的文件名为 powersupplymp，此电路图为多页电路的根电路图。

（2）在 powersupplymp 文件下执行 Place»Multi-Page 命令，弹出 Page Name 对话框，输入 7805 模块名称如图 3-34 所示。单击 OK 按钮，打开如图 3-35 所示的 powersupplymp #7805 页面。

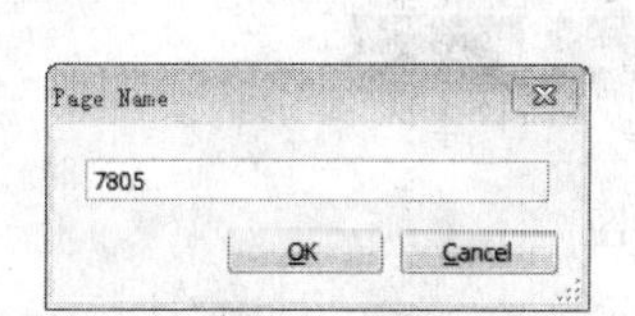

图 3-34　Page Name 对话框

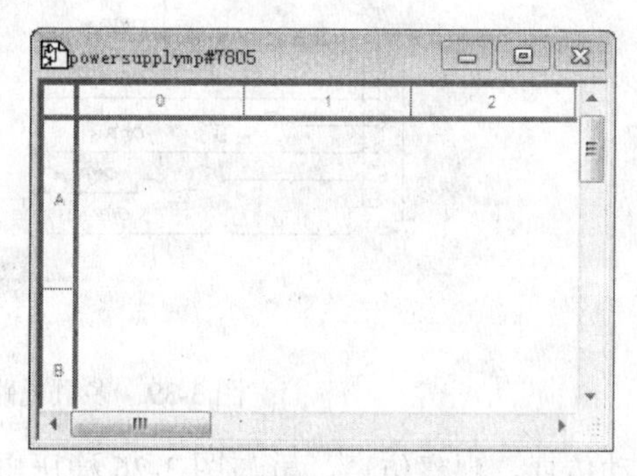

图 3-35　powersupplymp#7805 页面

（3）在图 3-35 所示的 powersupplymp#7805 页面创建+5V 稳压电源电路图，并在合适位置处添加 Off-page 连接器，如图 3-36 所示。

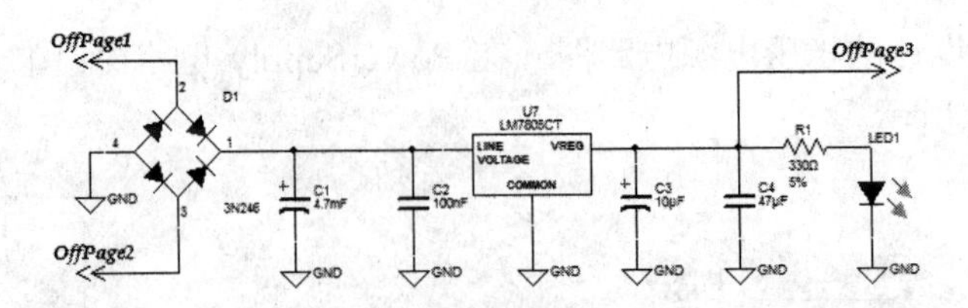

图 3-36　添加多页连接器的+5V 稳压电源电路

（4）在 powersupplymp 电路窗口中执行 Place»Multi-Page 命令，依次建立+15V 和−15V 稳压电路的多页电路图，创建好的多页电路图分别如图 3-37 和图 3-38 所示。

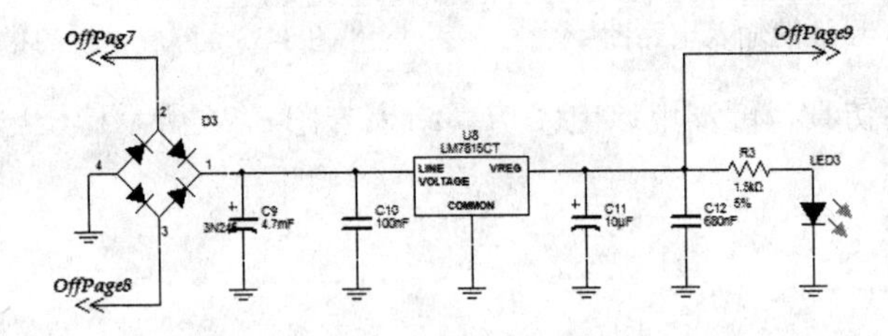

图 3-37　添加多页连接器的+15V 稳压电源电路

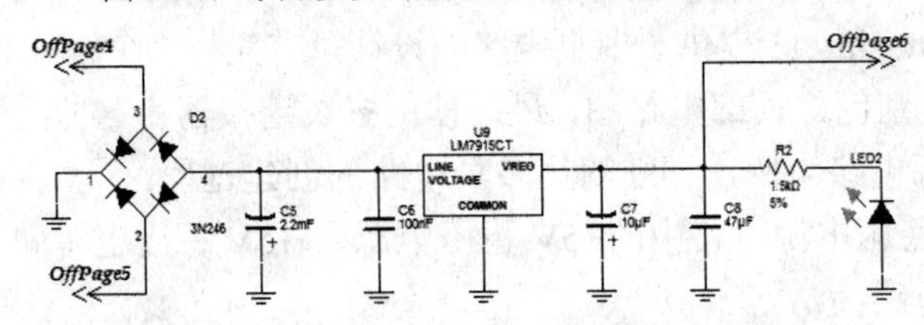

图 3-38　添加多页连接器的−15V 稳压电源电路

（5）在 powersupplymp 根电路图窗口中，添加电压表、插座和保险丝，然后添加相应的多页连接器，创建好的多页电路中的根电路图如图 3-39 所示。

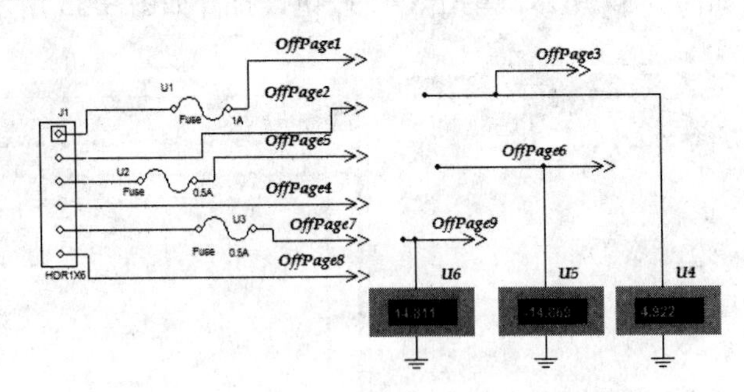

图 3-39　多页电路中的根电路图

启动仿真，观察仿真，虽与图 3-26 稳压电源电路仿真结果一致，但图 3-39 简洁。

3.7　仿真电路的处理

仿真电路创建之后，利用 NI Multisim 11 提供的各种仿真分析就可以对电路进行仿真和调试，以达到预期的目的。此外，为了更好地分析电路的性能，加强与其他应用软件的联系，NI Multisim 11 仿真软件还提供了对电路进行进一步处理的功能，即产生电路的各种报告、对仿真的结果进行后处理和电路的某种信息与其他 Windows 应用软件之间的相互交换。

3.7.1　电路的统计信息报告

在仿真电路窗口中，执行 Reports 菜单下的相应命令会产生元件列表清单、元件详细信息报告、网表报告、电路图统计报告、空闲逻辑门报告和模型数据报告等报告，对仿真电路执行 NI Multisim 11 用户界面的 View 命令，选择 SPICE Netlist Viewer 选项会产生该电路的 SPICE 网表文件。

为了观察电路统计信息报告，下面以如图 3-40 所示的数字钟晶振时基仿真电路为例，详细阐述电路统计信息报告。下面的操作均是在创建数字钟晶振时基仿真电路的基础上执行不同命令。

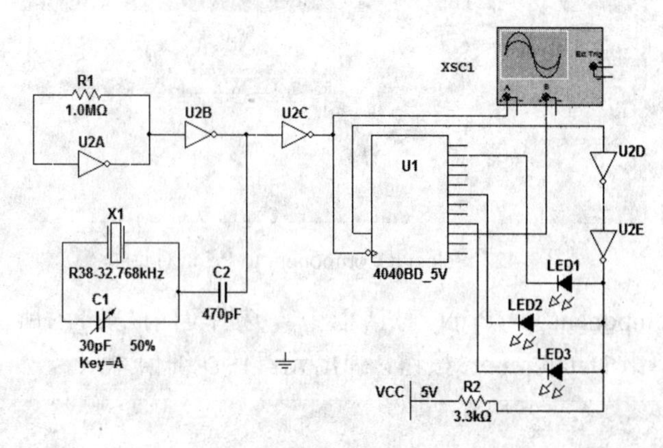

图 3-40　数字钟晶振时基仿真电路

1. 元件列表清单

元件列表清单（Bill of Materials）提供了当前电路图中的元件列表和摘要信息，主要包括元件的数量、种类、参考序列号和封装等内容。执行 Reports»Bill of Materials 命令，弹出如图 3-41 所示的 Bill of Materials 报表。

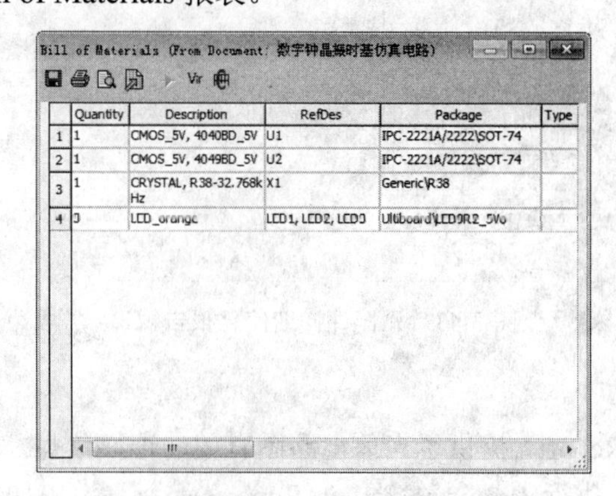

Bill of Materials (From Document: 数字钟晶振时基仿真电路)

	Quantity	Description	RefDes	Package	Type
1	1	CMOS_5V, 4040BD_5V	U1	IPC-2221A/2222\SOT-74	
2	1	CMOS_5V, 4049BD_5V	U2	IPC-2221A/2222\SOT-74	
3	1	CRYSTAL, R38-32.768kHz	X1	Generic\R38	
4	3	LED_orange	LED1, LED2, LED3	Ultiboard\LED9R2_5Vo	

图 3-41　Bill of Materials 报表

2．元件详细信息报告

元件详细信息报告（Component Detail Report）用于显示特定元件存储在 NI Multisim 11 数据库中的所有信息，执行 Reports»Component Detail Report 命令，弹出如图 3-42 所示的 Select a Component to Print 对话框。

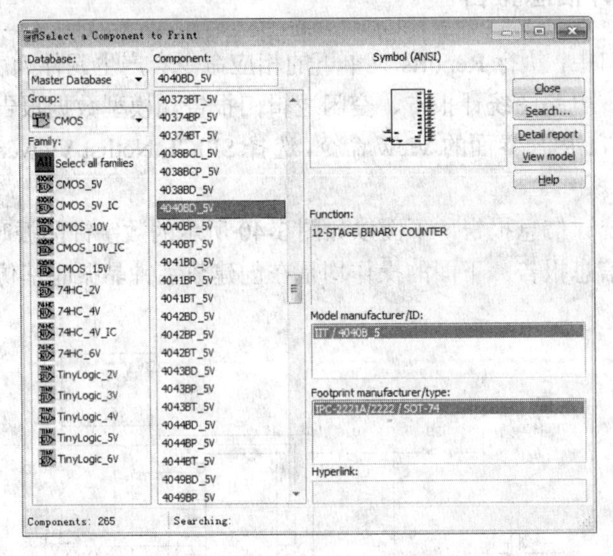

图 3-42　Select a Component to Print 对话框

在 Select a Component to Print 对话框中，选择当前电路图所用的元件，如选择 4040BD_5V，然后单击 Detail report 按钮，弹出元器件详细信息报告窗口，如图 3-43 所示。

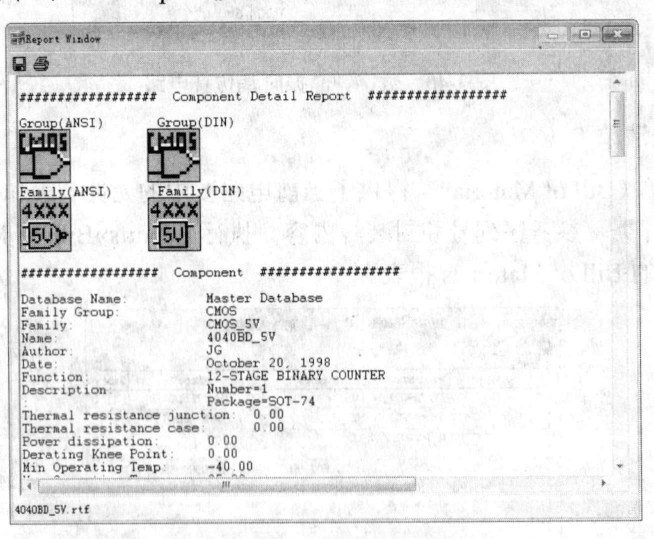

图 3-43　元器件详细信息报告窗口

3．网表报告

网表报告（Netlist Report）提供了当前电路图有关的连接信息，如网线名称、文件名和逻辑引脚名称等信息。执行 Reports»Netlist Report 命令，弹出如图 3-44 所示的 Netlist

Report 报表。

Netlist Report (From Document: 数字钟晶振时基仿真电路)

	Net	Sheet	Component	Pin
1	0	数字钟晶振时基仿真电路	Ground	1
2	1	数字钟晶振时基仿真电路	U2	I2
3	1	数字钟晶振时基仿真电路	R1	2
4	1	数字钟晶振时基仿真电路	U2	O1
5	2	数字钟晶振时基仿真电路	U2	I1
6	2	数字钟晶振时基仿真电路	R1	1
7	3	数字钟晶振时基仿真电路	C2	1
8	3	数字钟晶振时基仿真电路	X1	X2
9	3	数字钟晶振时基仿真电路	C1	1
10	4	数字钟晶振时基仿真电路	C1	2
11	4	数字钟晶振时基仿真电路	X1	X1
12	5	数字钟晶振时基仿真电路	U2	O2
13	5	数字钟晶振时基仿真电路	C2	2
14	5	数字钟晶振时基仿真电路	U2	I3

图 3-44　Netlist Report 报表

4．电路图统计报告

电路图统计报告（Schematic Statistics Report）显示了当前电路的有关信息统计，主要有元件总数（Number of components）、真实元件数（Number of real components）、虚拟元件数（Number of virtual components）、所用逻辑门的数目（Number of gates）、引脚连线数（Number of nets）、有网线的引脚数（Number of pins in nets）、未连接引脚数（Number of unconnected pins）、引脚总数（Number of total pins）、多页电路的图数（Number of pages）、多层电路的图数（Number of hierarchical blocks）、唯一多层电路的图数（Number of unique hierarchical blocks）、子电路数（Number of subcircuits）和唯一子电路数（Number of unique subcircuits）等信息。执行 Reports»Schematic Statistics 命令，弹出如图 3-45 所示的 Schematic Statistics Report 报表。

5．空闲门报告

空闲门报告（Spare Gates Report）列出了电路图的复合元件中未被使用的单元个数。执行 Reports»Spare Gates Report 命令，弹出如图 3-46 所示的 Spare Gates Report 报表。

Schematic Statistics Report (From Document: 数字

	Name	Quantity
1	Components	16
2	Real components	10
3	Virtual components	6
4	Gates	5
5	Nets	17
6	Pins in nets	36
7	Unconnected pins	18
8	Total pins	54
9	Pages	1
10	HB instances	0
11	Unique HBs	0
12	SB instances	0
13	Unique SBs	0

图 3-45　Schematic Statistics Report 报表

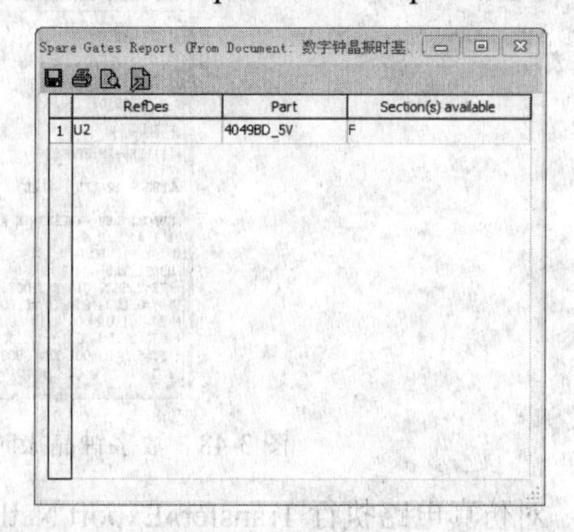
Spare Gates Report (From Document: 数字钟晶振时基

	RefDes	Part	Section(s) available
1	U2	4049BD_5V	F

图 3-46　Spare Gates Report 报表

通过空闲门报告，可以快速查看复合元件中可用门的情况。例如，在数字钟晶振时基仿真电路中，一个集成电路 4049BD_5V 芯片含有 6 个非门，目前用了 5 个非门，尚有 1 个非门可用。

6．相互参照报告

相互参照报告（Cross Reference Report）提供了当前电路图中所有元件相关信息的列表。执行 Reports»Cross Reference Report 命令，弹出如图 3-47 所示的 Cross Reference Report 报表。

Cross Reference Report (From Document: 数字钟晶振时基仿真电路)

	RefDes	Description	Family	Package	Sheet
1	0	GROUND	POWER_SOURCES	-	
2	VCC	VCC	POWER_SOURCES	-	
3	X1	R38-32.768kHz	CRYSTAL	R38	数字钟晶振时基仿真电路
4	C2	470pF	CAPACITOR	-	数字钟晶振时基仿真电路
5	C1	30pF	VARIABLE_CAPACITOR	-	数字钟晶振时基仿真电路
6	U1	4040BD_5V	CMOS_5V	SOT-74	数字钟晶振时基仿真电路
7	U2	4049BD_5V	CMOS_5V	SOT-74	数字钟晶振时基仿真电路
8	R1	1.0MΩ	RESISTOR	-	数字钟晶振时基仿真电路
9	R2	3.3kΩ	RESISTOR	-	数字钟晶振时基仿真电路
10	LED1	LED_orange	LED	LED9R2_5Vo	数字钟晶振时基仿真电路

图 3-47　Cross Reference Report 报表

由图 3-47 可知，相互参照报告罗列了当前电路图中所有元件的参考序列号、描述、所在系列和电路图名称等内容。

7．SPICE 网表文件

SPICE 网表文件提供了当前电路图中所有元件的 SPICE 网表信息。对仿真电路执行 View»SPICE Netlist Viewer 命令，即可显示该电路的 SPICE 网表文件，如图 3-48 所示。也可直接单击工具栏中的图标，显示或隐藏该电路的 SPICE 网表文件图标。

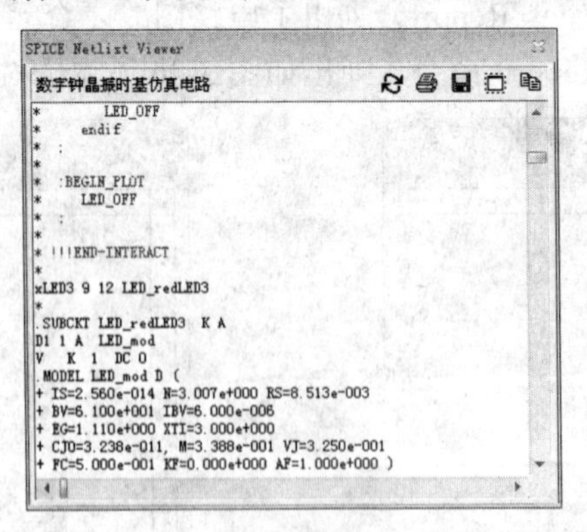

图 3-48　数字钟晶振时基仿真电路的 SPICE 网表文件

对仿真电路执行 Transfer»Export Netlist 命令，弹出一个 Windows 风格的另存对话框，如图 3-49 所示。

图 3-49　Windows 风格的另存为对话框

在此对话框中输入文件名和存放路径，此时文件格式默认为*.cir，最后单击“保存”按钮。NI Multisim 11 会自动创建 SPICE 网表文件。

3.7.2　仿真电路信息的输入/输出方式

NI Multisim 11 可以与其他电路设计软件之间进行电路图或仿真结果的传输，以便对这些数据做进一步处理。

利用 NI Multisim 11 创建了电路图之后，主要有两个目的：一是对电路图进行仿真，用仿真的结果指导实际电路的调试，缩短了电子产品的开发周期，降低了电路开发成本；二是根据电路图制作 PCB 板，这就需要将电路图的有关信息传送给 PCB 设计软件。

1．将电路图输出到印刷电路板设计软件 Ultiboard

Ultiboard 是印刷电路板设计的一种应用软件，也是由 NI 公司研制开发的。它最具特色的功能是：Ultiboard 不仅可以接受元件连接的信息，还能接受某些仿真的结果（如线宽分析的仿真结果）。将电路图输出到电路板设计软件 Ultiboard 的过程如下所述。

（1）执行 Transfer»Transfer to Ultiboard11 或 Transfer to Ultiboard file 命令，将会出现一个 Windows 风格的 Save As 对话框。

（2）在该对话框中输入文件名和存放路径，此时文件格式默认为*.ewnet，最后单击 Save 按钮。NI Multisim 11 会自动创建一个可导入 Ultiboard 使用的文件。

注意：若电路图中含有虚拟元件，将会弹出一个提示对话框，提示“电路图中含有××个虚拟元件，这些虚拟元件将不会被输出”。

2．将电路图输出到其他印刷电路板设计软件

NI Multisim 11 可将元件的连接信息输出到其他印刷电路板设计软件中，如 Protel、Layout、OrCAD、P-CAD 等，具体步骤如下。

（1）执行 Transfer»Export to other PCB Layout 命令，将弹出一个 Windows 风格的 Save As 对话框。

（2）在该对话框中输入文件名和存放路径，在文件存放类型的下拉列表中选择相应软件制造商的名称，然后单击 Save 按钮，NI Multisim 11 将自动创建一个能被该制造商 PCB 板设计软件调用的文件。

3.7.3 后处理器

后处理器是专门对电路仿真结果进行数学运算的工具，常用的数学运算有代数运算、三角函数运算、指数运算、对数运算、复数运算、矢量运算和逻辑运算等，其运算结果用图形形式表示。例如，瞬态分析输出曲线除以输入曲线得到电路的增益特性曲线，电压乘以电流得到电路的功率等。

对电路进行后处理主要分两个步骤，一是利用电路仿真结果中的变量，建立数学表达式。二是设置显示控制参数，观察表达式运算结果。具体操作步骤如下所述。

1. 建立数学表达式

建立数学表达式就是根据电路仿真结果中的变量和后处理器提供的数学运算建立所要求的数学表达式，具体步骤如下。

（1）执行 Simulate»Postprocessor 命令，弹出 Postprocessor 对话框，如图 3-50 所示。

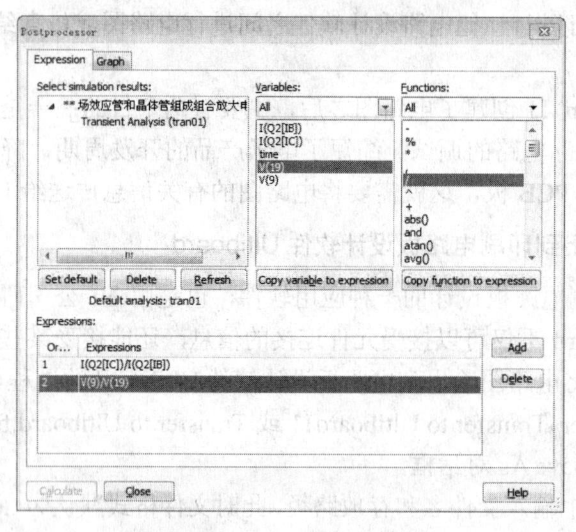

图 3-50　Postprocessor 对话框

（2）选择 Expression 选项卡。在 Select simulation results 列表框中列举了 NI Multisim11 仿真电路的名称和对该电路进行过的仿真分析。每一仿真分析后都有序号，表示对该电路仿真的类型和次数，在 Variables 列表框中，显示对电路进行仿真分析时所设置的输出变量。例如，在图 3-50 的 Select simulation results 列表框中，Transient Analysis（tran01）表示对电路场效应管和晶体管组合放大器进行的第 1 次仿真分析是瞬态分析，在 Variables 列表框中所显示的 V(9)、V(19)、I(Q2[IC]))和 I(Q2[IB])表示对电路场效应管和晶体管组合放大器进行瞬态分析时，所选择的输出变量是 V(9)、V(19)、I(Q2[IC]))和 I(Q2[IB])。

（3）在 Variables 列表框中选择定义建立表达式所需要的变量，然后单击 Copy variable

to expression 按钮。所选择变量就会自动加到 Expressions 选项组中的 Expressions 栏中，且变量以分析的编号作为前缀。

（4）在 Functions 列表框中选择所需的函数，然后单击 Copy function to expression 按钮，所选择函数就会自动加到 Expressions 选项组中的 Expressions 栏中。

（5）重复选择所用的仿真分析、变量和函数，直至完成表达式的建立。

（6）建立表达式后，找 Add 或按 Enter 键，将新建表达式保存在 Expressions 栏中，并开始第 2 个表达式的建立。重复以上步骤以建立更多的表达式。

2．查看结果

（1）在图 3-50 所示的 Postprocessor 对话框中，选择 Graph 选项卡，如图 3-51 所示。

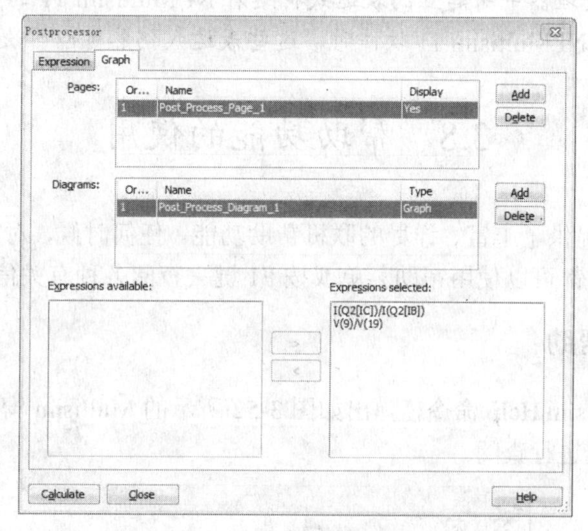

图 3-51　Graph 选项卡

（2）单击 Pages 区右侧的 Add 按钮，则在 Pages 区中的 Name 栏添加了一个默认的名称（Post_Process_Page_1），此名称是用于显示的标签页名称。单击 Display 栏，则出现一个下拉菜单，可以选择是否显示后处理器计算结果的图形。

（3）单击 Diagrams 区右侧的 Add 按钮，则在 Diagrams 区的 Name 栏中添加了一个默认的名称（Post_Process_Diagram_1），此名称是用于显示曲线的坐标系名称。单击 Diagrams 选项组中的 Type 栏将出现一个下拉菜单用于选择表达式运算结果的输出方式。

（4）在 Expressions available 列表框中显示了在 Expression 选项卡中所建立的表达式，选择相应的表达式，然后单击 > 按钮，则所选择的表达式移入 Expressions selected 列表框中。

（5）选择完毕后，单击 Calculate 按钮，则打开图形分析编辑器（Analysis Graphs），在图形分析编辑器中显示了表达式运算结果的图形。

注意：① 对电路进行后处理时，首先必须对电路进行至少一种仿真分析。
② 后处理中所用的变量是对电路进行仿真分析时选为输出的变量，没有选作输出的变量在后处理器中不能成为处理变量。

③ 在后处理器中，构成表达式的处理变量有时以电路仿真的序号为前缀，以表示当前所用的处理变量是某次仿真的结果。若在后处理器 Expression 选项卡下的 Select simulation results 列表框中选择某次仿真分析，然后单击 Set default 按钮，就会把该次仿真分析作为默认仿真，那么默认仿真中的处理变量前就没有仿真的序号。

④ 在后处理器的 Graph 选项卡中，可以建立多页、多坐标系和多波形显示。每单击 Pages 区右侧的 Add 按钮一次，就会新建一个显示页；在同一个图形显示页中，每单击 Diagrams 区右侧的 Add 按钮一次，就会新建一个坐标系；在同一个坐标系中，添加几个表达式，就会在同一坐标系中显示几个波形。

⑤ 在后处理器中所建立的表达式将随着 NI Multisim 11 的关闭自动保存起来，再次启动 NI Multisim 11 软件时，这些表达式仍然可以再次使用。

3.8 帮助功能的使用

NI Multisim 11 提供了丰富、详尽的联机帮助功能。任何时候，对某一个分析功能或操作命令没有把握时，都可以使用帮助菜单或按 F1 键去查阅各种有关信息。

3.8.1 Multisim 帮助

执行 Help»Multisim Help 命令，弹出如图 3-52 所示的 Multisim 窗口，按照目录或主题输入关键字搜索方式进行查阅。

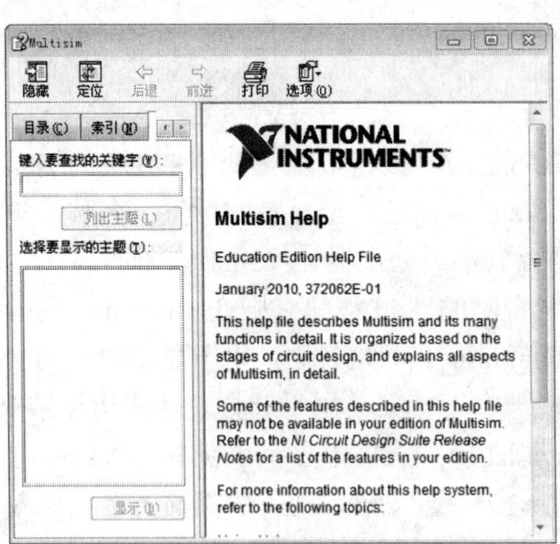

图 3-52 Multisim 窗口

3.8.2 元器件参考信息帮助

执行 Help»Component Reference 命令，弹出如图 3-53 所示的 Component Reference 窗口，按照目录或主题输入关键字搜索方式进行查阅。

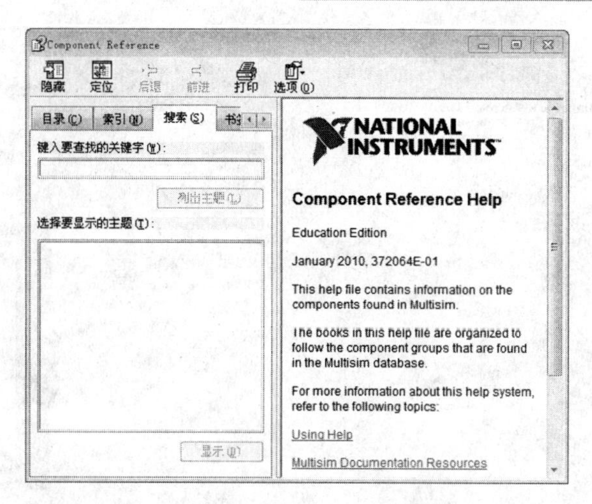

图 3-53　Component Reference 窗口

也可以在仿真电路图中查阅某一元器件的特性，打开元器件的属性对话框，单击 Help 按钮，也会出现如图 3-53 所示的窗口，或单击 Info 按钮，弹出如图 3-54 所示的该元器件的 Component Reference 窗口，方便用户查阅。

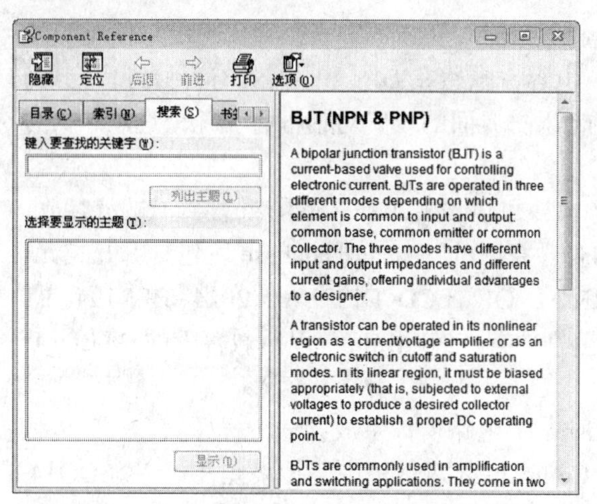

图 3-54　Component Reference 窗口

3.8.3　其他帮助功能

1．文件信息的查阅

执行 Help»File Information 命令，弹出如图 3-55 所示的 File Information 对话框，从中可知仿真电路名称、保存路径、Multisim 版本、文件创建的作者等信息。

2．Multisim 11 帮助文档的查阅

执行 Help»Release Notes 命令，弹出如图 3-56 所示的 NI Multisim 11 帮助文档窗口，从中可详尽阅读 NI Multisim 11 的信息。

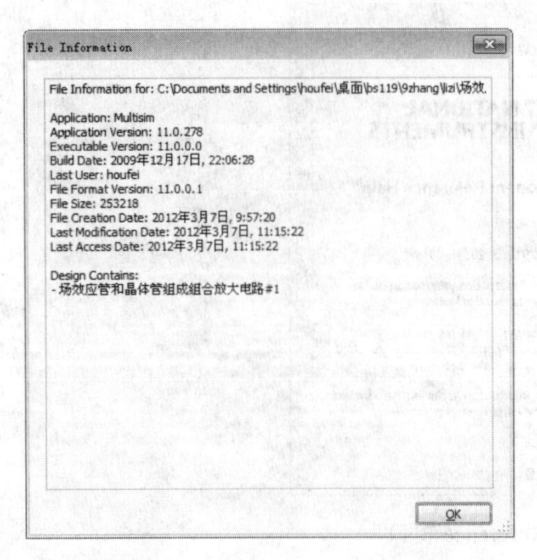

图 3-55　File Information 对话框

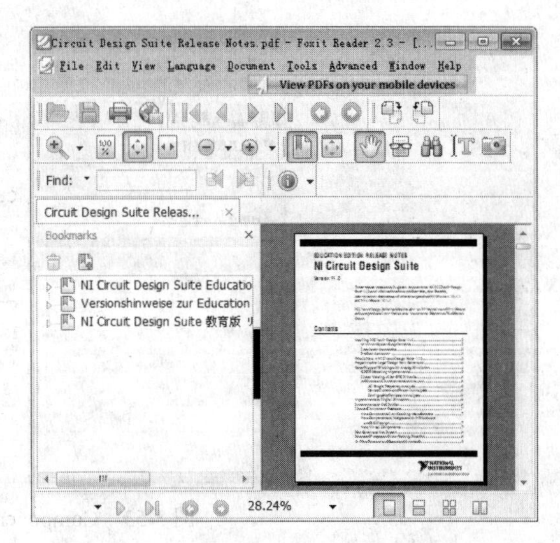

图 3-56　NI Multisim 11 帮助文档窗口

习　题

1．试比较电阻、电容、电感在 DIN 和 ANSI 符号标准中元件符号有什么不同？

2．NI Multisim 11 用户界面的设置对话框有哪几个选项卡？各选项卡内的选项功能是什么？

3．选择哪些菜单命令可以设置工作区的图纸大小、显示参数？

4．NI Multisim 11 教育版的 Master Database 库包含哪几类元件库？

5．元器件 THERMAL_OL、LCD_DISPLAY_20x4、BFR194、LT1568IGN、LM2931CM、PLUS_MINUS_ONE 分别放置在 NI Multisim 11 教育版的 Master Database 库的哪个类型库中？如何查找？

6．试在 NI Multisim 11 电路窗口中放置一个标题栏。

7．试在 Select a Component 对话框中，搜索元件封装为 DO14 的集成电路。

8．试查看 74LS74N 的模型参数。

9．试查看电阻、可变电阻、电容、可变电容、电感等虚拟元件的属性对话框中可设置参数的含义。

10．试创建如图 3-57 所示的电压控制正弦波电路，输入为三角波，其振幅为 5.5V，频率为 1kHz，偏置为 7V。启动仿真按钮，观察示波器所显示的波形。

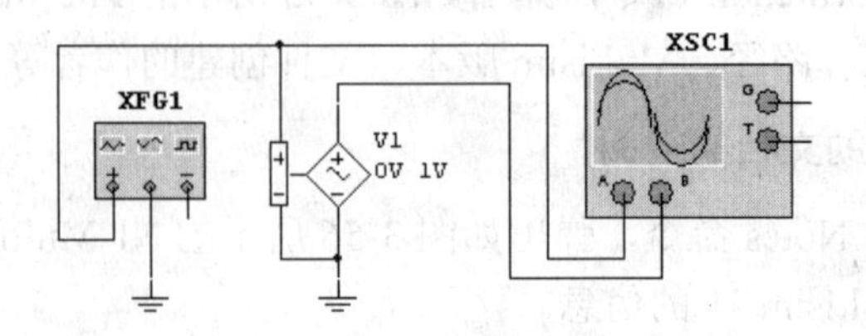

图 3-57　电路图

11．试用 Subcircuit 命令创建一个晶体管放大电路的子电路。
12．在 NI Multisim 11 中执行哪些菜单命令能在当前的电路图产生网表报告？
13．在 NI Multisim 11 中执行哪些菜单命令能在当前的电路图产生 SPICE 网表文件？
14．在 NI Multisim 11 的电路窗口中如何显示电路图的连接点序号？
15．用 Subcircuit 命令创建含+5V、+12V 和−12V 子电路的稳压电源。

第4章 NI Multisim 11 虚拟仪表

NI Multisim 11 提供了 20 多种虚拟仪表可以用来测量仿真电路的性能参数，这些仪表的设置、使用和数据读取方法大都与现实中的仪表一样，它们的外观也和实验室中的仪表相似。图 4-1 为 NI Multisim 11 的虚拟仪表工具栏，从上到下依次是数字万用表、函数信号发生器、瓦特表、双踪示波器、四通道示波器、波特图仪、频率计数器、字信号发生器、逻辑分析仪、逻辑转换仪、IV 分析仪、失真度仪、频谱分析仪、网络分析仪、安捷伦的函数信号发生器、安捷伦的万用表、安捷伦的示波器、泰克示波器、动态测试探针、LabVIEW 仪表、NI ELVISmx 仪表和电流测试探针。

在 NI Multisim 11 用户界面中，用鼠标指向仪表工具栏中需放置的仪表，单击鼠标左键，就会出现一个随鼠标移动的虚显示的仪表框，在电路窗口合适的位置，再次单击鼠标左键，仪表的图标和标识符就被放置到工作区上。仪表标识符用来识别出仪表的类型和放置的次数。例如，在电路窗口中放置第一个万用表被称为 XMM1，放置第二个万用表被称为 XMM2 等，这些编号在同一个电路里是唯一的。

注意：① 若仪表工具栏没有显示出来，可以执行 View»Toolbars»Instrument Toolbar 命令，显示仪表工具栏；或选择 Simulate»Instruments 命令中的相应仪表，也可以在电路窗口中放置相应的仪表。

② 电压表和电流表并没有放置在仪表工具栏中，而是放置在指示元件库中。

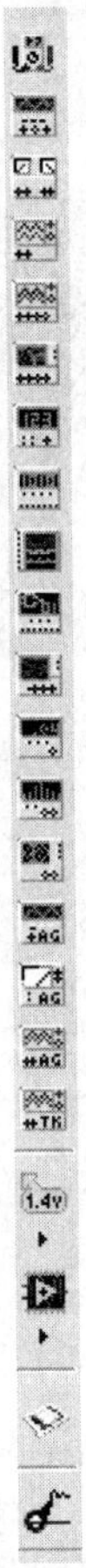

图 4-1　虚拟仪器工具栏

尽管虚拟仪表与现实中的仪表非常相似，但它们还是有一些不同之处。下面将分别介绍常用虚拟仪表的功能和使用方法。

4.1 模拟仪表

4.1.1 数字万用表

与实验室里的数字万用表一样，NI Multisim 11 中的数字万用表（Multimeter）也是一种多功能的常用仪器，可用来测量直（交）流电压或电流、电阻以及电路两节点间的电压损耗分贝等。它的量程根据待测量参数的大小自动确定，其内阻和流过的电流可设置为近似的理想值，也可根据需要更改。

虚拟数字万用表的图标和面板如图 4-2 所示。其外观与实际仪表基本相同，连接方法与现实万用表完全一样，都是通过“+”、“-”两个接线端子将仪表与电路相连，完成相应的测试。

1．数字万用表的设置图

数字万用电表的控制面板可分为 3 个区，由上到下依次为测量结果显示区、被测信号选择区、仪表参数设置区。

图 4-2　数字万用表的图标和面板

（1）被测信号选择区

通过单击 A V Ω dB 等按钮，可实现对测量对象的选取。当选择测量电路中的电流或电压时，需要根据测量直流量或交流量的要求，选择 ～（交流档）或 —（直流档）。

☑　交流档：测量交流电压或电流信号的有效值。

注意： 此时，被测电压或电流信号中的直流成分都将被数字万用表滤除，所以测量的结果仅是信号的交流成分。

☑　直流档：测量直流电压或者电流的大小。

注意： 测量一个既有直流成分又有交流成分的电路的电压平均值时，将一个直流电压表和一个交流电压表同时并联到待测节点上，分别测直流电压和交流电压的大小。电压的平均值可通过下面的公式计算：

$$\text{RMS}\ voltage = \sqrt{(V_{\text{dc}}^2 + V_{\text{ac}}^2)}$$

（2）仪表参数设置区

理想仪表在测量时对电路没有任何影响，即理想的电压表有无穷大的电阻且没有电流通过，理想的电流表内阻几乎为零。实际电压表的内阻并不是无穷大，实际电流表的内阻也不是 0，所以，测量结果只能是电路的近似值，而不会完全的准确。在 NI Multisim 11 应用软件中，可以通过设置数字万用表的内阻来真实地模拟实际仪表的测量结果。

单击数字万用表面板最下方的 Set 按钮，弹出数字万用表参数设置对话框，如图 4-3 所示。该对话框中有 Electronic setting（电路设置）、Display setting（显示设置）两个区，在 Electronic setting 区中，可依次设置电流表内阻、电压表内阻、欧姆表电流、dB 相对值；

在 Display setting 区中，可依次设置电流、电压、电阻的最大显示范围。设置完成后，单击 Accept 按钮保存所作的设置，单击 Cancel 按钮取消本次设置。

2．应用举例

例 1　利用数字万用表测电压、电压损耗分贝和电阻的电路连接（如图 4-4 所示），所不同的是将数字万用表分别设置在电压档、分贝档和电阻档。

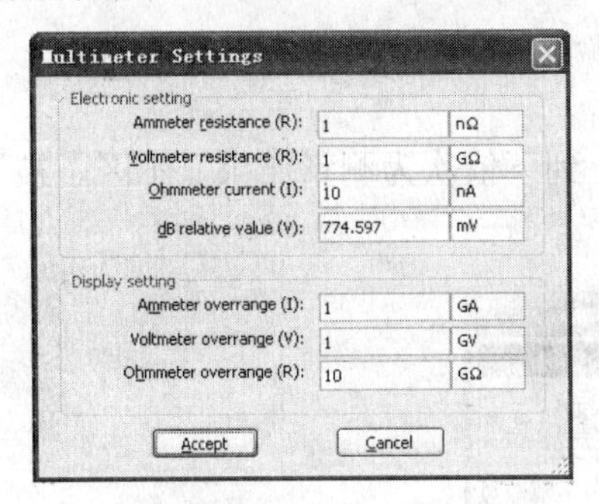

图 4-3　数字万用表的设置对话框

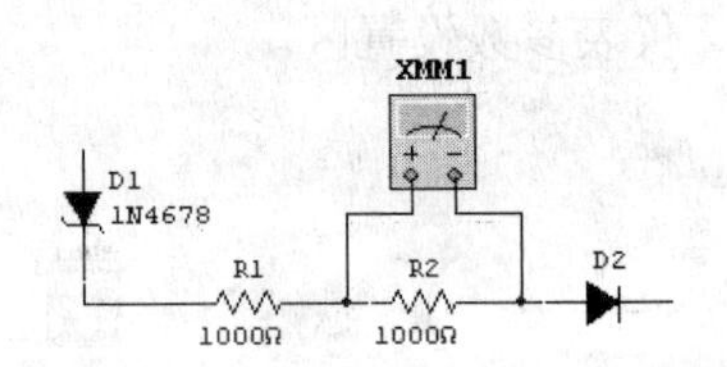

图 4-4　数字万用表测电压

4.1.2　函数信号发生器

函数信号发生器（Function Generator）是一个能产生正弦波、三角波和方波的电压信号源，可以方便地为仿真电路提供激励。函数信号发生器能够产生从音频到射频的信号，通过控制面板还能方便地对输出信号的频率、振幅、占空比和直流分量等参数进行调整。

函数信号发生器的图标和面板如图 4-5 所示，有 3 个接线端。“+”输出端产生一个正向的输出信号，公共端（Common）通常接地，“-”输出端产生一个反向的输出信号。

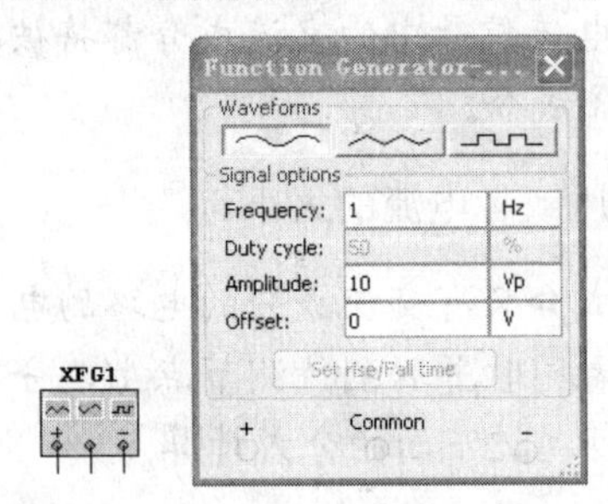

图 4-5　函数信号发生器的图标和面板

1．函数信号发生器的面板设置

函数信号发生器的控制面板可分为两个区：Waveforms 波形选择区和 Signal options 输出信号设置区。在 Waveforms 区中，单击正弦波、三角波或者方波的按钮，就可以选择相应的输出波形。

在 Signal options 区中，可以完成输出信号的以下设置。

☑　Frequency（频率）：输出信号的频率，设置范围为 1Hz～999MHz。

☑　Duty cycle（占空比）：输出信号在持续期和间歇期的比值，设置的范围为 1%～99%。

注意：该设置仅对三角波和方波有效，对正弦波无效。

☑ Amplitude（振幅）：输出信号的幅度，设置的范围为 1V～999kV。

注意：① 若输出信号含有直流成分，则所设置的幅度为从直流到信号波峰的大小。
② 如果把地线与“+”或者“-”连接起来，则输出信号的峰峰值是振幅的 2 倍。

☑ Offset（偏置）：设置输出信号中直流成分的大小，设置的范围为-999～+999kV。

☑ Set rise/Fall time 按钮：单击该按钮后弹出 Set rise/Fall time 对话框，可以设置输出信号的上升/下降时间。

注意：Set rise/Fall time 对话框只对方波有效。

2．应用举例

例 2 函数信号发生器的公共端接地，分别从“+”、“-”端输出正弦波，电路连接如图 4-6 所示。

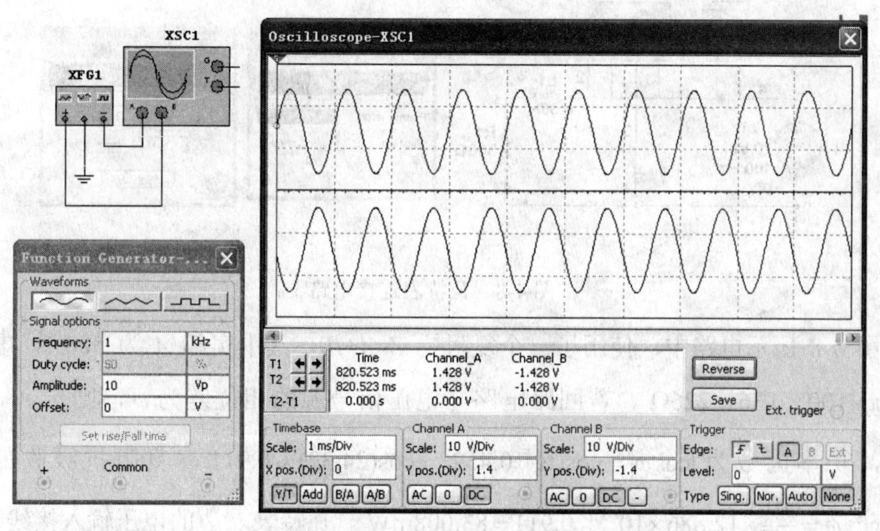

图 4-6 分别从“+”、“-”端输出正弦波

由图 4-6 可知，从“+”、“-”端输出的正弦波的振幅都是 10V，与函数信号发生器所设置的振幅相同，且在相位上反相。

4.1.3 瓦特表

瓦特表（Wattmeter）是用来测量电路功率的一种仪表。它测得的是电路的有效功率，即电路终端的电势差与流过该终端的电流的乘积，单位为瓦特。此外，瓦特表还可以测量功率因数。功率因数可以通过计算电压与电流相位差的余弦得到。

瓦特表的图标和面板如图 4-7 所示。该图标有两组输入端，左侧两个输入端为电压输入端，应与被测电路并联，右侧两个输入端为电流输入端，应与被测电路串联。

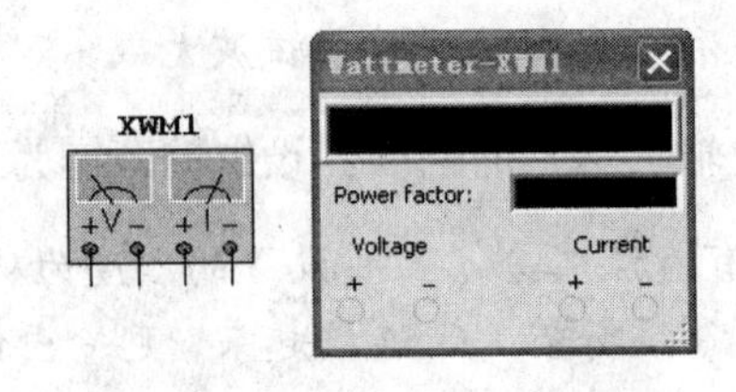

图 4-7　瓦特表的图标和面板

1．瓦特表的设置

由图 4-7 可知，瓦特表的面板没有可以设置的选项，只有两个条形显示框，一个用于显示功率，另一个用于显示功率因数。

2．应用举例

例 3　用瓦特表测量如图 4-8 所示电路的功率和功率因数。

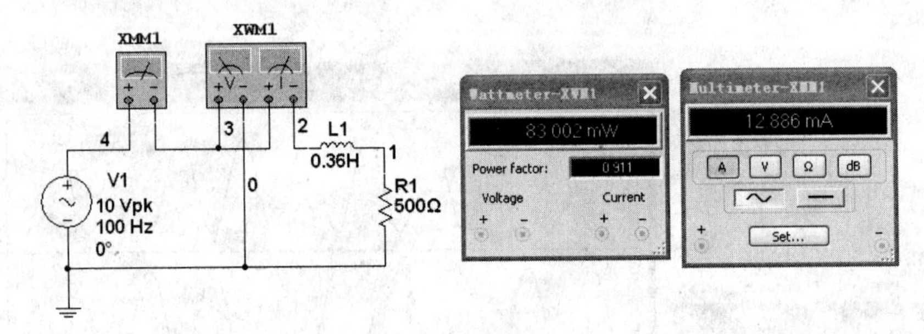

图 4-8　瓦特表连接电路

在图 4-8 所示电路中，使用了一个复阻抗 $Z=A+jB$，其中实部 A 为 500Ω，虚部 B 为 $\omega L = 2\pi \times 100 \times 0.36 \approx 226\Omega$。若回路电路与电压信号源的相位差为 φ，则 $\mathrm{tg}\varphi = \dfrac{B}{A} = \dfrac{226}{500}$ $=0.452$，功率因数为 $|\cos\varphi| = \cos(\mathrm{tg}^{-1}0.452) \approx \cos(24.32) \approx 0.911$，复阻抗吸收的功率为 $P = UI\cos\varphi = \dfrac{10}{\sqrt{2}} \times 12.886 \times 10^{-3} \times 0.911 = 83.008\mathrm{mW}$。瓦特表左边的电压输入接线端子要与被测阻抗并联，右边的电流输入接线端子要与被测阻抗串联。运行仿真，测得功率为 83.002mW，功率因数为 0.911，与理论计算结果基本一致。

4.1.4　双踪示波器

双踪示波器（Oscilloscope）是实验中常用到的一种仪表，不仅可以显示信号的波形，还可以通过显示波形来测量信号的幅度和周期等参数。

双踪示波器的图标和面板如图 4-9 所示。双踪示波器有 3 组接线端子，每组端子构成一种差模输入方式。A、B 两组端点分别为两个通道，Ext .Trig ger 是外触发输入端。NI Multisim 11 中的双踪示波器的连接与实际双踪示波器稍有不同，当电路图中有接地符号时，双踪示波器各组端子中的“-”端可以不接，默认为是接地。

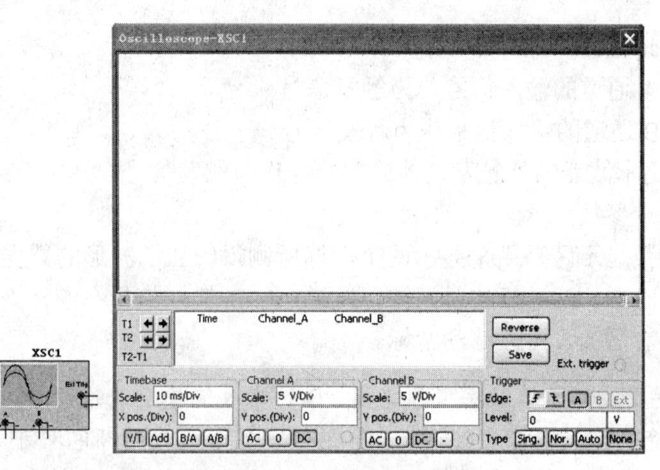

图 4-9　双踪示波器的图标和面板

1．双踪示波器的设置

双踪示波器的面板主要由显示屏、游标测量参数显示区、Timebase 区、Channel A 区、Channel B 区和 Trigger 区 6 个部分组成。

（1）Timebase 区：设置 X 轴的时间基准扫描时间。

☑ Scale：设置 X 轴方向每一大格所表示的时间。可根据显示信号频率的高低，通过单击该长条框出现的一对上、下箭头，选择合适的时间刻度。例如，一个周期为 1kHz 的信号，扫描时基参数应设置在 1ms 左右。

☑ X pos.(Div)：表示 X 轴方向时间基准的起点位置。

☑ Y/T：显示随时间变化的信号波形。

☑ Add：显示的波形是 A 通道和 B 通道的输入信号之和。

☑ B/A：将 A 通道的输入信号作为 X 轴扫描信号，B 通道的输入信号作为 Y 轴扫描信号。

☑ A/B：与 B/A 相反。

（2）Channel A 区：设置 A 通道的输入信号在 Y 轴的显示刻度。

☑ Scale：设置 Y 轴的刻度。

☑ Y pos.(Div)：设置 Y 轴的起点。

☑ AC：显示信号的波形只含有 A 通道输入信号的交流成分。

☑ 0：A 通道的输入信号被短路。

☑ DC：显示信号的波形含有 A 通道输入信号的交、直流成分。

（3）Channel B 区：设置 B 通道的输入信号在 Y 轴的显示刻度，方法与通道 A 相同。

（4）Trigger 区：设置示波器触发方式。

☑ Edge：表示将输入信号的上升沿或下降沿设为触发信号。

☑ Level：用于选择触发电平的大小。

☑ Sing.：当触发电平高于所设置的触发电平时，示波器触发一次。

☑ Nor.：只要触发电平高于所设置的触发电平时，示波器就触发一次。

☑ Auto：当输入信号变化比较平坦，或要求只要有输入信号就尽可能显示波形时，选择该选项。

☑ A：用 A 通道的输入信号作为触发信号。

☑ B：用 B 通道的输入信号作为触发信号。

☑ Ext.：用示波器的外触发端的输入信号作为触发信号。

（5）游标测量参数显示区

游标测量参数显示区是用来显示两个游标所测得的显示波形的数据。可测量的波形参数有游标所在的时刻，两游标的时间差，通道 A、B 输入信号在游标处的信号幅度。通过单击游标中的左右箭头，可以移动游标。

注意：① 设置波形显示颜色。通道 A、B 的输入信号连线的颜色就是示波器显示波形的颜色，故只要改变通道 A、B 的输入信号连线的颜色即可。

② 单击示波器面板右下方的 Reverse 按钮，可改变示波器的背景颜色（黑色或白色）。

③ 单击示波器面板右下方的 Save 按钮，可将显示的波形保存起来。

2．应用举例

例 4 用示波器观察的李莎育图形如图 4-10 所示。

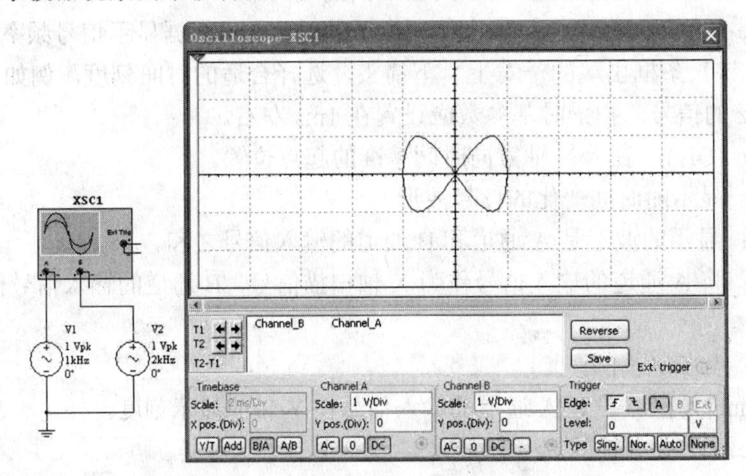

图 4-10　李莎育图形

注意：观察李莎育图形时，应在 Timebase 区单击 B/A 按钮。

4.1.5　四通道示波器

四通道示波器可以同时对四路输入信号进行观测，其图标和面板如图 4-11 所示。

1．四通道示波器的设置

四通道示波器（Four-channel Oscilloscope）的使用方法和内部参数设置方式与双踪示波器基本一致，不同的是参数控制面板多了一个通道控制器旋钮。当旋钮旋转到 A、B、C、D 中的某一通道时，即可实现对该通道的参数设置。如果想单独显示某通道的波形，则可以依次选中其他通道，单击 Channel 区中的 0 按钮（接地按钮）来屏蔽其信号。

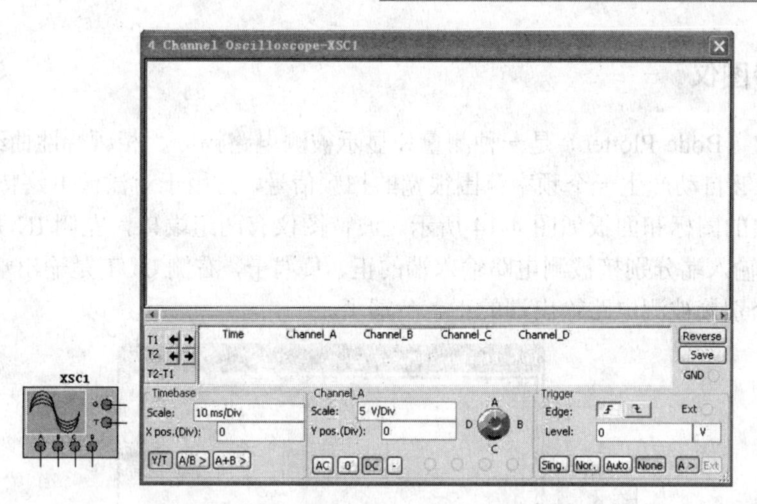

图 4-11　四通道示波器的图标和面板

2．应用举例

例 5　用四通道示波器观察信号运算电路的输入与输出信号波形。

在 NI Multisim 11 电路工作区中创建如图 4-12 所示的电路，单击仿真开关，示波器自上而下，同时显示了两个输入信号 V2、V1 及输出信号的波形，如图 4-13 所示。

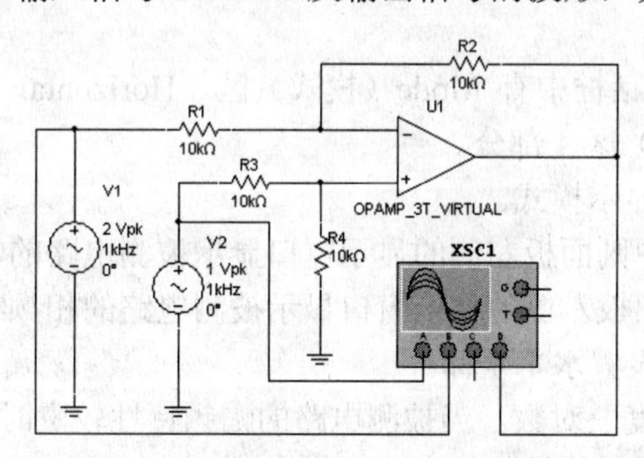

图 4-12　信号运算电路

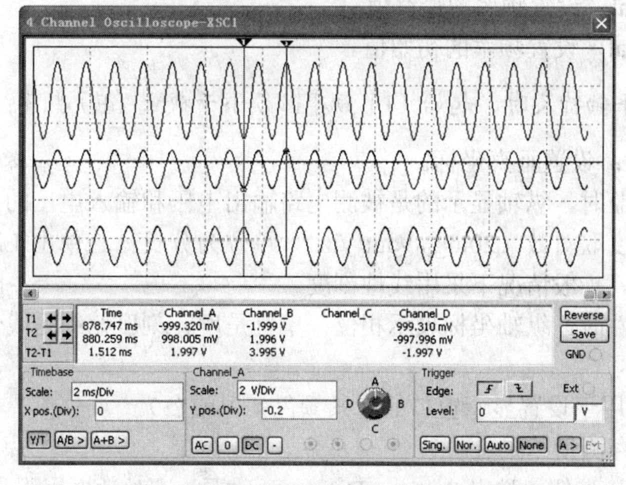

图 4-13　四通道示波器显示仿真结果

4.1.6 波特图仪

波特图仪（Bode Plotter）是一种测量和显示被测电路幅频、相频特性曲线的仪表。在测量时，它能够自动产生一个频率范围很宽的扫频信号，常用于对滤波电路特性进行分析。

波特图仪的图标和面板如图 4-14 所示。波特图仪有两组端口，左侧 IN 是输入端口，其“+”、“-”输入端分别接被测电路输入端的正、负端子，右侧 OUT 是输出端口，其“+”、“-”输入端分别接被测电路输出端的正、负端子。

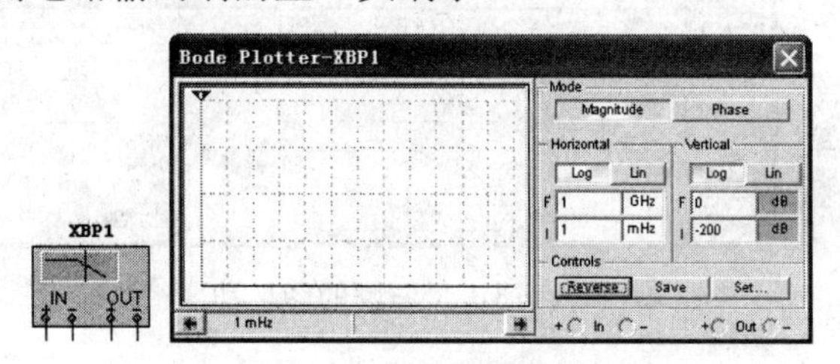

图 4-14　波特图仪的图标和面板

注意：① 电路中任何交流源的频率都不会影响到波特图仪对电路特性的测量。

② 使用波特图仪对电路特性进行测量时，被测电路中必须有一个交流信号源。

1．波特图仪的设置

在波特图仪的面板对话框中有 Mode（模式）区、Horizontal（水平）区、Vertical（垂直）区及 Controls（控制）区 4 部分。

（1）Mode 区：选择显示模式。

☑ Magnitude：选中则面板左侧的显示窗口显示被测电路的幅频特性。

☑ Phase：单击则面板左侧的显示窗口显示被测电路的相频特性。

（2）Horizontal 区：设置水平坐标。

☑ Log：X 轴的刻度取对数。当被测电路的幅频特性较宽时，选用比较合适。

☑ Lin：X 轴的刻度是线性的。

☑ F：即 Final，设置频率的最终值。

☑ I：即 Initial，设置频率的初始值。

注意：设置水平轴标尺时，起始（I）频率必须小于截止（F）频率。

（3）Vertical 区：设置垂直坐标。

当测量电压增益时，纵轴显示的是被测电路输出电压和输入电压的比值。若单击 Log 按钮，即纵轴的刻度取对数（$20\log_{10}$Vout/Vin），单位为分贝；若单击 Lin 按钮，即纵轴的刻度是线性变化的。一般情况下采用线性刻度。

当测量相频特性时，纵轴坐标表示相位，单位是度，刻度始终是线性的。

（4）Controls 区

☑ Reverse：用于设置显示窗口的背景颜色（黑或白）。

☑ Save：保存测量结果。

☑ Set：单击该按钮，弹出 Settings Dialog 对话框。该对话框用于设置扫描的分辨率。

设置的数值越大，分辨率越高，运行时间越长。

此外，移动波特图仪的垂直游标可以得到相应频率所对应的电压比的大小或相位的度数。

2．应用举例

例 6 共发射极三极管放大电路如图 4-15 所示，用波特图仪测量该电路的幅频特性和相频特性，分别如图 4-16（a）和图 4-16（b）所示。

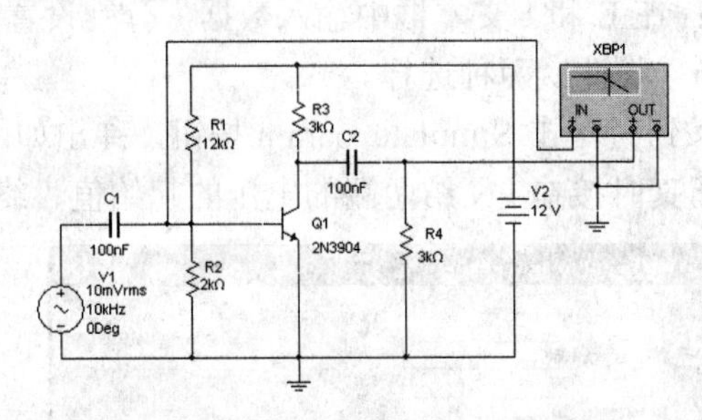

图 4-15 共发射极三极管放大电路

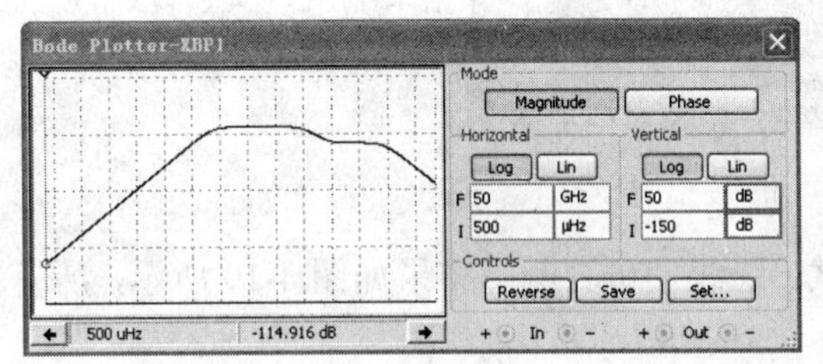

（a）幅频特性

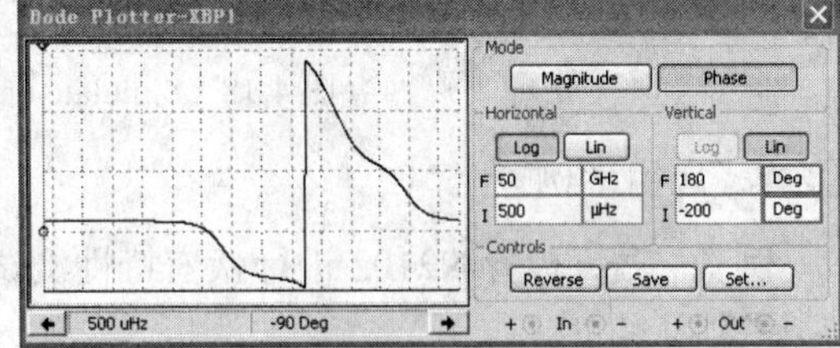

（b）相频特性

图 4-16 波特图仪的测量结果

4.1.7 伏安特性图示仪

伏安特性图示仪（IV Analyzer）在 NI Multisim 11 中专门用于测量二极管、晶体管和 MOS 管的伏安特性曲线。伏安特性图示仪的图标和面板如图 4-17 所示，伏安特性图示仪有 3 个接线端子，从左至右分别接三极管的 3 个极或二极管的 P、N 结。

图 4-17 伏安特性图示仪图标和面板

1．伏安特性图示仪的设置

伏安特性图示仪的面板分为：Components（元件选择）区、Current range（电流范围设置）区、Voltage range（电压范围设置）区和 Simulate param.（仿真参数设置）按钮等 4 部分。

（1）Components 区：单击下拉箭头后，可选择测试的管子类型，共有 Diode、BJT PNP、BJT NPN、PMOS 和 NMOS 等 6 种。

（2）Current range 区：在 F 和 I 文本框中输入数据，分别设置仿真的起始和终止电流值，有 Log（对数）和 Lin（线性）两种选择。

（3）Voltage range 区：在 F 和 I 文本框中输入数据，分别设置仿真的起始和终止电压值，有 Log（对数）和 Lin（线性）两种选择。

（4）Simulate param.按钮：单击 Simulate param.按钮，弹出如图 4-18 所示的 Simulate Parameters 对话框，设置仿真时接在 PN 结两端的电压的起始值、终止值及步进增量值。

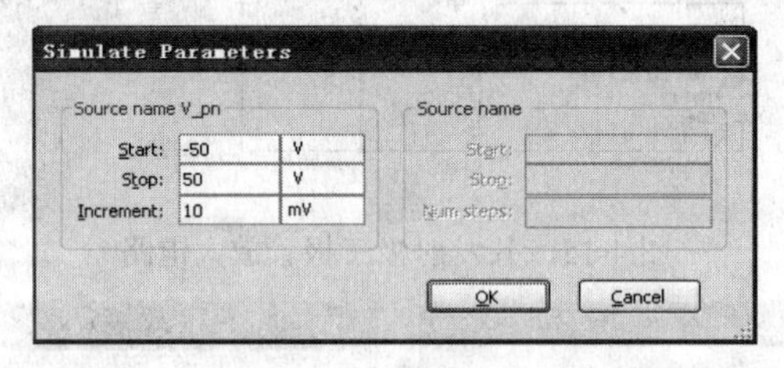

图 4-18 Simulate Parameters 设置对话框

2. 应用举例

例 7 对三极管 N2102 进行伏安特性测试。连线及仿真测量结果如图 4-19 所示，所有参数取默认值。

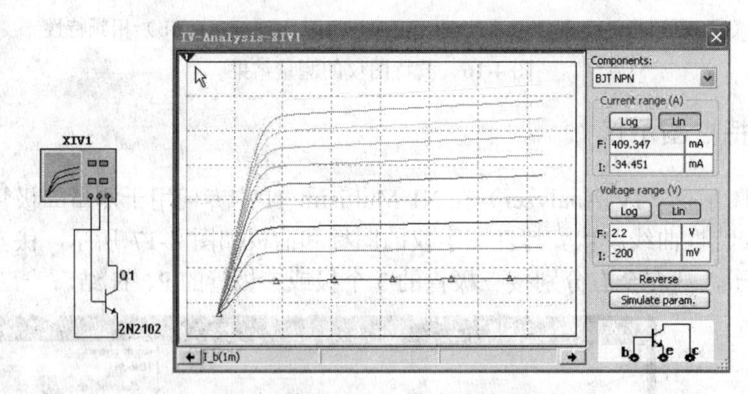

图 4-19 晶体管 N2102 伏安特性测试结果

4.1.8 失真分析仪

失真分析仪（Distortion Analyzer）是一种用于测量电路总谐波失真和信噪比的仪表，经常用于测量存在较小失真的低频信号。失真分析仪的图标和面板如图 4-20 所示，失真分析仪只有 1 个接线端子连接被测电路的输出端。

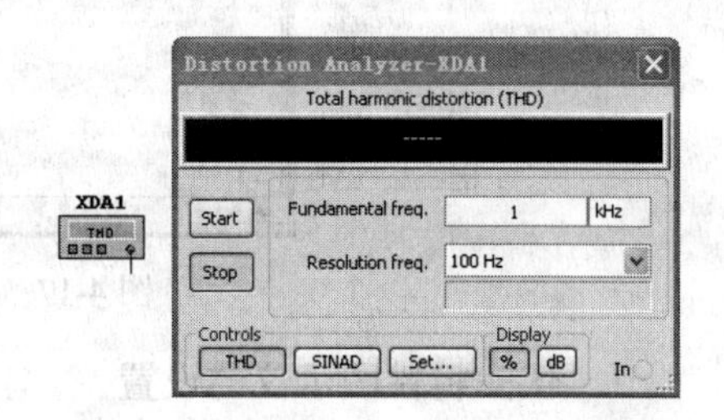

图 4-20 失真分析仪的图标和面板

1. 失真分析仪的设置

失真分析仪面板中各部分的功能及设置如下。

（1）Total harmonic distortion 文本框：用于显示所测电路的总谐波失真的大小，单位可以是%，也可以是 dB，由 Display 显示设置区的 % dB 按钮决定。

（2）Fundamental freq. 文本框：用于设置失真分析的基频。

（3）Resolution freq. 下拉列表框：用于设置失真分析的频率分辨率。

（4）Start 和 Stop 按钮：开始或停止测试。

（5）Controls 区

☑ THD 按钮：测量总谐波失真。

☑ SINAD 按钮：测量信噪比。此时失真分析仪的面板如图 4-21 所示。

☑ Set 按钮：用于设置测试的参数。单击该按钮弹出如图 4-22 所示 Settings 对话框。

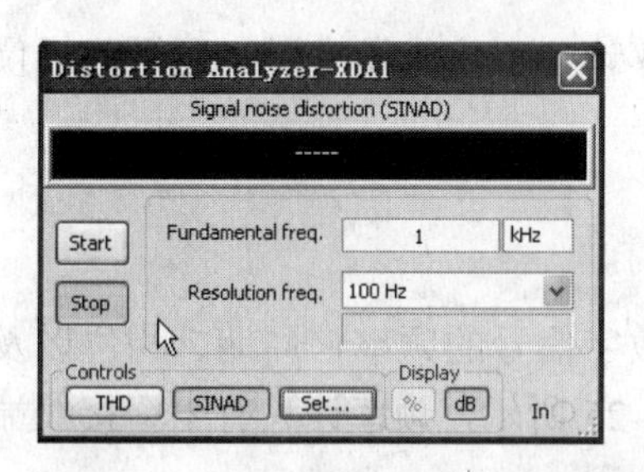

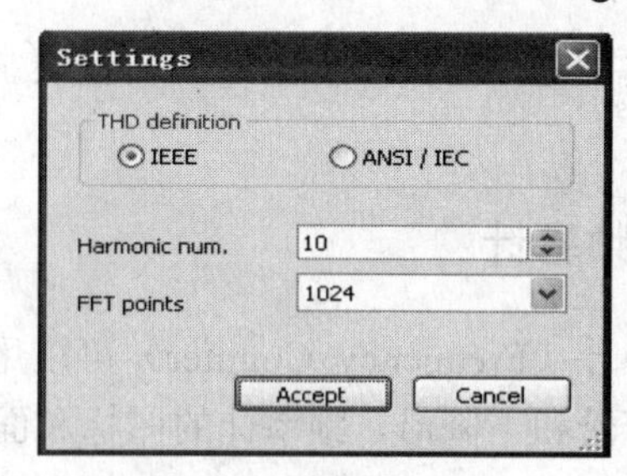

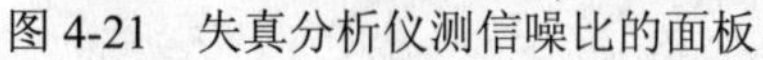

图 4-21　失真分析仪测信噪比的面板　　　　图 4-22　Settings 对话框

在图 4-22 中，THD definition 区用于选择 THD 的定义方式是 IEEE 还是 ANSI/IEC；Harmonic num.数值框用于设置谐波的次数；FFT points 下拉列表框用于设置进行 FFT 变换的点数。设置完毕后，单击 Accept 按钮可保存本次设置，单击 Cancel 按钮可取消本次设置。

2. 应用举例

例 8　对图 4-23 所示的三极管放大电路进行总谐波失真和信噪比的测量，测量结果分别如图 4-24（a）和 4-24（b）所示。

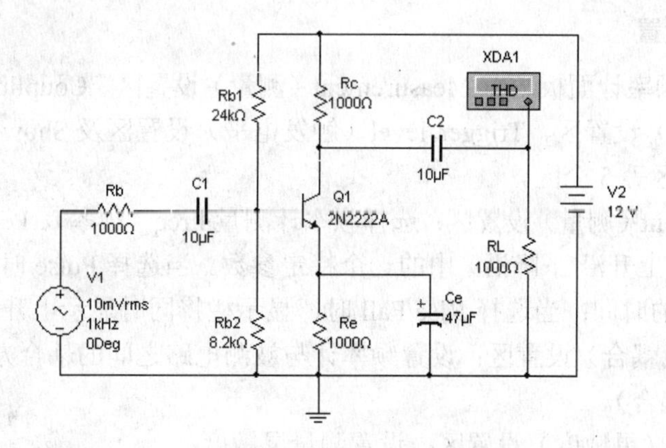

图 4-23　三极管放大电路

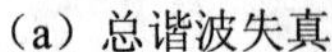

（a）总谐波失真　　　　　　　　　　（b）信噪比

图 4-24　仿真测量结果

4.2 数字仪表

在数字电路仿真分析中常用的仪表主要有频率计、字信号发生器、逻辑分析仪和逻辑转换仪。

4.2.1 频率计

频率计（Frequency Counter）可以用来测量数字信号的频率、周期、相位以及脉冲信号的上升沿和下降沿。频率计的图标和面板如图 4-25 所示，频率计只有 1 个接线端子连接被测电路节点。

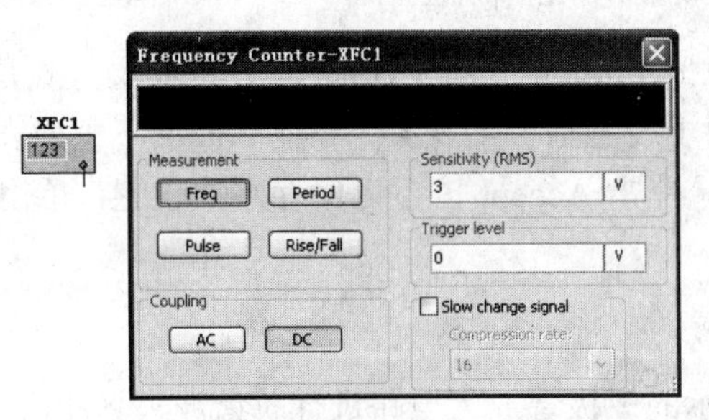

图 4-25　频率计的图标和面板

1. 频率计的设置

除显示栏外，频率计面板还有 Measurement（测量）设置区、Coupling（耦合）设置区、Sensitivity（灵敏度）设置区、Trigger level（触发电平）设置区及 Show change signal（显示变化信号）选择区等 5 个区。

（1）Measurement（测量）设置区：选择频率计测量 Freq（频率）、Period（周期）、Pulse（脉冲）、Rise/Fall（上升沿/下降沿）中的一个特定参数。当选择 Pulse 时，显示栏将同时给出正、负电平持续的时间；当选择 Rise/Fall 时，显示栏将同时显示上升和下降时间。

（2）Coupling（耦合）设置区：设置频率计与被测电路之间的耦合方式为 AC（交流耦合）或 DC（直流耦合）。

（3）Sensitivity（灵敏度）设置区：设置测量灵敏度。

（4）Trigger level（触发电平）设置区：设置触发电平，当被测信号的幅度大于触发电平时才能进行测量。

（5）Show change signal（显示变化信号）选择区：选择动态显示被测信号的频率值。

2．应用举例

例 9　用频率计测量方波信号源输出频率。在 NI Mulitism 11 电路工作区中的连接图及测量结果如图 4-26 所示。

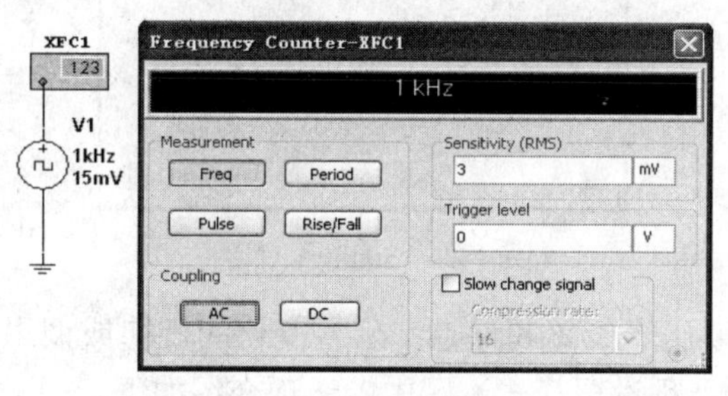

图 4-26　频率计应用举例

注意：在本例中，应选择交流耦合，还需将灵敏度减小，如设为 3mV。

4.2.2　字信号发生器

字信号发生器（Word Generator）是一个能产生 32 位（路）同步逻辑信号的仪表，常用于数字电路的连接测试。字信号发生器的图标和面板如图 4-27 所示。字信号发生器左侧有 0～15 共 16 个接线端子，右侧有 16～31 共 16 个接线端子，它们是字信号发生器所产生的 32 位数字信号的输出端。字信号发生器图标的底部有 2 个接线端子，其中 R 端子为输出信号准备好的标志信号，T 端子为外触发信号输入端。

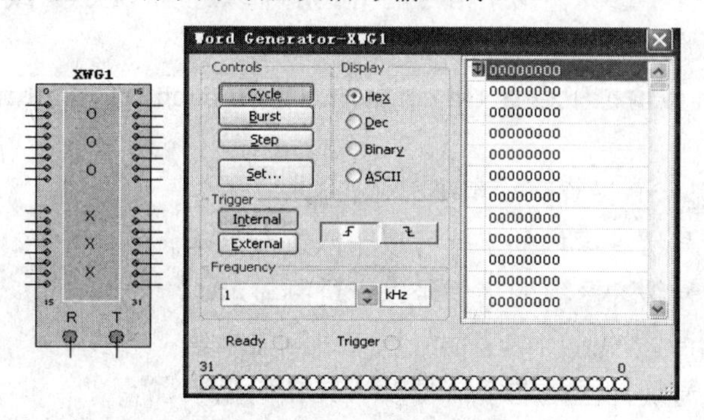

图 4-27　字信号发生器的图标和面板

1．字信号发生器的设置

字信号发生器的面板除缓存器视窗外，还有 Controls（控制）设置区、Display（显示）设置区、Trigger（触发）设置区、Frequency（频率）设置区等 4 个部分，各部分功能及参数设置如下。

（1）Controls（控制）设置区：用于设置字信号发生器输出信号的格式。

☑　Cycle：表示字信号发生器在设置好的初始值和终止值之间周而复始地输出信号。

☑　Burst：表示字信号发生器从初始值开始，逐条输出直至到终止值为止。

☑ Step：表示每单击鼠标一次就输出一条字信号。

☑ Set：单击该按钮，弹出如图 4-28 所示的 Settings 对话框。

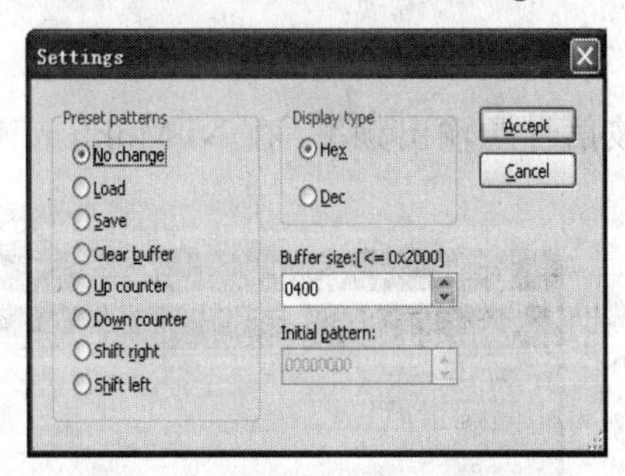

图 4-28　Settings 对话框

Settings 对话框主要用于设置和保存字信号变化的规律或调用以前字信号变化规律的文件。在 Preset patterns（预设置模式）区中的选项介绍如下。

☑ No change：不变。

☑ Load：调用以前设置字信号规律的文件。

☑ Save：保存所设置字信号的规律。

☑ Clear buffer：清除字信号缓冲区的内容。

☑ Up counter：表示字信号缓冲区的内容按逐个+1 的方式编码。

☑ Down counter：表示字信号缓冲区的内容按逐个-1 的方式编码。

☑ Shift right：表示字信号缓冲区的内容按右移方式编码。

☑ Shift left：表示字信号缓冲区的内容按左移方式编码。

在 Display type 区中选择输出字信号的格式是十六进制（Hex）或十进制（Dec）。

在 Buffer size 数值框中设置缓冲区的大小。

在 Initial pattern 数值框中设置 Up counter、Down counter、Shift right 和 Shift left 模式的初始值。

（2）Display（显示）设置区：用于显示设置。

☑ Hex：字信号缓冲区内的字信号以十六进制显示。

☑ Dec：字信号缓冲区内的字信号以十进制显示。

☑ Binary：信号缓冲区内的字信号以二进制显示。

☑ ASCII：信号缓冲区内的字信号以 ASCII 码显示。

（3）Trigger（触发）设置区：用于选择触发的方式。

☑ Internal：选择内部触发方式。字信号的输出受输出方式按钮 Step、Burst 和 Cycle 的控制。

☑ External：选择外部触发方式。必须接外触发信号，只有外触发脉冲信号到来时才输出字信号。

☑ ![]：上升沿触发。

☑ ![]：下降沿触发。

（4）Frequency（频率）设置区：用于设置输出字信号的频率。

（5）缓存器视窗：显示所设置的字信号格式。

用鼠标单击缓存器视窗左侧的 ⇃ 栏，弹出如图 4-29 所示的控制字输出的菜单，具体功能如下。

☑ Set Cursor：设置字信号发生器开始输出字信号的起点。

☑ Set Breakpoint：在当前位置设置一个中断点。

☑ Delete Breakpoint：删除当前位置设置的中断点。

☑ Set Initial Position：在当前位置设置一个循环字信号的初始值。

☑ Set Final Position：在当前位置设置一个循环字信号的终止值。

☑ Cancel：取消本次设置。

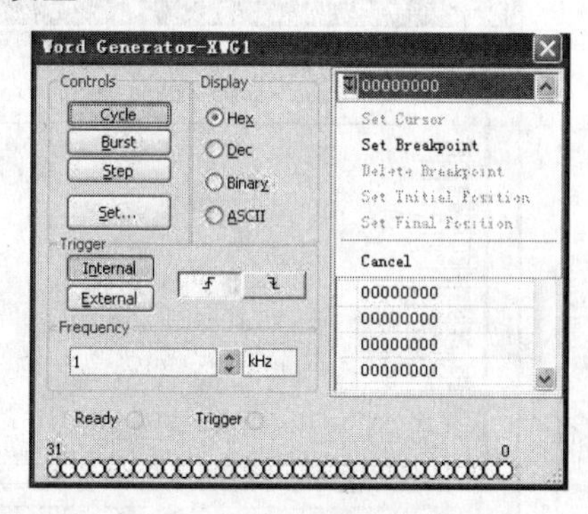

图 4-29　控制字输出的菜单

当字信号发生器发送字信号时，输出的每一位值都会在字信号发生器面板的底部显示出来。

2．应用举例

例 10　利用字信号发生器产生一个循环的二进制数，循环的初始值为 00000006H，终止值为 0000000DH，在 0000000A 处设置了一个断点，用发光二极管显示输出的状态。电路连接和字信号发生器的设置如图 4-30 所示。单击仿真开关，指示灯 X4X3X2X1 显示状态依次为：灭亮亮灭、灭亮亮亮、亮灭灭灭、亮灭灭亮、亮灭亮灭，由于设置了断点，字信号发生器输出暂停在此状态，再次单击仿真开关，X4X3X2X1 显示状态依次为：亮灭亮亮、亮亮灭灭、亮亮灭亮、灭亮亮灭、灭亮亮亮、亮灭灭灭、亮灭灭亮、亮灭亮灭。

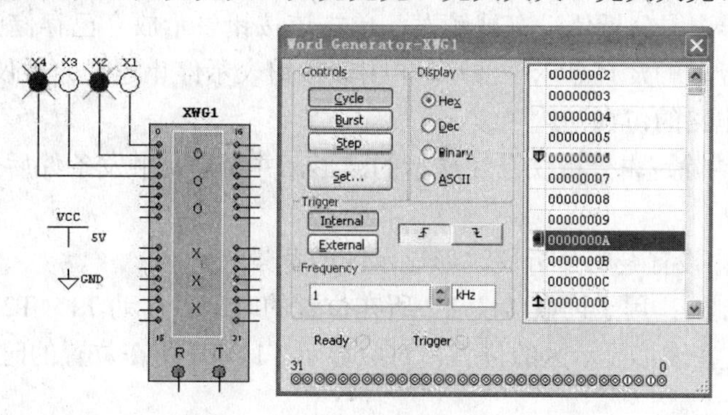

图 4-30　字信号发生器应用举例

注意：由于终止值设为0000000DH，所以X4X3X2X1的状态将从“亮亮灭亮”直接转换到“灭亮亮灭”（对应初始值为00000006H）。

4.2.3 逻辑分析仪

逻辑分析仪可以同步记录和显示16路逻辑信号，常用于数字逻辑电路的时序分析和大型数字系统的故障分析。逻辑分析仪的图标和面板如图4-31所示。逻辑分析仪左侧从上到下有16个接线端子，用于接入被测信号，图标的底部有3个接线端子，C是外部时钟输入端，Q是时钟控制输入端，T是触发控制输入端。

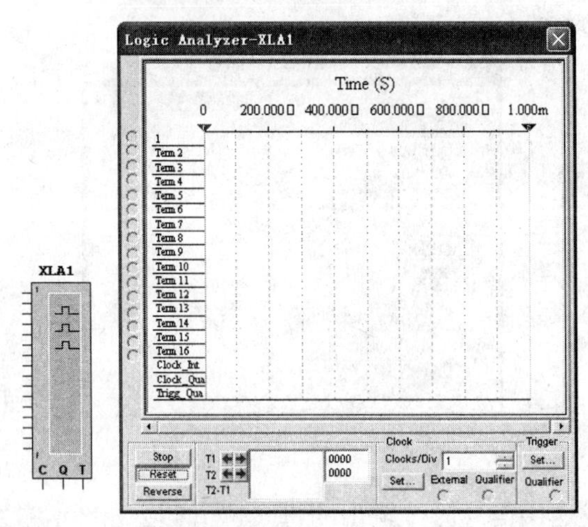

图4-31 逻辑分析仪的图标和面板

1．逻辑分析仪的设置

逻辑分析仪的面板分为波形显示区、显示控制区、游标控制区、时钟控制区、触发控制区等5部分，各部分功能及设置如下。

（1）波形显示区：用于显示16路输入信号的波形，所显示波形的颜色与该输入信号的连线颜色相同，其左侧有16个小圆圈分别代表16个输入端，若某个输入端接被测信号，则该小圆圈内出现一个黑点。

（2）显示控制区：用于控制波形的显示和清除。有3个按钮，其功能如下所述。

☑ Stop：若逻辑分析仪没有被触发，单击该按钮表示放弃已存储的数据；若逻辑分析仪已经被触发且显示了波形，单击该按钮表示停止逻辑分析仪的波形继续显示，但整个电路的仿真仍然继续。

☑ Reset：清除逻辑分析仪已经显示的波形，并为满足触发条件后数据波形的显示做好准备。

☑ Reverse：设置逻辑分析仪波形显示区的背景色。

（3）游标控制区：用于读取T1、T2所在位置的时刻。移动T1、T2右侧的左右箭头，可以改变T1、T2在波形显示区的位置，对应显示T1、T2所在位置的时刻，并计算出T1、T2的时间差。

（4）时钟控制区：通过 Clocks/Div 数值框可以设置波形显示区每个水平刻度所显示时钟脉冲的个数。单击 Set 按钮，弹出如图 4-32 所示的 Clock Setup 对话框。

☑ Clock source 区：主要用于设置时钟脉冲的来源，其中 External 选项表示由外部输入时钟脉冲，Internal 选项表示由内部取得时钟脉冲。

☑ Clock rate 区：用于设置时钟脉冲的频率。

☑ Sampling setting 区：用于设置取样的方式，其中在 Pre-trigger samples 文本框中设置前沿触发的取样数，在 Post-trigger samples 文本框中设置后沿触发的取样数，在 Threshold volt.(V)文本框中设置门限电平。

（5）触发控制区：用于设置触发的方式。单击触发控制区的 Set 按钮，弹出 Trigger Settings 对话框，如图 4-33 所示。

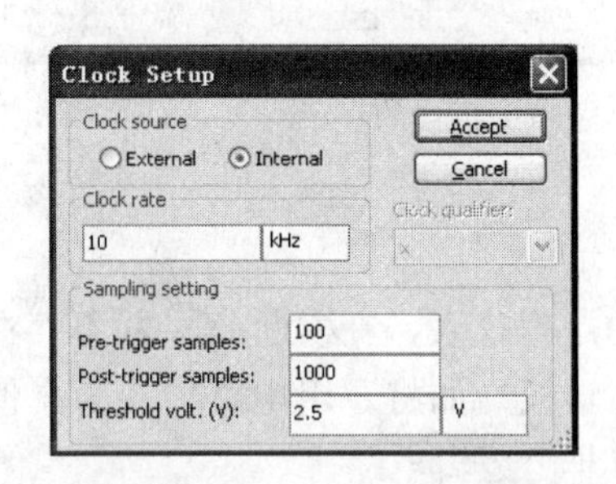

图 4-32　Clock Setup 对话框

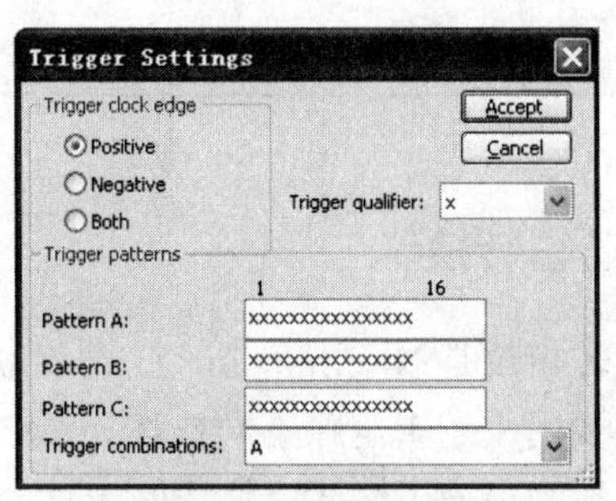

图 4-33　Trigger Settings 对话框

☑ Trigger clock edge 区用于选择触发脉冲沿，Positive 选项表示上升沿触发，Negative 选项表示下降沿触发，Both 选项表示上升沿或下降沿都触发。

☑ 在 Trigger qualifier 下拉列表中可以选取触发限制字（0、1 或随意）。

☑ Trigger patterns 区用于设置触发样本，一共可以设置 3 个样本，并可以在 Trigger combinations 下拉列表中选择组合的样本。

2. 应用举例

例 11　用逻辑分析仪观察字信号发生器的输出信号，电路如图 4-34 所示。字信号发生器的设置与逻辑分析仪的显示如图 4-35 所示。

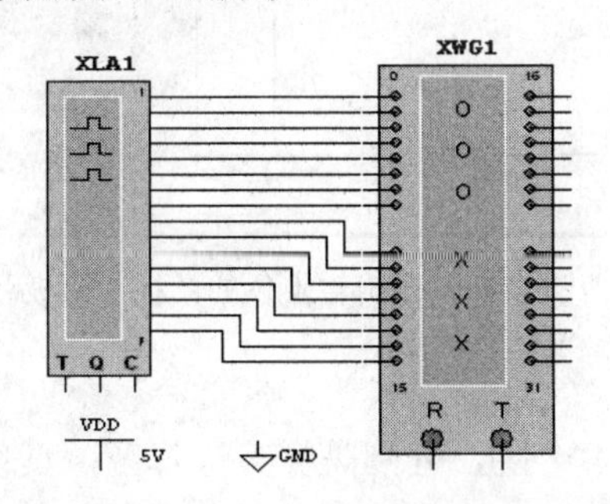

图 4-34　用逻辑分析仪观察字信号发生器的输出信号

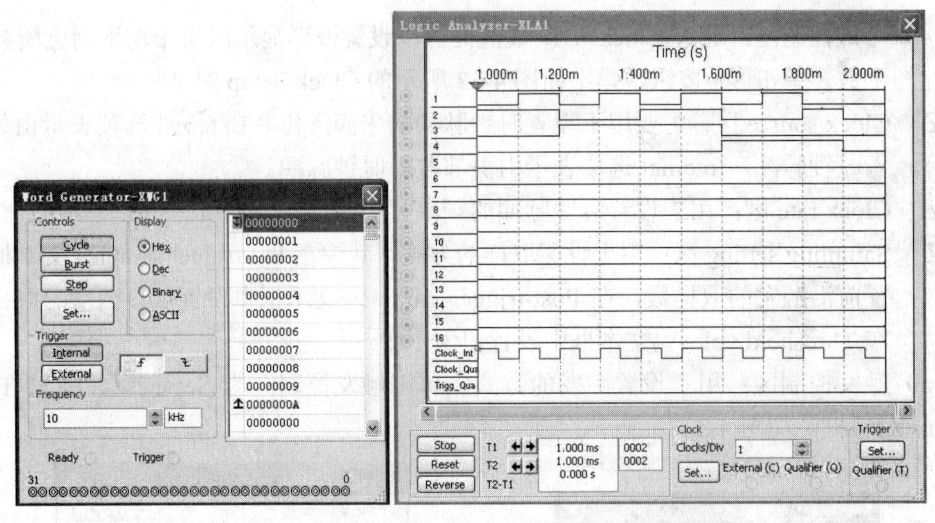

图 4-35　字信号发生器的设置与逻辑分析仪的显示

4.2.4　逻辑转换仪

逻辑转换仪是 NI Multisim 11 仿真软件特有的虚拟仪表，在实验室里并不存在。逻辑转换仪主要用于逻辑电路不同描述方法之间的相互转换，如将逻辑电路转换为真值表，将真值表转换为最简表达式，将逻辑表达式转换为与非门逻辑电路等。

逻辑转换仪的图标和面板如图 4-36 所示。逻辑转换仪有 9 个接线端子，左侧 8 个端子用来连接电路输入端的节点，最右边的一个端子为输出端子。通常只有在将逻辑电路转化为真值表时，才将逻辑转换仪的图标与逻辑电路连接起来。

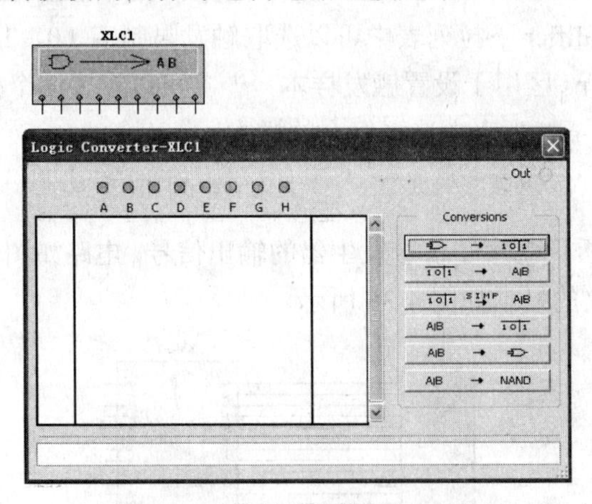

图 4-36　逻辑转换仪的图标和面板

1. 逻辑转换仪的操作

逻辑转换仪的面板分为 4 个区，分别是变量选择区、真值表区、转换类型选择区和逻辑表达式显示区。

（1）变量选择区：位于逻辑转换仪面板的最上面，罗列了可供选择的 8 个变量。单击某个变量，该变量就自动添加到面板的真值表中。

（2）真值表区：真值表区又分为 3 部分，左边显示了输入组合变量取值所对应的十进制数，中间显示了输入变量的各种组合，右边显示了逻辑函数的值。

（3）转换类型选择区：转换类型选择区位于真值表的右侧，共有 6 个功能按钮，具体功能如下所述。

- ☑ → 10|1：将逻辑电路图转换为真值表。具体步骤如下：
  - ➢ 将逻辑电路图的输入端连接到逻辑转换仪的输入端。
  - ➢ 将逻辑电路图的输出端连接到逻辑转换仪的输出端。
  - ➢ 单击 → 10|1 按钮，电路真值表即可出现在逻辑转换仪面板的真值表区中。
- ☑ 10|1 → A|B：将真值表转换为逻辑表达式。
- ☑ 10|1 SIMP→ A|B：将真值表转换为最简逻辑表达式。

注意：简化一个逻辑表达式需要较大的内存空间，如果现有内存不够大，NI Multisim 11 或许不能完成此操作指令。

- ☑ A|B → 10|1：由逻辑表达式转换为真值表。
- ☑ A|B → ：由逻辑表达式转换为逻辑电路。
- ☑ A|B → NAND：由逻辑表达式转换为与非门逻辑电路。

（4）逻辑表达式显示区：在执行相关的转换功能时，在该文本框中将显示或填写逻辑表达式。

2. 应用举例

例 12　试求如图 4-37 所示电路的逻辑表达式。

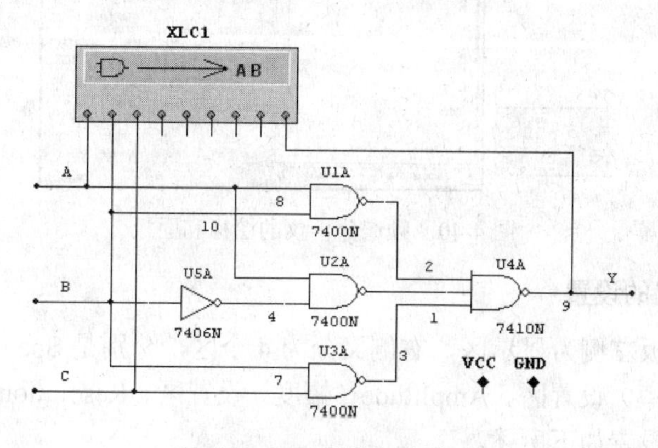

图 4-37　逻辑电路图

首先创建逻辑电路图，并将逻辑转换仪接入电路。然后单击转换类型按钮 → 10|1，将逻辑电路转换为真值表形式，如图 4-38 所示。

最后单击逻辑转换仪面板中的 10|1 → A|B 按钮，即可得到该真值表的逻辑表达式，如图 4-39 所示。若单击逻辑转换仪面板中的 10|1 SIMP→ A|B 按钮，可以得到该真值

表的最简逻辑表达式。

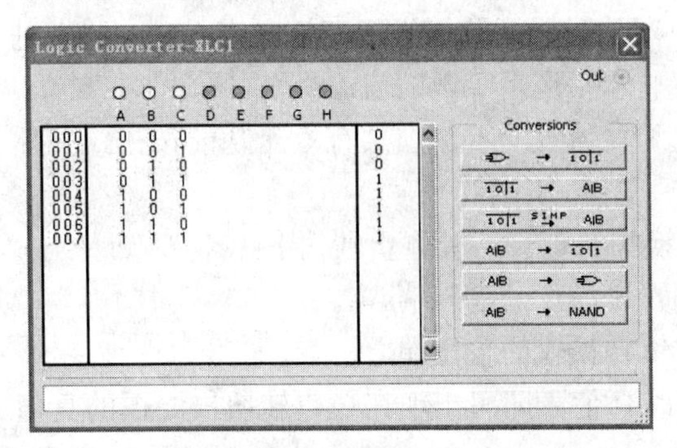

图 4-38　将逻辑电路图转换为真值表

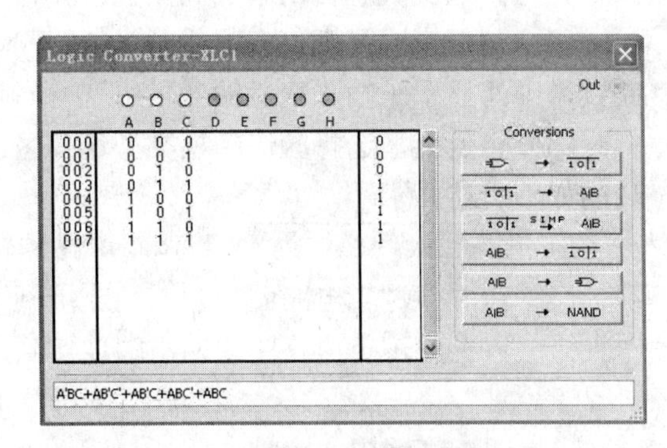

图 4-39　由真值表得到逻辑表达式

4.3　射 频 仪 表

4.3.1　频谱分析仪

频谱分析仪（Spectrum Analyzer）主要用于测量信号所包含的频率及对应频率的幅度。通信领域对信号的频谱很感兴趣。例如，在网络广播系统中，常用频谱分析仪检查载波信号的频谱成分，查看载波的谐波是否影响其他射频系统性能。

频谱分析仪的图标和面板如图 4-40 所示。频谱分析仪只有两个接线端子，端子 IN 用于连接被测电路的输出端，端子 T 用于连接外触发信号。

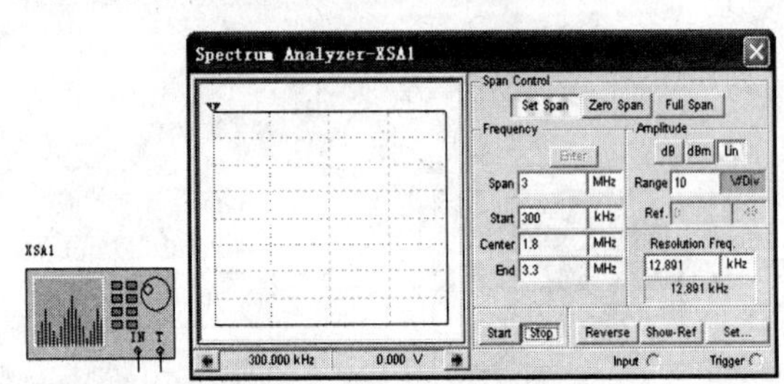

图 4-40　频谱分析仪的图标和面板

1. 频谱分析仪的设置

频谱分析仪面板左侧为显示区，右侧又分为 4 个区，分别是 Span Control（量程控制）区、Frequency（频率）设置区、Amplitude（幅度）设置区、Resolution Freq.（频率分辨率）设置区。具体参数设置如下所述。

（1）Span Control（量程控制）区：选择显示频率变化范围的方式。

☑　Set Span：表示频率由 Frequency 区域设定。

☑　Zero Span：表示仿真的结果由 Frequency 区中的 Center 文本框所设定的频率为中心频率。

☑　Full Span：表示频率设定范围为全部范围，即 0～4GHz。

（2）Frequency（频率）设置区：主要用于设置频率范围。

☑ Span：设置频率的变化范围。

☑ Start：设置起始频率。

☑ Center：设置中心频率。

☑ End：设置终止频率。

（3）Amplitude（幅度）设置区：选择频谱纵坐标的刻度。

☑ dB：表示纵坐标用 dB，即以 $20\times\log_{10}(V)$为刻度。

☑ dBm：表示纵坐标用 dBm，即以 $10\times\log_{10}(V/0.775)$为刻度。0dBm 是电压为 0.775V 时，在 600Ω 电阻上的功耗，此时功率为 1mW。如果一个信号是+10dBm，则意味着其功率是 10mW。在以 0dBm 为基础显示信号功率时，终端电阻是 600Ω 的应用场合（如电话线），直接读 dBm 会很方便。

☑ Lin：表示纵坐标使用线性刻度。

☑ Range：设置纵坐标每格的幅值。

☑ Ref.：设置参考标准。所谓参考标准就是确定显示窗口中信号频谱的某一幅值所对应的频率范围。由于频谱分析仪的数轴没有标明大小，通常利用滑块来读取每一点的频率和幅度。当滑块移动到某一位置，此点的频率和幅度以 V、dB 或 dBm 的形式显示在分析仪的右下角部分。如果读取的不是一个频率点，而是某一个频率范围，则需要与 Show-Ref 按钮配合使用，单击该按钮，则在频谱分析仪的显示窗口中出现以 Ref 文本框所设置的分贝数的横线，移动滑块即可方便地读取横线和频谱交点的频率和幅度。利用此方法可以快速读取信号频谱的带宽。

（4）Resolution Freq.（频率分辨率）设置区：设置频率的分辨率，所谓频率分辨率就是能够分辨频谱的最小谱线间隔，它表示了频谱分析仪区分信号的能力。

在该参数设置区的下面还有 5 个控制按钮，其功能如下所述。

☑ Start：继续频谱分析仪的频谱分析。该按钮常与 Stop 按钮配合使用，通常在电路的仿真过程中停止了频谱分析仪的频谱分析之后，又要启动频谱分析仪时使用。

☑ Stop：停止频谱分析仪的频谱分析，此时电路的仿真过程仍然继续进行。

☑ Reverse：频谱分析窗口的图形和背景反向显示。

☑ Show-Ref：显示参考值，详见上面 Amplitude 区的 Ref.说明。

☑ Set：用于设置触发参数。单击该按钮，弹出如图 4-41 所示的 Settings 对话框。

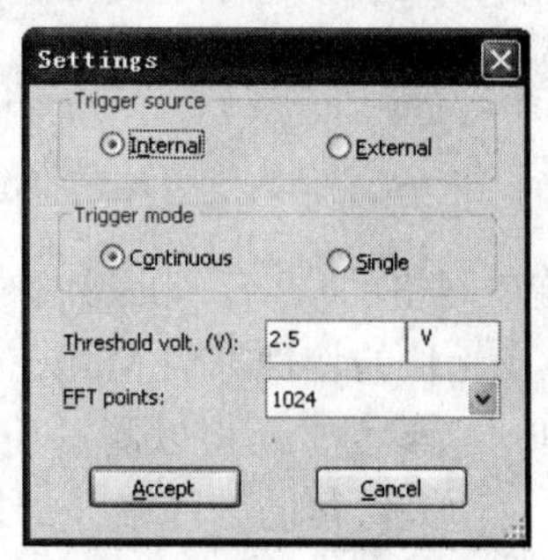

图 4-41　Settings 对话框

其中，Trigger source 区用于选择触发源。Trigger mode 区用于选择触发方式，包括 Continuous（连续触发）选项和 Single（单触发）选项。在 Threshold volt.(V)文本框中设置阈值电压，在 FFT points 下拉列表框中设置进行傅里叶变换的点数。

2．应用举例

例 13　利用频谱分析仪观察混频器电路输出信号的频谱结构。在 NI Multisim 11 工作区中创建如图 4-42 所示的混频器电路，该电路的两路正弦波输入信号经过混频器后，输出信号含有的频率有 $f1$=1.2MHz+0.8MHz=2.0MHz 和 $f2$=1.2MHz−0.8MHz=0.4MHz。频谱分析仪设置及显示结果如图 4-43 所示。利用显示窗口中的游标可读出其中一个频率分量为 1.998MHz，另一个频率分量为 400.827kHz，与理论计算结果基本一致（由于显示分辨率问题，存在较小的误差）。

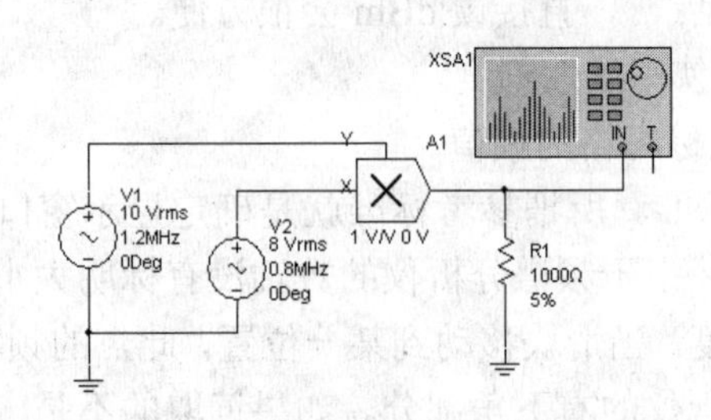

图 4-42　混频器电路

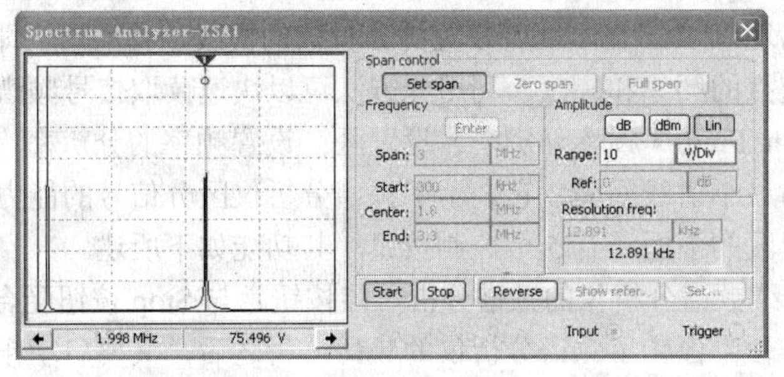

图 4-43　频谱分析仪显示的结果

注意：① NI Multisim 11 仿真软件中的频谱分析仪自身不会产生噪声。

② 频谱分析仪对信号进行傅里叶变换时，由于开始只有少数几个采样点，故无法提供准确的频谱分析结果。频谱不断变化、刷新几次后，才能得到准确的频率和幅度。

4.3.2　网络分析仪

网络分析仪是一种测试双端口网络的仪表，常常用来分析高频电路中的衰减器、放大器、混频器、功率分配器等电路及元件的特性。NI Multisim 11 所提供的网络分析仪不但可以测量两端口网络的 S、H、Y 和 Z 等参数，还可以测量功率增益、电压增益、阻抗等参数，另外还能为 RF 电路的匹配网络设计提供帮助。网络分析仪的图标和面板如图 4-44 所示。网络分析仪有两个接线端子，P1 端子用来连接被测电路的输入端口，P2 端子用来连接被测电路的输出端口。仿真时，网络分析仪自动对电路进行两次交流分析，第一次交流分析用来测量输入端的前向参数 S11、S21，第二次交流分析用来测量输出端的反向参数 S22、S12。S 参数确定后，就可以利用网络分析仪以多种方式查看数据，并将这些数据用于进一步的仿真分析。

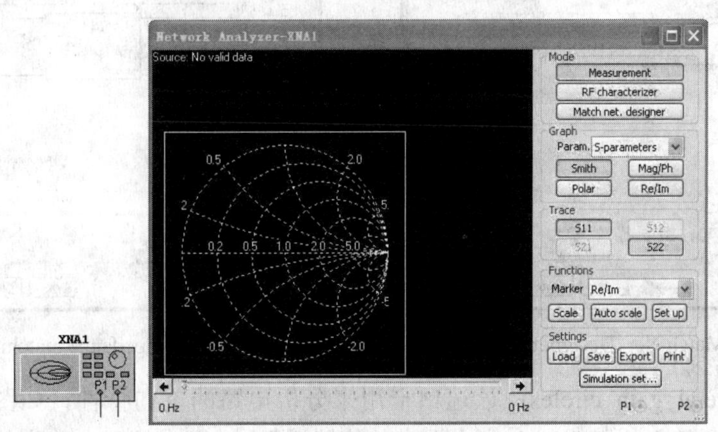

图 4-44　网络分析仪的图标和面板

1. 网络分析仪的设置

网络分析仪面板的左侧是显示窗口，用于显示电路的 4 种参数、曲线、文本以及相关的电路信息。右侧是 5 个参数设置区域，其功能如下所述。

（1）Mode 区：设置仿真分析模式，该选择将直接影响其他设置区的内容。

☑　Measurement：选择网络分析仪为测量模式。

☑　RF characterizer：选择网络分析仪为射频电路分析模式。

☑　Match net. designer：选择网络分析仪为高频电路设计模式（针对匹配网络）。

注意：RF characterizer、Match net. designer 都提供了 RF 电路的分析功能，但在应用 Match net. designer 前，需先执行 AC Analysis，Run（Simulate）/Stop 操作。

在 Mode 区中单击 Match net. designer 按钮，将弹出如图 4-45 所示的对话框。该对话框有 Stability circles、Impedance matching、Unilateral gain circles 3 个选项卡，其功能设置如下所示。

☑　Stability circles：该选项卡提供了仿真设计电路在不同频率点的稳定性。Freq 数值框用于设置分析频率，Stability factor 区将显示对应该频率的电路稳定系数，网络分析仪的显示窗口也同时显示对应的输入、输出稳定圈。

☑　Impedance matching：该选项卡提供了 RF 电路的输入、输出匹配网络形式及结构，如图 4-46 所示。共包括 3 个区，分别为 Lumped element match network（集总元件匹配网络）区、R(ohm)（电阻）区和 Calculate（计算）区。Lumped element match network 区中提供了 8 种可供选择的输入、输出网络的拓扑结构及相应元件的参数，以及是否应用匹配网络的选择；在 R(ohm)区可设置 Source（源）、Load（负载）电阻及工作频率；在 Calculate 区可通过 Auto. match 复选框设置显示自动匹配网络。

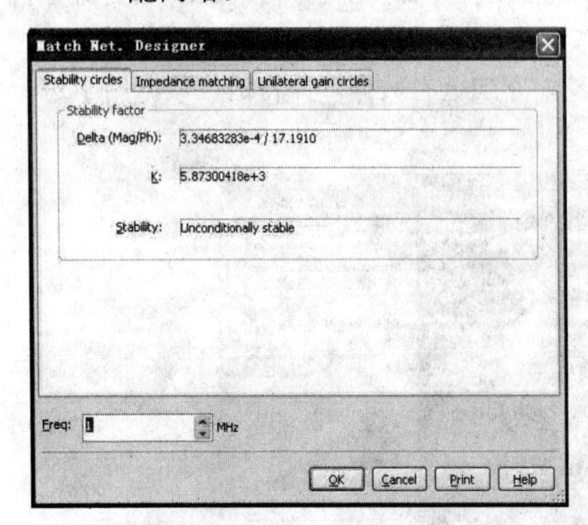

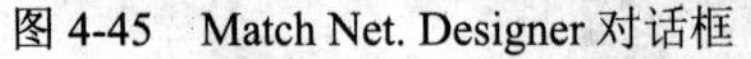
图 4-45　Match Net. Designer 对话框

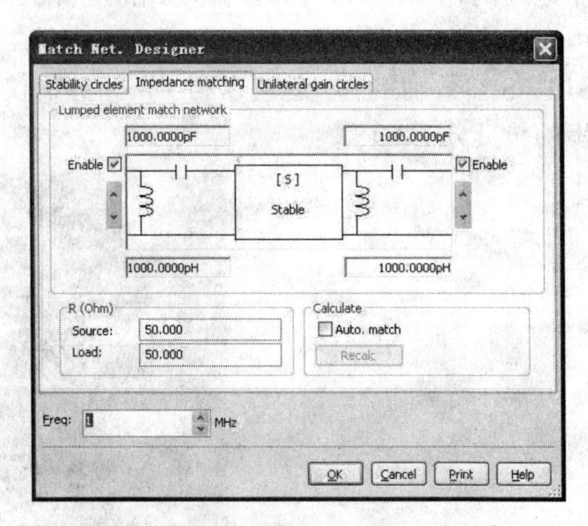

图 4-46　Impedance matching 选项卡

☑　Unilateral gain circles：该选项卡用来分析电路的单向特性，如图 4-47 所示。Unilateral figure of merit 文本框中的值接近于 0，即表示该电路为单向的，否则需要改变频率，直至该值最小。该频率代表放大器单向特性最好的工作点。

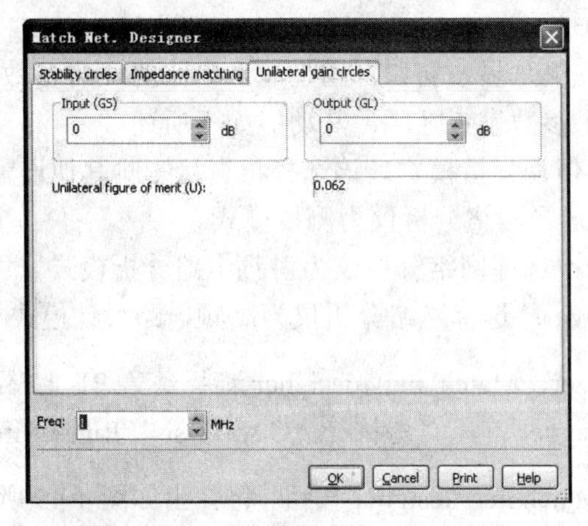

图 4-47　Unilateral gain circles 选项卡

注意：放大器取得最好单向特性的频率工作点并不需要和最大增益点一致。

（2）Graph 区：设置仿真分析参数及其结果显示模式。

Param 下拉列表提供的可选分析参数与 Mode 区的选项有关，在 Measurement 模式下，有 S-parameters（S 参数）、Y-parameters（Y 参数）、H-parameters（H 参数）、Z-parameters（Z 参数）和 Stability factor（稳定因子）5 种类型。在 RF Characterizer 模式下，有 Power Gains（功率增益）、Gains（电压增益）和 Impedance（阻抗）3 种参数。

Param 下拉列表下方的 4 个按钮用于设置仿真结果的显示方式。

☑　Smith（史密斯）：以史密斯模式显示。

☑　Mag/Ph（幅度/相位）：以幅频特性曲线和相频特性曲线方式显示。

☑ Polar（极坐标）：以极化图方式显示。

☑ Re/Im（实部/虚部）：以实部和虚部方式显示。

（3）Trace 区：设置 Graph 区 Param 下拉列表中所选择参数类型的具体参数。

Graph 区 Parameters 下拉列表中选择的参数不同，Trace 区所显示的按钮也不同。例如，选择 Z 参数，Trace 区显示的 4 个按钮就是 Z11、Z12、Z21 和 Z22，被按下的按钮将在显示窗口中显示参数。

（4）Functions 区：设置仿真分析所需的其他相关参数。

☑ Marker：该下拉列表要与 Mode 模式选择、Graph 区的 Parameters 下拉列表配合使用。模式选择不同或选择 Graph 区中 Parameters 下拉菜单的选项不同，Marker 下拉列表所显示的选项也不同。例如，选择 Measurement 模式，在 Graph 区的 Param 下拉列表中选择 Z-parameters 选项，则 Marker 下拉列表中有 Re/Im、Mag/Ph(Deg) 和 dB Mag/Ph(Deg)等 3 个选项。

☑ Scale：设置纵轴的刻度。只有极点、实部/虚部点和幅度/相位点可以改变。

☑ Auto scale：程序自动调整纵轴刻度。

☑ Set up：单击该按钮弹出 Preferences 对话框。通过该对话框，可以设置曲线、网格、绘图区域和文本的属性。

（5）Settings 区：对显示窗口中的数据进行处理。

☑ Load：加载预先存在的 S-参数数据文件。

☑ Save：保存当前的 S-参数数据到文件，其扩展名为.sp。

☑ Export：将数据输出到其他文件。

☑ Print：打印仿真结果数据。

☑ Simulation set：单击该按钮，弹出如图 4-48 所示的 Measurement Setup 对话框。利用该对话框，可以设置仿真的起始频率、终止频率、扫描的类型、每十倍坐标刻度的点数和特性阻抗。

2．应用举例

例 14 利用网络分析仪对图 4-49 所示 RF 放大电路进行仿真分析。

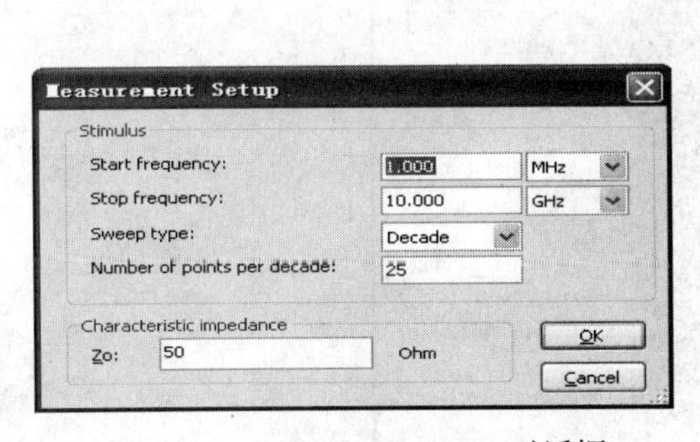

图 4-48 Measurement Setup 对话框

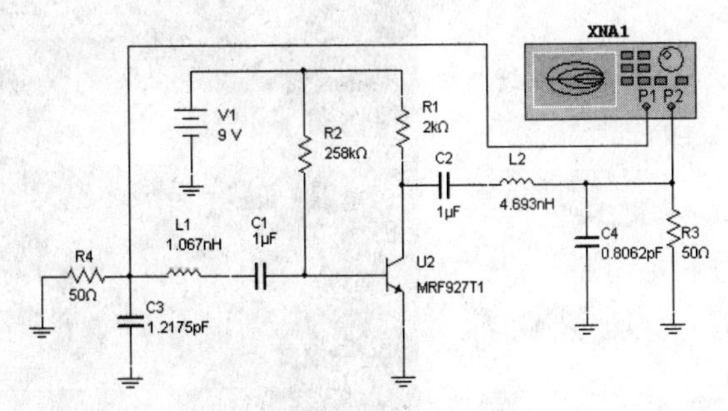

图 4-49 RF 仿真电路图

在 NI Multisim 11 电路工作区中创建图 4-49 所示的 RF 放大电路，网络分析仪测量结果如图 4-50（a）～图 4-50（e）所示，其中图 4-50（a）为以 Smith 圆图显示的电路 Z11、

Z22 参数；图 4-50（b）为以 Re/Im 方式显示的电路 Z11、Z12、Z21、Z22 参数；图 4-50（c）为功率增益；图 4-50（d）为电压增益；图 4-50（e）为阻抗。

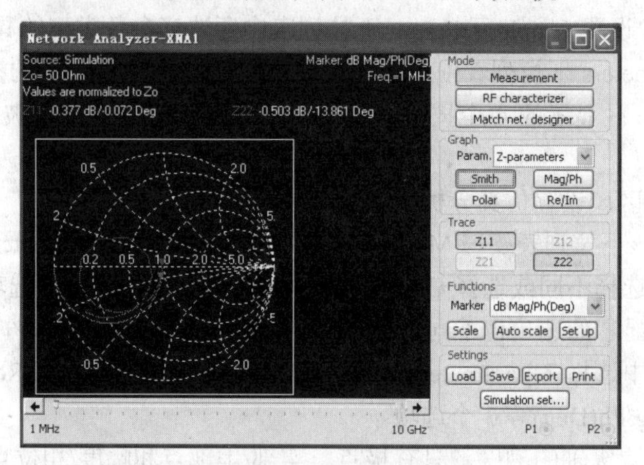

（a）以 Smith 圆图显示的电路 Z11、Z22 参数

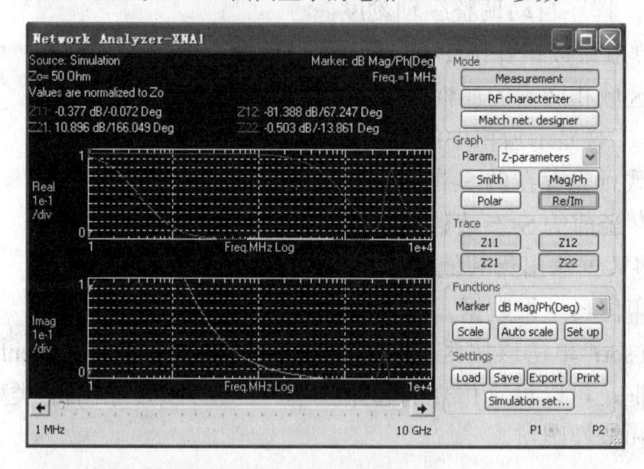

（b）以 Re/Im 方式显示的电路 Z11、Z12、Z21、Z22 参数

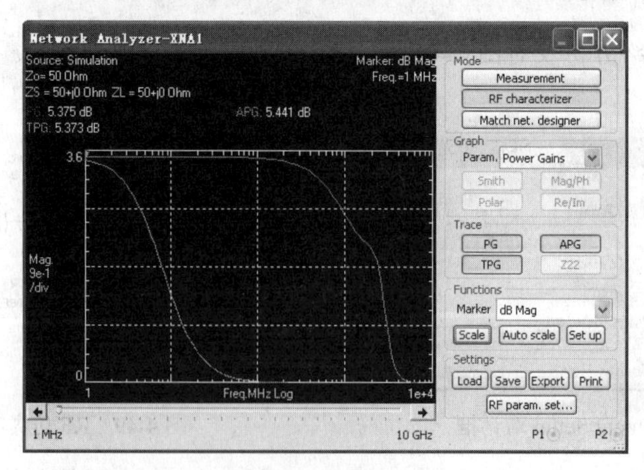

（c）功率增益

图 4-50　网络分析仪仿真测量结果

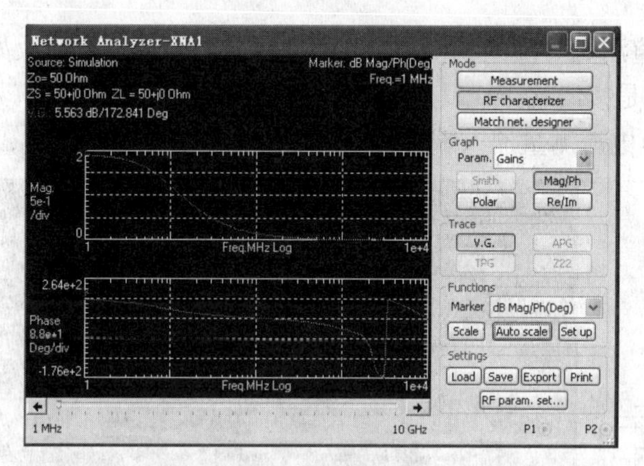

（d）电压增益

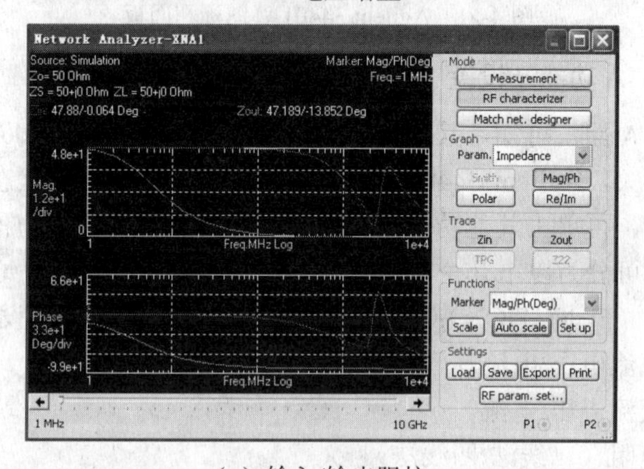

（e）输入/输出阻抗

图 4-50　网络分析仪仿真测量结果（续）

注意：当图形显示不完整时，可单击 Auto scale 按钮自动调整。

4.4　虚拟真实仪表

NI Multisim 11 仿真软件提供的虚拟真实仪表有安捷伦万用表（Agilent Multimeter）、安捷伦函数信号发生器（Agilent Function Generator）、安捷伦示波器（Agilent Oscilloscope）和泰克示波器（Tektronic Oscilloscope）等 4 种。与 NI Multisim 11 中已有的相应虚拟仪表不同，这几种仪表与实际仪表的面板、按钮、旋钮操作方式完全相同，使用起来更加真实、功能更强大、应用更广泛。本章将介绍上述 4 种仪表的特性及具在 NI Multisim 11 中的使用方法。

4.4.1　Agilent 34401A 型数字万用表

Agilent 34401A 是一种 $6\frac{1}{2}$ 位高性能的数字万用表。它不仅具有传统交/直流电压、交/直流电流、信号频率、周期和电阻的测量功能，还具有数字运算功能、dB、dBm、界限测试和最大/最小/平均值测量等高级功能。Agilent 34401A 的图标和面板如图 4-51 所示。图标中的 1、2、3、4、5 是接线端子，其中，1、2 端用来测量电压（为正极），3、4 端为公共端（为负极），5 端为电流测量流入端。

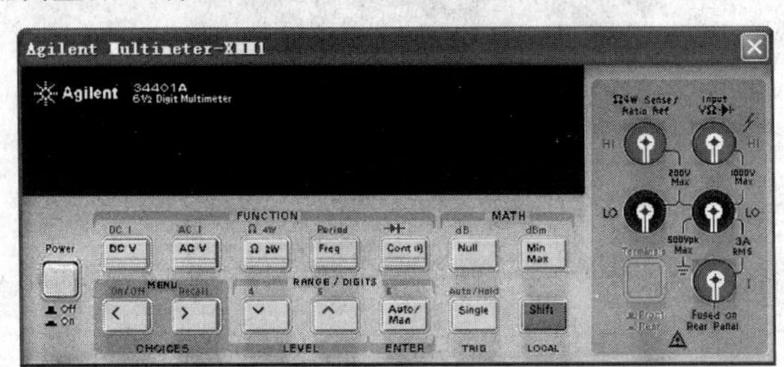

图 4-51　Agilent 34401A 图标和面板

1. Agilent 34401A 功能及设置

从 Agilent 34401A 面板可知，其操作界面与真实的 Agilent 34401A 完全相同。单击面板上的电源 Power 开关，Agilent 34401A 的显示屏变亮，处于工作状态。Shift 按钮为换档按钮，单击该按钮后，再单击其他功能按钮时，将执行面板按钮上方的功能。面板中的其他按钮，根据其功能可分为以下几个部分。

（1）功能选择区（FUNCTION）：完成万用表基本功能的选择和设置。

☑ ：测量直流电压/电流。

☑ ：测量交流电压/电流。

☑ ：测量电阻（二线法/四线法）。

☑ ：测量频率/周期。

☑ ：连续模式下测量电阻的阻值/测量二极管。

（2）数学运算区（MATH）

☑ ：设置相对测量方式，显示相邻两次测量值的差/测量结果的 dB 值。

☑ ：设置显示存储的测量过程中的最大值和最小值/测量结果的 dBm 值。

（3）菜单选择区（MENU）

☑ 和 ：用于进行菜单选择。Agilent 34401A 中的菜单及设置如表 4-1 所示。

表 4-1　Agilent 34401A 菜单功能

MENU	COMMAND	PARAMETERS（默认值）
A:MEASUREMENT MENU	1:CONTINITY	∧10.00000 ohm
	2:RATIO FUNC	DCV:DCV：OFF
B:MATH MENU	1:MIN-MAX	1.000000 T: MIN、-1000.000 G: MAX 0.000000:AVE、0.000000:RDG
	2:NULL VALUE	∧0.000000:VAC
	3:Db REL	∧0.000000 dB
	4:dBm REF R	600.0000
	5:LIMIT TEST	OFF

续表

MENU	COMMAND	PARAMETERS（默认值）
B:MATH MENU	6:HIGH LIMIT	^0.000000:VAC
	7:LOW LIMIT	^0.000000:VAC
C:TRIGGER MENU	1:READ HOLD	0.10000 PERCENT
	2:TRIG DELAY	^0.000000 sec
D:SYSTEM MENU	1:RDGS STORE	OFF
	2:SAVED RDGS	NON
	3:BEEP	ON
	4:COMMA	OFF

注意：各功能菜单下一级的选项需与[⌄]和[^]配合使用才能设置完成。

（4）量程选择区（RANGE/DIGITS）

☑ [⌄]和[^]：用于量程的设置。

☑ [Auto/Man]：用于自动测量和人工测量的转换，人工测量需要手动设置量程。

（5）触发模式设置区（Auto/Hold）

☑ [Single]：设置单触发模式。Agilent 34401A 打开时自动处于自动触发模式状态，这时，可以通过单击[Single]按钮更改设置为单触发状态。但如想从单次触发模式更改为自动触发模式，则需先单击[Shift]按钮，待显示屏的右下角出现 Shift 时，再单击[Single]按钮即可。

注意：[^]表示该项为参数设置，通过[>]、[<]改变位数，[^]、[⌄]改变该位的数值。

2. 应用举例

例 15　用 4 线测量法测量小电阻。

Agilent 34401A 提供 2 线测量法和 4 线测量法两种测量电阻的方法。2 线测量法和普通的三用表测量方法相同，而 4 线测量法能够能自动减小接触电阻，提高测量精度，更准确地测量小电阻。其方法是将 1 端和 2 端、3 端和 4 端分别并联在被测电阻的两端，如图 4-52 所示。测量时，先单击面板上的 Shift 按钮，显示屏上显示 Shift，再单击面板上的[Ω 2W]按钮，即为 4 线测量法的模式，此时显示屏上显示的单位为 Ohm^{4w}。图 4-52 是 4 线测量法测量 3.75mΩ电阻举例的电路图及测量结果的显示。

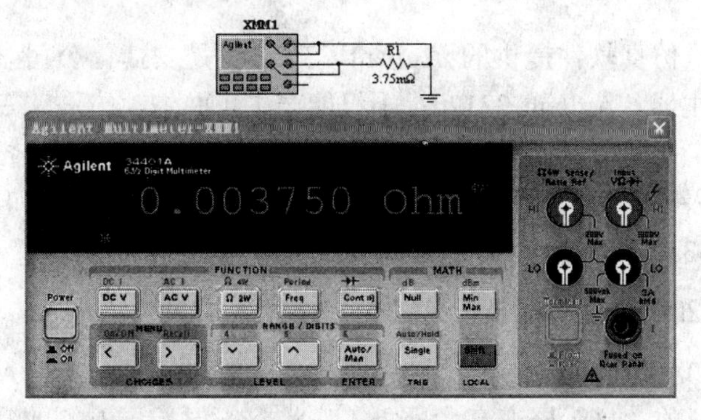

图 4-52　4 线测量电阻的连接图及结果显示

例 16 直流电压比率测量。

Agilent 34401A 能测量两个直流电压的比率。此时要选择一个直流参考电压作为基准（一般为直流电压源，且最大不超过±12V），然后自动求出被测信号电压与该直流参考电压的比率。测量时，将 Agilent 34401A 的 1 端接在被测信号的正端，3 端接在被测信号的负端；Agilent 34401A 的 2 端接在直流参考源的正端，4 端接在直流参考源的负端。3 端和 4 端必须接在公共端。

该测量功能需通过测量菜单设置才能完成。具体步骤是：① 单击面板上的 Shift 按钮，显示屏上显示 Shift 后，然后单击 < 按钮，测量菜单展开，显示 A: MEAS MENU；② 单击 ∨ 按钮，先显示 COMMAND，随后显示 1:CONTINUITY，再单击 > 按钮，显示 2:RATIO FUNC；③ 单击 ∨ 按钮，先显示 PARAMETERR 随后显示 DCV:OFF，单击 < 或 > 按钮，使其显示 DCV:ON；④ 单击 Auto/Man 按钮，关闭测量菜单，此时在显示屏显示 Ratio。启动仿真开关，即可测量直流电压比率。

图 4-53 给出了直流电压比率测量的电路连接及测量结果。电位器两端的电压为 $\dfrac{\frac{1}{2}\times 5}{1+\frac{1}{2}\times 5}V1 \approx 0.714285V1$，则电压源 V1 和电位器上电压之比为 0.714285，与仿真结果一致。

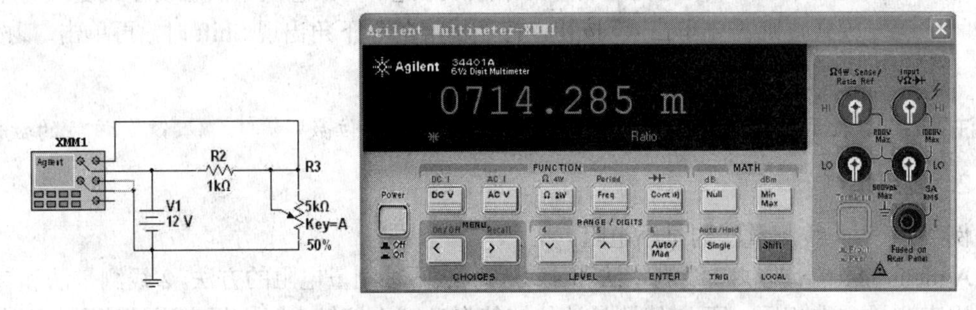

图 4-53 测量直流电压比率电路图及显示结果

注意： 关于 Agilent 34401A 更详细的介绍可参阅 www.electronicsworkbench.com 提供的 PDF 文件。

4.4.2 Agilent 33120A 型函数发生器

NI Multisim 11 仿真软件提供的 Agilent 33120A 是安捷伦公司生产的一种高性能的 15MHz 合成信号发生器。Agilent 33120A 不仅能产生正弦波、方波、三角波、锯齿波、噪声源和直流电压等 6 种标准波形，而且还能产生按指数下降的波形、按指数上升的波形、负锯齿波、Sa（x）及 Cardiac（心律波）等 5 种系统存储的特殊波形和由 8～256 点描述的任意波形。Agilent 33120A 的图标及面板如图 4-54 所示。

1. Agilent 33120A 主要功能及设置

由 Agilent 33120A 面板可知，其操作界面与真实的 Agilent 33120A 完全相同。单击面板上的电源 Power 开关，显示屏变亮，处于工作状态。显示屏右侧的圆形旋钮是信号源的输入旋钮，旋转输入旋钮，可改变输出信号的数值。该旋纽下方的插座分别为外同步输入端和信号输出端。

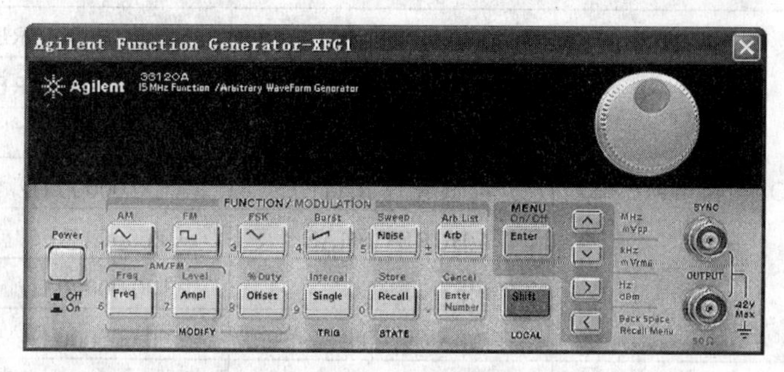

图 4-54 Agilent 33120A 的图标与面板

Shift 按钮为换挡按钮，同时单击 Shift 按钮和其他功能按钮，执行的是该功能按钮上方的功能。Enter Number 按钮是输入数字按钮。若单击 Enter Number 按钮后，再单击面板上的相关数字按钮，即可输入数字。若单击 Shift 按钮后，再单击 Enter Number 按钮，则取消前一次操作。面板中的其他按钮根据功能可分为以下几个部分。

（1）输出信号类型选择区（FUNCTION/MODULATION）

单击按钮可选择正弦波，单击按钮可选择方波，单击按钮可选择三角波，单击按钮可选择锯齿波，单击 Noise 按钮可选择噪声源，单击 Arb 按钮可选择由 8-256 点描述的任意波形；若单击 Shift 按钮后，再分别单击按钮、按钮、按钮、按钮、Noise 按钮或 Arb 按钮，则可分别选择 AM 信号、FM 信号、FSK 信号、Burst 信号、Sweep 信号或 Arb List 信号。若单击 Enter Number 按钮后，再分别单击按钮、按钮、按钮、按钮、Noise 按钮和 Arb 按钮，则可分别选数字 1、2、3、4、5 和±极性。

（2）参数调整设置选择区（MODIFY）

AM/FM 线框下的 2 个按钮分别用于 AM/FM 信号参数的调整。单击 Freq 按钮，可调整信号的频率；单击 Ampl 按钮，可调整信号的幅度；若单击 Shift 按钮后，再分别单击 Freq 按钮、Ampl 按钮，则可调整 AM、FM 信号的调制频率和调制度。

Offset 按钮为 Agilent 33120A 信号源的偏置设置按钮，单击 Offset 按钮，可调整信号源的偏置；若单击 Shift 按钮后，再单击 Offset（执行%Dute 操作）按钮，则可改变信号源的占空比。

（3）菜单操作区（MENU）

单击 Shift 按钮后，再单击 Enter 按钮可对相应的菜单进行操作：单击按钮则进入下一级菜单，单击按钮则返回上一级菜单，单击按钮则同一级菜单右移，单击按钮则同一级菜单左移。若选择改变测量单位，单击按钮选择测量单位递减（如 MHz、kHz、Hz），单击按钮选择测量单位递增（如 Hz、kHz、MHz）。菜单功能及设置如表 4-2 所示。

表 4-2 Agilent 33120A 菜单功能

MENU	COMMAND	PARAMETER（默认设置）
A:MODulation MENU	1: AM SHAPE	SINE、SQUARE、TRIANGLE、RAMP
	2: FM SHAPE	SINE、SQUARE、TRIANGLE、RAMP
	3:BURST CUNT	∧00001 CYC
	4:BURST RATE	∧100.00000 Hz
	5:BURST PHAS	∧0.00000 DEG
	6:FSK FREQ	∧100.00000 Hz
	7:FSK RATE	∧50.000000 Hz
B:SWP MENU	1:START F	∧100.00000 Hz
	2:STOP F	∧1.0000000 kHz
	3:SWP TIME	∧100.0000 ms
	4:SWP MODE	LOG、LINEAR
C:EDIT MENU	1:NEW ARB	CLEAR MEM
	2:POINT	∧008 PNTS
	3:LINE EDIT	000:∧0.0000
	4:POINT EDIT	000:∧0.0000
	5:INVERT	ALL POINTS 、Cancel
	6:SAVE AS	ARB1 *NEW*
	7:DELETE	NON
D:SYSTEM MENU	1:COMMA	OFF

（4）触发模式选择区（TRIG）

Single：触发模式选择按钮。单击该按钮，选择单次触发；若先单击 Shift 按钮，再单击 Single（执行 Internal 操作）按钮，则选择内部触发。

（5）状态选择区（STATE）

Recall：状态选择按钮。单击该按钮，选择上一次存储的状态；若单击 Shift 按钮后，再单击 Recall（执行 Store 操作）按钮，则选择存储状态。

注意：∧表示该项为参数设置，通过>、<改变位数，∧、∨改变该位的数值。

2. 应用举例

例 17 利用 Agilent 33120A 产生一个表达式为 $u=[100\cos(2\pi\times 10kt)+60]$ mV 的正弦信号。

在 NI Multisim 11 工作区中创建如图 4-55 所示的电路，用示波器观察 Agilent 33120A 输出波形。该信号为正弦信号、幅度为 100mV、频率为 10kHz、偏置为 60mV。据此，对 Agilent 33120A 的设置操作如下：

（1）单击 ∿ 按钮，选择输出的信号为正弦波。

（2）单击 Freq 按钮设置信号频率。可以通过 3 种途径完成频率数值设置：① 单击 > 按钮，旋转输入旋钮，将频率调整为 10kHz，单击 Enter 按钮确定；② 单击 Enter Number 按钮，输入频率 10kHz 的数字，单击 Enter 按钮确定；③ 单击 ^、v 按钮逐步增减数值，直到频率数值为 10kHz，单击 Enter 按钮确定。

（3）单击 Ampl 按钮设置信号幅度；可以通过与频率设置相同的途径完成幅度 100mV 的设置。

注意：Agilent 33120A 的开机默认幅度为 Vpp，即峰峰值，因此在本例中应将 Vpp 设为 200mV。另外，开机后，单击 Enter Number 按钮，然后单击 ^ 按钮，可实现将有效值转换为峰峰值；反过来，单击 Enter Number 按钮，再单击 v 按钮，可实现将峰峰值转换为有效值；先单击 Enter Number 按钮，然后单击 > 按钮，可实现将峰峰值转换为分贝值。

（4）单击 Offset 按钮设置信号偏置；通过与频率设置相同的途径完成偏置 60mV 的设置。示波器观察结果如图 4-55 所示。

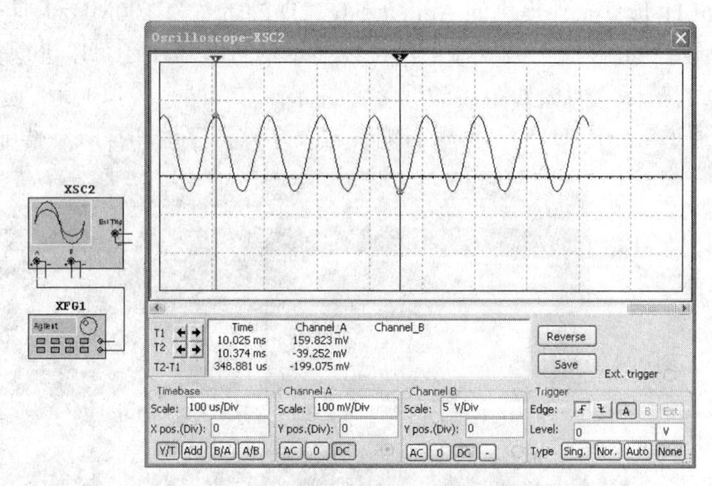

图 4-55　Agilent 33120A 函数发生器输出正弦波

例 18　用 Agilent 33120A 产生特殊函数——按指数上升函数。

用 Agilent 33120A 产生按指数上升函数信号的步骤如下：

（1）单击 Shift 按钮后，再单击 Arb 按钮，显示屏显示 SINC～。

（2）单击 > 按钮，选择 EXP_RISE～，单击 Enter 按钮确定所选 EXP_RISE 函数的类型。

（3）单击 Shift 按钮后，再单击 Arb 按钮，显示屏显示 EXP_RISE～，再单击 Arb 按钮，显示屏显示 EXP_RISE Arb，Agilent 33120A 函数发生器选择按指数上升函数。

（4）单击 Freq 按钮，通过输入旋钮将输出波形的频率设置为 8.5kHz；单击 Ampl 按钮，通过输入旋钮将输出波形的幅度设置为 3.522Vpp；单击 Offset 按钮，通过输入旋钮设置输出波形的偏置。

（5）设置完毕，启动仿真开关，通过示波器观察波形（如图 4-56 所示）。

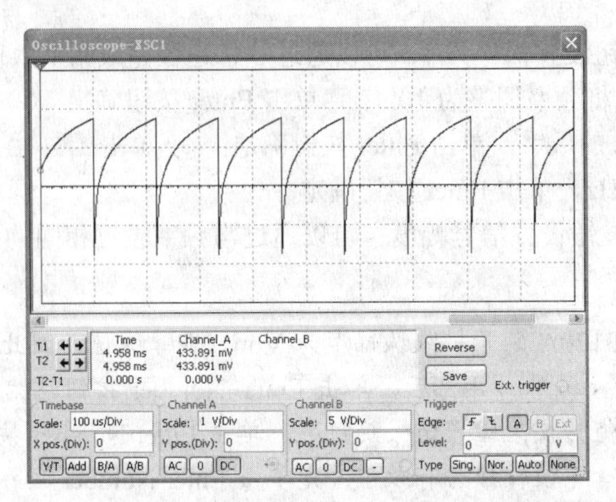

图 4-56　33120A 函数发生器输出按指数上升函数的波形

4.4.3　Agilent 54622D 型数字示波器

NI Multisim 11 仿真软件提供的 Agilent 54622D 的带宽为 100MHz，具有 2 个模拟通道和 16 个逻辑通道的高性能示波器，不但可以显示信号波形，还可以进行多种数学运算。Agilent 54622D 的图标及面板如图 4-57 所示，图标下方有两个模拟通道（通道 1 和通道 2）、16 个数字逻辑通道（D0～D15），面板右侧有触发端、数字地和探头补偿输出。

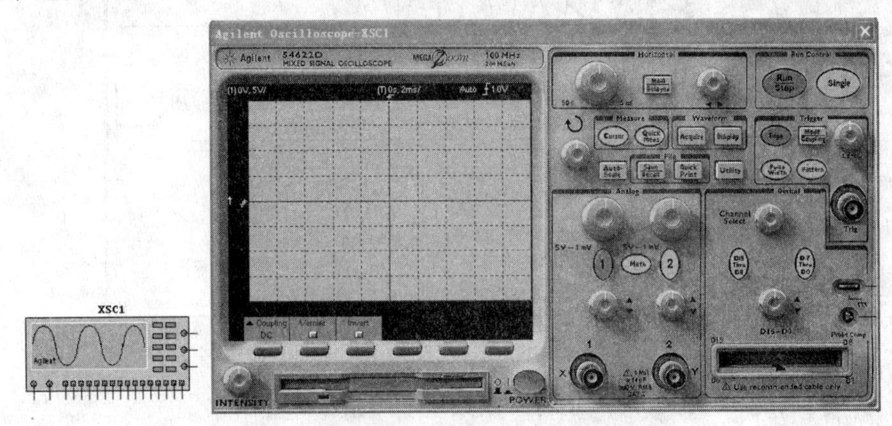

图 4-57　Agilent 54622D 数字示波器的图标及面板

1．Agilent 54622D 功能及设置

在 54622D 数字示波器的面板中，POWER 为电源开关，INTENSITY 为辉度调节旋钮，在 POWER 和 INTENSITY 之间是软驱，软驱上面是参数设置软按钮，软按钮上面是显示屏。面板中的其他按钮根据其功能可分为以下几个部分。

（1）Horizontal 区

为时间调整旋钮，范围为 5ns～50s，为水平位置调整旋钮，为主扫描/延迟扫描测试功能按钮。

（2）Run Control 区

按钮用于启动/停止显示屏上的波形显示，单击该按钮呈现黄色表示连续运行，再单击该按钮后，该按钮显示红色表示停止触发，即显示屏上的波形在触发一次后保持不变。表示单触发。

（3）Measure 区

Measure 有和两个按钮，单击按钮在显示区的下方出现如图 4-58 所示设置，上面一排所标注的功能需通过单击其正下方软按钮才能实现。

☑ Source：用来选择被测对象，1、2 分别代表模拟通道 1 和 2，Math 代表数字通道。

☑ X Y：设置 X 轴和 Y 轴的位置。 X1 用于设置 X1 的起始位置。单击正下方按钮，再单击 Measure 区左侧的图标所对应的旋钮，即可改变 X1 的起始位置，X2 及 Y1、Y2 的设置方法相同。

☑ X1-X2：X1 与 X2 的起始位置的时间间隔。

☑ Cursor：设置光标的起始位置。

单击按钮将出现如图 4-59 所示选项。

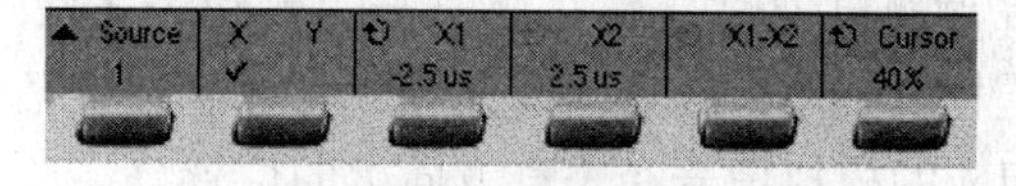

图 4-58　Cursor 按钮设置

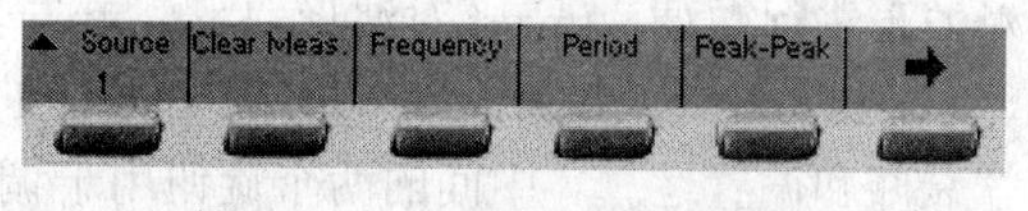

图 4-59　Quick Meas 按钮设置

☑ Source：选择待测信号源。

☑ Clear Meas：清除所显示的数值。

☑ Frequency：测量某一路信号的频率。

☑ Period：测量某一路信号的周期。

☑ Peak-Peak：测量峰峰值。

☑ ：单击该按钮将弹出新的选项设置，分别测量最大值、最小值、上升时间、下降时间、占空比、有效值、正脉冲宽度、负脉冲宽度、平均值。

（4）Waveform 波形调整区

该区有和两个按钮，用于调整显示波形。单击按钮，弹出如图 4-60 所示的设置选项。

☑ Normal：设置正常的显示方式。

☑ Averaging：对显示信号取平均值。

☑ Avgs：设置取平均值的次数。

单击按钮，弹出如图 4-61 所示的设置选项。

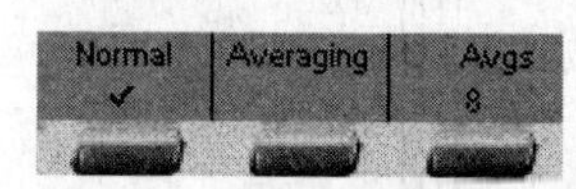

图 4-60　Acquire 按钮设置

图 4-61　Display 按钮设置

☑ Clear：清除显示屏中的波形。

☑ Grid：设置栅格显示灰度。

☑ BK Color：设置背景颜色。

☑ Border：设置边界大小。

☑ Vector：设置向量。

（5）Trigger 触发设置区

☑ Edge：选择触发方式和触发源。

☑ Mode/Coupling：选择耦合方式。

☑ Mode：设置触发模式，Normal（常规触发）、Auto（自动触发）和 Auto-Level（先常规后自动触发）。

☑ Pattern：将某个通道的信号作为触发条件。

☑ Pulse Width：设置脉宽作为触发条件。

（6）Analog 模拟通道调整区

在 Analog 区中，左右两侧分别对应 1、2 两个模拟通道的设置，最上面的两个按钮用于模拟信号幅度的衰减，、两个按钮指示 1 或 2 通道，选中后在显示屏底部出现设置选项，Coupling 对应 Ground、DC、AC 3 种耦合方式选项，Vemier 对波形进行微调，Invert 对波形取反。单击 Math 按钮可设置对 1、2 通道信号的相应计算，显示在中，有 FFT、1*2、1-2、微分、积分等，Setting 设置数学衰减和偏置运算。中间的两个旋钮用于调整相应的模拟信号在垂直方向上的位置。

（7）Digital 数字通道调整区

最上面的旋钮用于数字信号通道的选择；中间两个按钮用于选择 D0～D7 或 D8～D15 两组数字信号中的某一组；下面的旋钮用于调整数字信号在垂直方向上的位置。当选中 D0～D7 或 D8～D15 中的某一组时，显示屏底部出现设置选项，D0 用于将 0 通道的信号接地，第二项设置全屏或半屏显示，Threshold 设置触发电平类型，User 设置触发门限电平的大小。

2．应用举例

例 19 利用 Agilent 54622D 数字信号通道观测图 4-62 所示 100 进制加/减计数器的 8 个输出端波形。

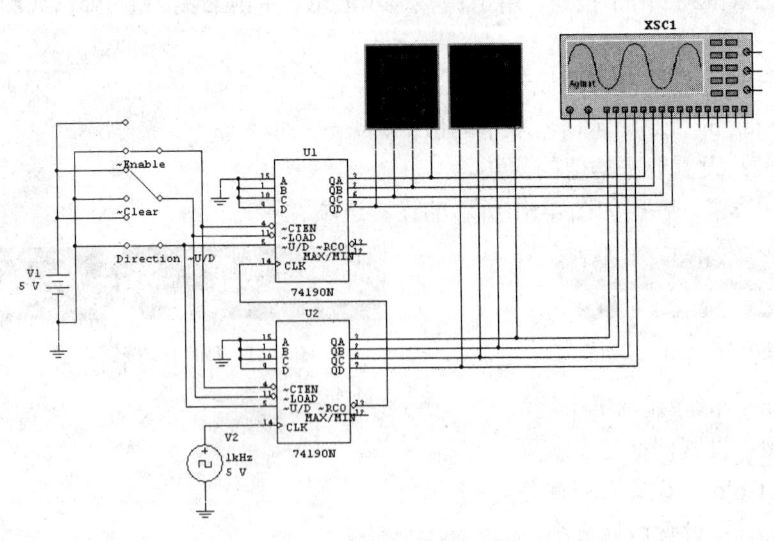

图 4-62 100 进制加/减计数器电路

图 4-62 所示电路为由两片 74190N 级联构成的 100 进制计数器，Direction 端控制电路进行加、减法计数。图 4-63 为 Agilent 54622D 显示结果。

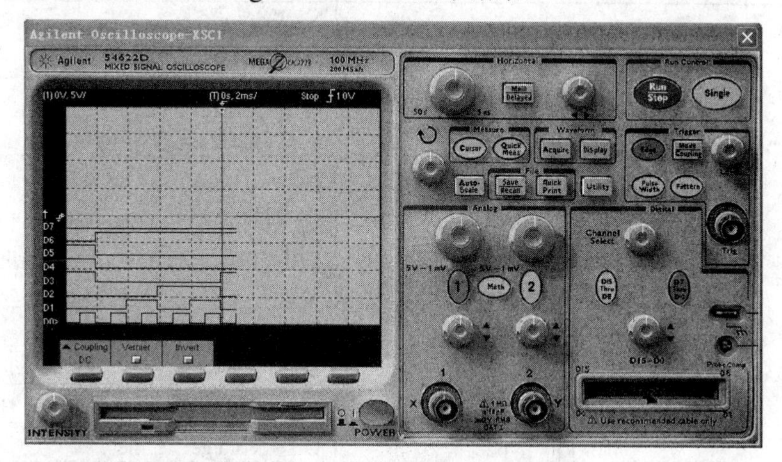

图 4-63　Agilent 54622D 显示结果

注意：如要了解该仪表的更多性能和使用，可以在 www.electronicsworkbench.com 中查询相关的 PDF 说明文件。

4.4.4　Tektronic TDS 2024 型数字示波器

Tektronic TDS 2024 是一个 4 通道、200MHz 的数字存储示波器，其操作和功能与安捷伦示波器类似。图 4-64 所示为示波器图标与面板，图标下方的接线端由左向右依次为校正方波输出、接地、1 通道输入、2 通道输入、3 通道输入、4 通道输入及外部触发输入。

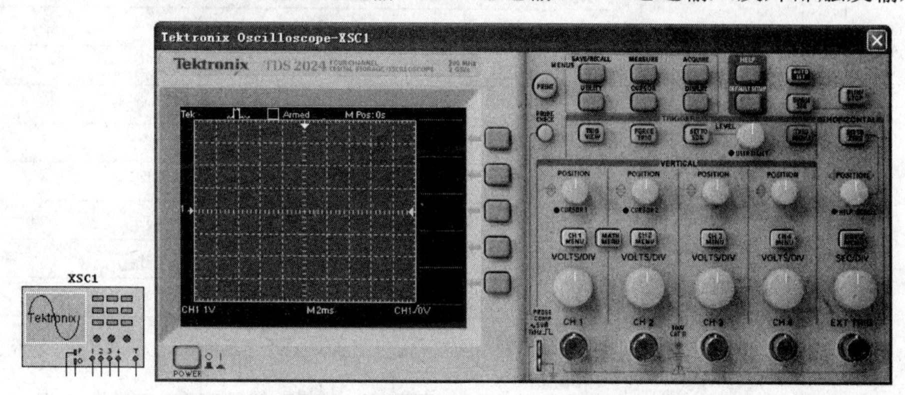

图 4-64　泰克示波器图标与面板

1．Tektronic TDS 2024 功能及设置

Tektronic TDS 2024 面板左侧为显示屏，左下角为电源开关，显示屏右侧的一列按钮对应于显示屏上显示菜单的选项设置。面板右侧除 MENUS、TRIGGER、VERTRICAL、HORIZONTAL 4 个区中的按钮外，还有（图形图标打印）、（进入仪表帮助主题）、（恢复默认设置）、（探针信号测试）、（自动设置）、（对单个触发信号采样）、（开始或停止对多个触发信号的采样）。各区中菜单的功能及设置如表 4-3 所示。

表 4-3　泰克示波器面板各区菜单功能及设置

功能分区	面板按钮	COMMAND	PARAMETERS
MENUS	SAVE/RECALL	Setup（1～10）	
		Save	
		Recall	
	MEASURE	Source	CH1、CH2、CH3、CH4
		Type	None、Frequency、Period、Mean、Peak-Peak、Cyc RMS、Minimum、Maximum、Rise Time、Fall Time、Pos Width、Neg Width
	ACQUIRE	Sample	
		Average	
		Averages	4、16、64、128
	UTILITY	System Status	Horizontal、Vertical（CH1～CH4）、Trigger
	CURSSOR	Type	Off、Voltage、Time
		Source	CH1、CH2、CH3、CH4、MATH
	DISPLAY	Type	Vectors、Dots
		Format	YT、XY
		Contrast Increase	
		Contrast Decrease	
TRIGGER	TRIGGER	Type	Edge、Plus
		Source	CH1、CH2、CH3、CH4、EXT（外部触发）
		Slope	Rising、Falling
		Mode	Auto、Normal
		Coupling	AC、DC
VERTICAL	（CH1～CH4）	Coupling	AC、DC、Ground
		Volt/Div	Fine、Course
		Invert	Off、On
	MATH	Operation	FFT、+、−
		Source	CH1、CH2、CH3、CH4
		Window	Rectangle、Hanning、Flattop
HORIZONTAL	HORIZ.	Main	
		Window Zone	
		Window	
		TrigKnob	Level、Holdoff

2．应用举例

例 20　利用示波器完成幅度为 5V、频率为 1kHz 的方波的 FFT 运算。

在 NI Multisim 11 中，按图 4-65 进行连接，打开 POWER 开关，点亮显示屏。单击 MATH MENU 按钮，显示屏右侧最上面出现 MATH；单击 Operation 旁边的按钮，选择 FFT 操作；单击 Source 旁边的按钮，选择 CH1 通道；单击 Windows 旁边的按钮，选择 Flottop 显示；打开仿真开关，Tektronic TDS 2024 示波器实现 FFT 运算的结果如图 4-66 所示。

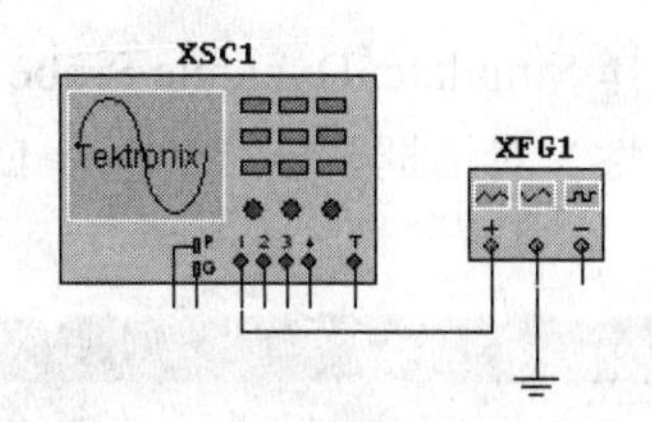

图 4-65　Tektronic TDS 2024 示波器完成 FFT 运算

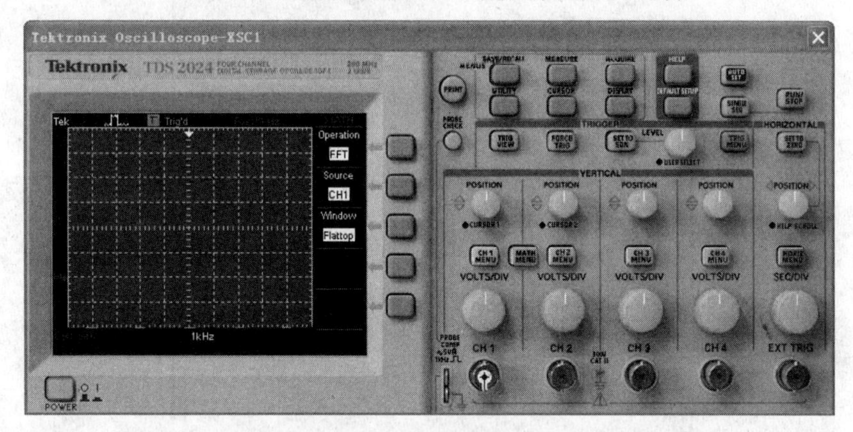

图 4-66　Tektronic TDS 2024 示波器实现 FFT 运算的结果

关于该示波器的 PDF 说明文件可以在 www.electronicsworkbench.com 中查询。

4.5　探　　针

探针是 NI Multisim 11 所提供的一类极具特色的测量工具，它能够方便、快速地检查电路中不同支路、节点或引脚的电压、电流及频率。在 NI Multisim 11 的仪表工具栏中有测量探针、电流探针两种，其中，测量探针又可分为动态探针和静态探针两种。

4.5.1　动态探针

动态探针只有在仿真执行过程中才有效。在仿真过程中，在仪表工具栏中单击测量探针按钮，测量探针将附着在鼠标的光标旁；移动光标到目标测量点，可得到如图 4-67 所示的探针读数标签。若要放弃激活探针，再次单击测量探针按钮或按下 Esc 键即可。

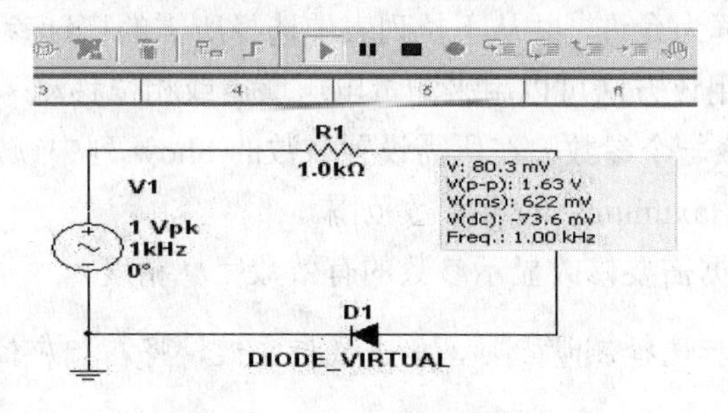

图 4-67　动态探针读数标签

要设置动态探针属性，可选择 Simulate»Dynamic Probe Properties 命令，弹出如图 4-68 所示的 Probe Properties（探针属性）对话框。该对话框有 Display、Font 和 Parameters 3 个选项卡。

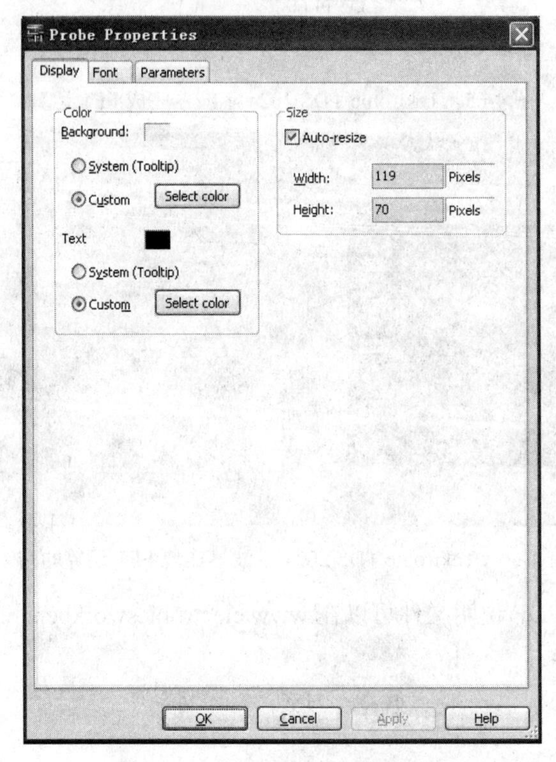

图 4-68　Probe Properties 对话框

（1）Display 选项卡：设置读数标签的背景、文本颜色及标签大小。

☑　Background：指当前所选探针的文本窗口背景颜色。

☑　Text：指当前所选探针窗口文本的颜色。

☑　Size：输入 Width（宽）和 Height（高）的值，或者设置 Auto-resize（自动调整大小）为允许。

（2）Font 选项卡：修改探针窗口中文字的字体，如图 4-69 所示。

（3）Parameters 选项卡：该选项卡如图 4-70 所示。根据需要设置 Use reference probe（使用参考探针）复选框为允许，并从下拉列表中选择所需的探针参数。动态测量需选择参考探针（代替地），使用该方法可以用来测量电压增益或相位移动。

☑　Show：要隐藏一个参数，在所需设置参数的 Show 列中锁定。

☑　Minimum 和 Maximum：设置参数范围。

☑　Precision：根据需要修改显示参数的有效数字（精度）。

注意：如在移动鼠标选择测量点时，单击鼠标左键，将在相应位置放置一个静态探针。

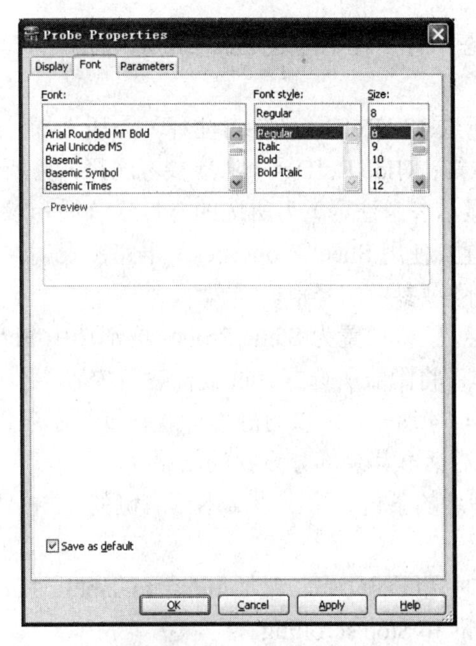

图 4-69　Font 选项卡

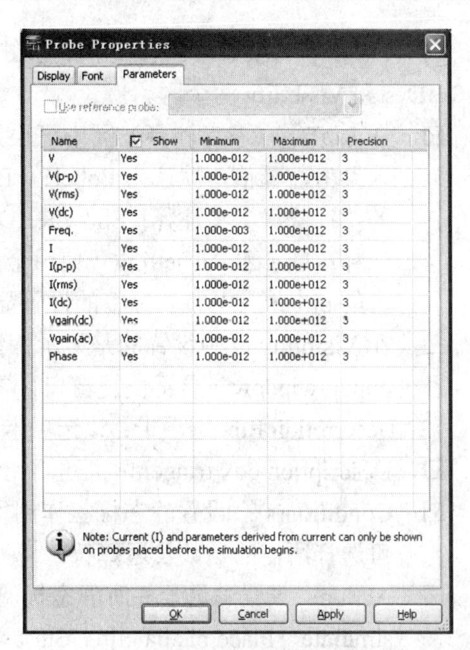

图 4-70　Parameters 选项卡

4.5.2　静态探针

在仿真运行前及运行中，可以将若干个探针放置到电路中需要的点上，这些探针保持固定，并且包含来自仿真的数据（如图 4-71 所示），直到开始运行另一个仿真或者数据被清除时为止。若要隐藏探针的内容，可在探针上单击鼠标右键，在弹出的快捷菜单中选择 Show Content（显示内容）命令，此时探针将仅显示为一个箭头。

单击测量探针按钮下的箭头，弹出如图 4-72 所示的下拉菜单，通过它们可对静态探针的显示内容进行选择设置。From dynamic probe settings 读数标签内容由动态探针设置决定；AC voltage 读数标签仅显示交流电压；AC current 读数标签仅显示交流电流；Instantaneous voltage and current 读数标签仅显示瞬态电压和电流；Voltage with reference to probe 读数标签显示探针放置处相对于参考探针的直流电压增益、交流电压增益及相移。对静态探针的进一步设置需要通过属性设置对话框实现。

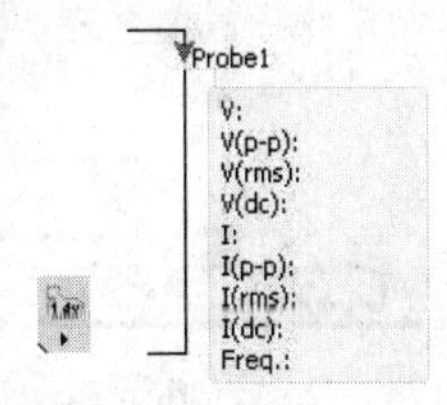

图 4-71　测量探针按钮及读数标签图

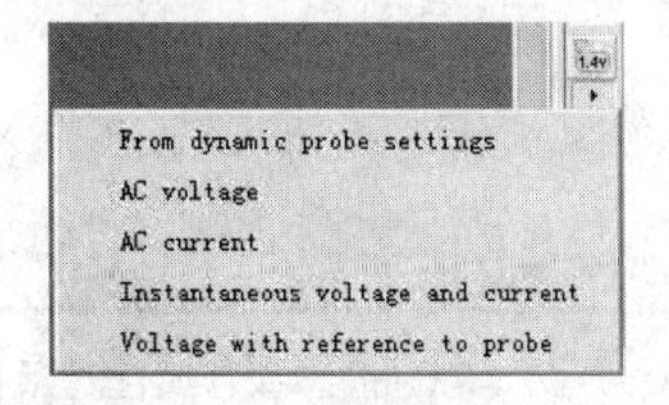

图 4-72　探针内容设置选项

用鼠标左键双击所需的探针，弹出如图 4-73 所示的静态探针属性设置 Probe Properties 对话框。该对话框有 4 个选项卡，其中 Font、Parameters 选项卡与动态探针属性设置对话框一致。

（1）Display 选项卡：该选项卡中除了在动态探针设置中阐述过的 Color、Size 外，还有 RefDes 和 Visibility 两个区。

☑ 在 RefDes（参考注释）区中可设置以下选项：RefDes（参考注释）为所选探针输入参考注释值，默认为 Pobel1、Pobel2 等；Hide RefDes（隐藏参考注释）为所选的探针隐藏参考注释；Show RefDes（显示参考注释）为所选的探针设置显示参考注释；Use global setting（使用全局设置）使用 Sheet Properties（电路图表属性）中的 circuit（电路）标签的设置显示或隐藏参考注释值。

☑ 在 Visibility 区中设置的是显示探针的层，默认设置为 Static Probe；取消选中 Show popup window（显示快捷窗口）复选框，将隐藏所选探针读数标签及内容。

（2）Description Box 选项卡：该选项卡如图 4-74 所示，可以为静态标签设置显示条件。

☑ Description box triggers：汇总了该标签对话框其余部分设置的结果。

☑ Condition(s)：设置静态标签作用所应满足的条件。单击该文本框右侧的 > 按钮，可选择所需的参数及运算符。

☑ Action：设置满足条件时静态标签应同时完成的动作，包括 Jump to label、Pause simulate、Place media clip、Start scrolling 和 Stop scrolling。

☑ Parameter：与动作相应时间等参数设置。

☑ Hint：当对 Action、Parameter 进行设置时，将给出相应的提示。

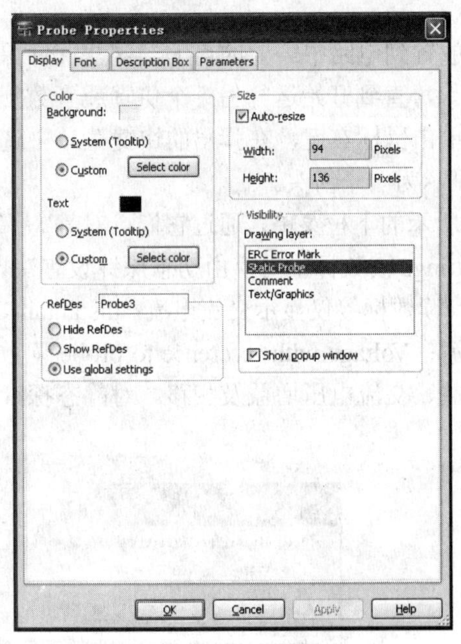

图 4-73 静态探针属性对话框

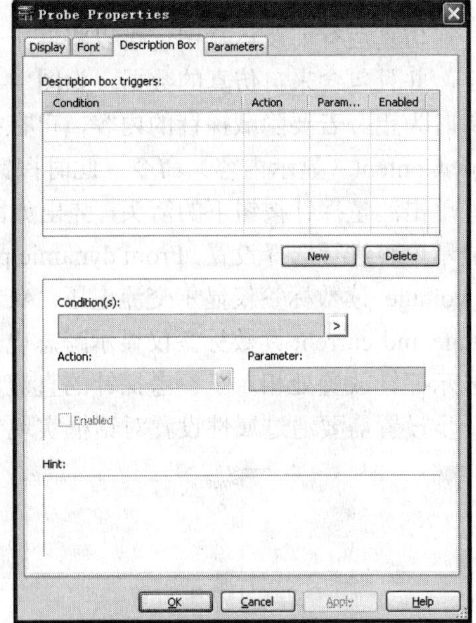

图 4-74 Description Box 选项卡

注意：动态探针不能用于测量电流，静态探针在仿真运行后放置也不能测量电流。

4.5.3 电流探针

电流探针模拟的是能够将流过导线的电流转换成设备输出终端电压的工业用钳式电流

探针。输出终端与示波器相连，其电流大小由示波器读数及探针的电压-电流转换比计算而得。电流探针图标及属性设置对话框如图 4-75 所示。

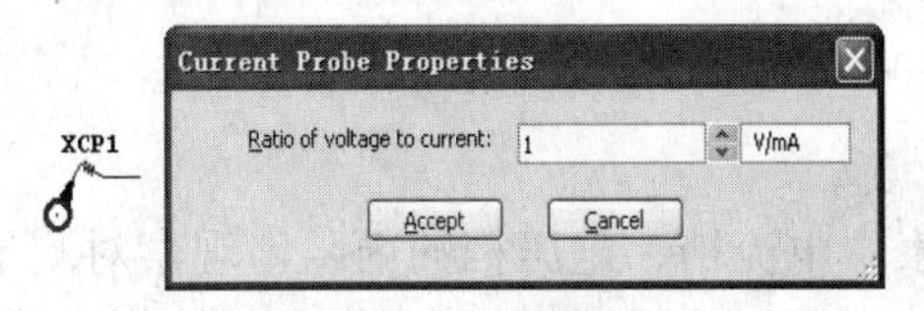

图 4-75　电流探针图标及属性设置对话框

1．电流探针属性设置

电流探针属性设置对话框中可设置 Ratio of voltage to current（输出电压对被测电流变换比），其默认值为 1V/mA。

2．应用举例

在 NI Multisim 11 工作区中创建如图 4-76 所示电路，在电路中放置电流探针 XCP1，将其输出端与示波器相连。示波器输出波形如图 4-77 所示。将示波器显示窗口的图标移动到波峰处，获得读数为 595.109V，依据输出电压对被测电流变换比 1V/mA，可知流过该支路的电流的峰值为 595.109mA。

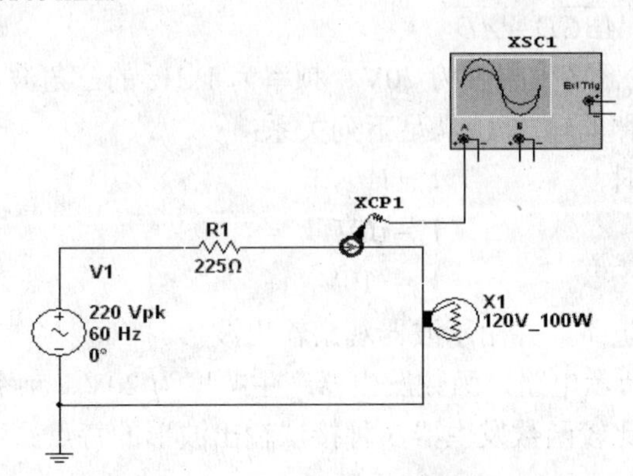

图 4-76　电流探针应用电路

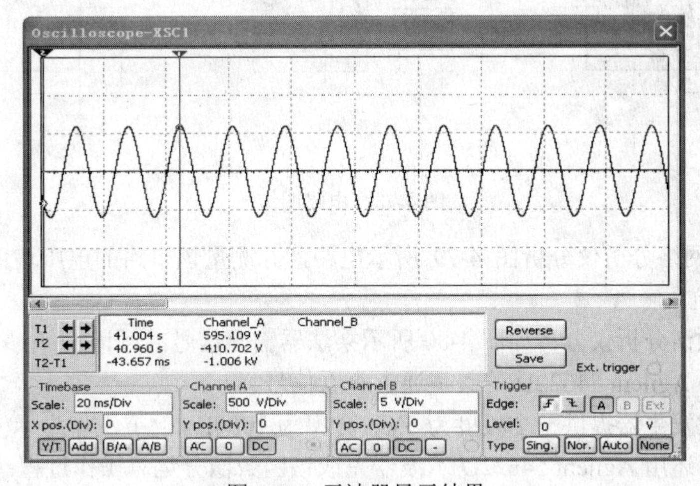

图 4-77　示波器显示结果

注意：利用电流探针解决了示波器无法对电流进行直接观测的问题。

习　题

1．试改变数字万用表中电流档、电压档的内阻，观察对测量精度是否有影响。

2．试用示波器 A、B 通道同时测量某一正弦信号，扫描（时基）方式分别为 Y/T、A/B，观察显示波形的差异，思考其原因。

3．利用函数发生器产生频率为 5kHz、振幅为 10V 的正弦信号，用示波器观察输出波形。

4．若不失真地放大频率为 1MHz、占空比为 50%、幅度为 1V 的方波，试用电压变化率模块，求出放大器至少应具有多大斜坡率？

5．试用逻辑分析仪观察数字信号发生器在递增及递减编码方式时的输出波形。

6．将下列逻辑函数表达式转化成真值表：

（1）$Y = \overline{ABCD} + \overline{AB}C\overline{D} + A\overline{BC}D + \overline{ACD}$

（2）$Y = A\overline{B}\,\overline{C}D + A\overline{C}D + A\overline{B}D + A\overline{C}D$

（3）$Y = \overline{A} + B\overline{C}D + A\overline{B}\,\overline{C}D + A\overline{D}$

7．试利用函数发生器产生幅度为 20V、频率为 1kHz 的三角波，作为电压限幅器的输入信号 V_i，使电压限幅器的输出 V_o 满足下列关系：

当 $-10V < V_i < 10V$ 时，　　$V_o = V_i$

当 $V_i \geqslant 10V$ 时，　　$V_o = 10V$

当 $V_i \leqslant -10V$ 时，　　$V_o = -10V$

试设计电压限幅器电路，并用示波器观察输出波形。

8．创建如图 4-78 所示电路，函数发生器产生幅度为 20V、频率为 1kHz 的正弦信号，用示波器观察波形，并比较函数发生器 3 种接法输出波形的特点。

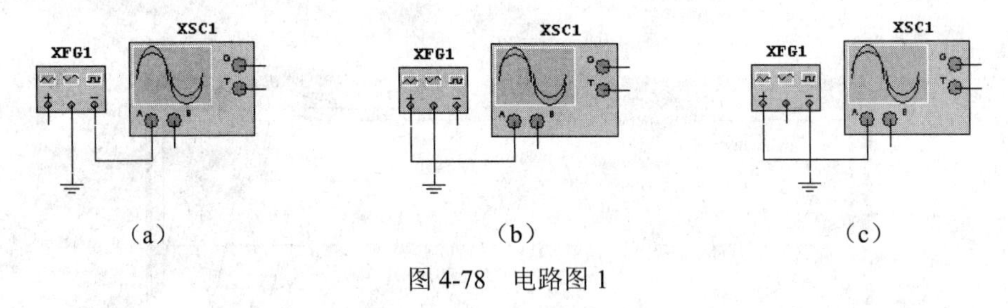

（a）　　（b）　　（c）

图 4-78　电路图 1

9．试利用网络分析仪分析图 4-79 所示电路，并测量该电路的电压增益、功率增益以及输入/输出阻抗。

10．试用频谱分析仪分析如图 4-80 所示乘法器输出信号的频谱。

11．如何用 Agilent 54622D 的数字通道查看信号？

12．若函数发生器提供一个幅度为 5V、频率为 1000Hz 的方波作为示波器完成微分运算的信号源，简述用 Agilent 54622D 示波器完成该函数微分运算操作过程。

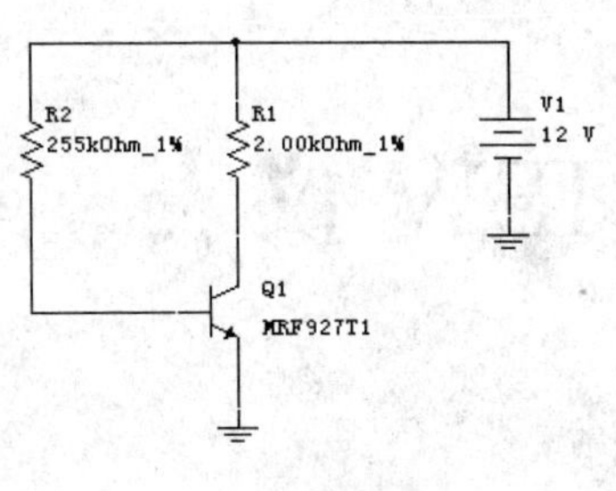

图 4-79　电路图 2

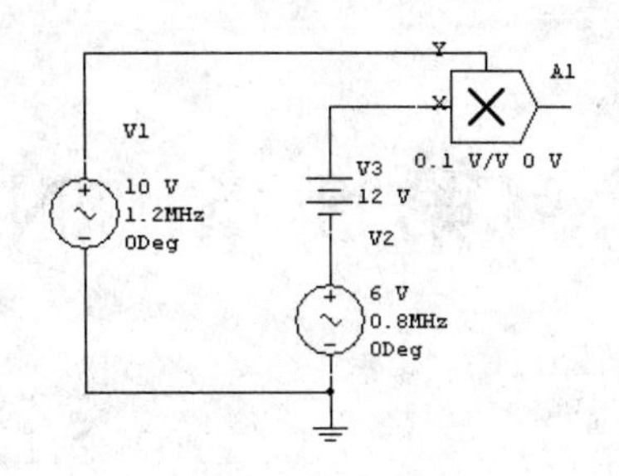

图 4-80　电路图 3

13．用 Agilent 3120A 输出 AM 调制波，要求载波为幅度 600mV、频率 50kHz 的方波，调制信号为频率 500Hz 的正弦波，调幅度为 60%。

14．用 Tektronic TDS 2024 观察如图 4-81 所示电路相应点的波形。

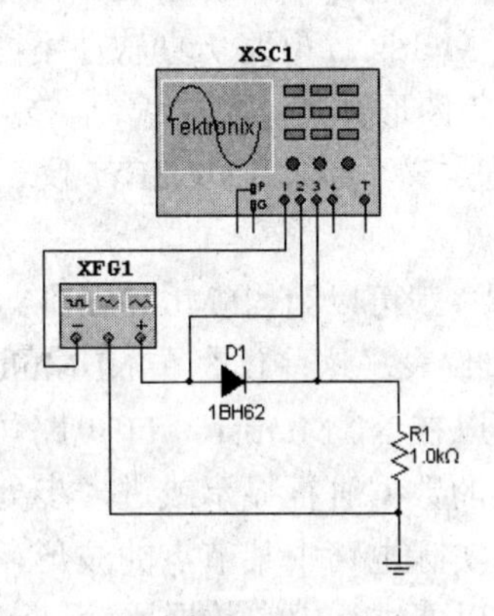

图 4-81　电路图 4

第 5 章　NI LabVIEW 仪表

5.1　概　　述

自加拿大 IIT 公司成为美国 NI 公司的下属公司后，原 NI 公司的产品就源源不断地注入到了 Multisim 电路仿真软件中，使之产生新的活力，仿真功能更加强大。例如，增添了 LabVIEW 仪表，用户可以利用这些 LabVIEW 仪表进行实际电路波形的数据采集，进行必要的数学分析，从而有效克服原 Multisim 电路仿真软件不能采集实际数据的缺点。用户还可以根据自己的需求在 LabVIEW 图形开发环境中编制特定仪表，调入 Multisim 电路仿真软件中使用。此外，NI 公司还自定义了一些 LabVIEW 仪表，放在网站（ni.com/devzone）上供用户下载使用。

在 LabVIEW 图形开发环境中，既可以为 NI Multisim 11 电路图仿真软件编写输入仪表，还可以编写输出仪表及输入/输出仪表，这些仪表在 NI Multisim 11 电路仿真环境中可以连续不断工作。例如，输入仪表可以在 NI Multisim 11 电路仿真过程中不断利用数据采集卡或数据模型来采集数据，将采集的数据进行显示或进一步处理。显示的数据不但可以是虚拟仿真出来的数据，还可以是从实际电路中某节点的波形，甚至可以将虚拟仿真数据和实际电路采集数据同时显示出来，以便进行虚实数据比较。

本章内容已假定读者具有一定的 LabVIEW 软件编程知识。

本章主要介绍 NI Multisim 11 电路仿真软件中的 LabVIEW 仪表，如何调用 LabVIEW 仪表的源代码，并简要介绍如何将一个在 LabVIEW 图形开发环境中的自定义仪表导入 NI Multisim 11 电路仿真软件中。

5.2　NI Multisim 11 中的 LabVIEW 仪表

在 NI Multisim 11 电路仿真软件中提供了 7 种 LabVIEW 软件设计的仪表，分别是 BJT 分析仪、阻抗表、麦克风、话筒、信号分析仪、信号产生器和流信号产生器。各种仪表的功能和使用如下所示。

1. BJT 分析仪（BJT Analyzer）

BJT 分析仪是用于测量 BJT 器件的电流-电压特性的一种仪表。执行 Simulate»Instruments»LabVIEW Instruments»BJT Analyzer 命令，出现 BJT 分析仪图标，移动鼠标将之放在 NI Multisim 11 电路仿真工作区中，双击该图标打开 BJT 分析仪，如图 5-1 所示。

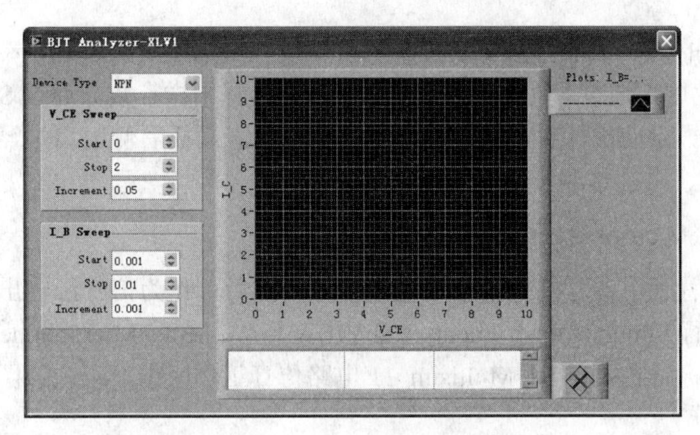

图 5-1　BJT 分析仪面板

在图 5-1 中，可以选择晶体管类型（NPN 或 PNP），设置 V_CE 和 I_B 扫描的起始值、终止值和步长。将被测三极管接入 BJT 分析仪相应引脚上，启动仿真即可得到被测三极管的输出特性曲线图。例如，将型号为 2N2222A 的 PNP 三极管接到 BJT 分析仪，启动仿真按钮得到的输出特性曲线如图 5-2 所示。

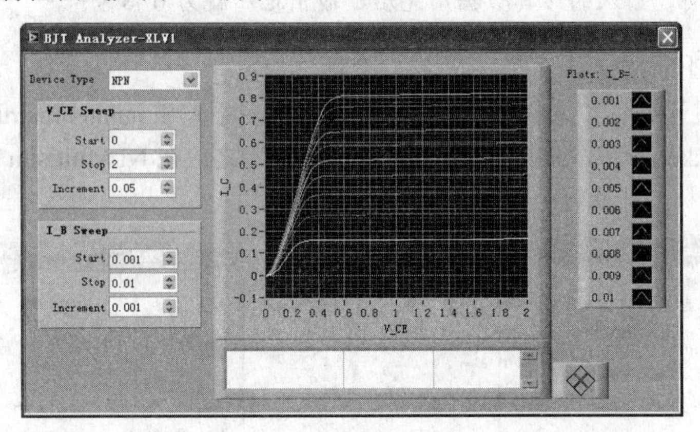

图 5-2　2N2222A 三极管的输出特性曲线图

2. 阻抗表（Impedance Meter）

阻抗表是用于测量两个节点阻抗的一种仪表。执行 Simulate»Instruments»LabVIEW Instruments»Impedance Meter 命令，出现阻抗表图标，移动鼠标将之放在 NI Multisim 11 电路仿真工作区中，双击该图标打开阻抗表，如图 5-3 所示。

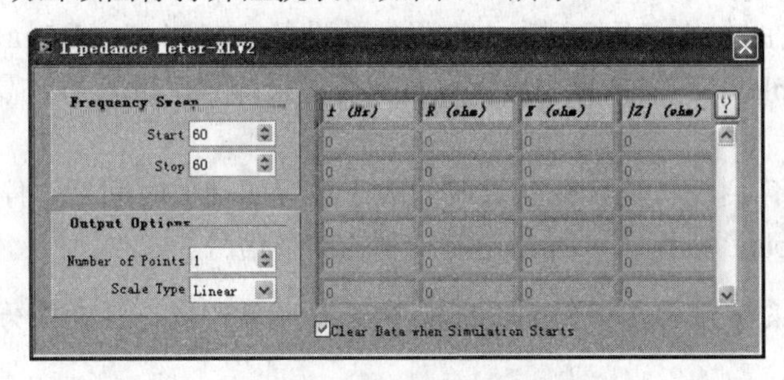

图 5-3　阻抗表面板

在图 5-3 中的 Frequency Sweep 区中，可以设置扫描频率的起始频率和终止频率，在 Output Options 区中，通过 Number of Points 数值框选择采样点数，通过 Scale Type 下拉列表选择刻度类型。启动仿真后，被测节点就会在阻抗表面板右侧窗口中显示对应不同频率的阻抗实部（R）、阻抗虚部（X）和阻抗（Z）。

3．麦克风（Microphone）

麦克风是一种利用计算机声卡记录输入信号，然后可作为信号源输出所记录声音信号的一种仪表。执行 Simulate»Instruments»LabVIEW Instruments»Microphone 命令，出现麦克风图标，移动鼠标将之放在 NI Multisim 11 电路仿真工作区中，双击该图标打开麦克风，如图 5-4 所示。

在图 5-4 中，通过 Device 下拉列表选择音频设备（自动识别），在 Recording Duration 文本框中设置录音时间，然后通过 Sample Rate 游标或数值框设置采样频率。单击 Record Sound 按钮开始录音。

注意：录音前，最好选中 Repeat Recorded Sound 复选框；否则，作为信号源输出录音信号时，输入的仿真数据用完后，输出电压就为 0 信号。

4．话筒（Speaker）

话筒是利用计算机声卡播放信号的一种仪表。执行 Simulate»Instruments»LabVIEW Instruments»Speaker 命令，出现话筒图标，移动鼠标将之放在 NI Multisim 11 电路仿真工作区中，双击该图标打开话筒，如图 5-5 所示。

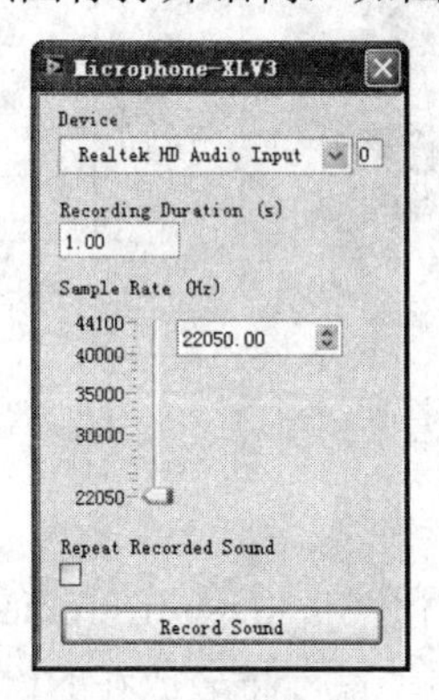

图 5-4　麦克风面板

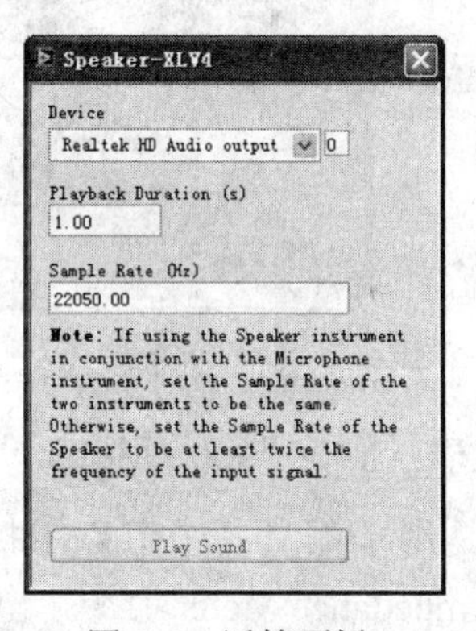

图 5-5　话筒面板

在图 5-5 中，在 Device 下拉列表中选择播放设备，在 Playback Duration 文本框中设置播放时间，在 Sample Rate 文本框中设置采样频率。采样频率设置得越高，仿真运行的速度就越慢。

设置完成之后，启动仿真，待仿真时间大于设置的播放时间后，停止仿真，再单击话筒面板中的 Play Sound 按钮即可听到先前录制的声音信号。

注意：设置的采样频率应和 Microphone 的采样频率一致，且至少为采样信号最高频率的 2 倍。

5．信号分析仪（Signal Analyzer）

信号分析仪是显示输入信号的波形、功率谱和平均值的一种仪表。执行 Simulate»Instruments»LabVIEW Instruments»Signal Analyzer 命令，出现信号分析仪图标，移动鼠标将之放在 NI Multisim 11 电路仿真工作区中，双击该图标打开信号分析仪，如图 5-6 所示。

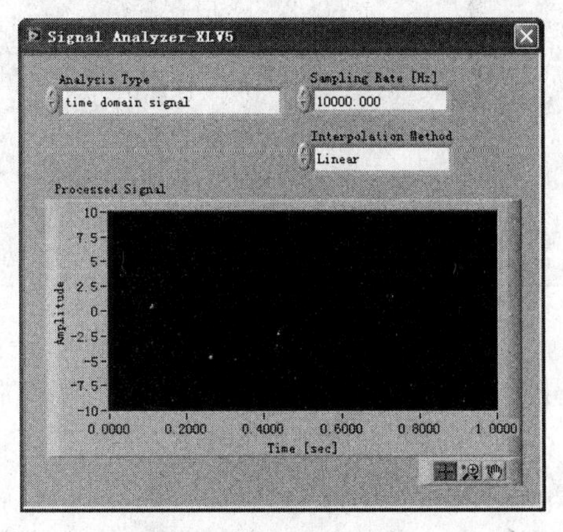

图 5-6　信号分析仪面板

在图 5-6 中，在 Analysis Type 文本框中可以选择信号分析类型（信号波形、功率谱或平均值），在 Sampling Rate 文本框中可以设置采样率，在 Interpolation Method 文本框中可以选择插值法。例如，将 AM 信号源接入信号分析仪，AM 信号源的参数设置如下：载波频率为 1kHz，载波振幅为 5V，调制信号为 100Hz，调制度为 0.3。启动仿真 AM 信号源输出的波形和功率谱分别如图 5-7（a）和图 5-7（b）所示。

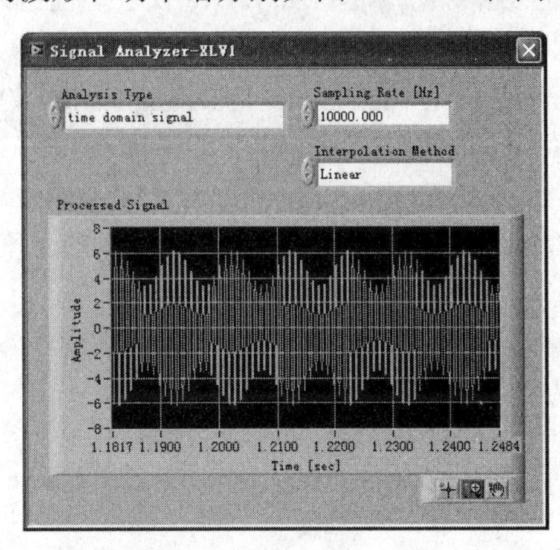

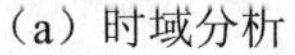

（a）时域分析

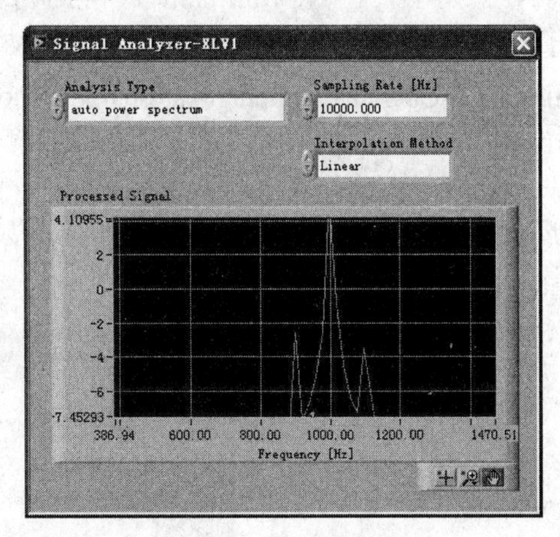

（b）功率谱分析

图 5-7　用信号分析仪分析 A 信号源

由图 5-7（a）可见一个已调波信号的波形，由图 5-7（b）可见频率为 1kHz 有一个尖峰，是载波信号的频谱，在 900Hz 和 110Hz 处也有两个尖峰，分别是已调波信号的上、下边频。

6．信号产生器（Signal Generator）

信号产生器是产生正弦波、三角波、方波或锯齿波的一种仪表。执行 Simulate»

Instruments»LabVIEW Instruments»Signal Generator 命令，出现信号产生器图标，移动鼠标将之放在 NI Multisim 11 电路图仿真工作区中，双击该图标打开信号产生器，如图 5-8 所示。

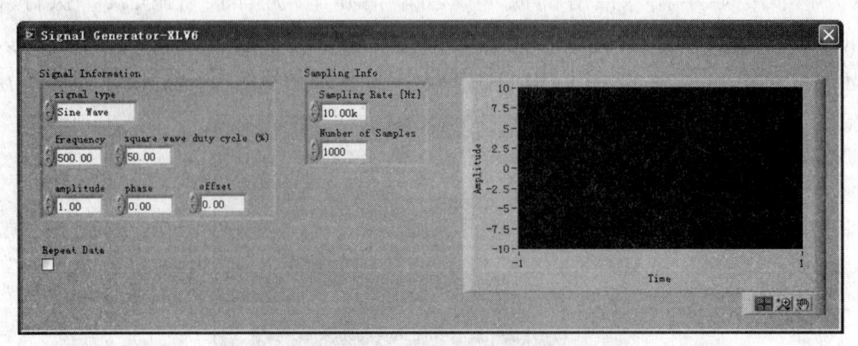

图 5-8　信号产生器面板

在图 5-8 中，通过 Signal Information 区可以选择产生信号的类型、频率、占空比以及对应的振幅、相位和直流偏置。通过 Sampling Info 区可以设置采样频率和采样点数。若要重复产生信号，应选中 Repeat Data 复选框。

流信号产生器（Streaming Signal Generator）的面板与信号产生器面板基本相同，功能也相同，在此不再赘述。

5.3　修改 NI Multisim 11 中的 LabVIEW 仪表

NI 公司不仅在 NI Multisim 11 电路仿真界面中添加了 7 种 LabVIEW 仪表，而且还提供了这些仪表的源代码。7 种 LabVIEW 仪表的源代码默认存放在 C:\Documents and Settings\All Users\Documents\National Instruments\Circuit Design Suite 11.0\samples\LabVIEW Instruments 路径下的 6 个文件夹中（麦克风和喇叭在一个文件夹内），Templates 文件夹则用于存放用户自己创建的虚拟仪表模板。例如，打开 LabVIEW Instruments\BJT Analyzer 文件夹中的 LabVIEW 文件 BjtAnalyzer.lvproj，即可启动 LabVIEW 软件，弹出“项目浏览器”窗口，如图 5-9 所示。

图 5-9　“项目浏览器”窗口

单击 Instrument Template 文件夹中的 BjtAnalyzer.vit 文件，弹出“BjtAnalyzer.vit 前面板 模板”窗口，如图 5-10 所示。

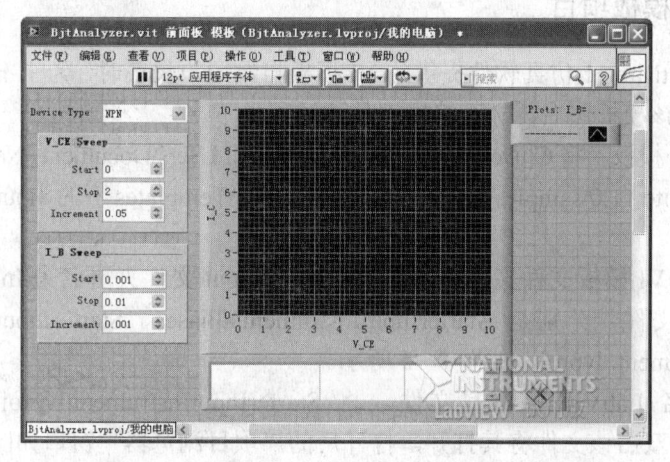

图 5-10　“BjtAnalyzer.vit 前面板 模板”窗口

执行“BjtAnalyzer 前面板 模板”窗口的菜单命令“窗口»显示程序框图”（或 Ctrl+E），弹出“BjtAnalyzer 程序框图 模板”窗口，如图 5-11 所示。

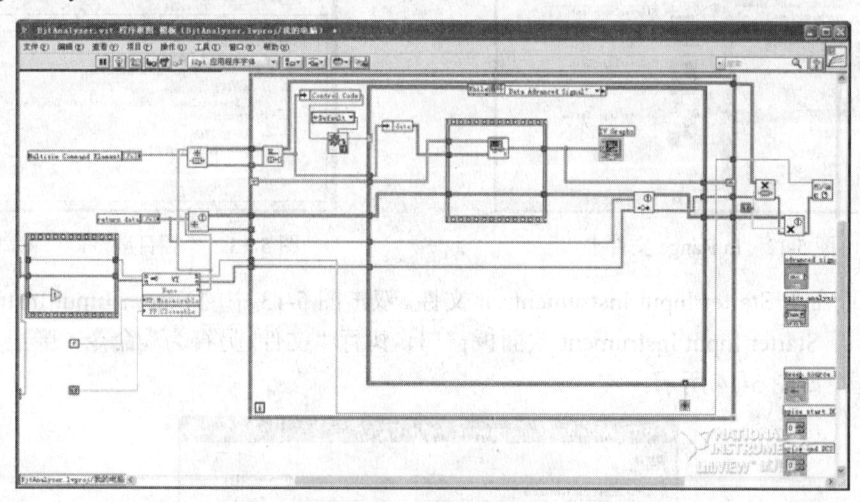

图 5-11　“BjtAnalyzer 程序框图 模板”窗口

至此，用户就可以根据需求来更改 BjtAnalyzer 的功能，然后将编写好的 LabVIEW 程序导入 NI Multisim 11 仿真软件中，这样就可以使用自己修改的 LabVIEW 仪表。

5.4　LabVIEW 仪表导入 NI Multisim 11

在 NI Multisim 11 中使用 LabVIEW 仪器，主要是利用其 VI 模板（.vit 文件）自制用户仪表，然后再将它导入到 NI Multisim 11 中使用。在 NI Multisim 11 根目录中提供了 4 个 VI 模板，分别是 Input、Output、Inputoutput 和 Legacy。下面以 Input 模板为例，介绍基于

LabVIEW 自制虚拟仪器并将其导入到 NI Multisim 11 中的全过程。

5.4.1 重命名模板项目

利用 NI Multisim 11 仿真软件提供的 VI 模板自制用户仪表时，为了不损坏原 VI 模板，通常需要先复制该模板然后再进行编辑，具体过程如下。

（1）复制 VI 模板。将 C:\Documents and Settings\All Users\Documents\National Instruments\Circuit Design Suite 11.0\samples\LabVIEW Instruments\Templates 下的 input 文件夹复制到桌面上。

（2）重命名 VI 模板文件夹。将复制到桌面的 input 文件夹更名为 In Range 文件夹，其内含有 3 个文件，分别是 StarterInputInstrument.alliases、StarterInputInstrument.lib 和 StarterInputInstrument. lvproj，如图 5-12 所示。

（3）重命名 LabVIEW 项目文件。将 StarterInputInstrument.lvproj 文件更名为 In Range.lvproj，并双击该文件将其打开，打开后的“项目浏览器”窗口如图 5-13 所示。

图 5-12　In Range 文件夹

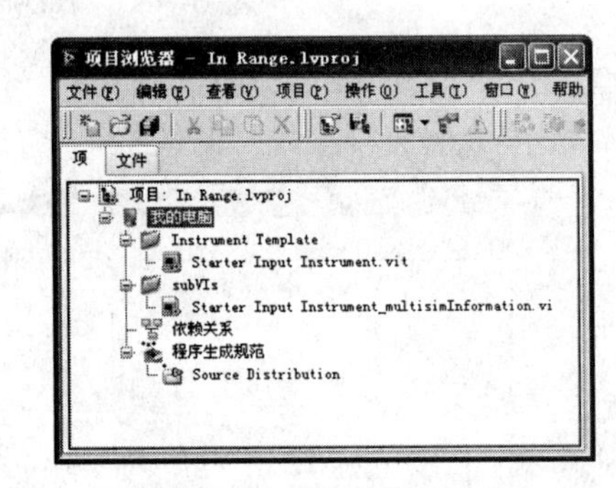

图 5-13　“项目浏览器”窗口

（4）重命名 Starter Input Instrument.vit 文件。双击图 5-13 中的 Starter Input Instrument.vit 文件，打开 Starter Input Instrument 软面板窗口，执行“文件»另存为”命令，弹出文件另存为对话框，如图 5-14 所示。

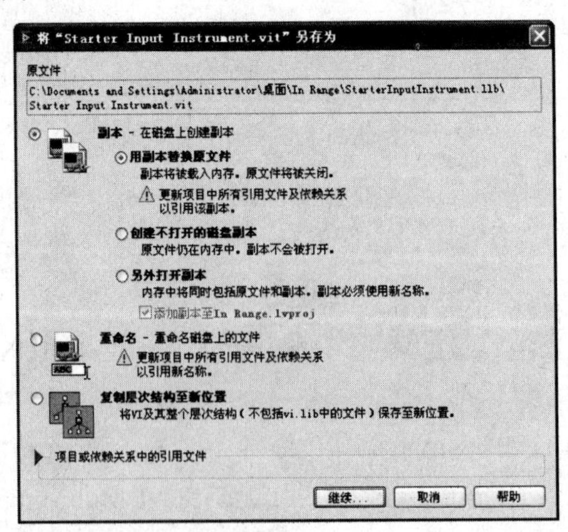

图 5-14　文件另存为对话框

选中“重命名-重命名磁盘的文件”单选按钮，单击“继续”按钮，弹出“将 VI 另存为”对话框，如图 5-15 所示。

在显示 Starter Input Instrument.vit 内容的文本框中输入 In Range Instrument.vit，单击“确定”按钮。

（5）重命名 Starter Input Instrument_multisimInformation.vi 文件。重命名的方法同（4）。

① 双击图 5-13 项目浏览器中的“我的电脑\SubVIs\Starter Input Instrument_multisimInformation.vi”，弹出 Starter Input instrument_multisimInformation.vi 窗口。

② 执行 Starter Input instrument_multisimInformation.vi 窗口中的“文件»另存为”命令，弹出 Starter Input instrument_multisimInstrument.vi 另存为对话框。

③ 选择“重命名”单选按钮，单击“继续”按钮，弹出“将 VI（Starter Input multisimInstrument.vi）另存为”对话框。

④ 将 Starter Input Instrument_multisimInformation.vi 文本框中的内容修改为 In Range Instrument_multisimInformation.vi，单击“确定”按钮。

修改完成后的项目浏览器窗口如图 5-16 所示。

图 5-15　“将 VI 另存为”窗口

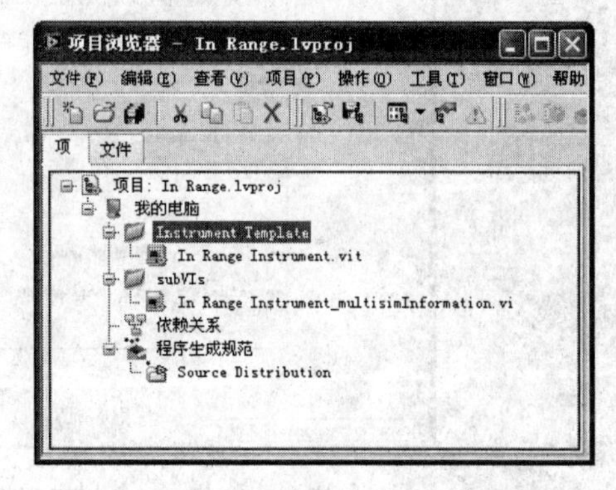

图 5-16　修改完成后的项目浏览器窗口

（6）保存 LabVIEW 项目文件。

5.4.2　标明界面信息

（1）在图 5-16 所示的项目浏览器中，双击“我的电脑\SubVIs\In Range Instrument_multisimInformation.vi”文件，弹出“In Range Instrument_multisimInformation.vi 前面板”窗口，如图 5-17 所示。

（2）按 Ctrl+E 组合键，或执行“窗口»显示程序框图”命令，弹出“In Range Instrument_multisimInformation.vi 程序框图”窗口，如图 5-18 所示。

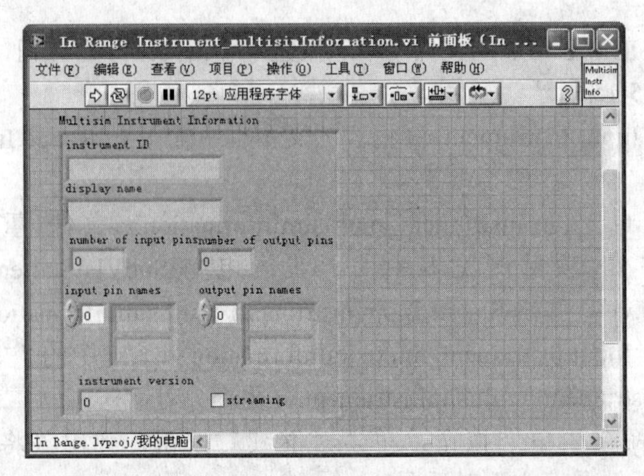

图 5-17 “In Range Instrument_multisimInformation.vi 前面板”窗口

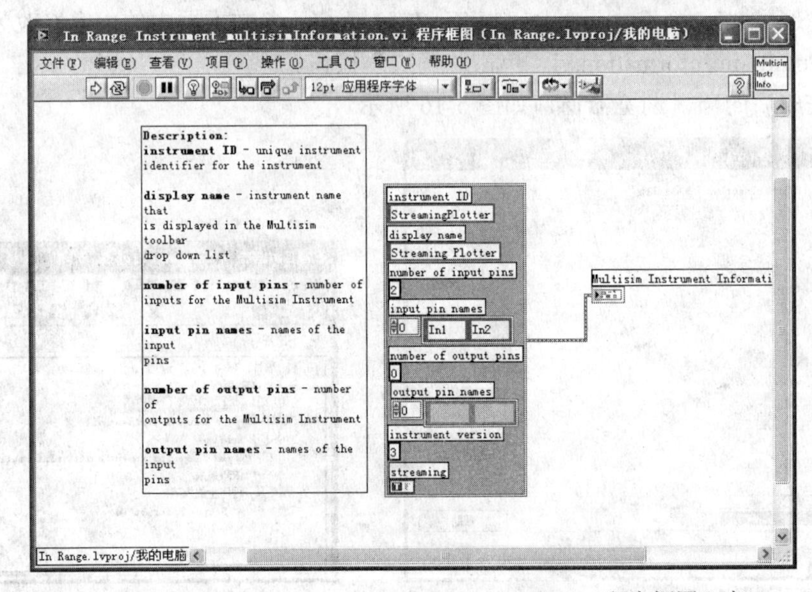

图 5-18 “In Range Instrument_multisimInformation.vi 程序框图”窗口

（3）修改“In Range Instrument_multisimInformation.vi 程序框图”窗口中粉红色文本框中的内容。在本例中，修改内容如下。

☑ instrument ID 文本框：LabVIEW、Multisim 软件通信唯一标识。本例输入 In Range。

☑ display name 文本框：该名字将会在 NI Multisim 11 仪器工具栏中 LabVIEW 图标的下拉菜单中展示。本例输入 InRange。

☑ number of input pins 文本框：仪器引脚个数。本例输入 1。

☑ input pin names 文本框下：引脚名称。该名称将被用于 SPICE 网表或网表报告中。设置好的程序框图如图 5-19 所示。

至此，NI Multisim 11 仿真软件提供的模板设置完毕，用户可以在 labVIEW 环境中添加自己需要的控件，自制虚拟仪表。

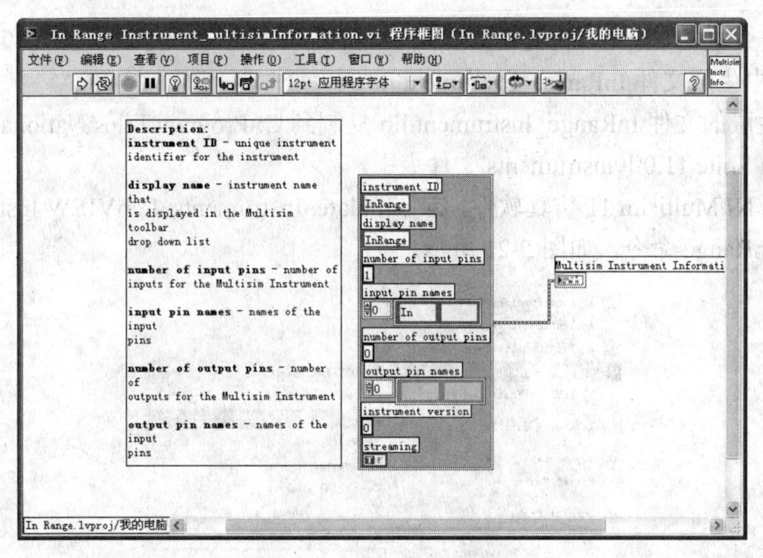

图 5-19　设置好的程序框图

5.4.3　生成用户仪表

为了保证在 LabVIEW 软件中生成的仪器能在 NI Multisim 11 软件中被正常安装与使用，还必须把 LabVIEW 软件中工程的源程序生成具有发布属性的文件，具体过程如下。

（1）单击图 5-16 所示的“项目浏览器”窗口中程序生成项下的 Source Distribution 文件，弹出“Source Distribution 属性”对话框，如图 5-20 所示。

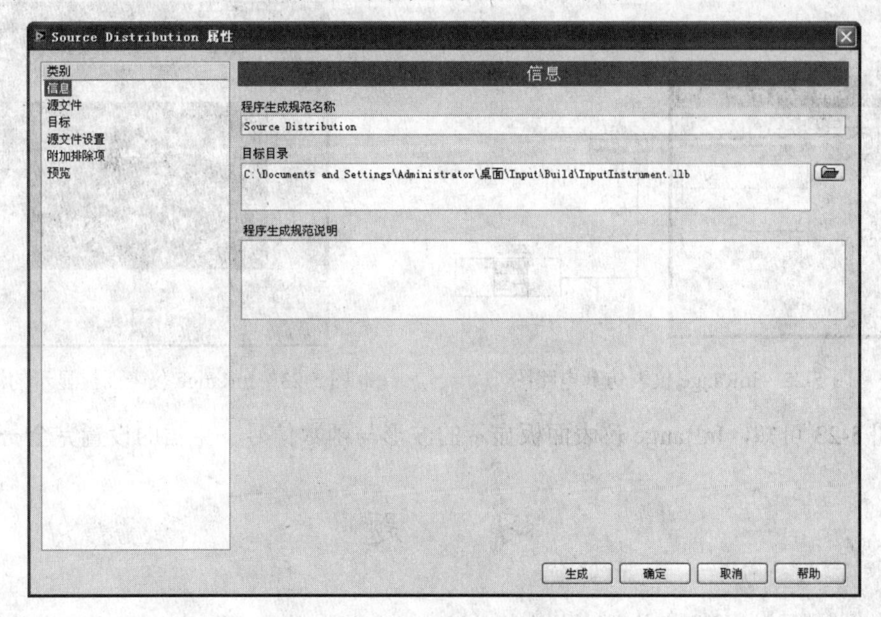

图 5-20　“Source Distribution 属性”对话框

（2）将“信息”类别中的目标目录修改为 C:\Documents and Settings\Administrator\桌面\In Range\Build\InRange_Instrument.llb。

（3）单击“生成”按钮，就会在 C:\Documents and Settings\Administrator\桌面\In Range\Build 文件夹中生成文件 InRange_Instrument.llb。

（4）将生成的文件 InRange_Instrument.llb 复制到 C:\Program Files\National Instruments\Circuit Design Suite 11.0\lvinstruments 文件夹中。

（5）启动 NI Multisim 11 仿真软件，在 Simulate»Instruments»LabVIEW Instruments 命令下可观察到 InRange 命令，如图 5-21 所示。

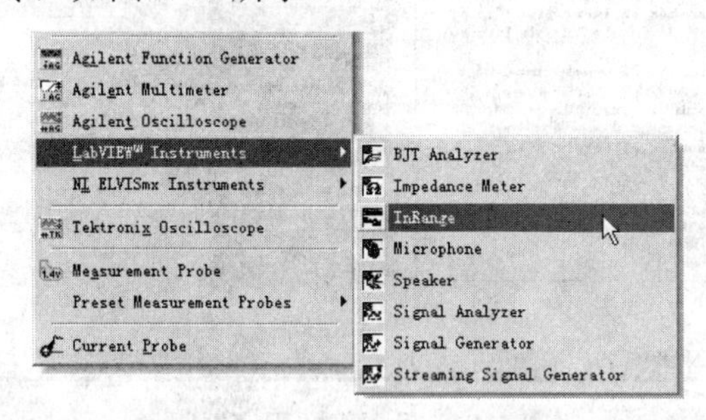

图 5-21　LabVIEW Instruments 成功添加 InRange 仪表

（6）将 LabVIEW Instruments 新添加的自制仪表 InRange 放到仿真工作界面中，再拖放函数信号发生器，其输出接到 InRange 输入端，连接好的电路及函数信号发生器的设置如图 5-22 所示。

（7）启动仿真，双击 InRange 仪表，弹出 InRange 仪表面板，其显示的波形如图 5-23 所示。

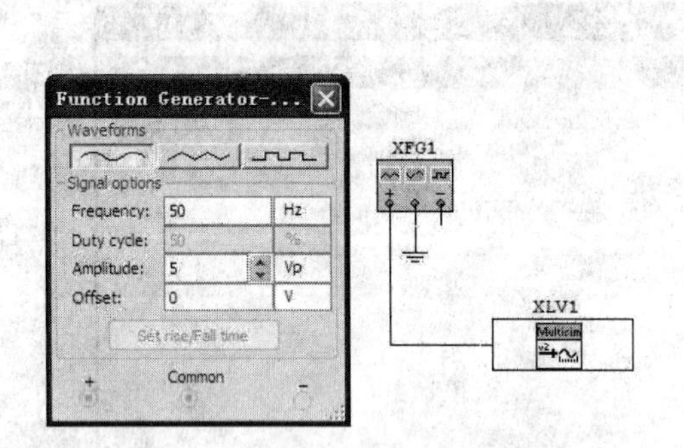

图 5-22　InRange 仪表仿真电路图

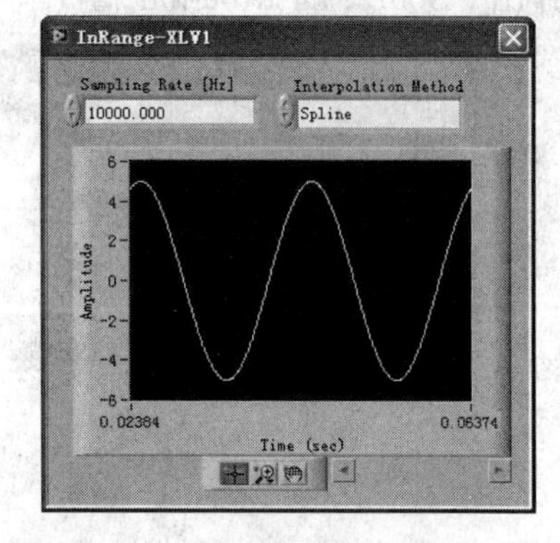

图 5-23　InRange 仪表面板显示的波形

由图 5-23 可知，InRange 仪表面板显示的波形与函数信号发生器的设置完全一样。

习　题

1．NI Multisim 11 仿真软件中共有多少个 LabVIEW 仪表？每个仪表的功能是什么？

2．使用麦克风记录输入给计算机的声音信号，并用扬声器播放出来。

3．LabVIEW 仪表中的信号发生器（Signal Generator）与 NI Multisim 11 原有的函数信

号发生器（Function Generator）有什么本质区别？产生的信号有什么不同？

4．试将 AM 信号源接入信号分析仪，AM 信号源的参数设置为：载波频率为 10kHz，振幅为 3V，调制信号为 1kHz，调制度为 0.3。试用信号分析仪观察 AM 信号源输出的波形和功率谱。

5．试上网查找 NI 公司提供的其他 LabVIEW 仪表。

6．试在安装 NI Multisim 11 仿真软件的计算机中查找 LabVIEW 仪表源代码，并用 LabVIEW 打开。

7．试利用 NI Multisim 11 中提供的 VI 模板自制一个用户仪表，然后将它导入 NI Multisim 11 中并验证其功能。

第 6 章 NI ELVIS 仪表

6.1 概　述

2003 年，美国 NI 公司针对高校实验室开发了教学实验室虚拟仪表套件（Education Laboratory Virtual Instrumentation Suit，ELVIS）。它主要由硬件和软件组成，NI ELVIS 硬件为用户提供了一个搭建实际电路的平台，软件为实际电路的测试提供了虚拟仪表。所谓虚拟仪表，就是基于计算机，利用接口标准化的硬件进行数据采集，然后通过计算机的软件编程实现数据的分析、处理和显示，即采用“软面板”，它是仪表功能的“软”实现。本章主要介绍 NI ELVIS 平台提供的 12 种虚拟仪表。

6.1.1 NI ELVIS 软件的安装

NI ELVIS 软件（NI ELVISmx 4.2.3）并不是 NI Multisim 11 软件自带的，因此需要单独安装。安装完 NI Multisim11 软件后，读者可发现 NI Multisim 11 操作界面中菜单命令 File»New»NI ELVIS II Design 和 NI myDAQ Design 是浅灰色的，菜单 Simulate» Instruments»NI ELVISmx Instruments 中的 9 个虚拟仪表也是浅灰色的，这是因为没有安装 NI ELVIS 软件的缘故。打开 NI 公司提供的光盘，运行 autorun.exe，弹出图 6-1 所示的安装对话框。

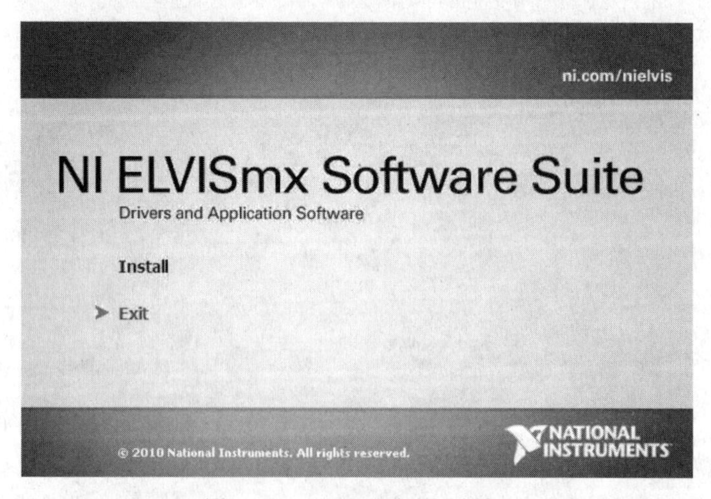

图 6-1　NI ELVIS 安装对话框

选择 Install 选项，然后根据对话框的提示即可方便地安装 NI ELVIS 软件 NI ELVISmx 4.2.3。

注意：随同 ELVISmx 4.2.3 的安装，随光盘还会安装 NI-DAQmx 9.1.6。

注意：ELVISmx 4.2.3 可在 Windows 7（32 位或 64 位）、Windows Vista Business edition（32 位或 64 位）、Windows XP Service Pack 2 以上（32 位），Service Pack 2 or greater（32 位）、Windows Server 2003 R2（32 位）和 Windows Server 2008 R2（64 位）等操作环境中运行。

6.1.2 NI ELVIS 虚拟仪表的启动

部分 NI ELVIS 虚拟仪表不仅可以在 NI Multisim 11 仿真环境中使用，还可以在 Windows 环境中使用。所以，利用 NI ELVIS 虚拟仪表可以对 NI Multisim 11 虚拟仿真环境中创建电路的仿真结果与 NI ELVIS 工作平台上搭建的电路测试结果进行比较。

1. 在 Windows 中启动 NI ELVIS 虚拟仪表

在 Windows 窗口中执行“开始»所有程序»National Instruments» NI ELVISmx for NI ELVIS & NI myDAQ» NI ELVISmx Instrument Launcher”命令，会出现 NI ELVIS 仪表启动器，如图 6-2 所示。双击其中某个图标即可启动对应的虚拟仪表。

图 6-2 Windows 界面中 NI ELVIS 仪表启动器

NI ELVIS 虚拟仪表还可以单独启动，执行“开始»所有程序»National Instruments» NI ELVISmx for NI ELVIS & NI myDAQ» Instruments”命令后就会发现 12 个 NI ELVIS 虚拟仪表，选择所需要的虚拟仪表图标，即可使用对应的虚拟仪表。

2. 在 NI Multisim 11 虚拟仿真界面中启动 NI ELVIS 虚拟仪表

在 NI Multisim 11 虚拟仿真界面中，执行 Simulate»Instruments»NI ELVISmx Instruments 命令，会发现 9 个 NI ELVIS 虚拟仪表可供虚拟仿真使用。

6.2 NI ELVIS 模拟输入仪表

6.2.1 数字万用表

数字万用表（NI ELVISmx Digital Multimeter，DMM）是一个可以单独使用的数字万用表，它能够完成交/直流电压、交/直流电流、电阻、电容量、电感量、二极管以及音频信号的连续测试。单击图 6-2 中的 DMM 图标，弹出如图 6-3 所示的数字万用表界面。

在图 6-3 中，Measurement Settings 区中的一排按键用于选择相应的测量功能；Mode 下拉列表用于设置测量范围是 Auto（自动）或 Special Range（特定档位），若是特定档位，则可以在 Range 下拉列表中选择相应的档位；Null Offset 复选框用于设置是否有零点漂移。在 Instrument Control 区中，通过 Device 下拉列表可选择 NI ELVIS 类型，通过 Acquisition Mode 下拉列表可选择测量的模式（单次还是连续），单击 Run 按钮开始进行数据采集，单击 Stop 按钮就停止数据采集。单击 Help 按钮弹出该仪表的帮助对话框。

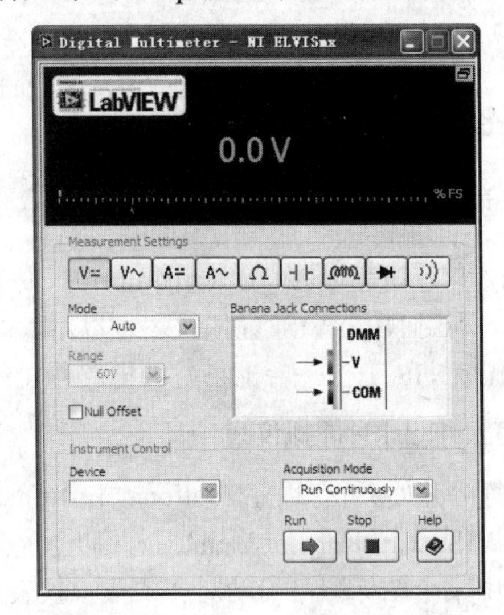

图 6-3　数字万用表界面

6.2.2　示波器

示波器（NI ELVISmx Oscilloscope，Scope）是一个虚拟示波器，它能够完成一个或两个通道的数据采集和显示功能。单击图 6-2 中的 Scope 图标，会弹出如图 6-4 所示的虚拟示波器界面。

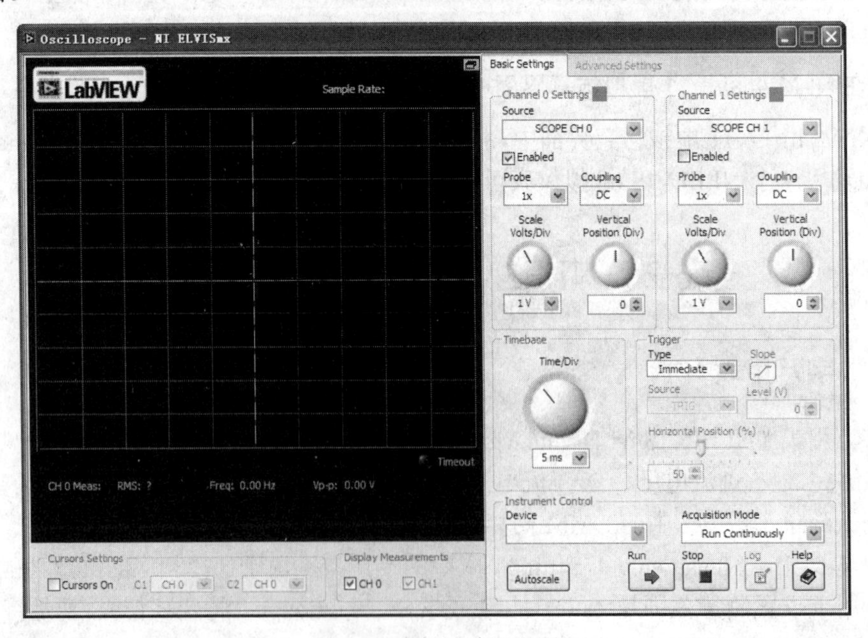

图 6-4　虚拟示波器界面

在图 6-4 中，通过 Channel 0 Settings 区可以选择被测信号（是示波器探头 0 还是模拟输入 AI0- AI7）、探头的×1/×10 档、耦合方式（AC、DC 或 GND）、Y 轴衰减（Scale Volts/DIV）

以及显示波形水平线在 Y 轴位置（Vertical Position）。Channel 1 Settings 区的参数设置同 Channel 0 Settings 区。通过 Timebase 区可设置 X 轴的刻度大小。通过 Trigger 区可设置触发类型（立刻、数字或边沿），单击 Slope 按钮可以选择上、下边沿触发。在 Level(V)下拉列表框中可选择触发电平的大小，在 Horizontal Position(%)游标中可选择 X 轴的原点。通过 Cursor Setting 区可设置是否显示水平线以及是 CH0 还是 CH1。

注意：NI ELVISmx 各种仪表的 Instrument Control 线框功能基本相同，在此不再赘述。

6.2.3　波特图仪

波特图仪（NI ELVISmx Bode Analyzer，Bode）能够显示有源或无源电路的幅频特性和相频特性。单击图 6-2 中的 Bode 图标，会弹出如图 6-5 所示的虚拟波特图仪界面。

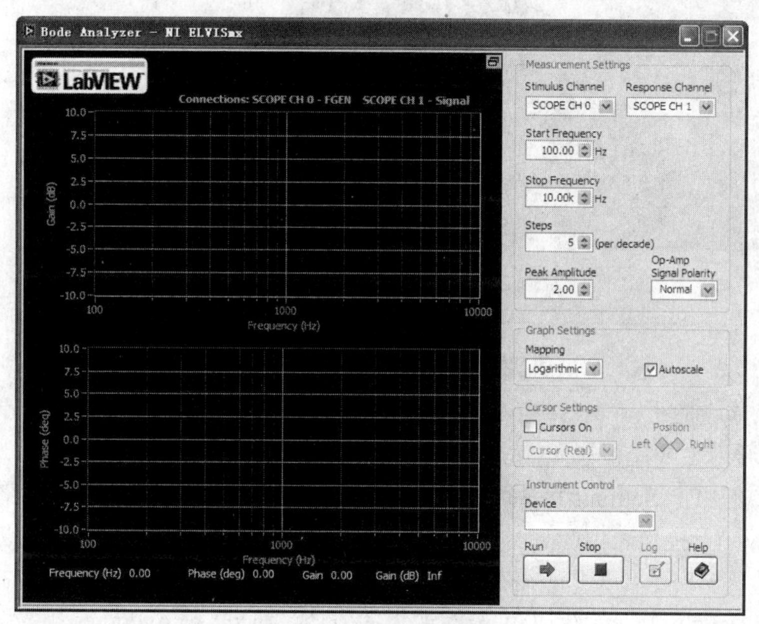

图 6-5　虚拟波特图仪界面

在图 6-5 的 Measurement Settings 区中，通过 Stimulus Channel 和 Response Channel 下拉列表可选择被测电路的激励端口和输出端口，通过 Start Frequency、Stop Frequency 和 Steps 菜单可选择起始频率、终止频率和频率步长，通过 Peak Amplitude 可设置波特图仪输出信号的峰值，通过 Op-Amp Signal Polarity 下拉列表可选择测量的输入信号是否反相。在 Graph Settings 区，通过 Mapping 下拉列表可选择 Y 轴刻度取值是线性还是取 dB，通过 Autoscale 复选框可选择增益图和相位图的刻度是否自动选取。在 Cursor Settings 区，可设置是否显示水平线以及显示在左侧还是右侧。

6.2.4　动态信号分析仪

动态信号分析仪（NI ELVISmx Dynamic Signal Analyzer，DSA）能够完成一个通道采集信号的均方根、平均功率谱显示、信号加窗处理、检测其频率成分的峰值、估计实际频率和功率等功能。单击图 6-2 的中 DSA 图标，会弹出如图 6-6 所示的虚拟动态信号分析仪界面。

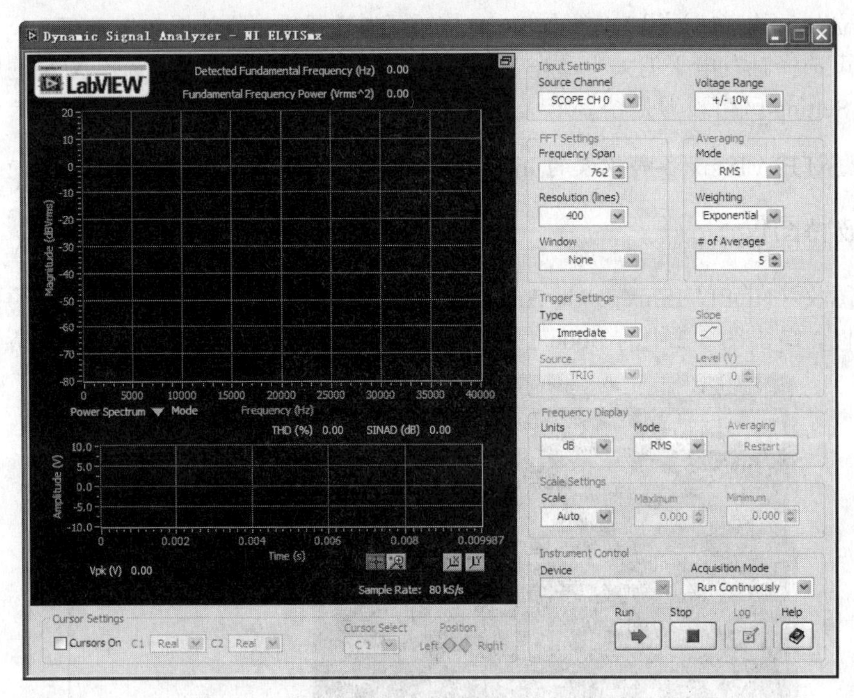

图 6-6　虚拟动态信号分析仪界面

在图 6-6 中，通过 Input Settings 区中的 Source Channel 下拉列表可选择输入信号（示波器通道 0、通道 1 或模拟输入端 AI0-AI7），通过 Voltage Range 下拉列表可选择被测信号的大小范围。在 FFT Settings 区中，通过 Frequency Span 下拉列表可选择频率跨度，通过 Resolution (lines)下拉列表可选择时域的长度，在 Window 下拉列表中可选择是否对信号进行窗口处理以及窗口函数类型。在 Averaging 区中，通过 Mode 下拉列表可选择信号求平均的模式，通过 Weighting 下拉列表可选择加权的方式，通过# of Averages 下拉列表可选择求平均的点数。在 Frequency Display 区中，通过 Units 下拉列表可选择频域的刻度单位，默认值是 dB；通过 Mode 下拉列表中可选择频域显示和基频功率指示的刻度大小的单位。单击 Restart 按被选取的平均过程将重新开始。在 Scale Settings 区中可以选择频域范围是根据输入数据自动确定还是通过 Maximum 和 Minimum 确定。

6.2.5　阻抗分析仪

阻抗分析仪（NI ELVISmx Impedance Analyzer，Imped）能够完成一定频率下一个两端无源元件的电阻和电抗的测量。单击图 6-2 中的 Imped 图标，会弹出如图 6-7 所示的虚拟阻抗分析仪界面。

在图 6-7 中，在 Measurement Frequency 区可设置测试电路时输入信号频率的大小。在 Graph Settings 区可选择显示界面的形状，通过 Mapping 下拉列表可选择窗口显示的刻度是线性还是对数。

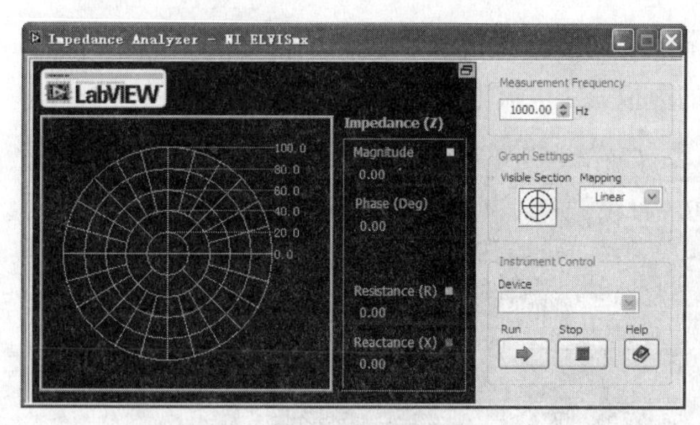

图 6-7　虚拟阻抗分析仪界面

6.2.6　两线电流-电压分析仪

两线电流-电压分析仪（NI ELVISmx Two-Wire Current-Voltage Analyzer，2-Wire）能够在±10V 和±40mA 内测量 4 个象限的 IV 信号。单击图 6-2 中的 2-Wire 图标，会弹出如图 6-8 所示的虚拟两线电流电压分析仪界面。

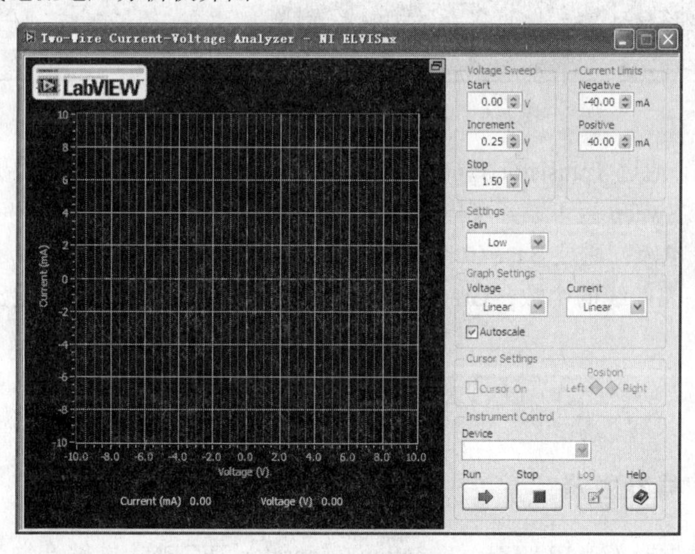

图 6-8　虚拟两线电流电压分析仪界面

在图 6-8 中，在 Voltage Sweep 区中可通过 Start、Increment 和 Stop 下拉列表设置电压扫描的起点、步长和终点电压；在 Current Limits 区可设置扫描时的最小、最大电流，在 Settings 区中通过 Gain 下拉列表可选择当前被测电路的增益。增加增益，可以获得更准确的测量，但却会减少所测量的最大电流。对于最准确的测量结果，选用最大的增益通常不能满足所标定电压范围的测量。在 Graph Settings 区，可选择显示窗口电压（Y 轴）和电流（X 轴）的刻度单位是线性的还是取对数。

6.2.7　三线电流-电压分析仪

三线电流-电压分析（NI ELVISmx Three-Wire Current-Voltage Analyzer，3-Wire）能够

显示 NPN 和 PNP BJT 三极管电流与电压关系的曲线图。单击图 6-2 中的 3-Wire 图标，会弹出如图 6-9 所示的虚拟三线电流电压分析仪界面。

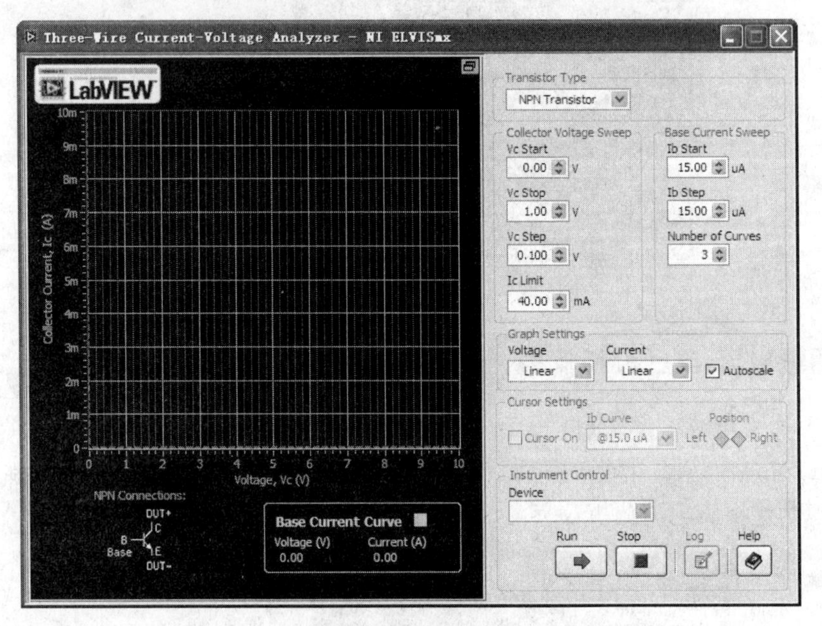

图 6-9　虚拟三线电流电压分析仪界面

在图 6-9 中，通过 Transistor Type 下拉列表可选择三极管是 NPN 型还是 PNP 型；通过 Collector Voltage Sweep 区可设置集电极电压扫描的起始电压、终止电压和扫描电压步长，以及最大集电极电流；通过 Base Current Sweep 区可设置基极扫描电流的起始电流、步长，以及将要产生电流曲线的个数；Graph Settings 区的功能参见虚拟两线电流电压分析仪。

6.3　NI ELVIS 模拟输出仪表

6.3.1　函数信号发生器

函数信号发生器（NI ELVISmx Function Generator，FGEN）能够产生正弦波、三角波、方波以及 AM、FM 调制信号。单击图 6-2 中的 FGEN 按钮，会弹出如图 6-10 所示的虚拟函数信号发生器界面。

在图 6-10 中，通过 Waveform Settings 区中 3 个纵向排列的按钮可以选择输出的波形（正弦波、三角波或方波）；通过 Frequency、Amplitude 和 DC Offset 旋钮或数值框可以设置输出信号的频率、幅度和偏置直流电压；对于方波信号，可通过 Duty Cycle 数值框设置其占空比；通过 Modulation Type 下拉列表可选择调制的类型（无调制、振幅调制或频率调制）；通过 Sweep Settings 区可设置频率扫描的起始频率、终止频率和步长，通过 Step Interval 数值框可设置在频率扫描时不同波形产生的时间间隔；通过 Signal Route 下拉列表可选择函数信号发生器输出信号的端口（NI ELVIS 原型板或同轴电缆接口）。

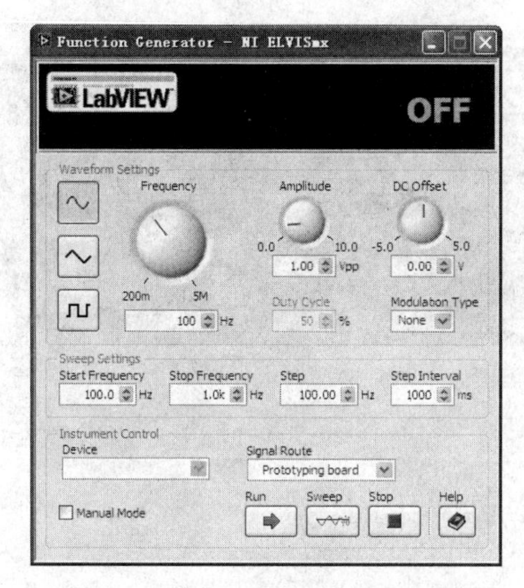

图 6-10　虚拟函数信号发生器界面

6.3.2　可变电源

可变电源（NI ELVISmx Variable Power Supplies，VPS）能够产生两路独立的正电源和负电源，并在 0～12V 范围内可调。单击图 6-2 中的 VPS 图标，会弹出如图 6-11 所示的虚拟可变电源界面。

在图 6-11 中，通过 Supply-区中的 Manual 复选框可选择负电源是软件调节还是手动硬件旋钮调节，也可以在 Voltage 旋钮下方的数值框中直接输入负电源的大小，单击 RESET 按钮直接将负电源置成 0V；Supply+区中的旋钮、按键功能与 Supply-区相同，不同之处是以正电源输出；在 Sweep Settings 区中可设置可变电源的参数，在 Supply Source 下拉列表中可选择可变电压源是 Supply+还是 Supply-，在 Start Voltage、Stop Voltage、Step 和 Step Interval 数值框中设置可变电源的起始电压、终点电压、步长，以及电压变化的时间间隔。单击 Instrument Control 区中的 Sweep 按钮，会产生连续可变的电源输出。

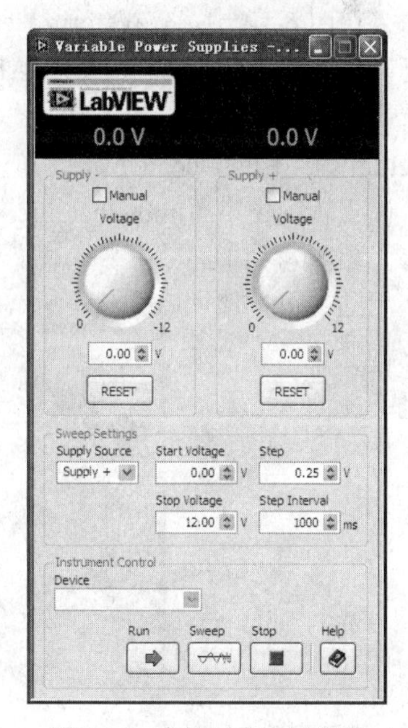

图 6-11　虚拟可变电源界面

6.3.3　任意信号发生器

任意波形信号发生器（NI ELVISmx Arbitrary Waveform Generator，ARB）能够通过模拟输出口 0 或 1 输出产生用户自定义波形。单击图 6-2 中的 ARB 图标，会弹出如图 6-12 所示的虚拟任意波形信号发生器界面。

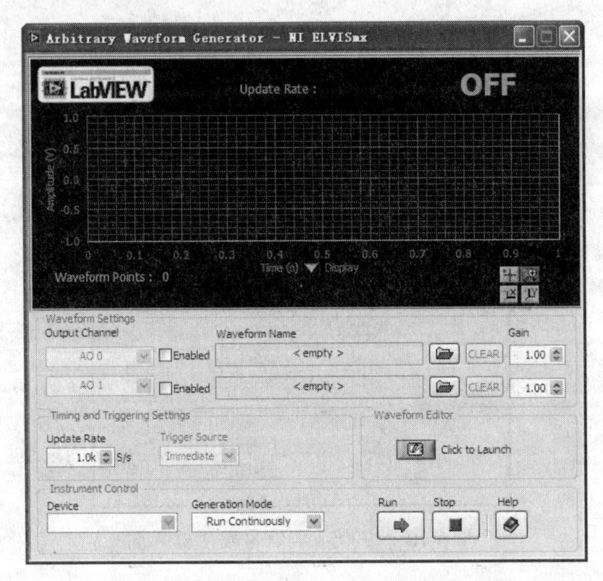

图 6-12　虚拟任意波形信号发生器界面

在图 6-12 中，Waveform Settings 区中 Output Channel 下拉列表右侧的 Enabled 复选框可以打开或关闭模拟输出口（AI 0 或 AI 1），通过 Waveform Name 文本框选择波形编辑器所产生的波形文件，通过 Gain 数值框设置输出信号的增益；通过 Timing and Triggering Settings 区中的 Update Rate 数值框设置每秒输出的波形点数，通过 Trigger Source 下拉列表可设置触发类型（Immediate 或 PFI）；单击 Waveform Edit 区中的按钮会启动波形编辑器，如图 6-13 所示。

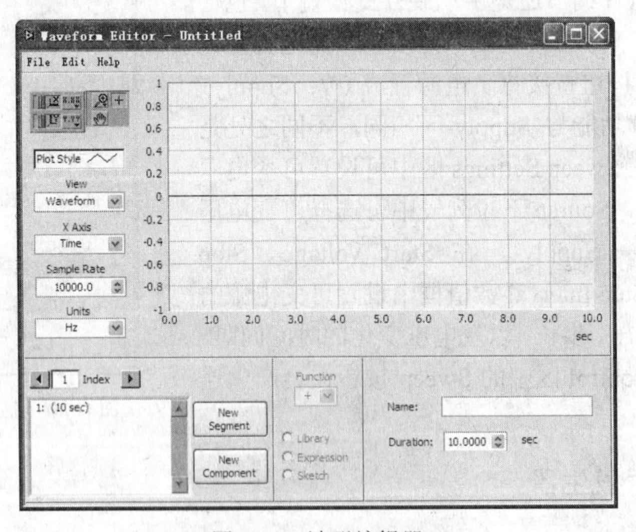

图 6-13　波形编辑器

在 Waveform Editor 中，它能够产生正弦波、方波、三角波、升指数、降指数、均匀分布噪声、高斯噪声等 20 种波形的组合波形。单击波形编辑器左上角图标中的黑三角，可以设置 X 轴的格式、精度、映射模式、显示标尺、显示标尺标签和网格颜色；单击 Plot Style

文本框，可以设置显示图形的格式（如曲线格式、颜色、线条样式、线条宽度等），通过 View 下拉列表可以选择观察视图是波形、某段波形还是某段组合波形中的某个组成波形，通过 X Axis 下拉列表可以选择 X 轴是时间还是频率，通过 Sample Rate 数值框可设置波形的采样频率，采样频率的单位由 Units 下拉列表选择。单击 New Component 按钮，波形编辑器界面将变换成如图 6-14 所示界面。

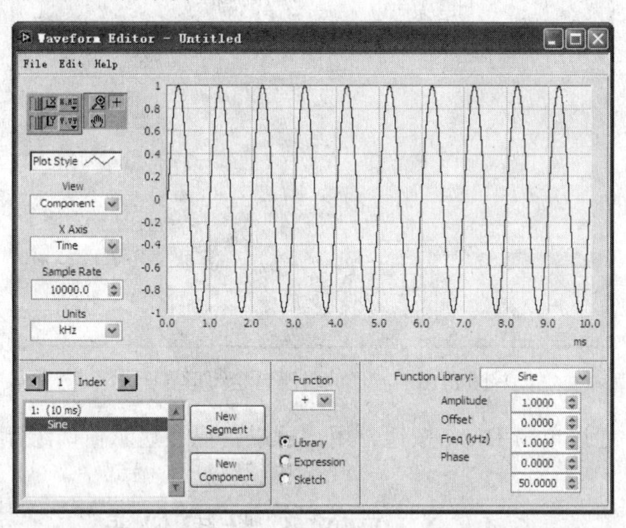

图 6-14　波形编辑器界添加新波形组成界面

由图 6-14 可知，波形编辑器产生默认的正弦波，通过 Function Library 下拉列表可以选择其他波形，通过 Amplitude、Offset、Freq(kHz)和 Phase 等数值框可以设置波形的参数（波形不同，可设置的参数也不同）。通过 Function 下拉列表可以选择再添加新波形时与现波形的运算关系；选中 Expression 单选按钮，波形编辑器界面将变换成如图 6-15 所示的界面。

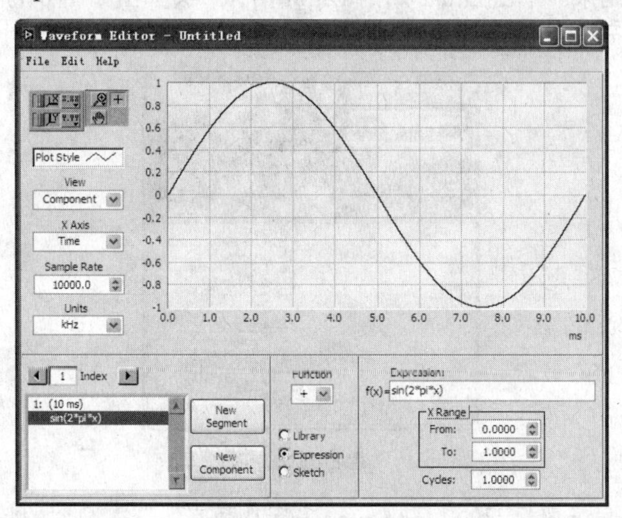

图 6-15　波形编辑器输入波形表达式界面

在图 6-15 所示界面的 Expression 文本框中可输入波形的表达式。若选中 Sketch 单选按钮，则波形编辑器如图 6-16 所示。

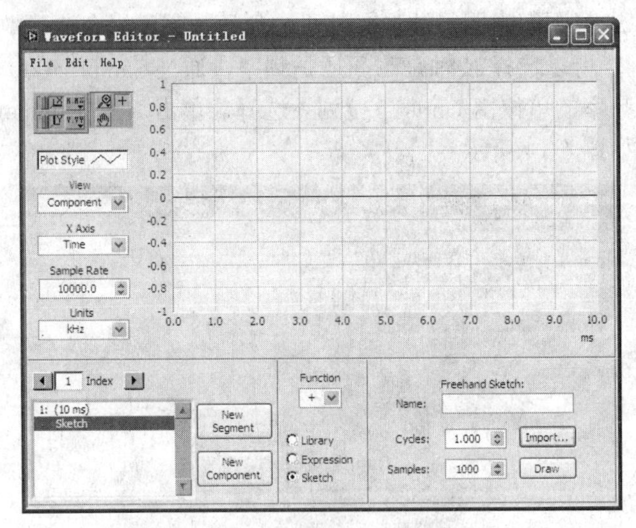

图 6-16　波形编辑器自绘波形界面

在图 6-16 中，通过单击 Draw 按钮，用户可以自己在显示窗口绘制所需要的波形。

6.4　NI ELVIS 数字仪表

6.4.1　数字读取器

数字读取器（NI ELVISmx Digital Reader，DigIn）能够读入数据线的高低电平并通过显示屏的灯泡显示出来。单击图 6-2 中的 DigIn 图标，会弹出如图 6-17 所示的虚拟数字读取器界面。

图 6-17　虚拟数字读取器界面

在图 6-17 中，显示屏显示的 Line States 表示从数字线读入数据的状态，Numeric Value 表示从数字输入/输出线读入数据的大小；用户通过 Line to Read 下拉列表指定将被读入的数据线。

6.4.2　数字写入器

数字写入器（NI ELVISmx Digital Writer，DigOut）能够将用户自定义的二进制数输出到数据线。单击图 6-2 中的 DigOut 图标，弹出如图 6-18 所示的虚拟数字写入器界面。

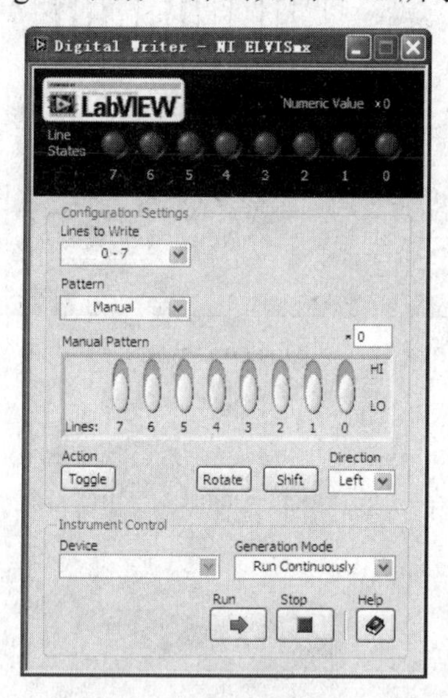

图 6-18　虚拟数字写入器界面

在图 6-18 中，通过 Lines to Write 下拉列表可设置数据将要写到的数据线的编号，通过 Pattern 下拉列表可选择预置好的二进制数写到数据线的类型是手动、递增、交替还是持续 1 秒，在 Manual Pattern 区中可设置二进制数的大小，单击 Toggle 按钮可将设置好的二进制数反相输出到相应的数据线。单击 Rotate 按钮将会对设置好的二进制数进行循环移位，移位的方向由 Direction 下拉列表控制。

习　题

1．安装完 NI Multisim 11 仿真软件后，能否使用 NI ELVIS 仪表？

2．安装完 NI ELVISmx 4.2.3 以上版本后，NI Multisim 11 仿真软件的功能有何变化？

3．NI ELVIS 仪表与 LabVIEW 仪表使用的场合有何不同？

4．部分 NI ELVIS 仪表与原 Multisim 仪表功能相同，本质上有何不同？

5．哪些 NI ELVIS 仪表既可以在 Windows 下使用，又可以在 NI Multisim 11 仿真环境中使用？

6．熟悉 NI ELVIS 仪表面板中各种参数的含义。

7．试尝试各种 NI ELVIS 仪表的使用。

8．在 NI ELVIS 仪表面板中，Run 按钮和 Sweep 按钮有何不同？

9．NI-DAQmx 9.1.6 软件的作用是什么？

10．试利用任意信号发生器产生图 6-19 所示的波形。

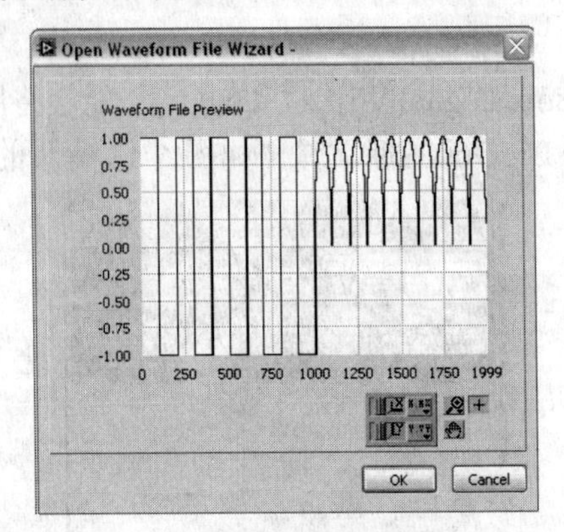

图 6-19　波形

第 7 章　NI Multisim 11 基本分析

NI Multisim 11 教育版的 Simulate»Analyses 菜单中提供了 19 种基本分析方法，分别是直流工作点分析、交流分析、单一频率交流分析、瞬态分析、傅里叶分析、噪声分析、噪声系数分析、失真分析、直流扫描分析、灵敏度分析、参数扫描分析、温度扫描分析、零-极点分析、传输函数分析、最坏情况分析、蒙特卡罗分析、线宽分析、批处理分析、用户自定义分析等分析。如此多的仿真分析功能是其他电路分析软件所不能比拟的。本章将对这些分析方法的使用进行详细的介绍。

7.1　直流工作点分析

直流工作点分析（DC Operating Point Analysis）就是求解电路（或网络）仅受电路中直流电压源或直流电流源作用时，每个节点上的电压及流过元器件的电流。在对电路进行直流工作点分析时，电路中交流信号源置零（即交流电压源视为短路，交流电流源视为开路）、电容视为开路、电感视为短路、数字器件视为高阻接地。

下面以图 7-1 所示的电路为例，详细介绍直流工作点分析的操作过程。

首先在电路窗口中创建如图 7-1 所示的振荡器电路。然后执行 Simulate » Analyses » DC Operating Point 命令，弹出 DC Operating Point Analysis 对话框，如图 7-2 所示。该对话框包括 Output、Analysis options 及 Summary 3 个选项卡。

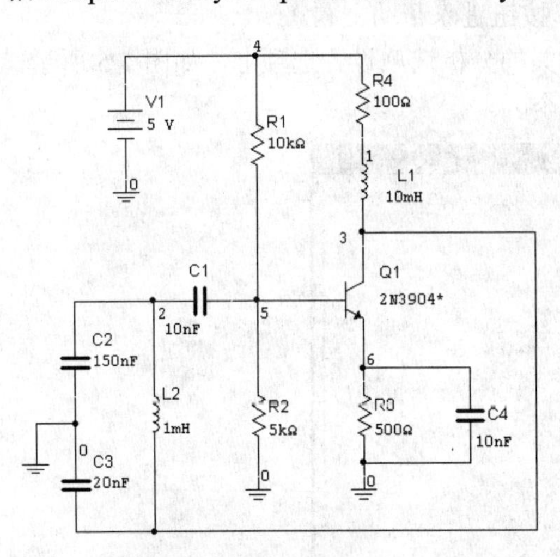

图 7-1　振荡器电路

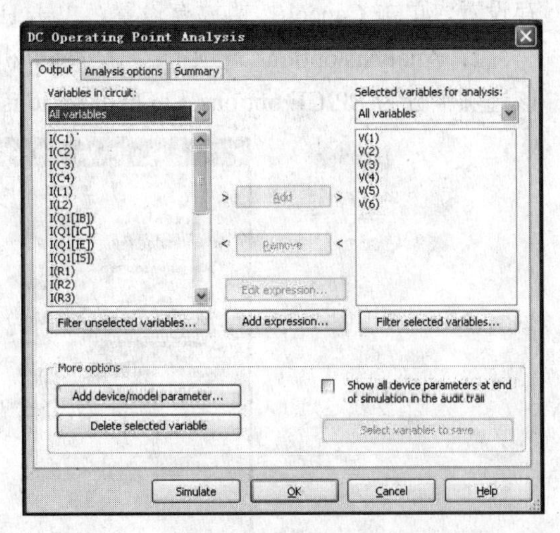

图 7-2　DC Operating Point Analysis 对话框

1．Output 选项卡：设置需要分析的节点及相关属性。该选项卡有 3 个设置区，分别介绍如下。

（1）Variables in circuit 区：列出了可用来分析的电路节点电压、流过元器件的电流、元器件/模型的电流及功率等变量。如果不需要这么多变量表示，可单击下拉列表的向下箭头，弹出变量类型选择列表，如图 7-3 所示，从中选取所需要的变量类型。

（2）Selected variables for analysis 区：显示已选择将要进行分析的节点，默认状态为空，需要用户从 Variables in circuit 区中选取。具体方法是：首先选中 Variables in circuit 区中需要分析的一个或多个变量，然后单击 Add 按钮，这些变量即可被添加到 Selected variables for analysis 区中。如果想删除已选中的某个变量，可先选中该变量，然后单击 Remove 按钮，即可将其移回到 Variables in circuit 区中。

（3）More options 区：该区位于选项卡的下部，如图 7-4 所示，各按钮功能如下所示。

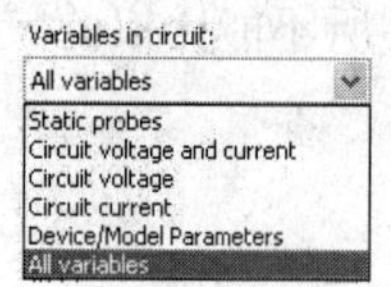

图 7-3　变量类型选择列表

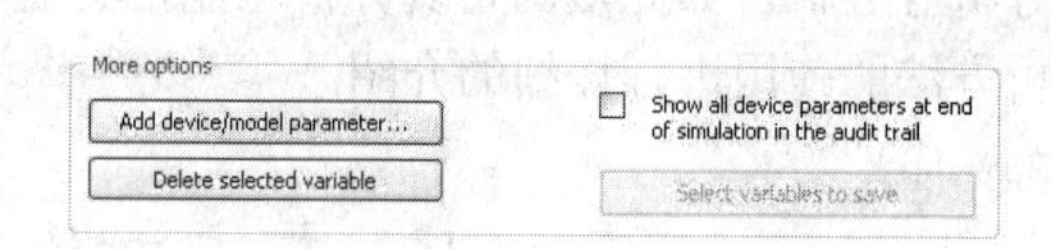

图 7-4　More Options 区

☑ Add device/model parameter 按钮：表示在 Variables in circuit 区中添加某个元器件/模型的参数。

☑ Delete selected variable 按钮：表示删除已通过 Add device/model parameter 按钮选择到 Variables in circuit 区内且不再需要的变量。

☑ Filter selected variables 按钮：与 Filter unselect variables 类似。不同之处是 Filter selected variables 只能筛选 Filter unselect variables 已经选中且放在 Selected variables for analysis 区中的变量。

在 Output 选项卡的最下方有 4 个按钮，单击 Simulate 按钮开始仿真，单击 OK 按钮保存设置，单击 Cancel 按钮放弃设置，单击 Help 按钮进入帮助主题。

2．Analysis options 选项卡：与仿真分析有关的分析选项设置选项卡，如图 7-5 所示。该选项卡分为 SPICE options 和 Other options 两个区。

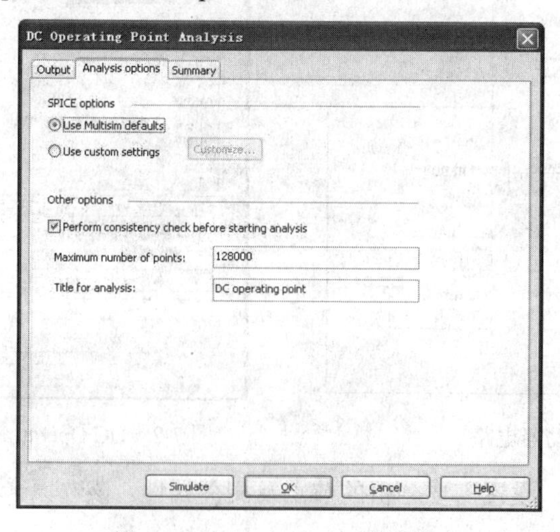

图 7-5　Analysis options 选项卡

（1）SPICE options 区：用来对非线性电路的 SPICE 模型进行设置，共有 Use Multisim defaults 和 Use custom settings 两个单选按钮。

选中 Use custom settings 单选按钮，单击 Customize 按钮，弹出 Customize Analysis Options 对话框。在该对话框中通过 Global、DC、Transient、Device、Advanced 5 个选项卡，给出了对于某个仿真电路分析是否采用用户所设定的分析选项。

☑ Global 选项卡：包含了绝对误差容限（ABSTOL）、电压绝对误差容限（VNTOL）、电荷误差容限（CHGTOL）、相对误差容限（RELTOL）、最小电导（GMIN）、矩阵对角线绝对值比率最小值（PIVREL）、矩阵对角线绝对值最小值（PIVTOL）、工作温度（TEMP）、模拟节点至地的分流电阻（RSHUMT）、斜升时间（RAMPTIME）、相对收敛步长（CONVSTEP）、绝对收敛步长（CONVABSSTEP）、能使模型码的收敛（CONVLIMIT）、打印仿真统计数据（ACCT）等。

☑ DC 选项卡：包含了直流迭代极限（ITL1）、直流转移曲线迭代极限（ITL2）、源步进算法的步长（ITL6）、增益步长数（GMINSTEPS）、取消模拟/事件交替（NOOPALTER）等。

☑ Transient 选项卡：包含了瞬态迭代次数上限（ITL4）、最大积分阶数（MAXORD）、截断误差关键系数（TROL）、积分方式（METHOD）等。

☑ Device 选项卡：包含了标称温度（TNOM）、不变元器件的允许分流（BYPASS）、MOSFET 漏极扩散区面积（DEFAD）、MOSFET 源级扩散区面积（DEFAS）、MOSFET 沟道长度（DEFL）、MOSFET 沟道宽度（DEFW）、有损传输线压缩（TRYTOCOMPACT）、使用 SPICE2 MOSFET 限制（OLDLIMIT）等。

☑ Advanced 选项卡：包含了全部模型自动局部计算（AUTOPARTIAL）、使用旧 MOS3 模型（BADMOS3）、记录小信号分析工作点（KEEPOPINFO）、分析点处的事件最大迭代次数（MAXEVTITER）、直流工作点分析中模拟/事件交替的最大允许时间（MAXOPALTER）、断点间的最小时间（MINBREAK）、执行直接 GMIN 步进（NOOPITER）、数字器件显示延迟（INERTIALDELAY）、最大模数接口误差（ADERROR）等。

对于一般用户而言，上述对话框保持默认设置即可，如果需要修改某个选项，则先选中该选项后的复选框，其右边的文本框变为可用，在此文本框中设置该选项的数值。对于不甚熟悉选项功能的读者，不要随便改变选项的默认设置。

（2）Other options 区：对于仿真相关的其他属性进行设置。选中 Perform consistency check before starting analysis 复选框，则在分析开始前执行一致性检查。在 Maximum number of points 文本框中设置每个点的最大值；在 Title for analysis 文本框中设置分析结果显示标题。

3．Summary 选项卡：对所作的分析设置进行汇总确认，如图 7-6 所示。

展开 Representation as SPICE commands 节点，在 begin-scope page DC operating point 和 end-scope 之间的部分是 SPICE 命令语句。

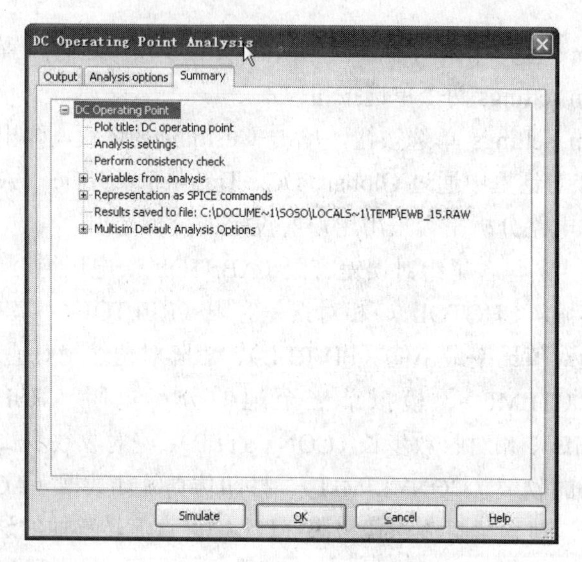

图 7-6　Summary 选项卡

在该例中，若选中所有的节点电压，单击 Simulate 按钮，弹出 Grapher View 窗口，给出了各节点电压的计算结果，如图 7-7 所示。

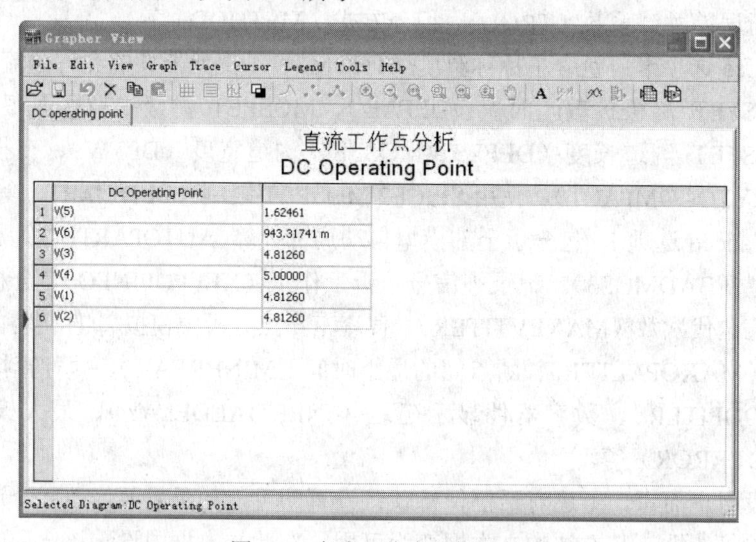

	DC Operating Point	
1	V(5)	1.62461
2	V(6)	943.31741 m
3	V(3)	4.81260
4	V(4)	5.00000
5	V(1)	4.81260
6	V(2)	4.81260

图 7-7　直流工作点分析结果

注意：DC Operating Point Analysis 对话框中的 Output、Analysis Options 及 Summary 选项卡在其他分析方法的对话框中也将出现，其功能和操作与此处一致，后面各种分析方法介绍中将不再赘述。

7.2　交 流 分 析

交流分析（AC Analysis）用于对线性电路进行交流频率响应分析。在交流分析中，NI

Multisim 11 仿真软件首先对电路进行直流工作点分析，以建立电路中非线性元器件的交流小信号模型。然后对电路进行交流分析，且输入信号源都被认为是正弦波信号。若使用函数信号发生器作为输入信号时，即使选用三角波或方波信号，NI Multisim 11 也将自动改为正弦波形输出。

下面以图 7-8 所示的简单 RCL 电路为例，具体说明交流分析的步骤。

首先在 NI Multisim 11 用户界面的电路窗口中，创建如图 7-8 所示的 RCL 电路。然后执行 Simulate » Analyses » AC Analysis 命令，弹出如图 7-9 所示的 AC Analysis 对话框。

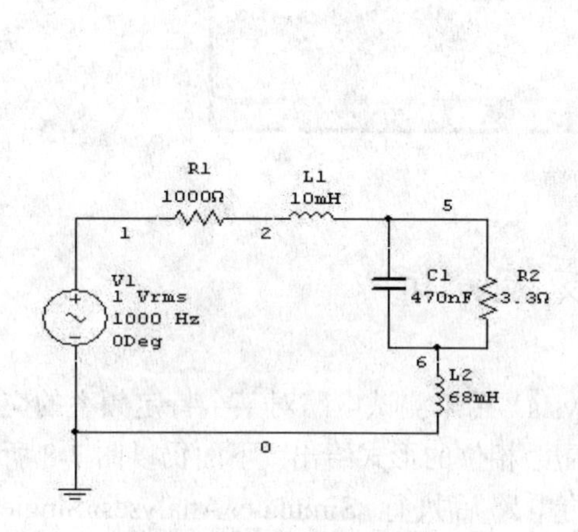

图 7-8 RCL 电路

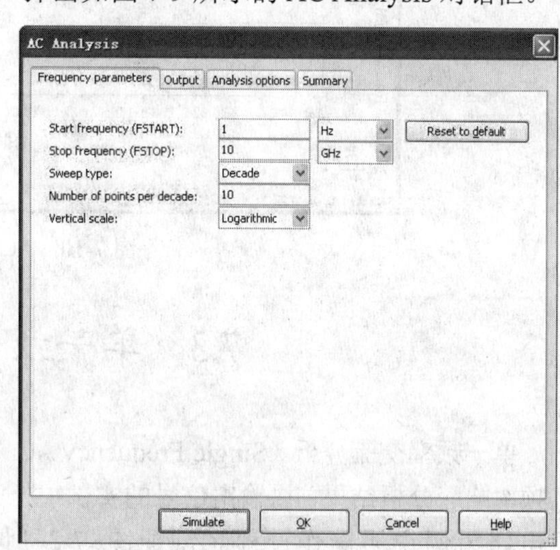

图 7-9 AC Analysis 对话框

该对话框含有 4 个选项卡，其中 Frequency parameters 选项卡主要用于设置 AC 分析时的频率参数。

☑ Start frequency(FSTART)：设置交流分析的起始频率。

☑ Stop frequency(FSTOP)：设置交流分析的终止频率。

☑ Sweep type：设置交流分析的扫描方式，主要有 Decade（十倍程扫描）、Octave（八倍程扫描）和 Linear（线性扫描）。通常采用十倍程扫描（Decade 选项），以对数方式展现。

☑ Number of points per decade：设置每十倍频率的采样数量。设置的值越大，分析所需的时间越长。

☑ Vertical scale：设置纵坐标的刻度。主要有 Decibel（分贝）、Octave（八倍）、Linear（线性）和 Logarithmic（对数），通常采用 Logarithmic 或 Decibel 选项。

对于图 7-8 所示电路，设起始频率为 1Hz，终止频率为 10GHz，扫描方式设为 Decade，采样值设为 10，纵坐标设为 Logarithmic。另外，在 Output 选项卡中，选定节点 6 作为仿真分析变量，最后单击 Simulate 按钮进行分析，其结果如图 7-10 所示。

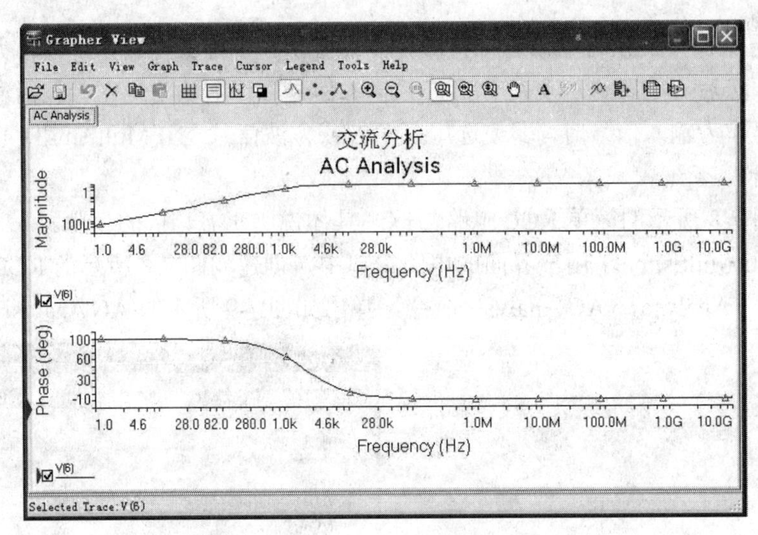

图 7-10　AC 分析结果

7.3　单一频率交流分析

单一频率交流分析（Single Frequency AC Analysis）用来测试电路对某个特定频率的交流频率响应分析结果，以输出信号的实部/虚部或幅度/相位的形式给出。下面仍以图 7-8 所示电路为例说明操作过程。创建图 7-8 所示的电路后执行 Simulate»Analyses»Single Frequency AC Analysis 命令，弹出图 7-11 所示的对话框。

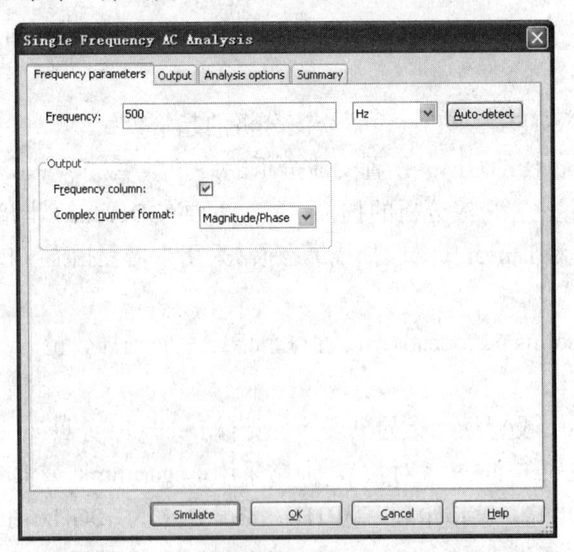

图 7-11　Single Frequency AC Analysis 对话框

Single Frequency AC Analysis 对话框中有 4 个选项卡，在 Frequency Parameters 选项卡中的 Frequency 文本框中设置要分析的单一频率值，而 Output 区中的两个选项则分别设置分析结果中是否显示分析频率及输出信号为实部/虚部或幅度/相位的形式。

按照图 7-11 的设置，测试图 7-8 所示的高通滤波电路对 500Hz 单位电压信号的衰减量，图 7-12 显示该频率分量被衰减到了 206.84637mV。

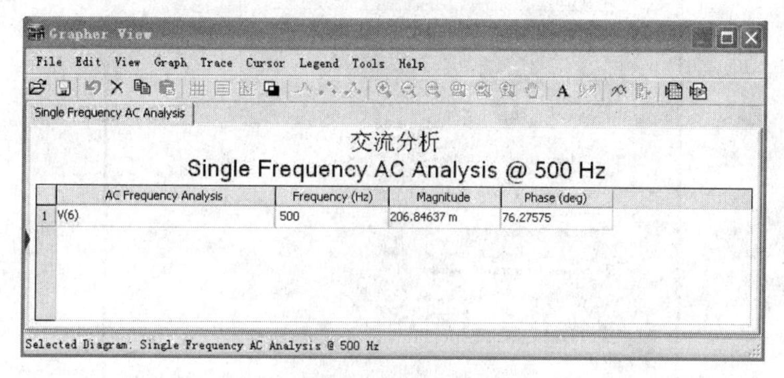

图 7-12　单一频率交流分析结果

7.4　瞬 态 分 析

瞬态分析（Transient Analysis）是一种非线性时域分析，可以计算电路的时域响应。分析时，电路的初始状态可由用户自行设置，也可以将 NI Multisim 11 软件对电路进行直流分析的结果作为电路初始状态。当瞬态分析的对象是节点的电压波形时，结果通常与用示波器观察到的结果相同。

下面以图 7-13 所示的脉宽调节电路为例，说明瞬态分析的具体操作步骤。

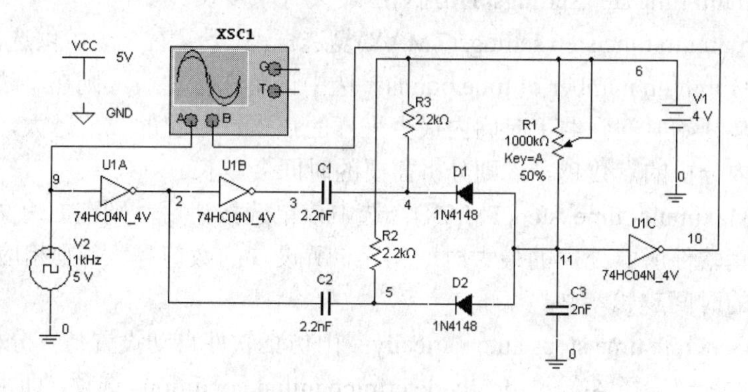

图 7-13　脉宽调节电路

首先在 NI Multisim 11 用户界面的电路窗口中创建如图 7-13 所示的脉宽调节电路，然后执行 Simulate»Analyses»Transient Analysis 命令，弹出如图 7-14 所示的 Transient Analysis 对话框。

Analysis parameters 选项卡主要用于设置瞬态分析时的时间参数。

（1）Initial conditions 区：其功能是设置初始条件，包括以下几个选项。

☑　Automatically determine initial conditions：由程序自动设置初始值。

☑　Set to zero：将初始值设为 0。

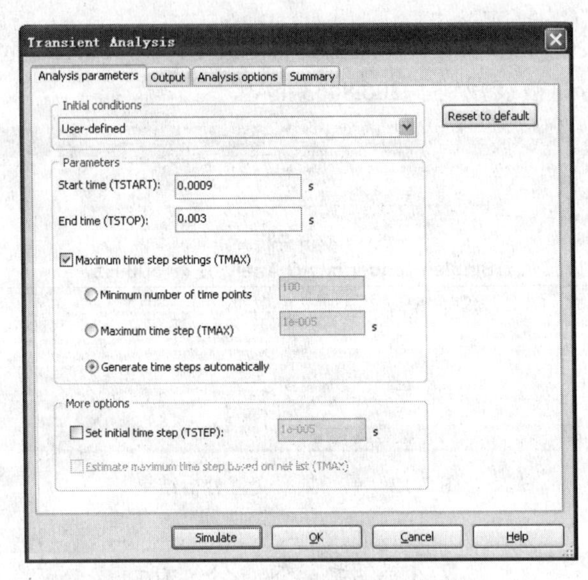

图 7-14　Transient Analysis 对话框

☑　User-defined：由用户定义初始值。

☑　Calculate DC operating point：通过计算直流工作点得到初始值。

（2）Parameters 区：用于设置时间间隔和步长等参数，包括以下几个选项。

☑　Start time(TSTART)：开始分析的时间。

☑　End time(TSTOP)：结束分析的时间。

☑　Maximum time step settings(TMAX)：最大时间步长。

若选中 Maximum time step settings(TMAX)复选框，其下又有 3 个可供选择的单选按钮。

- Minimum number of time points：选中该单选按钮后，则在右边文本框中设置从开始时间到结束时间内最少采样的点数。设置的数值越大，在一定的时间内分析的点数越多，则分析需要的时间会越长。
- Maximum time step(TMAX)：选中该单选按钮后，则在右边文本框中设置仿真软件所能处理的最大时间间距。所设置的数值越大，则相应的步长所对应的时间越长。
- Generate time steps automatically：由仿真软件自动设置仿真分析的步长。

对于本例，我们选择 Automatically determine initial conditions 选项，即由仿真软件自动设定初始值，然后将开始分析时间设为 0.0009、结束分析时间设为 0.003 秒，选中 Maximum time step(TMAX)及 Generate time steps automatically 单选按钮。另外，在 Output 选项卡中，选择节点 9 和 10 作为仿真分析变量，最后单击 Simulate 按钮进行分析，其结果如图 7-15 所示。

对于本例，还可以通过示波器来观察节点 9 和 10 的波形。很容易得出结论，示波器所显示的波形与瞬态分析结果相同。此外，改变电路图中可变电阻 R1 的大小，还可以改变输出脉冲的占空比。

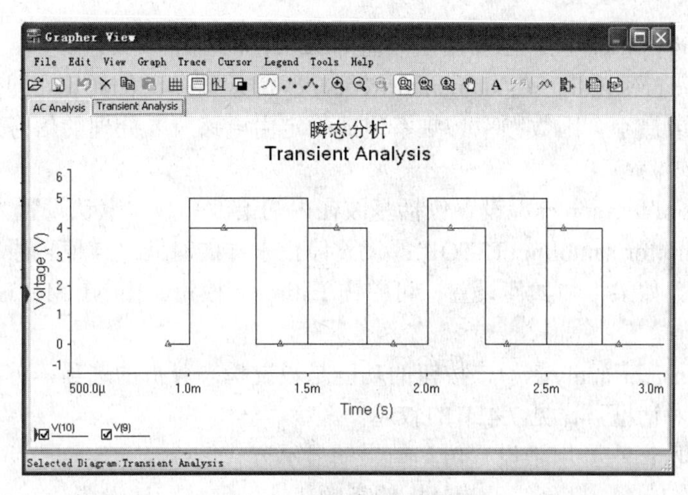

图 7-15　瞬态分析结果

7.5　傅里叶分析

所谓傅里叶分析（Fourier Analysis）就是求解一个时域信号的直流分量、基波分量和各谐波分量的幅度。在进行傅里叶分析前，首先确定分析节点，其次把电路的交流激励信号源设置为基频。如果电路存在几个交流源，可将基频设置在这些频率值的最小公因数上，例如有 6.5 kHz 和 8.5kHz 两个交流信号源，则取 0.5 kHz 作为基频，因 0.5kHz 的 13 次谐波是 6.5 kHz，17 次谐波是 8.5 kHz。

下面以图 7-16 所示的方波激励 RC 电路为例，说明傅里叶分析的具体操作步骤。

首先在 NI Multisim 11 电路窗口中创建如图 7-16 所示的方波激励 RC 电路，然后执行 Simulate » Analyses » Fourier Analysis 命令，弹出如图 7-17 所示的 Fourier Analysis 对话框。

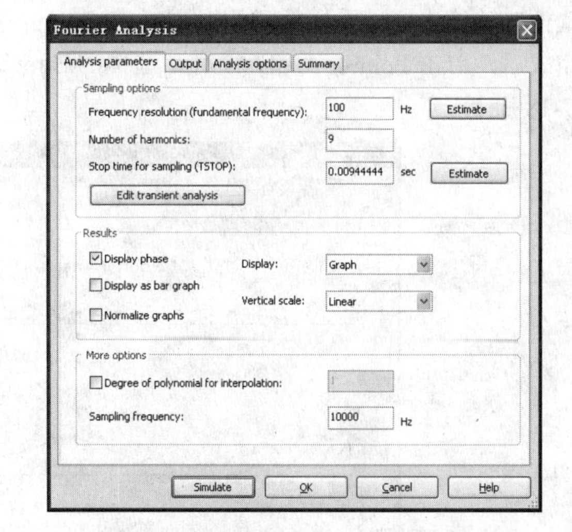

图 7-16　方波激励 RC 电路　　　　图 7-17　Fourier Analysis 对话框

Analysis parameters 选项卡主要用于设置傅里叶分析时的有关采样参数和显示方式。

（1）Sampling options 区：主要用于设置有关采样的基本参数。

☑ Frequency resolution(fundamental frequency)：设置基波的频率，即交流信号激励源的频率或最小公因数频率。频率值的确定由电路所要处理的信号来定。默认设置为 lkHz。

☑ Number of harmonics：设置包括基波在内的谐波总数。默认设置为 9。

☑ Stop time for sampling(TSTOP)：设置停止采样的时间，该值一般比较小，通常为毫秒级。如果不知如何设置，可单击 Estimate 按钮，由 NI Multisim 11 仿真软件自行设置。

☑ Edit transient analysis：该按钮的功能是设置瞬态分析的选项，单击该按钮弹出瞬态分析对话框，详见 7.4 节的叙述。

（2）Results 区：主要用于设置仿真结果的显示方式。

☑ Display phase：显示傅里叶分析的相频特性。保持默认设置。

☑ Display as bar graph：以线条形式来描绘频谱图。

☑ Normalize graphs：显示归一化频谱图。

☑ Display：设置所要显示的项目，包括 3 个选项：Chart（图表）、Graph（曲线）和 Chart and Graph（图表和曲线）。

☑ Vertical scale：Y 轴刻度类型选择，包括线性（Linear）、对数（Log）和分贝（Decibel）等 3 种类型。默认设置为 Linear。可根据需要进行设置。

（3）More options 区：更多参数设置。

☑ Degree of polynomial for interpolation：设置多项式的维数。选中该复选框后，可在其右边的文本框中输入维数，多项式的维数越高，仿真运算的精度也越高。

☑ Sampling frequency：设置采样频率，默认为 100000Hz。如果不知道如何设置，可单击 Sampling options 区中的 Estimate 按钮，由仿真软件自行设置。

对于图 7-16 所示电路，基频设置为 1000Hz，谐波的次数取 9，单击 Estimate 按钮，即仿真软件自动给出停止采样的时间，同时在 Output 选项卡中选择节点 2 为仿真分析变量。设置完成后，单击 Fourier Analysis 对话框中的 Simulate 按钮，即可显示该电路的频谱图，如图 7-18 所示。

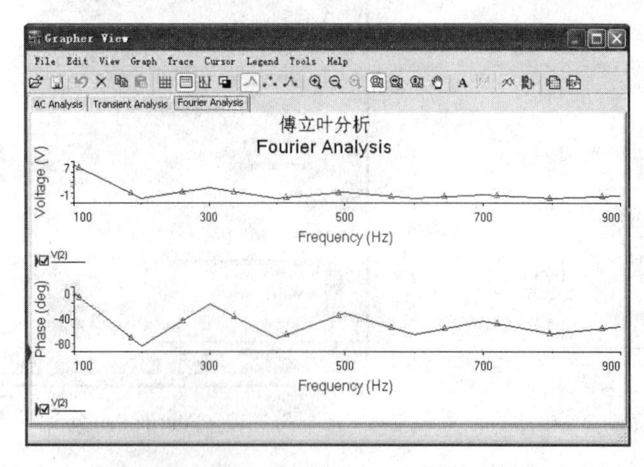

图 7-18　选择 Display phase 的傅里叶分析结果

若在 Display 下拉列表中选择 Chart 选项，则傅里叶分析结果以表格的形式显示出来，其表格如图 7-19 所示。

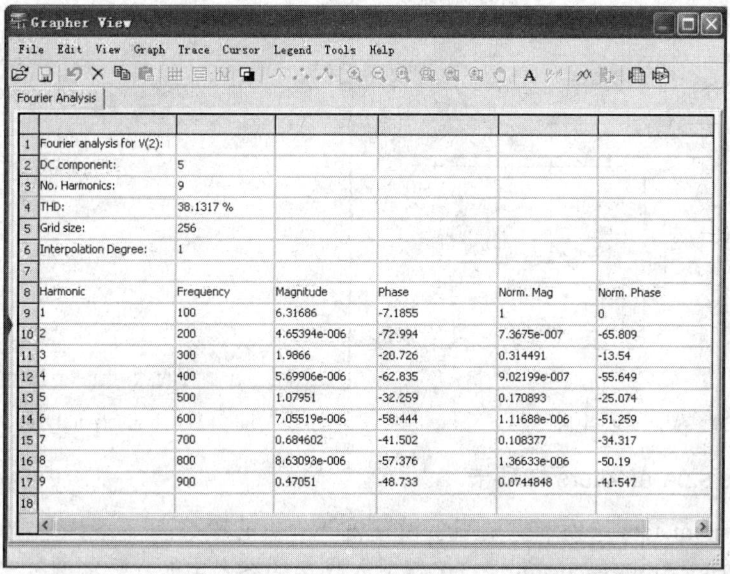

Grapher View

File Edit View Graph Trace Cursor Legend Tools Help

Fourier Analysis

1	Fourier analysis for V(2):					
2	DC component:	5				
3	No. Harmonics:	9				
4	THD:	38.1317 %				
5	Grid size:	256				
6	Interpolation Degree:	1				
7						
8	Harmonic	Frequency	Magnitude	Phase	Norm. Mag	Norm. Phase
9	1	100	6.31686	-7.1855	1	0
10	2	200	4.65394e-006	-72.994	7.3675e-007	-65.809
11	3	300	1.9866	-20.726	0.314491	-13.54
12	4	400	5.69906e-006	-62.835	9.02199e-007	-55.649
13	5	500	1.07951	-32.259	0.170893	-25.074
14	6	600	7.05519e-006	-58.444	1.11688e-006	-51.259
15	7	700	0.684602	-41.502	0.108377	-34.317
16	8	800	8.63093e-006	-57.376	1.36633e-006	-50.19
17	9	900	0.47051	-48.733	0.0744848	-41.547
18						

图 7-19　傅里叶分析结果的表格形式

7.6　噪声分析

噪声分析（Noise Analysis）用于检测电路输出信号的噪声功率谱密度和总噪声。NI Multisim 11 为仿真分析电路建立电路的噪声模型，用电阻和半导体器件的噪声模型代替交流模型，然后在分析对话框指定的频率范围内，执行类似于 AC 的分析，计算每个元器件产生的噪声及其在电路的输出端产生的影响。

噪声分析将每个电阻和半导体器件当作噪声源，计算其在特定输出节点产生的噪声。输出节点处的“总输出噪声”为各独立噪声源输出的均方根之和。该结果除以输入端到输出端的增益得到“等效输入噪声”。如果将该“等效输入噪声”加入一个无噪声电路，产生的输出噪声应与前面计算得到的相等。总输出电压既可以“地”为参考点，也可以电路中的其他节点为参考点。

NI Multisim 11 给出了 3 种噪声模型，分别为热噪声（Johnson）、闪烁噪声（flicker noise）和散粒噪声（shot noise）。

下面以图 7-20 所示的电路为例，说明噪声分析的具体操作步骤。

首先在 NI Multisim 11 用户界面的电路窗口中创建如图 7-20 所示的电路，然后执行 Simulate » Analyses » Noise Analysis 命令，弹出如图 7-21 所示的 Noise Analysis 对话框。

该对话框包括 5 个选项卡，其中 Analysis parameters 和 Frequency parameters 选项卡的功能和操作如下。

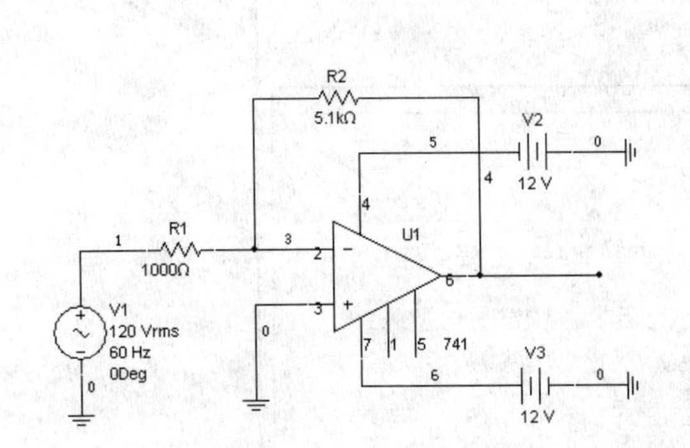

图 7-20　噪声分析电路

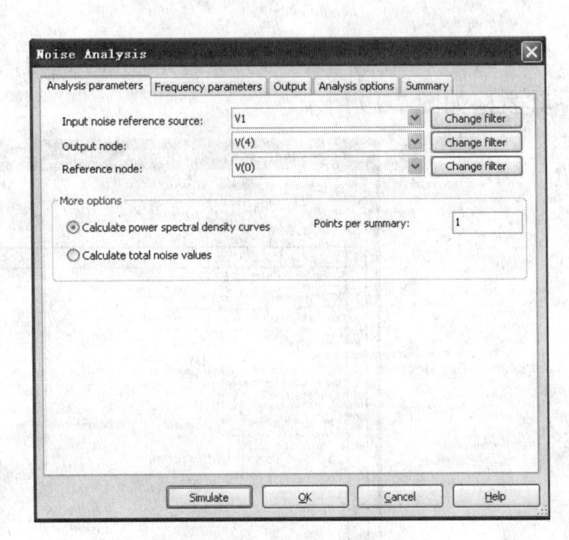

图 7-21　Noise Analysis 对话框

1. Analysis parameters 选项卡

Analysis parameters 选项卡主要用于设置将要分析的参数。

（1）Input noise reference source：选择输入噪声的参考电源。只能选择一个交流信号源输入，本电路选 V1。

（2）Output node：选择噪声输出节点，在此节点将对所有噪声贡献求和。本电路选节点 V(4)。

（3）Reference node：设置参考电压节点。默认设置为 0（公共接地点）。

（4）More options 区：选择分析计算内容，具体介绍如下。

☑　Calculate power spectral density curves：计算噪声功率谱密度，此时还需考虑每次求和采样点数（Points per summary）设置，设置数值越大，频率的步进数越大，输出曲线的分辨率越低。

☑　Calculate total noise values：计算总噪声。

该选项卡的右边的 3 个 Change filter 按钮分别对应于其左边的栏，其功能与 Output 选项卡中的 Filter unselected variables 按钮相同，详见直流工作点分析（7.1 节）的 Output 选项卡。

2. Frequency parameters 选项卡

Frequency parameters 选项卡用于扫描频率等参数进行设置，如图 7-22 所示。

☑　Start frequency(FSTART)：设置起始频率。默认设置为 1Hz。

☑　Stop frequency(FSTOP)：设置终点频率。默认设置为 10GHz。

☑　Sweep type：设置频率扫描的类型，主要有十倍程（Decade）、八倍程（Octave）和线性（Linear）等 3 种类型。默认设置为 Decade。

注意：Start frequency 和 Stop frequency 对应于输出波形的横坐标设置；扫描方式的不同将产生不同的输出波形。图 7-23 是选取十倍程扫描方式下，inoise-spectrum（内部噪声频谱）和 onoise-spectrum（外部噪声频谱）的输出波形。

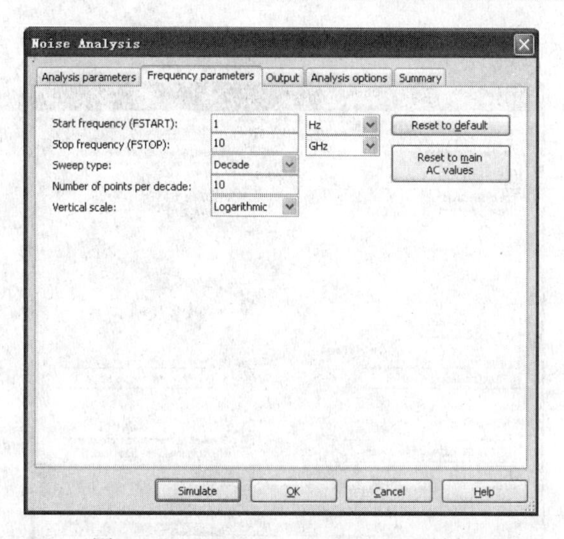

图 7-22　Frequency Parameters 选项卡

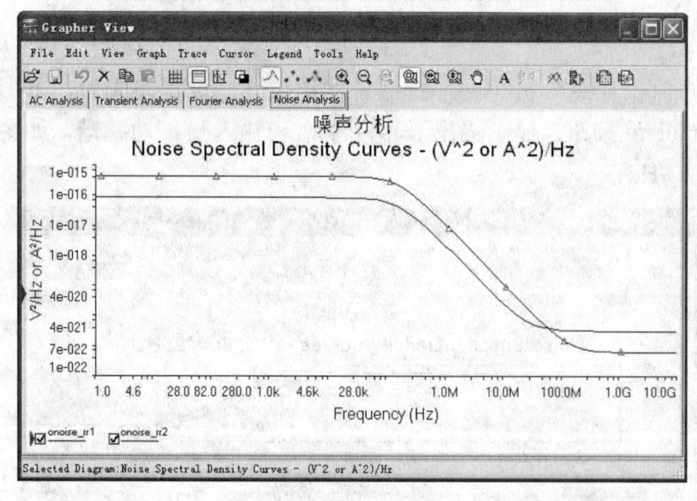

图 7-23　十倍程扫描方式

☑ Number of points per decade：设置每十倍频率的采样点数。默认设置为 10。该数值越大，分析的点数就越多，分析所需要的时间也就越长。

☑ Vertical scale：选择 Y 轴显示刻度，主要有八倍（Octave）、对数（Log）、线性（Linear）和分贝（Decibel）等 4 种类型。默认设置为 Log。可根据输出波形的需要进行选择。

☑ Reset to main AC values 按钮：用来将本选项卡中所有设置恢复为与交流分析相同的值。

☑ Reset to default 按钮：用来将本选项卡中的所有设置恢复为默认值。

通常仅设置起始频率和终止频率，而其他选项取默认值。

3．Output 选项卡

在 Variables in circuit 区中，将 onoise_rr1 和 onoise_rr2 两个变量添加到 Selected variables for analysis 区中，设置后的 Output 选项卡如图 7-24 所示。

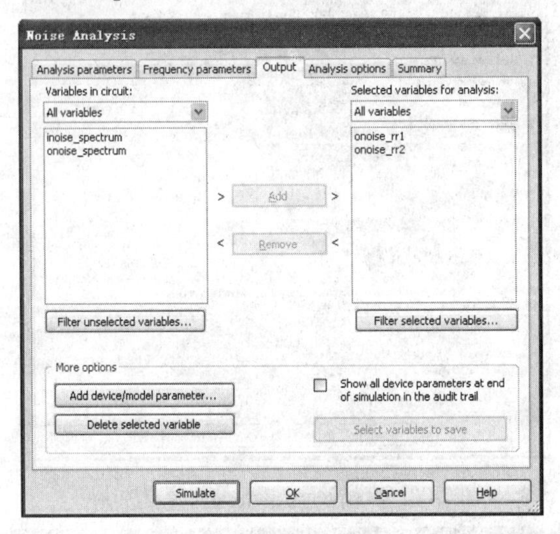

图 7-24　Output 选项卡

其余设置与直流工作点分析相同，且保持默认设置。设置完成后，单击 Noise Analysis 对话框底部的 Simulate 按钮，显示输出噪声功率谱和输入噪声功率谱，如图 7-25 所示，其单位为 V^2/Hz 或 A^2/Hz。

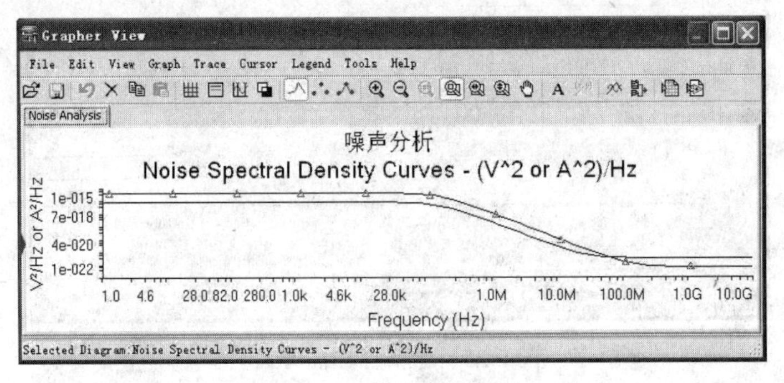

图 7-25　噪声分析结果

7.7　噪声系数分析

噪声系数分析（Noise Figure Analysis）主要研究元器件模型中的噪声参数对电路的影响。在二端口网络（如放大器或衰减器）的输入端不仅有信号，还会伴随噪声，同时电路中的无源器件（如电阻）会增加热噪声（Johnson），有源器件则增加散粒噪声（shot noise）和闪烁噪声（flicker noise）。无论何种噪声，经过电路放大后，将全部汇总到输出端，对输出信号产生影响。信噪比是衡量一个信号质量好坏的重要参数，而噪声系数（*F*）则是衡量二端口网络性能的重要参数，其定义为：网络的输入信噪比/输出信噪比，即

$$F=\text{输入信噪比}/\text{输出信噪比}$$

若用分贝表示：噪声系数（NF）为：

$$NF=10\log_{10}F\ (\text{dB})$$

NI Multisim 11 仿真软件中的每个元器件都有 SPICE 模型，例如一个典型的晶体管的 SPICE 模型如下：

```
.MODEL BF517 NPN (IS=0.480F NF=1.008 BF=99.655 VAF=90.000IKF=0.190
+ ISE=7.490F NE=1.762 NR=1.010 BR=38.400 VAR=7.000 IKR=93.200M
+ ISC=0.200F NC=1.042
+ RB=1.500 IRB=0.100M RBM=1.200
+ RE=0.500 RC=2.680
+ CJE=1.325P VJE=0.700 MJE=0.220 FC=0.890
+ CJC=1.050P VJC=0.610 MJC=0.240 XCJC=0.400
+ TF=56.940P TR=1.000N PTF=21.000
+ XTF=68.398 VTF=0.600 ITF=0.700
+ XTB=1.600 EG=1.110 XTI=3.000
+ KF=1.000F AF=1.000)
```

可见，晶体管的 SPICE 模型含有 KF（闪烁噪声的系数）和 AF（闪烁噪声的指数）两个噪声参数。

注意： 当选择 SPICE 模型进行噪声系数分析时，必须保证相关的噪声参数是存在的，否则该元器件就不会产生噪声。

NI Multisim 11 仿真软件利用下面的公式计算噪声系数：

$$F=No/G\cdot Ns$$

其中，No 是输出的噪声功率（包括网络内部和输入的两部分噪声），Ns 是源的内阻产生的噪声（该内阻的噪声等于前一级的输出噪声），G 是电路的交流增益。

下面以图 7-26 所示的射频放大电路为例，说明噪声系数分析的具体操作步骤。

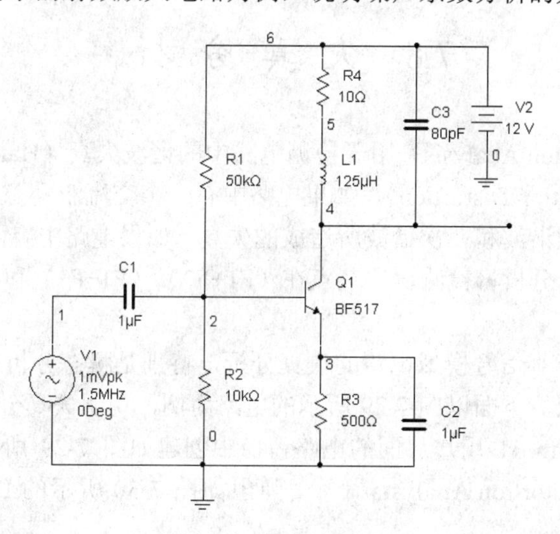

图 7-26　射频放大电路

首先在 NI Multisim 11 电路窗口中创建如图 7-26 所示的射频放大电路，然后执行 Simulate » Analyses » Noise Figure Analysis 命令，弹出如图 7-27 所示的 Noise Figure Analysis 对话框。

Analysis parameters 选项卡中含有如下选项：

☑ Input noise reference source：选取输入噪声的信号源。

☑ Output node：选择输出节点。

☑ Reference node：选择参考节点，通常是地。

☑ Frequency：设置输入信号的频率。以上设置均与噪声分析相同。

☑ Temperature：设置输入温度，单位是摄氏度，默认值是 27。

对于图 7-26 所示电路，选择 V1 为输入噪声的信号源，节点 4 为输出节点，其余为默认值，启动仿真，结果如图 7-28 所示。

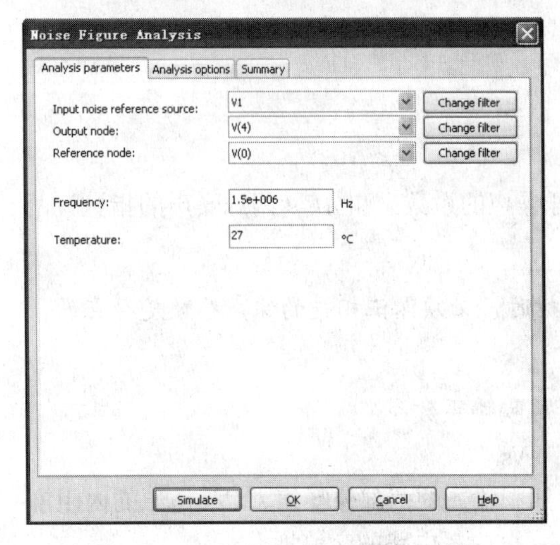

图 7-27　Noise Figure Analysis 对话框

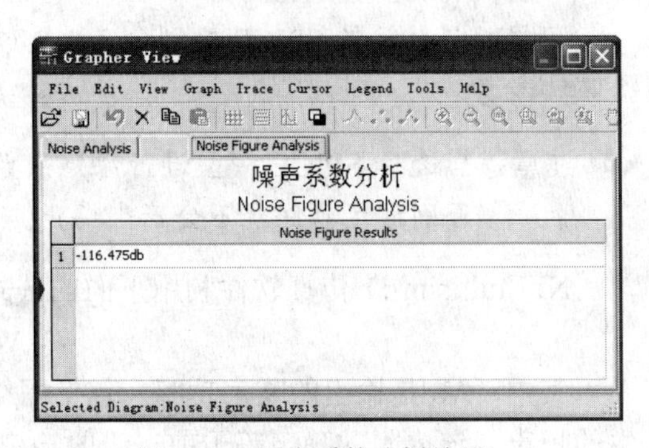

图 7-28　噪声系数分析结果

7.8 失真分析

失真分析（Distortion Analysis）用于检测电路中的谐波失真（Harmonic Distortion）和互调失真（Intermodulation Distortion）。如果电路中有一个交流激励源，失真分析将检测电路中每一个节点的二次谐波和三次谐波所造成的失真。如果电路中有两个频率不同（设 F1 ＞F2）的交流源，失真分析将检测输出节点在（F1+F2）、（F1−F2）和（2F1−F2）等 3 个不同频率上的失真。

失真分析主要用于小信号模拟电路的失真分析，特别是瞬态分析中无法观察到的电路中较小的失真十分有效。下面以图 7-29 所示的电路为例，说明失真分析的具体操作步骤。

首先在 NI Multisim 11 用户界面的电路窗口中创建如图 7-29 所示的电路，然后执行 Simulate»Analyses»Distortion Analysis 命令，弹出如图 7-30 所示的 Distortion Analysis 对话框。

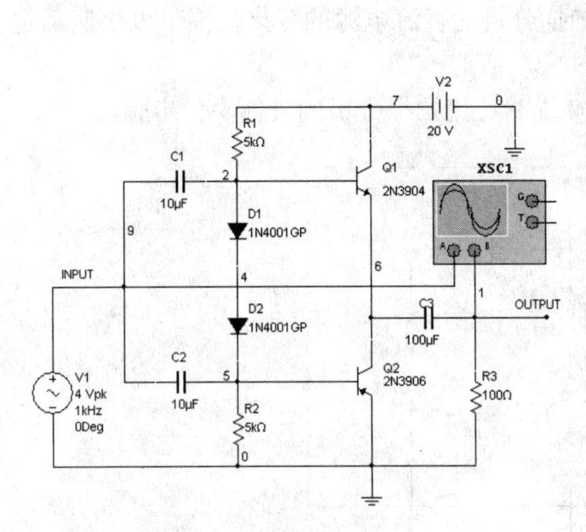

图 7-29　失真分析电路

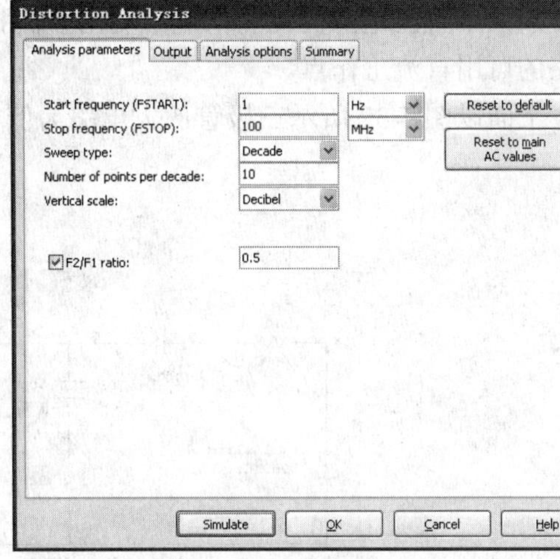

图 7-30　Distortion Analysis 对话框

该对话框含有 4 个选项卡，除 Analysis parameters 选项卡外，其余与直流工作点分析的选项卡一样，不再赘述。同时 Analysis parameters 选项卡中除 F2/F1 ratio 外，其他各选项的主要功能与 7.6 节噪声分析设置对话框中的 Frequency parameters 选项卡中一致，不再重复。

F2/F1 ratio：对电路进行互调失真分析时，设置 *F*2 与 *F*1 的比值，其值在 0 到 1 之间。取消选中该复选框时，分析结果为 *F*1 作用时产生的二次谐波、三次谐波失真；选中该复选框时，分析结果为（*F*1+*F*2）、（*F*1−*F*2）及（2*F*1−*F*2）相对于 *F*1 的互调失真。

对于图 7-29 所示电路，Analysis parameter 选项卡中的选项全部取默认值，在 Output 选项卡中选取节点 1 为输出节点。失真分析的结果如图 7-31 所示。

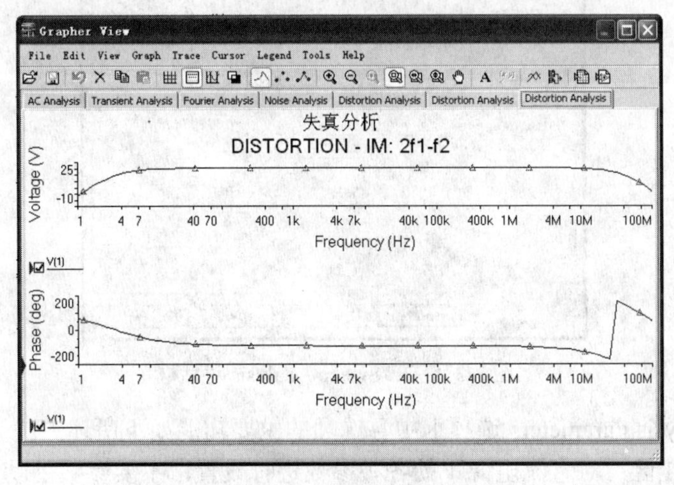

图 7-31　失真分析结果

7.9　直流扫描分析

直流扫描分析（DC Sweep Analysis）用来分析电路中某一节点的直流工作点随电路中

一个或两个直流电源变化的情况。利用直流扫描分析的直流电源的变化范围可以快速确定电路的可用直流工作点。

下面以图 7-32 所示三极管放大电路为例，说明直流扫描分析的具体操作步骤。

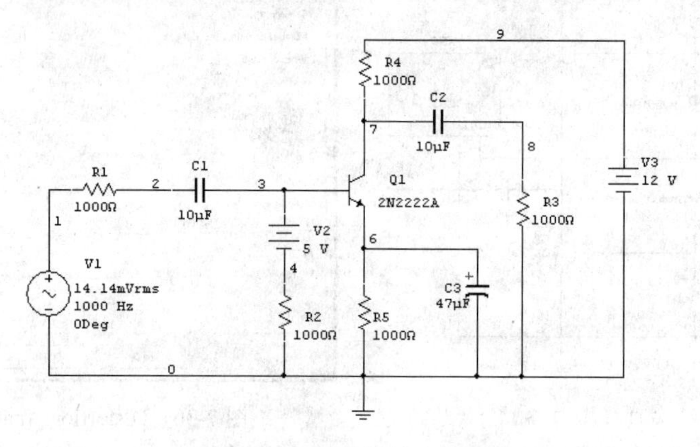

图 7-32　晶体管放大电路

首先在 NI Multisim 11 用户界面的电路窗口中创建如图 7-32 所示的三极管放大电路，然后执行 Simulate » Analyses » DC Sweep 命令，弹出如图 7-33 所示的 DC Sweep Analysis 对话框。

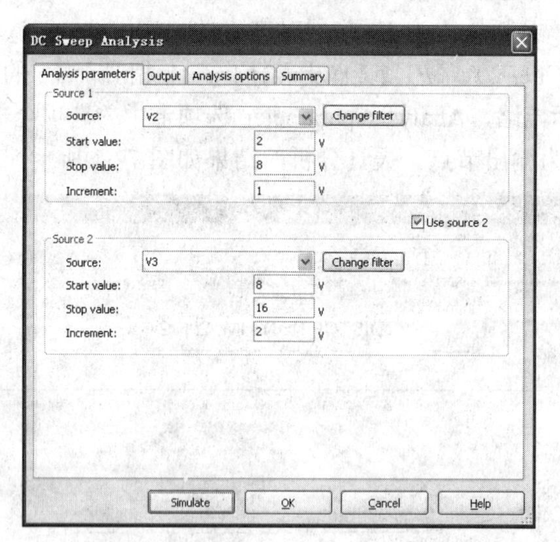

图 7-33　DC Sweep Analysis 对话框

此时，Analysis Parameters 选项卡中各选项的主要功能如下所述。

（1）Source 1 区：对直流电源 1 的各种参数进行设置，主要参数的功能如下所述。

☑　Source：选择所要扫描的直流电源。

☑　Start value：设置电源扫描的初始值。

☑　Stop value：设置电源扫描的终止值。

☑　Increment：设置电源扫描的增量。设置的数值越小，分析时间越长。

☑　Change filter：选择 Source 列表中过滤的内容。

（2）Source 2 区：对直流电源 2 的各种参数进行设置。

要对第 2 个电源进行设置，首先要选中在 Source 1 区与 Source 2 区之间的 Use source 2 复选框，然后就可以对 Source 2 区进行设置，设置方法同 Source 1 区。

对于图 7-32 所示电路，选择第 1 个电源 V2 的变动范围是 2～8V，增量是 1V；第 2 个电源 V3 的变动范围是 8～16V，增量是 2V；在 Output 选项卡上选取节点 7 为输出节点，仿真结果如图 7-34 所示。

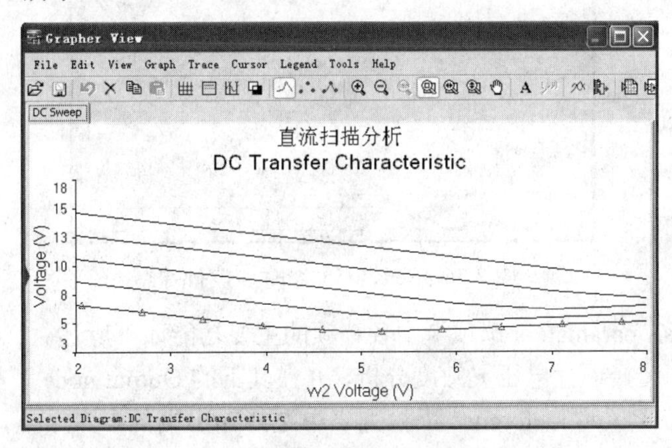

图 7-34　直流扫描分析结果

7.10　灵敏度分析

灵敏度分析（Sensitivity Analysis）研究电路中某个元器件的参数发生变化时，对电路节点电压或支路电流的影响程度。灵敏度分析可分为直流灵敏度分析和交流灵敏度分析，直流灵敏度分析的仿真结果以数值形式显示，而交流灵敏度分析的仿真结果则绘出相应的曲线。

下面以图 7-35 所示的电路为例，说明灵敏度分析的具体操作步骤。

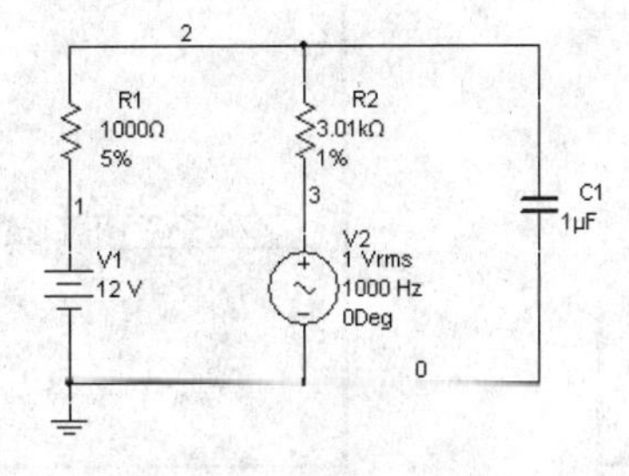

图 7-35　灵敏度分析电路

首先在 NI Multisim 11 的电路窗口中创建如图 7-35 所示的电路，然后执行 Simulate » Analyses » Sensitivity 命令，弹出如图 7-36 所示的 Sensitivity Analysis 对话框。

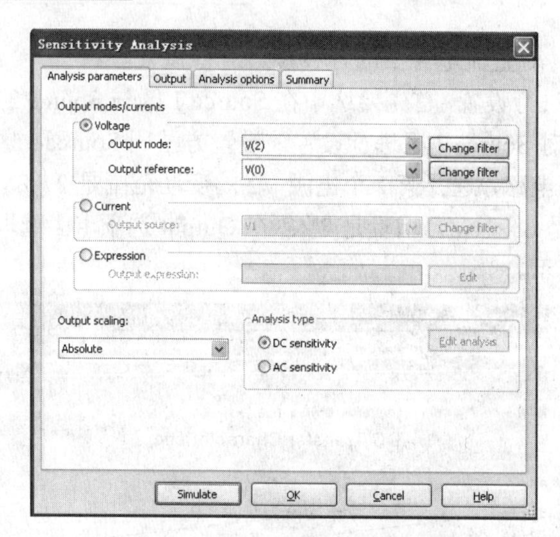

图 7-36 Sensitivity Analysis 对话框

此时，Analysis parameters 选项卡中各选项的主要功能如下所述。

（1）Voltage：选择进行电压灵敏度分析，并在其下的 Output node 下拉列表中选定要分析的输出节点，在 Output reference 下拉列表中选择输出端的参考节点，一般选地为参考节点。

（2）Change filter：单击该按钮，弹出 Filter Nodes 对话框，如图 7-37 所示。通过 Filter Nodes 对话框可以对其左侧栏中所显示的变量进行有选择的显示。

（3）Current：选择进行电流灵敏度分析，并在其下的 Output source 下拉列表中选择要分析的信号源。

（4）Expression：通过单击 Edit 按钮打开 Analysis Expression 对话框，如图 7-38 所示。在表达式栏中输入算式，可以对多个对象的运算结果进行仿真分析。

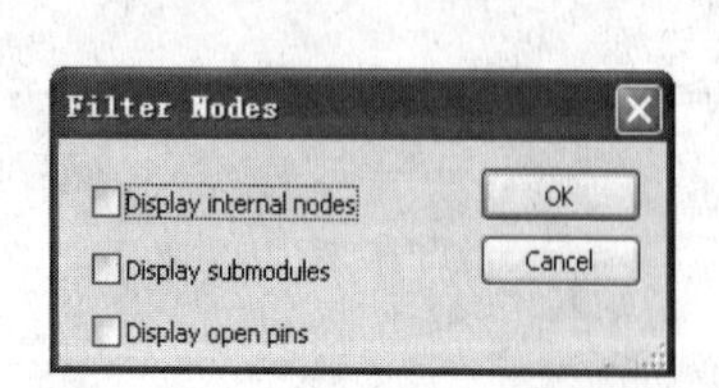

图 7-37 Filter Nodes 对话框

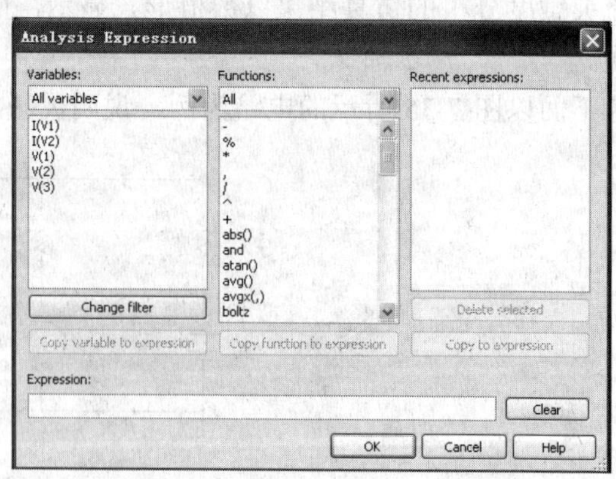

图 7-38 Analysis Expression 对话框

（5）Output scaling：用于选择灵敏度输出格式是 Absolute（绝对灵敏度）还是 Relative（相对灵敏度）。

（6）Analysis type：选择灵敏度分析是 DC Sensitivity（直流灵敏度分析）还是 AC

Sensitivity（交流灵敏度分析）。

对于图 7-35 所示电路，若选择直流灵敏度分析，并选电压灵敏度分析，要分析的节点为节点 2，输出的参考点是节点 0，并在 Output 选项卡中选择全部变量，直流灵敏度分析仿真结果如图 7-39 所示。它描述了电阻 R1、R2 及电压源 V1、V2 对输出节点电压的影响。

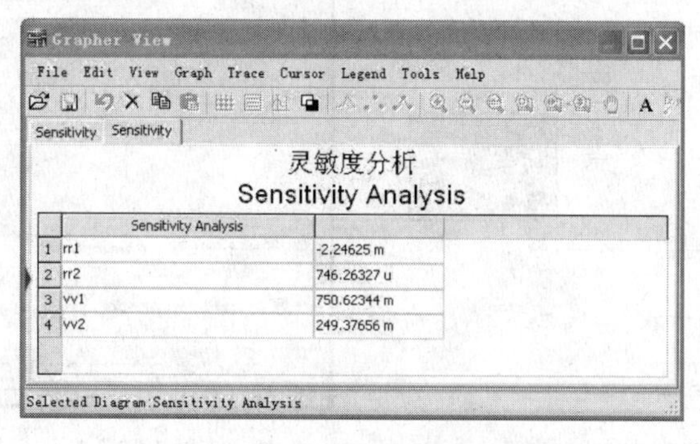

图 7-39　直流灵敏度分析的仿真结果

若选择交流灵敏度分析，可选中 AC sensitivity 单选按钮，并单击 Edit analysis 按钮进行交流分析参数设置。对于本例，交流分析的参数设置为默认值，其仿真分析结果如图 7-40 所示。

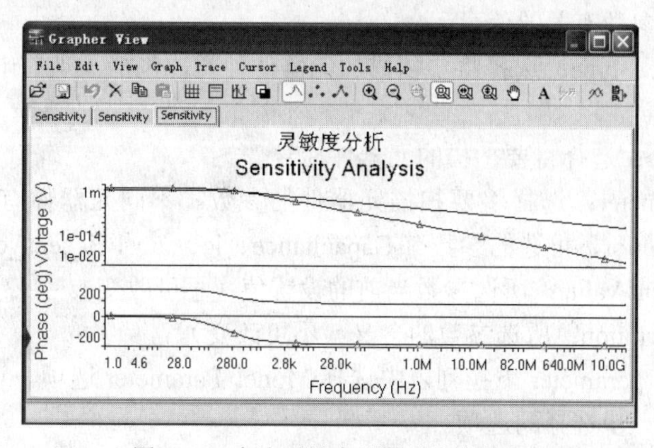

图 7-40　交流灵敏度分析的仿真结果

7.11　参数扫描分析

参数扫描分析（Parameter Sweep Analysis）就是检测电路中某个元器件的参数在一定取值范围内变化时对电路直流工作点、瞬态特性、交流频率特性等的影响。在实际电路设计中，可以利用该方法针对电路某些技术指标进行优化。

下面以图 7-41 所示方波产生电路为例，说明参数扫描分析的具体操作步骤。

首先在 NI Multisim 11 用户界面的电路窗口中创建如图 7-41 所示的方波产生电路，然后执行 Simulate » Analyses » Parameter Sweep 命令，弹出如图 7-42 所示的 Parameter Sweep 对话框。

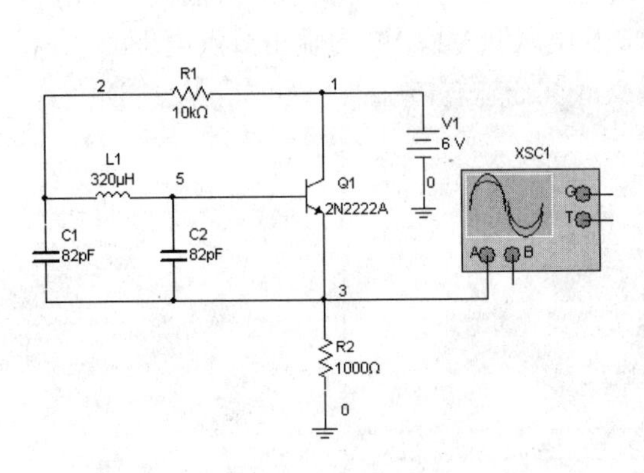

图 7-41 方波产生电路

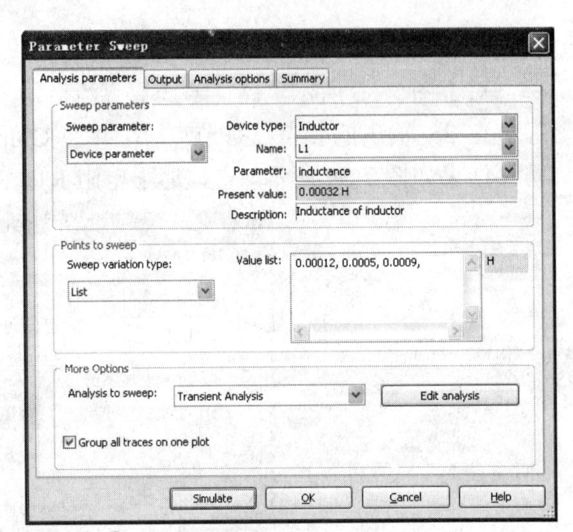

图 7-42 Parameter Sweep 对话框

Analysis parameters 选项卡中各选项的功能如下所述。

（1）Sweep parameters 区：用于扫描参数设置。

☑ 在 Sweep parameter 下拉列表中选择 Device parameter 选项，其右边的 5 个选项显示与器件参数有关的信息。

➢ Device type：选择将要扫描的元器件种类，包括了当前电路图中所有元器件的种类。

➢ Name：选择将要扫描的元器件标号。

➢ Parameter：选择将要扫描元器件的参数。不同元器件有不同的参数，例如 Capacitor，可选的参数有 Capacitance、ic、w、l 和 sens_cap 等 5 个参数。

➢ Present Value：所选参数当前的设置值（不可改变）。

➢ Description：所选参数的含义（不可改变）。

☑ 在 Sweep parameter 下拉列表中选择 Model Parameter 选项。该区的右边同样有 5 个需要进一步选择的选项。

注意： 该 5 个选项中提供的选项不仅与电路有关，而且与 Device parameter 对应的选项有关。

（2）Points to sweep 区：用于选择扫描方式。

在 Sweep variation type 下拉列表中，可以选择十倍程（Decade）、线性（Linear）、八倍程（Octave）、列表（List）等 4 种扫描方式，默认设置为 Decade。

若选 Decade、Octave 或 Linear，该区的右边还有 4 个需要进一步选择的选项。

☑ Start value：设置将要扫描分析元器件的起始值，其值可以大于或小于电路中所标注的参数值，默认设置为电路元器件的标注参数值。

☑ End value：设置将要扫描分析元器件的终值，默认设置为电路中元器件的标注参数值。

☑ # of point：设置扫描的点数。

☑ Increment：设置扫描的增量值。

若选择 List 选项，还需在该区右边的框中添加分析参数数值。

（3）More Options 区：用于设置分析类型。

☑ 在 Analysis to sweep 下拉列表中可选择分析的类型，NI Multisim 11 提供了 DC operating point、AC Analysis、Transient Analysis 和 Nested Analysis 等 4 种分析类型。默认设置为 Transient Analysis。在选定分析类型后，可单击 Edit Analysis 按钮对选定的分析进行进一步的设置。

☑ Group all traces on one plot 复选框用于选择是否将所有的分析曲线放在同一个图中显示。

对于本例，瞬态分析设置如图 7-43 所示。选择节点 3 为输出节点。设置完毕后，单击 Simulate 按钮，开始扫描分析，按 Esc 键停止分析。参数扫描分析结果如图 7-44 所示。

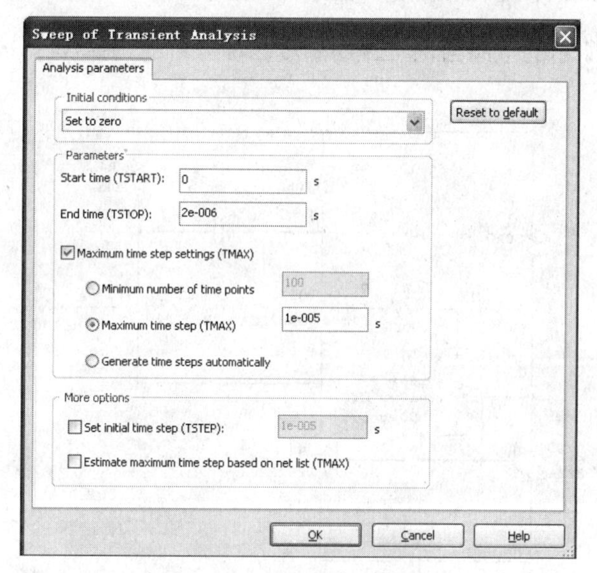

图 7-43　瞬态分析的设置

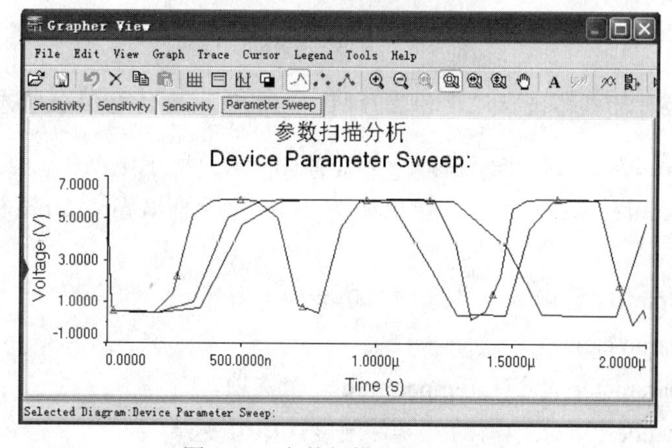

图 7-44　参数扫描分析的结果

7.12 温度扫描分析

温度扫描分析（Temperature Sweep Analysis）就是研究不同温度条件下的电路特性。我们知道，晶体三极管的电流放大系数β、发射结导通电压 U_{be} 和穿透电流 I_{ceo} 等参数都是温度的函数。当工作环境温度变化很大时，会导致放大电路性能指标变差。为获得最佳参数，在实际工作中，通常需把放大电路实物放入烘箱，进行实际温度条件测试，并需要不断调整电路参数直至满意为止。这种方法费时、成本高。采用温度扫描分析方法则可以很方便地对放大电路温度特性进行仿真分析，对电路参数进行优化设计。

注意：NI Multisim 11 提供的温度扫描分析仅限于部分半导体和虚拟电阻。

下面以图 7-45 所示的电路为例，说明温度扫描分析的具体操作步骤。

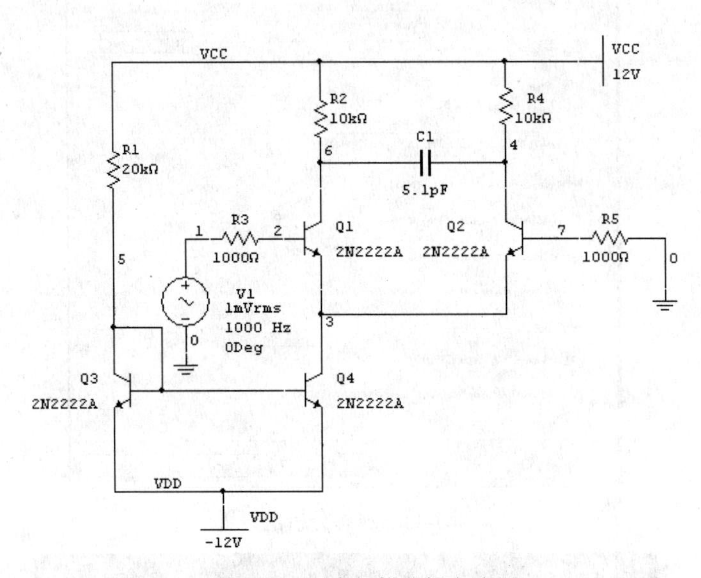

图 7-45 温度扫描分析电路

注意：为了能对此电路进行温度扫描分析，组成该电路的电阻全部选用虚拟电阻。

首先在 NI Multisim 11 电路窗口中创建如图 7-45 所示电路中，然后执行 Simulate»Analyses»Temperature Sweep 命令，弹出如图 7-46 所示的 Temperature Sweep Analysis 对话框。

Analysis parameters 选项卡中各选项的功能如下所述。

（1）Sweep parameters 区

☑ Sweep parameter：只有 Temperature 一个选项。

☑ Present value：显示当前的元器件温度（不可变）。

☑ Description：说明当前对电路进行温度扫描分析。

（2）Points to sweep 区

☑ Sweep variation type：选择温度扫描类型。主要有十倍程（Decade）、线性（Linear）、八倍程（Octave）和列表（List）等 4 种扫描类型，默认设置为 List。

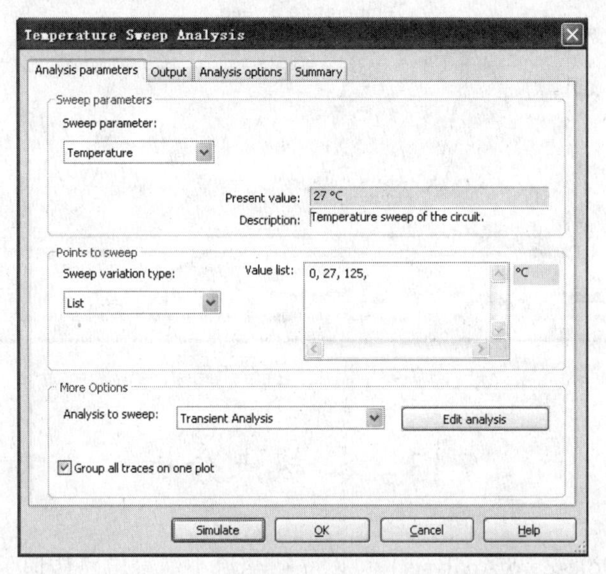

图 7-46 Temperature Sweep Analysis 对话框

注意：温度扫描类型不同，Points to sweep 区的显示界面也不同。图 7-46 中的 Points to sweep 区的显示界面为 List 扫描类型；若选择 Decade、Linear 或 Octave 等扫描类型，Points to sweep 区的显示界面如图 7-47 所示。

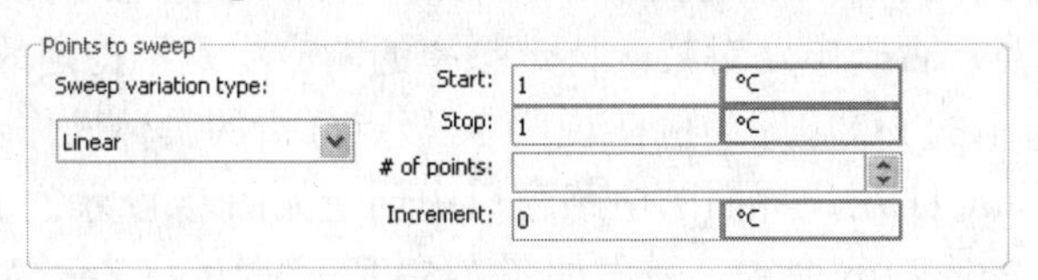

图 7-47 Points to sweep 区的显示界面

☑ Start：设置起始分析温度。默认设置为 1℃。

☑ Stop：设置终止分析温度。默认设置为 1℃。

☑ # of points：设置扫描的点数。

☑ Increment：设置在温度扫描方式为线性时的步长。

（3）More Options 区

该区各选项的功能设置与参数扫描分析一致，这里不再赘述。

对于图 7-45 所示电路，单击 Edit Analysis 按钮，在弹出的 Sweep of Transient Analysis 对话框中，设置 End time 为 0.005，其余选项皆默认，在 Output 选项卡中选择节点 6 为输出节点。设置完毕后，单击 Simulate 按钮，仿真分析开始运行。温度扫描分析结果如图 7-48 所示，最上面的波形对应温度为 0℃，中间的对应温度为 27℃，最下面的波形对应的温度为 125℃。

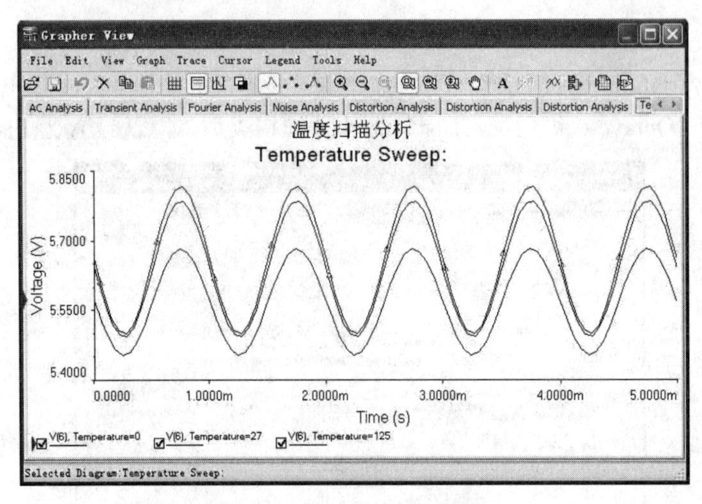

图 7-48　温度扫描分析结果

7.13　零-极点分析

零-极点分析（Pole-Zero Analysis）可以获得交流小信号电路传递函数中极点和零点的个数和数值，因而广泛应用于负反馈放大器和自动控制系统的稳定性分析中。零-极点分析时首先计算电路的直流工作点，并求得非线性元器件在交流小信号条件下的线性化模型，然后在此基础上求出电路传递函数中的极点和零点。

零-极点分析对检测电子线路的稳定性十分有用。如果希望电路（或系统）是稳定的，电路应具有负实部极点，否则电路对某一特定频率的响应将是不稳定的。

下面以图 7-49 所示的 LC 电路为例，说明零-极点分析的具体操作步骤。

首先在 NI Multisim 11 用户界面的电路窗口中创建如图 7-49 示的 LC 电路，然后执行 Simulate » Analyses » Pole Zero 命令，弹出如图 7-50 所示的 Pole-Zero Analysis 对话框。

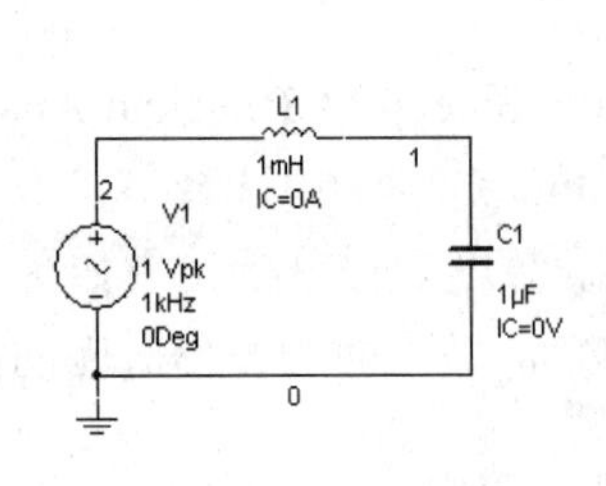

图 7-49　LC 电路

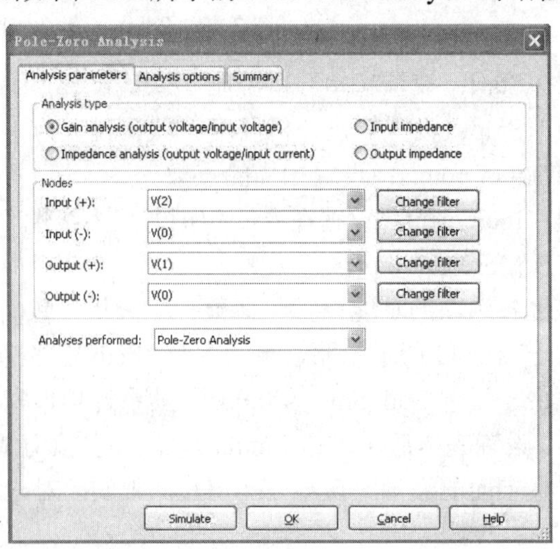

图 7-50　Pole-Zero Analysis 对话框

Analysis parameters 选项卡中各选项的功能如下所述。

（1）Analysis type 区

☑　Gain analysis(output voltage/input voltage)：增益分析（输出电压/输入电压），用于求解电压增益表达式中的零、极点。默认设置为选用。

☑　Impedance analysis(output voltage/input current)：互阻抗分析（输出电压/输入电流），用于求解互阻表达式中的零、极点。默认设置为不选用。

☑　Input impedance：输入阻抗分析，用于求解输入阻抗表达式中的零、极点。默认设置为不选用。

☑　Output impedance：输出阻抗分析，用于求解输出阻抗表达式中的零、极点；根据这 4 项表达式，可按需要求解在不同变量下传递函数中的极、零点。

（2）Nodes 区

☑　Input(+)：设置输入节点的正端。

☑　Input(−)：设置表示输入节点的负端。

☑　Output(+)：设置输出节点的正端。

☑　Output(−)：设置输出节点的负端。

（3）Analyses performed 下拉列表

利用 Analyses performed 下拉列表可以选择 Pole-Zero Analysis、Pole Analysis 和 Zero Analysis 等 3 个选项。

对于图 7-49 所示的 LC 电路，选择 Gain analysis(Output Voltage/input Voltage)，节点 2 为输入节点，节点 1 为输出节点，节点 0 为输入/输出的负端。零-极点分析结果如图 7-51 所示，实部、虚部分别以列表的形式表示。

图 7-51　零-极点分析结果

7.14　传递函数分析

传递函数分析（Transfer Function Analysis）就是求解电路中一个输入源与两个节点的输出电压之间，或一个输入源和一个输出电流变量之间在直流小信号状态下的传递函数。传递函数分析也具有计算电路输入和输出阻抗的功能。对电路进行传递函数分析时，程序首先计算直流工作点，然后再求出电路中非线性器件的直流小信号线性化模型，最后求出电路传递函数诸参数。分析中要求输入源必须是独立源。

下面以图 7-52 所示的反相放大电路为例，说明传递函数分析的具体操作步骤。

首先在 NI Multisim 11 电路窗口中创建如图 7-52 所示的反相放大电路，然后执行 Simulate » Analyses » Transfer Function 命令，弹出如图 7-53 所示的 Transfer Function Analysis 对话框。

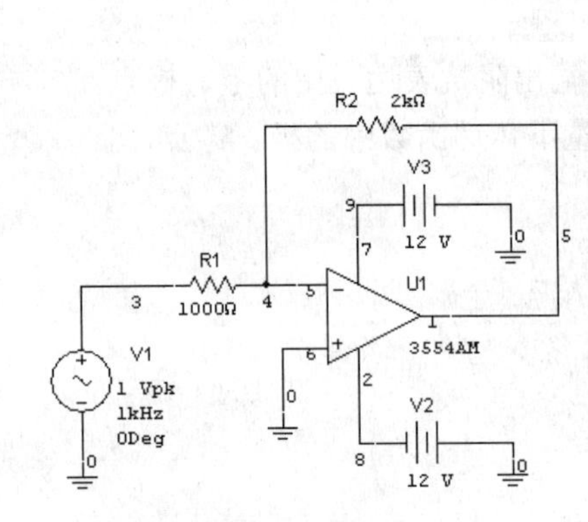

图 7-52　反相放大电路

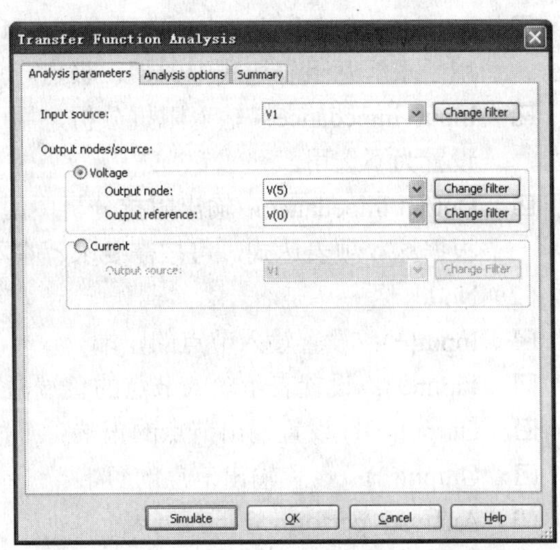

图 7-53　Transfer Function Analysis 对话框

Analysis parameter 选项卡中各选项的功能如下所述。

☑　Input source：选择输入电压源或电流源。

☑　Voltage：选择节点电压为输出变量。默认设置为选用。接着在 Output node 下拉列表中选择输出电压变量对应的节点，默认设置为 1。在 Output reference 下拉列表中选择输出电压变量的参考节点，默认设置为 0（接地）。

☑　Current：选择电流为输出变量。若选中，接着在其下的 Output source 下拉列表中选择作为输出电流的支路。

对于图 7-52 所示的反相放大电路，选择 V1 作为输入电源，选择电压为输出变量，节点 5 为输出节点，节点 0 为输出参考节点。设置完毕后，单击 Simulate 按钮开始仿真分析。传递函数分析结果如图 7-54 所示，以表格形式分别显示输出阻抗（Output impedance）、传递函数（Transfer function）和从输入源两端向电路看进去的输入阻抗（Input impedance）等参数数值。

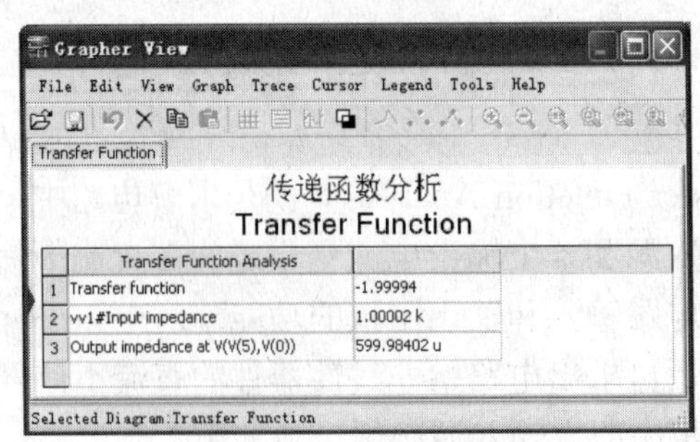

	Transfer Function Analysis	
1	Transfer function	-1.99994
2	vv1#Input impedance	1.00002 k
3	Output impedance at V(V(5),V(0))	599.98402 u

图 7-54　传递函数分析结果

7.15　最坏情况分析

最坏情况分析（Worst Case Analysis）是一种统计分析。所谓最坏情况是指电路中的元器件参数在其容差域边界点上取某种组合以造成电路性能的最大误差，而最坏情况分析是在给定电路元器件参数容差的情况下，估算出电路性能相对于标称值时的最大偏差。

下面以图 7-55 所示的文氏桥振荡器（Wien bridge oscillator）为例，说明最坏情况分析的具体操作步骤。

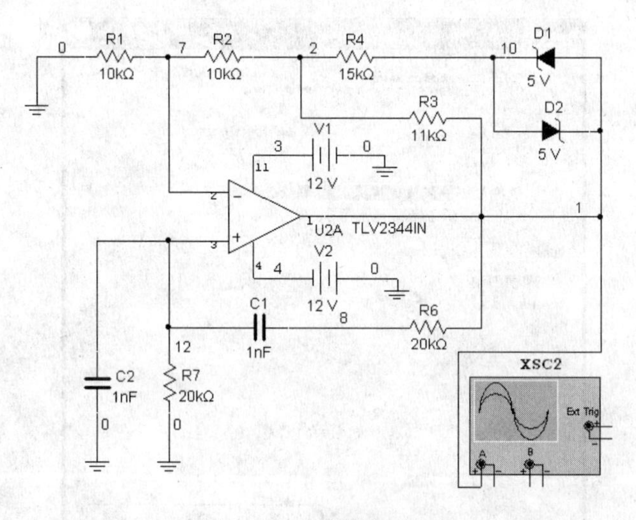

图 7-55　文氏桥振荡器

首先在 NI Multisim 11 电路窗口中创建如图 7-55 所示的文氏桥振荡器，然后执行 Simulate » Analyses » Worst Case 命令，弹出如图 7-56 所示的 Worst Case Analysis 对话框。

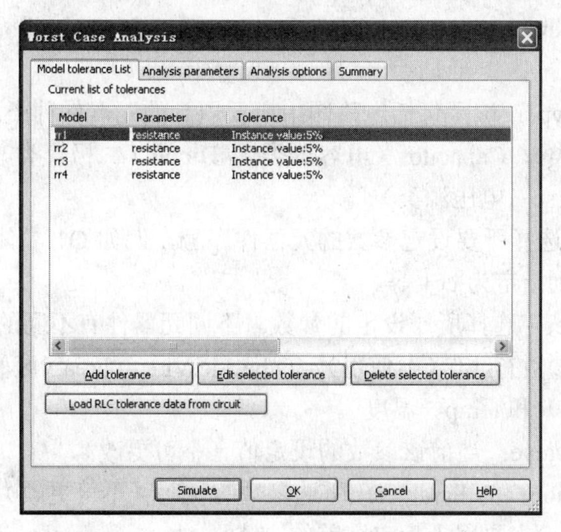

图 7-56　Worst Case Analysis 对话框

该对话框含有 4 个选项卡，除 Model tolerance List 和 Analysis parameters 选项卡外，其余与直流工作点分析的选项卡相同，这里不再赘述。

1. Model tolerance List 选项卡

Model tolerance List 选项卡主要用于显示和编辑当前电路元器件的误差。在 Current list of tolerances 显示窗口列出目前的元器件模型参数，在该显示窗口的下面有 4 个按钮，可分别对元器件的误差进行添加、编辑和删除等操作。

（1）Add tolerance 按钮：添加误差设置。

单击 Add tolerance 按钮，弹出 Tolerance 对话框，如图 7-57 所示。

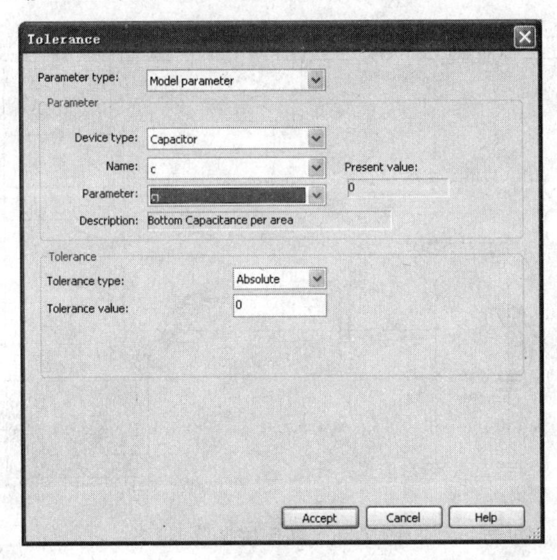

图 7-57 Tolerance 对话框

- ☑ Parameter type 下拉列表：选择所要设置元器件的参数是 Model parameter（模型参数），还是 Device parameter（器件参数）。
- ☑ Parameter 区：
  - ➢ Device type：该区包括电路图中所要用到的元器件种类。例如，BJT（双极性晶体管类）、Capacitor（电容器类）、Diode（二极管类）、Resistor（电阻类）和 Vsourse（电压源类）等。
  - ➢ Name：选择所要设定参数的元器件序号，例如 Q1 晶体管则指定为 qq1，C1 电容器则指定为 cc1 等。
  - ➢ Parameter：选择所要设定的参数。不同元器件有不同的参数，如晶体管，可指定的参数有 off（不使用）、icvbe（ic,Vbe）、area（区间因素）、ic、sens-area（灵敏度）和 temp（温度）。
  - ➢ Present value：当前该参数的设定值（不可更改）。
  - ➢ Description：为 Parameter 所选参数的说明（不可更改）。
- ☑ Tolerance 区：主要用于确定容差的方式。
  - ➢ Tolerance type：选择容差的形式，主要包括 Absolute（绝对值）和 Percent（百

分比）两个选项。

➢ Tolerance value：根据所选的容差形式，设置容差值。

当完成新增项目后，单击 Accept 按钮即可将新增项目添加到前一个对话框中。

（2）Edit selected tolerance 按钮：误差编辑。

单击 Edit selected tolerance 按钮，也弹出如图 7-57 所示的 Tolerance 对话框，它可以对某个选中的误差项目进行编辑。

（3）Delete selected tolerance 按钮：删除所选定的误差项目。

（4）Load RLC tolerance data from circuit 按钮：装载添加源自电路中的 R、L、C 误差。

2. Analysis parameter 选项卡

Analysis parameters 选项卡如图 7-58 所示。

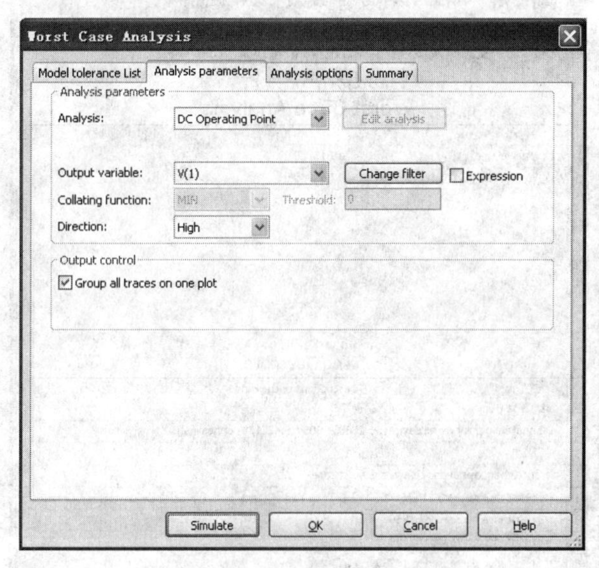

图 7-58　Analysis parameters 选项卡

（1）Analysis parameters 区

☑ Analysis：选择所要进行的分析，包括 AC analysis（交流分析）及 DC Operating Point（直流工作点分析）两个选项。

☑ Output variable：选择所要分析的输出节点。

☑ Collating function：选择比较函数。最坏情况分析得到的数据通过比较函数收集。所谓比较函数实质上相当于一个高选择性过滤器，每运行一次允许收集一个数据。它含有 MAX、MIN、RISE EDGE、FALL EDGE 和 FREQUENCY 5 个选项，各选项含义如下所述：

➢ MAX：Y 轴的最大值。仅在 AC analysis 选项中选用。

➢ MIN：Y 轴的最小值。仅在 AC analysis 选项中使用。

➢ RISE EDGE：第一次 Y 轴出现大于用户设定的门限时的 X 值。其右边的 Threshold 栏用来输入其门限值。

➢ FALL EDGE：第一次 Y 轴出现小于用户设定的门限时的 X 值。

➢ FREQUENCY：第一次出现小于用户设定的频率时的 X 值。

☑ Direction：选择容差变动方向，包括 Low 和 High 等两个选项。

（2）Output control 区

Group all traces on one plot：选中该复选框，则将所有仿真结果和记录显示在一个图形中；若不选中该复选框，则将标称值仿真、最坏情况仿真和 Run Log Description 分别显示出来。

设置完毕后，单击 Simulate 按钮开始仿真分析，按 Esc 键停止分析。对于图 7-55 所示电路，其设置如图 7-58 所示。最坏情况分析仿真结果如图 7-59 所示。

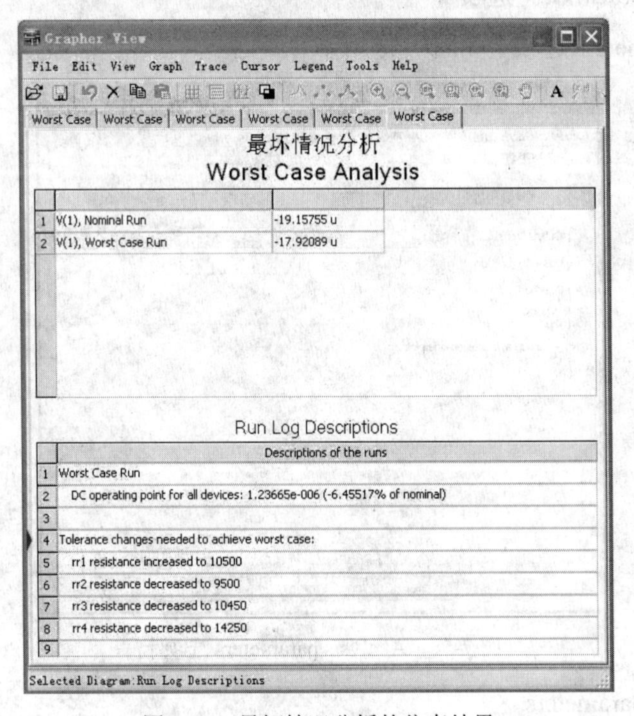

图 7-59 最坏情况分析的仿真结果

7.16 蒙特卡罗分析

蒙特卡罗分析（Monte Carlo Analysis）利用一种统计分析方法，分析电路元器件的参数在一定数值范围内按照指定的误差分布变化时对电路特性的影响，它可以预测电路在批量生产时的合格率和生产成本。

对电路进行蒙特卡罗分析时，一般要进行多次仿真分析。首先按电路元器件参数标称数值进行仿真分析，然后在电路元器件参数标称数值基础上加减一个σ值再进行仿真分析，所取的σ值大小取决于所选择的概率分布类型。

下面以图 7-60 所示的电路为例，说明蒙特卡罗分析的具体操作步骤。

首先在 NI Multisim 11 电路窗口中创建如图 7-60 所示的电路，然后执行 Simulate » Analyses » Monte Carlo 命令，弹出如图 7-61 所示的 Monte Carlo Analysis 对话框。

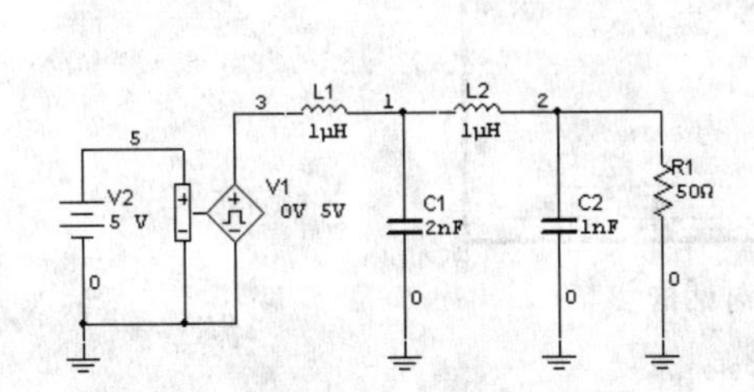

图 7-60　蒙特卡罗分析的电路

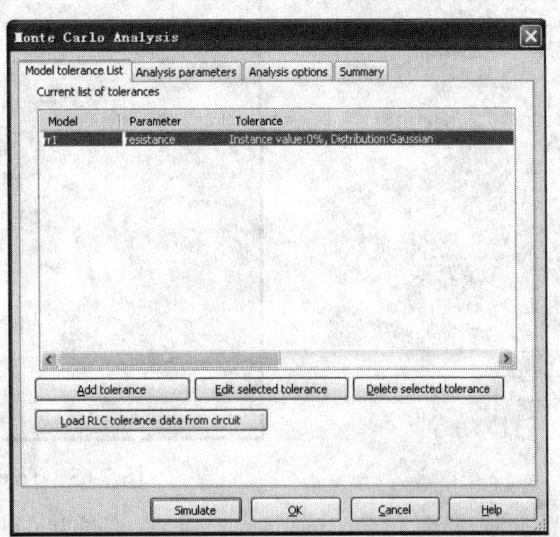

图 7-61　Monte Carlo Analysis 对话框

该对话框含有 4 个选项卡，除 Analysis parameters 选项卡外，其他选项卡与进行最坏情况分析时相同，这里不再赘述。Analysis parameters 选项卡如图 7-62 所示。

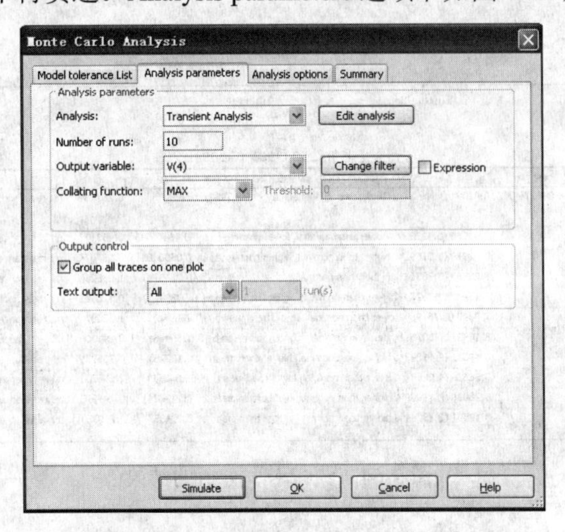

图 7-62　Analysis parameters 选项卡

Analysis parameters 选项卡中 Analysis、Output variable、Collating function 和 Group all traces on one plot 等选项与最坏情况分析相同。新增的两个选项功能如下所述。

☑　Number of runs：蒙特卡罗分析次数，其值必须≥2。

☑　Text output：选择文字输出的方式。

对本例，设输出节点为节点 4，纵坐标为 Liner, Number of runs 为 10，Text Output 为 All，Tolerance 对话框设置如图 7-63 所示，则蒙特卡罗分析的结果如图 7-64 所示。

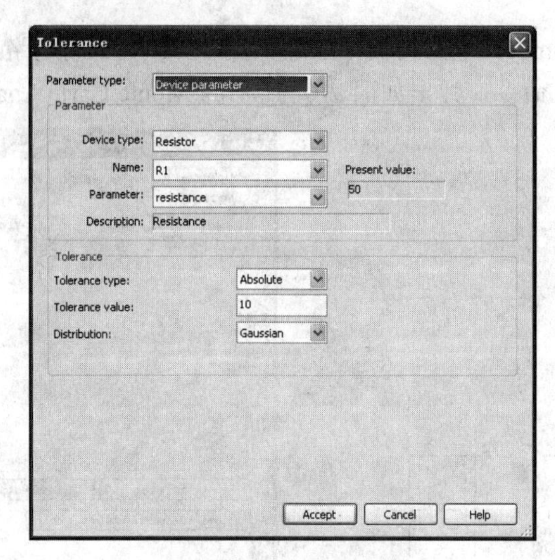

图 7-63　Tolerance 对话框

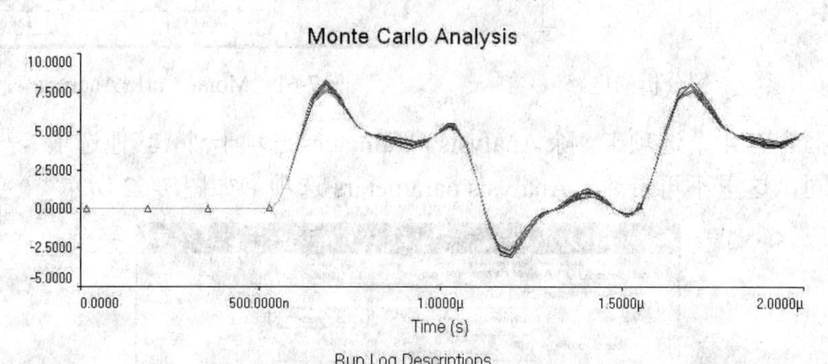

Run Log Descriptions

	# of run	time [sec]	output value	sigma	parameters
1	Nominal Run (Mean Valu e for output:	6.84997e-007	8.02391 (same as nominal, lower than mean by -0.0467482)	0.267189	rr1 resistance=50
2	Run #1		7.98962 (0.427359% lower than nominal, lower than mean by -0.0810391)	0.463178	rr1 resistance=49.35
3	Run #2		8.12974 (1.31892% higher than nominal, higher than mean by 0.0590804)	0.337674	rr1 resistance=52.0826
4	Run #3		8.29553 (3.38516% higher than nominal, higher than mean by 0.224874)	1.28526	rr1 resistance=55.5985
5	Run #4		8.1544 (1.62627% higher than nominal, higher than mean by 0.0837421)	0.478627	rr1 resistance=52.5853
6	Run #5		7.8047 (2.73193% lower than nominal, lower than mean by -0.265956)	1.52007	rr1 resistance=46.1372
7	Run #6		8.1042 (1.0007% higher than nominal, higher than mean by 0.0335466)	0.191736	rr1 resistance=51.5692
8	Run #7		8.19341 (2.11242% higher than nominal, higher than mean by 0.12275)	0.701579	rr1 resistance=53.3945
9	Run #8		7.68634 (4.20697% lower than nominal, lower than mean by -0.384311)	2.19653	rr1 resistance=44.1665
10	Run #9		8.20036 (2.19909% higher than nominal, higher than mean by 0.129704)	0.741325	rr1 resistance=53.5406
11	Run #10		8.19501 (2.13244% higher than nominal, higher than mean by 0.124357)	0.710761	rr1 resistance=53.4282

图 7-64　蒙特卡罗分析的结果

7.17　线　宽　分　析

线宽分析（Trace Width Analysis）就是用来确定在设计 PCB 板时为使导线有效地传输电流所允许的最小导线宽度。导线所散发的功率不仅与电流有关，还与导线的电阻有关，而导线的电阻又与导线的横截面积有关。在制作 PCB 板时，导线的厚度受板材的限制，那么，导线的电阻主要取决于 PCB 设计者对导线宽度的设置。本节主要讨论线宽对导线散发热量的影响。

下面以图 7-65 所示的全波整流稳压电路为例，说明线宽分析的具体操作步骤。

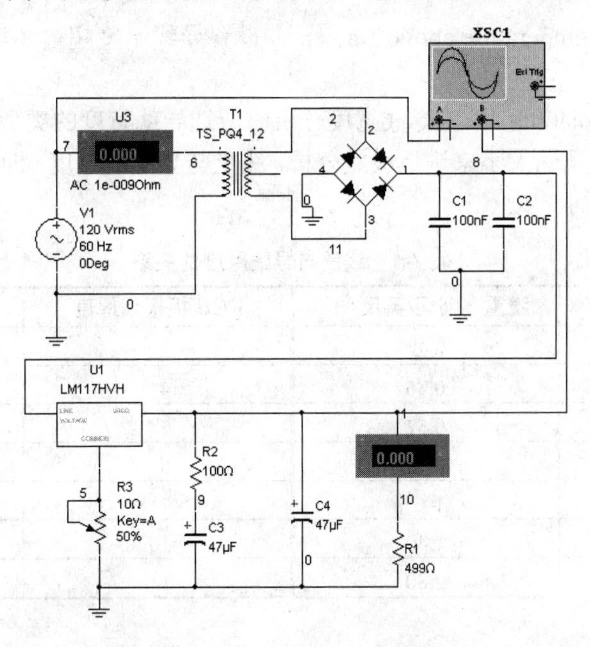

图 7-65　全波整流稳压电路

首先在 NI Multisim 11 电路窗口中创建如图 7-65 所示的全波整流稳压电路，然后执行 Simulate » Analyses » Trace Width Analysis 命令，弹出如图 7-66 所示的 Trace Width Analysis 对话框。

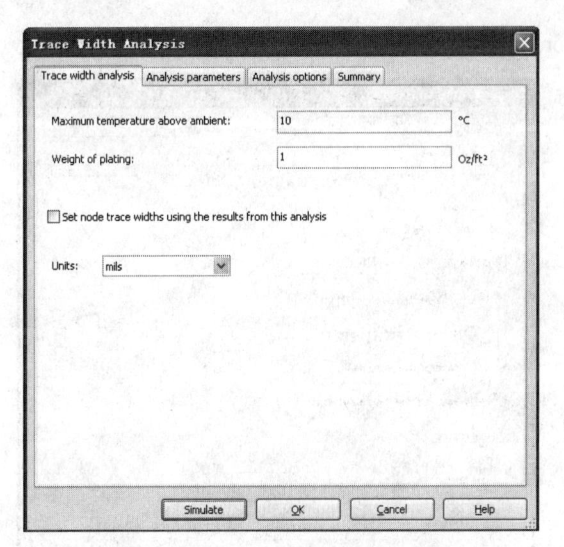

图 7-66　Trace Width Analysis 对话框

该对话框含有 4 个选项卡，除 Trace width analysis 和 Analysis parameters 选项卡外，其余与直流工作点分析相同，这里不再赘述。

1．Trace width analysis 选项卡

（1）Maximum temperature above ambient：设置导线温度超过环境温度的增量，单位是摄氏度。

（2）Weight of plating：设置导线宽度分析时所选导线宽度的类型。在 NI Multisim 11 应用软件中，常用线重的大小来进行线宽分析，线重与导线的厚度（即 PCB 板覆铜的厚度）对应关系如表 7-1 所示。

表 7-1　线重与导线厚度的关系

PCB 板覆铜厚度	线重（盎司/英尺 ^{2}）	PCB 板覆铜厚度	线重（盎司/英尺 ^{2}）
1.0/0.8	0.2	3	4.20
0.0/4.0	0.36	4	5.60
3.0/8.0	0.52	5	7.0
1.0/2.0	0.70	6	8.4
3.0/4.0	1	7	9.8
1	1.40	10	14
2	2.80	14	19.6

（3）Set node trace widths using the results from this analysis：设置是否使用分析的结果来建立导线的宽度。

（4）Units：设置单位，有 mils 和 mm 两个选项。

2．Analysis parameters 选项卡

Analysis parameters 选项卡如图 7-67 所示。

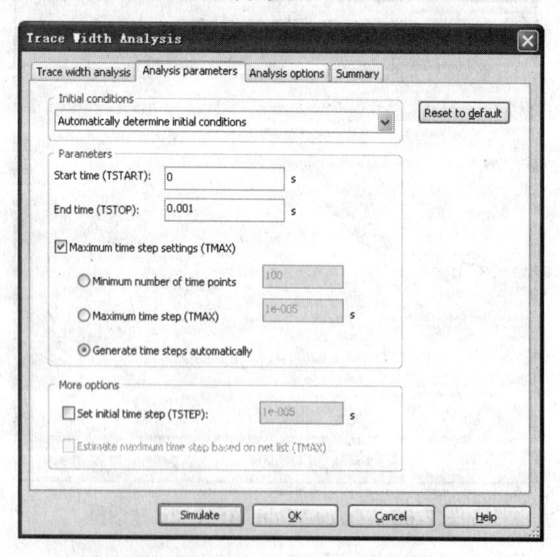

图 7-67　Analysis parameters 选项卡

（1）Initial conditions：用于选择设置初始条件的类型，主要类型有 Automatically determine initial conditions（自动定义初始条件）、Set to zero（设置为 0）、User-defined（用

户自定义）和 Calculate DC operating point（计算直流工作点）等 4 种类型。

（2）Start time(TSTART)：设置起始时间。

（3）End time(TSTOP)：设置终止时间。

若选中 Maximum time step settings(TMAX)复选框，其下又有 3 个单选按钮。

☑ Minimum number of time points：选中该单选按钮后，则在右边文本框中设置从开始时间到结束时间内最少要采样的点数。

☑ Maximum time step (TMAX)：选中该单选按钮后，则在右边文本框中设置仿真软件所能处理的最大时间间距。

☑ Generate time steps automatically：由仿真软件自动设置仿真分析的步长。

注意：① 设置的终止时间应足够大，以便捕捉到信号的最大电流。对于周期信号，终止时间应大于输入信号的一个周期。

② 采样点应大于 100，以便取得精确的最大线宽，但不要超过 1000。超过 1000 点则会造成仿真速度降低。

③ 考虑到初始条件效应，选择仿真输入的信号的幅度要尽量大。

对于图 7-65 所示的全波整流稳压电路，线宽分析时的输入信号的有效值为 120V，Maximum temperature above ambient 设置为 10℃、Weight of plating 设置为 1(Oz/ft^2)、Initial Conditions 选择 Set to zero，单击 Simulate 按钮进行分析，其结果如图 7-68 所示。

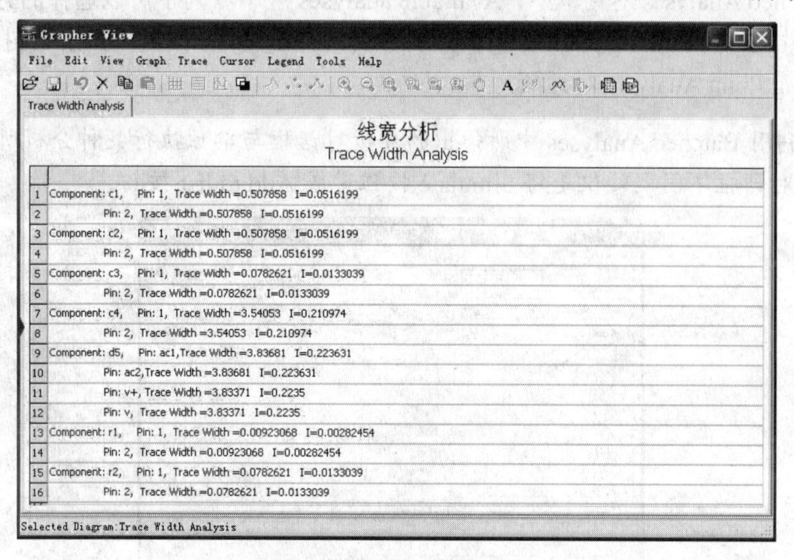

图 7-68　线宽分析结果

7.18　批处理分析

批处理分析（Batched Analysis）是将同一电路的不同分析或不同电路的同一分析放在一起依次执行。例如图 7-1 所示的振荡器电路，为了更好地理解电路的性能，常常需要通过直流工作点分析来确定电路的静态工作点，通过交流分析来观测其频率特性，通过瞬态分析来观察其输出波形。此时使用 NI Multisim 11 提供的批处理分析将会更加简捷方便。下面就以图 7-1 所示振荡器电路为例，说明批处理分析的具体操作步骤。

首先在 NI Multisim 11 电路窗口中创建如图 7-1 所示的振荡电路，然后执行 Simulate» Analyses»Batched Analysis 命令，弹出如图 7-69 所示的 Batched Analyses 对话框。

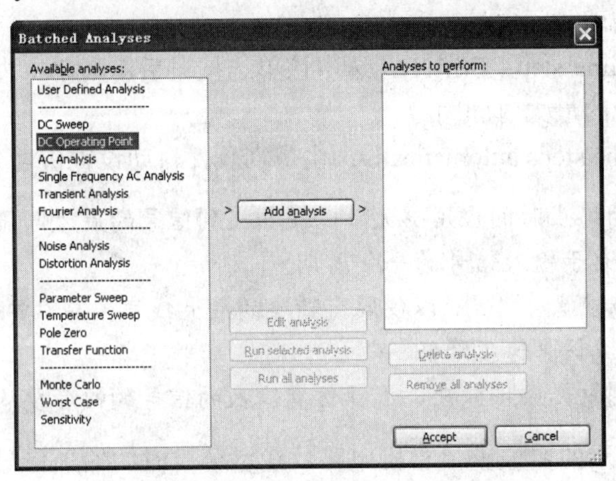

图 7-69　Batched Analyses 对话框

在 Batched Analyses 对话框中，Available analyses 区中罗列了可以选择的分析。对于本例，首先选中 DC operating point 分析，然后单击 Add analysis 按钮，弹出如图 7-70 所示的 DC Operating Point Analysis 对话框。

注意：利用 Batched Analyses 中所弹出的分析对话框与单独执行某种分析所弹出的分析对话框不同之处仅是将 Simulate 按钮变成 Add to list 按钮。

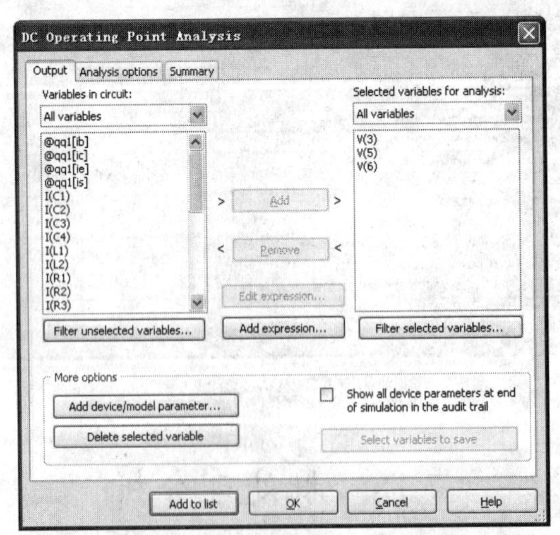

图 7-70　DC Operating Point Analysis 对话框

在该对话框中，将节点 5、6 和 3 作为输出节点，单击 Add to list 按钮，返回 Batched Analyses 对话框，同时将 DC operating point 添加到 Analyses to perform 区中，则刚才 Add analysis 按钮下 5 个虚显的按钮此时全部清晰显示，其功能如下所述。

☑ Edit analysis 按钮：对 Analyses to perform 区中所选中的分析进行分析设置。

☑ Run selected analysis 按钮：对 Analyses to perform 区中所选中的分析进行仿真分析。

☑ Run all analyses 按钮：对 Analyses to perform 区中所有的分析进行仿真分析。

☑ Delete analysis 按钮：对 Analyses to perform 区中所选中的分析删除。

☑ Remove all analyses 按钮：对 Analyses to perform 区中所有分析全部删除。

Accept 按钮用于保留 Batched Analyses 对话框中所有选择的设置，留待以后使用。接下来添加 Transient Analysis，最后单击 Run all analyses 按钮，则仿真结果分别如图 7-71 和图 7-72 所示。

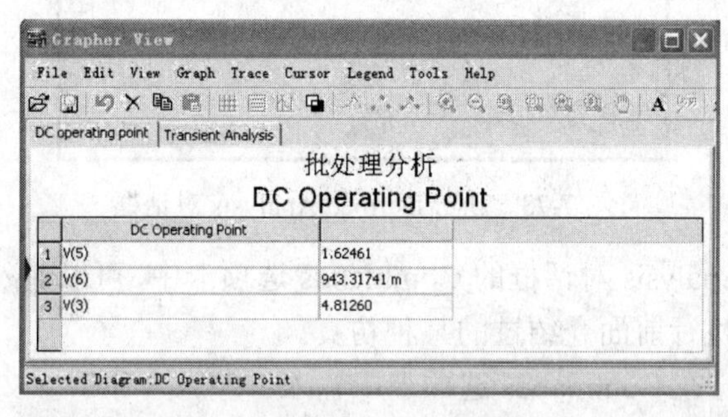

图 7-71　直流工作点分析仿真结果

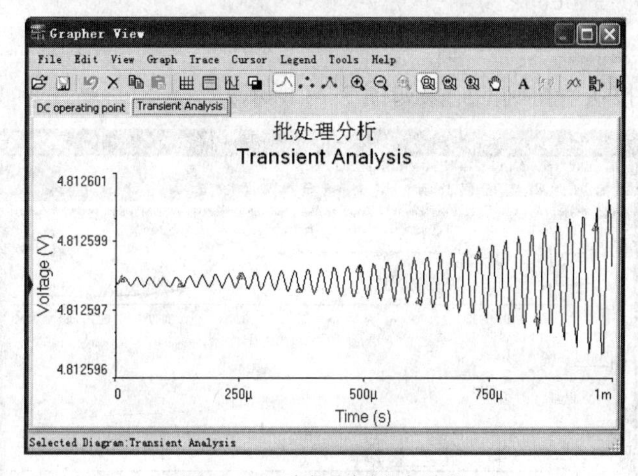

图 7-72　瞬态分析仿真结果

7.19　用户自定义分析

用户自定义分析（User Defined Analysis）就是由用户通过 SPICE 命令来定义某些仿真分析功能，以达到扩充仿真分析的目的。SPICE 是 Multisim 的仿真核心，SPICE 以命令行的方式与用户接口，而 Multisim 以图形界面方式与用户接口。

首先在 NI Multisim 11 电路窗口中创建如图 7-32 所示晶体管放大器电路，然后执行

Simulate»Analyses»User Defined Analysis 命令，弹出如图 7-73 所示的 User Defined Analysis 对话框。

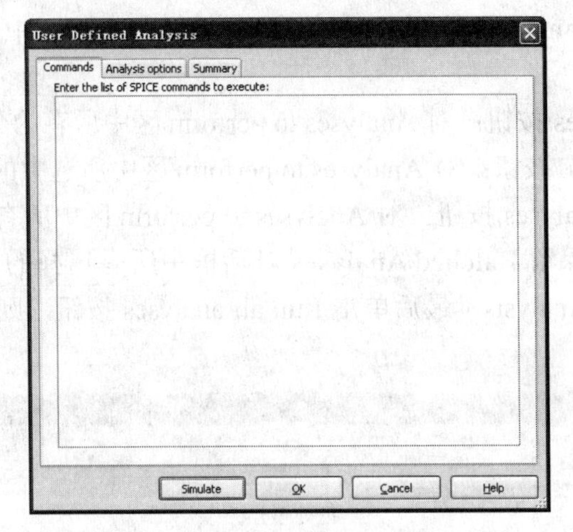

图 7-73　User Defined Analysis 对话框

在 User Defined Analysis 对话框的 Commands 选项卡中，可以输入由 XSPICE 的分析命令组成的命令列表来执行前面介绍过的某种仿真。

以 AC 分析为例，在 Commands 选项卡中输入：

```
ac dec 10 100 500000k
plot V(8)
```

单击 Simulate 按钮，得到的结果如图 7-74 所示。

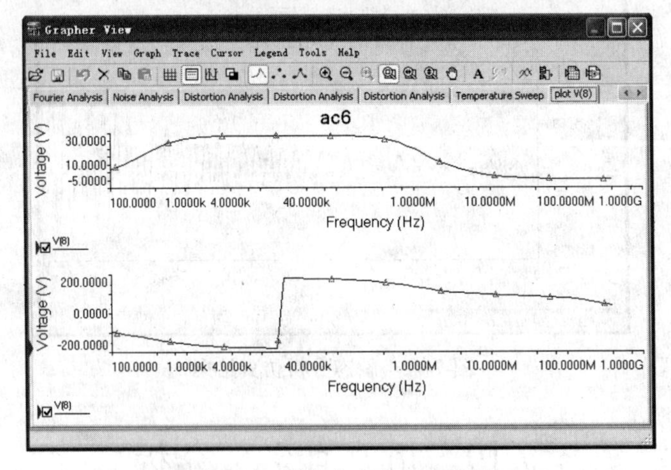

图 7-74　用户自定义分析结果

习　题

1．电路如图 7-75 所示，试对该电路进行直流工作点分析、交流分析、瞬态分析、傅里叶分析、噪声分析和失真分析。

2．直流分析包括哪些分析功能？

3．什么是参数扫描分析？可扫描哪些变量？扫描规律如何？

4．瞬态分析可实现哪些功能？如何进行时域—频域或频域—时域的转换分析？

5．交流分析有什么作用？可实现哪些分析功能？有哪些输出变量？

6．试对图 7-76 所示电路进行瞬态分析，并用示波器观察输出的波形。输入信号为正弦波，其频率为 1kHz、振幅为 5V。

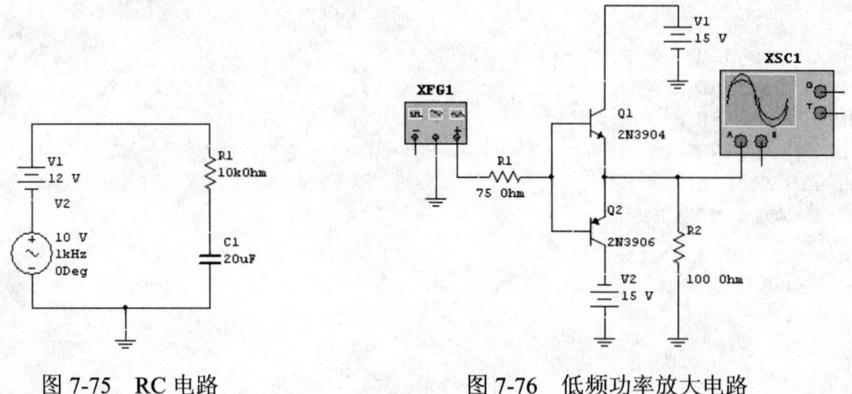

图 7-75　RC 电路　　　　图 7-76　低频功率放大电路

7．简述灵敏度分析、最坏情况分析、蒙特卡罗分析的功能。

8．当工作温度为 27℃、50℃、100℃时，利用温度扫描分析，观察图 7-77 所示电路的直流工作点变化情况。

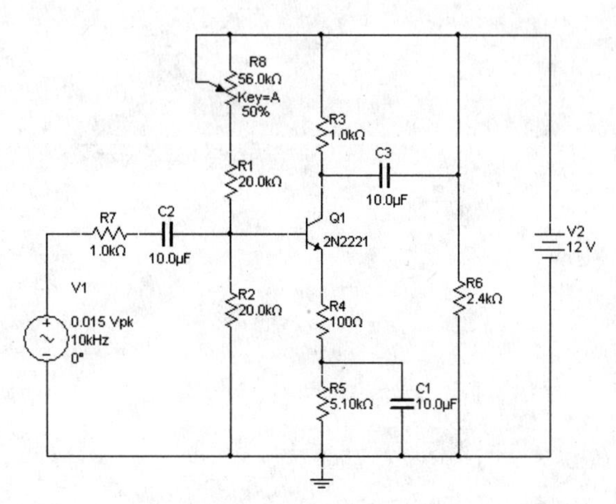

图 7-77　共射极放大电路

9．利用参数扫描分析，观察图 7-78 所示电路频率特性能随电容 C1 变化的情况（C1 在 10～200μF 之间线性变化增量为 20μF）。

10．将以下命令输入用户自定义分析的 Commands 选项卡中，观察仿真分析结果。

```
AC AMPLIFIER CHARACTERICS ANALYSIS
* OP,AC,NOISE ,TRAN,TEMP ANALYSIS
```

```
VIN 10 SIN(0 0.1 1K 0 0 0)AC 0.1
C1 2 1 10U
R1 5 2 18K
R2 2 0 4K3
R3 5 3 1K5
R4 4 0 150
C2 3 0 4N7
Q1 3 2 4 QMOD
VCC 5 0 9
.MODEL QMOD NPN(BF=120 VJE=0.7V VJC=0.7V RB=100 RC=15)
.OP
.AC DEC 5 1 300K
.TRAN 0.1M 3M 0 0.01M
.TEMP -10 27 80
.NOISE V(3)VIN
.PLOT AC V(3)
.OPTION NODE NOECHO
.PROBE
.END
```

第 8 章　NI Multisim 在电路分析中的应用

电路理论主要研究电路中发生的电磁现象，它的内容包括电路分析、电路综合与设计两大类问题：电路分析的任务是根据已知的电路结构和元件参数，求解电路的特性；电路综合与设计是根据所提出的电路性能要求，设计合适的电路结构和元件参数，实现所需要的电路性能。本章主要介绍 NI Multisim 仿真软件在电路分析中的应用。通过本章的学习，读者可较快掌握利用 NI Multisim 仿真软件对电路进行分析的方法。

8.1　电路的基本规律

电路的基本规律包括两类：一类是由于元件本身的性质所造成的约束关系，即元件约束，不同的元件要满足各自的伏安关系；另一类是由于电路拓扑结构所造成的约束关系，即结构约束，结构约束取决于电路元件间的连接方式，即电路元件之间的互连必然使各支路电流或电压有联系或有约束。基尔霍夫定律就体现了这种约束关系。

8.1.1　欧姆定律

线性电阻元件两端的电压与流过的电流成正比，比例常数就是这个电阻元件的电阻值。欧姆定律定义了线性电阻两端的电压和流过它的电流之间的关系，其数学表达式为：

$$U=RI$$

式中，U 为电阻两端的电压（V）；R 为电阻的阻值（Ω）；I 为流过电阻的电流（A）。

例 1　电路如图 8-1 所示，电源电压为 12V，电阻 $R1$ 为 10Ω，求流过电阻 R1 的电流。

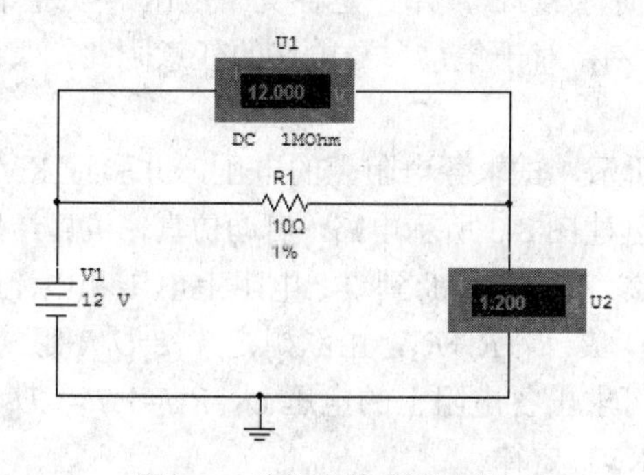

图 8-1　欧姆定律应用电路

在电路仿真工作区中创建图 8-1 所示电路，启动仿真，仿真结果见图 8-1 中电压表、电流表读数。根据欧姆定律 $I=U/R$ 可得，流过电阻 R1 的电流为 1.2A。可见，电路仿真结果与理论计算相同。

8.1.2 基尔霍夫电流定律

基尔霍夫电流定律（简称 KCL 定律）是电荷守恒定律的应用，反映了支路电流之间的约束关系。

KCL 定律：在任意时刻，对于集总参数电路的任意节点，流出或流入某节点电流的代数和恒为零。

KCL 定律是电路的结构约束关系，只与电路结构有关，而与电路元件性质无关。KCL 定律不仅适用于节点，也适用于电路中任意假设的封闭面。

例 2 电路如图 8-2 所示，求流过电压源 V1 的电流。

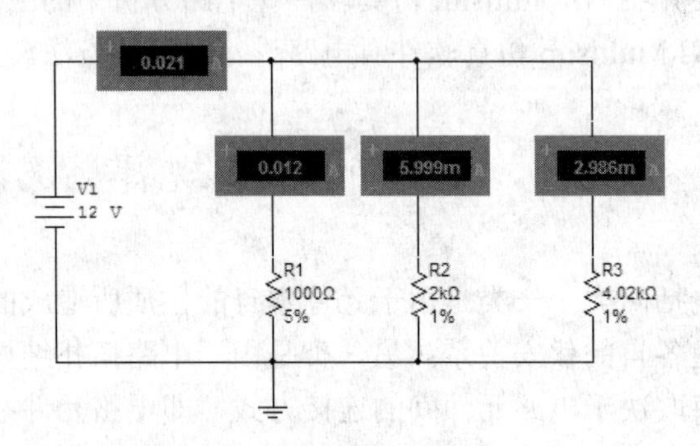

图 8-2 基尔霍夫电流定律应用电路

在电路仿真工作区中创建图 8-2 所示电路，电路中有两个节点、4 条支路。启动仿真，仿真结果见图 8-2 中的电流表读数。根据欧姆定律可分别求得各支路电流，I_1=12mA、I_2=6mA、I_3=3mA。由 KCL 定律可得：$I=I_1+I_2+I_3$=21mA。可见，该结果与图 8-2 所示电路仿真结果相同。

8.1.3 基尔霍夫电压定律

基尔霍夫电压定律（简称 KVL 定律）是各支路电压必须遵守的约束关系。

KVL 定律：在任意时刻，对于集总参数电路的任意回路，某回路上所有支路电压的代数和恒为零。

例 3 电路如图 8-3 所示，试求各电阻上的电压，并验证 KVL 定律。

在电路仿真工作区中创建图 8-3 所示电路，启动仿真，仿真结果见图 8-3 中电压表读数。

理论分析：设电流的参考方向由 1 到 2，电阻上电压和电流取关联参考方向；首先求出 3 个串联电阻的总电阻，$R=R_1+R_2+R_3$，由欧姆定律 $I=U/R$ 形式可求出电路中的电流 I，再由欧姆定律 $U=RI$ 形式可求出各电阻上的电压 $U_1=R_1I$=1.7V、$U_2=R_2I$=1.7V、$U_3=R_3I$=8.6V；$U_1+U_2+U_3$=12V，验证了 KVL 定律。

大家有没有注意到一个问题，电压表 U3 的读数为负，为什么呢？下面借助这个简单的例题把容易困扰大家的参考方向做一个讲解；在进行理论计算时，电阻上的电压和电流取关联参考方向，所以 R3 两端的电压计算结果为 8.6V；在进行仿真分析时，电阻 R3 上的电压和电流取非关联参考方向，故仿真结果为-8.6V，即电压的真实方向和参考方向相反。列 KVL 方程时，U1、U2 取电压降，为正，U3 的参考方向和绕行方向相反，取负，故 $U_1+U_2-U_3$=12V，仿真结果与理论分析结果相同。

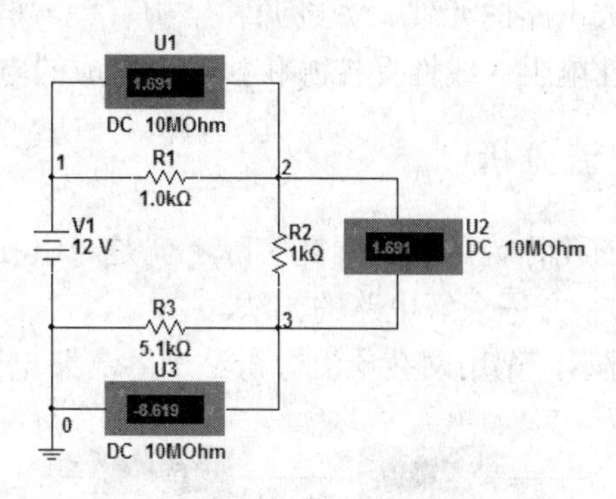

图 8-3　基尔霍夫电压定律应用电路

例 4　受控源电路仿真分析。

在电路仿真工作区中创建图 8-4 所示电路，启动仿真，仿真结果见图 8-4 中电压表和电流表读数。受控源是有源器件外部特性理想化的模型。受控源是指电压源的电压或电流源的电流不是给定的时间函数，而是受电路中某支路电压或电流控制的。在图 8-4 所示的受控源电路 1 中，受控源为电压控制的电流源。受控电流源的电流为 $I=gU_1$，其中 g=10Mho。当 U_1=10V 时，受控源的电流为 100A，可见该结果与电路仿真结果（见图 8-4 中电流表的读数）相同。若将 R2 替换为阻值为 2.0kOhm 的电阻，仿真结果如图 8-5 所示。可见，电压表的读数仍为 100A，说明该受控源的电流只取决于控制量的大小。

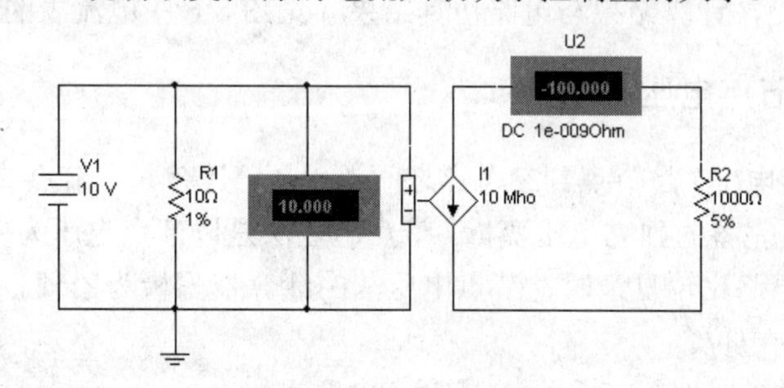

图 8-4　受控源电路 1

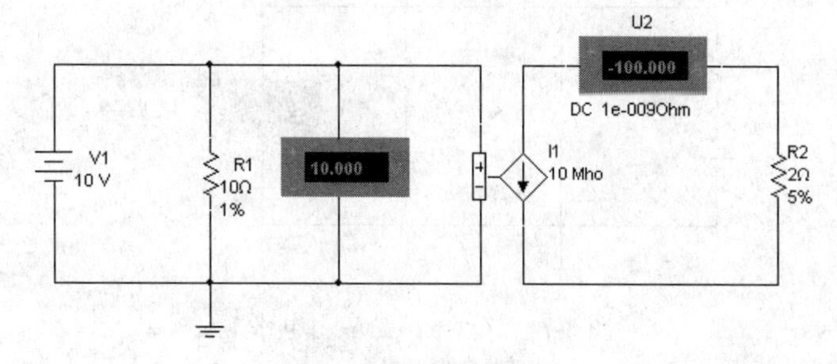

图 8-5　受控源电路 2

8.2 电阻电路的分析

电路的分析方法与组成电路的元件、激励源和结构有关，但其基本方法是相同的。本节主要介绍由时不变的线性电阻、线性受控源和独立源组成的电阻电路的仿真分析方法。

8.2.1 直流电路网孔电流分析

一个平面图自然形成的孔称为网孔，网孔实际上就是一组独立回路。网孔电流分析法是以网孔电流为变量列 KVL 方程求解电路的方法。

例 5 电路如图 8-6 所示，试用网孔电流分析法求各支路电流。

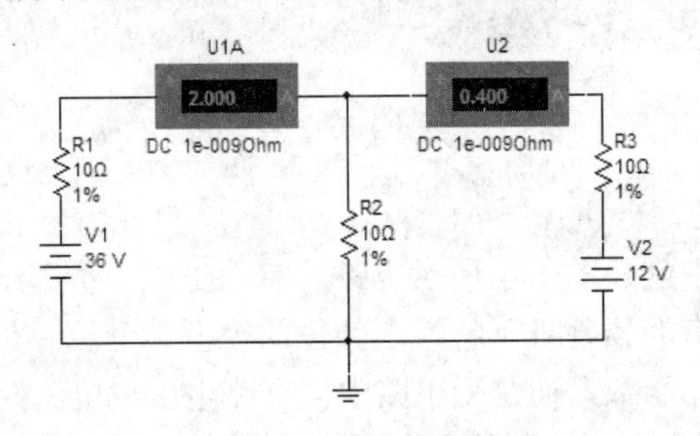

图 8-6 网孔电流分析法应用电路

在电路仿真工作区中创建图 8-6 所示电路，启动仿真，仿真结果见图 8-6 中电流表的读数。假定网孔电流在网孔中沿顺时针方向流动，用网孔电流分析法可求得网孔电流分别为 2.0A、0.4A。可见，计算结果与电路仿真结果（见图 8-6 中电流表的读数）相同。

8.2.2 直流电路节点电压分析

节点电压（节点电位）是节点到参考点之间的电压。具有 n 个节点的电路一定有（n-1）个节点电压，是一组完备的独立电压变量。节点电压法是以节点电压为变量列 KCL 方程求解电路的方法。当电路比较复杂时，节点电压法的计算步骤极为繁琐。但利用仿真分析可以快速求出各节点的电位。

例 6 电路如图 8-7～图 8-9 所示，求节点电位。

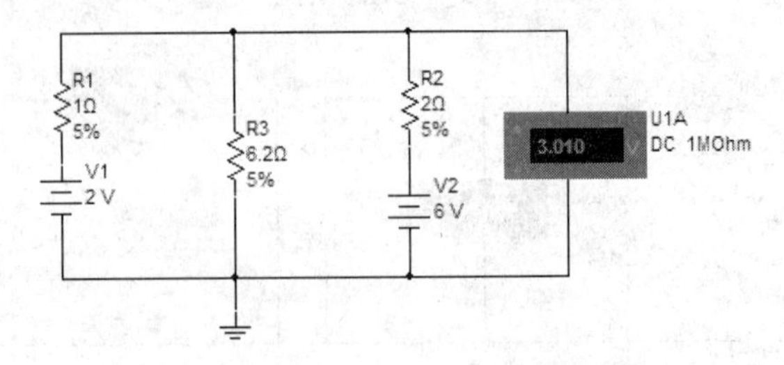

图 8-7 节点电压法应用电路 1

在电路仿真工作区中创建图 8-7 所示电路，启动仿真，仿真结果见图 8-7 中电压表的读数。图 8-7 所示电路为 2 节点电路，设定参考节点后，利用仿真分析方法可直接求得节点电位。

在电路仿真工作区中创建图 8-8 所示电路，启动仿真。图 8-8 所示电路为 3 节点电路，电路中含有理想电压源，若选电压源的“-”极所在节点 0 为参考节点，则电压源“+”极所在节点 3 的电位为理想电压源的电压值。利用仿真软件可直接求出节点电位，其结果见图 8-8 中电压表的读数。

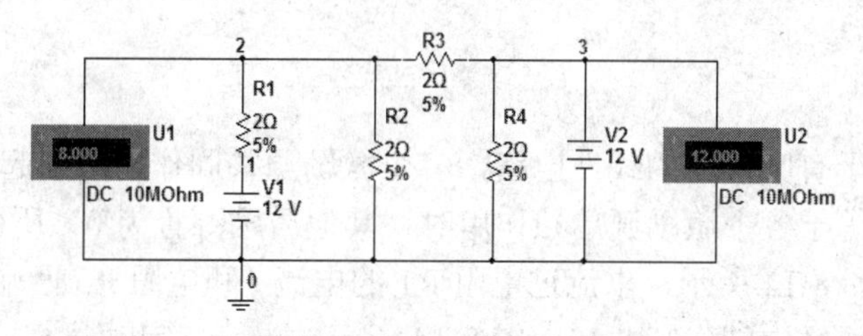

图 8-8　节点电压法应用电路 2

在电路仿真工作区中创建图 8-9 所示电路，启动仿真。图 8-9 所示电路为 3 节点且含有理想电压源的电路，若不选电压源的“-”极为参考节点，利用节点电压法求解电路时会增加计算难度，但利用仿真分析可直接求出节点电位，其结果见图 8-9 中电压表的读数。

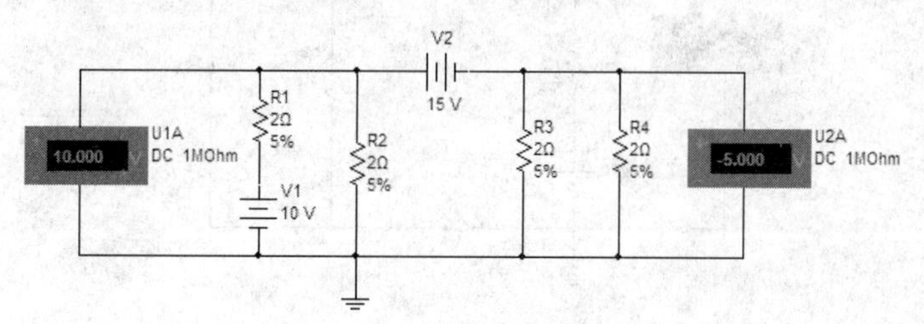

图 8-9　节点电压法应用电路 3

8.2.3　齐次定理

齐次定理描述了线性电路中激励与响应之间的比例关系。

定理内容：对于具有唯一解的线性电路，当只有一个激励源（独立电压源或独立电流源）作用时，其响应（电路中任一处的电压或电流）与激励成正比。

例 7　电路如图 8-10 和图 8-11 所示，求流过电阻 R5 的电流、电阻 R3 和 R5 两端的电压，并验证齐次定理。

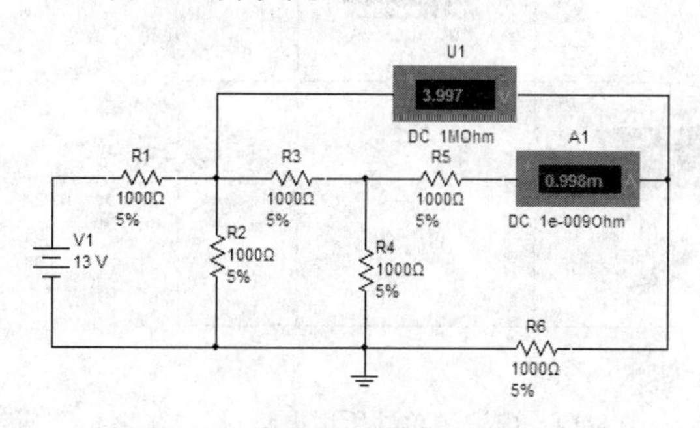

图 8-10　齐次定理应用电路 1

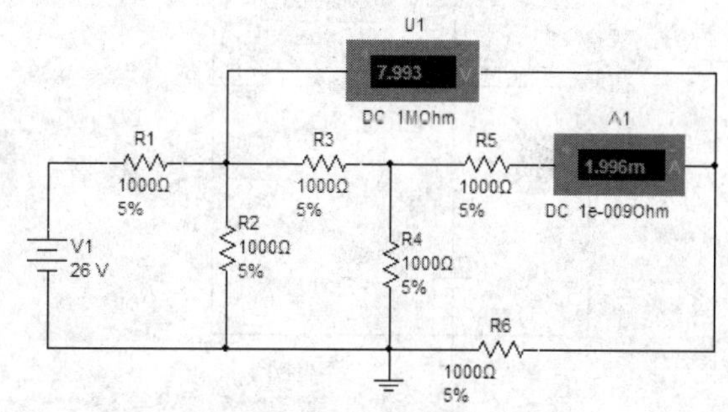

图 8-11　齐次定理应用电路 2

在电路仿真工作区中创建图 8-10 和图 8-11 所示电路，启动仿真。由齐次定理可知，电流 I、电压 U 均与激励成正比，即 $I=aU_s$，$U=bU_s$。再根据欧姆定律、KCL 定律和 KVL 定律可计算出：a=1/13000(s)，b=4/13。对于图 8-10 所示电路，当电源电压为 13V 时，可计算出：I=1mA、U=4V。对于图 8-11 所示电路，当电源电压为 26V 时，可计算出：I=2mA、U=8V。可见，计算结果与仿真分析的结果（见图 8-10、图 8-11 中的电压表和电流表读数）相同，并且激励增加 2 倍，其响应也增加 2 倍，验证了电流或电压与激励成正比的结论。

8.2.4 叠加定理

定理内容：对于有唯一解的线性电路，多个激励源共同作用时引起的响应（电路中各处的电流或电压）等于各个激励源单独作用时（其他激励源置为 0）所引起的响应之和。

例 8 电路如图 8-12 所示，求流过电阻 R1 的电流 I 和电阻 R3 两端的电压。

在电路仿真工作区中创建图 8-12～图 8-14 所示的电路，启动仿真。

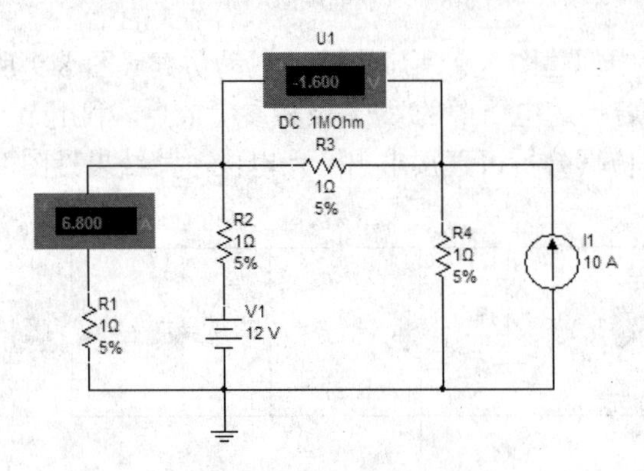

图 8-12 叠加定理应用电路

根据叠加定理，首先求出各个激励单独作用于电路时的响应。

当独立电压源单独作用时，将独立电流源置为零。根据欧姆定律、KCL 定律和 KVL 定律可计算出：$I^{(1)}$= 4.8A，$U^{(1)}$=2.4V。可见，计算结果与图 8-13 仿真结果相同。

当独立电流源单独作用时，将独立电压源置为零。根据欧姆定律、KCL 定律和 KVL 定律可计算出：$I^{(2)}$=2A，$U^{(2)}$=−4V。可见，计算结果与图 8-14 仿真结果相同。

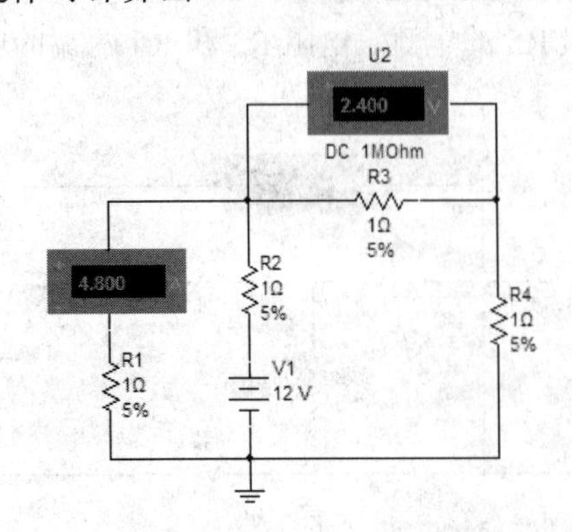

图 8-13 电压源单独作用电路图

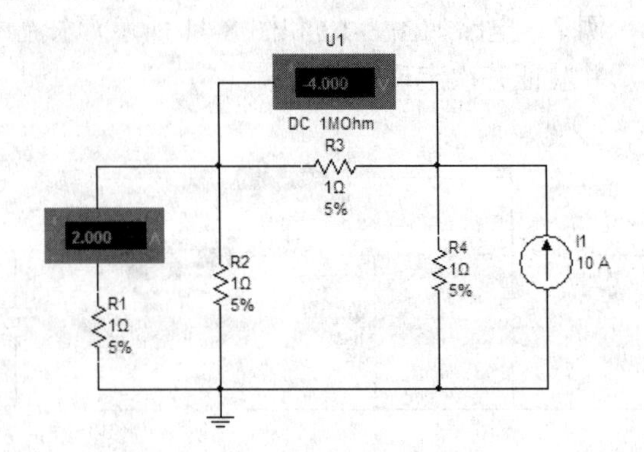

图 8-14 电流源单独所用电路图

最后根据叠加定理可得：$I=I^{(1)}+I^{(2)}=6.8\text{A}$，$U=U^{(1)}+U^{(2)}=-1.6\text{V}$。可见该结果与图 8-12 电路的仿真结果相同。

8.2.5　替换定理

定理内容：在具有唯一解的任意线性或非线性网络中，若已知某支路电压 u 或电流 i，则在任意时刻，可以用一个电压为 u 的独立电压源或一个电流为 i 的独立电流源代替该支路，而不影响网络其他支路的电压或电流。

例 9　电路如图 8-15 所示，已知 R2 右侧二端网络的电流为 2A，电压为 6V。试用替换定理对 R2 右侧二端网络进行替换，并求流过电阻 R1 的电流 I。

在电路仿真工作区中创建图 8-15～图 8-17 所示电路，启动仿真。

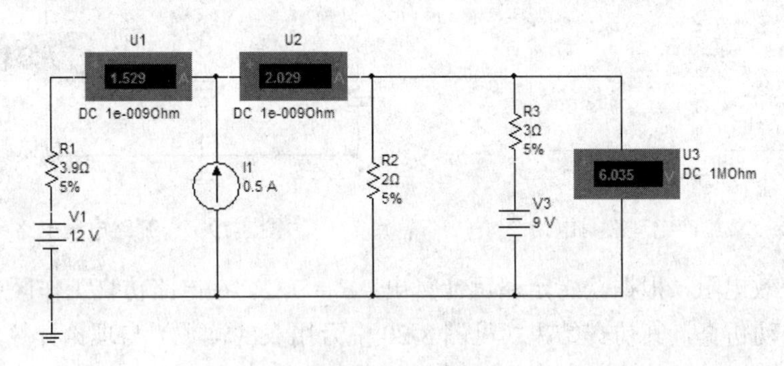

图 8-15　替换定理应用电路

根据替换定理，若 R2 右侧二端网络用 6V 的电压源替换，仿真结果见图 8-16 中电流表的读数。可见，电路其他各处的电压、电流均保持不变，流经电阻 R1 的电流为 1.529A。

若 R2 右侧二端网络用 2A 的电流源替换，仿真结果见图 8-17 中电流表的读数。可见，电路其他各处的电压、电流均保持不变，流经电阻 R1 的电流仍为 1.529A。

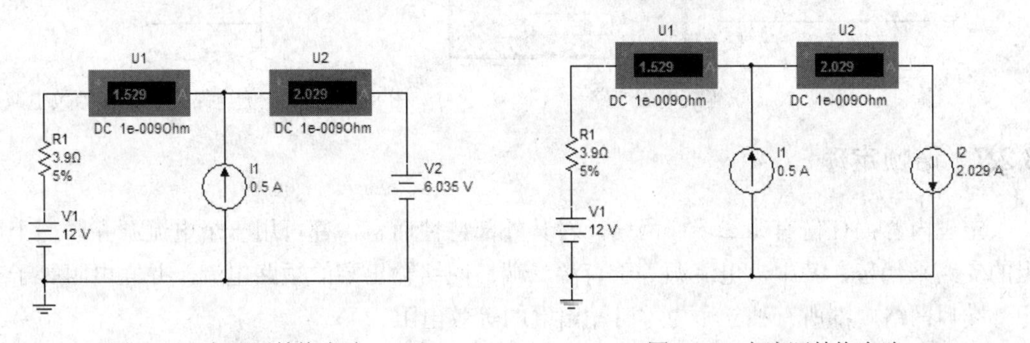

图 8-16　电压源替换电路　　　　图 8-17　电流源替换电路

8.2.6　戴维南定理

戴维南定理是求解有源线性二端口网络等效电路的一种方法。

定理内容：任何有源线性二端口网络，对其外部特性而言，都可以用一个电压源串联一个电阻的支路替代，其中电压源的电压等于该有源二端口网络输出端的开路电压 Uoc，串联的电阻 Ro 等于该有源二端口网络内部所有独立源为零时在输出端的等效电阻。

例 10 电路如图 8-18 所示，利用戴维南定理求流过电阻 R3 的电流。

根据戴维南定理，将 R3 左侧的二端口电路可等效为电压源与电阻的串联。首先求开路电压，根据欧姆定律、KCL 定律和 KVL 定律可计算出：Uoc= 20V。

在电路仿真工作区中创建图 8-19 所示电路，启动仿真，其仿真结果（见图 8-19 中电压表的读数）与理论计算结果相同。

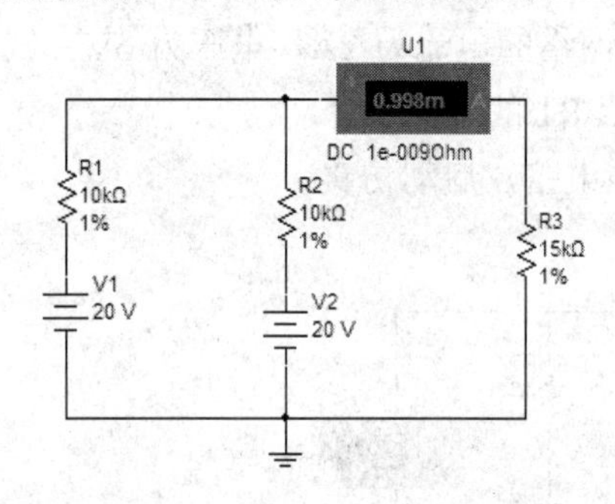

图 8-18 戴维南定理应用电路

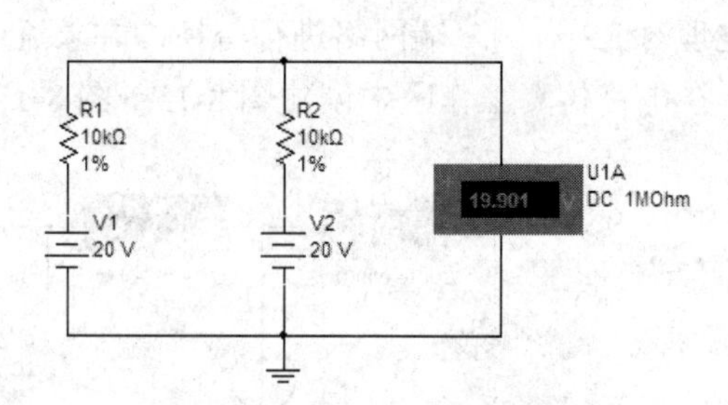

图 8-19 求开路电压电路

然后求等效电阻，根据欧姆定律可计算出：R_0=5kΩ。在电路仿真工作区中创建图 8-21 所示电路，启动仿真，其仿真结果（见图 8-20 中万用表的读数）与理论计算结果相同。由此可计算出：I=1mA，与图 8-18 电路仿真结果相同。

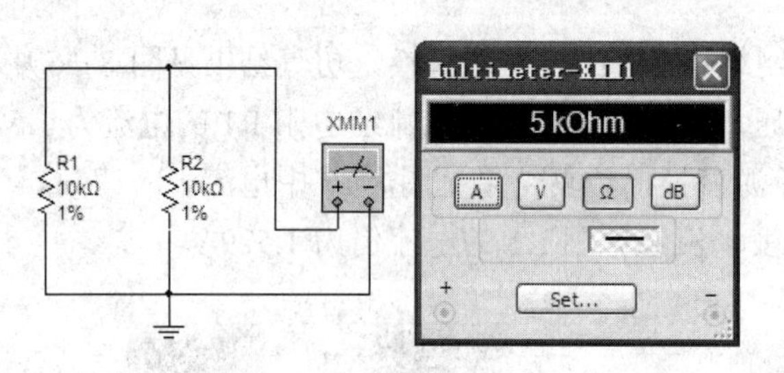

图 8-20 求等效电阻电路

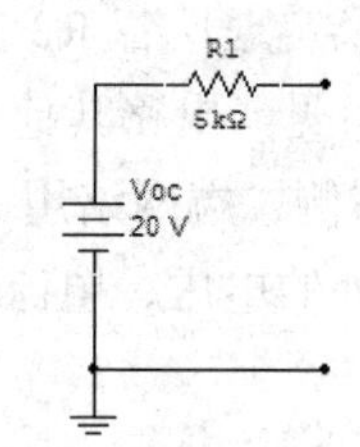

图 8-21 R3 左侧电路的戴维南等效电路

8.2.7 诺顿定理

定理内容：任何有源二端口网络，对其外部特性而言，都可用一个电流源并联一个电阻的支路来代替，其中，电流源等于有源二端口网络输出端的短路电流，并联电阻等于有源二端口网络内部所有独立源为零时输出端的等效电阻。

例 11 电路如图 8-22 所示，试求流过 R4 的电流。

根据诺顿定理，将 R4 左侧的二端口电路等效为电流源与电阻的并联。首先求短路电流，如图 8-23 所示，根据欧姆定律、KCL 定律和 KVL 定律可求得：I_{sc}=1.5A。

在电路仿真工作区中创建图 8-23 所示电路，启动仿真，其仿真结果（见图 8-23 中电压表的读数）与理论计算结果相同。

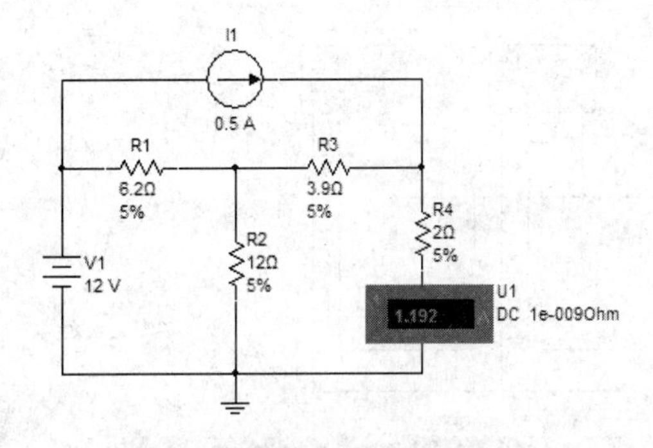

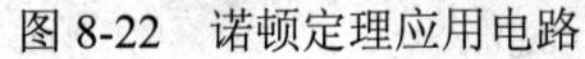
图 8-22　诺顿定理应用电路

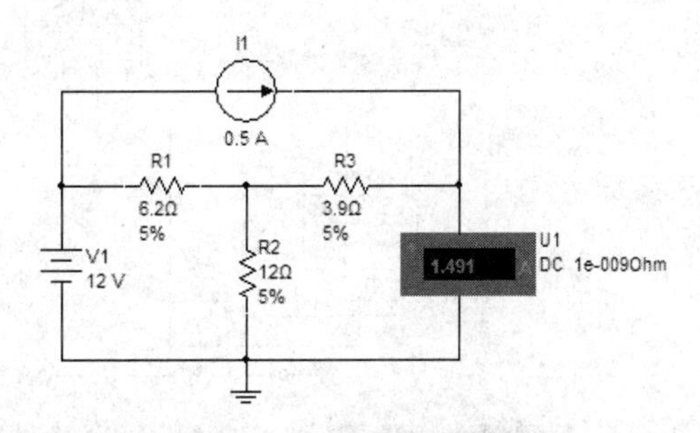

图 8-23　求短路电流电路

然后求等效内阻，如图 8-24 所示，根据欧姆定律可求得：R_0=8Ω。在电路仿真工作区中创建图 8-24 所示电路，启动仿真，其仿真结果（见图 8-24 中万用表的读数）与理论计算结果相同。

R4 左侧电路的诺顿等效电路如图 8-25 所示，由此可计算出：流过 R4 的电流 I=1.2A，与图 8-22 中电流表的读数相同。

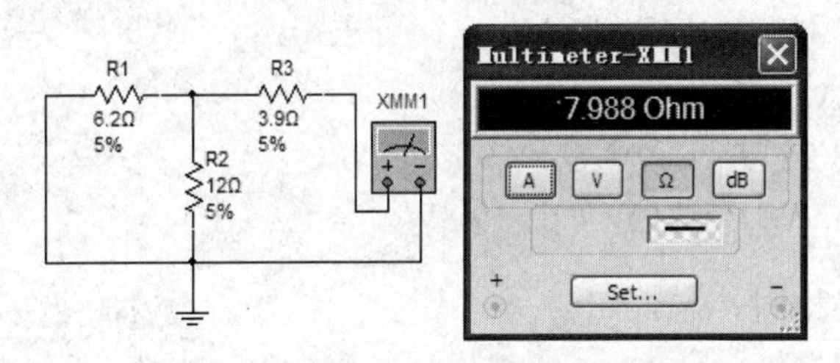

图 8-24　求等效电阻

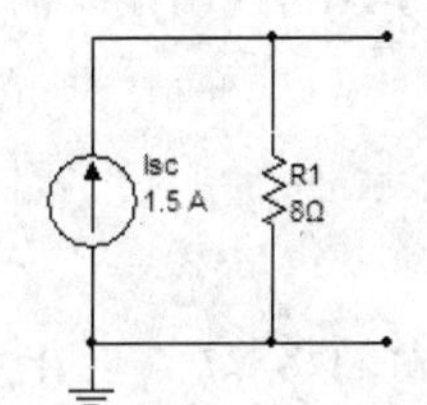

图 8-25　R4 左侧电路的诺顿等效电路

8.2.8　特勒根定理

定理内容：对于一个具有 b 条支路和 n 个节点的集中参数电路，设各支路电压、支路电流分别为 U_k、I_k（k=1,2,⋯），且各支路电压和电流取关联参考方向，则对任何时间 t，有 $\sum_{k=1}^{b} U_k I_k = 0$。由于上式求和中的每一项是同一支路电压和电流的乘积，即支路吸收的功率，因此该定理又称为功率定理。

例 12　电路如图 8-26 所示，试利用特勒根定理求各支路电流和电压，并验证特勒根定理。

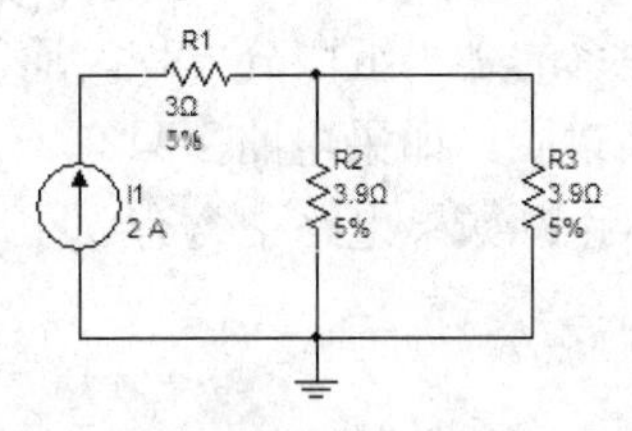

图 8-26　特勒根定理应用电路

在电路仿真工作区中创建图 8-26 所示电路，启动仿真，其仿真结果见图 8-27 中电压表的读数。

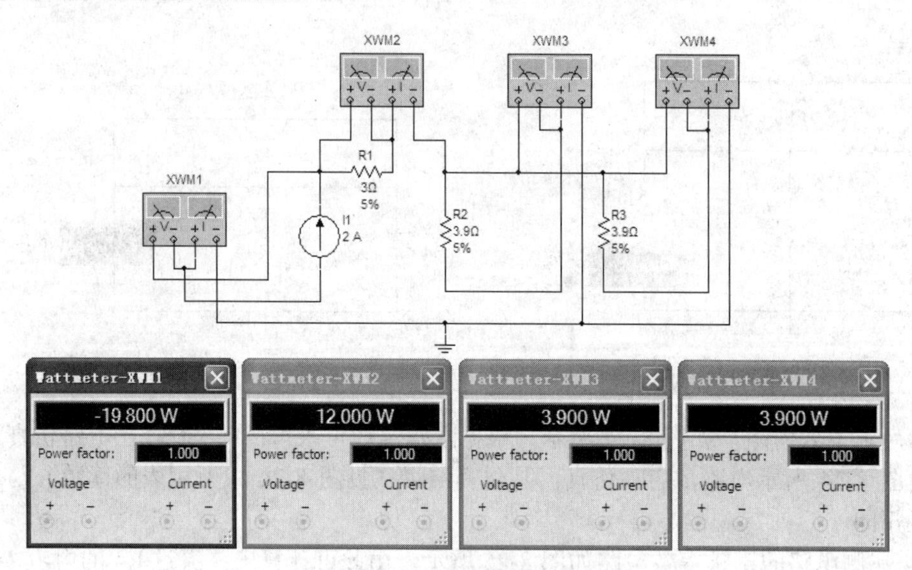

图 8-27 特勒根定理仿真电路

如图 8-26 所示电路，根据欧姆定律、KCL 定律和 KVL 定律可求得：

$$I_1=2\text{A} \quad I_2=1\text{A} \quad I_3=1\text{A}$$

$$U_1=6\text{V} \quad U_2=3.9\text{V} \quad U_3=3.9\text{V} \quad U_4=9.9\text{V}$$

$$P_1=12\text{W} \quad P_2=3.9\text{W} \quad P_3=3.9\text{W} \quad P_4=-19.8\text{W}$$

由此可得 $\sum_{k=1}^{4} U_k I_k = 0$，与仿真结果相同。

8.3 动 态 电 路

许多电路不仅包含电阻元件和电源元件，还包括电容元件和电感元件。这两种元件的电压和电流的约束关系是导数和积分关系，我们称之为动态元件。含有动态元件的电路称为动态电路，描述动态电路的方程是以电流和电压为变量的微分方程。

在动态电路中，电路的响应不仅与激励源有关，而且与各动态元件的初始储能有关。从产生电路响应的原因上，电路的完全响应（即微分方程的全解）可分为零输入响应和零状态响应。

描述动态电路电压、电流关系的是一组微分方程，通常可以通过 KVL 定律、KCL 定律和元件的伏安关系（VAR）来建立。如果电路中只有一个动态元件，则所得的是一阶微分方程，相应的电路称为一阶电路；如果电路中含有 n 个动态元件，则称为 n 阶电路，其所得的方程为 n 阶微分方程。

8.3.1 电容器充电和放电

电容元件是存储电能的元件，是实际电容器的理想模型。在电容元件上电压与电荷参考极性一致的条件下，在任意时刻，电荷量与其端电压的关系为：$q(t)=c\times u(t)$。

例 13　电路如图 8-28 所示，当电容器充、放电时，试用示波器观察电容器两端的电压波形。

在电路仿真工作区中创建图 8-28 所示电路，启动仿真。当开关 J1 闭合时，电容通过 R1 充电；当开关 J1 打开时，电容通过 R2 放电，电容器的充、放电时间一般为 4τ。将开关 J1 反复打开和闭合，就会在示波器的屏幕上观测到图 8-29 所示的输出波形，这就是电容器充、放电时电容器两端的电压波形。

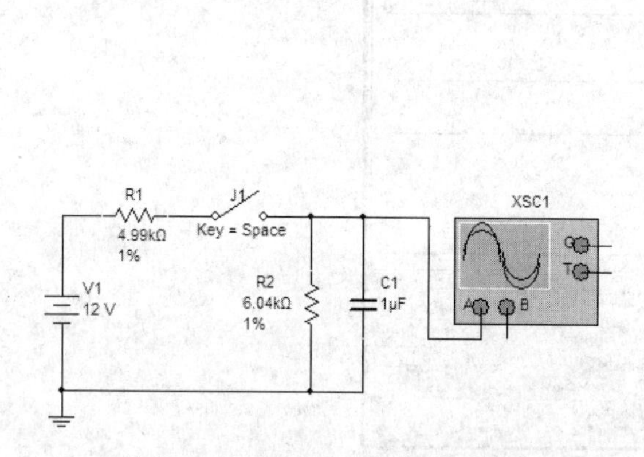

图 8-28　电容充、放电电路

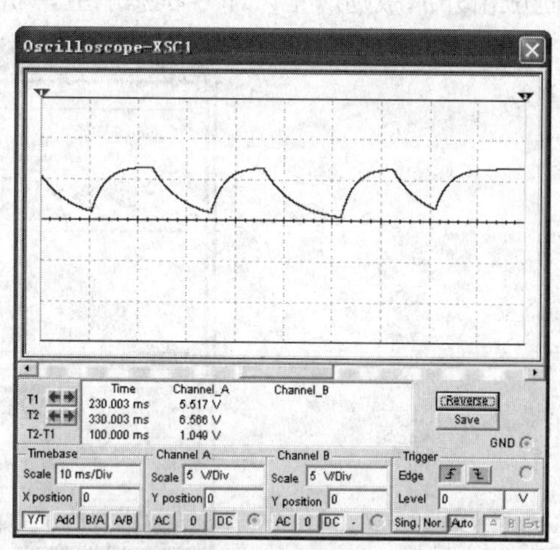

图 8-29　电容两端的电压波形

8.3.2　零输入响应

一阶电路仅有一个动态元件（电容或电感），如果在换路瞬间动态元件已存储有能量，那么即使电路中无外加激励电源，电路中的动态元件将通过电路放电，在电路中产生响应，即零输入响应。对于图 8-28 所示电路，当开关 J1 闭合时，电容通过 R1 充电，电路达到稳定状态，电容存储有能量；当开关 J1 打开时，电容通过 R2 放电，在电路中产生响应，即零输入响应，仿真波形如图 8-30 所示。

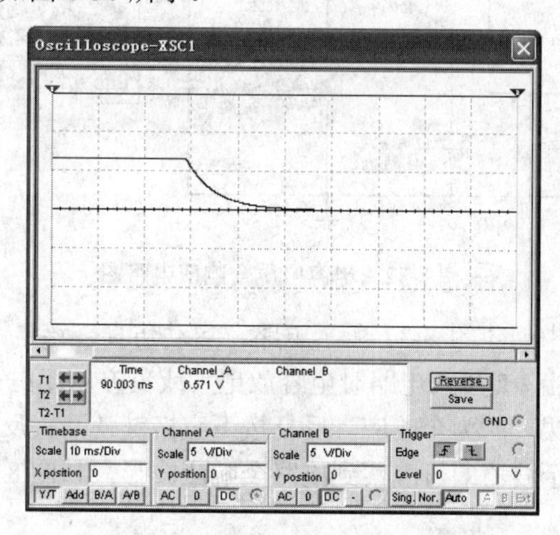

图 8-30　电容电压零输入响应波形图

8.3.3 零状态响应

当动态电路初始储能为零（即初始状态为零）时，仅由外加激励产生的响应就是零状态响应。

对于图 8-28 所示电路，若电容的初始储能为零。当开关 J1 闭合时，电容通过 R1 充电，响应由外加激励产生，即零状态响应，仿真波形如图 8-31 所示。

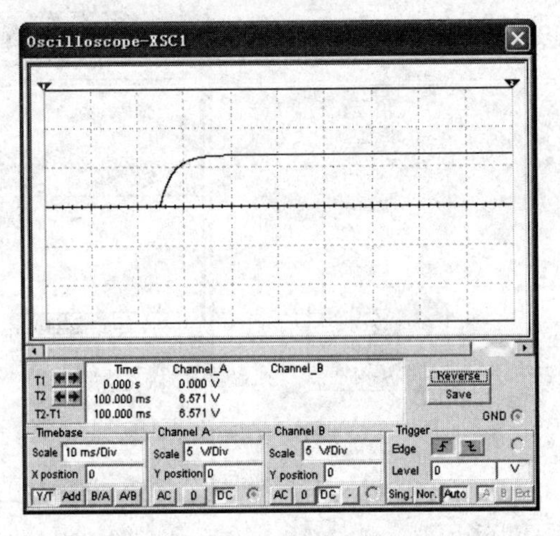

图 8-31 电容电压零状态响应波形图

8.3.4 全响应

当一个非零初始状态的电路受到激励时，电路的响应称为全响应。对于线性电路，全响应是零输入响应和零状态响应之和。

例 14 电路如图 8-32 所示，试用仿真分析的方法求电路的全响应。

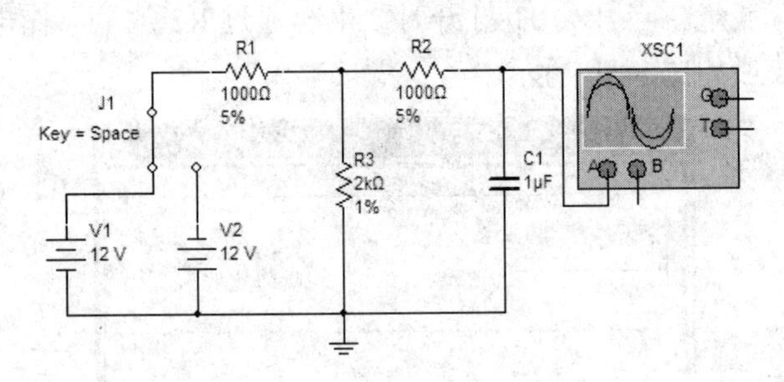

图 8-32 电容电压全响应电路图

在电路仿真工作区中创建图 8-32 所示电路，启动仿真。该电路有两个电压源，当 V1 接入电路时电容充电，当 V2 接入电路时电容放电（或反方向充电），其响应是初始储能和外加激励同时作用的结果，即为全响应。反复按下空格键使开关反复打开和闭合，通过 NI Multisim 仿真软件中的示波器即可观察到电路全响应波形，如图 8-33 所示。

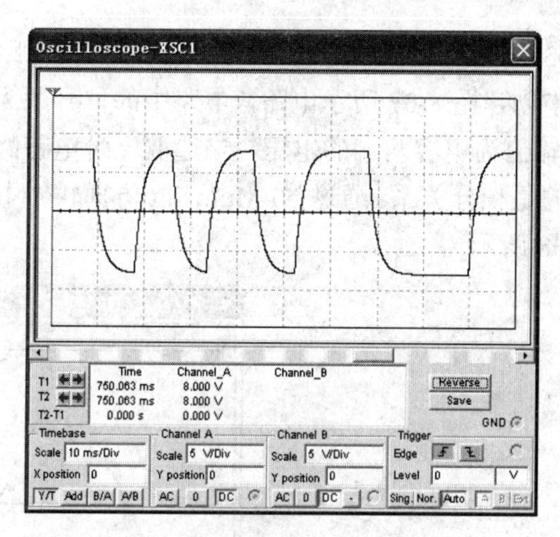

图 8-33　电容电压全响应波形

注意：开关的开、闭时间不同，其响应也不同。

例 15　电路如图 8-34 所示，试用 NI Multisim 仿真分析该电路的全响应。

在电路仿真工作区中创建图 8-34 所示电路，启动仿真。在图 8-34 所示电路中，信号源为函数信号发生器，其参数设置如图 8-35 所示，输出为电阻两端的电压。当一阶电路的时间常数选取足够小时，输出与输入之间呈现微分关系。通过 NI Multisim 仿真软件中的示波器即可观察到电路全响应的波形，如图 8-36 所示。

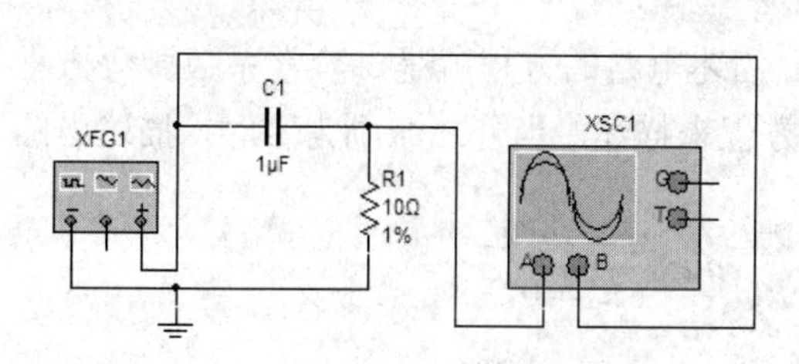

图 8-34　微分电路

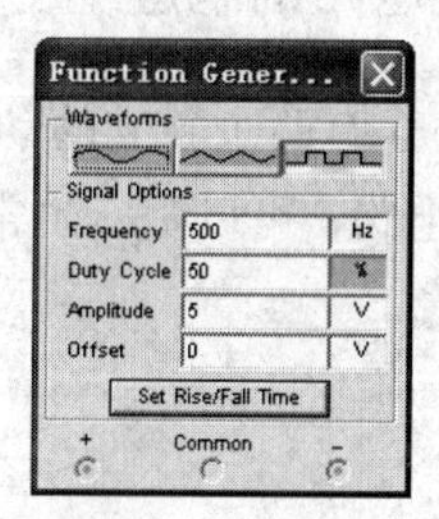

图 8-35　函数信号发生器的参数设置

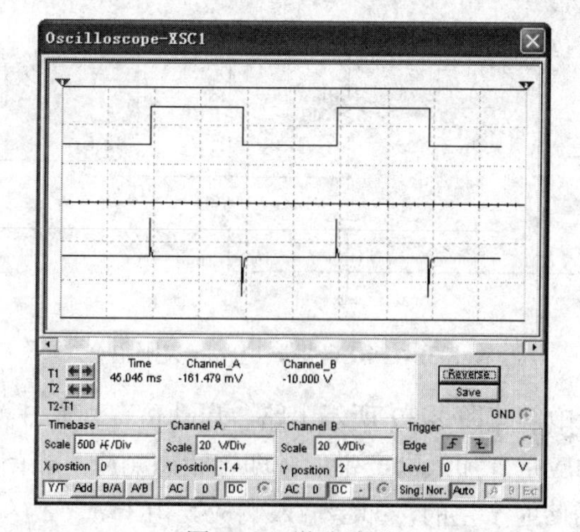

图 8-36　微分波形

例 16 电路如图 8-37 所示，试用 NI Multisim 仿真分析该电路的全响应。

在电路仿真工作区中创建图 8-37 所示电路，电路中的信号源为函数信号发生器，其参数设置如图 8-35 所示。输出为电容两端的电压，当选取一阶电路的时间常数足够大时，电路输出与输入之间呈现的是积分关系。通过 NI Multisim 仿真软件中的示波器即可观察到电路全响应波形，如图 8-38 所示。

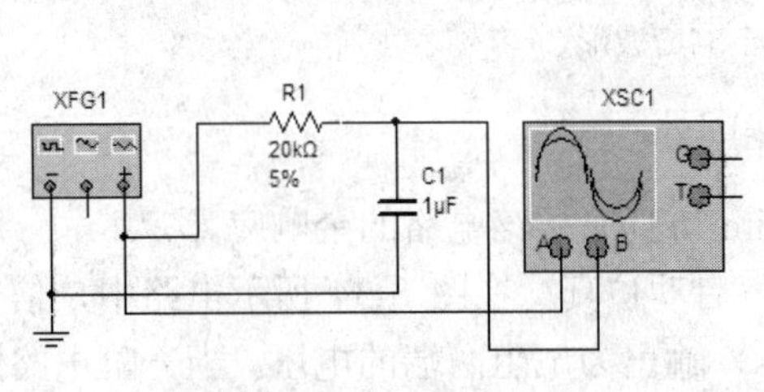

图 8-37 积分电路

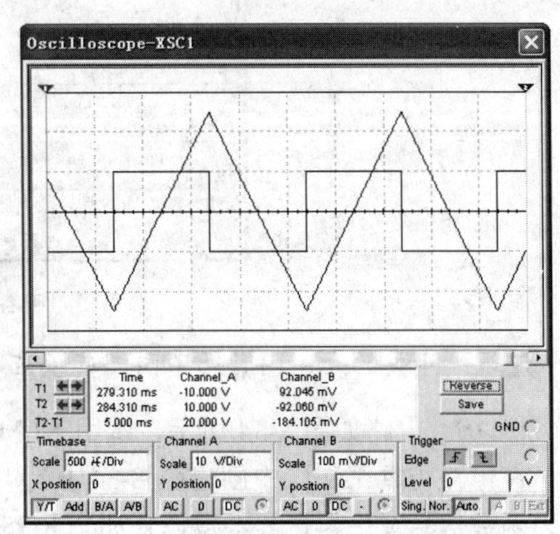

图 8-38 积分波形图

8.3.5 二阶电路的响应

当电路中含有两个独立的动态元件时，描述电路的方程就是二阶常系数微分方程。对于 RLC 串联电路，可以用二阶常系数微分方程来描述。当外加激励为零时，描述电路的微分方程为：

$$LC\frac{d^2u_c}{dt^2}+RC\frac{du_c}{dt}+u_c=0$$

例 17 电路如图 8-39 所示，试用 NI Multisim 仿真分析该电路的零输入响应。

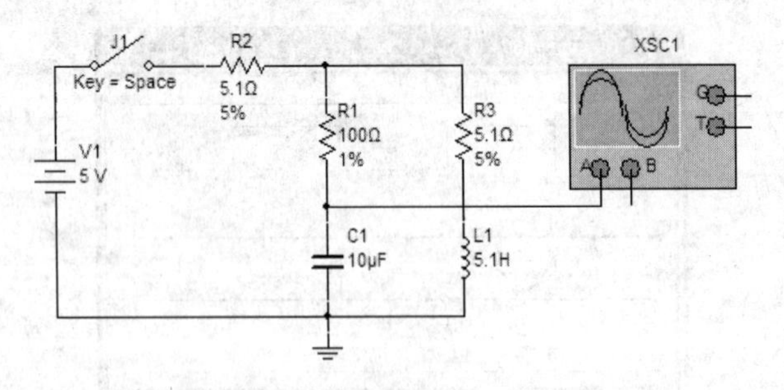

图 8-39 RLC 串联电路（欠阻尼）

在电路仿真工作区中创建图 8-39 所示电路，启动仿真。当开关 J1 闭合时，电源给储能元件提供能量，其响应是外加激励产生的，即零状态响应。当闭合的开关打开后，电路的响应是由储能元件的储能产生的，即零输入响应。由于 $R<2\sqrt{L/c}$，则电路的响应为欠

阻尼的衰减振荡过程。通过 NI Multisim 仿真软件中的示波器即可观察到电路的零输入响应波形，如图 8-40 所示。

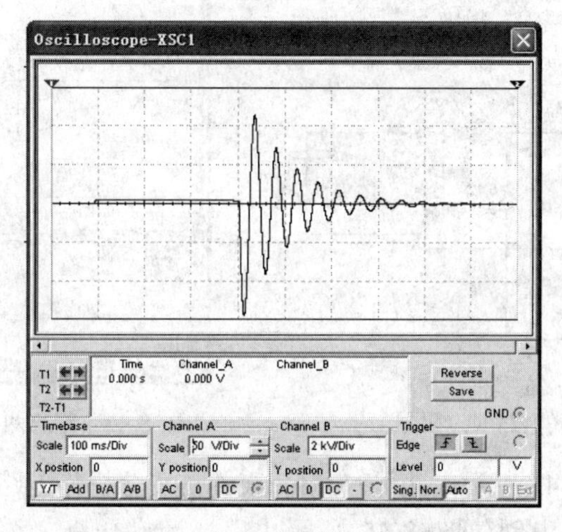

图 8-40　电容电压波形图（欠阻尼）

例 18　电路如图 8-41 所示，试用 NI Multisim 仿真分析该电路的零输入响应。

在电路仿真工作区中创建图 8-41 所示电路，启动仿真。在图 8-41 所示电路中，由于该电路 $R=2\sqrt{L/c}$，故电路的响应为临界阻尼的衰减振荡过程，通过 NI Multisim 仿真软件中的示波器即可观察到该过程，电容两端电压的波形如图 8-42 所示。

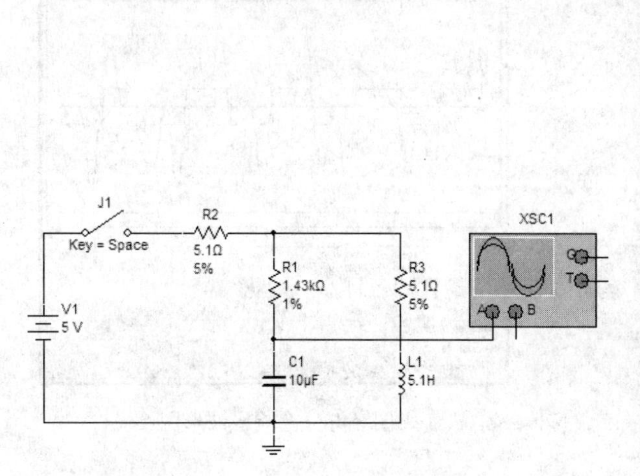

图 8-41　RLC 串联电路（临界阻尼）

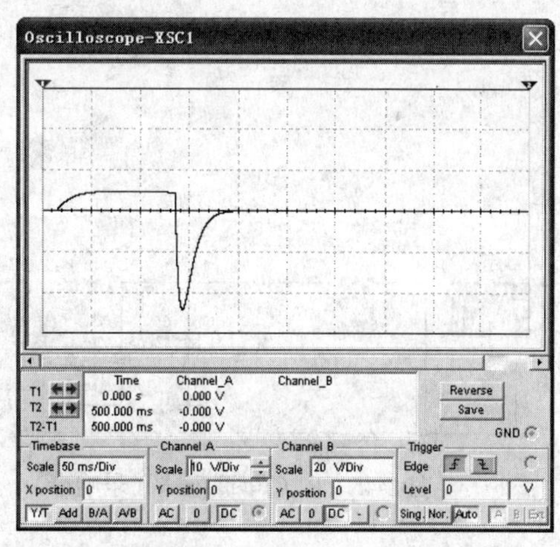

图 8-42　串容两端电压的波形（临界阻尼）

例 19　电路如图 8-43 所示，试用 NI Multisim 仿真分析该电路的零输入响应。

在电路仿真工作区中创建图 8-43 所示电路，启动仿真。由于该电路 $R>2\sqrt{L/c}$，故电路的响应为过阻尼的非振荡过程，通过 NI Multisim 仿真软件中的示波器即可观察到该过程，电容两端电压的波形如图 8-44 所示。

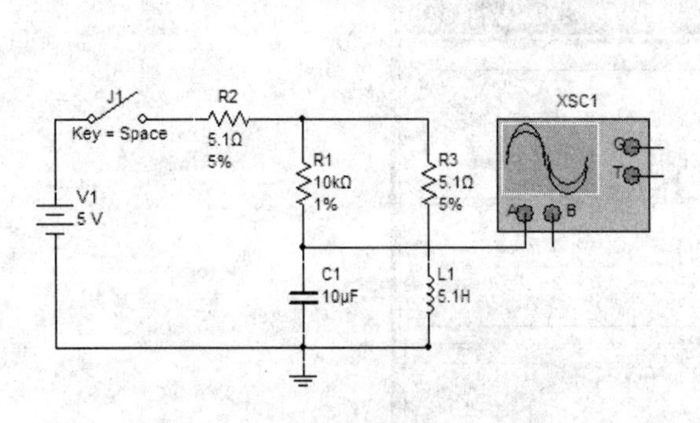

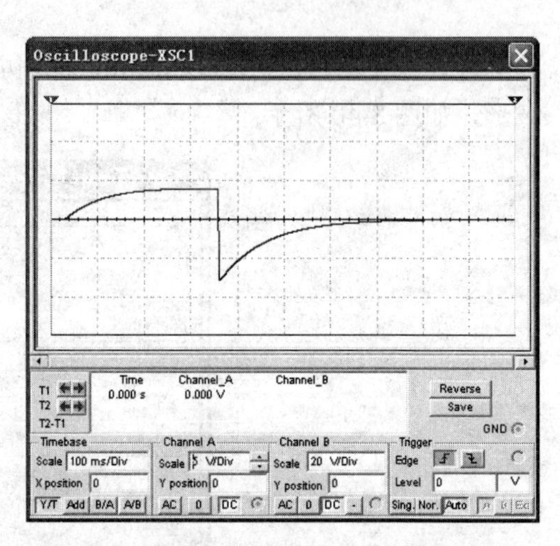

图 8-43　RLC 串联电路（过阻尼）　　　　图 8-44　电容两端电压的波形（过阻尼）

例 20　电路如图 8-45 所示，试用 NI Multisim 仿真分析该电路的响应。

在电路仿真工作区中创建图 8-45 所示电路，启动仿真。该电路中，信号源为 NI Multisim 软件中的函数信号发生器，输出频率为 1kHz 的方波信号。其响应是初始储能和外加激励同时作用的结果，即为全响应。通过 NI Multisim 仿真软件中的示波器即可观察到全响应过程，该电路的输入、输出信号如图 8-46 所示。

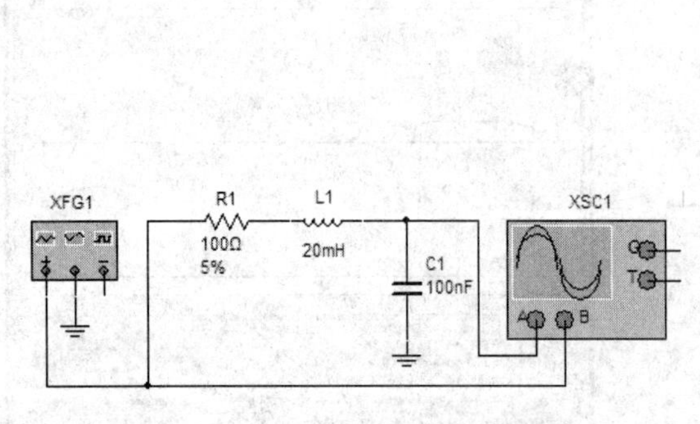

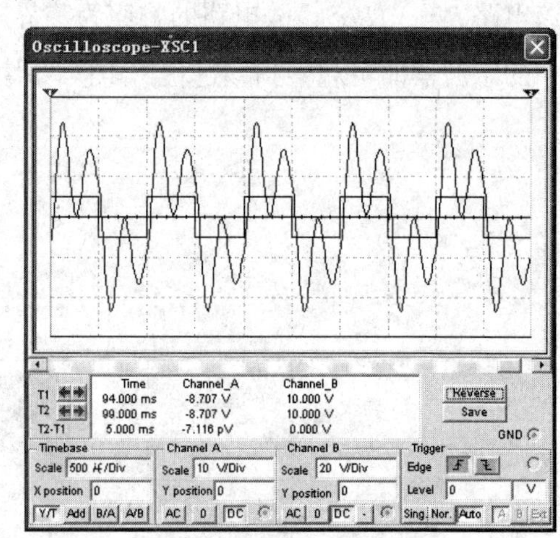

图 8-45　RLC 串联电路（全响应）　　　　图 8-46　全响应波形图

8.4　正弦稳态分析

在线性电路中，当激励是正弦电流（或电压）时，其响应也是同频率的正弦电流（或电压），因而这种电路也称为正弦稳态电路。本节主要利用 NI Multisim 软件来研究时不变电路在正弦激励下的稳态响应，即正弦稳态分析。

8.4.1　电路定理的相量形式

正弦交流电路中，KCL 定律和 KVL 定律适用于所有瞬时值和相量形式。

1．交流电路的基尔霍夫电流定律

例 21　电路如图 8-47 所示，试求流过电压源 V1 的电流 I。

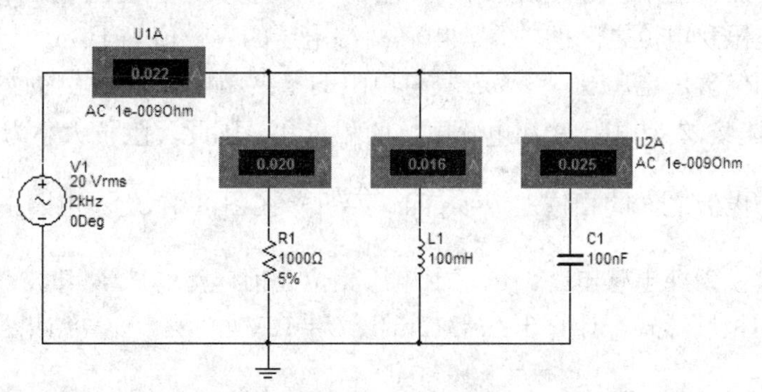

图 8-47　交流基尔霍夫电流定律的应用电路

在交流稳态电路中应用基尔霍夫电流定律的相量形式时，电流必须使用相量相加。由于流过电感的电流相位落后其两端电压 90°，流过电容的电流相位超前其两端电压 90°，故电感电流与电容电流有 180° 相位差，所以电感支路和电容支路电流之和 I_x 等于电感电流与电容电流之差，总电流 $I=\sqrt{I_r^2+I_x^2}=0.22\text{A}$。可见，计算结果与 NI Multisim 的仿真结果相同。

2．交流电路的基尔霍夫电压定律

例 22　电路如图 8-48 所示，试验证 KVL 定律。

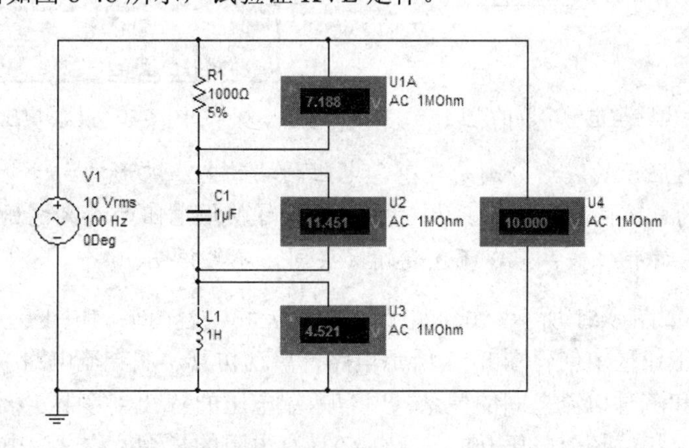

图 8-48　交流基尔霍夫电压定律应用电路

在电路仿真工作区中创建图 8-48 所示电路，启动仿真。在交流电路中应用基尔霍夫电流定律时，各个电压相加必须使用相量加法。图 8-48 所示电路中，电阻两端电压 U 相位与电流相同，电感两端电压相位超前电流 90°，电容两端的电压相位落后电流 90°。所以总

电抗两端电压 U_x 等于电感电压与电容电压之差，总电压 $U=\sqrt{U_r^2+U_x^2}=10\text{V}$。可见，计算结果与仿真结果（见图 8-48 电压表的读数）相同。

3．欧姆定律的相量形式

例 23 电路如图 8-49 所示，试求电路中的电流和电感两端的电压。

在电路仿真工作区中创建图 8-49 所示电路，启动仿真。在交流电路中，欧姆定律确定了电感元件的电压和电流之间的关系。电感两端电压的有效值等于 ωL 与电流有效值的乘积，电感电流相位落后电压 90°。ωL 具有电阻的量纲，称其为电感的感抗，用 X_L 表示。RL 串联电路的阻抗 Z 为电阻 R 和电感电抗的相量和。因此，阻抗大小为 $Z=\sqrt{R^2+X_L^2}$，阻抗角为电压与电流之间的相位差 $\theta=\arctan\left(\dfrac{X_L}{R}\right)$。在图 8-49 所示电路中，由于感抗远大于电阻，电路可视为纯电感电路。电感上电压相位超前电流 90°，其波形如图 8-50 所示。根据欧姆定律的相量形式可计算出：I=312mA，U_L=10V。可见，计算结果与 NI Multisim 的仿真结果相同。

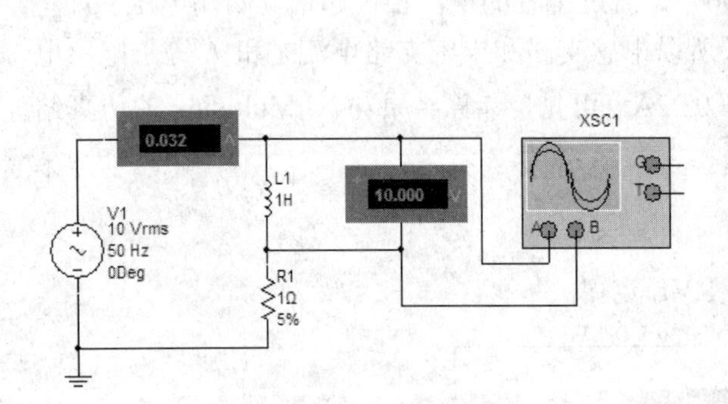

图 8-49 电阻与电感串联的电路

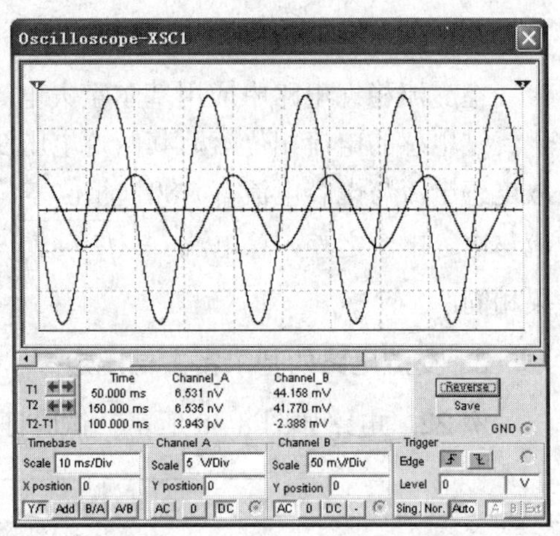

图 8-50 电感电压、电流波形

注意： 示波器显示的波形分别是电感和电阻两端的电压波形，由于电阻两端的电压与流过的电流同相位，讨论相位关系时，可使用电阻两端的电压形象说明流过电流波形的相位关系。以下例题情况类同，不再说明。

例 24 电路如图 8-51 所示，试求电路中的电流和电容两端的电压。

在电路仿真工作区中创建图 8-51 所示电路，启动仿真。在交流电路中，欧姆定律确定了电容两端电压和流过电流之间的关系。电容两端电压的有效值等于 $1/(\omega C)$ 与电流有效值的乘积，电容电流相位超前电压 90°。$1/(\omega C)$ 具有电阻的量纲，称其为电容的容抗，用 X_c 表示。RC 串联电路的阻抗 Z 为电阻和电容电抗的相量和。因此，阻抗大小为 $Z=\sqrt{R^2+X_C^2}$，阻抗角为电压与电流之间的相位差 $\theta=-\arctan(\dfrac{X_C}{R})$。该电路中，由于容抗远大于电阻，电路可视为纯电容电路。电容上电压相位超前电流 90°，其波形如图 8-52 所示。根据欧姆定律的相量形式，可计算出：I=312mA，U_c=10V。可见，计算结果与 NI Multisim 的仿真结果相同。

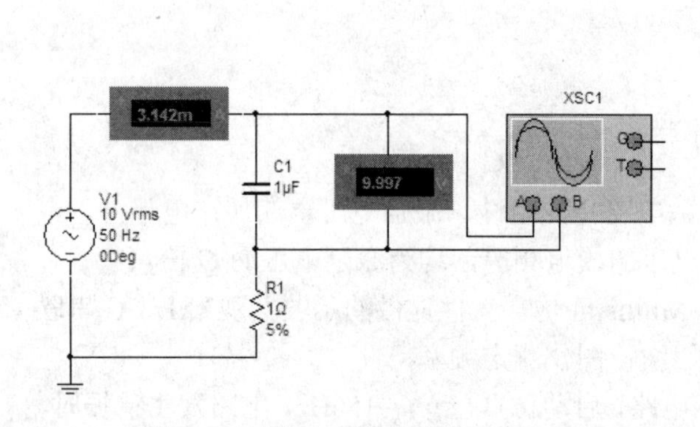

图 8-51　电阻与电容串联的电路

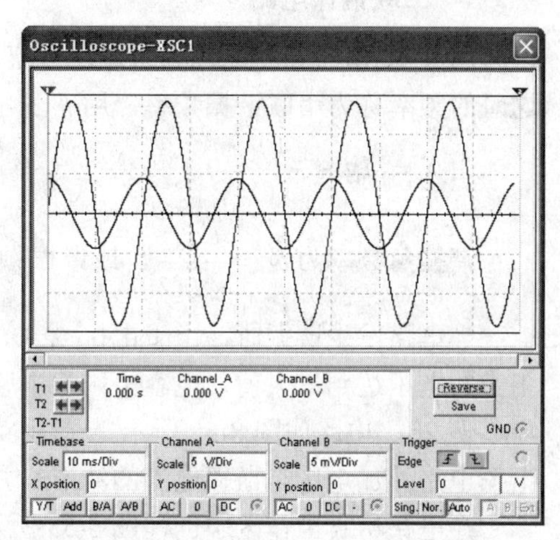

图 8-52　电容两端的电压和流过电流的波形

例 25　电路如图 8-53 所示，试求电路中的电流。

在电路仿真工作区中创建图 8-53 所示电路，启动仿真。RLC 串联电路的阻抗 Z 为电阻 R、电感与电容总电抗之和。因为感抗和容抗有 180° 的相位差，所以总电抗 $X=X_L-X_C$。RLC 串联电路的阻抗大小为 $Z=\sqrt{R^2+X^2}$，阻抗两端电压和电流的相位差为 $\theta=\arctan(\frac{X}{R})$。图 8-53 所示电路感抗远大于容抗，电路呈感性。电路中电流相位滞后电源电压，其波形如图 8-54 所示。根据欧姆定律的相量形式可得 I=115mA。可见，计算结果与 NI Multisim 的仿真结果相同。

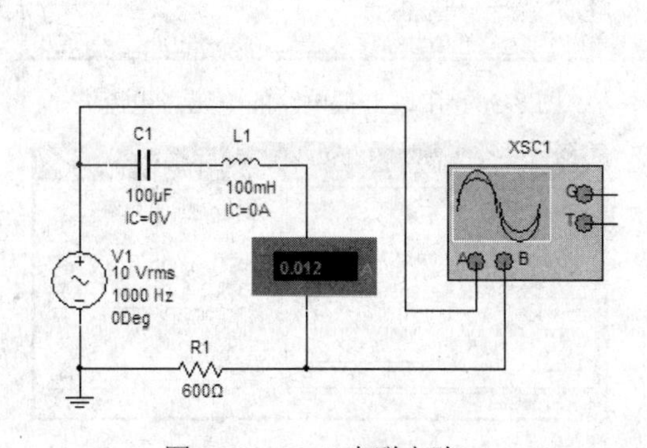

图 8-53　RLC 串联电路

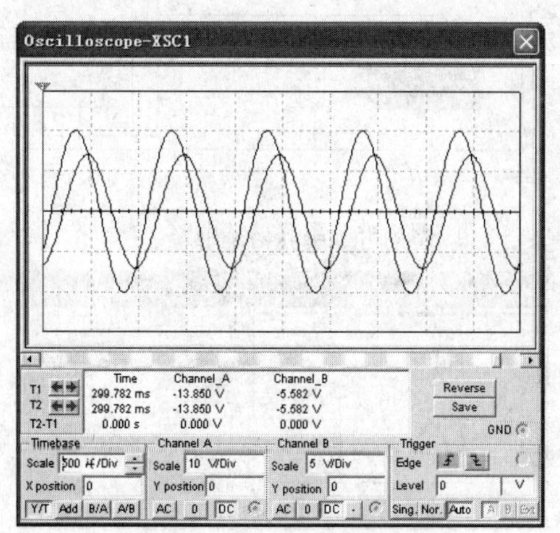

图 8-54　电压、电流波形图

8.4.2　谐振电路

谐振现象是正弦稳态电路的一种特定的工作状态。谐振电路通常由电感、电容和电阻组成。按照电路的组成形式可分为串联谐振电路和并联谐振电路。

1. 串联谐振电路

当 RLC 串联电路电抗等于零，电流 I 与电源电压 U_s 相同时，称电路发生了串联谐振。这时的频率称为串联谐振频率，用 f_0 表示。

由 $X=\omega_0 L-\dfrac{1}{\omega_0 C}=0$，可得：

谐振角频率为 $\omega_0=\dfrac{1}{\sqrt{LC}}$，或谐振频率为 $f_0=\dfrac{1}{2\pi\sqrt{LC}}$。

当电路发生谐振时，由于电抗 X=0，故电路呈纯阻性，激励电压全部加在电阻上，电阻上的电压达到最大值，电容电压和电感电压的模值相等，均为激励电压的 Q 倍。

例 26 电路如图 8-55 所示，试用 NI Multisim 仿真软件提供的示波器观察 L、C 串联谐振电路外加电压与谐振电流的波形，并用波特图仪测定频率特性。

在电路仿真工作区中创建图 8-55 所示电路，启动仿真。当 f_0=156Hz，电路发生谐振时，电路呈纯阻性，外加电压与谐振电流同相位，其波形如图 8-56 所示。串联谐振电路的幅频特性曲线和相频特性曲线分别如图 8-57 和图 8-58 所示。

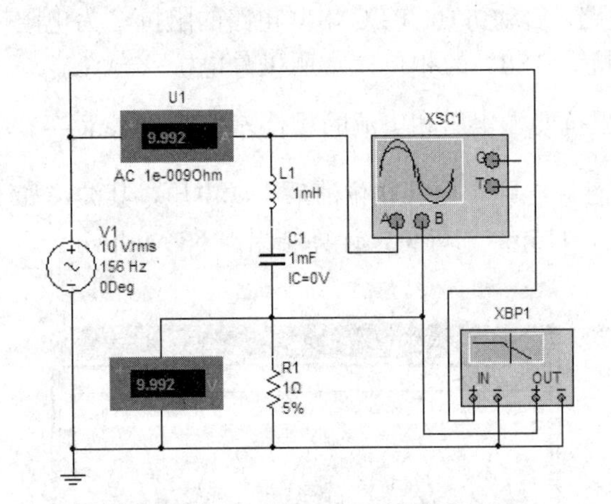

图 8-55 串联谐振电路

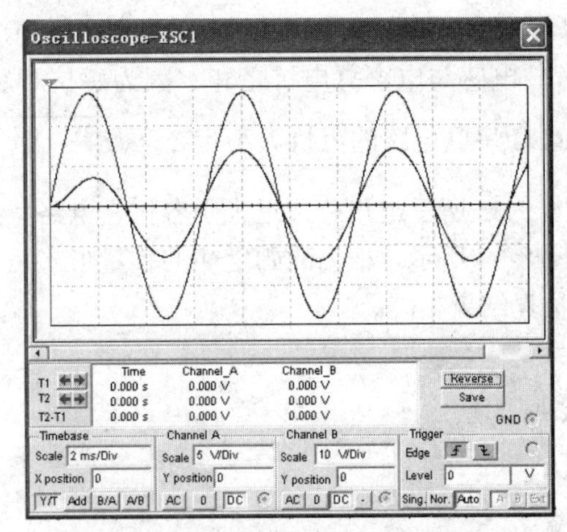

图 8-56 串联谐振电路的电压、电流波形

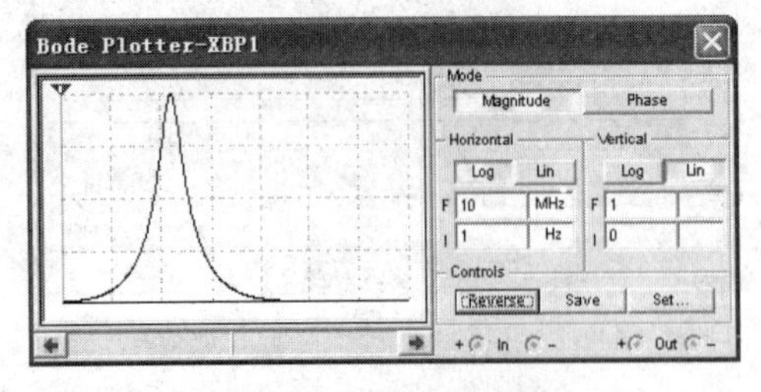

图 8-57 幅频特性曲线

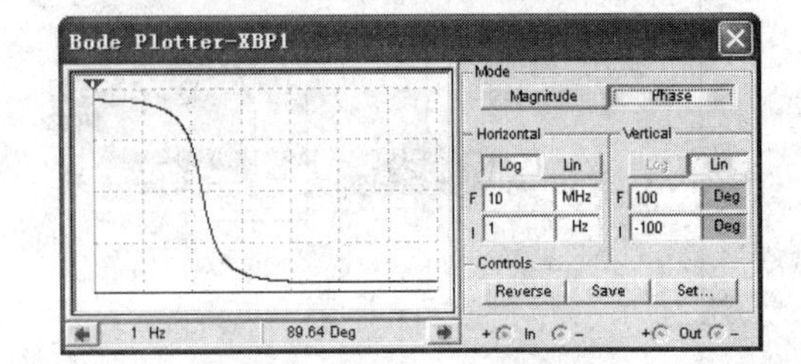

图 8-58 相频特性曲线

2. 并联谐振电路

并联谐振电路是串联谐振电路的对偶电路，因此它的主要性质与串联谐振电路相同。

例 27 电路如图 8-59 所示，试用 NI Multisim 仿真软件提供的示波器观察 L、C 并联谐振电路外加电压与谐振电流的波形，并用波特图仪测定其频率特性。

在电路仿真工作区中创建图 8-59 所示电路，启动仿真。由于电路发生谐振时，电路呈纯阻性。因此，外加电压与谐振电流同相位。并联谐振电路的电压、电流波形如图 8-60 所示，幅频特性曲线和相频特性曲线分别如图 8-61 和图 8-62 所示。

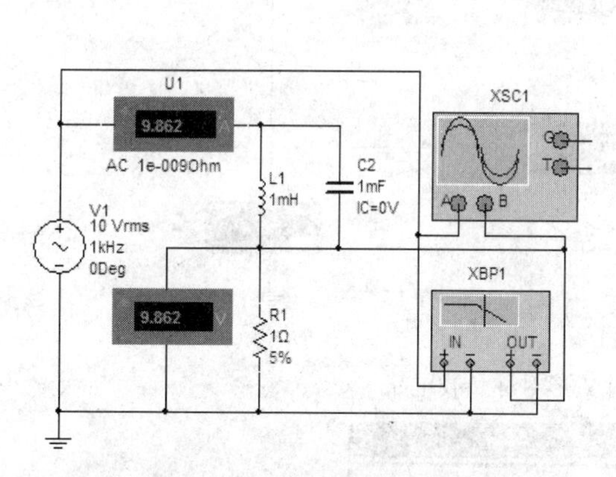

图 8-59　并联谐振电路

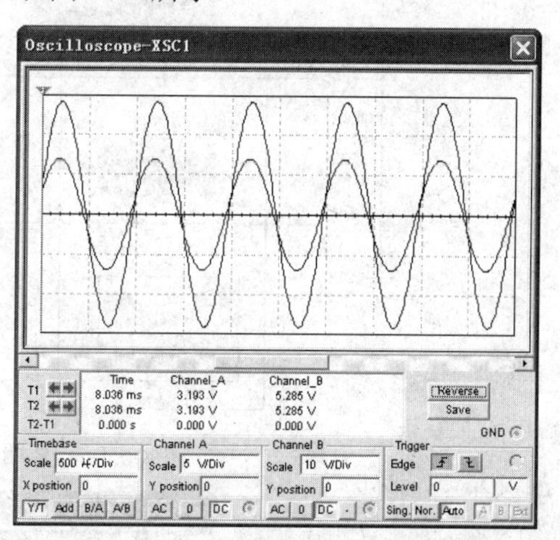

图 8-60　并联谐振电路的电压、电流波形

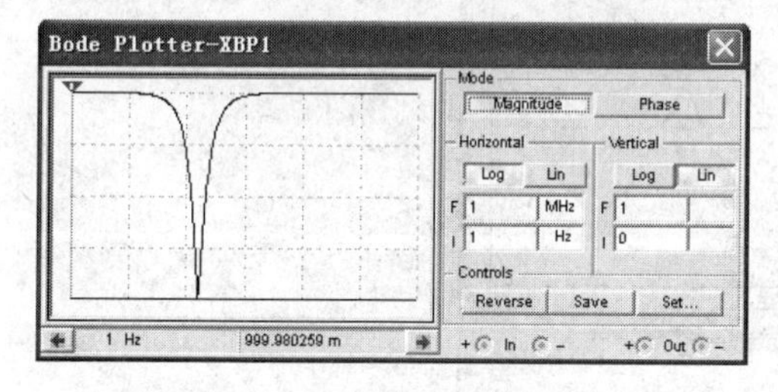

图 8-61　幅频特性曲线

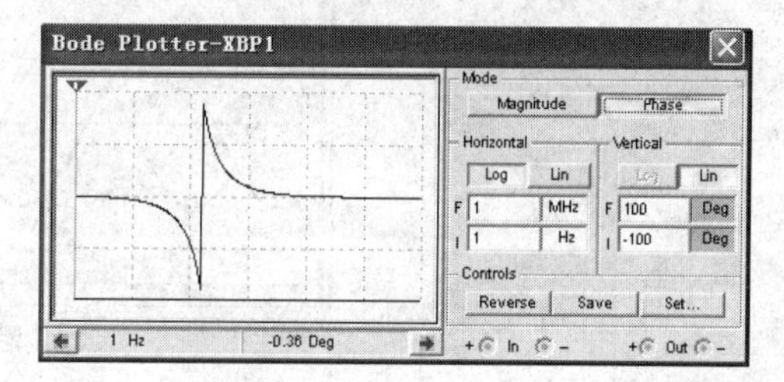

图 8-62　相频特性曲线

8.4.3　三相交流电路

三相电路是由 3 个同频率、等振幅而相位依次相差 120 的正弦电压源按一定连接方式组成的电路，三相交流电路有三相四线制和三相三线制两种结构。

三相四线制电路中不论负载对称与否，负载均可以采用 Y 形连接，并有 $U_l=\sqrt{3}U_P$，$I_l=I_p$。对称时中性线无电流，不对称时中性线上有电流。

在三相三线制电路中，当负载为 Y 形连接时，线电流 I_l 与相电流 I_p 相等，线电压 U_l 与相电压 U_p 的关系为 $U_l=\sqrt{3}U_P$；当负载为△形连接时，线电压 U_l 与相电压 U_P 相等，线电流与相电流的关系为 $I_l=\sqrt{3}I_P$。

1．三相四线制 Y 形对称负载工作方式

在电路仿真工作区中创建图 8-63 所示电路，启动仿真。用电流表可观测到中线电流，用示波器可观测到 b 相、c 相电压波形，如图 8-64 所示。当负载完全对称时，中线电流为零，三相负载中点与地断开，三相电流将不发生任何变换，这说明了在负载完全对称的情况下，三相四线制和三相三线制是等效的。

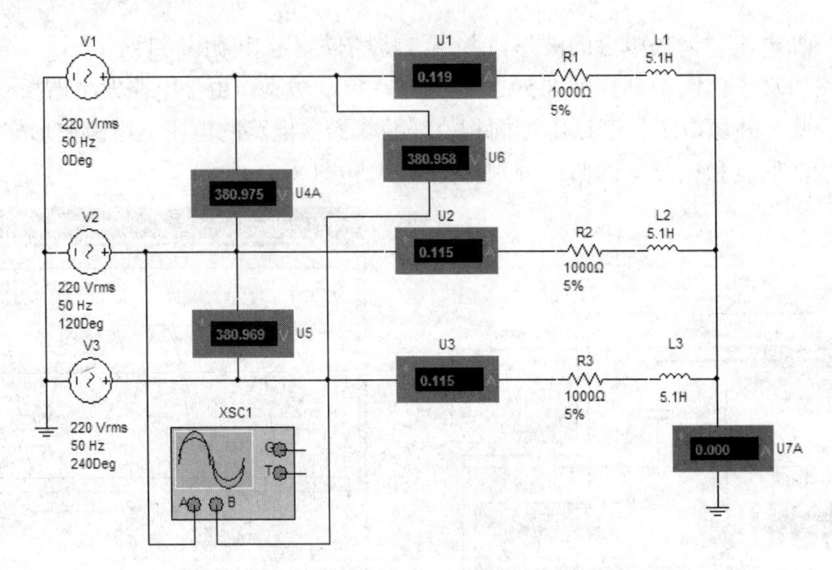

图 8-63　三相四线制 Y 形对称负载电路

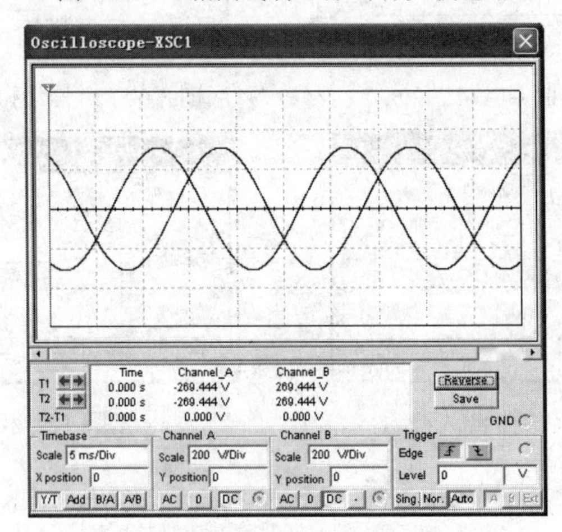

图 8-64　电源电压波形

2．三相四线制 Y 形非对称负载工作方式

在电路仿真工作区中创建图 8-65 所示电路，启动仿真。图 8-65 所示电路为三相四线制 Y 形非对称负载工作方式。由于负载不对称，中线电流不为零。

3．三相三线制 Y 形非对称负载工作方式

若将图 8-65 所示电路 Y 形非对称负载的中点与地断开，则电路就成为如图 8-66 所示的三相三线制 Y 形非对称负载情况。在三相三线制 Y 形非对称负载情况下，由于中线的作用，三相负载会成为 3 个互不影响的独立电路，所以，不论负载有无变化，每相负载均承受对称的电源相电压（其波形如图 8-67 所示），从而能保证负载正常工作。如果中线断开，这时虽然线电压仍然对称，但各相负载所承受的对称相电压遭到破坏，一般负载电阻较大的一相所承受的电压会超过额定相电压，如果超过太多时会把负载烧断；而负载电阻较小的一相所承受的电压会低于额定相电压，因此不能正常工作。

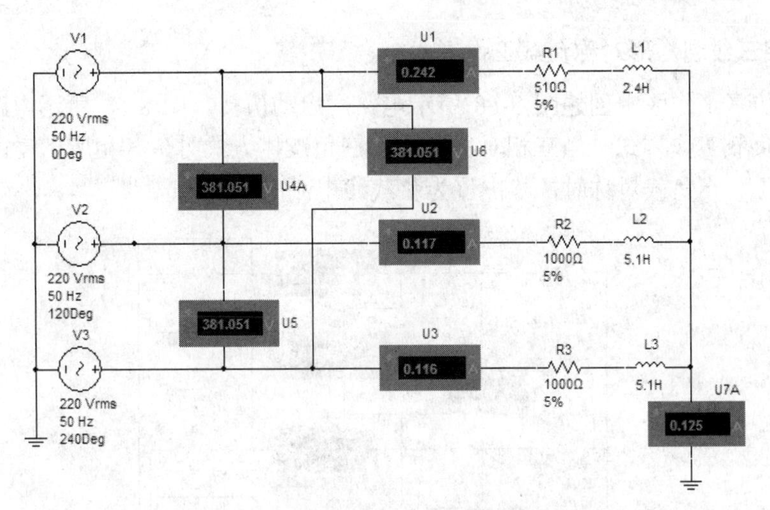

图 8-65　三相四线制 Y 形非对称负载电路

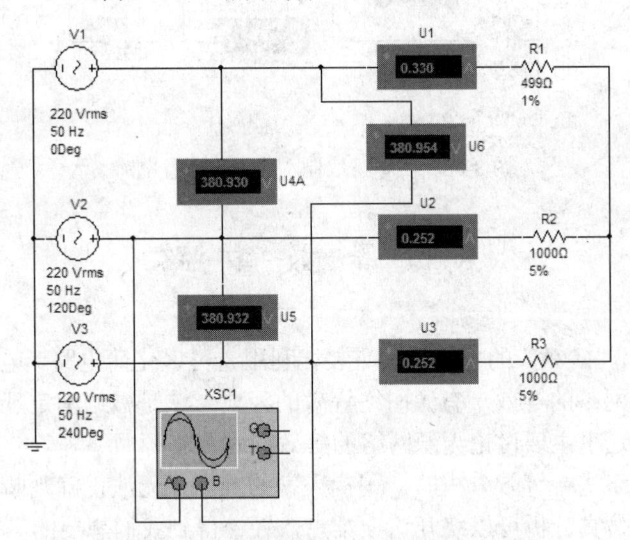

图 8-66　三相三线制 Y 形非对称负载电路

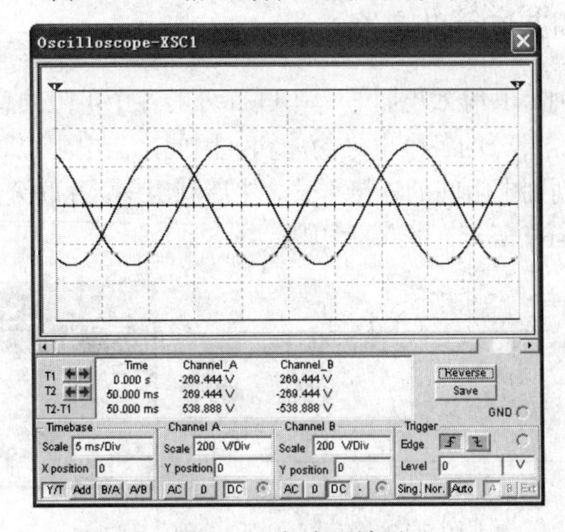

图 8-67　相电压波形

4．三相三线制△形对称负载工作方式

在电路仿真工作区中创建图 8-68 所示电路，启动仿真。图 8-68 所示电路为三相三线制△形对称负载工作方式。当三相对称负载作三角连接方式时，各相所承受的电压为对称的电源线电压。当负载对称时，线电流为负载线电流的$\sqrt{3}$倍。

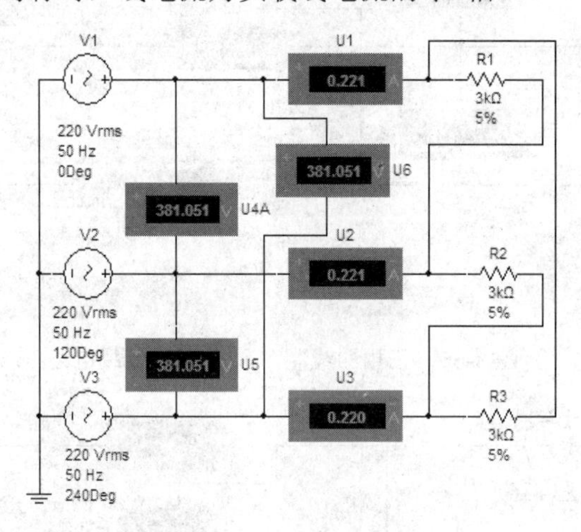

图 8-68　三相三线制△形对称负载电路

8.5　等 效 电 路

在电路理论中，“等效”的概念极其重要，利用它可以化简电路。电路的等效分为有源网络的等效和无源网络的等效，有源网络等效的经典方法是戴维南定理和诺顿定理，在前面已经介绍过，在这里主要讨论无源网络的等效问题和有源网络等效的其他方法。

对有源二端网络进行等效分析时，困扰大家的难点是无法正确判断电阻的连接关系，且运算量大，而用仿真分析可以绕开这个难点，轻松得到我们想要的等效电阻。

8.5.1　电阻的串联和并联等效电路

当若干个电阻串联时，其等效电阻等于串联部分的各个电阻的总和；当若干个电阻并联时，其等效电导等于并联部分的各个电导的总和。因此，当电阻混联时，应根据电阻串联、并联的基本特征，仔细判别电阻间的连接方式，然后利用串、并联公式分步进行化简和计算。

例 28　电路如图 8-69 所示，求等效电阻。

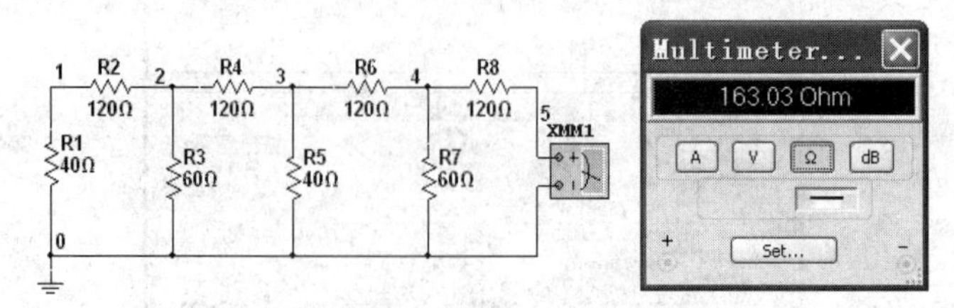

图 8-69　串并联电阻电路的等效

在电路仿真工作区中创建图 8-69 所示电路，启动仿真，万用表的读数即为等效电阻，该无源单口网络的等效为 163.03Ω，与理论计算结果相同。

8.5.2　电阻△形与 Y 形等效电路

电阻的△形与 Y 形电路的等效实质上是双口电阻的等效问题，由于涉及的物理量多、运算量大，在进行分析时很多读者会望而却步。但当学会仿真分析方法并能熟练加以运用后，很多问题都会迎刃而解，难点将不复存在。

例 29　电路如图 8-70 所示，求等效电阻。

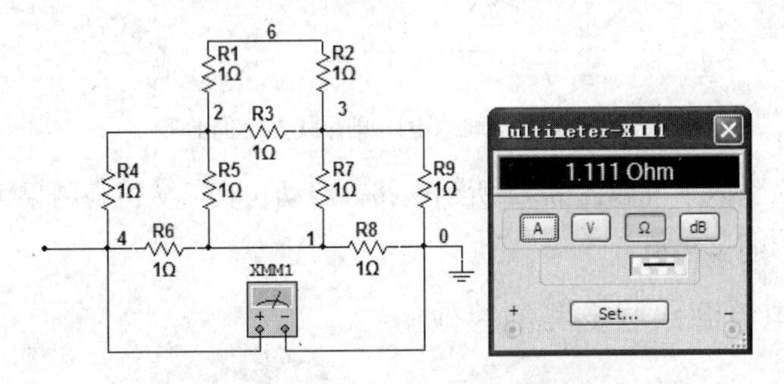

图 8-70　电阻△连接电路的等效

在电路仿真工作区中创建图 8-70 所示电路，启动仿真，万用表的读数即为等效电阻。而在理论计算时需要用△形与 Y 形等效转换公式把两个△电路转换成 Y 形电路，使电路的连接关系变成简单的串并联，利用串并联等效公式即可求出等效电阻，等效电阻值为 1.11Ω。

8.5.3　含受控源单口网络的等效

一个含受控源及电阻的单口网络和一个只含电阻的单口网络一样，都可以等效为一个电阻。在含受控源时，等效电阻可能为负值。

例 30　电路如图 8-71 所示，求等效电阻。

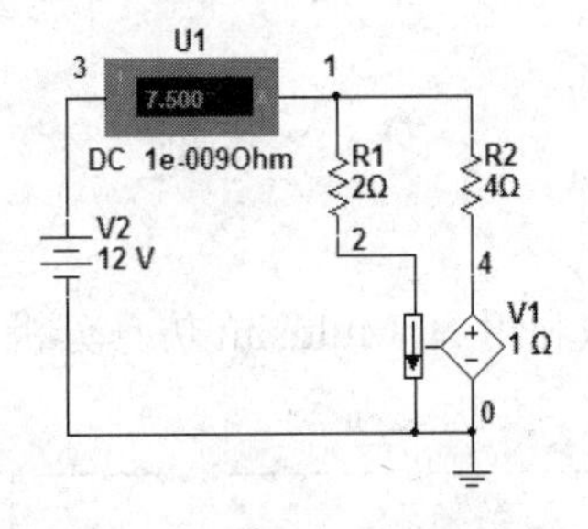

图 8-71　含受控源电路的等效

在电路仿真工作区中创建图 8-71 所示电路，启动仿真，利用加压求流法可求出含受控源单口网络的电阻。外加电压为 12V，电流为 7.5A，等效电阻为 1.6Ω。

注意：加压求流法所加的电压可以取任意数值。

8.5.4 与理想电压源并联支路的等效

与理想电压源并联的支路对外无效，端口电压等于电压源的电压，该等效电路就是电压源本身。

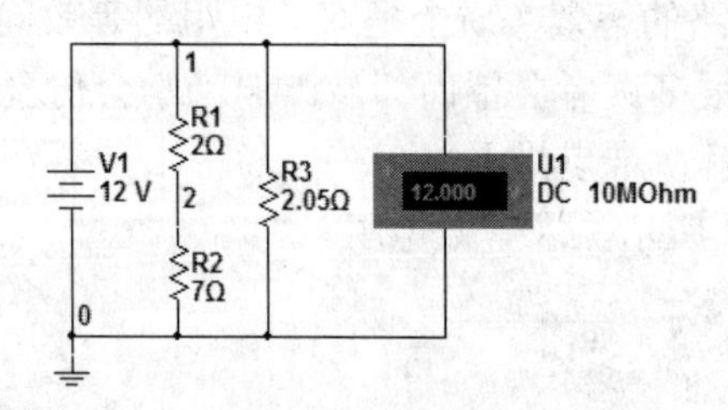

图 8-72 与理想电压源并联支路的等效

在电路仿真工作区中创建图 8-72 所示电路，启动仿真，从仿真结果可以看到端口处的电压为理想电压源的电压值。

8.5.5 与理想电流源串联支路的等效

与理想电流源串联的支路对外无效，从端口等效观点来看串联的支路是多余的，该等效电路就是电流源本身。

在电路仿真工作区中创建图 8-73 所示电路，启动仿真，从仿真结果可以看到等效电路就是电流源本身。

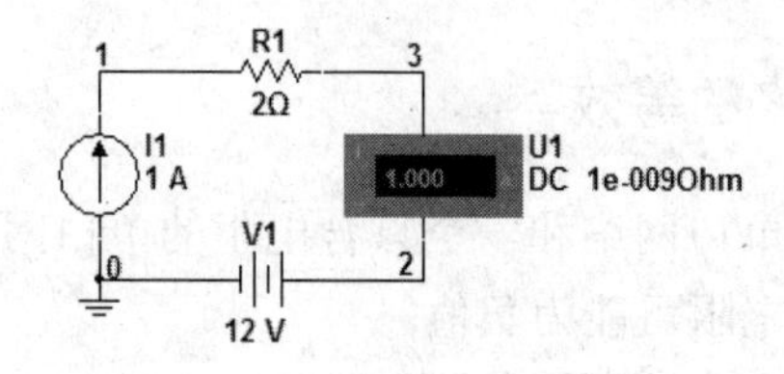

图 8-73 与理想电流源串联支路的等效

习 题

1．电路如图 8-74 所示，试利用 NI Multisim 仿真分析各支路电流。

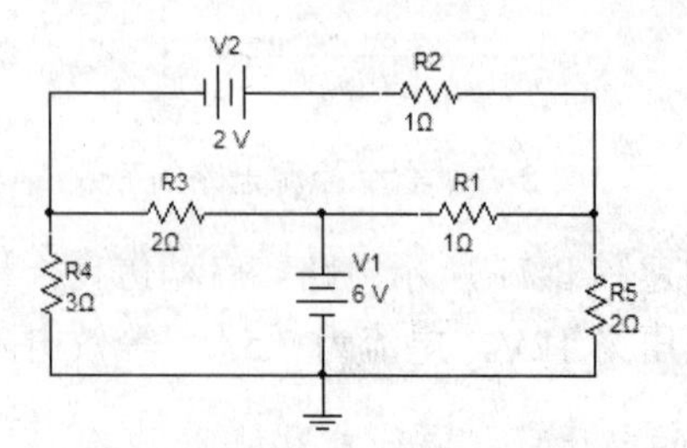

图 8-74 网孔电流分析法应用电路

2．电路如图 8-75 所示，试利用 NI Multisim 仿真分析各节点电位。

3．电路如图 8-76 所示，负载 R 为何值时能获得最大功率？最大功率是多少？

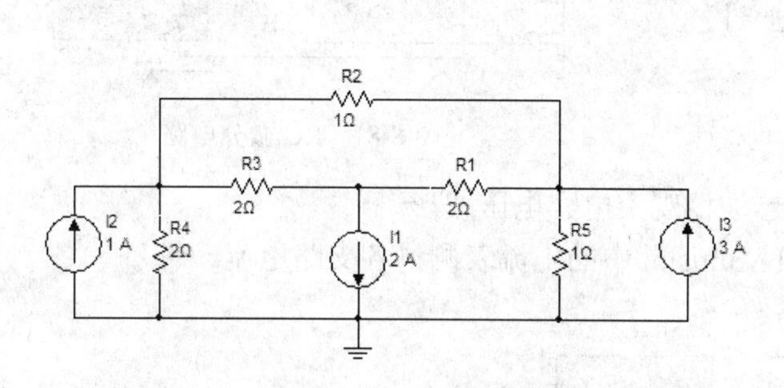

图 8-75　节点电位分析法应用电路

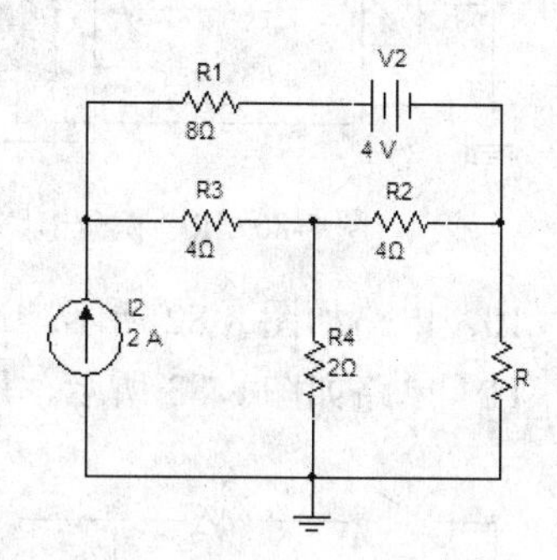

图 8-76　最大功率传输应用电路

4．电路如图 8-77 所示，用叠加定理求流过电压源的电流，并与仿真结果相比较。

5．电路如图 8-78 所示，在 NI Multisim 环境中用示波器观察电容充放电的情况。

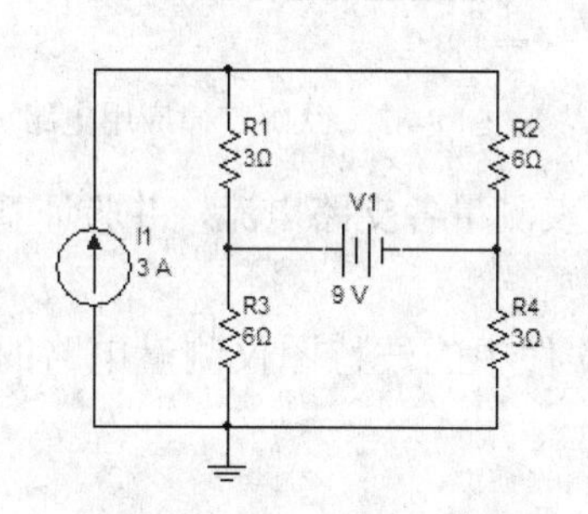

图 8-77　叠加定理应用电路

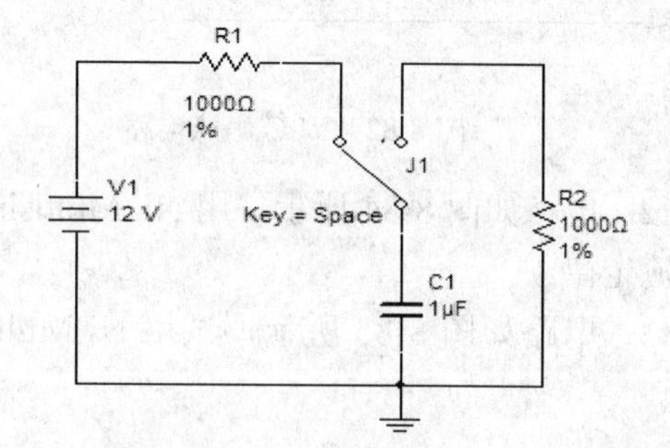

图 8-78　电容充放电电路

6．电路如图 8-78 所示，改变电容的大小，试观察电容充放电的变化。

7．电路如图 8-79 所示，试观察电感两端电压的波形。

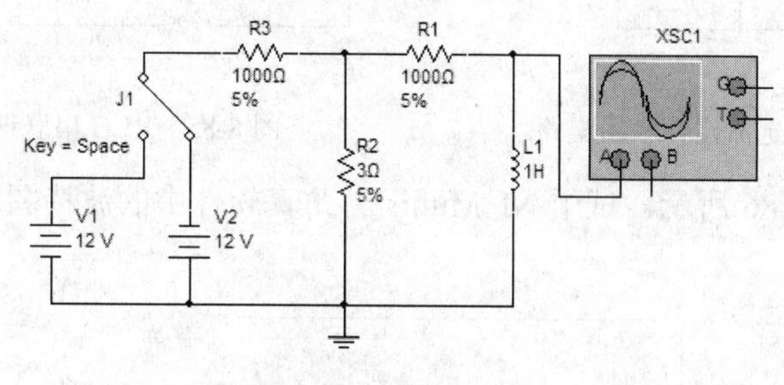

图 8-79　电感电路

8．电路如图 8-80 所示，试用示波器观察 RC 积分电路的工作过程。（激励为 1kHz 方波信号）

9．电路如图 8-81 所示，试用波器观察 RC 微分电路的工作过程。（激励为 500Hz 方波信号）

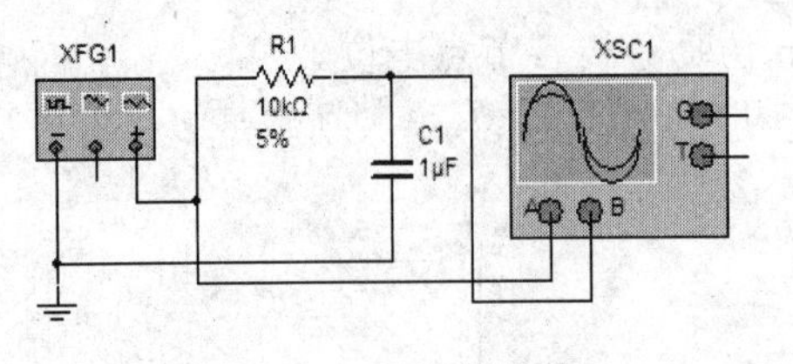

图 8-80　RC 积分电路

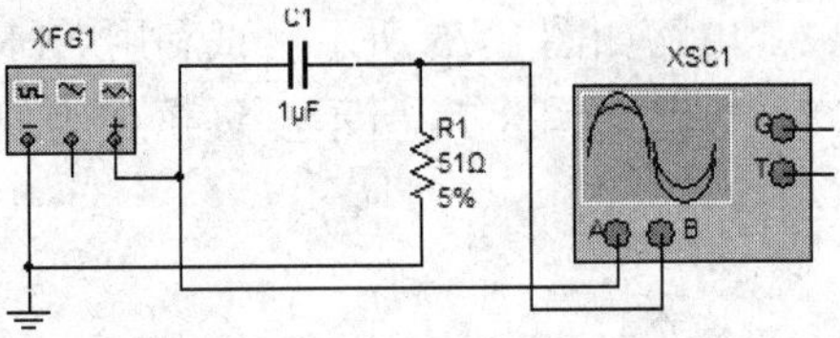

图 8-81　RC 微分电路

10．电路如图 8-82 所示，试用示波器观察电容电压波形。

11．电路如图 8-83 所示，用 NI Multisim 中的电流表测量各支路电流。

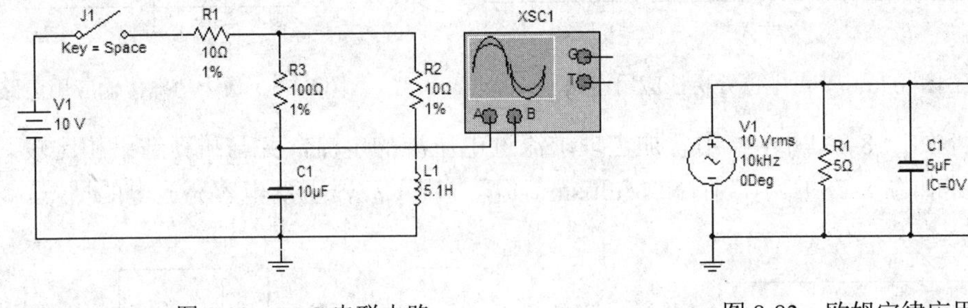

图 8-82　RLC 串联电路

图 8-83　欧姆定律应用电路

12．电路如图 8-84 所示，用 NI Multisim 中的电流表测量各支路电流，并验证基尔霍夫电流定律。

13．电路如图 8-85 所示，试用 NI Multisim 仿真软件中的波特图仪测量电路的频率特性。

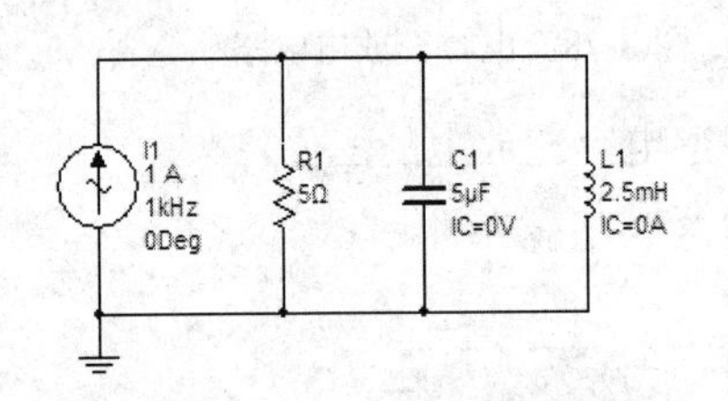

图 8-84　基尔霍夫电流定律应用电路

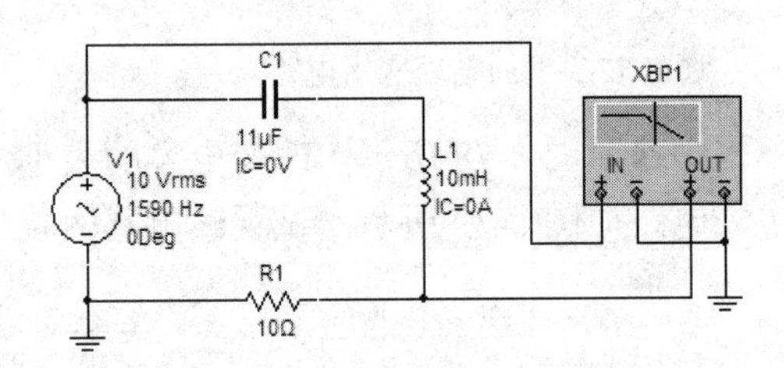

图 8-85　RLC 串联谐振电路

14．电路如图 8-86 所示，试用 NI Multisim 仿真软件中的波特图仪测量电路在谐振时的频率特性。

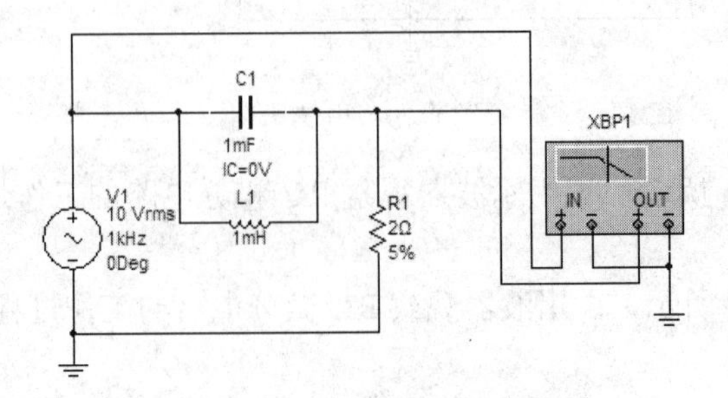

图 8-86　RLC 并联谐振电路

第 9 章　NI Multisim 在模拟电子线路中的应用

模拟电子线路是研究半导体器件的性能、电路及其应用的一门专业基础课。它主要包括晶体管放大电路、反馈放大电路、集成运算放大电路、信号产生及变换电路和电源电路。本章主要介绍利用 NI Multisim 仿真软件对模拟电子线路进行仿真分析。

9.1　晶体管放大电路

放大电路是模拟电子线路基本的单元电路，通常由有源器件、信号源、负载和耦合电路构成。根据有源器件的不同，放大电路可分为晶体三极管（BJT）放大电路及场效应管（FET）放大电路。

9.1.1　共发射极放大电路

共发射极放大电路既有电压增益，又有电流增益，是一种广泛应用的放大电路，常用作各种放大电路中的主放大级，其电路如图 9-1 所示。它是一种电阻分压式单管放大电路，其偏置电路采用由 R5、R1 和 R2 组成的分压电路，在发射极中接有电阻 R6，以稳定放大电路的静态工作点。当放大电路输入信号 V_i 后，输出端便输出一个与 V_i 相位相反、幅度增大的输出信号 V_O，从而实现了放大电压的功能。

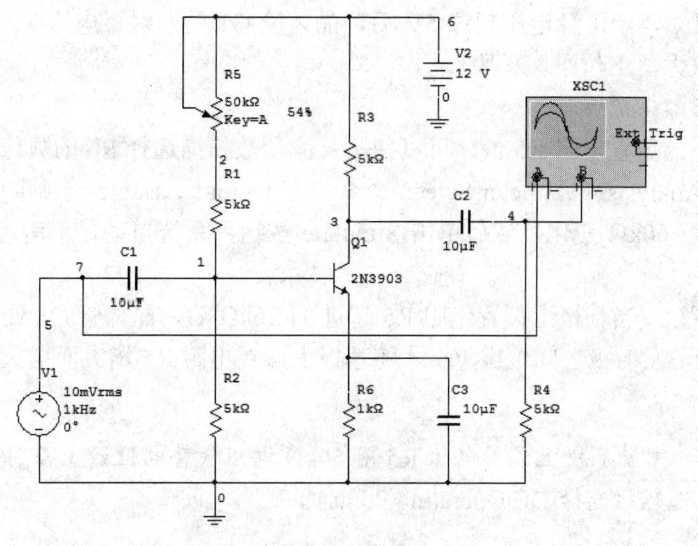

图 9-1　共发射极放大电路

1．放大电路的静态分析

放大电路静态工作点直接影响放大电路的动态范围，进而影响放大电路的电流/电压增益和输入/输出电阻等参数指标，故设计一个放大电路首先要设计合适的工作点。在 NI Multisim 用户界面中，创建如图 9-1 所示的电路，其性能指标的仿真如下所述。

（1）直流工作点分析

在输出波形不失真的情况下，执行 Simulate»Analysis»DC Operating Point 命令，在 Output variable 选项卡中选择需仿真的变量，然后单击 Simulate 按钮，系统自动显示运行结果，如图 9-2 所示。

由图 9-2 可知，晶体管 Q1 的 V_{BE}(=V1−V7)为 660.23683mV，所以晶体管 Q1 工作在放大区。

（2）电路直流扫描

通过直流扫描分析可以观察电源电压对发射极的影响。执行 Simulate»Analysis»DC Sweep Analysis 命令，在 Output variable 选项卡中选择需仿真的节点 7 和电源电压变化范围，然后单击 Simulate 按钮，系统自动显示运行结果，如图 9-3 所示。

单管共射极放大器实验电路

DC Operating Point

	DC Operating Point	
1	@qq1[ic]	872.94340 u
2	@qq1[ib]	12.52880 u
3	@qq1[ie]	-885.47220 u
4	V(7)	885.47169 m
5	V(3)	7.63529
6	V(1)	1.54571
7	V(1)-V(7)	660.23683 m
8	P(Q1)	5.90048 m

图 9-2　放大电路的静态工作点分析

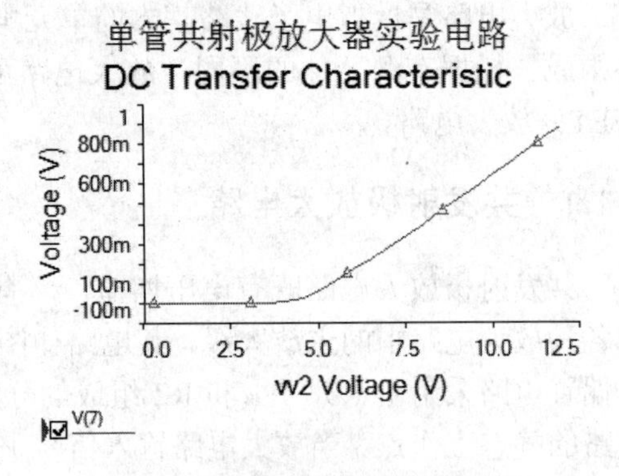

图 9-3　放大电路的直流扫描分析

由图 9-3 可知，当电源电压超过 5V 后，晶体管 Q1 的发射极电压 V_E 才随电源电压增大而增大，与放大器工作原理一致。

（3）直流参数扫描

为选择合适的偏置电阻 R5 值，可以使用直流参数扫描选择 Rb 的数值。创建图 9-1 后执行 Simulate»Analysis»Parameter Sweep 命令，在 Output variable 选项卡中选择 V3-V7，可设 R5 值从 0～60kΩ 变化，然后单击 Simulate 按钮，系统自动显示运行结果，如图 9-4 所示。

由图 9-4 可知，当基极上偏置电阻 R5 超过 11.26kΩ 后，晶体管 Q1 处于放大区，晶体管 Q1 的集电极与发射极之间电压 V_{CE} 才随基极上偏置电阻 R5 增大而增大，与放大器工作原理一致。

注意： 图 9-1 中的基极上偏置电阻 R5 用 50kΩ 电阻代替电位器（否则仿真结果出错）；模式选择栏选择 DC Operating Point 选项。

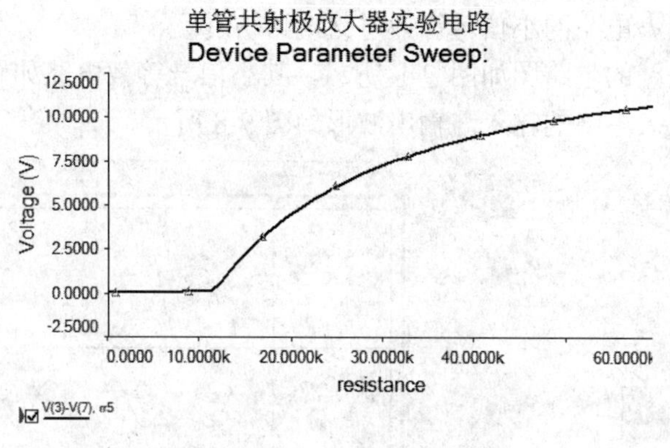

图 9-4　直流参数扫描数据图

2．放大电路的动态分析

（1）输入、输出波形

晶体管 VT 从部件中调用晶体三极管，信号源设置为 10mV/1kHz，调整变阻器 R5 变化，通过示波器观察使放大电路输入与输出波形不失真，如图 9-5 所示。为观察方便，将 B 通道输出波形上移 1.2 格，A 通道输入波形下移 1.2 格。

（2）放大电路的交流分析

执行 Simulate»Analysis»AC Analysis 命令，弹出 AC Analysis 对话框，在其 Output variables 选项卡中选定节点 4 进行仿真，然后在 Frequency Parameters 选项卡中，设置起始频率为 10Hz，扫描终点频率为 10GHz，扫描方式为十倍程扫描，单击 Simulate 按钮，仿真分析结果如图 9-6 所示。

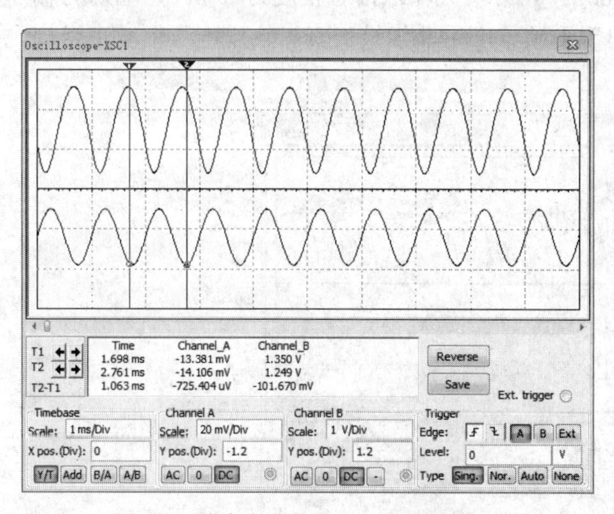

图 9-5　放大电路的输入、输出波形

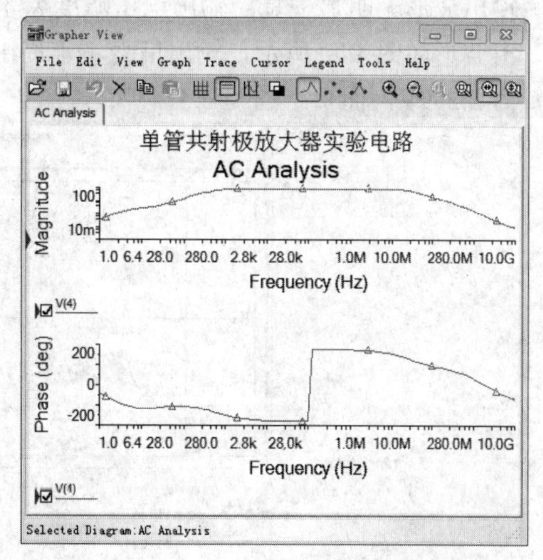

图 9-6　放大电路的交流分析结果

由图 9-6 可知，电路的上限频率为 247.9614MHz，下限频率为 390.1187Hz，通频带约为 247.9610MHz，稳频时的增益约为 85.1425。

（3）共发射极放大电路的小信号等效电路电路仿真

共发射极放大电路的电路图如图 9-1 所示，其小信号等效电路如图 9-7 所示，通过示波器观察共发射极放大电路的输入与输出波形如图 9-8 所示。

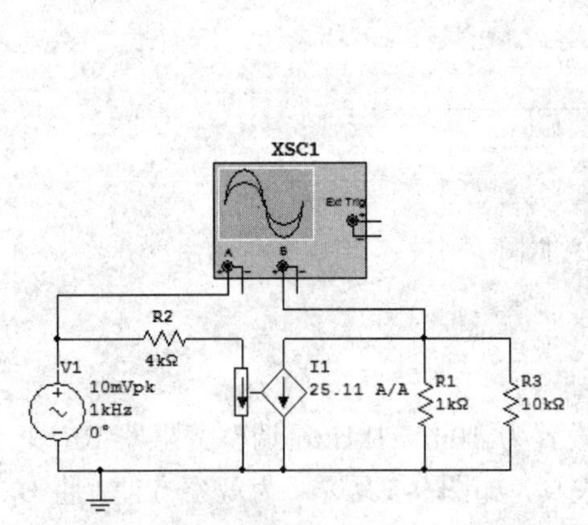

图 9-7　共发射放大电路小信号等效电路

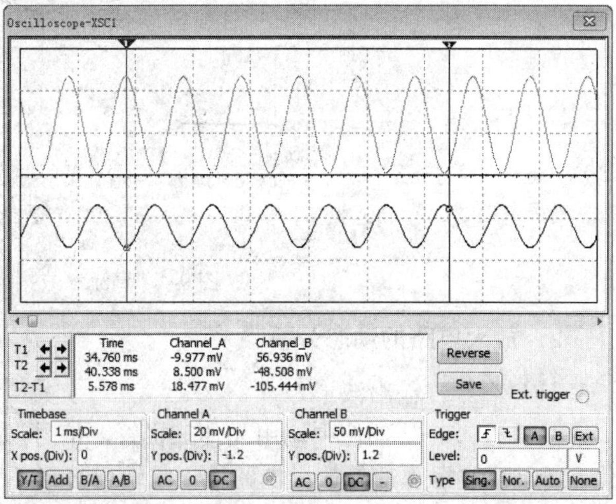

图 9-8　小信号等效电路的输入与输出信号波形

对比图 9-8 和图 9-5 的输入、输出波形，可知共发射极放大电路与其对应的小信号等效电路的输入、输出波形相同，即放大电路可用其小信号等效电路来等效。

（4）共发射极放大电路失真

图 9-1 所示放大电路的激励源是电压源，输入端加 Vs=10cos(2000πt)mV 的正弦信号，输出波形无明显失真，输出电压幅度为 180mV。若增大输入信号幅度为 50mV，输入与输出波形如图 9-9 所示，输出信号正半周出现平顶，产生非线性失真。输出电压幅度正半周为 2.299V，而负半周为 4.334V。

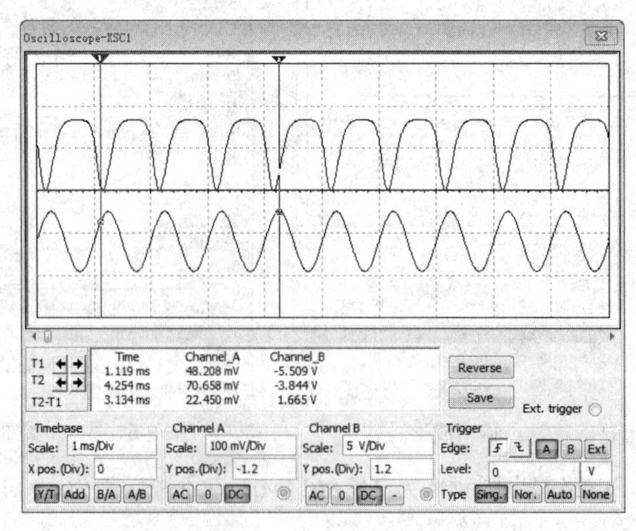

图 9-9　放大电路输出失真的波形图

3．放大电路的指标测量

（1）放大倍数 Av 的测量

在 NI Multisim 用户界面中创建如图 9-1 所示的电路，单击 1.4V 图标（Probe），给输入节点 5 和输出节点 4 放置测试探针。启动仿真后测试探针显示的数据如图 9-10 所示，由此可得放大器的放大倍数为 70.9。

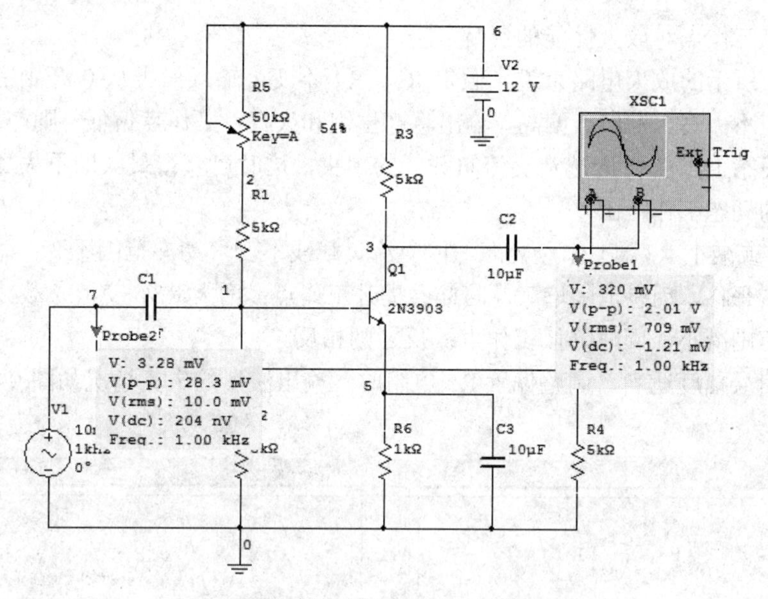

图 9-10　测量放大电路 A_V 的电路图

（2）输入电阻 R_i 和输出电阻 R_o 的测量

在输入、输出端分别接入交流模式电流表测量 I_i、I_o、U_i、U_{o1}（R8 接入时的输出电压）和 U_{o2}（R8 开路时的输出电压），如图 9-11 所示。

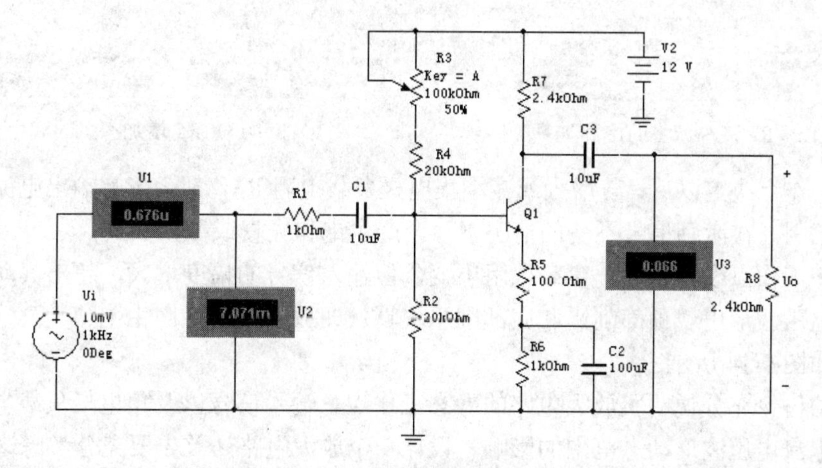

图 9-11　输入电阻 R_i 和输出电阻 R_o 的测量

由图 9-11 可知，输入交流电流的有效值为 0.676μA，输入交流电压的有效值 U_i 为

7.071mV，输出电压 U_{o1} 的有效值为 0.066V，输出电压 U_{o2} 的有效值为 0.332V。

可计算出：

$$R_i = \frac{U_i}{I_i} = \frac{7071}{0.676} \approx 10460\Omega\text{，}\quad R_o = 2.4\times10^3\times(\frac{0.332}{0.066}-1)\approx 9.672\text{k}\Omega$$

4．组件参数对放大电路性能的影响

（1）静态工作点对放大性能的影响

对图 9-1 所示的放大电路来说，假定 R3、R4 不变，输入信号从 0 开始增大，使输出信号足够大但不失真。工作点偏高，输出将产生饱和失真；工作点偏低，则产生截止失真。一般来说，静态工作点 Q 应选在交流负载线的中央，这时可获得最大的不失真输出，亦即可得到最大的动态工作范围。

增大 R3 或减小 R3，工作点升高，但交流负载线不变，动态范围不变；增大 V_{CC}，交流负载线向右平移，动态范围增大，同样会提升工作点；增大 R3，交流负载线斜率绝对值减小，动态范围减小，同时降低工作点；反之则相反。

在输入信号幅度适当，调整偏置 R5 电阻时，输出波形的失真情况如图 9-12 和图 9-13 所示。

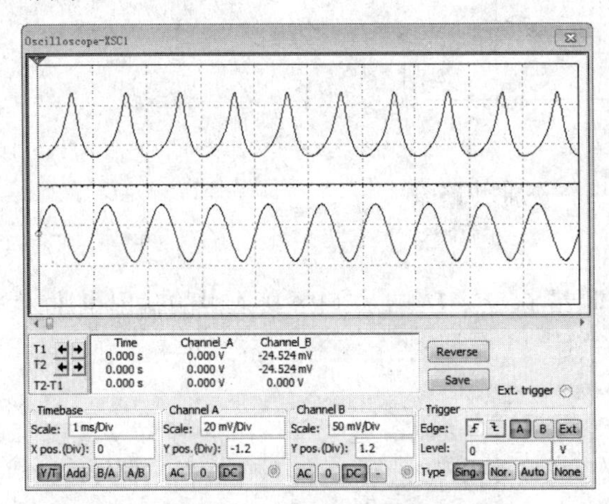

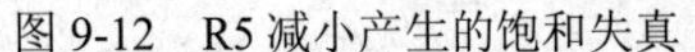
图 9-12　R5 减小产生的饱和失真

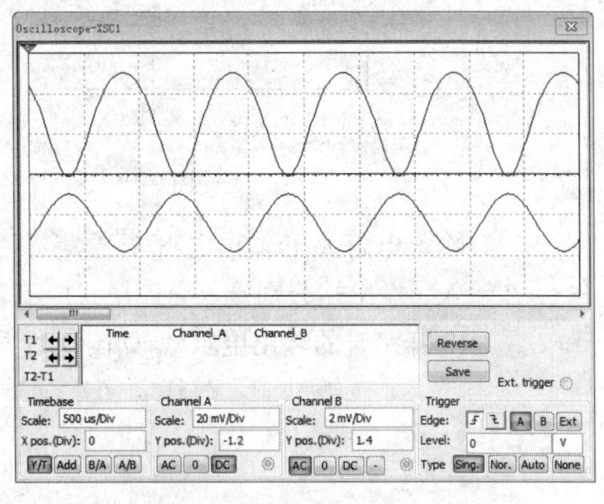

图 9-13　R5 增加产生的截止失真

静态工作点决定以后，若增大或减小集电极负载电阻 R3，都会影响输出电流或输出电压的动态范围。在激励信号不变的情况下，会产生饱和失真或截止失真。

若静态工作点设置合适，负载电阻不变，但输入信号的幅度增大，超出其动态范围，会使输出电压波形出现顶部削平和底部削平失真。即放大电路既产生饱和失真，又产生截止失真，如图 9-14 所示。

以上的讨论充分说明了放大电路的静态工作点、输入信号以及集电极负载电阻对放大电路输出电流电压波形动态范围的影响。设计一个放大电路，首先要充分考虑这些因素。

5．三极管故障对放大电路的影响

利用 NI Multisim 仿真软件可以虚拟仿真三极管的各种故障现象。为观察方便并与输入波形进行对比，将 B 通道输出波形下移 1.2 格，A 通道输入波形上移 1.2 格。对图 9-1 所示的放大电路，若设置三极管 B、E 极开路，则放大电路的输入、输出波形如图 9-15 所示，输出信号电压为零，与理论分析吻合。

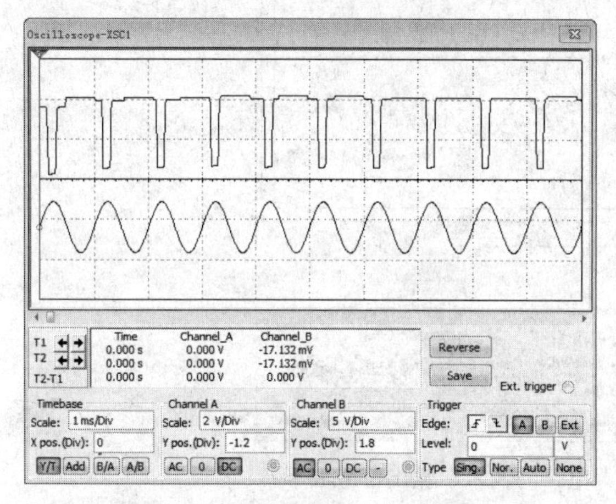

图 9-14 输入信号的幅度过大引起失真

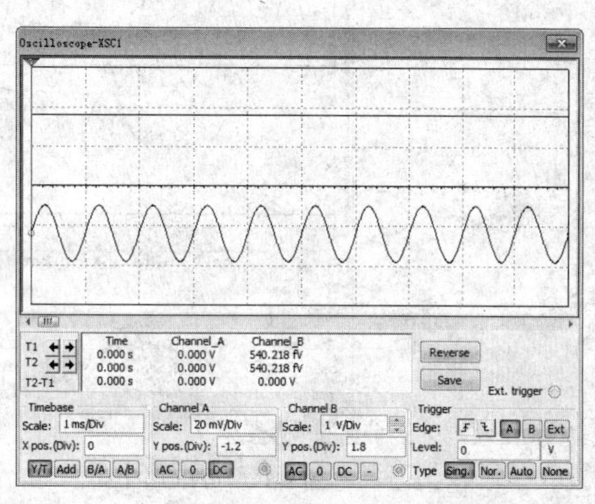

图 9-15 三极管 B、E 极开路时电路的输入与输出波形

9.1.2 常见基本放大电路

用晶体三极管可以构成共发射极（CE）、共集极（CC）和共基极（CB）3 种基本组态的放大电路，用场效应管可以构成共源极（CS）、共栅极（CG）、共漏极（CD）3 种组态的放大电路。

1. 分压式自偏压共源放大电路

分压式自偏压共源放大电路如图 9-16 所示。通过示波器观察分压式自偏压共源电路的输入与输出波形如图 9-17 所示。

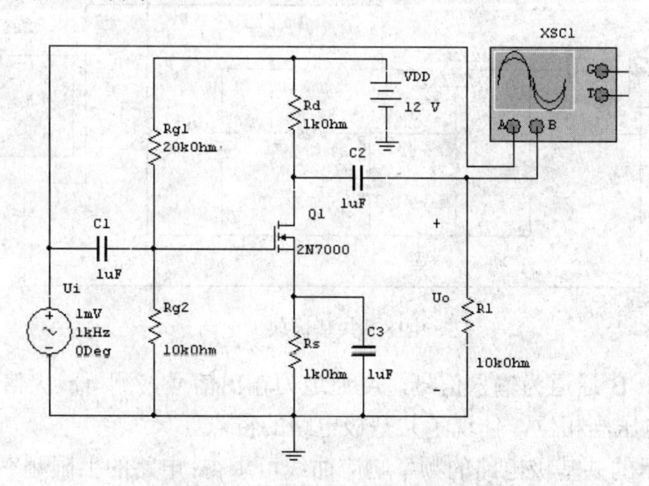

图 9-16 分压式自偏压共源放大电路

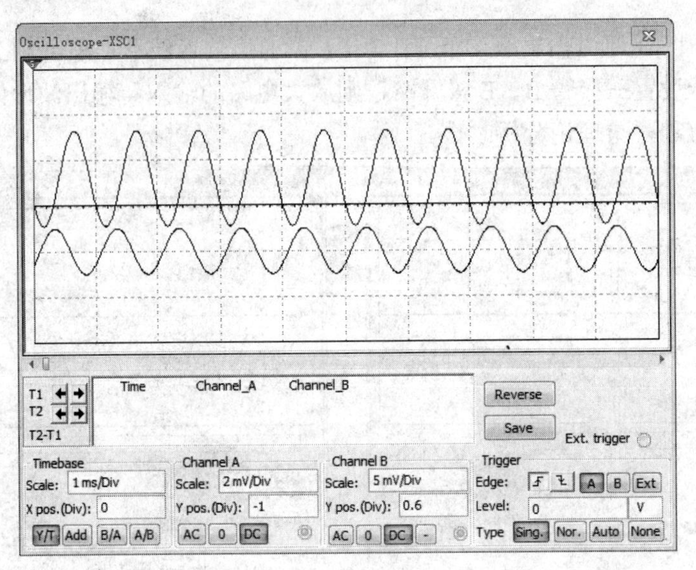

图 9-17　分压式自偏压共源放大电路的输入、输出信号波形

2．共基极电路

（1）电路特点

输入与输出信号同相，增益 A_u 与共源（共射）相当；输入电阻小。

（2）电路仿真

在 NI Multisim 软件中共基极放大电路如图 9-18 所示，用函数发生器为共基极放大电路提供正弦输入信号（幅值为 10mV，频率为 10kHz），通过示波器观察共基极放大电路的输入、输出波形如图 9-19 所示。选用交流分析方法获得电路的频率响应曲线及相关参数如图 9-20 所示。

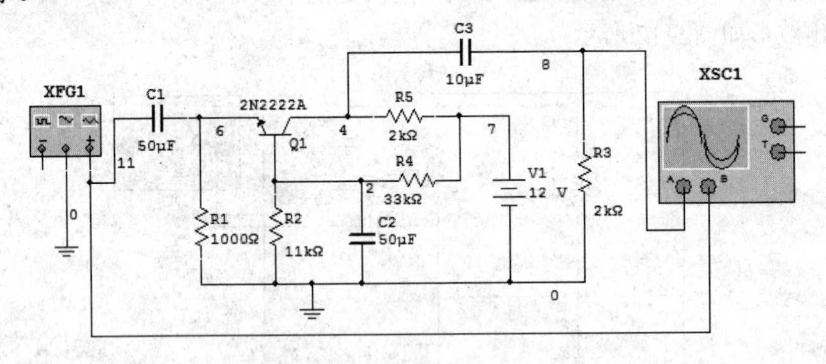

图 9-18　共基极放大电路

在图 9-19 中，B 通道为输入信号，A 通道为输出信号，测得放大倍数约为 70 倍，且输出电压与输入电压同相位，体现了共基极电路的特点。

由图 9-20 所示的共基极电路的频率响应曲线可求得：电路的上限频率约为 48.387MHz，下限频率约为 274.4250Hz，通频带约为 48MHz。

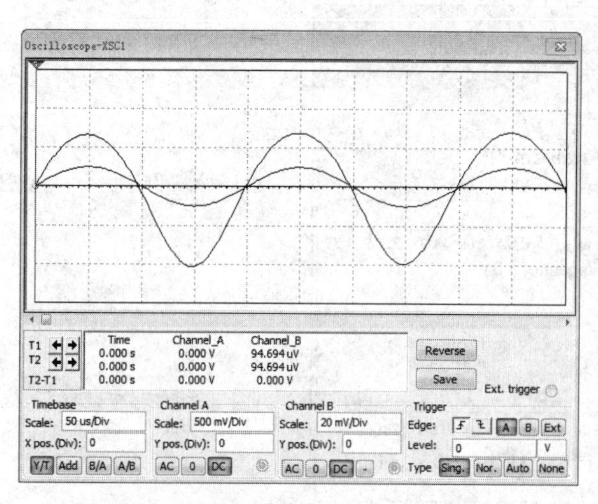

图 9-19　共基极放大电路的输入与输出波形

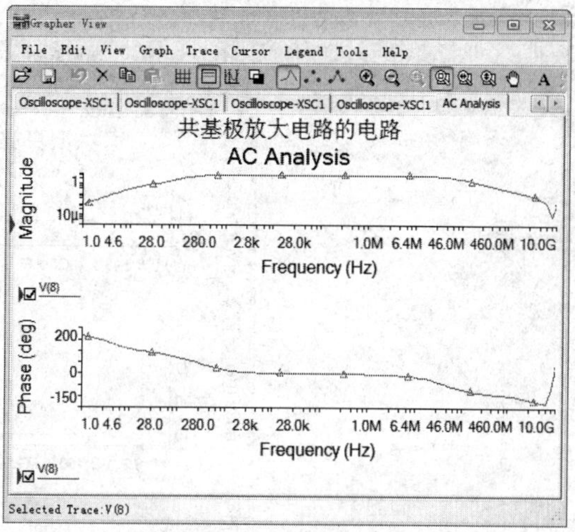

图 9-20　共基极电路的频率响应

3．共漏极电路

（1）电路特点

输入输出同相，增益 A_v<1；输入电阻大，输出电阻小。

（2）电路仿真

在 NI Multisim 中创建如图 9-21 所示的共漏极放大电路，用函数发生器为共漏极放大电路提供正弦输入信号（幅值为 1V，频率为 10kHz），通过示波器观察共漏极放大电路的输入与输出波形如图 9-22 所示。选用交流分析方法获得电路的频率响应曲线及相关参数如图 9-23 所示。

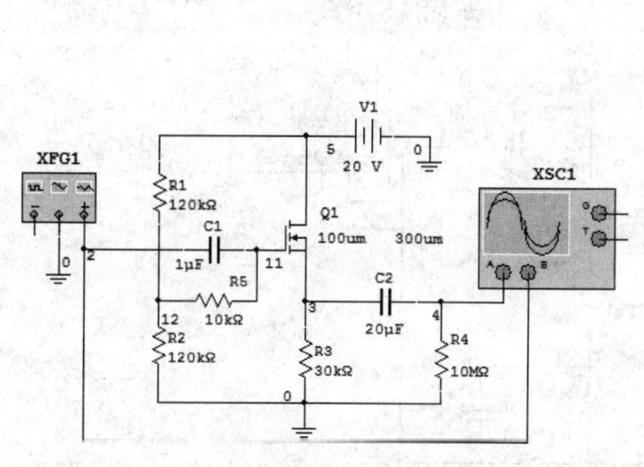

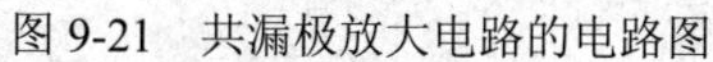

图 9-21　共漏极放大电路的电路图

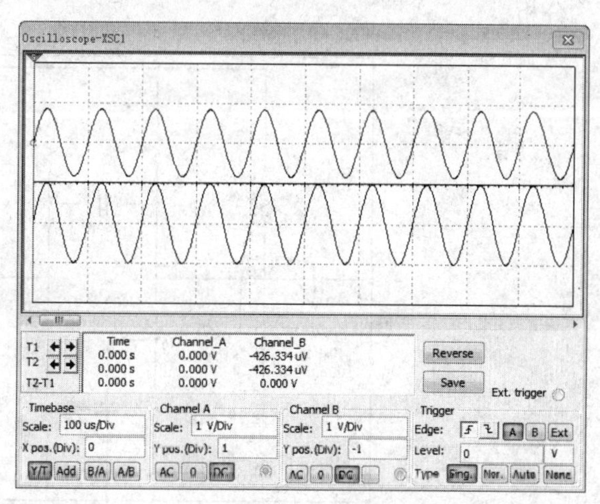

图 9-22　共漏极放大电路的输入与输出波形

在图 9-22 中 B 通道为输入信号，A 通道为输出信号，测得放大倍数接近于 1，且输出电压与输入电压同相位，体现了共漏极电路的特点。

由图 9-23 所示的共漏极电路的频率响应曲线可看出该电路的上限频率非常高，带宽非常宽。

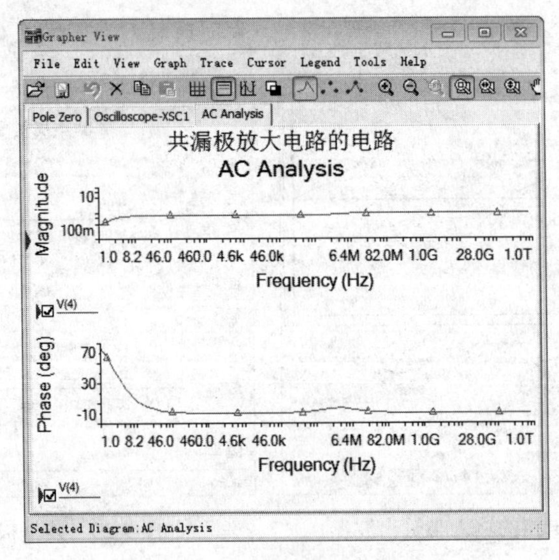

图 9-23　共漏极电路的频率响应

9.1.3　场效应管及晶体管组合的放大电路

半导体三极管具有较强的放大能力（高）和负载能力，而场效应管具有输入阻抗高、噪声低等显著特点，但放大能力较弱（小）。如果将场效应管与半导体三极管组合使用，则可提高和改善放大电路的某些性能指标。

图 9-24 是由场效应管共源极放大电路和晶体管共射极放大电路组成的两级组合放大电路，图中，场效应管 Q1 选用 2N7000，晶体管 Q2 选用 2N2222A。下面对该电路进行仿真分析。

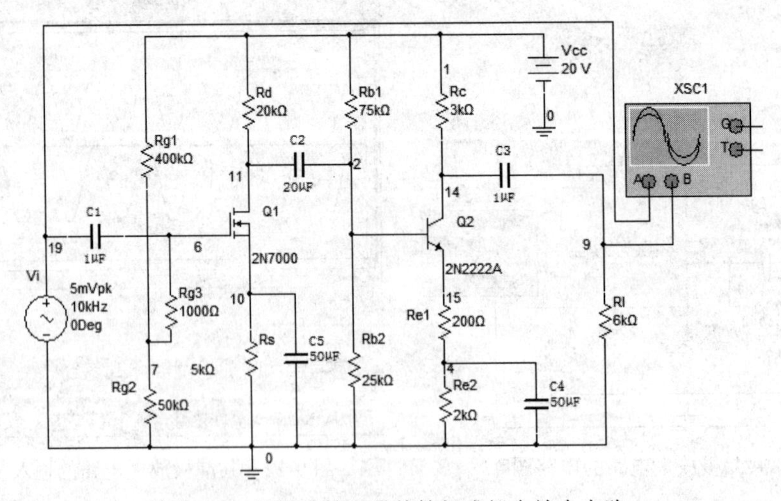

图 9-24　场效应管和晶体管组成组合放大电路

1．静态分析

利用 NI Multisim 仿真软件对图 9-24 所示电路进行直流工作点分析，分析结果如图 9-25 所示。

DC Operating Point

	DC Operating Point	
1	V(1)	20.00000
2	V(2)	4.84163
3	V(4)	3.81751
4	V(6)	2.22222
5	V(7)	2.22222
6	V(9)	0.00000
7	V(10)	194.44137 m
8	V(11)	19.22223
9	V(14)	14.29908
10	V(15)	4.19926
11	V(19)	0.00000

图 9-25　场效应管和晶体管组成的组合电路静态分析结果

2．动态分析

用函数发生器为电路提供正弦输入信号（幅度为 5mV，频率为 10kHz），用示波器测得场效应管和晶体管组成的组合放大电路的输入、输出电压波形如图 9-26 所示。调整示波器面板读数指针可读到：输入正弦电压峰值 V_A 为 4.890mV，输出正弦电压峰值 V_B 为 1.098V，且输出与输入电压波形同相位。当然，增益的大小与工作点的选择有关。

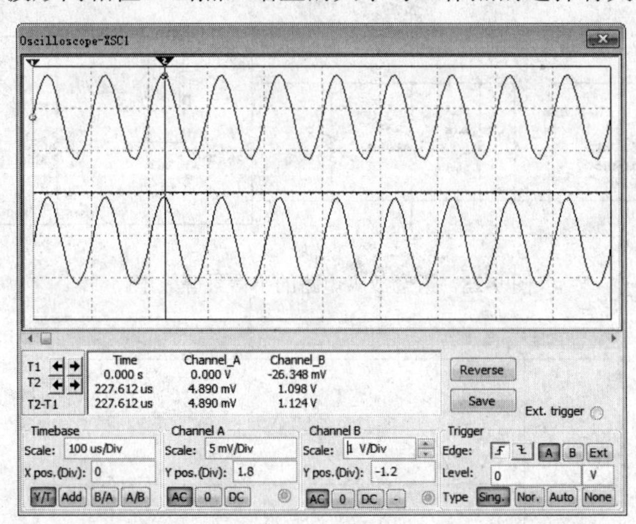

图 9-26　场效应管和晶体管组成的组合放大电路输出与输入电压波形

总电压增益为 $A_V = \dfrac{1.098\text{V}}{4.890\text{mV}} \approx 224$。

3．频率特性分析

在交流分析对话框中，设置扫描起始频率为 1Hz，终止频率为 1GHz，扫描方式为十倍程扫描，节点 9 为输出节点。场效应管与晶体管组合放大电路的幅频特性与相频特性如图 9-27 所示。

该电路的上限频率（X_2）为 2.3980MHz，下限频率（X_1）为 47.7058Hz，通频带约为 1.2MHz。显然多级放大电路的通频带低于单级放大电路，但增益高。

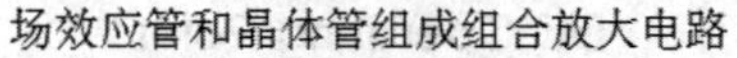

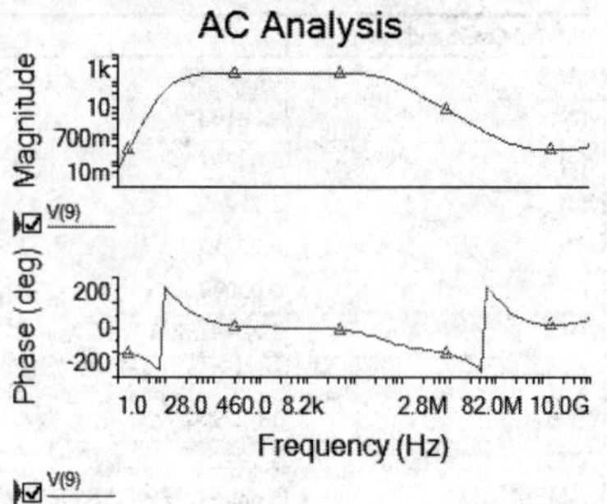

图 9-27 组合放大电路的频率响应

4．组合放大电路的小信号等效电路

在 NI Multisim 电路窗口中创建场效应管共源极放大电路和晶体管共射极放大电路的小信号等效电路，如图 9-28 所示。其输入与输出电压波形如图 9-29 所示。

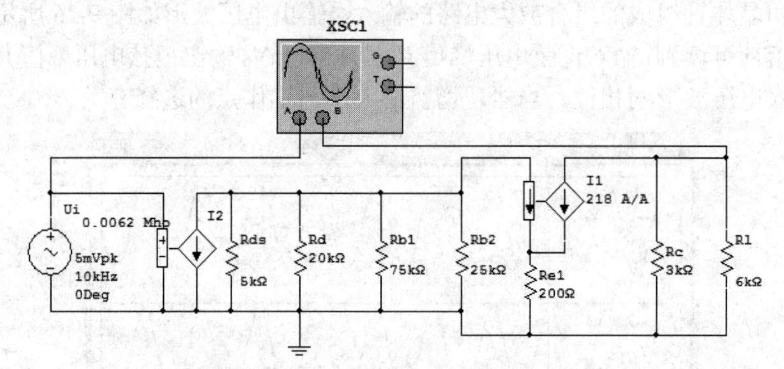

图 9-28 组合放大电路的小信号等效电路

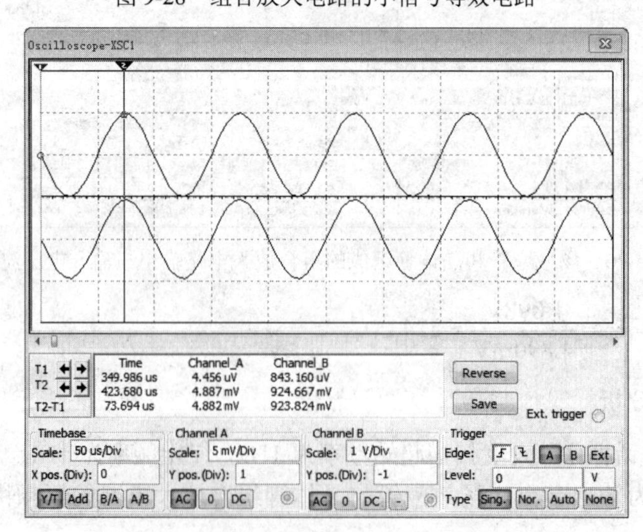

图 9-29 组合放大电路小信号等效电路的输入与输出电压波形

由示波器测得放大电路的总增益为：

$$A_V = \frac{924.667\text{mV}}{4.887\text{mV}} \approx 189$$

小信号等效电路的输入、输出波形特性与原电路相似，电路的总增益在误差允许的范围内相等，故场效应管共源极放大电路和晶体管共射极放大电路在上述频率范围内可用小信号等效电路等效分析。

9.1.4　低频功率放大电路

1．B 类放大电路的原理

图 9-30 所示电路为 B 类放大电路，它由一只 NPN 晶体三极管和一只 PNP 晶体三极管组成。当输入交流信号为 0 时，NPN 和 PNP 晶体三极管的发射极都没有电流，而当输入交流信号在正半周时，NPN 三极管发射极产生电流；当输入交流信号在负半周时，PNP 三极管发射极产生电流，因此电路的效率很高，可以达到 78%左右，但该类放大电路存在着交越失真。图 9-31 给出了 B 类放大电路输入与输出之间的关系。

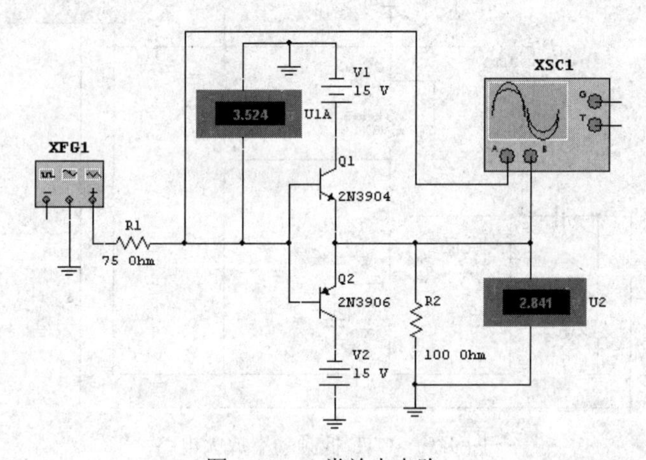

图 9-30　B 类放大电路

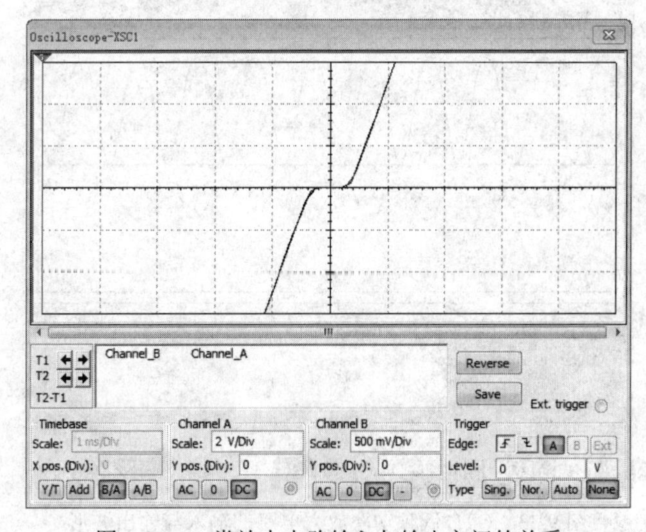

图 9-31　B 类放大电路输入与输出之间的关系

2．OTL 低频功率放大电路

图 9-32 所示电路是一个 OTL 低频功率放大电路。其中，晶体三极管 Q1 组成推动级，Q2、Q3 组成互补推挽 OTL 功率放大电路。每个管子都接成发射极输出的形式，因此具有输出电阻低、负载能力强等优点，适合作为功率输出级。Q1 工作于 A 类状态，它的集电极电流 I_{c1} 由 R2 调节，I_{c1} 的一部分流经电位器 R9 及二极管 D1，可以使 Q2、Q3 得到合适的静态电流而工作于 AB 类状态，以克服交越失真。C3 和 R 构成自举电路，用于提高输出电压正半周的幅度，扩大动态范围。图 9-33 给出了 OTL 低频功率放大电路的输入与输出波形。

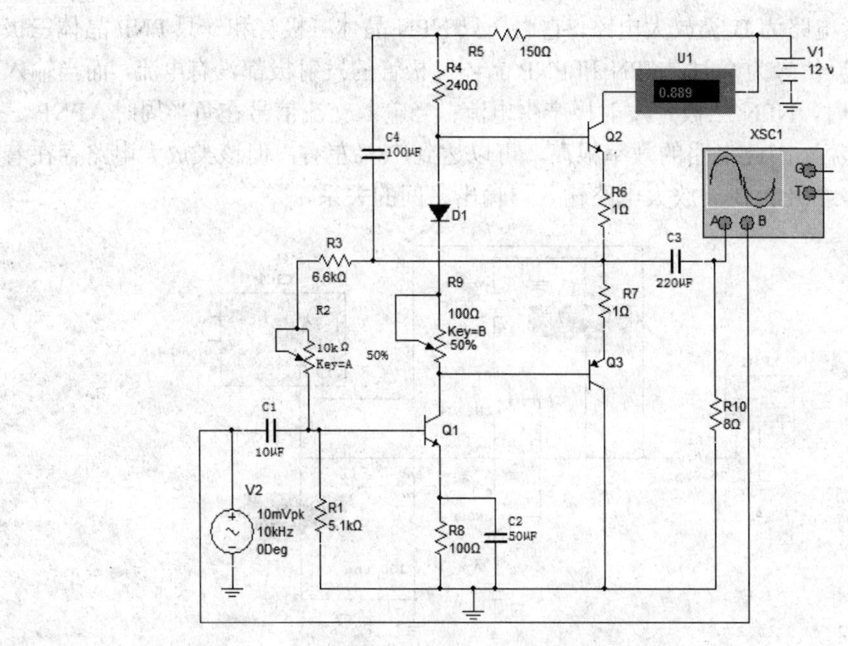

图 9-32　OTL 低频功率放大电路

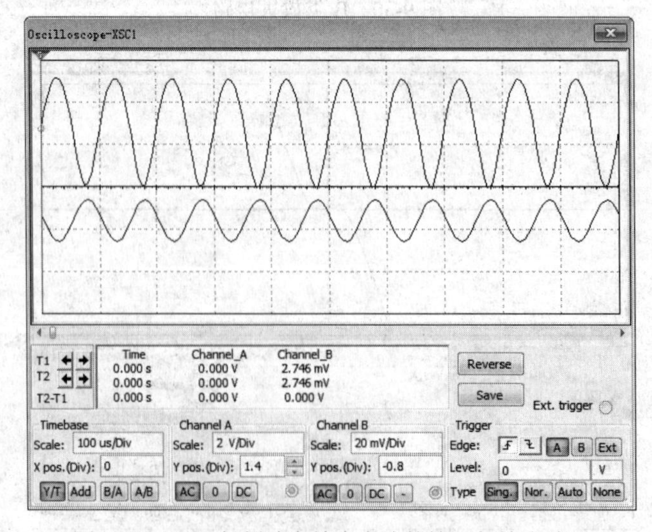

图 9-33　OTL 低频功率放大电路的输入与输出波形

9.1.5　共发射极三极管放大器设计向导

NI Multisim 仿真软件提供的 BJT Common Emitter Amplifier Wizard，使得放大器的设计变得十分简单、快捷。

1．设计步骤

（1）调用 BJT Common Emitter Amplifier Wizard

执行 Tools » Circuit Wizard » BJT Common Emitter Amplifier Wizard 命令，弹出如图 9-34 所示的 BJT Common Emitter Amplifier Wizard 对话框。

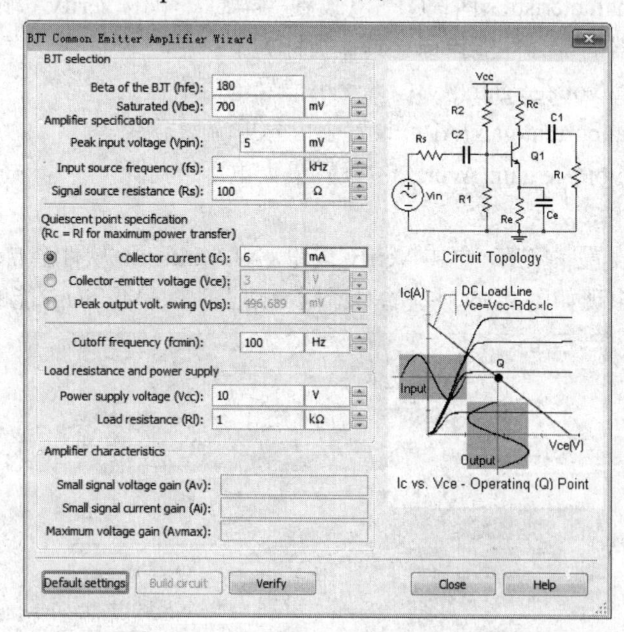

图 9-34　BJT Common Emitter Amplifier Wizard 对话框

（2）放大器参数的设置

在图 9-34 所示的 BJT Common Emitter Amplifier Wizard 对话框右侧是电路拓扑图及静态工作点，该对话框左侧含有 6 个区，包含了放大器参数的所有设置，每个区的功能如下所述。

① BJT selection 区：用于晶体管参数的设置。

☑　Beta of BJT (hfe)：设置晶体管的 β 值。

☑　Saturated (Vbe)：设置晶体管的 Vbe 值。

② Amplifier specification 区，用于放大器输入信号源参数的设置。

☑　Peak input voltage(Vpin)：设置输入信号源的电压幅度（峰峰值）。

☑　Input source frequency(fs)：设置输入信号源的频率。

☑　Signal source resistance(Rs)：设置输入信号源的内阻。

③ Quiescent point specification 区，用于设置放大器静态工作点。

☑　Collector current(Ic)：设置集电极电流。

☑ Collector-emitter voltage(Vce)：设置集电极与发射极之间电压。

☑ Peak output volt. swing(Vps)：设置（输出电压摆动峰值）。

从以上三种选择中选择一个参数设置即可。

④ Cutoff frequency(fcmin)区：用于设置放大器的截止频率。

⑤ Power supply voltage and Load resistance 区：用于设置放大器的电源电压和负载电阻。

☑ Power supply voltage(Vcc)：设置电源电压。

☑ Load resistance(Rl)：设置负载电阻。

⑥ Amplifier characteristics 区：①～⑤设置完毕后，单击 Verify 按钮，NI Multisim 软件会自动生成放大器的部分性能指标。具体指标如下：

☑ Small signal voltage gain(Av)：设置小信号电压增益。

☑ Small signal current gain(Ai)：设置小信号电流增益。

☑ Maximum voltage gain(Avmax)：设置最大电压增益。

（3）放大器的生成

放大器参数的设置完毕后，单击 Verify 按钮，NI Multisim 软件会自动检查能否实现所设置的放大器，若出现如图 9-35 所示的对话框，则表明 NI Multisim 能够实现该放大器。

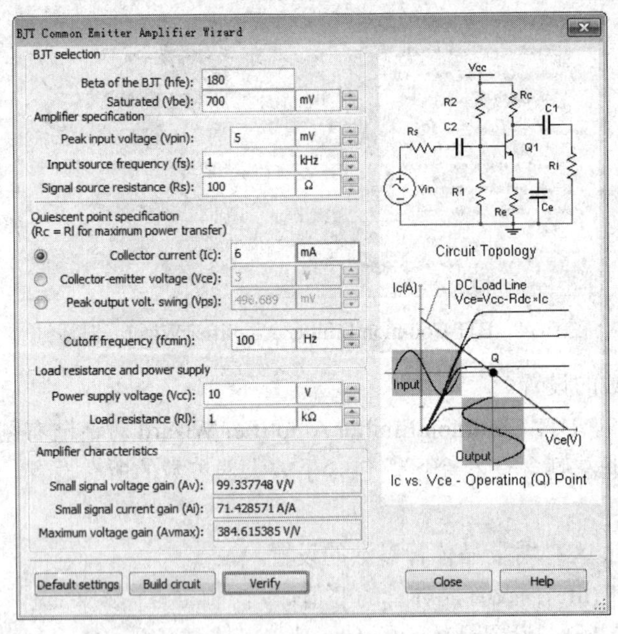

图 9-35　校验后的 BJT Common Emitter Amplifier Wizard 对话框

图 9-35 中校验生成放大器的参数为信号电压增益 A_v=99.337748，信号电流增益 A_i=71.428571，最大电压增益 A_{vmax}=384.615385。

反之，若放大器设计向导的对话框如图 9-36 所示，则表明 NI Multisim 不能实现该放大器，此时应重新设置放大器的参数，直至出现如图 9-35 所示的对话框。然后单击 Build circuit 按钮生成所需电路。

2．设计举例

利用 NI Multisim 中的 BJT Common Emitter Amplifier Wizard 设计一放大器。其具体参数如下：电源电压为 10V，信号电压增益 A_v 约为 99。

在 BJT Common Emitter Amplifier Wizard 对话框中，设置放大器的参数如图 9-34 所示。单击 Verify 按钮，NI Multisim 软件会自动出现如图 9-35 所示的对话框，检查放大器参数是否符合设计要求，若符合，单击 Build Circuit 按钮生成所需电路如图 9-37 所示；否则，修改图 9-34 中的参数，直至参数符合设计要求。

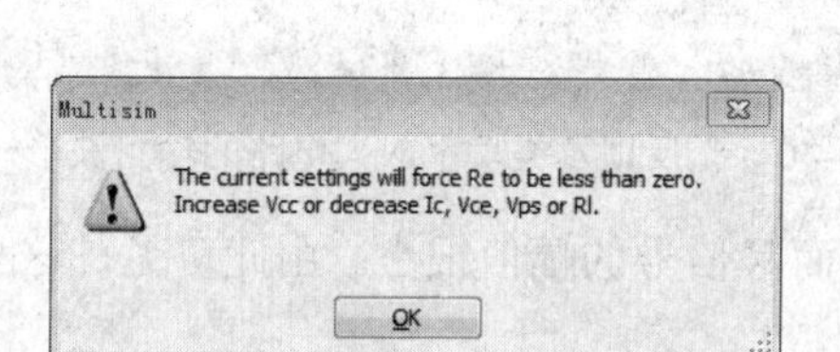

图 9-36　校验出错对话框

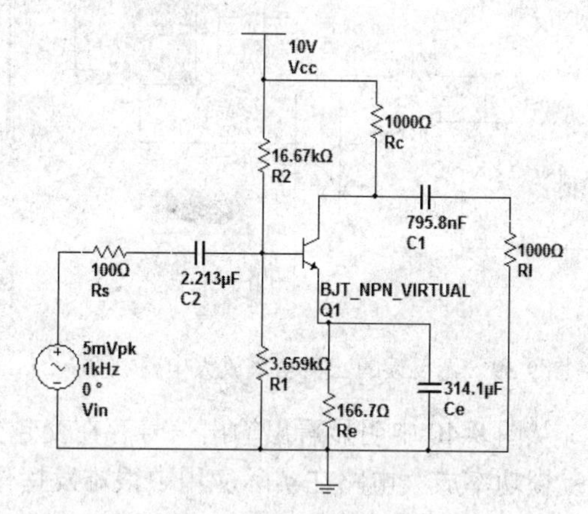

图 9-37　利用向导设计的放大器

利用虚拟示波器观察放大器的输入与输出波形如图 9-38 所示。

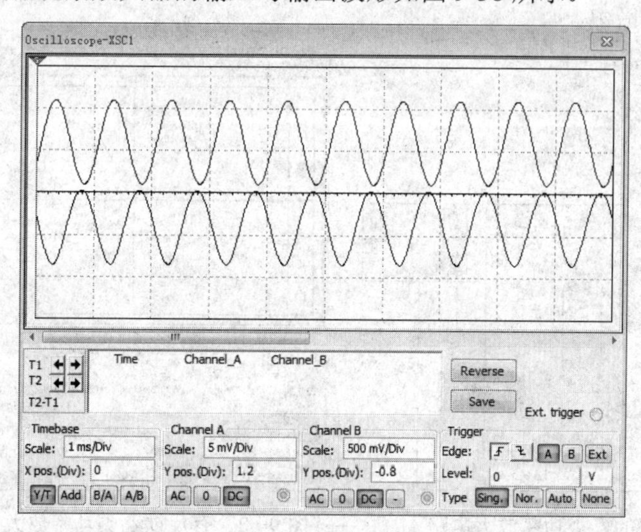

图 9-38　利用虚拟示波器观察放大器的输入与输出波形

9.1.6　负反馈放大器电路

负反馈放大器电路主要用来提高放大器的质量指标。例如，稳定直流工作点，稳定增益，减小非线性失真，扩展放大器的通频带等。

1．负反馈对功率放大器的影响

在 NI Multisim 中创建如图 9-39 所示无反馈的乙类功率放大电路，当输入端加为 50mV/1000Hz 的正弦信号时，输出波形如图 9-40 所示。

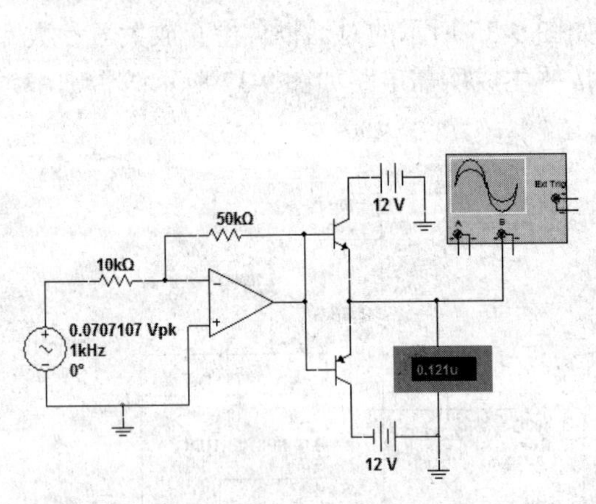

图 9-39 无反馈的乙类功率放大电路

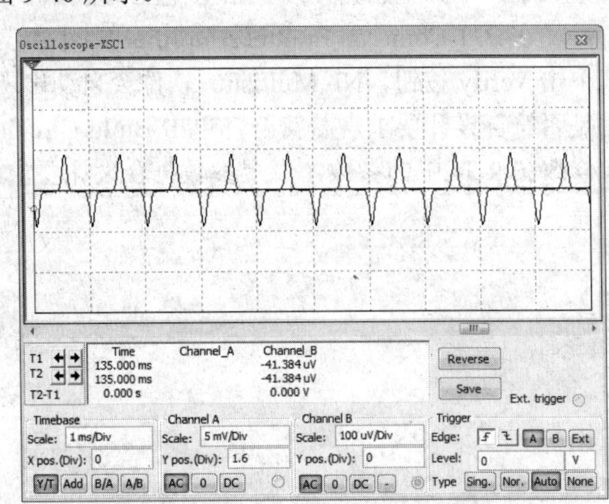

图 9-40 无反馈乙类功率放大电路的输出波形

从图 9-40 中明显看出输出信号存在交越失真，而且信号的幅值很小。由此可见，这种无反馈功率放大电路在实际应用中很难发挥作用。

图 9-41 为有反馈的乙类功率放大电路，将输出信号通过 R2 引入输入端，会使输出信号波形大大改善。图 9-42 所示即为接入反馈后的输入输出信号，电路消除了交越失真，并提高了电路的放大倍数。

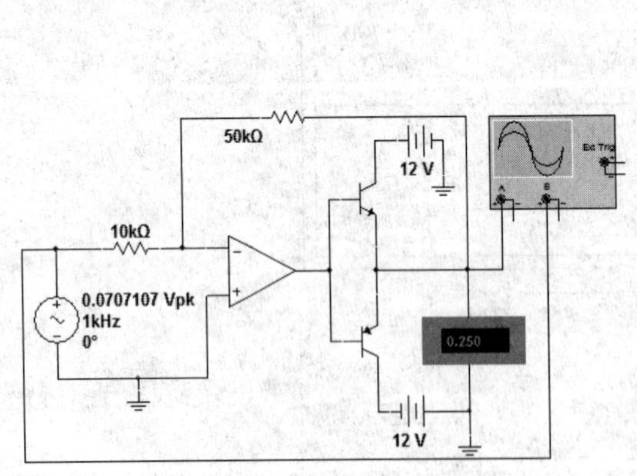

图 9-41 有反馈的乙类功率放大电路

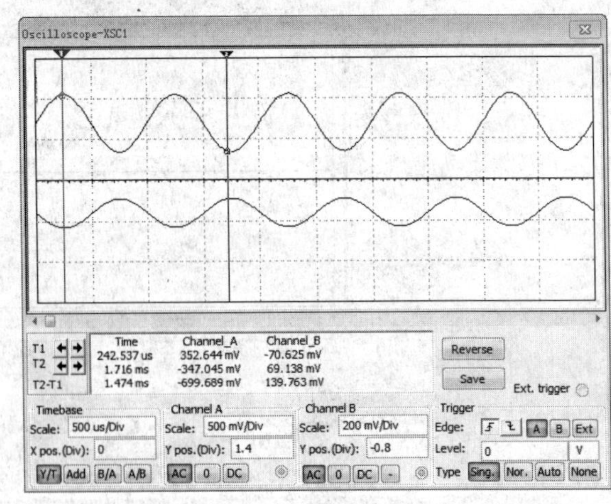

图 9-42 有反馈乙类功率放大电路的输入输出信号

2．电流串联负反馈放大电路

在 NI Multisim 电路窗口中创建如图 9-43 所示的电流串联负反馈放大电路，当开关 J1 闭合时，电路处于无反馈状态，此时对电路进行交流分析，得到放大器的电压放大倍数 A_V 的幅频特性如图 9-44 所示。

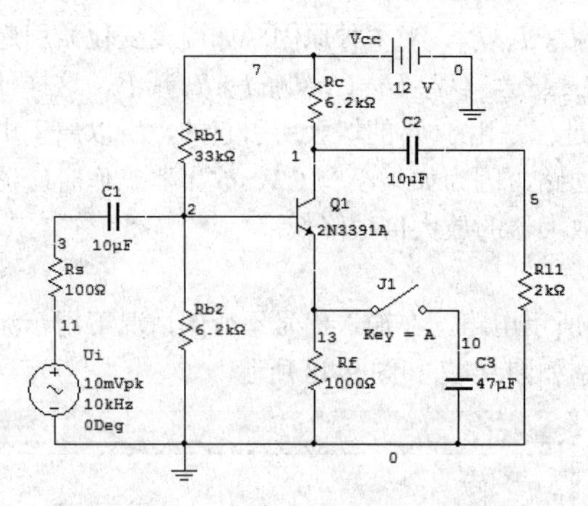

图 9-43　电流串联负反馈放大电路

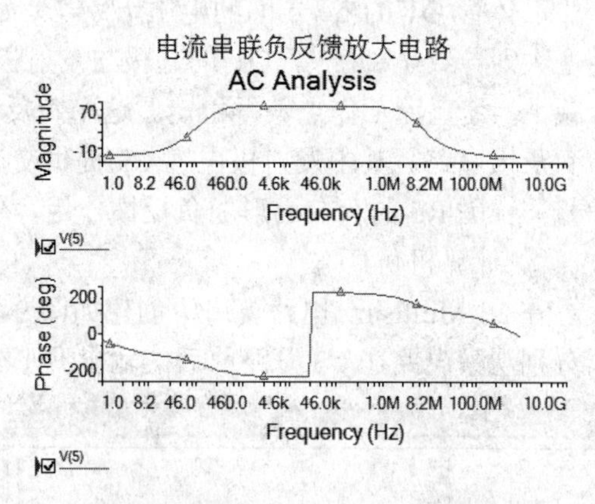

图 9-44　未加电流串联负反馈时，电路幅频特性结果显示

由图 9-44 可读出其中频增益 A_{VO}=65.2755，上截止频率 f_h=4.2372MHz。

当开关 J1 打开时，重复上面的分析，再观察放大器有电流串联负反馈时，放大器的电压放大倍数 A_V 的幅频特性曲线如图 9-45 所示。

由图 9-45 可知，中频增益 A_{VO} 为 1.4455，上截止频率 f_h 约为 51.2746MHz。由此可见，放大器加负反馈后，电压放大倍数的上截止频率提高了，但中频增益均降低了。所以，负反馈法提高放大器的上截止频率是以牺牲中频增益为代价的。

3. 直流电流负反馈电路和交流电压负反馈电路

图 9-46 所示电路是一种最基本的负反馈放大器电路，这个电路看上去非常简单，但其实其中包含了直流电流负反馈电路和交流电压负反馈电路。

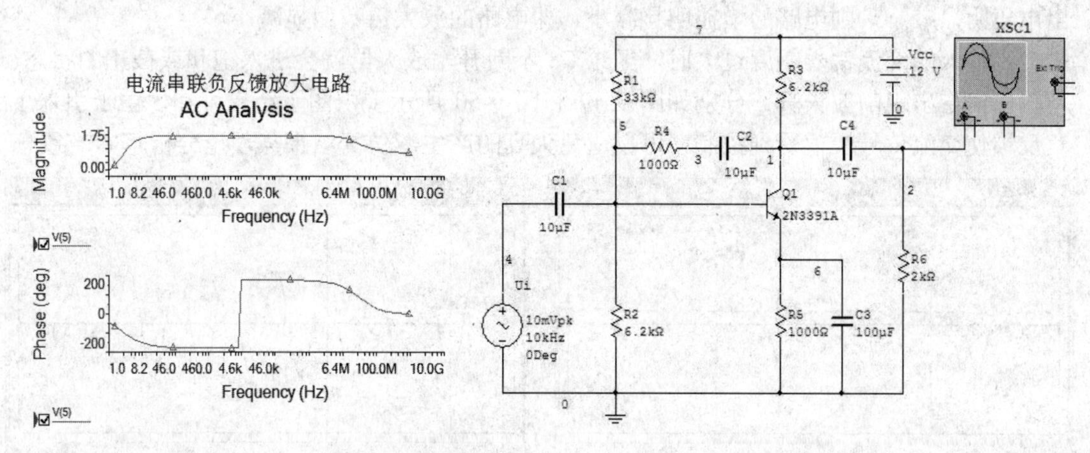

图 9-45　电流串联负反馈时，电路的幅频特性　　　　图 9-46　负反馈放大电路

其中，R1 和 R2 为晶体管 Q1 的直流偏置电阻，R6 是放大器的负载电阻，R5 是直流电流负反馈电阻，C2 和 R4 组成的支路是交流电压负反馈支路，C3 是交流旁路电容，它防止交流电流负反馈的产生。

（1）直流电流负反馈电路

① 理论分析

晶体管 Q1 的 b、e 间的电压 $U_{BE}=U_B-U_E=U_B-I_E\times R_5$。当某种原因（如温度变化）引起 I_E 增大则导致 U_E 增大，Q1 的基极与发射极电压之差 $U_{BE}=U_B-U_E=U_B-I_E\times R_5$ 减小，这样使 I_E 减小，使直流工作点获得稳定。这个负反馈过程是由于 I_E 的增大所引起的，所以属于电流负反馈电路。其中发射极电容 C3 提供交流通路，因为如果没有 C3，放大器工作时交流信号同样因 R5 的存在而形成负反馈作用，使放大器的放大倍数降低。

② 计算机仿真

在 NI Multisim 电路窗口中创建如图 9-46 所示电路，在输入信号不变的情况下用示波器分别观察电路在 C3 开路前后的输出波形分别如图 9-47 和图 9-48 所示。

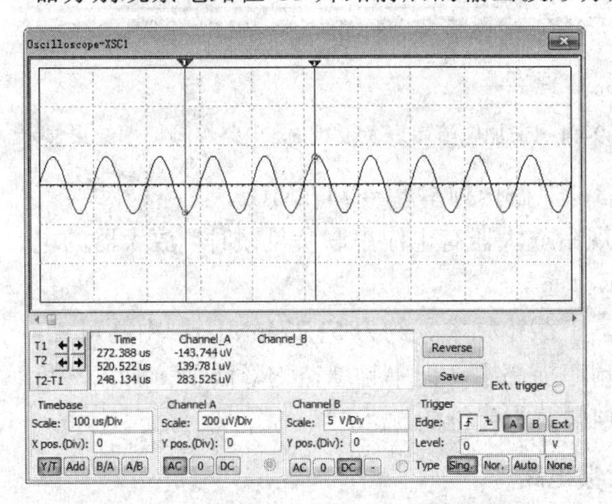

图 9-47　C3 开路（有直流反馈）时的输出波形

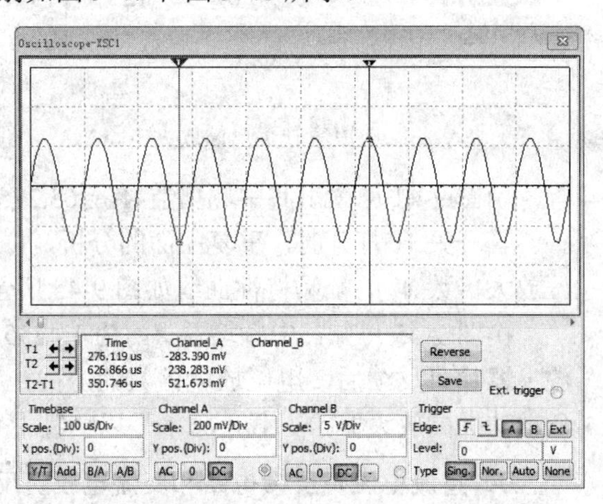

图 9-48　C3 正常（无直流反馈）时的输出波形

比较图 9-47 和图 9-48 所示波形可知，在输入信号不变的情况下，电路在 C3 断开时输出电压明显减小，则电路的增益明显减小，即电路的放大倍数明显减小。

当输入的交流信号幅度过大时，如果 C3 不断开，放大器就会进入饱和或截止的状态，使输出信号出现削波失真，分别如图 9-49 和图 9-50 所示。由图示结果可知，由于引入了负反馈使交流信号幅值受到控制，可以避免失真的产生。仿真结果与理论分析基本一致。

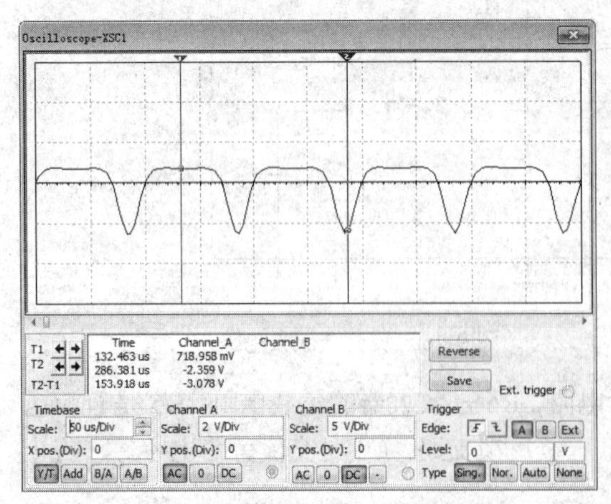

图 9-49　无反馈时增大输入信号幅度时输出电压波形（产生削顶失真）

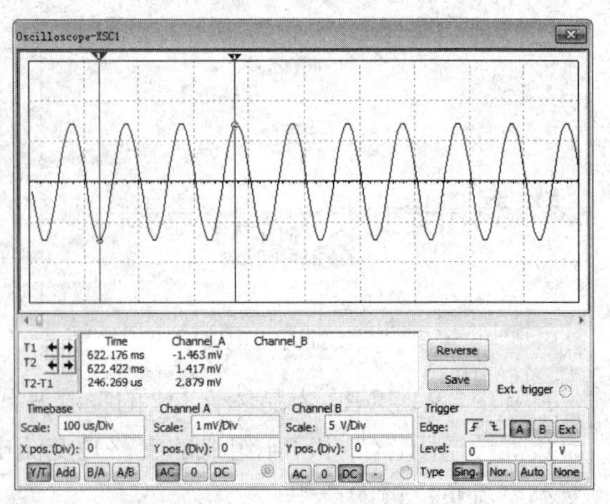

图 9-50　有反馈时增大输入信号幅度时输出电压波形

（2）交流电压负反馈电路

① 理论分析

交流电压负反馈支路由 C2 和 R4 组成，输出电压经过这条支路反馈到输入端。由于放大器的输出信号与输入信号电压在相位上互为反相，所以是电压负反馈电路。由于负反馈削弱了原输入信号的作用，使放大器的放大系数大为减小。R4 控制着负反馈量的大小，C2 起隔直流、通交流的作用。当输入的交流信号幅度过大时，如果没有 C2 和 R4 的负反馈支路，放大器就会进入饱和或截止的状态，使输出信号出现削波失真。由于引入了负反馈使交流信号幅值受到控制，所以避免了失真的产生。

② 计算机仿真

在 NI Multisim 电路窗口中创建如图 9-46 所示的电路，在输入信号不变的情况下分别对电路在 C2 开路前后进行瞬态分析，电路的输出波形分别如图 9-47 和图 9-51 所示。

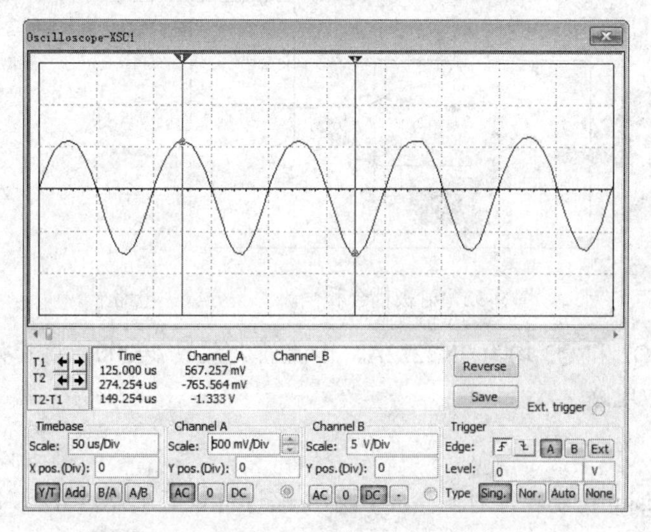

图 9-51　C2 开路（无反馈）时电路的输出波形

由此可知，在输入信号不变的情况下，电路在 C2 正常，电路引入负反馈时输出电压明显减小，输出电压波形的失真也明显减小。仿真结果与理论分析一致。

9.2　集成运算放大器

集成运算放大器是一种高电压增益、高输入电阻和低输出电阻的多级直接耦合放大电路，其类型很多，电路也不尽相同，但电路结构上有共同之处。一般可分为 3 部分，即差动输入级、电压放大级和输出级。输入级一般是由晶体管或场效应管组成的差动式放大电路，利用差动电路的对称性可以提高整个电路的共模抑制比和其他性能指标。电压放大级的主要作用是提高电压的放大倍数，它可由一级或多级放大电路组成。输出级一般由射极跟随器或互补射极跟随器组成，主要作用是提高输出功率，并与后面的电路良好隔离。

9.2.1 差动放大电路

在 NI Multisim 电路窗口中创建射极耦合和恒流源差分放大电路，如图 9-52 所示。

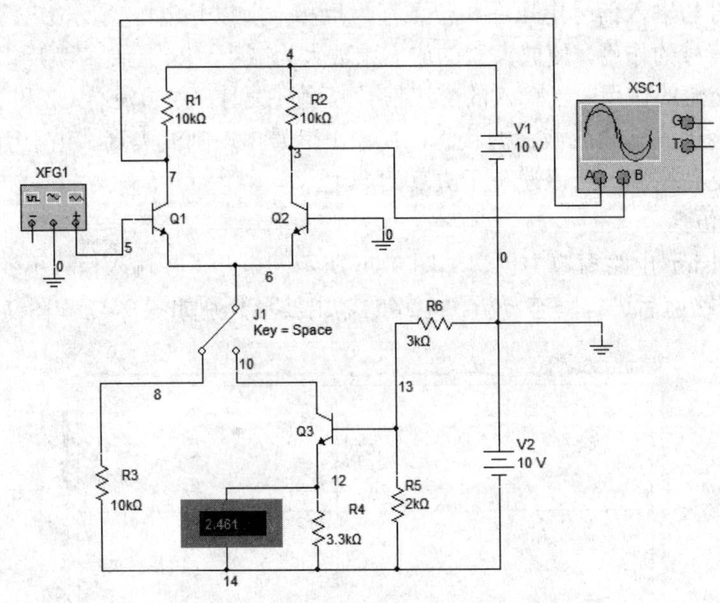

图 9-52　射极耦合和恒流源差分放大电路

晶体管 Q1、Q2 和 Q3 均为 2N2222A，电流放大系数 β=200，将开关 J1 与 R3 相连，构成射极耦合差放电路。

1．静态分析

利用 NI Multisim 仿真软件对图 9-52 所示电路进行直流工作点分析，分析结果如图 9-53 所示。

射极耦合差放和恒流源差放电路
DC Operating Point

	DC Operating Point	
1	V(5)	0.00000
2	V(8)	-606.62024 m
3	V(10)	-7.52553
4	V(4)	10.00000
5	V(3)	5.32523
6	V(13)	-6.89783
7	V(14)	-10.00000
8	V(12)	-7.53910

（a）开关 J1 接到节点 8 的静态分析结果

射极耦合差放和恒流源差放电路
DC Operating Point

	DC Operating Point	
1	V(5)	0.00000
2	V(8)	-10.00000
3	V(10)	-608.92362 m
4	V(4)	10.00000
5	V(3)	4.92856
6	V(13)	-6.00567
7	V(14)	-10.00000
8	V(12)	-6.63262

（b）开关 J1 接到节点 10 的静态分析结果

图 9-53　直流工作点分析

由图 9-53（a）可知，电路中节点 6 与节点 8 接在一起，其电压与图 9-53（b）中节点 6 与节点 10 之间的直流电压非常接近，约为−600mV。因此，可求出 Q1 和 Q2 的射极直流电流。

2．动态分析

（1）差模输入的仿真分析

① 用示波器测量差模电压放大倍数，观察波形相位关系。

对于图 9-52 所示的单端输入方式，用函数发生器为电路提供正弦输入信号（幅度为 10mV，频率为 1kHz），用示波器测得电路的两输出端波形如图 9-54 所示。

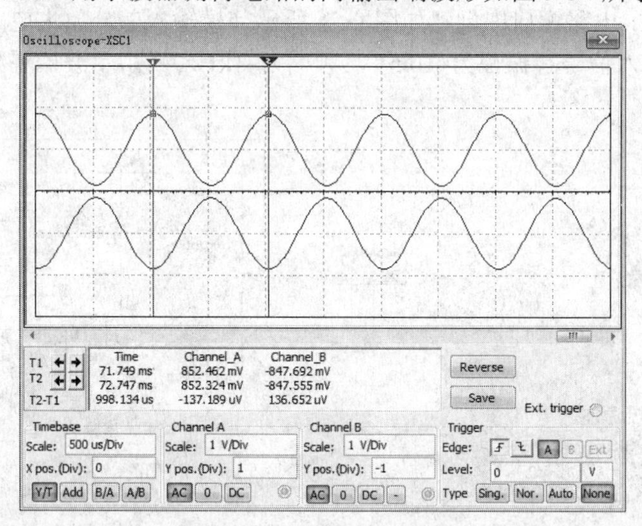

图 9-54　射极耦合差分放大电路两输出端的波形

当开关 J1 接到节点 8 时，调整示波器面板读数指针可得：输出正弦电压峰值 $V_{O1}(V_A)$ 为-852.462mV，$V_{O2}(V_B)$为-847.692mV，且输出差模波形 V_{O1} 与 V_{O2} 反相。当开关 J1 接到节点 10 时，调整示波器面板读数指针可得：输出正弦电压峰值 $V_{O1}(V_A)$为-911.16mV，$V_{O2}(V_B)$为-911.89mV，且输出差模波形 V_{O1} 与 V_{O2} 相位相反。

当开关 J1 接到节点 8 时，单端输入、单端输出的差模电压放大倍数：

$$A_{VD1}=-\frac{V_{O1}}{V_i}=-\frac{852.462}{10}=-85.24$$

当开关 J1 接到节点 8 时，单端输入、双端输出的差模电压放大倍数：

$$A_{VD}=-\frac{V_{O1}-V_{O2}}{V_i}=-\frac{852.4+847.6}{10}=-170$$

当开关 J1 接到节点 10 时，单端输入、单端输出的差模电压放大倍数：

$$A_{VD1}=-\frac{V_{O1}}{V_i}=-\frac{911.16}{10}=-91.11$$

当开关 J1 接到节点 10 时，单端输入、双端输出的差模电压放大倍数：

$$A_{VD}=-\frac{V_{O1}-V_{O2}}{V_i}=-\frac{911.16+011.89}{10}=-182$$

② 差模输入的频率响应分析

执行 Simulate»Analyses»AC Analysis 命令，在交流分析的对话框中设置扫描起始频率为 1Hz，终止频率为 10GHz，扫描形式为十进制，节点 3 为输出节点。当开关 J1 接到节点

8 时，分析结果如图 9-55 所示。当开关 J1 接到节点 10 时，分析结果与开关 J1 接到节点 8 时类似。

观察射极耦合差分放大电路的频率响应曲线可得：电路的下限频率为 0Hz（这是直流放大电路的特征），上限频率为 4.84MHz，通频带为 4.84MHz。

（2）共模输入的仿真分析

在 NI Multisim 电路窗口中创建如图 9-56 所示共模输入差分放大电路，用函数发生器为电路提供正弦输入信号（振幅为 10mV，频率为 1kHz）。用示波器观察两输出端的电压波形。

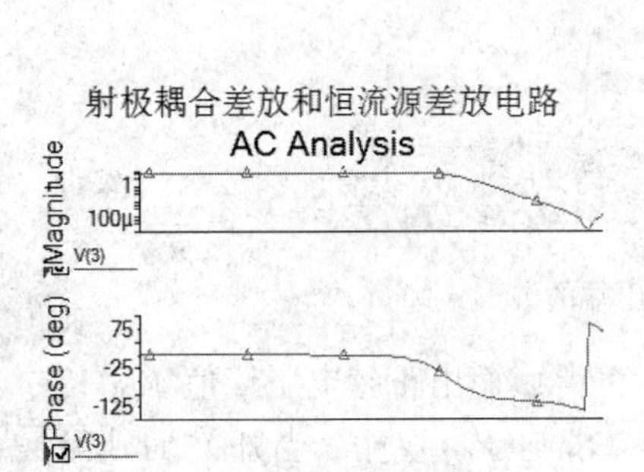

图 9-55　差模输入的频率响应分析

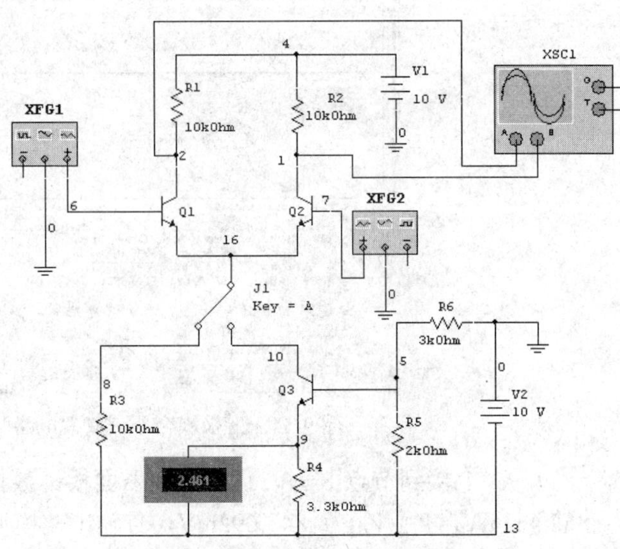

图 9-56　共模输入差分放大电路

当开关 J1 接到节点 8 时，共模输入仿真电路的波形如图 9-57 所示。调整示波器面板读数指针得到：与输出正弦电压峰值的相同，均为 4.957mV，且输出电压相位相同，说明该差动放大电路左右两侧元件参数对称性好。

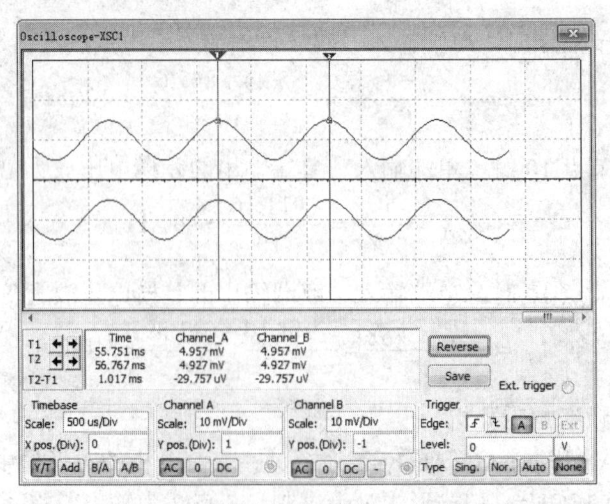

图 9-57　开关 J1 接到节点 8 时共模输入仿真电路的输出波形

单端输出共模电压放大倍数：$A_{VC1}=-V_{O1}/V_i=-4.957\text{mV}/10\text{mV}=-0.4957$

单端输出共模抑制比：$K_{CMR}=85.24/0.4957\approx170$

当开关 J1 接到节点 10 时，共模输入仿真电路的波形如图 9-58 所示。调整图 9-58 中的示波器面板读数指针，可以读出：输出正弦电压峰值 $V_{O1}(V_A)$与 $V_{O2}(V_B)$相同，均为 1.748μV，且输出电压相位相同。说明该差动放大电路左右两侧元件参数对称性好。

单端输出共模电压放大倍数：$A_{VC1}=-V_{O1}/V_i=-1.748\text{uV}/10\text{mV}=-0.00001748$

单端输出共模抑制比：$K_{CMR}=85.08/0.00001748\approx4.9\times10^6$

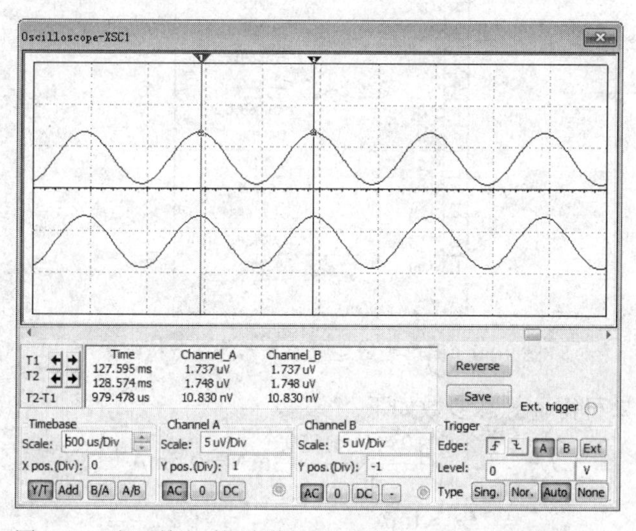

图 9-58　当开关 J1 接到节点 10 时共模仿真电路的输出波形

9.2.2　分立元件构成的简单集成运算放大器

在 NI Multisim 电路窗口中创建如图 9-59 所示集成运算放大器。其中，所有 BJT 为 2N2222A。

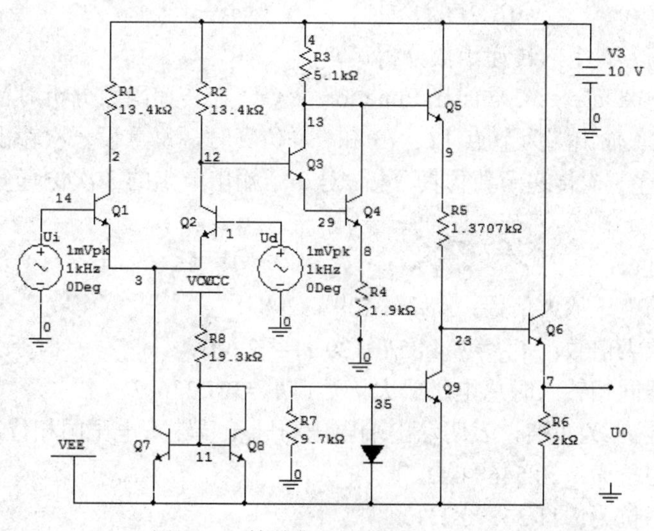

图 9-59　简单集成运算放大器电路

1．静态分析

假设输入信号电压为零（两输入端接地），选择分析菜单中的直流工作点分析，获得分析结果，观察输出端（节点 7）的直流电位是否为零？若不为零，则调整 R5 的阻值，使输出端电位为零，得到简单集成运算放大器静态分析结果如图 9-60 所示。

简单集成运算放大器电路

DC Operating Point

	DC Operating Point	
1	V(1)	0.00000
2	V(2)	2.80559
3	V(3)	-610.84567 m
4	V(4)	10.00000
5	V(7)	-20.26830 u
6	V(8)	1.69636
7	V(9)	4.72199
8	V(14)	0.00000
9	V(23)	668.16488 m
10	V(29)	2.32030
11	V(35)	-9.34621

图 9-60　简单集成运算放大器静态分析结果

由仿真分析结果可得各静态参数如下：

$$I_{C1} \approx I_{C2} = (\frac{10-2.80559}{13.4})\text{mA} = 0.5\text{mA}$$

$$I_{C7} = 2I_{C1} \approx 1\text{mA}$$

$$I_{E5} = (\frac{4.72199-0.66816488}{1.371})\text{mA} = 2.9\text{mA}$$

$$V_{CE1} = V_{CE2} = 3.4\text{V}, V_{CE4} = 3.7\text{V}, V_{CE6} \approx 10\text{V}$$

仿真分析结果在误差允许范围内与理论分析一致。

2．动态分析

（1）同相输入方式下的传递函数分析

执行 Simulate»Analyses»Transfer Function 命令，在传递函数分析对话框中设置输入源为 $v_1(v_{i2})$，分别设置输出端为节点 12、13 和 7。仿真时，每重设一次输出节点，单击一次 Simulate 按钮，进行一次传递函数仿真分析。对 3 个输出节点的 3 次仿真分析结果如图 9-61 所示。

由分析结果可得：

差动放大器的电压放大倍数：A_{VD1}=−129.13298

中间级电压放大倍数：A_{V2}≈334.85/(−129.1)= −2.60

该运算放大器同相输入时总电压放大倍数：A_V=321.33603

电压放大倍数 A_V 为正值，表明输出端电压与同相端输入电压同相位。

电路的输入阻抗为：20.54684kΩ。

电路的输出阻抗为：11.36890Ω。

（2）反相输入方式下的传递函数分析

执行 Simulate»Analyses»Transfer Function 命令，在传递函数分析属性对话框中设置输入源为 V_i，设置输出端为节点 7，进行一次传递函数仿真分析。对输出节点的仿真分析结果如图 9-62 所示。

简单集成运算放大器电路

Transfer Function

	Transfer Function Analysis	
1	Transfer function	321.49581
2	vud#Input impedance	20.54684 k
3	Output impedance at V(V(7),V(0))	11.36890

	Transfer Function Analysis	
1	Transfer function	-129.13298
2	vud#Input impedance	20.54684 k
3	Output impedance at V(V(12),V(0))	12.96579 k

	Transfer Function Analysis	
1	Transfer function	335.02204
2	vud#Input impedance	20.54684 k
3	Output impedance at V(V(13),V(0))	5.08364 k

图 9-61　简单集成运算放大器同相输入时的传递函数分析结果

简单集成运算放大器电路

Transfer Function

	Transfer Function Analysis	
1	Transfer function	-321.33603
2	vui#Input impedance	20.54665 k
3	Output impedance at V(V(7),V(0))	11.36890

图 9-62　节点 7 传递函数仿真分析结果

由分析结果可得：反相输入方式下简单集成运算放大器的总电压放大倍数：A_V=−321.33603。负号表明运算放大器输出电压与反相输入端输入电压相位相反。电路的输入阻抗为 20.54665kΩ，电路的输出阻抗为 11.36890Ω。

9.2.3　集成运算放大器的交流小信号模型

集成运算放大器一般由多个晶体管单元电路组成。若分析集成运算放大器的线性运算电路时，使用原电路会使运算时间加长，占用大量计算机内存，甚至会加大计算机运算造成的积累误差，使仿真结果与实际结果误差较大，不能通过仿真说明集成运算放大器的具体应用。用集成运算放大器的宏模型代替其实际电路组成集成运算放大器，可以快速、直接仿真。所谓宏模型即是能反映集成运算放大器的某些参数的等效电路。

1．理论分析

集成运算放大器的交流小信号模型如图 9-63 所示。它不仅模拟集成运算放大器的差模输入电阻、开环差模电压增益和输出电阻，还模拟运算放大器的开环带宽 BW（即上截止频率）。

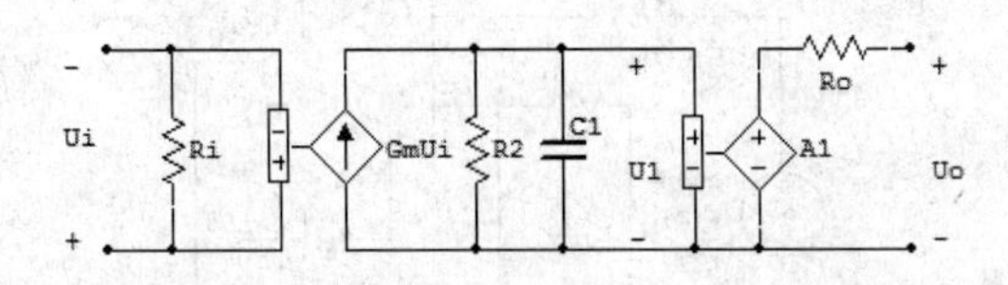

图 9-63　集成运算放大器的交流小信号模型

图 9-63 中用一个电压控制电流源 GmUi 和电阻 Ri、电容 C1 和电压控制电压源 A1u1 来模拟运算放大器的开环电压增益 A_O 和上截止频率 f_h。由图 9-63 可知：

$$u_o = A_1 u_1 = \frac{A_1 g_m R_1}{1 + j\omega R_1 C_1} u_i$$

令

$$A_O = A_1 g_m R_1$$

$$f_h = \frac{1}{2\pi R_1 C_1}$$

则：$A(\omega) = \dfrac{u_o}{u_i} = \dfrac{A_O}{1 + j\omega / \omega_h}$

其中，$A_O = A_1 g_m R_1$ 是运算放大器的零频开环差模电压增益，$f_h = \dfrac{\omega_h}{2\pi}$ 是运算放大器的开环带宽。

根据集成运算放大器的指标即可构成其交流线性模型的参数。例如，μA741 的指标为：$A_O = 200000$，$R_i = 2\text{M}\Omega$，$R_O = 75\Omega$，$f_h = 7\text{Hz}$。需求出模型的 4 个待定参数：g_m、R_1、C_1 和 A_1，而决定这 4 个参数的已知参数只有 2 个：f_h 和 A_O。所以，参数的选取并不唯一，可以选取 R_1 和 g_m 的值，再求出 C_1 和 A_1 的值。选取参数原则为：① 取值方便，② 不会因取值太大或太小而引入较大的运算误差。

假如取 R_1=10kΩ，$g_m = 0.1\text{s}$；

由 $f_h = \dfrac{1}{2\pi R_1 C_1} = 7\text{Hz}$，$A_O = A_1 g_m R_1 = 2 \times 10^5$ 得：

$$C_1 = \frac{1}{2\pi \times 10 \times 10^3 \times 7} \approx 2.27\mu\text{F}$$

$$A_1 = \frac{2 \times 10^5}{0.1 \times 10 \times 10^3} = 200$$

在图 9-63 中，$R_i = 2\text{M}\Omega$，$R_O = 75\Omega$，即模型中的参数均有确定值。

2．计算机仿真

利用 NI Multisim 仿真软件可验证上述结论。在 NI Multisim 电路窗口中创建由集成运算放大器 μA741 组成的同相输入放大器如图 9-64，由 μA741 交流小信号模型组成的同相输入放大器如图 9-65 所示（模型参数由上面推算可知）。

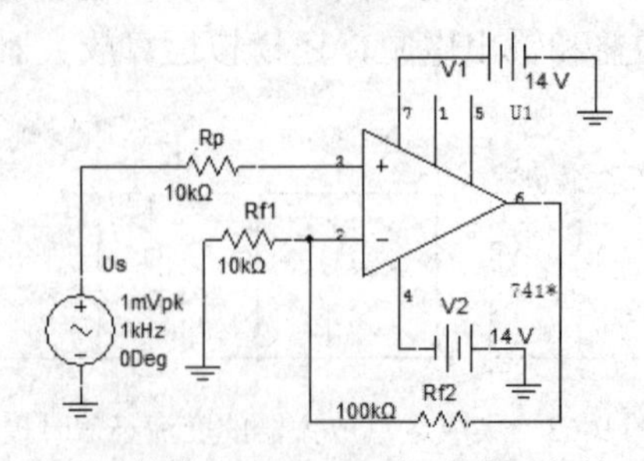

图 9-64　集成运算放大器 μA741 组成的同相输入放大器

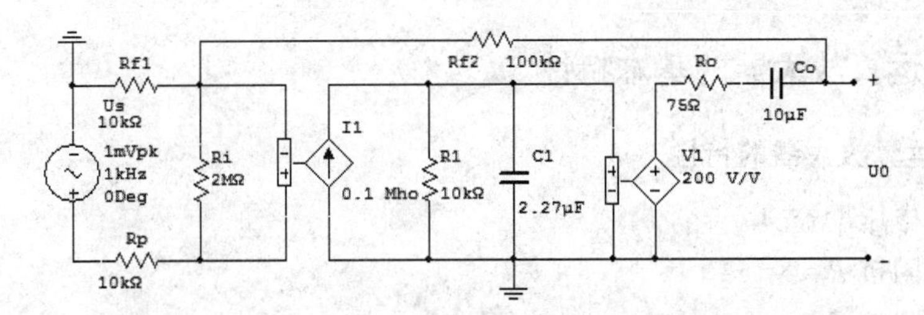

图 9-65　μA741 交流小信号模型组成的同相输入放大器

用波特图示仪观察由μA741 组成的同相输入放大器及由其交流小信号模型组成的同相输入放大器的幅频和相频响应分别如图 9-66 和图 9-67 所示。

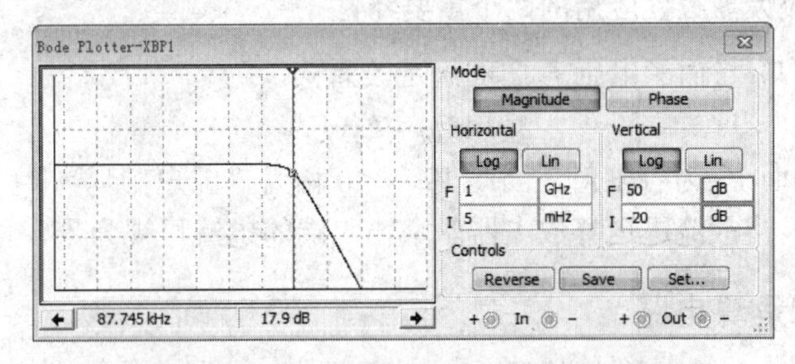

图 9-66 集成运算放大器 μA741 的幅频响应

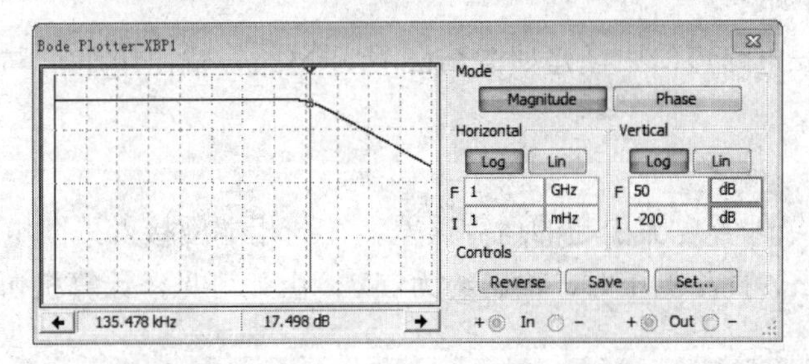

图 9-67 集成运算放大器 μA741 的交流小信号模型的幅频响应

由分析结果可知：集成运算放大器 μA741 组成的同相输入式放大器与其交流小信号模型有着相似的频率响应。但交流小信号模型组成的放大器的上截止频率比集成运算放大器μA741 组成的同相输入式放大器高，即放大器的通频带宽更宽。显然对集成运算放大器电路进行交流分析时可用其交流小信号模型代替。

9.3　信号运算电路

当集成运算放大器外部接不同的线性或非线性元器件组成输入和负反馈电路时，就可以实现各种特定的函数关系。比例运算电路是最基本的运算电路，结构上可分为反相比例运算电路和同相比例运算电路。在此基础上可演变成其他形式的线性或非线性运算电路，如加法、减法电路，微分、积分电路。

9.3.1 理想运算放大器的基本特性

1. 理想运算放大器的特性

（1）开环电压增益 $A_{Vd}=\infty$。

（2）输入阻抗 $R_i=\infty$。

（3）输出阻抗 $R_o=0$。

（4）带宽 $f_{BW}=\infty$。

（5）失调与漂移均为零等。

2. 理想运算放大器线性应用的两个重要特性

（1）输出电压 V_O 与输入电压 V_i 之间满足关系式

$$V_O=A_{Vd}（V_+-V_-）$$

由于 $A_{Vd}=\infty$，而 V_O 为有限值，因此 $V_+=V_-=0$ 称为“虚短”。

（2）由于 $R_i=\infty$，故流进运算放大器两个输入端的电流可视为零，称为“虚断”。

9.3.2 比例求和运算电路

1. 反相比例电路

在 NI Multisim 电路窗口中创建如图 9-68 所示电路，输出电压 u_o 与输入电压 u_i 的关系为：$u_o=-\dfrac{R_f}{R_1}u_i$。

为了减小输入级偏置电流引起的运算误差，在同相端应接入平衡电阻 $R=R_1//R_f$。

当输入为 500mV 直流电压时，输出约为-5V，由此可见，计算机仿真分析结果与理论分析的结论相符。

2. 同相比例电路

同相比例电路如图 9-69 所示，其中 R 为平衡电阻。

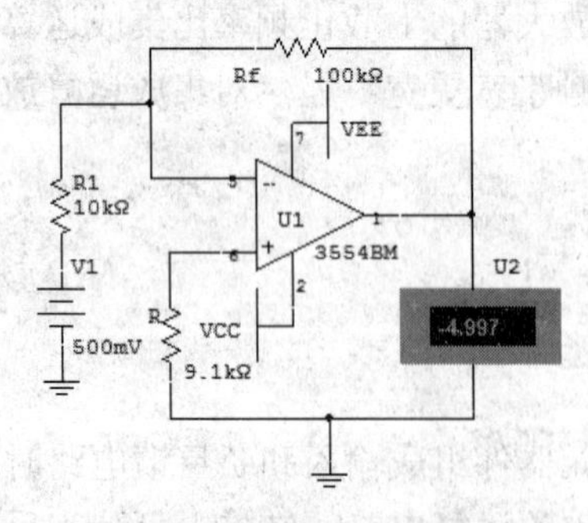

图 9-68　反相比例电路

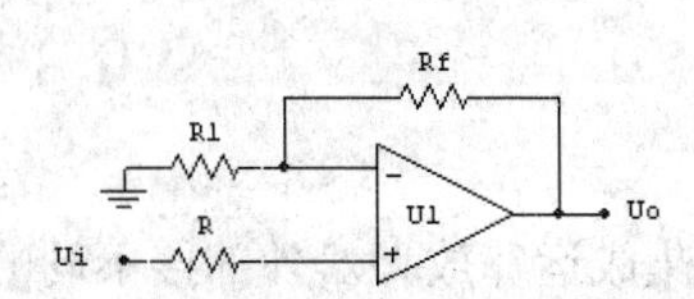

图 9-69　同相比例电路

与反相比例电路分析相似，利用理想运算放大器的“虚短”和“虚断”特性，可得同相比例电路的输出电压 u_o 与输入电压 u_i 的关系为：

$$u_o = \left(1 + \frac{R_f}{R_1}\right) u_i$$

在 NI Multisim 电路窗口中创建如图 9-69 所示电路，输入幅度为 2V 方波信号，当 $R_1 = R_f = 1\text{k}\Omega$ 时的电路输入、输出波形如图 9-70 所示。

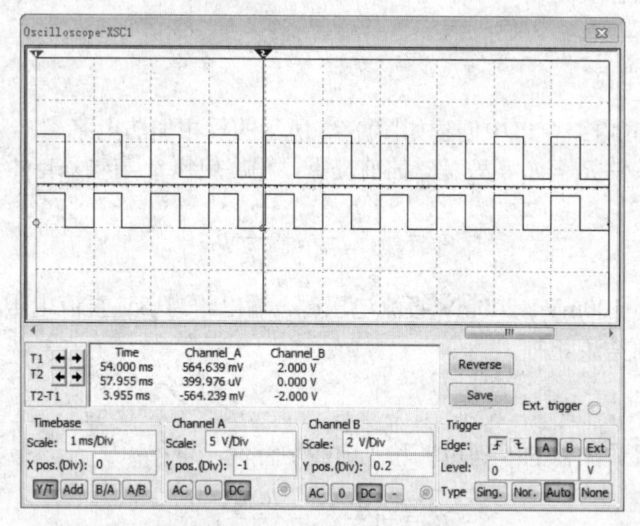

图 9-70　同相比例电路的输入、输出波形

理论分析，同相比例电路的输出 $u_o = \left(1 + \frac{R_f}{R_1}\right) u_i = 2u_i$，故输出与输入同相且输出振幅是输入振幅的 2 倍。由于运算放大器的非理想性使得输出信号波形为非标准方波。由此可见，计算机仿真分析结果与理论分析的结论相符。

3．差动比例电路

在 NI Multisim 电路窗口中创建如图 9-71 所示的差动比例电路。

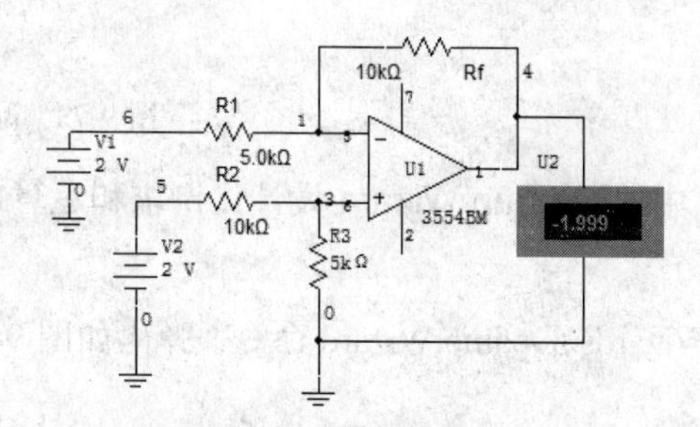

图 9-71　差动比例电路

利用理想运算放大器的“虚短”和“虚断”特性，可得：

$$u_o = \frac{1 + \frac{R_f}{R_1}}{1 + \frac{R_2}{R}} u_{i2} - \frac{R_f}{R_1} u_{i1}$$

在满足平衡条件 $R_1/R_f = R_2/R_3$ 的前提下，输出电压 u_o 与输入电压 u_i 的关系为：

$$u_o = \frac{R_f}{R_2}u_{i2} - \frac{R_f}{R_1}u_{i1}$$

当输入为 2V 直流电压时，输出约为-2V 直流电压，计算机仿真分析结果与理论分析的结论相符。

4．反相加法电路

在 NI Multisim 电路窗口中创建如图 9-72 所示的反相加法电路。

在满足平衡条件 $R_3 = R_1 // R_2 // R_3$ 的前提下，输出电压 u_o 与输入电压 u_i 的关系为：

$$u_o = -\left(\frac{R_f}{R_1}u_{i1} + \frac{R_f}{R_2}u_{i2}\right)$$

当输入分别为 100mV、200mV 直流电压时，输出约为-3V 直流电压，计算机仿真分析结果与理论分析的结论相符。

5．减法电路

利用理想运算放大器的“虚短”和“虚断”特性，可得：

$$u_3 = -\left(\frac{R_3}{R_t}v_2 - \frac{R_2R_3}{R_1R_4}v_1\right)$$

取 $R_1 = R_2 = R_3 = R_4$ 则 $u_3 = v_1 - v_2$。

在 NI Multisim 电路窗口中创建如图 9-73 所示的减法电路，仿真与理论分析一致。

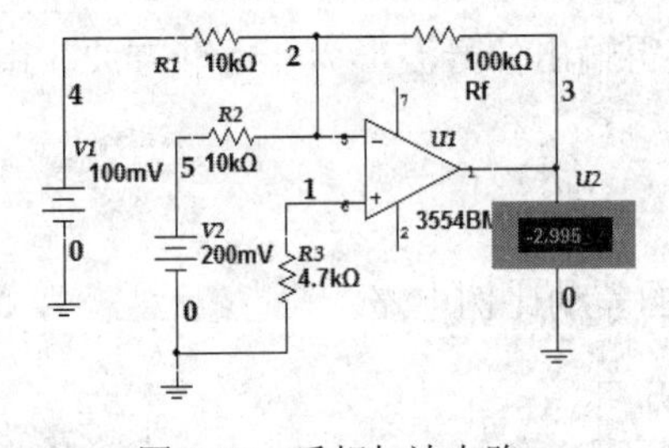

图 9-72　反相加法电路

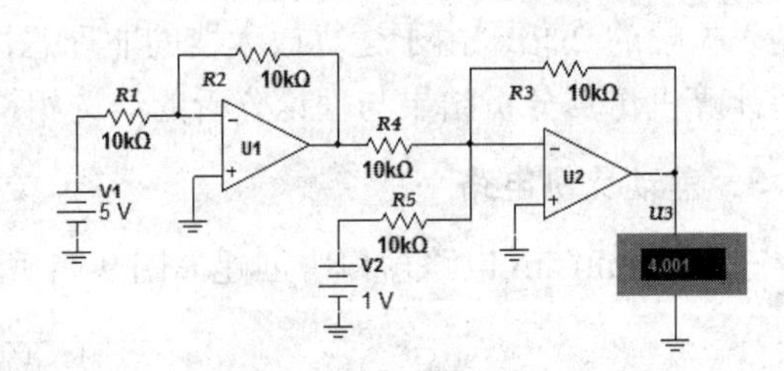

图 9-73　减法电路

6．利用 NI Multisim 中的 Opamp Wizard 设计比例求和运算电路

（1）设计步骤

执行 Tools » Circuit Wizards»Opamp Wizard 命令，弹出如图 9-74 所示的 Opamp Wizard 对话框。

在图 9-74 右侧是电路拓扑图，左侧为运算放大器参数的设置区。通过 Type 下拉列表，选择所设计比例求和运算电路的类型（同相、反相、差动、比例求和）；通过 Input signal parameters 区为比例求和运算电路设置输入信号的幅度及频率；通过 Amplifier parameters 区为比例运算电路设置电压增益、输入阻抗、运算放大器电源电压。选中 Add source 复选框，可为设计的比例运算电路添加信号源，若单击 Default settings 按钮则可恢复到默认的设置按钮。

比例求和运算电路参数设置完毕后，单击 Verify 按钮，NI Multisim 软件会自动检查能否实现所设置的比例运算电路。若比例求和运算电路拓扑示意图下方出现“Calculation was successfully completed”字样，则表明 NI Multisim 能够实现该电路；反之，若运算电路拓扑示意图出现“Amplifier may Enter cutoff region”字样，则表明 NI Multisim 不能实现该电路，此时应重新设置电路的参数，直至出现“Calculation was successfully completed”，然后单击 Build circuit 按钮生成所需电路。

（2）设计举例

利用 NI Multisim 中的 Opamp Wizard 设计一个增益为 5 的反相比例放大器。

在 Opamp Wizard 对话框中设置反相比例放大器的参数如图 9-74 所示。单击 Verify 按钮，NI Multisim 软件会自动检查放大器参数是否符合设计要求。若符合，单击 Build circuit 按钮生成所需电路，如图 9-75 所示。

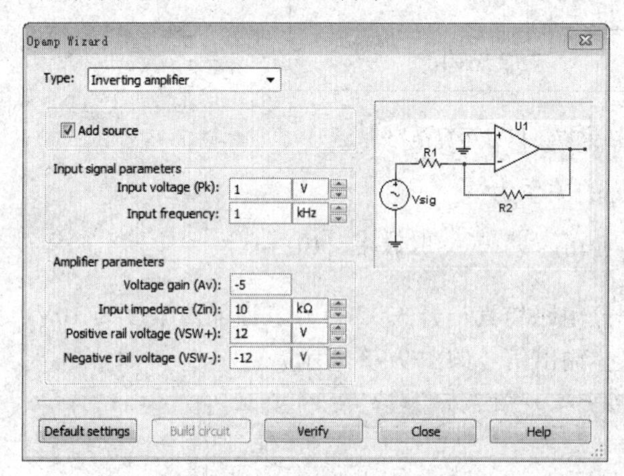

图 9-74　Opamp Wizard 对话框

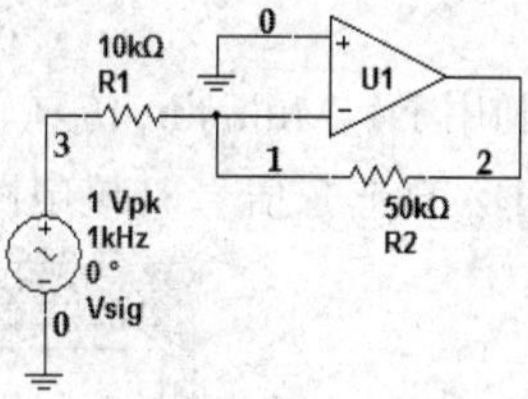

图 9-75　利用向导设计的反相比例放大器

利用虚拟示波器观察反相比例放大器输入与输出波形如图 9-76 所示。

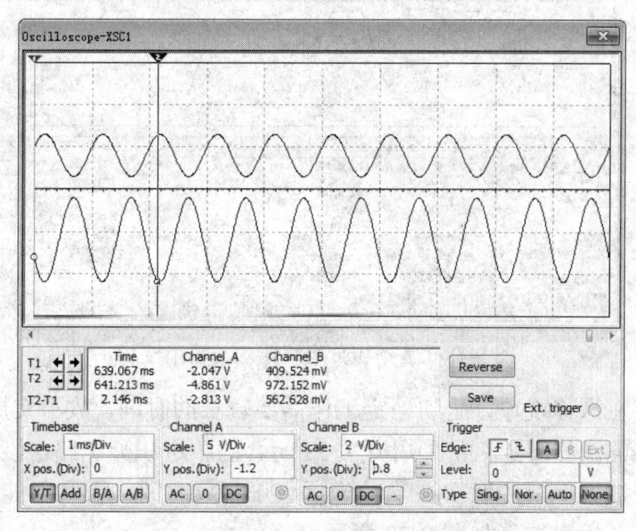

图 9-76　反相比例放大器输入与输出波形

9.3.3 积分电路和微分电路

1. 积分电路

积分电路可以完成对输入信号的积分运算，其电路如图 9-77 所示。

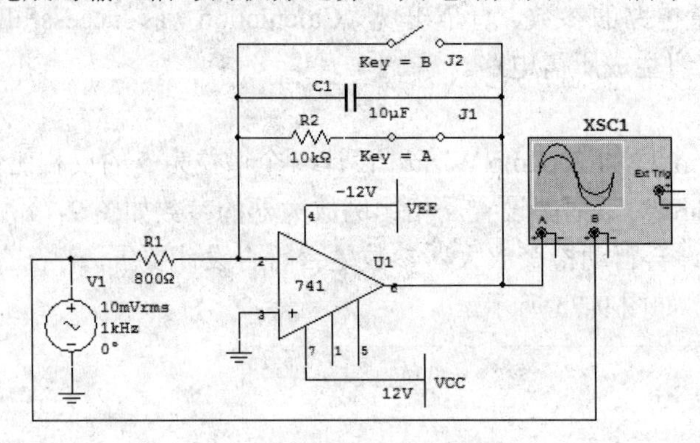

图 9-77　积分运算电路

电路的输出电压 u_o 与输入电压 u_i 的关系为：

$$u_o = -\frac{1}{R_1 C}\int u_i dt - u_c(0) \qquad （一般假定 u_c(0)=0 ）$$

利用 NI Multisim 仿真软件对积分电路仿真，开关 J2 打开，当输入幅度为 10V、频率为 10Hz 的正弦信号时该电路的输入、输出信号如图 9-78 所示。

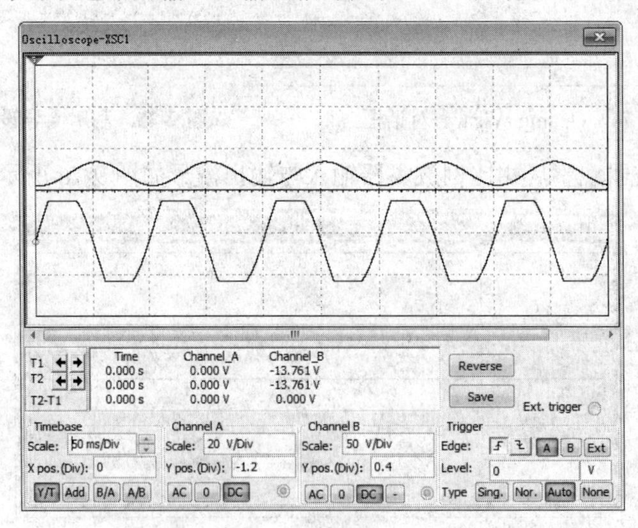

图 9-78　基本积分电路输入与输出波形

该积分电路存在漂移现象，达到稳定工作需要较长的时间，故不实用。在实际应用中，为了解决积分电路的漂移现象，常采用开关 J2 闭合的改进积分电路，该电路在原积分电路中引入了直流负反馈。但要注意 $R_f C$ 数值应远大于积分时间，否则不能得到正常输出。改进积分电路的输入、输出波形如图 9-79 所示。

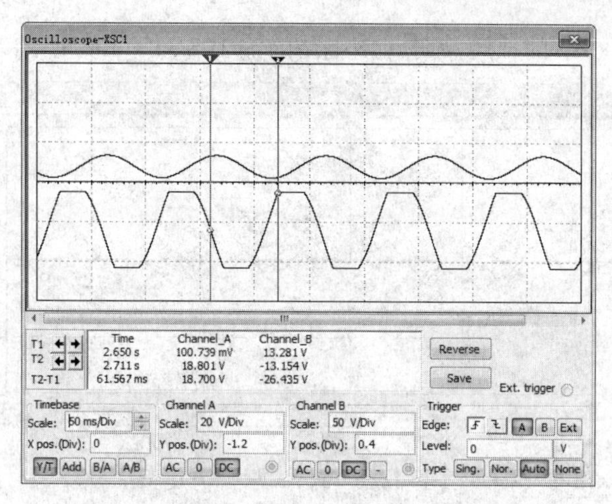

图 9-79　改进积分电路的输入、输出波形

2．伺服放大电路

在 NI Multisim 电路窗口中创建如图 9-80 所示的伺服放大仿真电路，该放大电路的输出是输入电压的 2 倍，电容 C1 上的电压是输入电压的 3 倍。

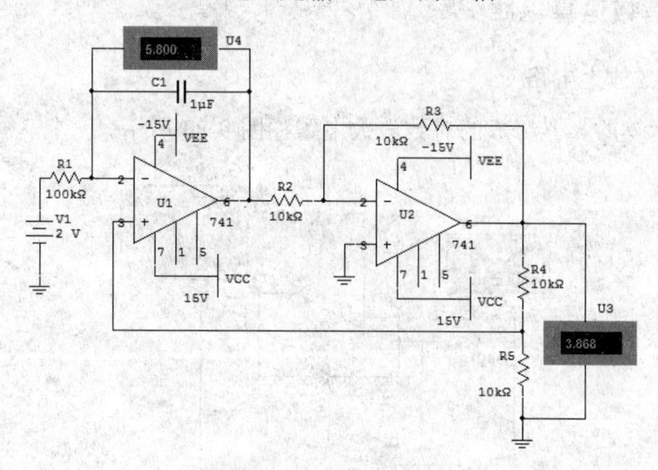

图 9-80　伺服放大电路

3．微分电路

微分是积分的逆运算，将积分电路中 R 和 C 的位置互换，可组成微分电路。在 NI Multisim 电路窗口中创建如图 9-81 所示的实用微分电路。

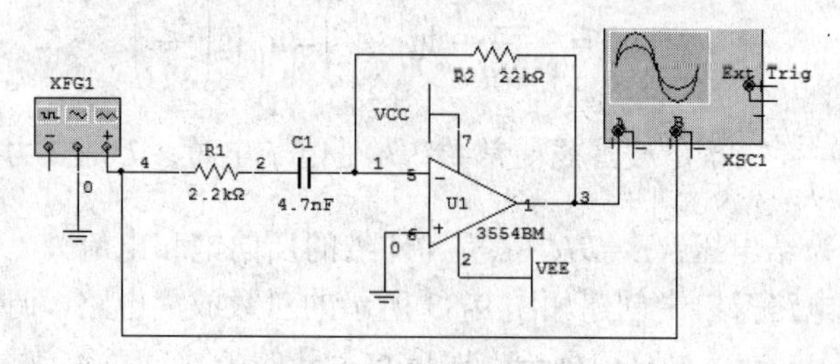

图 9-81　微分电路

当输入为 10V/400Hz 的三角波时，该电路的输出 3.31V/400Hz 的方波如图 9-82 所示。

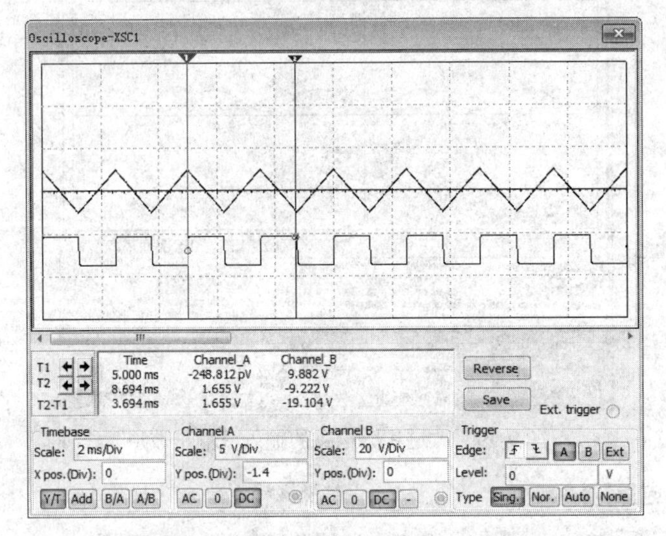

图 9-82　微分电路输入、输出信号波形

9.3.4　对数和指数运算电路

1. 二极管对数放大电路

由二极管和运算放大器组成的对数放大电路如图 9-83 所示。

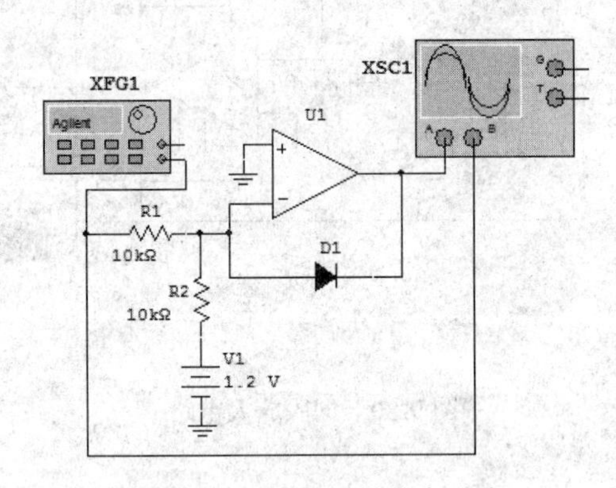

图 9-83　二极管对数放大电路

在理想运算放大器的条件下，对数放大电路的输出电压为：

$$u_o = u_D = -\frac{2.3kT}{q}\lg\left(\frac{u_i}{u_k}\right) = u_T\lg\left(\frac{u_i}{u_k}\right)$$

式中，$u_T = -\dfrac{2.3kT}{q}$；q 是波耳兹曼常数；k 是电子电量；T 是热力学温度；当 T=25℃时，u_T≈59mV；u_D 为结电压；u_k=RI_S（I_S 是 PN 结的反向饱和电流）。

在 NI Multisim 电路窗口中创建如图 9-83 所示的对数放大电路，调用安捷伦的 33120A 函数发生器，使其输出一个 6kHz/100mV 按指数上升的函数。对数放大电路的输入、输出波形如图 9-84 所示。

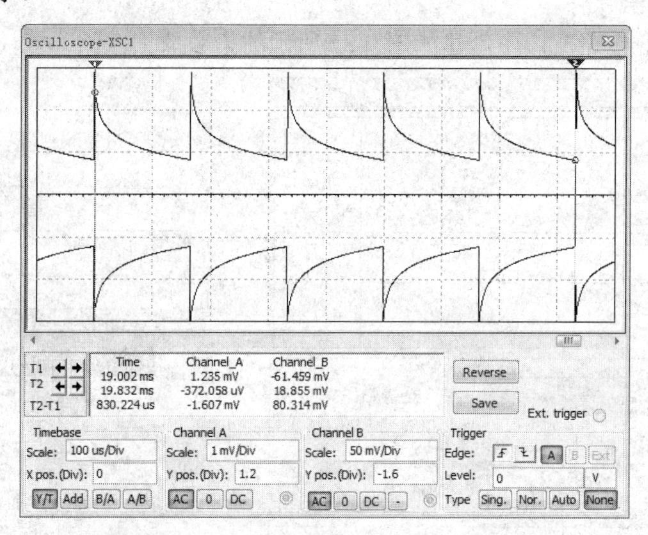

图 9-84　二极管对数放大电路的输入与输出波形

2．三极管对数放大电路

在 NI Multisim 电路窗口中创建如图 9-85 所示的对数放大电路，它是由三极管和运算放大器组成的对数放大电路。D1 是保护二极管，其作用是防止 Q1 反偏时因输出电压 V_o 过大而造成击穿。

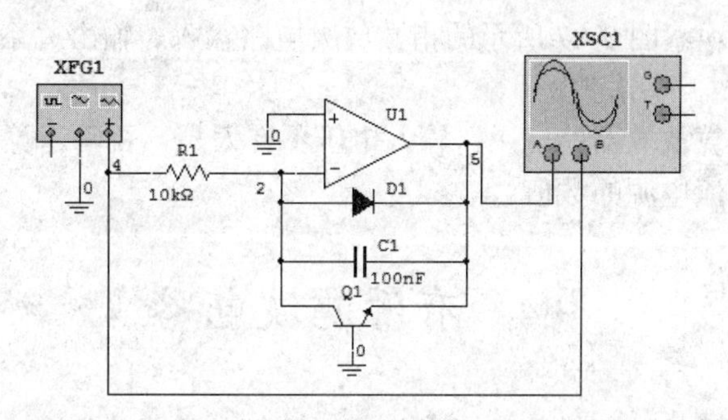

图 9-85　三极管对数放大电路

在理想运算放大器的条件下，

$$I_C = \alpha \times I_E = \alpha \times I_S e^{\frac{q}{kT}u_{BE}}$$

式中，I_S 是三极管 b-e 结的反向饱和电流，α 是公基极点流放大系数。对数放大电路的输出电压为：

$$u_o = -u_{BE} = -\frac{2.3kT}{q}\lg\left(\frac{u_i}{\alpha RI_S}\right) = u_T\lg\left(\frac{u_i}{\alpha RI_S}\right)$$

在图 9-85 中调用函数发生器，使其输出一个 1kHz/100mV 的方波信号。电路的输入与输出波形如图 9-86 所示。

3. 指数放大电路

在 NI Multisim 电路窗口中创建如图 9-87 所示的指数放大电路。

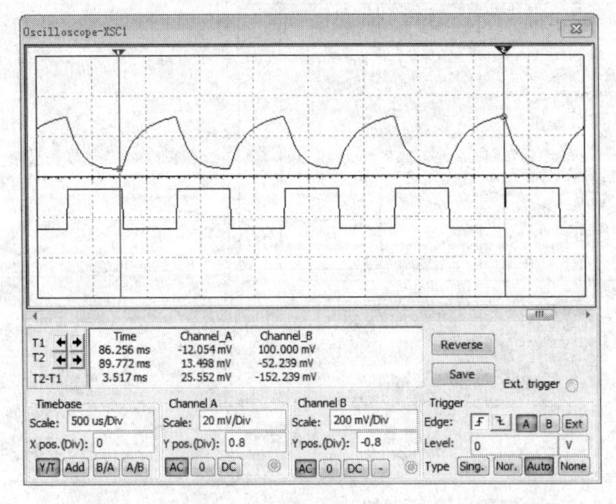

图 9-86　三极管对数放大电路的输入与输出波形

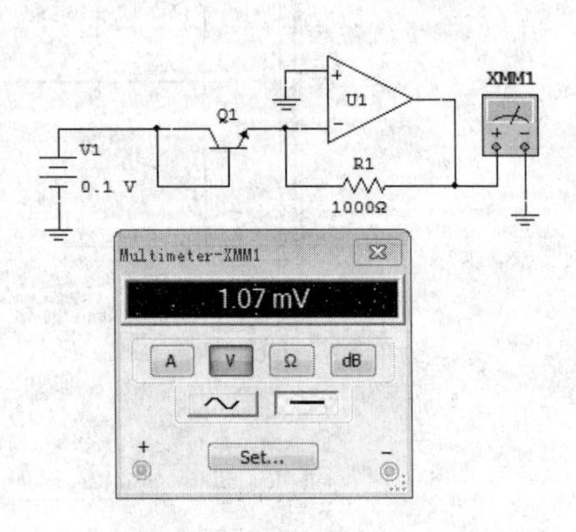

图 9-87　指数放大电路

在理想运算放大器的条件下，$u_o = -I_E R$，$I_E = I_S e^{\frac{q}{kT}u_{BE}}$，故指数放大电路输出电压 u_o 与输入电压 u_i 的关系为：

$$u_o = -RI_E = -RI_S e^{\frac{q}{kT}u_{BE}} = -RI_S e^{\frac{q}{kT}u_i}$$

启动仿真开关，观察图 9-87 所示的指数放大电路输入、输出关系。可见，它们基本符合指数关系。

上述几种电路运算放大器的应用，输入电压不宜太高，否则运算放大器就会进入饱和状态，使输出达到直流电源的数值。

9.4　有源滤波电路

滤波器是一种能够滤除不需要的频率分量、保留有用频率分量的电路。工程上常用于信号处理、数据传送和抑制干扰等方面。利用运算放大器和无源器件（R、L、C）构成的有源滤波器具有一定的电压放大和输出缓冲作用。按滤除频率分量的范围来分，有源滤波器可分为低通滤波器、高通滤波器、带通滤波器和带阻滤波器。

利用 NI Multisim 仿真软件中的交流分析，可以方便地求得滤波器的频率响应曲线，根据频率响应曲线，调整和确定滤波器电路的元件参数，很容易获得所需的滤波特性，同时省去繁琐的计算，充分体现计算机仿真技术的优越性。

9.4.1　低通滤波器

1. 一阶有源低通滤波器

图 9-88 所示为一阶有源低通滤波器电路。

电路的截止频率为：

$$f_n = \frac{1}{2\pi R_i C_1} = \frac{1}{2\pi \times 10 \times 10^3 \Omega \times 1000 \times 10^{-12} F} = 15.92\text{kHz}$$

启动仿真，单击波特图仪，一阶有源低通滤波器电路的幅频响应和相频响应如图 9-89 所示。由幅频特性指针 2 处读取该低通滤波器的截止频率 $f_c = 15.922\text{kHz}$ ，与理论计算值基本相符。

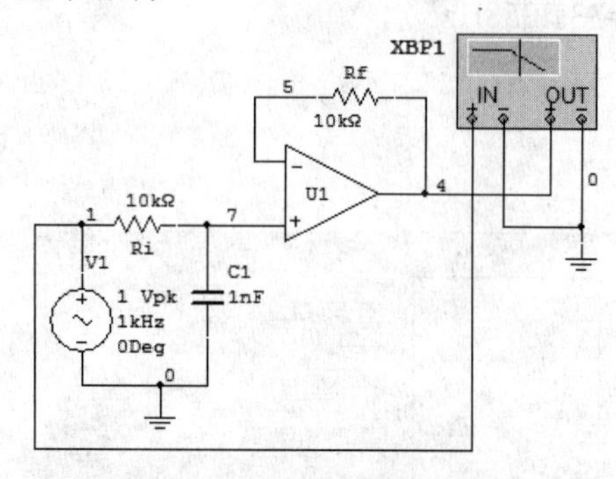

图 9-88　一阶有源低通滤波器电路

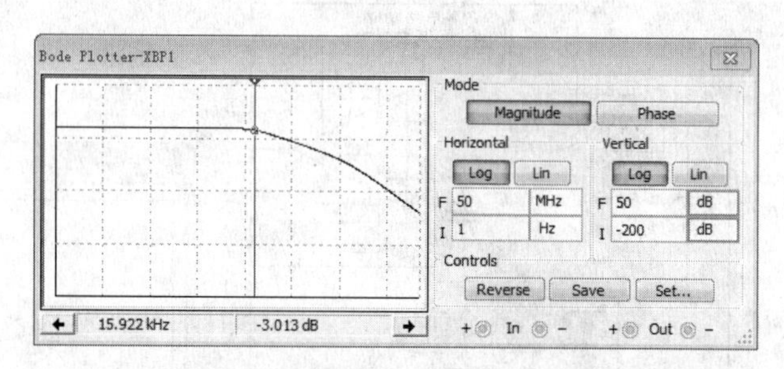

图 9-89　一阶有源低通滤波器电路的幅频响应和相频响应

2. 二阶有源低通滤波器

二阶有源低通滤波器电路如图 9-90 所示。

电路的截止频率为：

$$f_n = \frac{1}{2\pi R_i C_1} = \frac{1}{2\pi \times 6.8 \times 10^3 \Omega \times 47 \times 10^{-9} \text{F}} = 498\text{Hz}$$

$$(C = C_1 = C_2，R = R_1 = R_2)$$

在交流分析对话框中合理设置参数，启动仿真后，二阶有源低通滤波器电路的幅频响应和相频响应如图 9-91 所示。由幅频特性指针 2 处读取该低通滤波器的截止频率$(X_2)f_n$= 502.3784Hz，与理论计算值基本相符。

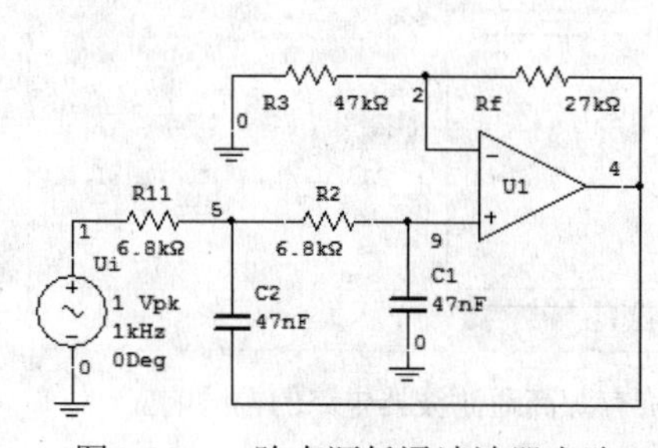

图 9-90　二阶有源低通滤波器电路

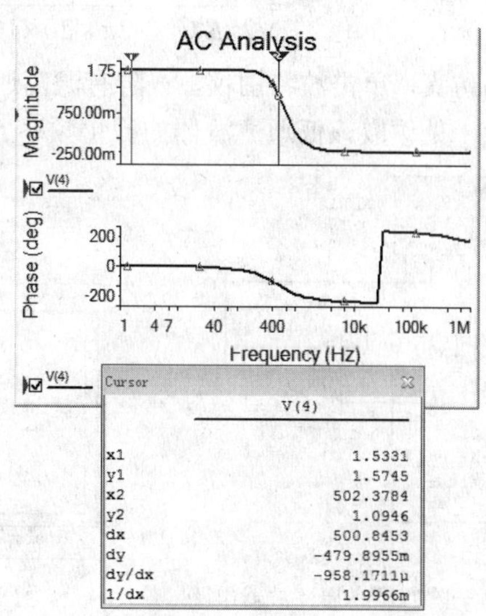

图 9-91　二阶有源低通滤波器电路的幅频响应和相频响应

当输入信号电压频率高于截止频率时，二阶滤波器频率响应下降速率明显高于一阶滤波器（下降速率由 20dB/十倍频程增加到 40dB/十倍频程）。

3. 二阶切比雪夫低通滤波器

二阶切比雪夫低通滤波器电路如图 9-92 所示。

启动仿真，单击波特图仪，二阶切比雪夫低通滤波器电路的幅频响应如图 9-93 所示。由幅频特性指针 1 处读取该低通滤波器的截止频率 f_c=331.058Hz。

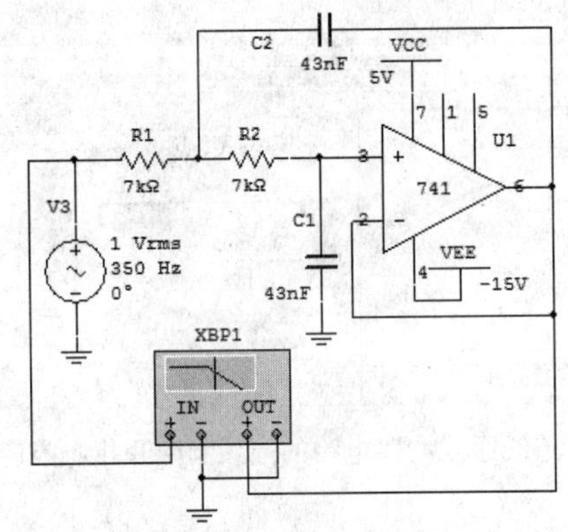

图 9-92　二阶切比雪夫低通滤波器电路

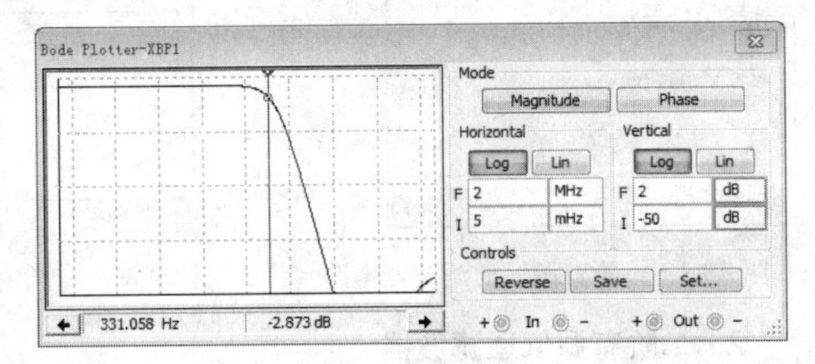

图 9-93　二阶切比雪夫低通滤波器的幅频响应

9.4.2　高通滤波器

1. 一阶有源高通滤波器

将低通滤波器中元件 R、C 的位置互换后，电路变为高通滤波器，一阶有源高通滤波器电路如图 9-94 所示。

截止频率为：

$$f_n = \frac{1}{2\pi R_i C_1} = \frac{1}{2\pi \times 20 \times 10^3 \Omega \times 1 \times 10^{-9} \text{F}} = 7.96\text{kHz}$$

启动仿真，单击波特图仪，一阶有源高通滤波电路的幅频响应如图 9-95 所示。由幅频特性指针 1 处读取该低通滤波器的截止频率 f_c=8.058kHz，与理论计算值基本相符。

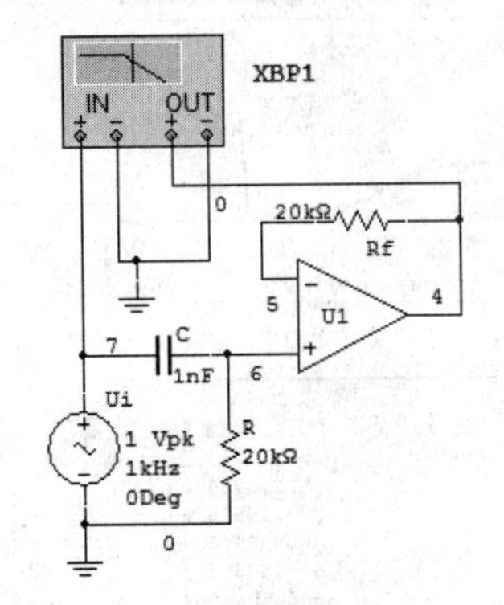

图 9-94　一阶有源高通滤波器电路

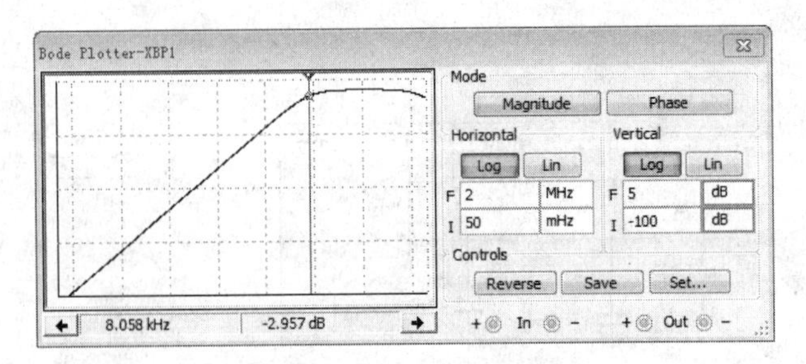

图 9-95　一阶有源高通滤波器电路的幅频响应

2．二阶有源高通滤波器

二阶有源高通滤波器如图 9-96 所示。

截止频率为：

$$f_n = \frac{1}{2\pi RC} = \frac{1}{2\pi RC} = 1\text{kHz} \qquad (C = C_1 = C_2，R_1 = R_2 = R)$$

启动仿真，单击波特图仪，二阶有源高通滤波器的幅频响应如图 9-97 所示。由幅度特性指针读取电路的截止频率 f_C=1.005kHz，与理论计算值基本相符。

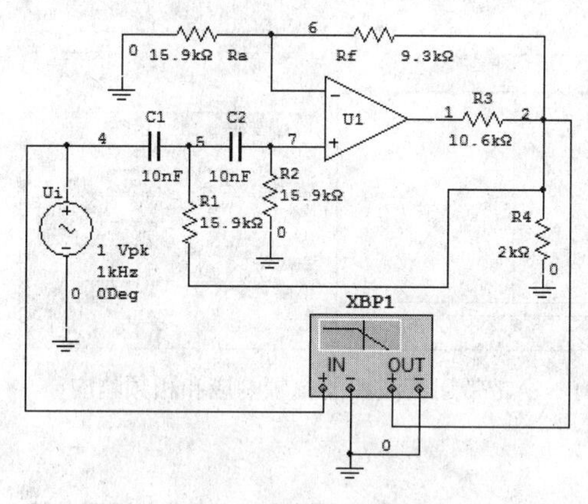

图 9-96　二阶有源高通滤波器电路

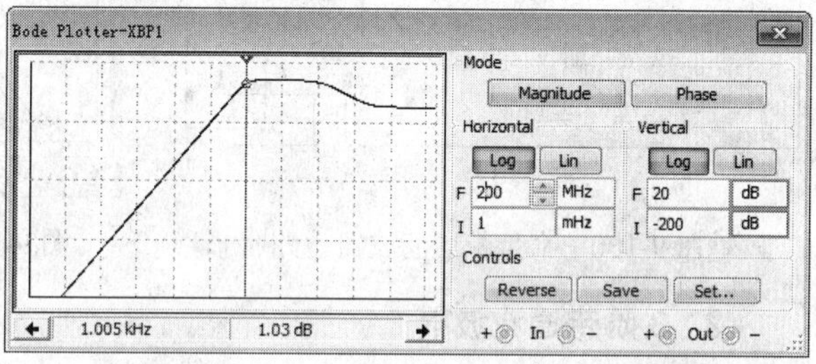

图 9-97　二阶有源高通滤波器的幅频响应

3．巴特沃斯二阶高通滤波器

巴特沃斯二阶高通滤波器电路如图 9-98 所示。

利用波特图仪显示该电路的幅频响应如图 9-99 所示。该电路的截止频率 f_C=2.85kHz。

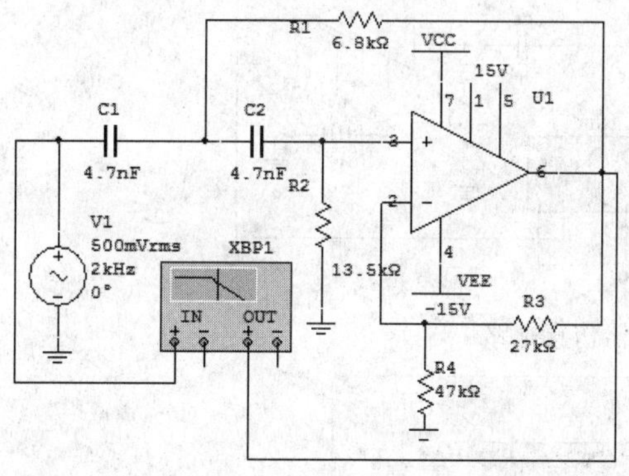

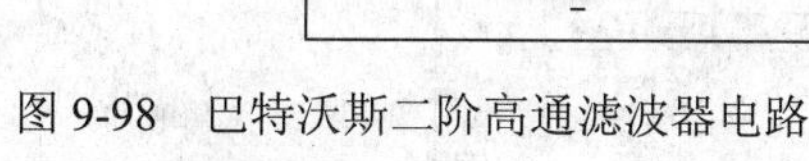

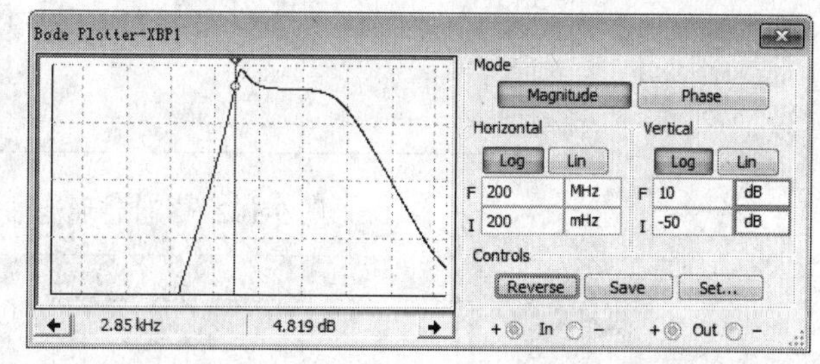

图 9-98　巴特沃斯二阶高通滤波器电路

图 9-99　巴特沃斯二阶有源高通滤波器的幅频响应

9.4.3　带通滤波器

1．窄带带通滤波器

窄带带通滤波器电路如图 9-100 所示。

该电路的中心频率为：

$$f_n \approx \frac{1}{2\pi c}\sqrt{\frac{1}{R_f R_r}} = \frac{1}{2\pi \times 0.015 \times 10^{-6}}\sqrt{\frac{1}{42.42 \times 10^3 \times 3.03 \times 10^3}} = 1.067\text{kHz}$$

−3db 带宽为：$BW = \dfrac{w_o}{Q} = \dfrac{2}{R_f C} = \dfrac{2}{42.42 \times 0.015 \times 10^{-3}} = 3.143\text{kHz}$

启动仿真，单击波特图仪，窄带带通滤波器的幅频响应和相频响应如图 9-101 所示。由幅度特性指针读取电路的截止频率 f_c=1.102kHz，与理论计算值基本相符。

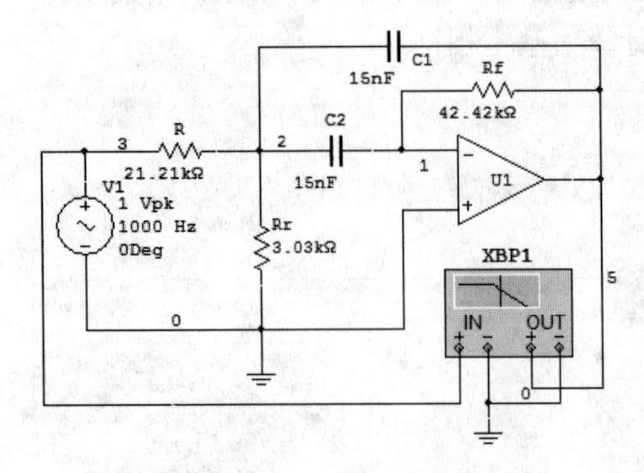

图 9-100　窄带带通滤波器电路

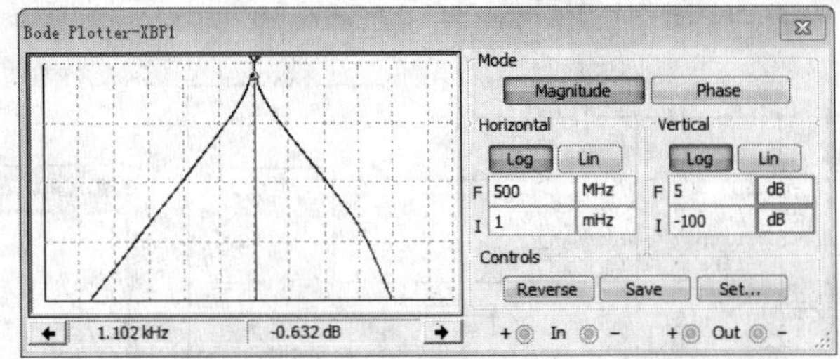

图 9-101　窄带带通滤波器的幅频响应和相频响应

2．3 阶带通滤波器

3 阶带通滤波器仿真电路如图 9-102 所示。启动仿真，单击波特图仪，3 阶带通滤波器的幅频响应和相频响应如图 9-103 所示。由幅度特性指针读取电路的截止频率 f_c=765Hz。

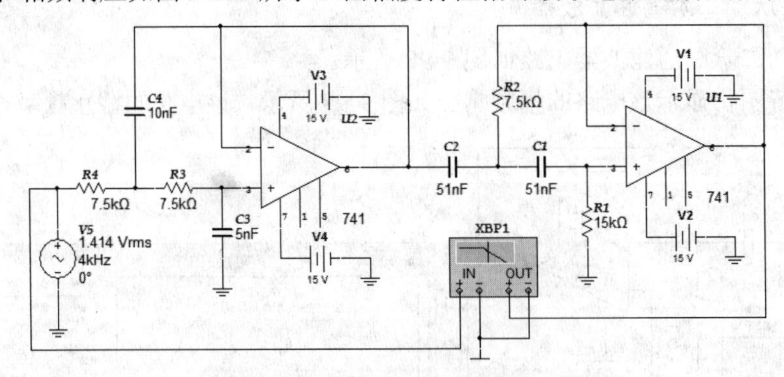

图 9-102　3 阶带通滤波器仿真电路

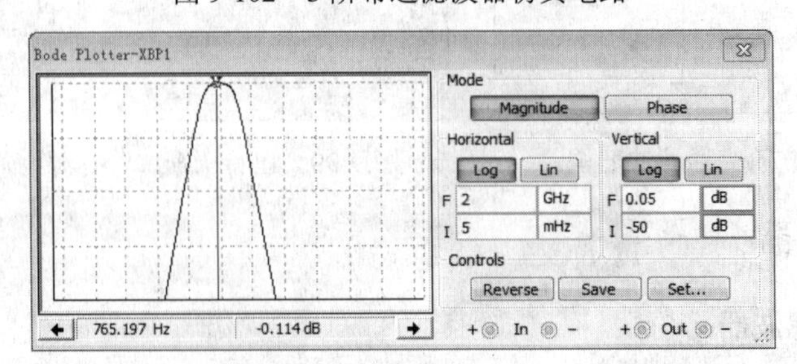

图 9-103　3 阶带通滤波器的幅频响应和相频响应

9.4.4　带阻滤波器

带阻滤波器电路如图 9-104 所示。带阻滤波器的幅频响应如图 9-105 所示。

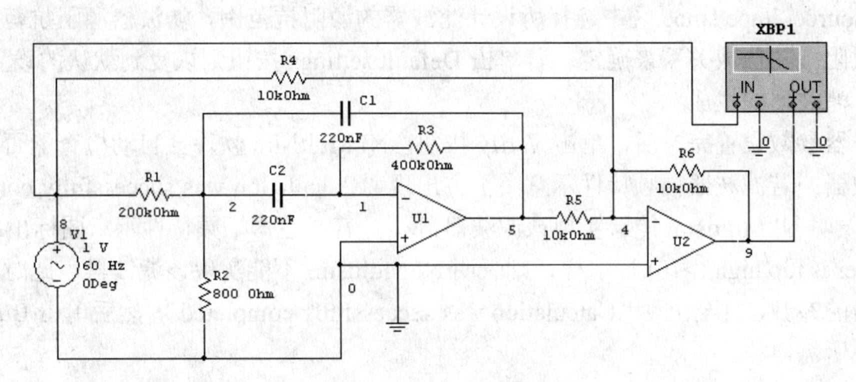

图 9-104　带阻滤波器电路

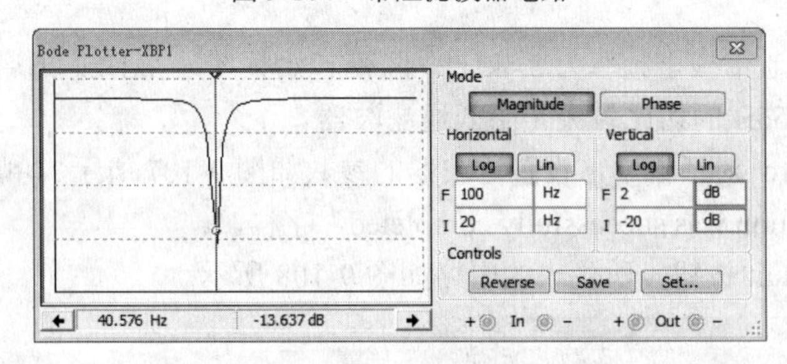

图 9-105　带阻滤波器的幅频响应

由图 9-105 可知，该电路的中心频率约为 40Hz。

9.4.5　滤波器设计向导

NI Multisim 仿真软件提供 Filter Wizard 使得滤波器的设计变得十分简单、快捷。

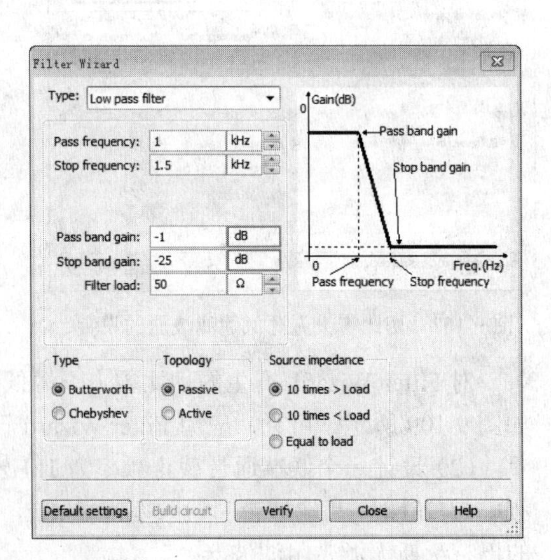

图 9-106　Filter Wizard 对话框

1．设计步骤

（1）调用 Filter Wizard

执行 Tools»Circuit»Filter Wizard 命令，弹出如图 9-106 所示的 Filter Wizard 对话框。

（2）滤波器参数的设置

在图 9-106 对话框中，通过 Type 下拉列表选择所设计滤波器的类型（低通、高通、带通和带阻），通过 Pass frequency 选项为滤波器设置通带截止频率，通过 Stop frequency 选项为滤波器设置阻带起始频率，通过 Pass band gain 文本框为滤波器设置通带最大衰减值，通过 Stop band gain 文本框为滤波器设置阻带最小衰减值，通过 Filter load 选项为滤波器设置负载值。在该对话框下面的 Type 区中选择所设计滤波器是巴特沃斯还是切比雪夫类型滤波器。在该对话框的 Topology 区中选择所设计滤波器是无源滤波器还是有源滤波器。在该对话框的 Source impedance 区中选择所设计滤波器的源阻抗范围，滤波器源阻抗范围由源阻抗与负载阻抗的倍数关系来确定。若单击 Default settings 按钮则恢复到默认的设置按钮。

（3）滤波器的生成

滤波器参数设置完毕后，单击 Verify 按钮，NI Multisim 软件会自动检查能否实现所设置的滤波器。若滤波器幅频特性示意图下方出现“Calculation was successfully completed”字样，则表明 NI Multisim 能够实现该滤波器；反之，若滤波器幅频特性示意图标出现“Error: Filter order is too high (>10).”字样，则表明 NI Multisim 不能实现该滤波器，此时应重新设置滤波器的参数，直至出现“Calculation was successfully completed”，然后单击 Build circuit 按钮生成所需电路。

2．设计举例

（1）设计一个通带截止频率为 3.4kHz，阻带起始频率为 4kHz，通带最大衰减为-1dB，阻带最小衰减为-25dB 的切比雪夫无源低通滤波器。

在 Filter Wizard 对话框中，设置滤波器的参数如图 9-107 所示。单击 Verify 按钮，对话框显示“Calculation was successfully completed”字样。

单击 Build circuit 按钮，所生成的电路如图 9-108 所示。

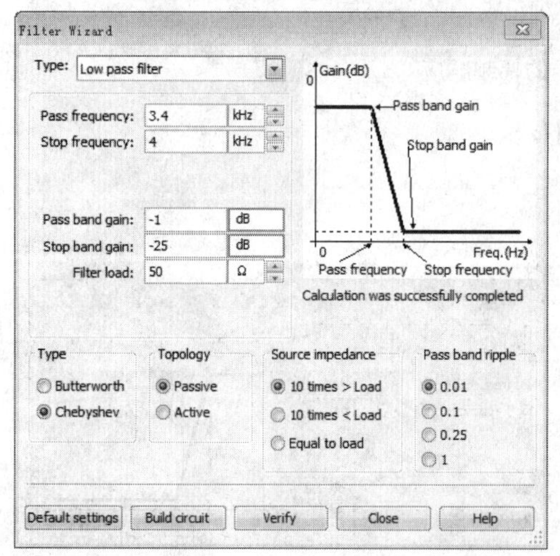

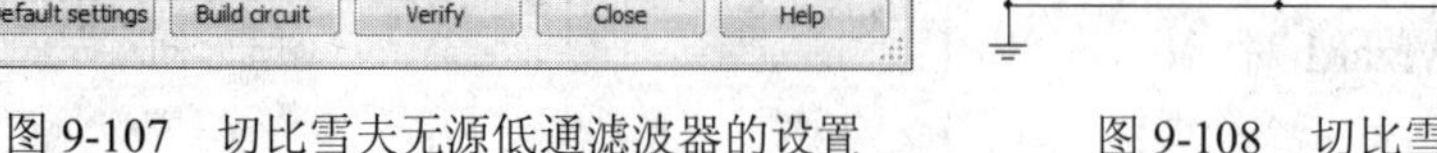

图 9-107　切比雪夫无源低通滤波器的设置

图 9-108　切比雪夫无源低通滤波器的电路

对 Filter Wizard 产生的切比雪夫无源低通滤波器电路进行交流分析，电路的频率响应如图 9-109 所示。可见，应用 Filter Wizard 设计的电路是一个低通滤波器。

（2）设计一个低端通带截止频率为 1kHz，低端阻带起始频率为 1.5kHz；高端阻带截止频率为 2kHz，高端通带起始频率为 3kHz，通带最大衰减为-1dB，阻带最小衰减为-25dB 的巴特沃斯无源带阻滤波器。

在 Filter Wizard 对话框中所设置滤波器的参数如图 9-110 所示。

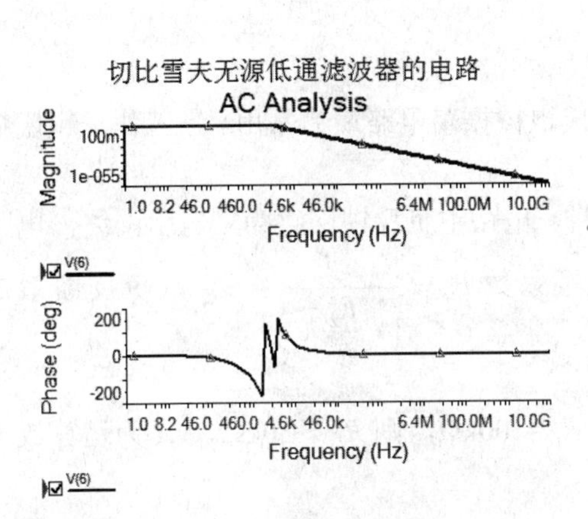

图 9-109　切比雪夫无源低通滤波器的频率响应

Filter Wizard
Type: Band reject filter
Low end pass freq: 1 kHz
Low end stop freq: 1.5 kHz
High end pass freq: 3 kHz
High end stop freq: 2 kHz
Pass band gain: -1 dB
Stop band gain: -25 dB
Filter load: 50 Ω
Calculation was successfully completed
Type: Butterworth / Chebyshev
Topology: Passive / Active
Source impedance: 10 times > Load / 10 times < Load / Equal to load
Default settings　Build circuit　Verify　Close　Help

图 9-110　巴特沃斯无源带阻滤波器的设置

NI Multisim 生成的巴特沃斯无源带阻滤波器电路如图 9-111 所示。

对图 9-111 所示的电路进行交流分析，巴特沃斯无源带阻滤波器的频率响应如图 9-112 所示。

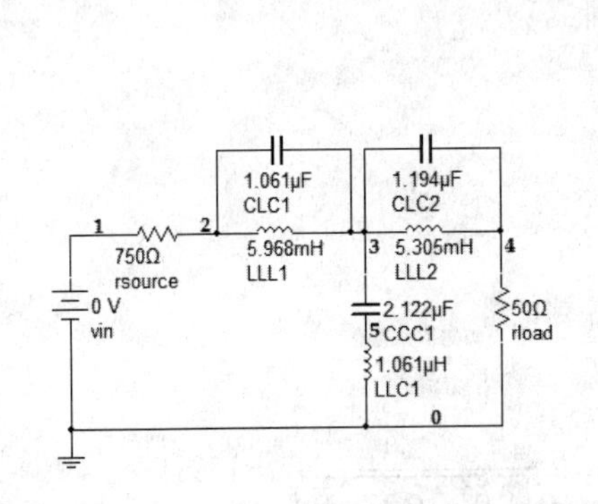

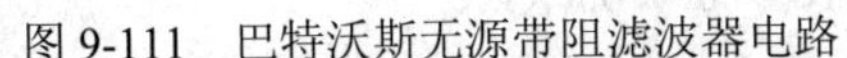

图 9-111　巴特沃斯无源带阻滤波器电路

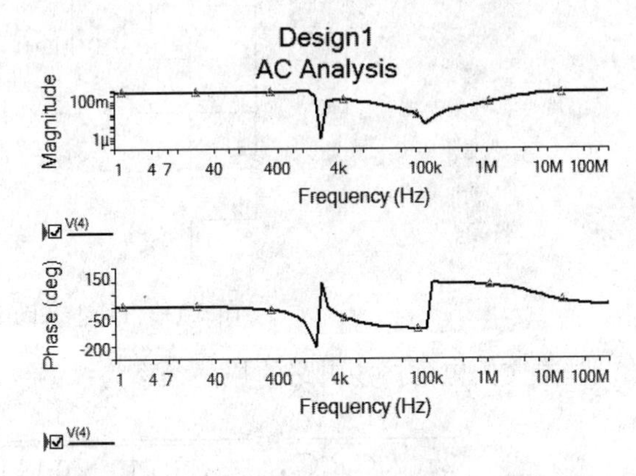

图 9-112　巴特沃斯无源带阻滤波器的频率响应

由图 9-112 可知，低端通带截止频率为 1.08kHz，低端阻带起始频率为 1.2kHz；高端阻带截止频率为 2.3kHz，高端通带起始频率为 3.06kHz。可见，Filter Wizard 设计的无源带阻滤波器基本符合要求。

9.5　信号产生电路

信号产生电路是电子系统中的重要组成部分。信号产生电路从直流电源获取能量，并将其转换成负载上周期性变化的交流振荡信号。若振荡频率单一，为正弦波信号发生电路；若振荡频率含有大量谐波，称为多谐振荡，如矩形波、三角波等。

9.5.1 正弦波信号产生电路

1. RC 基本文氏电桥振荡电路

RC 正弦波振荡电路有很多种形式，其中文氏电桥振荡电路最为常用。当工作于超低频时，常选用积分式 RC 正弦波振荡电路。

图 9-113 所示电路为基本文氏电桥振荡电路，电路中负反馈网络为一电阻网络，电路中正反馈网络是 RC 选频网络。其中，正反馈系数 $B_+ = \dfrac{1}{1+\dfrac{R_2}{R_1}+\dfrac{C_1}{C_2}} \approx \dfrac{1}{3}$，负反馈系数 $B_- = \dfrac{R_{f1}}{R_{f1}+R_{f2}}$，为了满足起振条件 $AB \geqslant 1$，取 R_{f2}=100kΩ，则 $R_{f1} \leqslant$ 50kΩ。（A 为运算放大器的开环增益，$A=10^5$）。

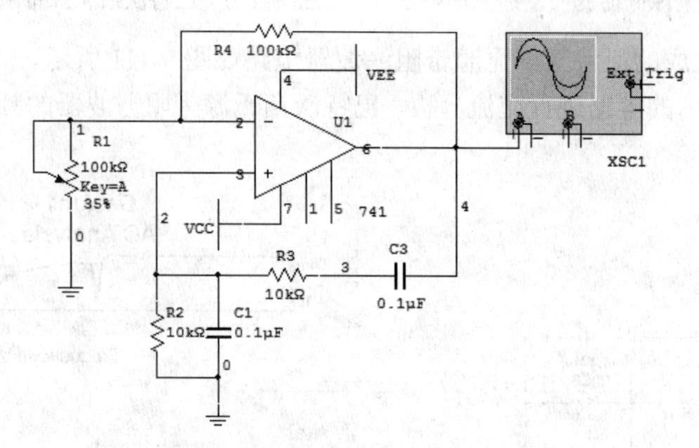

图 9-113 基本文氏电桥振荡电路

基本文氏电桥振荡电路的振荡频率为：

$$f_o = \frac{1}{2\pi\sqrt{R_1C_1R_2C_2}} = \frac{1}{2\pi\sqrt{10\times10^3\times0.1\times10^{-6}\times10\times10^3\times0.1\times10^{-6}}} = 159\text{Hz}$$

调整 R_{f1} 的大小，可以观察振荡器的起振情况。若 $R_{f1} > 50\text{k}\Omega$，电路很难起振；若 $R_{f1} < 50\text{k}\Omega$，尽管振荡器能够起振，但若 R_{f1} 的取值较小，振荡器输出的不是正弦波信号，而是方波信号。图 9-114 所示的振荡波形是 $R_{f1} = 35\text{k}\Omega$ 时的振荡器输出。

由图 9-114 可知，输出波形上下均幅，说明电路起振后随幅度增大，运算放大器进入强非线性区。RC 正弦波振荡电路因选频网络的等效 Q 值很低，不能采用自生反偏压稳幅，只能采用自动稳幅电路来稳幅。图 9-115 所示的电路是基本文氏电桥振荡器的改进电路，它是用场效应管稳幅的文氏电桥振荡器。振荡电路的稳幅过程是：若输出幅度增大，当输出电压大于稳压管的击穿电压时，则检波后加在场效应管上的栅压负值增大，漏源等效电阻增大，负反馈加强，环路增益下降，输出幅度降低，从而达到稳幅的目的。

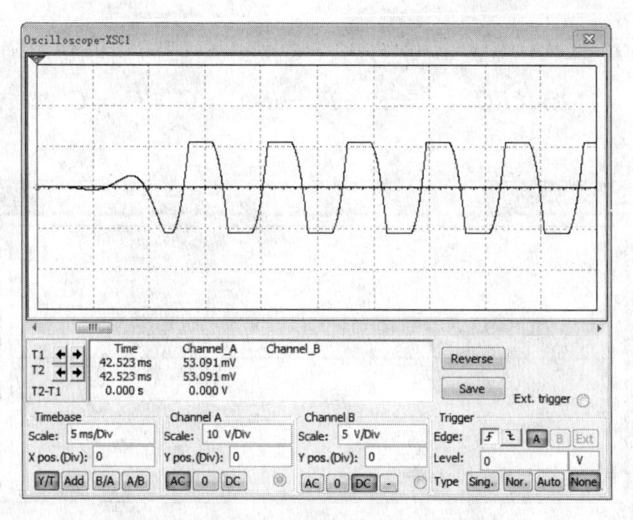

图 9-114　基本文氏电桥振荡电路振荡波形

对图 9-115 所示场效应管稳幅的文氏电桥振荡器进行瞬态分析，振荡波形如图 9-116 所示。可见，振荡器输出的波形基本上是正弦波。

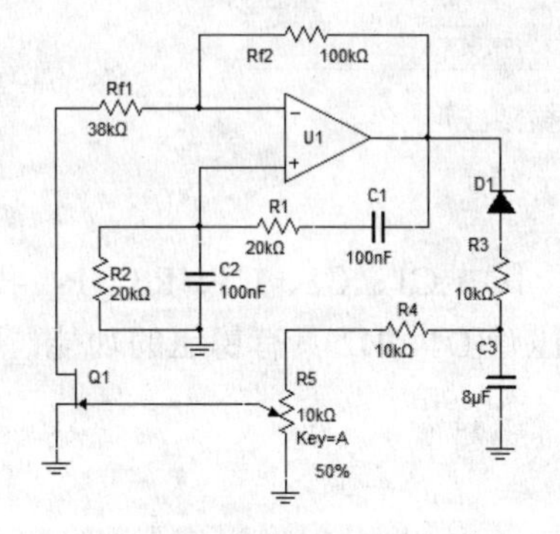

图 9-115　改进的文氏电桥振荡器

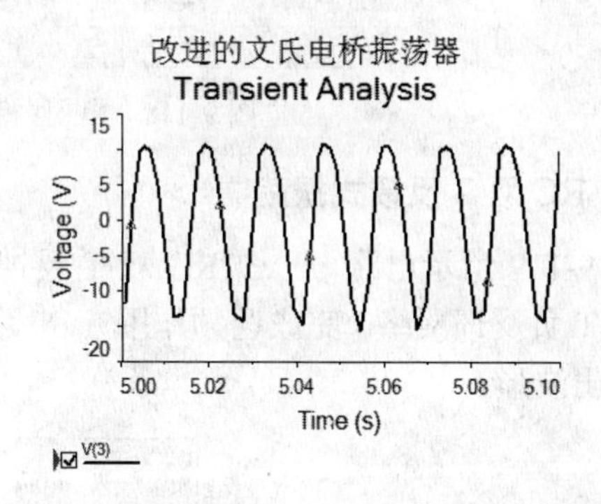

图 9-116　用场效应管稳幅的文氏电桥振荡器的振荡波形

2．RC 移相式振荡器

RC 移相式振荡器如图 9-117 所示，该电路由反相放大器和三节 RC 移相网络组成，要想满足振荡相位条件，则要求 RC 移相网络完成 180° 相移。由于一节 RC 移相网络的相移极限为 90°，因此采用三节或三节以上的 RC 移相网络，才能实现 180° 相移。

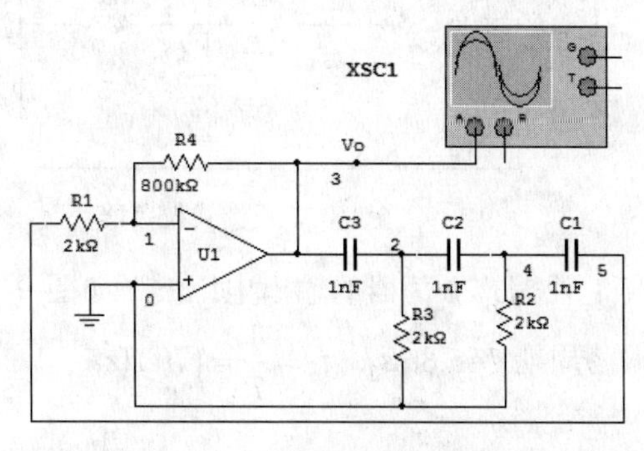

图 9-117　RC 移相式振荡器

只要适当调节$R_f = R_4$的值，使得A_V适当，就可以满足相位和振幅条件，产生正弦振荡。其振荡频率$f_o \approx 1/2\pi\sqrt{6}RC$（$R = R_1 = R_2 = R_3, C = C_1 = C_2 = C_3$）。振荡波形如图 9-118 所示。

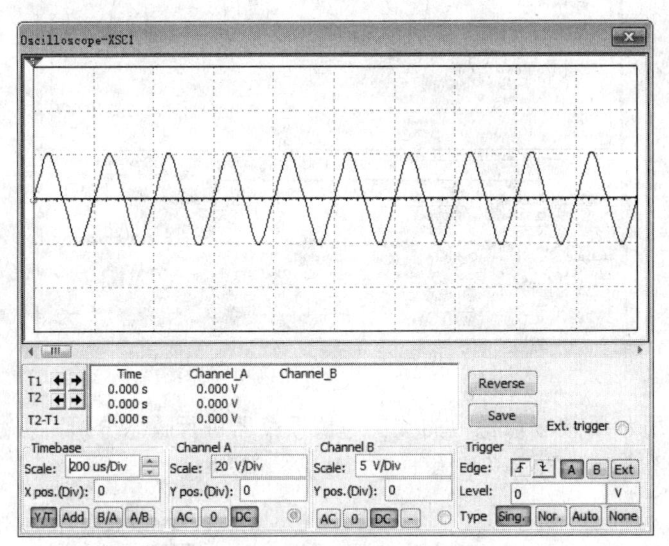

图 9-118　RC 移相式振荡器的振荡波形

3. RC 双 T 反馈式振荡器

图 9-119 所示电路为一个 RC 双 T 反馈式振荡器，其中 C1、C2、C3、R3、R4 和 R5 组成双 T 负反馈网络（完成选频作用）。电路中两个稳压管 D1、D2 具有稳压的功能，用来改善输出波形。

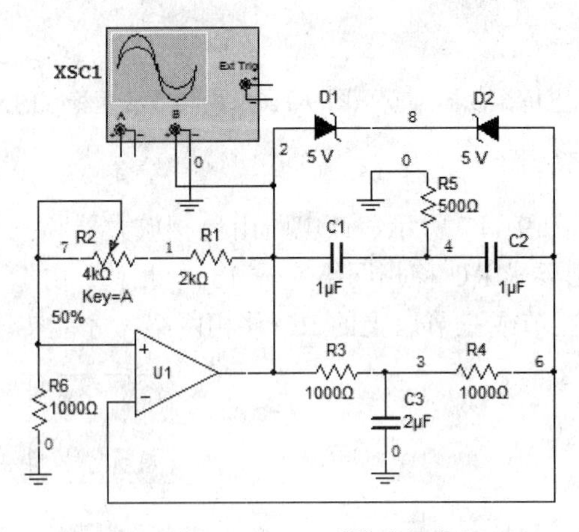

图 9-119　RC 双 T 反馈式振荡器

用示波器观测 RC 双 T 反馈式振荡器的输出电压波形如图 9-120 所示，根据示波器的扫描时间刻度，可测得振荡周期 T=5.8ms，$f_o = \dfrac{1}{T} = 170\ \text{Hz}$。

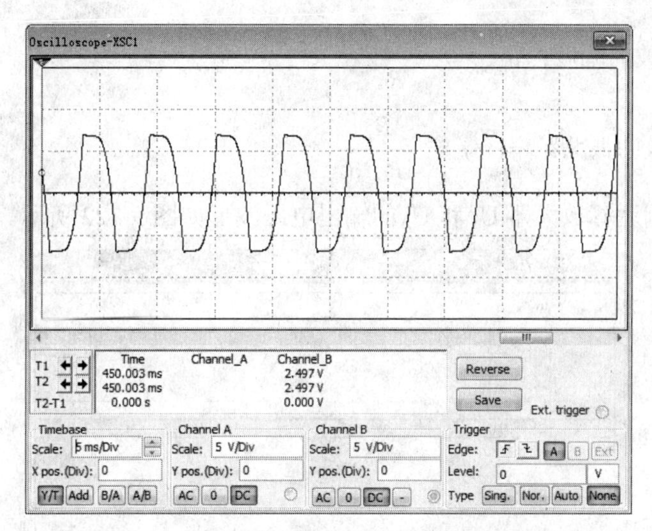

图 9-120　RC 双 T 反馈式振荡器的输出电压波形

9.5.2　弛张振荡器

占空比固定的弛张振荡器即方波-三角波发生器，而占空比可调的弛张振荡器是脉冲和锯齿波发生器。脉冲与方波相比，即高低电平持续时间不等。锯齿波与三角波相比，即上升边和下降边不等。所以构成脉冲和锯齿波发生器电路，只要控制方波和三角波发生器高低电平持续时间 T_1 和 T_2 不等即可。

1. 方波-三角波发生器

一般方波发生器由迟滞比较器和 RC 负反馈电路构成。方波积分后变成三角波。所以方波-三角波发生器可以由集成运算放大器、电压比较器构成。图 9-121 所示的电路为通用运算放大器 μA741 构成的方波-三角波发生器电路。其中，D1 和 D2 均为稳压管，击穿电压为 4V；运算放大器 U1 连接成迟滞比较器，运算放大器 U2 连接成反相积分器，积分器的输入取自迟滞比较器的输出端，而迟滞比较器的输入端则取自积分器的输出端。比较器的输出信号（u_{o1}）是方波，其输出电压幅度由稳压管决定。积分器输出信号（u_{o2}）为三角波。

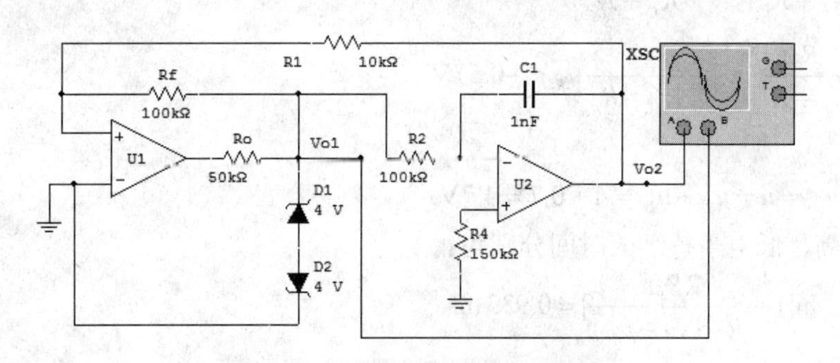

图 9-121　方波-三角波发生器电路

u_{o1} 输出方波的幅度：$u_{o1m} = u_Z + u_D = 4.7\text{ V}$

u_{o2}输出三角波的幅度：$u_{o2m}=-\frac{u_{o1m}R_1}{R_f}$

方波与三角波的振荡频率：$f_o=\frac{R_f}{4R_1R_2C}$

用示波器观测运算放大器U_1和U_2的输出电压波形如图 9-122 所示。

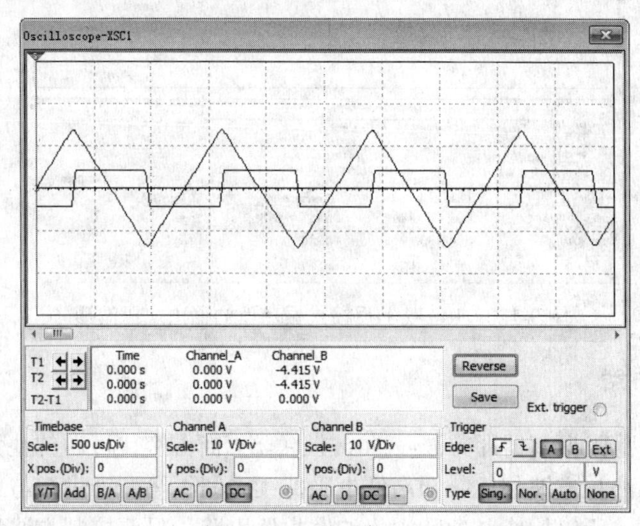

图 9-122　运算放大器U_1和U_2输出的电压波形

若调换图 9-121 所示电路的稳压管，可以改变输出方波和三角波的输出电压幅度，但不改变振荡频率。改变积分器的时间常数R_2C，可以调节振荡频率，但不改变输出电压的幅度。

2．脉冲和锯齿波发生器

在迟滞比较器的一个输入端加参考电压u_R，使上、下门限电压不对称，从而改变电容冲放电的速度，则会使方波发生器高低电平的持续时间不等。图 9-123 所示电路是一个比较器同相输入端加有 2V 参考电压的脉冲和锯齿波发生器电路。

比较器的上、下门限电压分别为：

$$u_{th+}=\frac{R_P}{R_f+R_P}u_{om}+\frac{R_f}{R_f+R_P}u_R\approx 3.16\text{V}$$

$$u_{th-}=\frac{R_P}{R_f+R_P}u_{on}+\frac{R_f}{R_f+R_P}u_R\approx -0.57\text{V}$$

其中：

$$u_{om}=-u_{on}=u=u_Z+u_D=4+0.7=4.7\text{V}$$

则脉冲高、低电平持续的时间分别为：

$$T_1=R_1C_1\ln[1+\frac{2R_Pu}{R_f\times(u-u_R)}]=0.933\,\text{ms}$$

$$T_2=R_1C_1\ln[1+\frac{2R_Pu}{R_f\times(u+u_R)}]=0.556\,\text{ms}$$

振荡频率为：$f_o = \dfrac{1}{T} = \dfrac{1}{T_1 + T_2} = 672\,\text{Hz}$

脉冲和锯齿波形如图 9-124 所示。

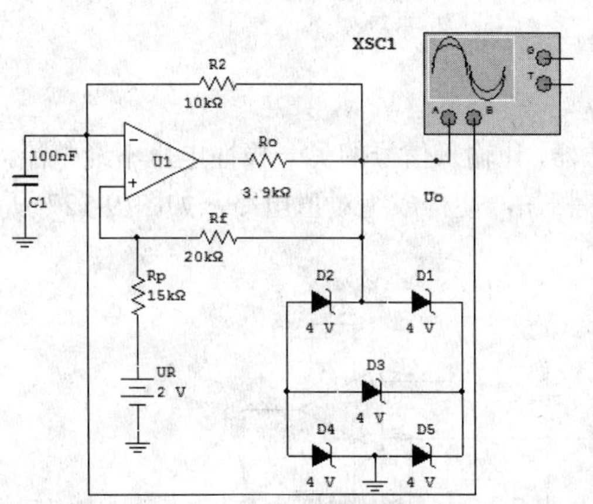

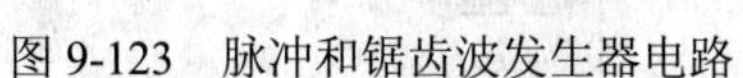
图 9-123　脉冲和锯齿波发生器电路

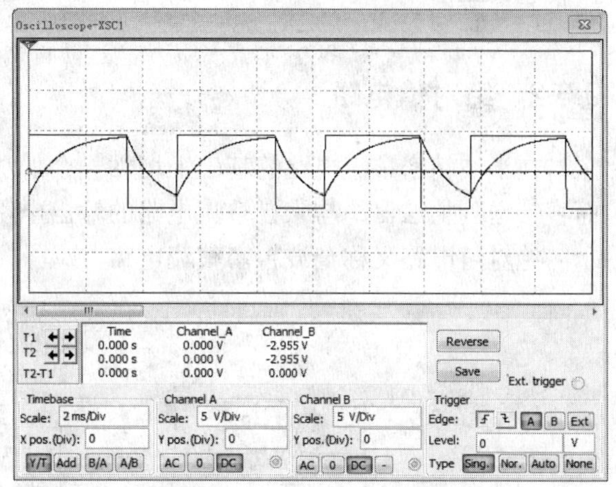

图 9-124　脉冲和锯齿波发生器电路的脉冲和锯齿波形

由图 9-124 可知，振荡频率 f_o 为 237Hz。

9.6　信号变换电路

信号变换电路属于非线性电路，其传输函数随输入信号的幅度、频率或相位的变化而变化。

9.6.1　半波精密整流电路

由运算放大器组成的半波精密整流电路如图 9-125 所示。该电路利用二极管的单向导电性实现整流，利用运算放大器的放大作用和深度负反馈来消除二极管的非线性和正向导通压降造成的误差。半波精密整流电路的输入与输出波形如图 9-126 所示。

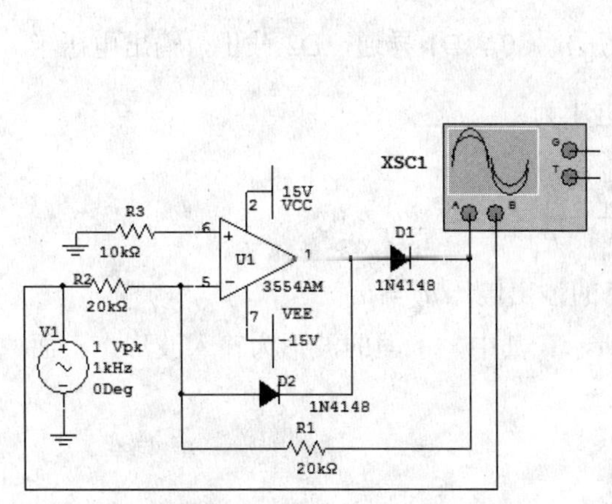

图 9-125　半波精密整流电路

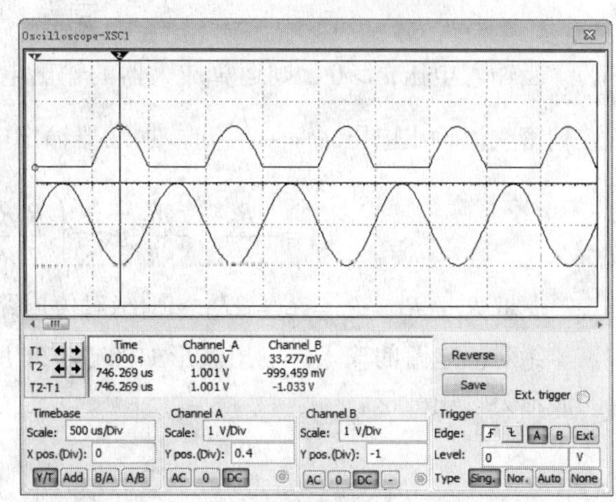

图 9-126　半波精密整流电路的输入与输出波形

当输入电压$u_i > 0$，则运算放大器的输出电压$u_1 < 0$，D2 导通，D1 截止，输出电压$u_o = 0$；当输入电压$u_i < 0$，则运算放大器的输出电压$u_1 > 0$，D1 导通，D2 截止，输出电压$u_o = -\frac{R_1}{R_2}u_i$。

9.6.2 绝对值电路

在半波精密整流电路的基础上增加一个加法器，让输入信号的另一极性电压不经整流，而直接送到加法器，与来自整流电路的输出电压相加，便构成绝对值电路，如图 9-127 所示。绝对值电路又称全波精密整流电路。

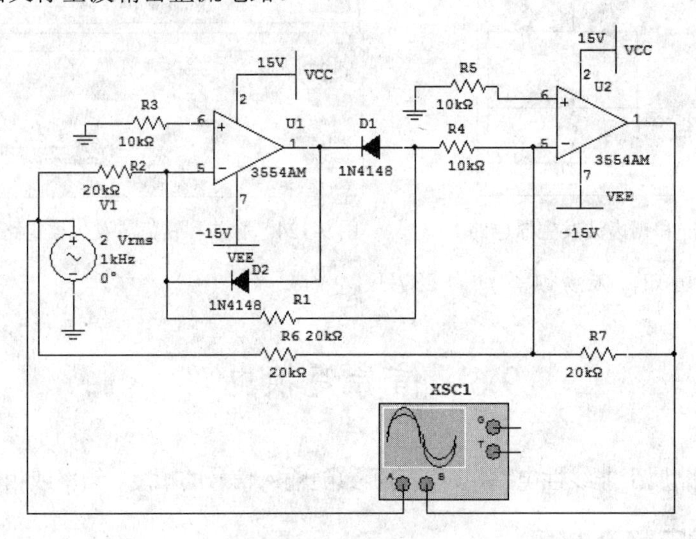

图 9-127 绝对值电路

当输入电压$u_i < 0$，则运算放大器的输出电压$u_1 > 0$，D2 导通，D1 截止，半波精密整流输出电压$u_{o1} = 0$；加法器输出电压为：

$$u_o = -\frac{R_7}{R_6}u_i \qquad (u_i < 0)$$

当输入电压$u_i > 0$，则运算放大器的输出电压$u_1 < 0$，D1 导通，D2 截止，输出电压半波精密整流输出电压$u_{o1} = -\frac{R_1}{R_2}u_i$，加法器输出电压为：

$$u_o = -\frac{R_7}{R_6}u_i - \frac{R_7}{R_4}u_{o1} = \left(\frac{R_7 R_1}{R_2 R_4} - \frac{R_7}{R_6}\right)u_i \qquad (u_i > 0)$$

若取$R_7 = R_2 = R_1 = R_6 = 2R_4$，则绝对值电路的输出电压$u_o = |u_i|$

绝对值电路的输入与输出波形如图 9-128 所示。其中，下面的波形为输入波形，上面的波形为输出波形。

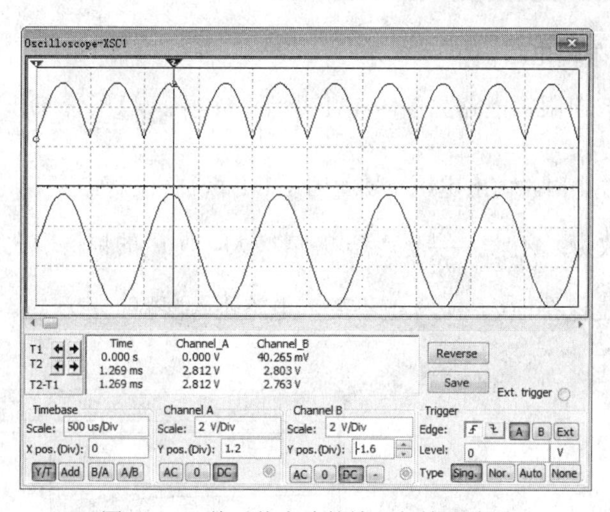

图 9-128　绝对值电路的输入与输出波形

9.6.3　限幅电路

限幅电路的功能是：当输入信号电压进入某一范围（限幅区）内，其输出信号的电压不再跟随输入信号电压的变化。

1．串联限幅电路

串联限幅电路如图 9-129 所示，起限幅控制作用的二极管 D1 与运算放大器 U1 反相输入端串联，参考电压（u_R=−2V）为二极管 D1 的反偏电压，以控制限幅电路的门限电压 u_{th}^{+}。

由图 9-129 可知，当输入电压 $u_i<0$ 或 U_i 为数值较小的正电压时，D1 截止，运算放大器的输出电压 $u_o=0$；仅当输入电压 $u_i>0$ 且 u_i 为数值大于或等于某一个的正电压 u_{th}^{+}（u_{th}^{+} 称为正门限电压）时，D1 才正偏导通，电路有输出，且 u_o 跟随输入信号 u_i 变化，串联限幅电路输入正弦信号时的限幅情况如图 9-130 所示。

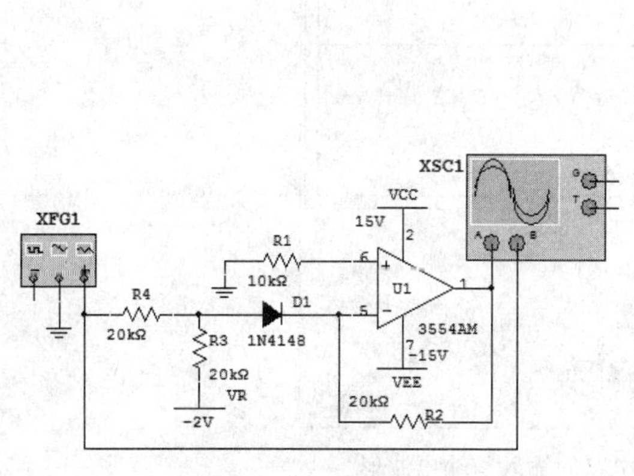

图 9-129　串联限幅电路

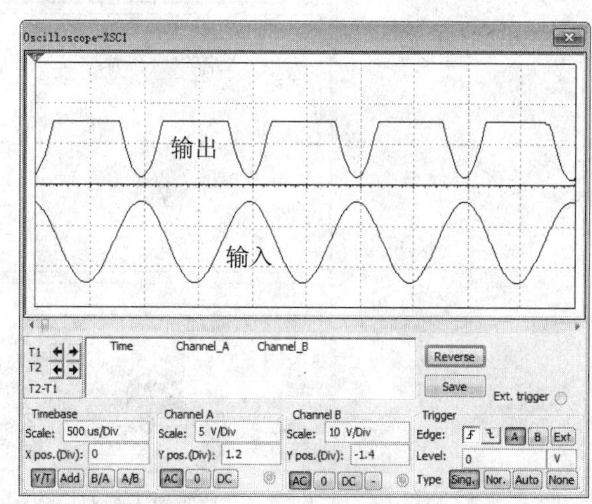

图 9-130　串联限幅电路的输入与输出波形

2．稳压管双向限幅电路

稳压管构成的双向限幅电路如图 9-131 所示。其中，稳压管 D1、D2 与负反馈电阻 R1 并联。

当输入信号 u_i 较小时，输出电压 u_o 亦较小，D1 和 D2 没有击穿，u_o 跟随输入信号 u_i 变化而变化，传输系数为：$A_{uf}=-\dfrac{R_1}{R_2}$；当 u_i 幅值增大，使 u_o 的幅值增大，并使 D1 和 D2 击穿时，输出 u_o 的幅度保持 $\pm(u_Z+u_D)$ 值不变，电路进入限幅工作状态。电路的传输特性如图 9-132 所示。

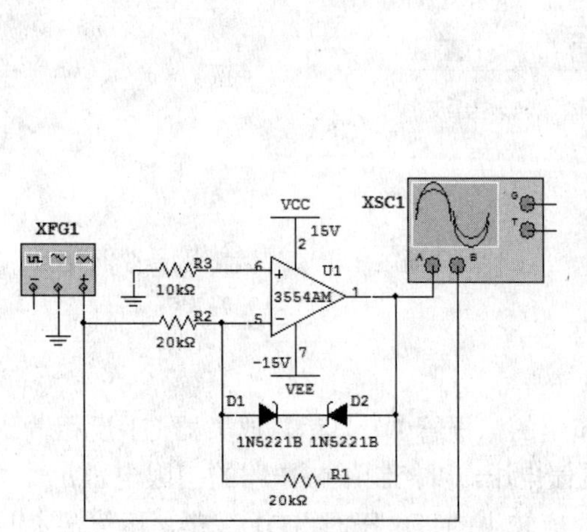

图 9-131　稳压管双向限幅电路

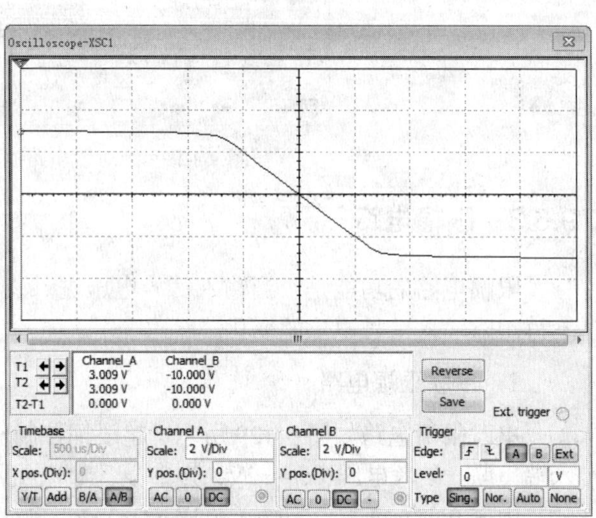

图 9-132　稳压管双向限幅电路的传输特性

若稳压管双向限幅电路的输入信号为三角波时，其限幅情况如图 9-133 所示。

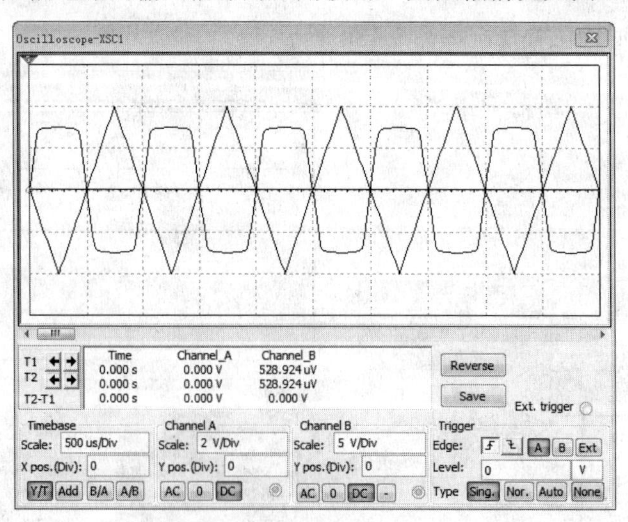

图 9-133　稳压管双向限幅电路的输入与输出波形

9.6.4　电压电流（V/I）变换电路

1．负载不接地 V/I 变换电路

负载不接地 V/I 变换电路如图 9-134 所示。

负载 R2 接在反馈支路，兼作反馈电阻，V1 为运算放大器，则流过 R2 的电流为：

$$i_L \approx i_R \approx \frac{u_i}{R_1}$$

可见，流经负载 R2 的电流 i_L 与输入电压 u_i 成正比例，而与负载大小无关，从而实现 V/I 变换。若输入电压 u_i 不变，即采用直流电源，则负载电流 i_L 保持不变，可以构成一个恒流源电路。图 9-134 所示电路中最大负载电流 i_L 受运算放大器最大输出电流的限制而取值不能太大；最小负载电流 i_L 受运算放大器输入电流的限制而取值不能太小。

2．负载接地 V/I 变换电路

负载接地 V/I 变换电路如图 9-135 所示。

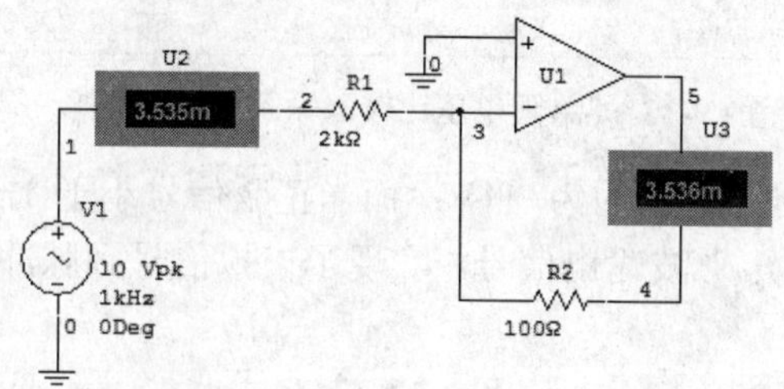

图 9-134　负载不接地 V/I 变换电路

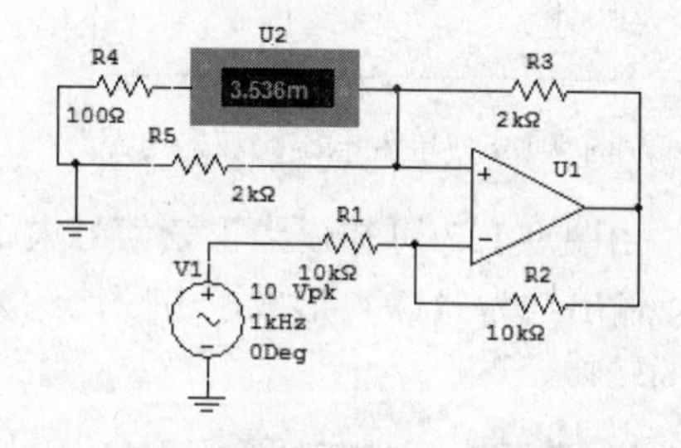

图 9-135　负载接地 V/I 变换电路图

由图 9-135 可知，$u_o = -\frac{R_2}{R_1}u_i + (1+\frac{R_2}{R_1})i_L R_4$，$i_L R_4 = \frac{R_5 // R_4}{R_3 + R_5 // R_4}u_o$

解上述两式可得：

$$i_L = \frac{\frac{R_2}{R_1}u_i}{\frac{R_3}{R_5}R_4 - \frac{R_2}{R_1}R_4 + R_3}$$

若取 $\frac{R_2}{R_1} = \frac{R_3}{R_5}$，则 $i_L = -\frac{u_i}{R_5}$。

可见，负载 R_4 的电流大小与输入电压 u_i 成正比例，而与负载大小无关，从而实现 V/I 变换。若输入电压 u_i 不变，即采用直流电源，则负载电流 i_L 保持不变，可以构成一个恒流源电路。

9.6.5　电压比较器

电压比较器是一种能用不同的输出电平表示两个输入电压大小的电路。利用不加反馈或加正反馈时工作于非线性状态的运算放大器即可构成电压比较器。

1．单限电压比较器

单限电压比较器的仿真电路如图 9-136 所示。其中，运算放大器处于开环无反馈状态，参考电压是 1mV，阈值电压也是 1mV，被比较的输入信号是 1V/1kHz 的正弦波。单限电压比较器输入与输出波形如图 9-137 所示。

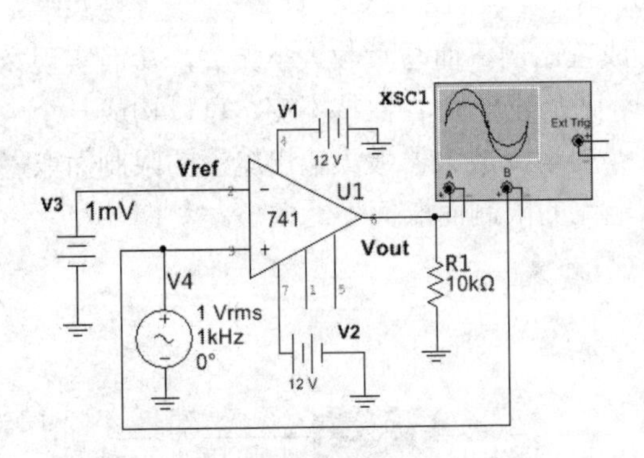

图 9-136　单限电压比较器电路

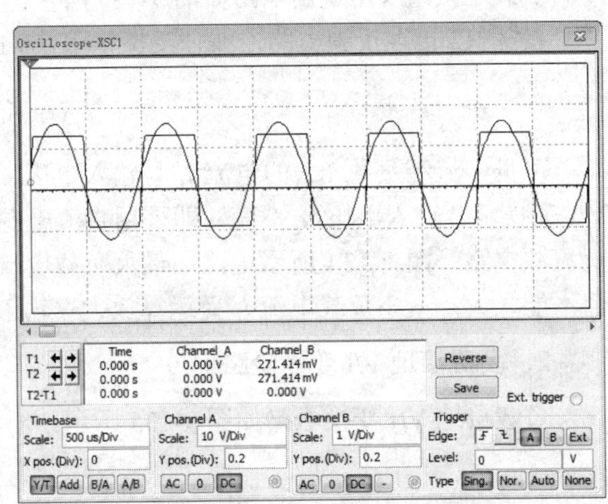

图 9-137　单限电压比较器输入与输出波形

由图 9-137 可知，当正弦信号大于 1mV 时，输出约为+11V；而当正弦信号小于 1mV 时，输出约为-11V。形成了占空比约为 0.51 的矩形波输出信号，实现了模拟信号到脉冲信号的转换。

2．滞回电压比较器

滞回电压比较器的仿真电路如图 9-138 所示。其中，运算放大器引入了正反馈状态，参考电压是 0V，输入信号是 5V/1kHz 的正弦波。与单限电压比较器不同，正反馈使滞回电压比较器的阈值不再是一个固定的常量，而是一个随输入状态变化的量。滞回电压比较器的传输特性如图 9-139 所示，它显示了输出随输入变化的关系。

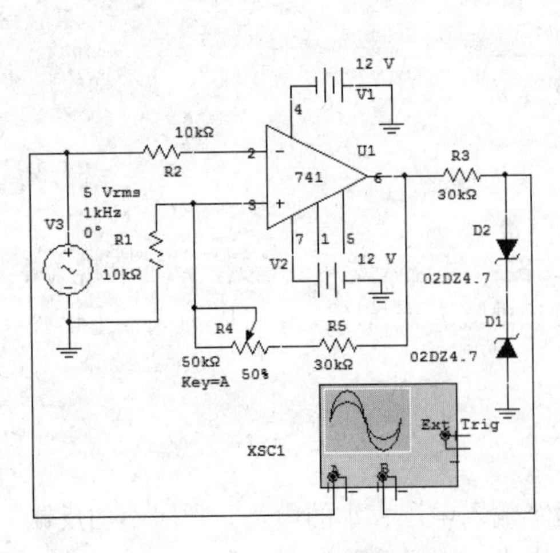

图 9-138　滞回电压比较器电路

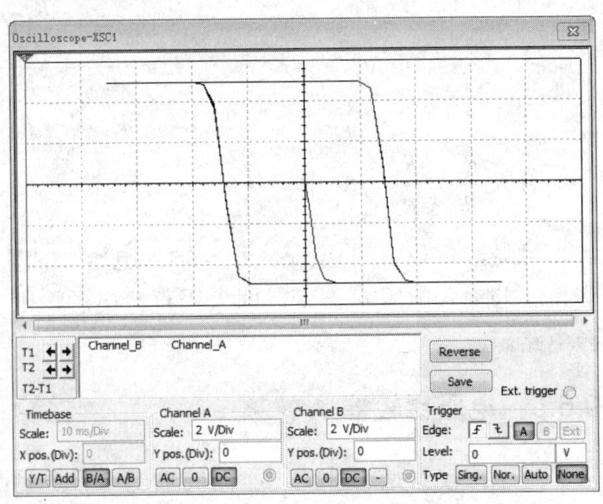

图 9-139　滞回电压比较器的传输特性

由图 9-139 可知，当输入信号大于 V_{TH1} 时，输出为负的稳压值；而当输入信号小于 V_{TH2} 时，输出才变为正的稳压值。按下 A 键可改变正反馈的强度，调整回差电压 V_{TH1}-V_{TH2}。回差电压大时，比较器的抗干扰能力强，反之则灵敏度高。

3．矩形波发生器

在滞回电压比较器的基础上，增加一条由 C1、R6、R4、D3 和 D4 组成的负反馈延迟支路即可构成如图 9-140 所示的矩形波发生器电路。

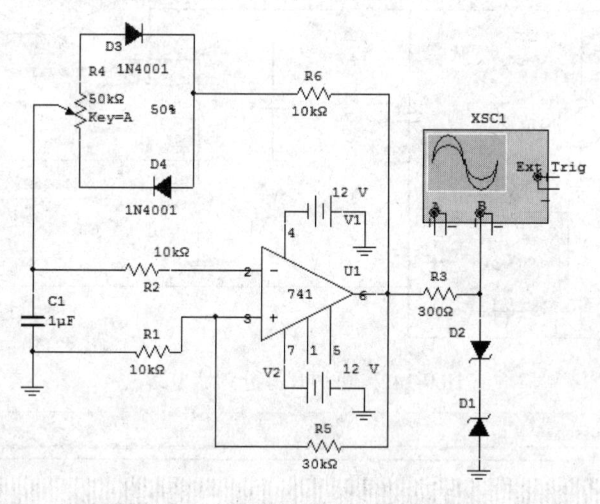

图 9-140　矩形波发生器电路

电路中滞回比较器起开关作用，输出为高、低两种电平，通过 R6、R4 和 D3、D4 组成的负反馈支路给电容 C1 充电。当电容的充电电压达到比较器的阈值 V_{TH1} 时，输出电平发生翻转，电容放电并被反充电，达到比较器的阈值 V_{TH2} 时输出电平再次发生翻转，如此反复形成矩形波输出，如图 9-141 所示。调整 R4 可使 C1 充电和放电的时间常数不同，实现占空比可调的矩形波输出。

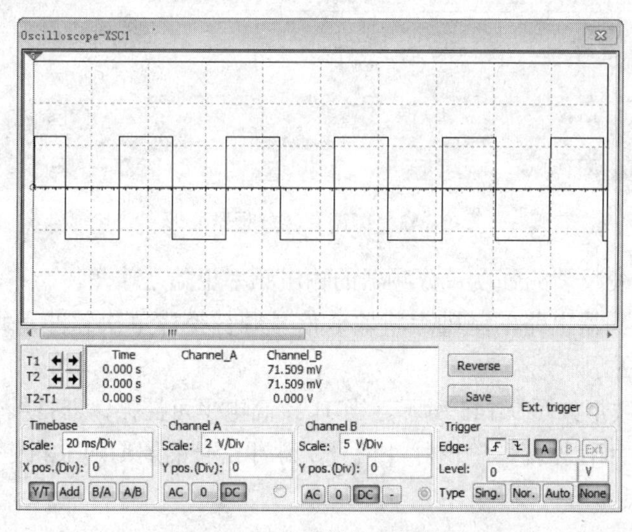

图 9-141　矩形波发生器波形

9.6.6 可调有源分频器

可调有源分频器电路如图 9-142 所示。当输入信号是 10V/1kHz 的正弦波时输出为 10V/22.7Hz 的方波信号，输入与输出波形如图 9-143 所示。

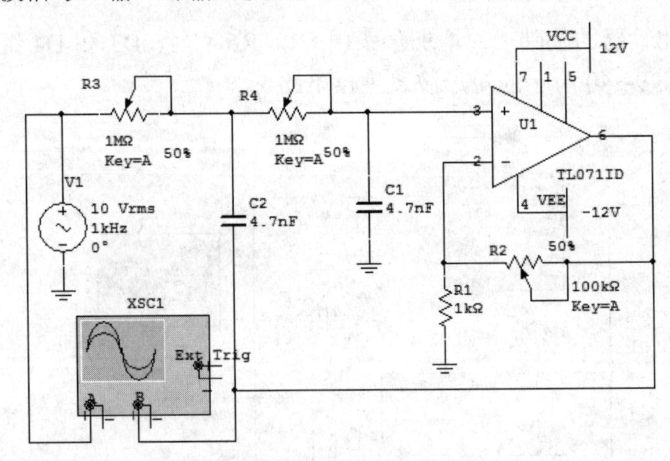

图 9-142 可调有源分频器电路

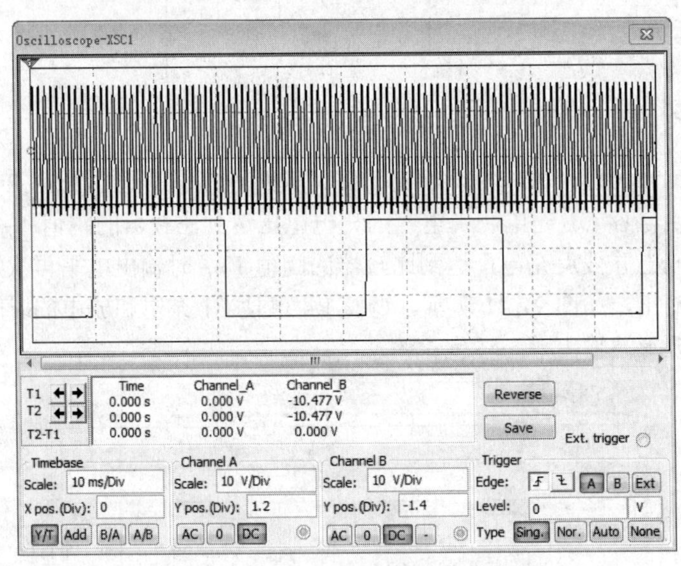

图 9-143 可调有源分频器波形

按下 A 键可改变反馈的强度，分频器的输出频率也随之改变。

在可调有源分频器电路的基础上将输入信号源替换成单次脉冲，则变成可控振荡器电路，如图 9-144 所示。

可控振荡器的波形如图 9-145 所示，当 J1 接高电平可控振荡器持续输出高电平 10V，而当 J1 接低电平时可控振荡器输出脉冲信号，脉冲信号的周期随 R2 改变而改变。

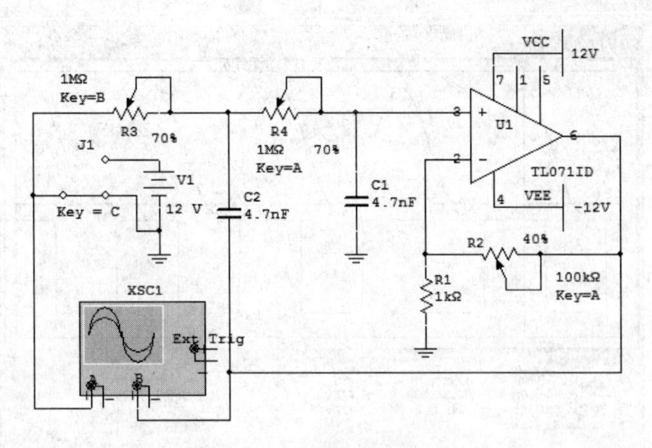

图 9-144　可控振荡器电路

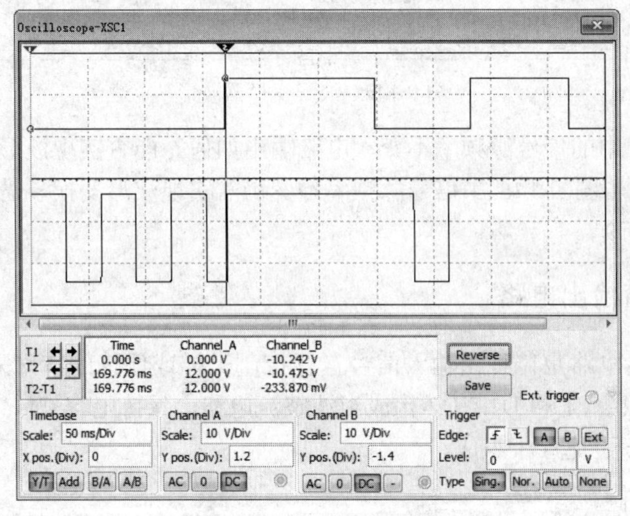

图 9-145　可控振荡器波形

在可调有源分频器电路的基础上将输入信号源的频率调整为 10Hz，电容 C2 的一端由接输出改变为接地，电路则变成波形变换器电路如图 9-146 所示，其输入与输出波形如图 9-147 所示。

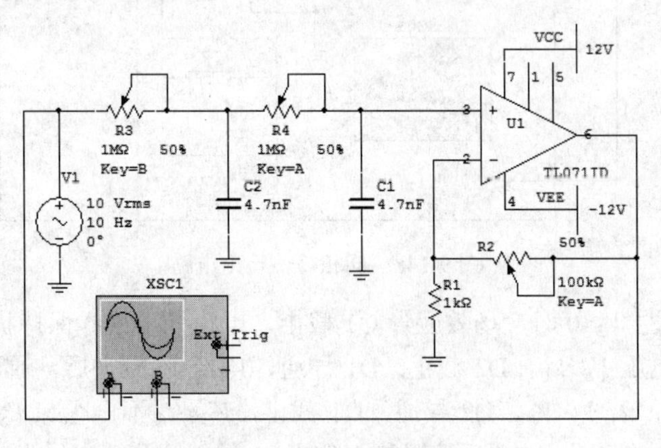

图 9-146　波形变换器电路

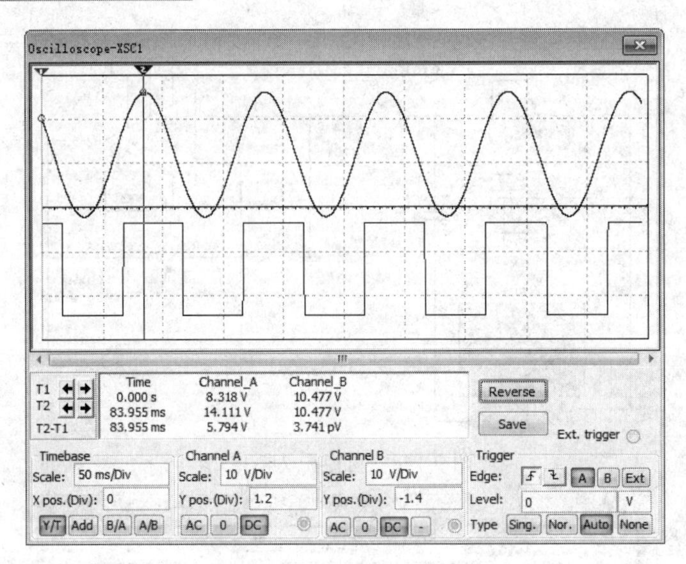

图 9-147　波形变换器波形

假若图 9-146 中的信号源频率不变，电路输出如何？能否实现波形变换请读者分析其原理并给出仿真。若图 9-146 中信号源频率不变仍需实现波形变换，需要修改电路中哪些元件参数？如何修改？

9.6.7　同相峰值检出电路

同相峰值检出电路是一种由输入信号自行控制采样或保持的特殊采样-保持电路，如图 9-148 所示。它由 V1 和 D1、D2 构成半波整流电路、保持电容 C1、起缓冲作用的电压跟随器 V2 及复位开关管 Q1 组成。

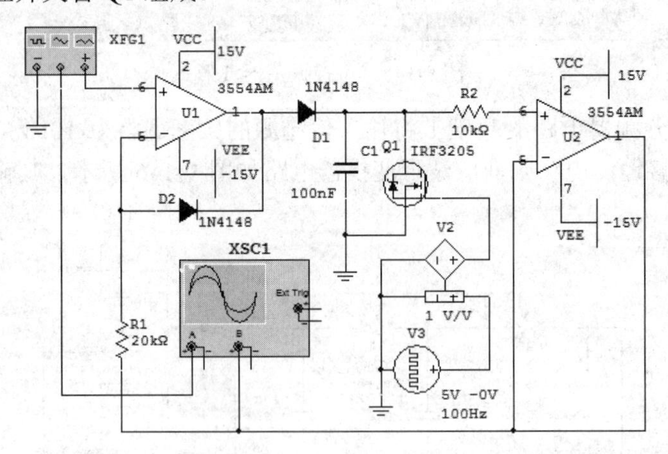

图 9-148　同相峰值检出电路

当复位控制信号 V_2<0 时，场效应管 Q1 截止，电路处于采样保持状态，输出 V_O=V_C，若 V_1 的输出误差电压 V_S>V_C，D2 截止，D1 导通，V_S 经 V_1 放大后，通过 D1 对 C1 充电，使 V_C、V_O 跟踪 V_S；若 V_S<V_C，D2 导通，D1 截止，V_O=V_C 不再跟踪 V_S，保持已检出的 V_S 的最大峰值。D2 导通提供 V_1 负反馈通路，防止 V_1 进入饱和状态。当 V_2>0 时，即控制信号有效时，Q1 导通，C1 通过 Q1 快速放电，V_C=0，电路又开始进入峰值检出过程。输入与输出波形如图 9-149 和图 9-150 所示。图 9-149 是输入正弦信号时同相峰值检出电路输入与输出波形，图 9-150 是输入锯齿波时同相峰值检出电路输入与输出波形。

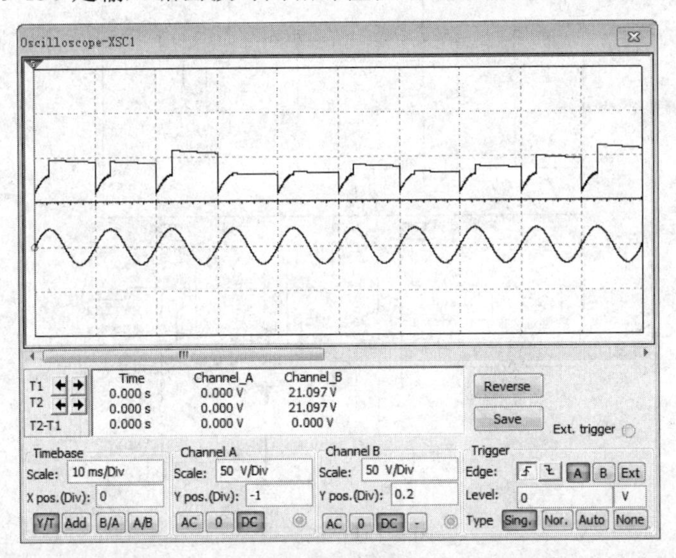

图 9-149　同相峰值检出电路（输入正弦信号）

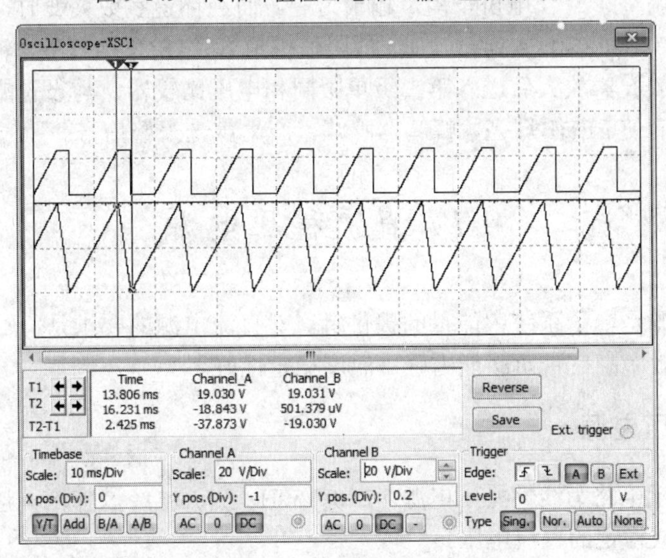

图 9-150　同相峰值检出电路（输入锯齿波）

9.6.8　检测报警电路的仿真

检测报警电路在实际中应用广泛。图 9-151 给出了其中一种仿真电路，它由 R1、R2、R3、R5 组成的测量电桥仿真传感器，由 V1、R4、R6、R8 组成的差分放大器，由 V2、R9、R10、R11 组成的单限同相电压比较器，和 Q1、BUZZER、LED1、R14、R13 组成的声光报警驱动组成。

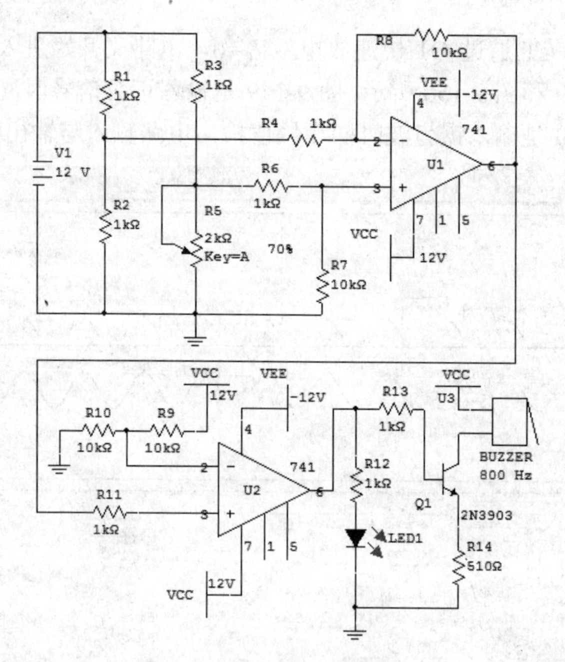

图 9-151　检测报警

正常情况下调整 R5 使电桥平衡，输出为零。而当环境参数突变时，传感器的输出电压发生明显变化（即可按下 A 键改变 R5 的阻值模拟），电桥平衡打破，输出不为零，该输出经第一级差分放大器放大后送入第二级单限同相电压比较器，与设置的基准电压比较后输出高电平，从而使 LED1 灯亮，蜂鸣器鸣响，产生声光报警信号。

9.7　直流稳压电源

直流稳压电源是电子系统中能量的提供者。对直流电源的要求是：输出电压的幅值稳定、平滑、变换效率高、带负载能力强、温度稳定性好。

9.7.1　线性稳压电源

图 9-152 所示电路为线性稳压电源。220V/50Hz 交流电经过降压、整流、滤波和稳压等 4 个环节变换成稳定的直流电压。

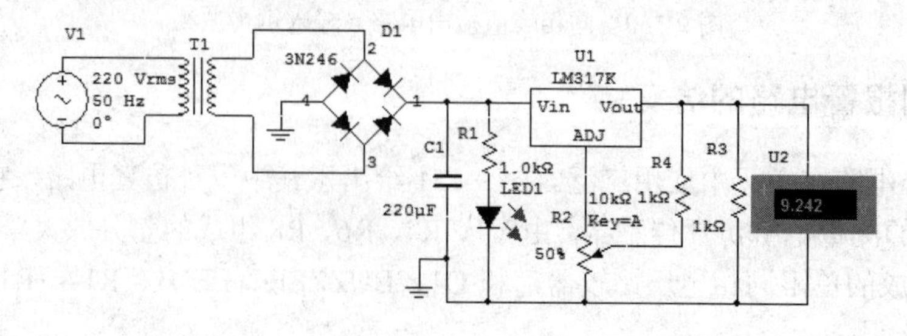

图 9-152　线性稳压电源

9.7.2　反激式 DC/DC 转换器

反激式 DC/DC 转换器是开关稳压器最基本的一种拓扑结构，应用广泛。图 9-153 是反激式 DC/DC 转换器的仿真电路，图中 V1 为直流输入电压，V1、V2 为直流输出，T1 为高频变压器，Q1 为功率开关管 MOSFET，其栅极接 5V/1kHz 的脉宽调制信号，漏极接原边线圈的下端，D1、D2 为输出整流二极管，C1 和 C2 为输出滤波电容。

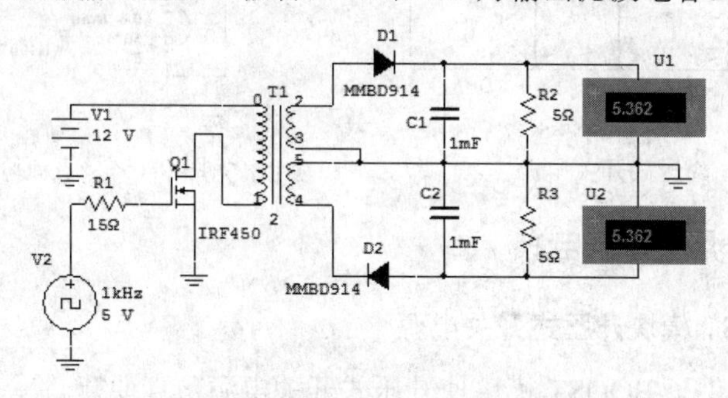

图 9-153　反激式 DC/DC 转换器

在脉宽调制信号的正半周时 Q1 导通，原边线圈有电流通过，将能量存储在原边线圈中。此时副边线圈的输出电压极性是 2、5 端为负，3、4 端为正，使 D1、D2 截止，没有输出；而在脉宽调制信号的负半周时 Q1 截止，原边线圈没有电流通过，根据电磁感应的原理，此时在原边线圈上会产生感应电压 U_{OR}，使副边线圈产生电压 V_S，其极性是 2、5 端为正，3、4 端为负，使 D1、D2 导通，经过 D1、C1 及 D2、C2 整理滤波后获得输出电压。由于开关电源频率高，使输出电压基本稳定，从而实现了稳压的目的。

9.7.3　直流降压斩波变换电路

降压式开关电源的原理为：220V/50Hz 交流电压经过整流、滤波和 DC/DC 转换等环节变换成稳定的直流电压。

1. 基于 BUCK 模块降压式开关电源

NI Multisim 提供了 BUCK 模块使降压式开关电源仿真便捷。

调用 NI Multisim 中的 BUCK 器件及其他元件组成降压式开关电源仿真电路如图 9-154 所示，图中 BUCK 是一种求均电路，用于模拟 DC/DC 转换器的求均特性。电路的输出电压 $u_o=u_{in}\times k$，式中 k 是转换电路的开关占空比，k 在 0 到 1 之间取值。

在图 9-154 所示的降压式开关电源仿真电路中，当输入为 220V/50Hz 交流电压，k=0.08 时，输出直流电压为 24.757V。

2. 直流降压斩波变换电路

直流降压斩波变换电路如图 9-155 所示。图中 V2 为输入直流电源，电压为 12V。V1 是 NI Multisim 中模拟 PWM 控制的电路模块，V1 的输入端接 V1（0.8V/50Hz）与 V1 比较产生控制脉冲，改变 V1 可改变 PWM 脉冲宽度进而调整输出电压的大小。Q1 为功率开关管 MOSFET，其栅极接 V1 输出的 PWM 脉冲信号，D1 为续流二极管，C1 为输出滤波电容。由图 9-155 可知，当输入 12V 直流电压经过变换电路后输出为 2.283V。

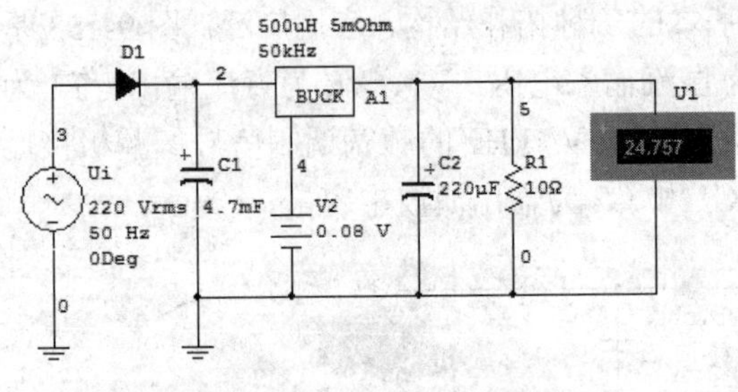

图 9-154 降压式开关电源

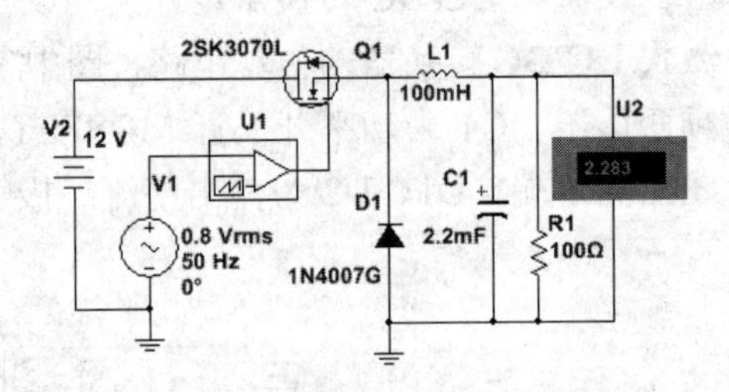

图 9-155 直流降压斩波变换电路

9.7.4 直流升压斩波变换电路

1. 基于 BOOST 模块升压式开关电源

NI Multisim 提供了 BOOST 模块使升压式开关电源仿真便捷。

调用 NI Multisim 中的 BOOST 器件及其他元件组成的升压式开关电源仿真电路如图 9-156 所示。BOOST 和 BUCK 一样也是一种求均电路，用于模拟 DC/DC 转换器的求均特性，使 5V 直流电压经过 DC/DC 转换后得到 15.583V 直流电压。它不仅能模拟电源转换中的小信号和大信号特性，而且能模拟开关电源的瞬态响应。电路的输出电压 $u_o=\dfrac{u_{in}}{1-k}$，式中 k 是转换电路的开关占空比，k 在 0 到 1 之间取值。

2. 直流升压斩波变换电路

直流升压斩波变换电路如图 9-157 所示。图中 V1 为输入直流电源，电压为 12V。Q1 为功率开关管 MOSFET，其栅极受脉冲发生器（时钟源 V2）控制，改变 V2 可改变脉冲宽度进而调整输出电压的大小。

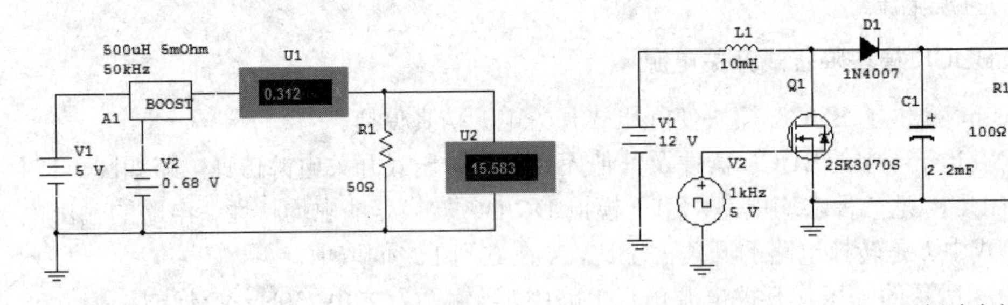

图 9-156 升压式开关电源电路

图 9-157 直流升压斩波变换电路

由图 9-157 可知，当输入 12V 直流电压经过变换电路后输出为 24.038V。

习 题

1．在 NI Multisim 电路窗口中创建如图 9-158 所示的晶体管放大电路，设 V_{CC}=12V，

R_1=3kΩ，R_2=240kΩ，三极管选择 2N2222A。① 用万用表测量静态工作点；② 用示波器观察输入及输出波形。

2．在图 9-159 中如改变 R_2，使 R_2=100kΩ，其他不变，用万用表测出各极静态工作点，并观察其输入、输出波形的变化。

3．在 NI Multisim 仿真软件中创建如图 9-159 所示的分压式偏置电路，调节合适的静态工作点，使输出波形最大不失真。① 测出各极静态工作点；② 测出输入、输出电阻；③ 改变 RP 的大小，观察静态工作点的变化，并用示波器观察输出波形是否失真。

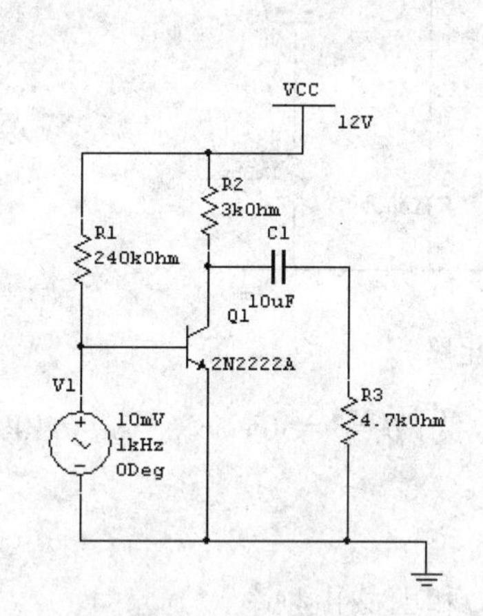

图 9-158　晶体管放大电路

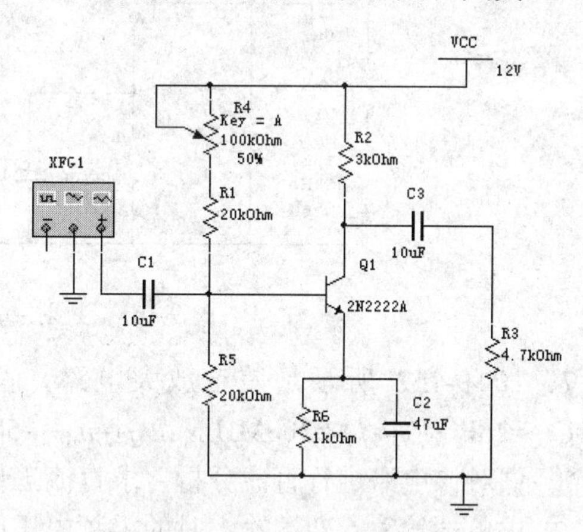

图 9-159　分压式偏置电路

4．对图 9-159 所示电路，① 用示波器观察接上负载和负载开路时对输出波形的影响；② 学会使用波特图仪在电路中的连接；③ 测量放大电路的幅频特性和相频特性。

5．两级放大电路如图 9-160 所示，在输出波形不失真的情况下，① 分别测出两级放大电路的静态工作点；② 用示波器观察两级放大电路输出电压的大小。

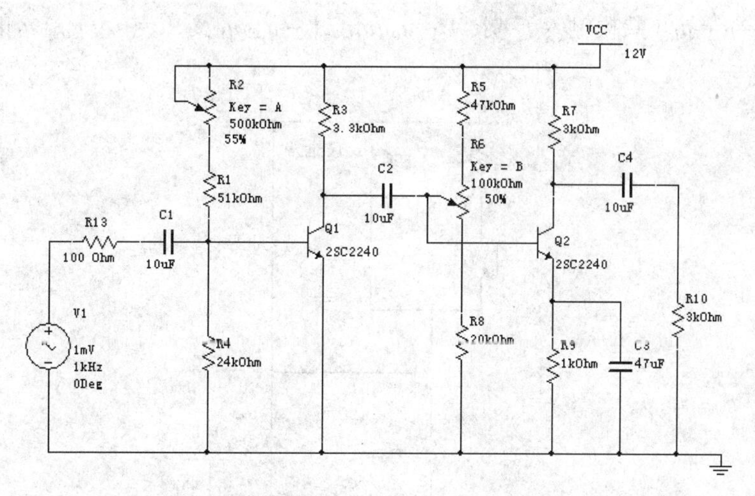

图 9-160　两级放大电路

6．图 9-161 所示是共射-共基混合放大电路，计算 $A_S=V_o/V_s$ 的中频电压放大倍数和上截止频率，晶体管参数为 β=80，r_{bb}=50Ω，f_T=300MHz，C_{jc}=3pF，观察共射极输出端的频率特性。

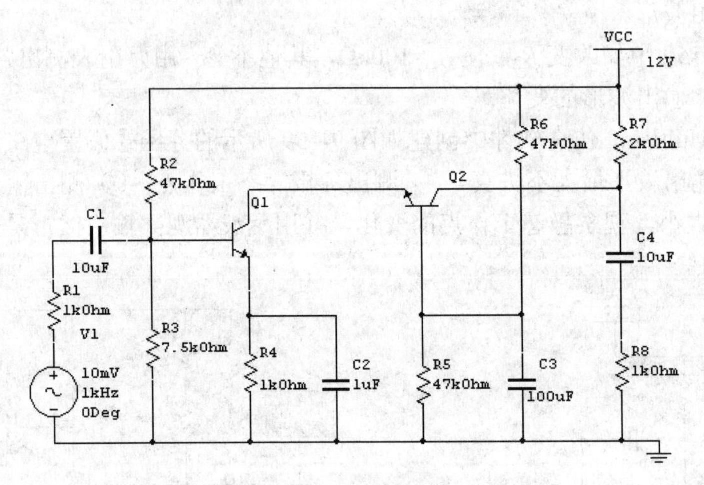

图 9-161 共射-共基混合放大电路

7．图 9-162 所示是差动放大电路，晶体管参数为 $\beta_1=\beta_2=50$，$r_{bb'1}=r_{bb'2}=300\Omega$，$C_{jc1}=C_{jc2}=2\text{pF}$，$f_{T1}=f_{T2}=300\text{MHz}$，$u_{AF1}=u_{AF2}=50\text{V}$。

① 试对该电路进行直流分析，求直流工作点。

② 求单端输入、双端输出时的零频电压放大倍数 A_d 和上截止频率。

③ 求单端输入、单端输出时的零频电压放大倍数 $A_d1=u_{o1}/u_i$，$A_{d2}=u_{o2}/u_i$ 和上截止频率。

④ 求单端输入时，放大器输入阻抗的幅频特性。

⑤ 若将电路改为双端输入，即将 VT2 基极接信号源 u_{i2}，且 $u_{i1}=-u_{i2}$，再求单端输出时零频电压放大倍数和上截止频率。

⑥ 求双端输入时，差模输入阻抗的幅频特性。

⑦ 设 $u_{i1}=u_{i2}=u_i$（共模输入），求 $A_{c1}=u_{o1}/u_i$，$A_{c2}=u_{o2}/u_i$ 及 $Ac=(u_{o1}-u_{o2})/u_i$ 的幅频特性。

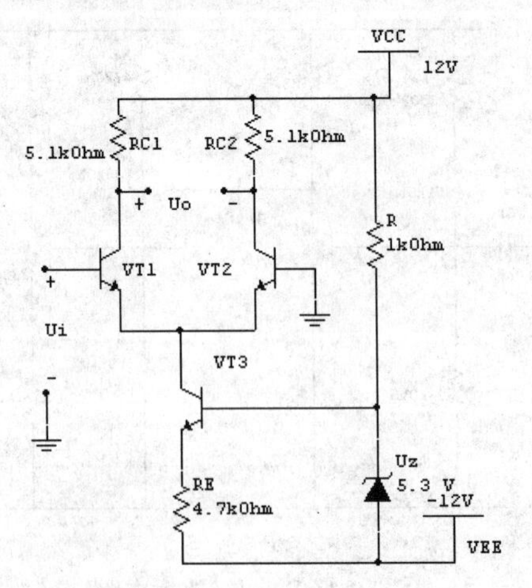

图 9-162 差动放大电路

8．两级负反馈放大电路如图 9-163 所示。① 反馈支路开关 K 断开，增大输入信号使输出波形失真，然后反馈支路开头 K 闭合，观察负反馈对放大电路失真的改善；② 接波特图仪，观察有、无负反馈时放大电路的幅频特性和相频特性。

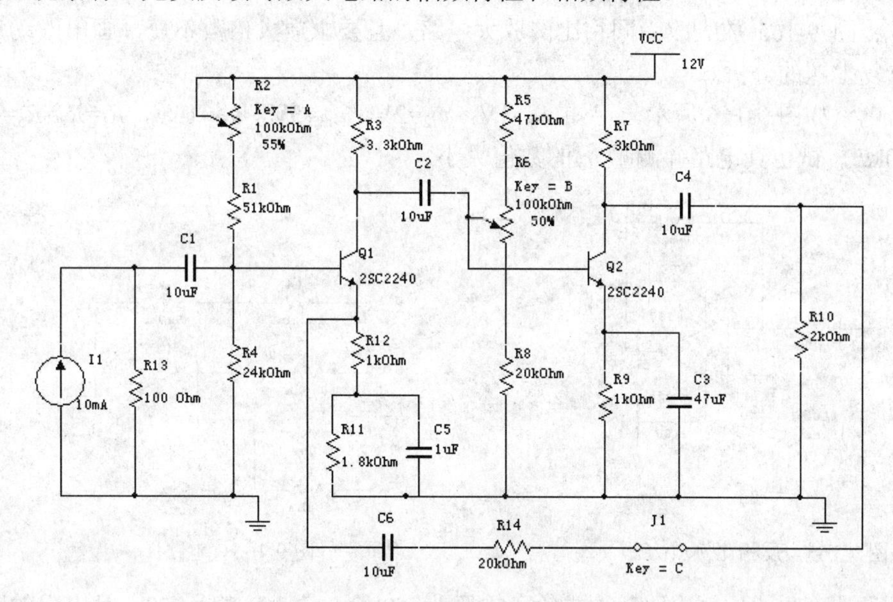

图 9-163　两级负反馈放大电路

9. 在图 9-164 反相比例运算电路中，设 R_3=10kΩ，R_F=500kΩ，问 R_2 的阻值应为多大？若输入信号为 10mV，用万用表测量输出信号的大小。

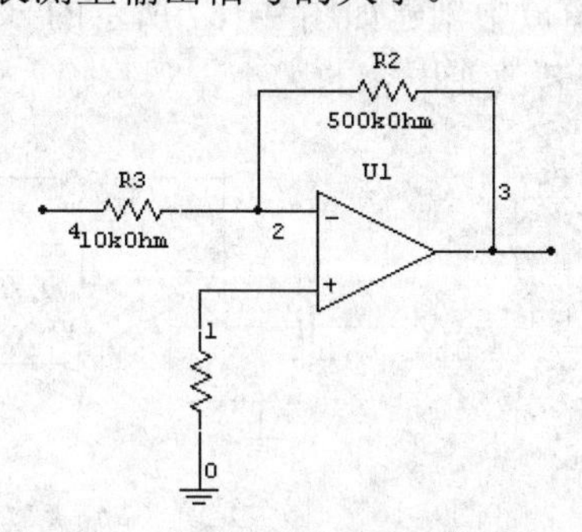

图 9-164　反相比例运算电路

10. 在 NI Multisim 电路窗口中设计一个同相比例运算电路，若输入信号为 10mV，试用示波器观察输入、输出波形的相位，并测输出电压的大小。

11. 图 9-165 所示电路是由运算放大器 μA741 构成的反相比例放大器。

① 试对该电路进行直流工作分析。

② 试对该电路进行直流传输特性分析，并求电路的直流增益和输入、输出电阻。

③ 若输入信号振幅为 0.1V、频率为 10kHz 的正弦波，对电路进行瞬态分析，观察输出波形。

④ 将输入信号的振幅增大为 1.8V，重复上面的分析，观察输出波形的变化，并作解释。

⑤ 若输入信号振幅为 2.5V、频率为 1kHz 的正弦波，再对电路进行瞬态分析，观察输出波形的变化。

12．将图 9-165 放大改为同相比例放大电路，且要求放大倍数不变，画出改动后的电路，并重复上题的分析。

13．电路如图 9-166 所示，已知 u_{i1}=1V，u_{i2}=2V，u_{i3}=3V，u_{i4}=14V，R_1=R_2=R_5=5kΩ，R_3=R_4=10kΩ，试仿真电路并测量 u_o 的数值大小。

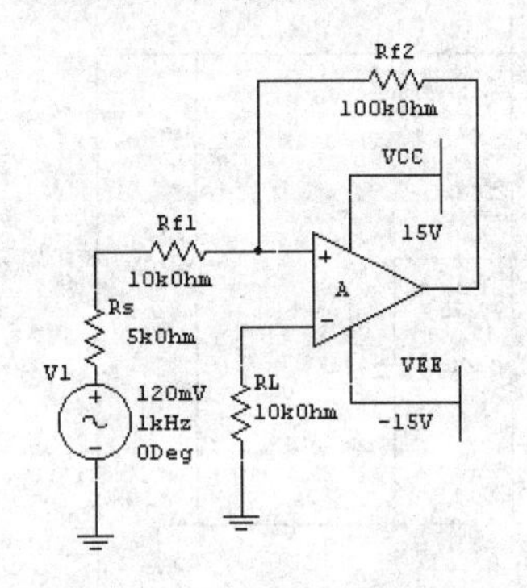

图 9-165　反相比例放大器

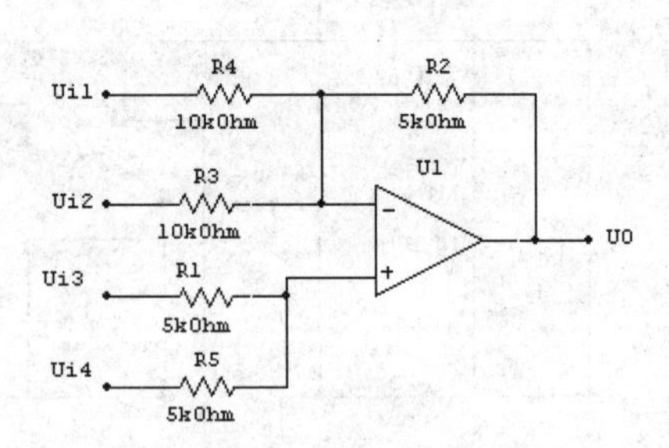

图 9-166　电路图

14．设计一反相比例电路，要求输入电阻为 50kΩ，放大倍数为 50，且电阻的阻值不得大于 300kΩ，试对设计好的电路进行直流传输特性分析和交流小信号分析，以验证是否达到指标要求。

15．在 NI Multisim 电路窗口中创建如图 9-167 所示的一个微分运算电路，试用示波器观察输入、输出信号的波形。若改变电容的大小，观察输入、输出波形的变化情况。

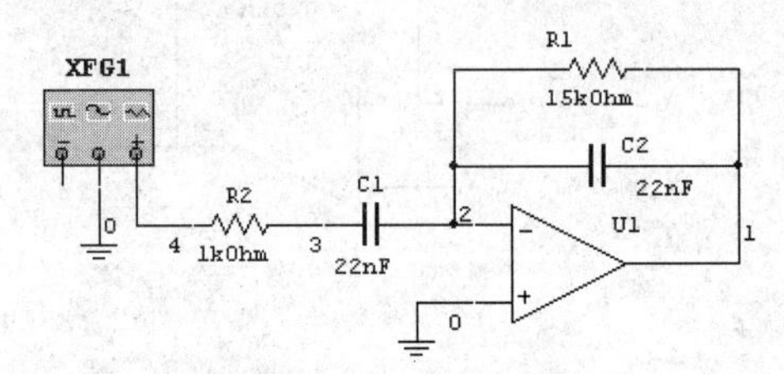

图 9-167　微分运算电路

16．在 NI Multisim 电路窗口中设计一个有源低通滤波器，要求 10kHz 以下的频率能通过，试用波特图仪仿真电路的幅频特性。

17．在 NI Multisim 电路窗口中设计一个有源高通滤波器，要求 1kHz 以上的频率能通过，试用波特图仪仿真电路的幅频特性。

18．在 NI Multisim 电路窗口中设计一个二阶有源低通滤波器电路，要求 10kHz 以下的频率能通过，试用波特图仪仿真电路的幅频特性。

19．在 NI Multisim 电路窗口中创建一个双 T 带阻滤波器电路，试用波特图仪仿真电路所通过的频率范围。

20．利用 NI Multisim 仿真软件提供的 Filter Wizard，设计一个阻带截止频率为 2kHz，通带起始频率为 3kHz，通带衰减为-1dB，阻带衰减为-25dB 的巴特沃斯有源高通滤波器。

21. 在 NI Multisim 仿真平台上设计一个如图 9-168 所示的 RC 串/并联选频网络振荡器，调节 R6 使电路起振，测出起振时电阻 R6 的大小，并用示波器测出其振荡频率。改变正反馈支路 RC 的大小，再测出其振荡频率。

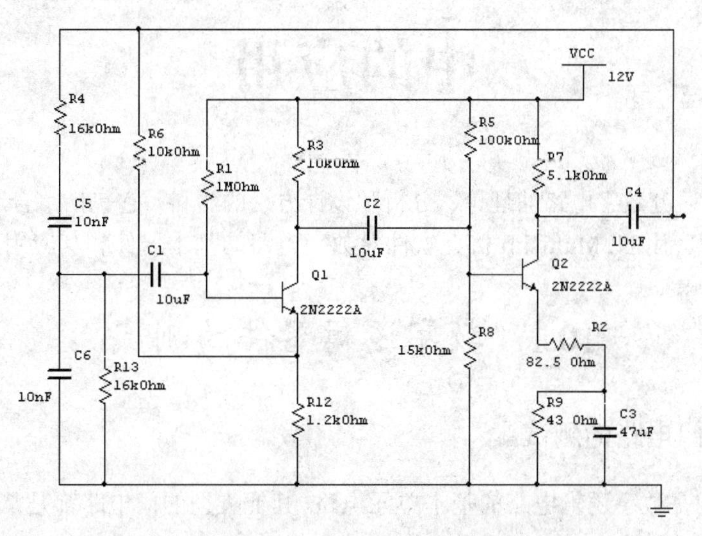

图 9-168　RC 串/并联选频网络振荡器

22. 试观察图 9-169 所示电路的输出波形并分析其原理。

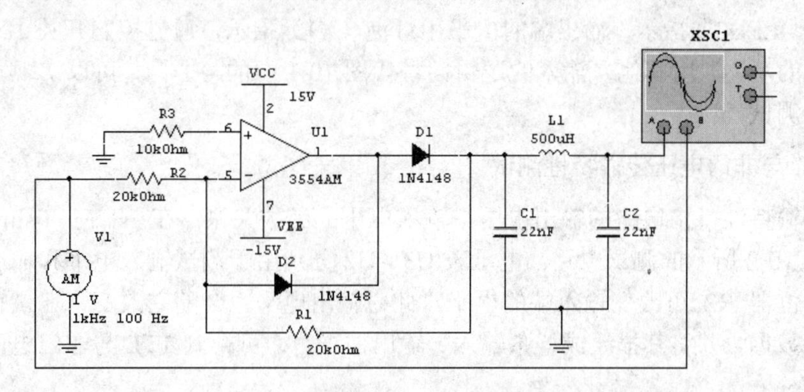

图 9-169　电路图

第 10 章　NI Multisim 在数字电路中的应用

数字电路是研究数字电路的理论、分析和设计方法的学科，它包括组合逻辑电路和时序逻辑电路。本章应用 NI Multisim 仿真软件对数字电路的基本器件和其应用电路进行仿真。

10.1　数字逻辑器件的测试

10.1.1　TTL 门电路的测试

TTL 与非门是数字逻辑电路的基本单元电路，其他类型的门电路都是从它演化而来的。

1．TTL 与非门的功能测试

在 NI Multisim 电路窗口中创建如图 10-1 所示的测试电路。输入端的电平用发光二极管（LED1、LED2）指示，输出端的电平用灯泡（X1）指示，通过控制开关 J1、J2，就可以验证电路的功能。用其他二输入的逻辑门替代图 10-1 中的与非门，可以实现其他逻辑门电路的功能测试。

2．TTL 与非门电压传输特性测试

电压传输特性是指电路的输出电压与输入电压的函数关系。在 NI Multisim 电路窗口中创建如图 10-2 所示的测试电路。电压表 U3、U2 分别用于测试输入电平和输出电平的大小，调整电位器 R2 可改变输入端的电平，此时输出电平也会随之改变，记录输入、输出电平的变化数据，并将其描绘成一条输入、输出曲线，即可得到 TTL 与非门电压传输特性电路曲线。

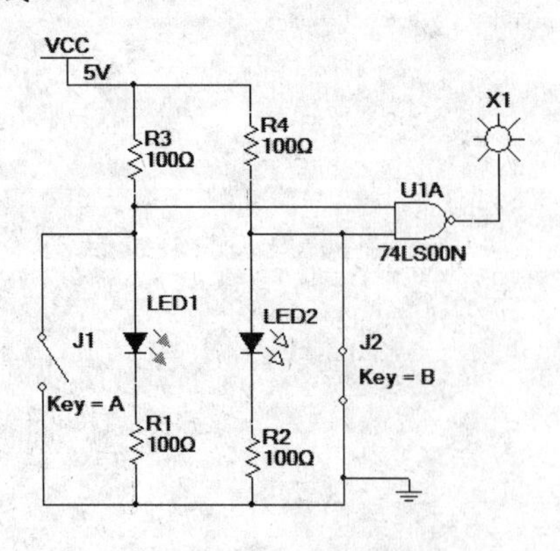

图 10-1　逻辑门测试电路

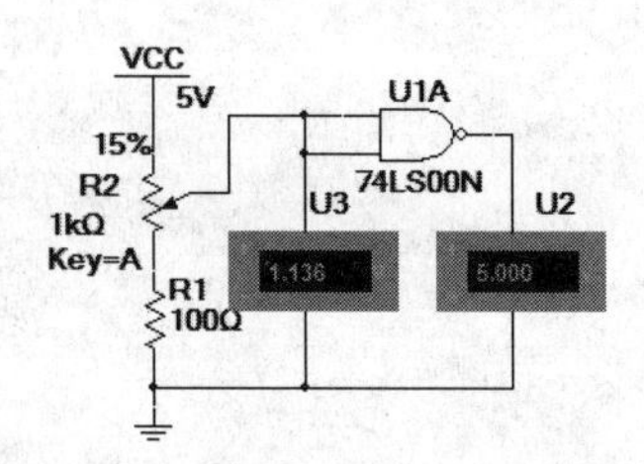

图 10-2　TTL 与非门电压传输特性测试图

3. TTL 与非门延迟特性测试

延迟特性是 TTL 与非门的主要动态参数，一般用平均延迟时间 t_{pd} 表示。在 NI Multisim 窗口中创建如图 10-3 所示闭环振荡器，从虚拟示波器 XSC1（如图 10-4 所示）中可读出振荡周期为 94.216ns。由于该振荡器由 TTL 与非门经过 3 级门延迟构成，因此 TTL 与非门的平均延迟时间 t_{pd} 为振荡器振荡周期的三分之一，即为 31.4ns。

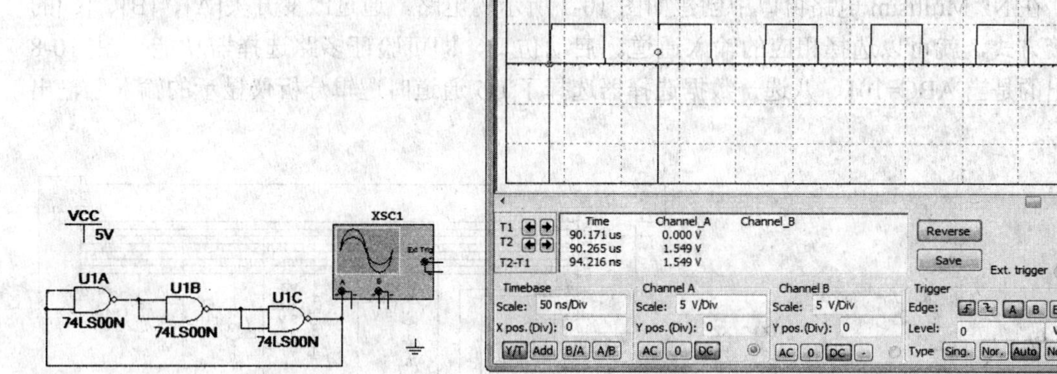

图 10-3 闭环振荡器　　　　图 10-4 闭环振荡器的工作波形

4. TTL 三态门功能测试

三态门的输出有 3 种状态：0、1 和高阻态。在 NI Multisim 电路窗口中创建如图 10-5 所示的测试电路。用控制开关 J1、J3 实现三态门 74LS125 的 U1A 和 U1B 输入端的逻辑电平，用控制开关 J2、J4 作为三态门 74LS125 的 U1A 和 U1B 的控制端，输出端的电平用灯泡（X1）指示。改变开关 J1、J2、J3 和 J4 的设置，就可以验证电路的功能。当 J2=1 即 U1A 控制端为 1 时，U1A 为高阻态；当 J4=0 即 U1B 控制端为 0 时，U1B 输出为 J3 的逻辑状态，此时为 1，则 X1 为 1，灯亮。显示结果如图 10-5 所示。

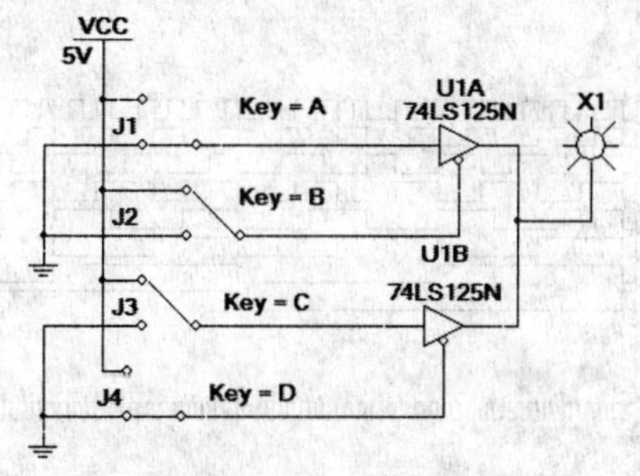

图 10-5 三态门测试电路

10.1.2 组合逻辑部件的功能测试

1. 全加器的逻辑功能测试

全加器是常见的算术运算电路，能完成一位二进制数全加的功能。在 NI Multisim 电路窗口中创建如图 10-6 所示的全加器功能测试电路。用控制开关 J1、J2 和 J3 实现输入端的逻辑电平，输出端的电平用灯泡（X1 和 X2）指示。改变开关 J1、J2 和 J3 设置后，即可验证电路的功能。

2．多路选择器功能测试

在多路数据传送过程中，有时需要将多路数据中任一路信号挑选出来传送到公共数据线上去，完成这种功能的逻辑电路称为数据选择器。74LS151 是八选一数据选择器，其功能测试如下。

在 NI Multisim 电路窗口中创建如图 10-7 所示的电路。通过改变开关[A]、[B]、[C]的连接方式，就可以选择相应的输入通道。启动仿真，即可验证多路选择器功能。图 10-8 给出的是当 ABC=101、八选一数据选择器选择了 D5 通道时逻辑分析仪显示的输入、输出波形。

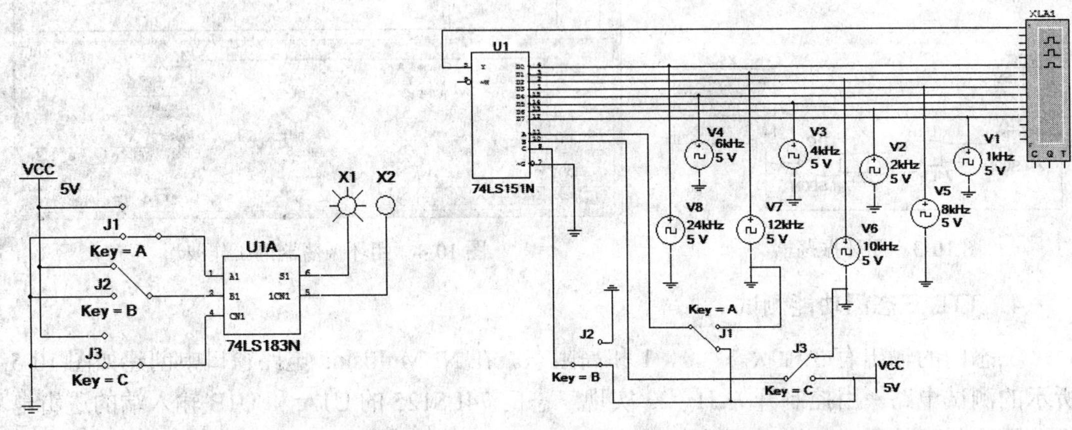

图 10-6　全加器功能测试电路　　　图 10-7　多路选择器的功能测试电路

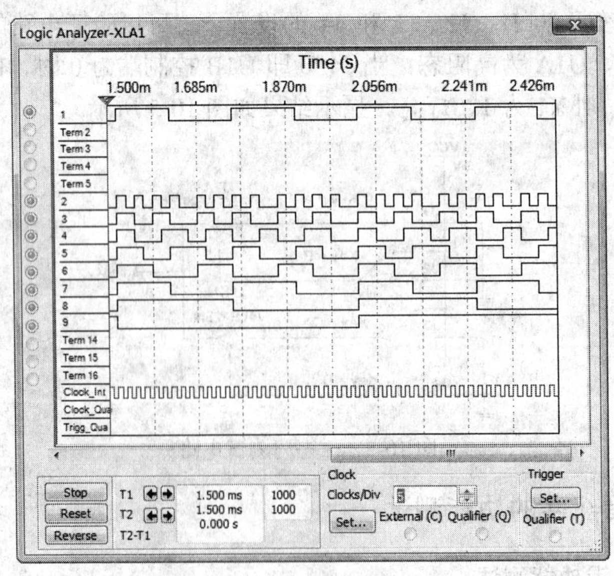

图 10-8　多路选择器的工作波形

3．编码器的功能测试

所谓编码，就是在选定的一系列二进制数码中，赋予每个二进制数码以某一固定含义。74LS148 是 8/3 编码器，其功能测试如下所述。

在 NI Multisim 电路窗口中创建如图 10-9 所示的电路。设置字信号产生器，使其循环输出 11111110、11111101、11111011……10111111、01111111，使得 8 线-3 线优先编码器依次选取不同的输入信号进行编码。输出编码用数码管显示。

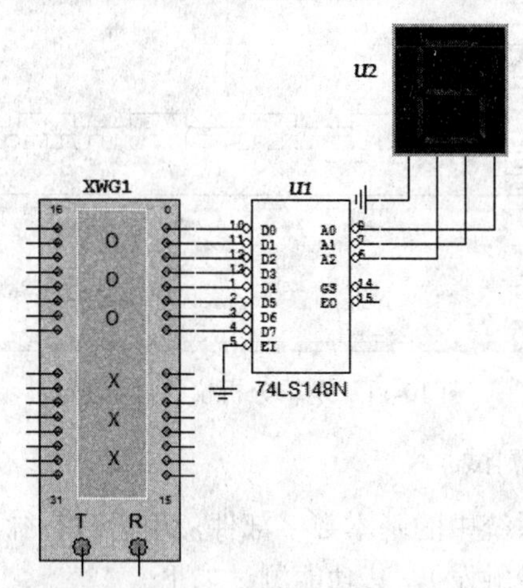

图 10-9　编码发生器的功能测试电路

启动仿真，可观察到数码管依次循环显示 7、6、5、4、3、2、1、0、7、6……

10.1.3　时序逻辑部件的功能测试

1．D 触发器的功能测试

触发器是时序逻辑电路的基本单元，它能存储一位二进制码，即具有记忆能力。

D 触发器的特性方程：$Q^{n+1}=D$。

在 NI Multisim 电路窗口中创建如图 10-10 所示的电路。

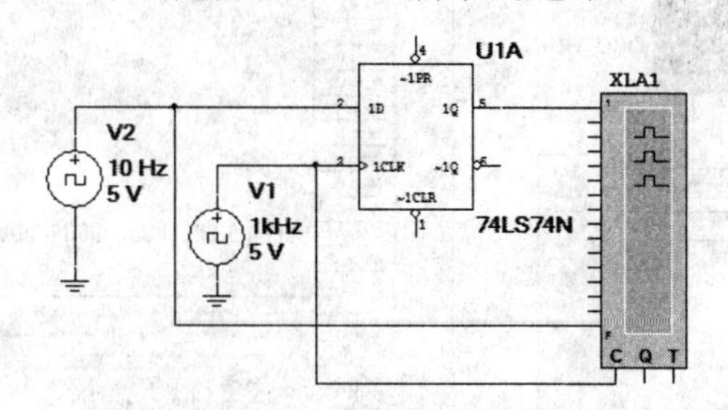

图 10-10　D 触发器的功能测试电路

启动仿真，D 触发器的输出波形如图 10-11 所示。可见，逻辑分析仪显示 D 触发器的 Q 输出与 D 输入端相同。

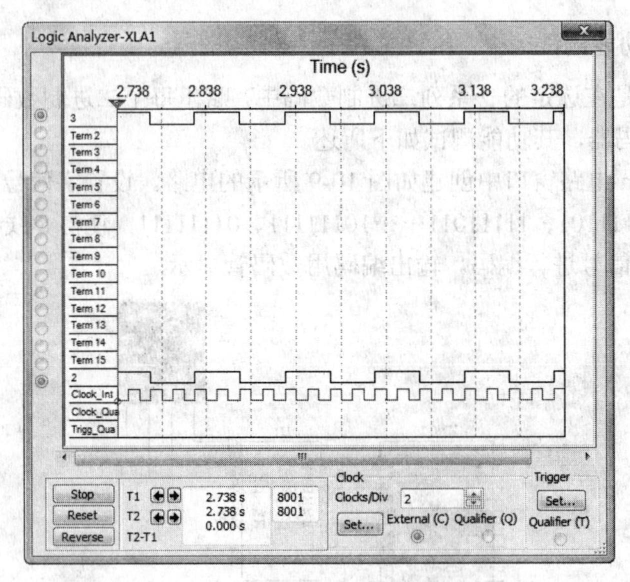

图 10-11　逻辑分析仪的显示波形

2．集成计数器的功能测试

集成计数器也是数字系统中的基本数字部件，用于进行脉冲个数的计数。74LS160 是同步十进制计数器（上升沿触发），其功能测试如下。

在 NI Multisim 电路窗口中创建如图 10-12 所示的电路。启动仿真，通过逻辑分析仪显示和数码管的状态可以验证 74LS160 的逻辑功能。其中，逻辑分析仪的显示如图 10-13 所示。

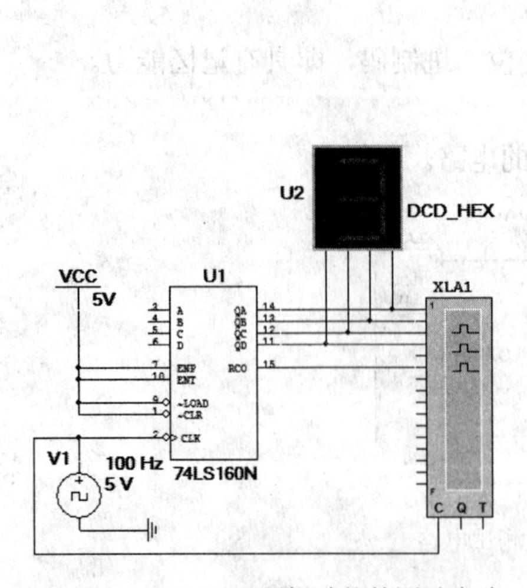

图 10-12　74LS160 逻辑功能的测试电路

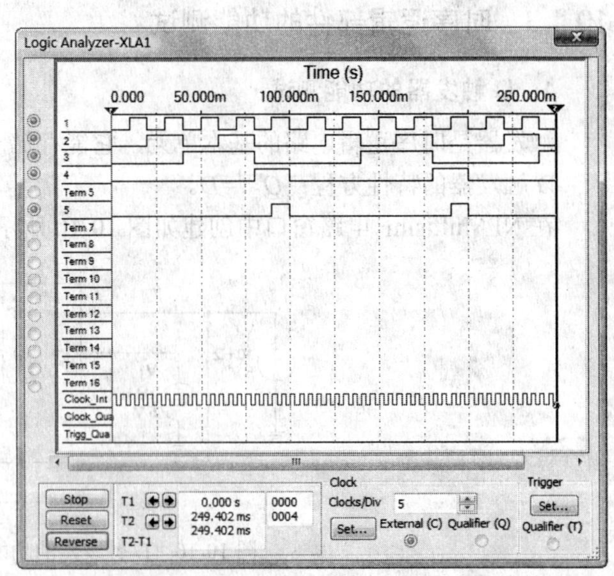

图 10-13　逻辑分析仪的显示

3．移位寄存器的功能测试

74LS194 是四位双向移位寄存器。它由 4 个 R-S 触发器和若干个门电路组成，具有并行输入、并行输出、串行输入、串行输出、左右移位、保持存数和直接清除等功能，采用上升沿触发。

在 NI Multisim 电路窗口中创建如图 10-14 所示的电路，启动仿真，改变开关 J1～J10 的状态，观察输出探灯的明暗情况，即可验证 74LS194 功能。

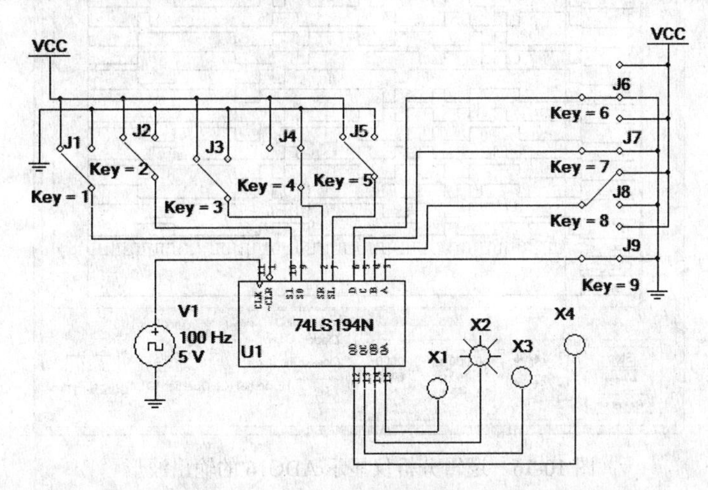

图 10-14　74LS194 移位寄存器的功能测试电路

10.1.4 A/D 与 D/A 功能测试

1. ADC16 功能测试

ADC16 是 NI Multisim 软件中能将输入的模拟信号转化为 16 位数字量输出的虚拟元件。在 NI Multisim 电路窗口中创建如图 10-15 所示的 ADC16 功能测试电路。

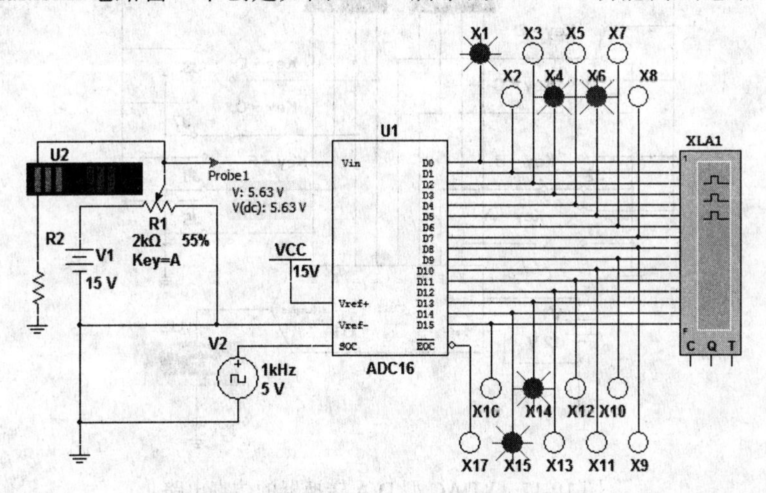

图 10-15　A/D 转换器的功能测试电路

启动仿真，改变电位器 R1 的大小（即改变输入模拟量），在仿真电路中就可以观察到输出端数字信号的变化，当输入 5.63V 直流电压，输出二进制数为 0110000000101001，如图 10-15 所示。图 10-16 所示的图形是逻辑分析仪显示 ADC16 的输出波形。

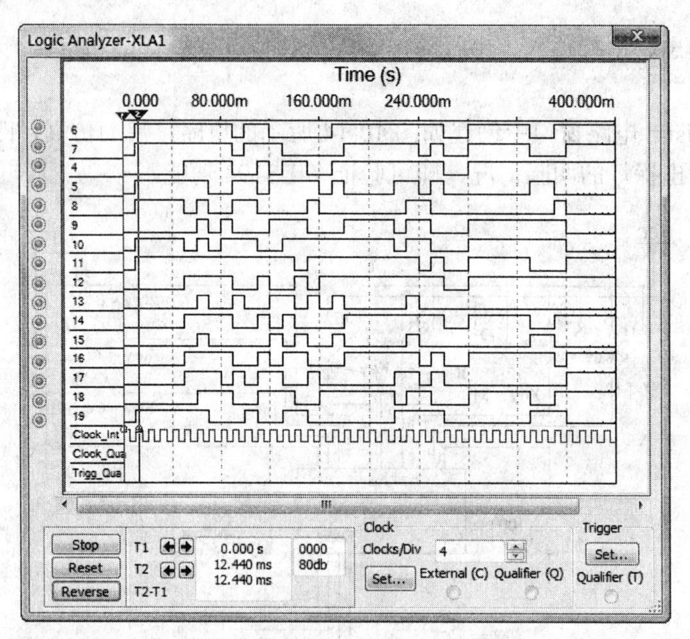

图 10-16　逻辑分析仪显示 ADC16 的输出波形

2．VDAC8 功能测试

VDAC8 是 NI Multisim 软件中能将输入的 8 位数字量转化为模拟信号输出的虚拟元件，在 NI Multisim 电路窗口中创建的 VDAC8 功能测试电路如图 10-17 所示。

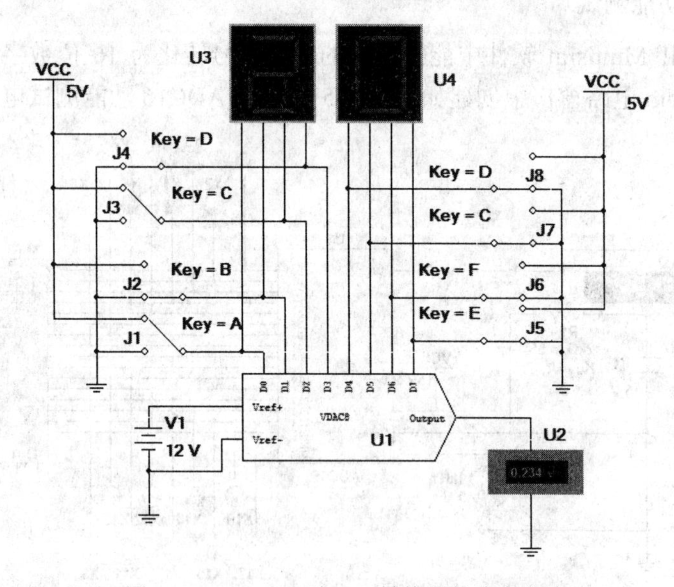

图 10-17　VDAC 型 D/A 转换器的仿真电路

启动仿真，改变开关 J1～J8 的位置，即改变输入数字量，在仿真电路中既可以观察到输入端数字信号的变化，也可以观察输出端电压表转换后的结果。图 10-17 显示的是在参考电压为 12V 时将二进制数 00000100 转换输出 0.234V 的模拟电压。

10.2　组合逻辑电路的仿真

组合逻辑电路在任何时刻的输出仅仅取决于该时刻的输入信号，而与这一时刻前电路的状态没有任何关系。常用的组合逻辑模块有编码器、译码器、全加器、数据选择/分配器、数值比较器、奇偶检验电路和一些算术运算电路。

一般来说，使用数据选择器实现单输出函数比较方便，使用译码器和附加逻辑门实现多输出函数比较方便；对于一些具有某些特点的逻辑函数，如逻辑函数输出为输入信号相加，则采用全加器实现比较方便。

10.2.1　用逻辑门实现 2ASK、2FSK 和 2PSK 电路仿真

2ASK、2FSK、2PSK 键控调制电路是用数字基带信号分别控制载波的幅度、频率和相位。下面以方波载波信号为例，说明 2ASK、2FSK 和 2PSK 键控调制电路的仿真实现。

1. 用门电路实现 2ASK 键控调制电路

用门电路实现的 2ASK 键控调制电路如图 10-18 所示。用信号源 V2 产生基带信号，信号源 V1 产生周期方波信号，与门 74LS08D 作为键控开关。输入与输出波形如图 10-19 所示，图中上方的 A 通道为基带信号，下方的 B 通道为输出波形 2ASK 键控调制波形。

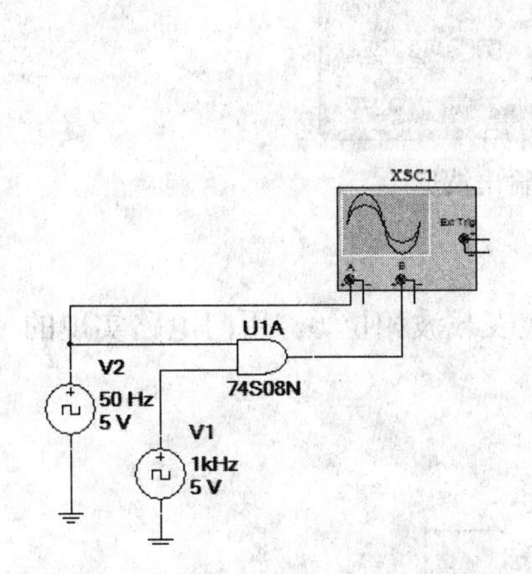

图 10-18　2ASK 键控调制电路

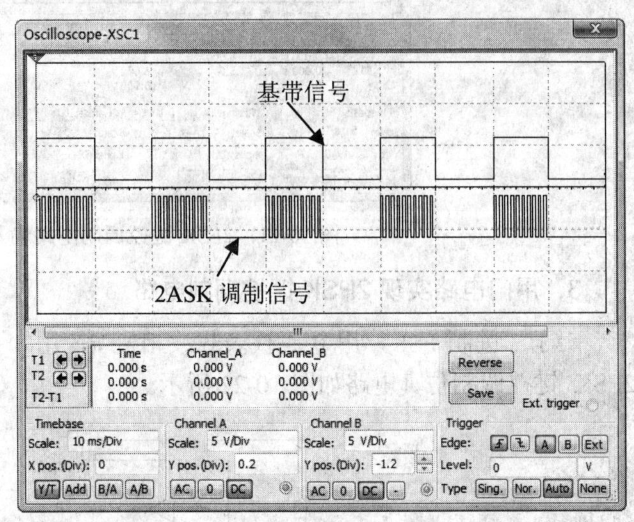

图 10-19　2ASK 键控调制电路的输入与输出波形

2. 用门电路实现 2FSK 键控调制电路

用门电路实现的 2FSK 键控调制仿真电路如图 10-20 所示。

用 V1 信号源输出基带信号，V2 信号源作为时钟源 1，V3 信号源作为时钟源 2，与门 74LS08D 的 U1A 和 U1B 作为键控开关，输入与输出波形如图 10-21 所示。

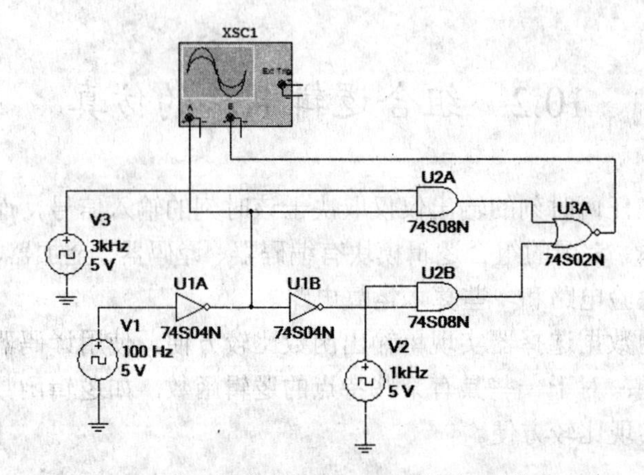

图 10-20 用门电路实现的 2FSK 键控调制仿真电路

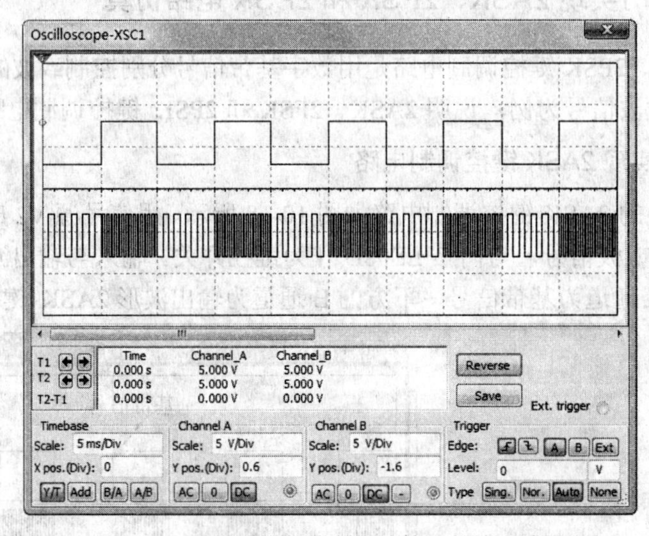

图 10-21 2FSK 键控调制电路输入与输出波形

3. 用门电路实现 2PSK 键控调制电路

对于二进制 PSK，用 0 码代表载波相位 π，用 1 码代表载波相位 0。用门电路实现的 2PSK 键控调制仿真电路如图 10-22 所示。

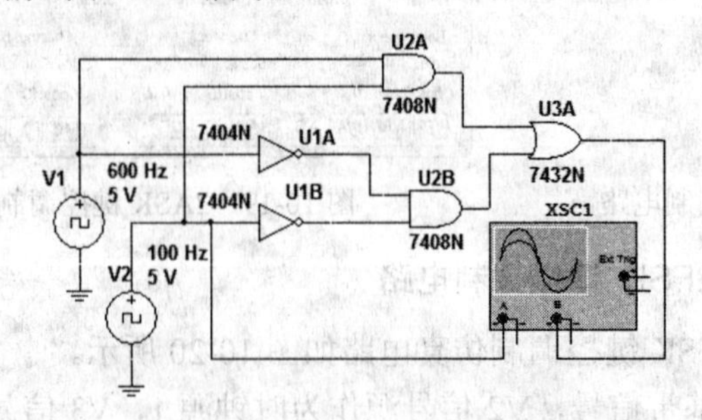

图 10-22 用门电路实现的 2PSK 键控调制仿真电路

用 V2 信号源输出基带信号，V1 信号源作为振荡信号源，与门 74LS08D 的 U1A 作为键控开关，输入与输出波形如图 10-23 所示。

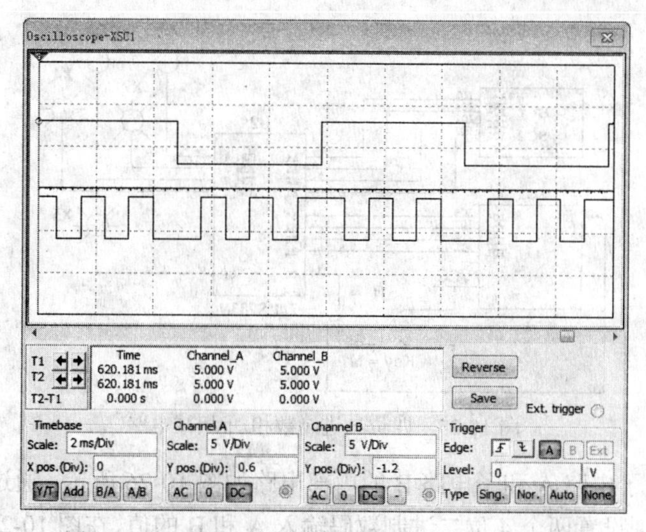

图 10-23 2PSK 键控调制仿真电路输入与输出波形

10.2.2 用四位全加器实现四位二进制数的运算

1．利用 4008BD_5V 实现四位二进制数的相加

4008BD_5V 是电源电压为 5V 的 CMOS 四位全加器。在 NI Multisim 电路窗口中创建如图 10-24 所示的四位数据电路。通过开关 J1～J8 分别设置两个 4 位 8421BCD 码输入，通过数码管观察电路对任意两个 8421BCD 码相加后的输出。

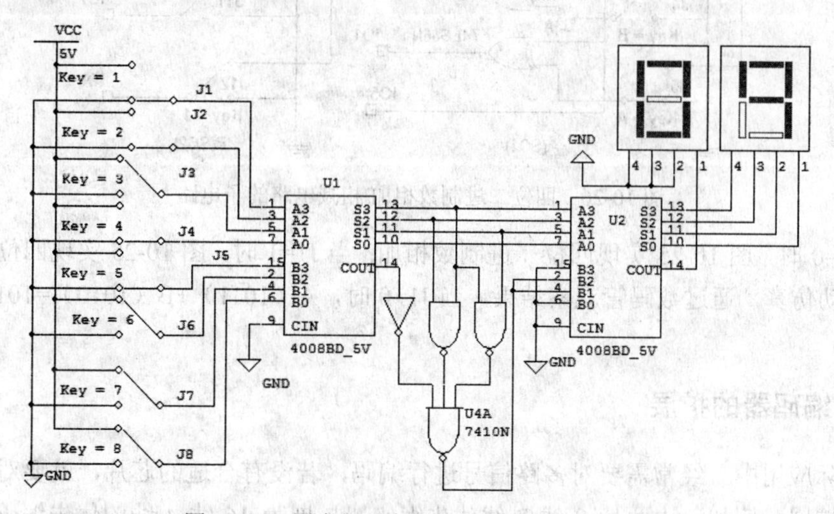

图 10-24 用全加器实现两个 8421BCD 码加法

启动仿真，改变开关观察仿真结果，图 10-24 显示的是 2(0010)+7(0111)=9，仿真结果正确。

2．利用 74LS283N 实现四位二进制数相加/相减电路

74LS283N 是 TTL 四位全加器。在 NI Multisim 电路窗口中利用 74LS283N 实现的四位二进制数相加/相减电路如图 10-25 所示。开关 J1 是模式控制开关，输出用 LED 表示。

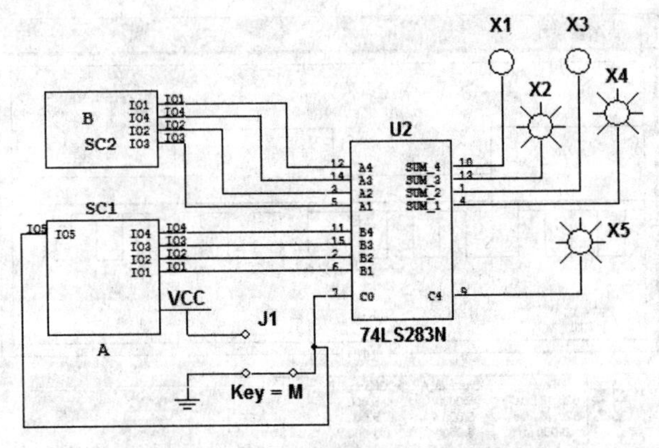

图 10-25　四位二进制数相加/相减电路

图 10-25 中的子电路 A 和子电路 B 的内部电路如图 10-26 所示，通过开关 J2～J5、J6、J11、J12 和 J13 分别设置两个 4 位二进制数码输入 A 和 B 的值，在图 10-26 中设置 A=1011、B=1010。

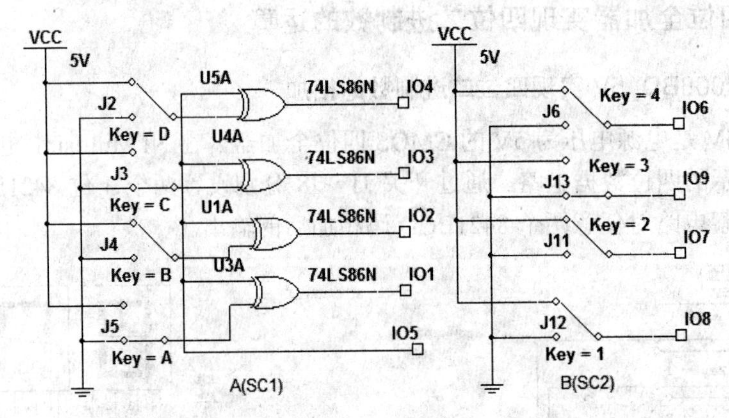

图 10-26　四位二进制数相加/相减电路的子电路

当 J1=0 时，图 10-25 实现四位二进制数相加；当 J1=1 时，图 10-25 实现四位二进制数相减。启动仿真，通过数码管观察结果，当 J1=0 时，A（1011）+B（1010）=10101，仿真结果正确。

10.2.3　编码器的扩展

在实际应用中，经常需要对多路信号进行编码，若没有合适的芯片，就要对已有的编码器进行扩展。例如，由两片 8 线-3 线优先编码器扩展为 16 线-4 线的优先编码器，其电路如图 10-27 所示。

8 线-3 线优先编码器扩展为 16 线-4 线的优先编码器的输出是低电平有效，由开关 J1～J16 向编码器提供输入信号，编码器输出状态由探灯 X1、X2、X3 和 X4 表示。启动仿真，就可以验证编码器的功能。

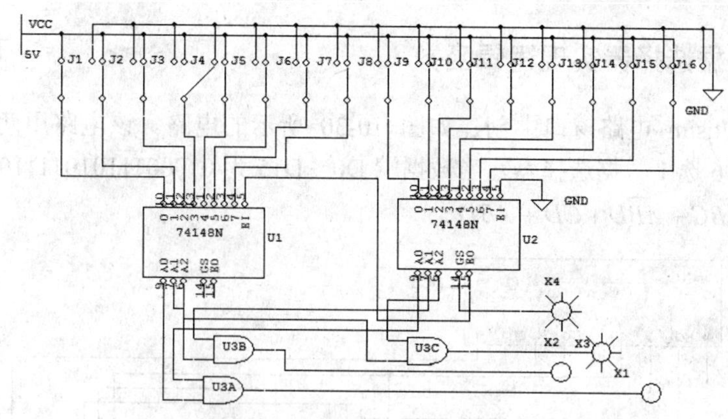

图 10-27　编码器功能扩展的仿真电路

10.2.4　用译码器实现逻辑函数

1. 用译码器实现一位全加器

在 NI Multisim 电路窗口中创建如图 10-28 所示的电路。启动仿真开关，观察全加器电路的输出，就可以验证电路的功能。

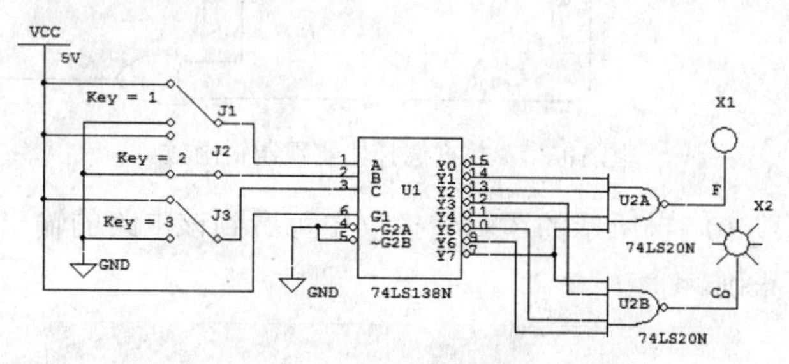

图 10-28　由译码器实现的全加器电路

2.　用译码器实现数据分配器

在 NI Multisim 电路窗口中创建如图 10-29 所示的数据分配器电路。启动仿真开关，观察电路的输出，就可以验证电路的功能。

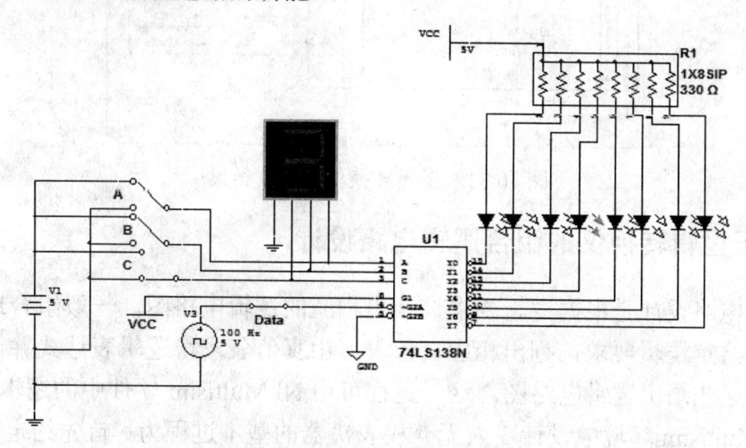

图 10-29　数据分配器电路

10.2.5 用数据选择器实现逻辑函数

在 NI Multisim 电路窗口中创建如图 10-30 所示的电路。该电路用两片数据选择器 74LS151 实现 16 选 1 数据选择器，当数据端 D0～D15 为 0100011101011110 时，该电路可实现函数 $F=\overline{A}BC+A\overline{B}D+\overline{C}D+AB\overline{D}$。

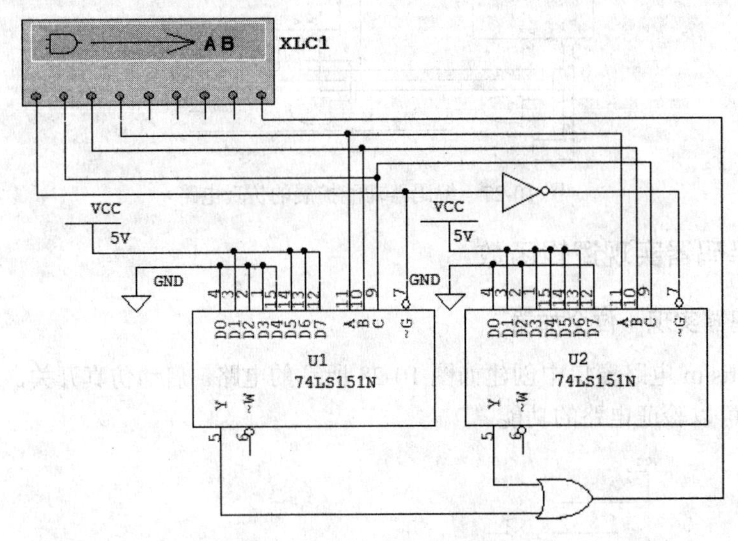

图 10-30 数据选择器实现逻辑函数

启动仿真，从图 10-31 所示的逻辑转换仪中可看到该电路的输出为 $F=\overline{A}BC+A\overline{B}D+\overline{C}D+AB\overline{D}$，仿真正确。

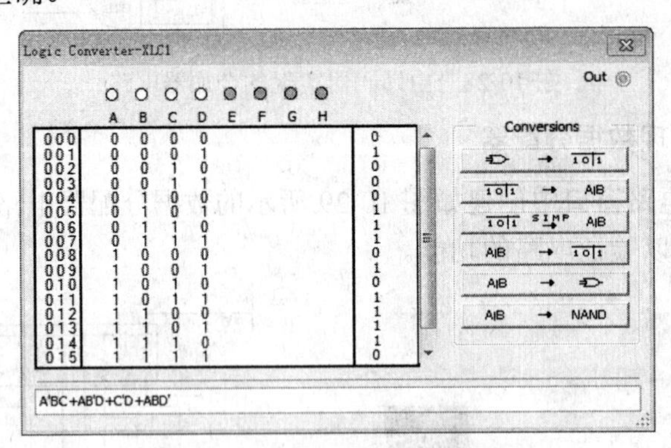

图 10-31 逻辑转换仪的仿真结果

10.2.6 基于逻辑转换仪的组合逻辑电路设计

组合逻辑电路设计是根据逻辑要求设计出相应的逻辑电路图。一般组合逻辑电路设计过程为：依据给定逻辑要求，列出相应真值表，由真值表求得逻辑表达式并简化，再根据简化的逻辑表达式画出逻辑电路图。这一过程可由 NI Multisim 软件中的逻辑转换仪完成。例如，在 NI Multisim 环境中设计 3 人无弃权表决器的基本过程为：首先约定“在 3 人无弃权表决器中输入变量 A、B、C，同意为 1，反之为 0；输出变量 *out*，通过为 1，反之为 0”；再启动 NI Multisim 软件调用逻辑转换仪 XLC1，单击输入变量 A、B、C，XLC1 自动生成输入变量组合，根据题意确定输出变量 *out* 的值，双击逻辑转换仪 XLC1 中的“?”，将其修改为 00010111。单击逻辑转换仪 XLC1 中的按钮，生成 3 人无弃权表决器的简化逻辑表达式 $AC+AB+BC$，如图 10-32 所示。

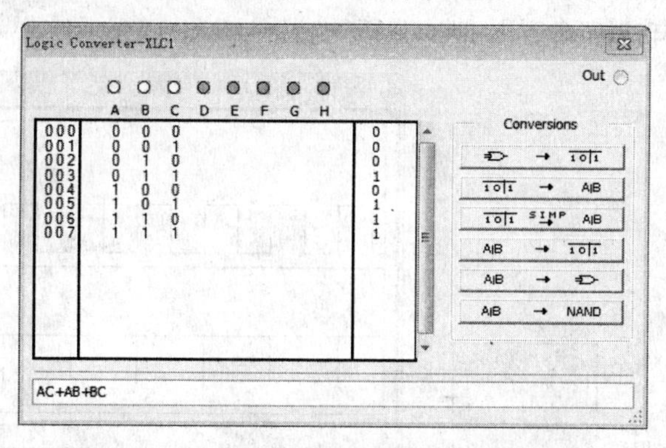

图 10-32　3 人无弃权表决器真值表及逻辑表达式

再单击逻辑转换仪 XLC1 中的按钮，生成与非表达式，如图 10-33 所示。

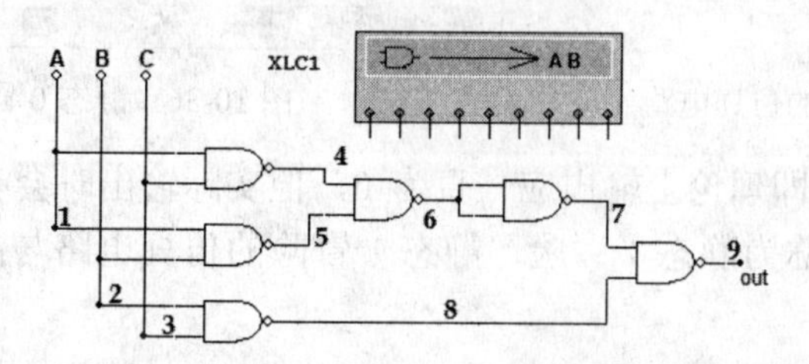

图 10-33　3 人无弃权表决器电路原理图

在图 10-33 的基础上添加输入与输出电路，最终结果如图 10-34 所示。

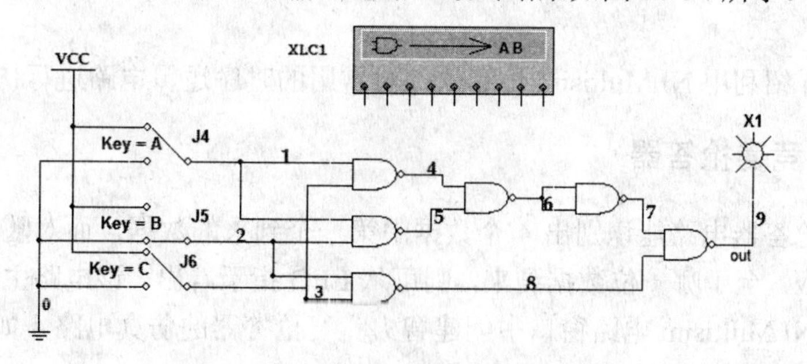

图 10-34　3 人无弃权表决器电路仿真图

启动仿真，观察该电路的输出结果，符合设计要求。

10.2.7　静态冒险现象的分析

组合电路中，如果输入信号变化前、后稳定输出相同，而在转换的瞬间出现一些不正确的尖峰信号，称为静态冒险。在组合电路中，$F=A+\overline{A}$，即理论上输出应恒为 1，而实际输出时存在 0 的跳变现象（即毛刺），这种静态冒险称为静态 0 冒险。静态 0 冒险的仿真电路如图 10-35 所示。

静态 0 冒险仿真电路的输入与输出波形如图 10-36 所示。其中，B 通道是输入波形，A 通道是输出波形。为方便观察，可将 A 通道向下移动 1.4 格，B 通道向上移动 0.8 格。此时可发现输出波形存在毛刺现象，与理论分析一致。

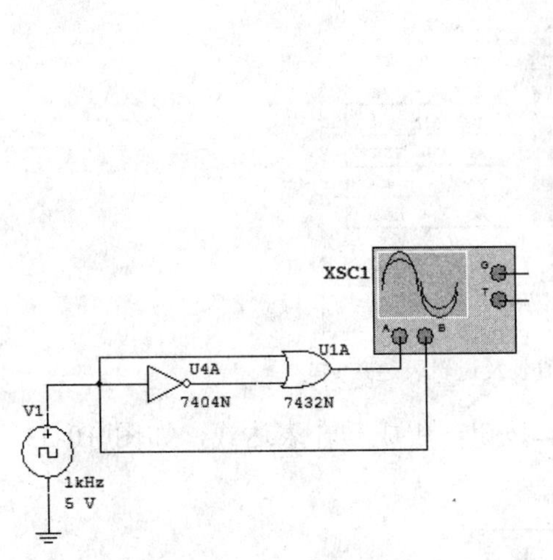

图 10-35 静态 0 冒险的仿真电路

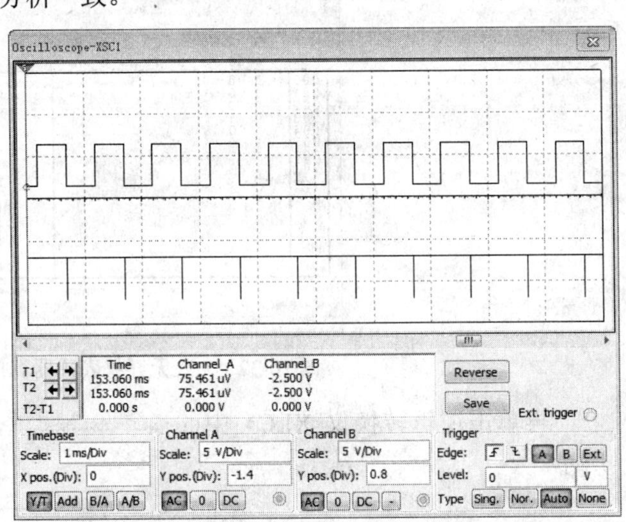

图 10-36 静态 0 冒险的仿真波形

同样，$F=A\cdot\overline{A}$，即理论上输出应一直为 0，但实际输出时会存在 1 的跳变现象（即毛刺），这种静态冒险称为静态 1 冒险。静态 1 冒险的仿真电路与静态 0 冒险的仿真电路类似。

10.3 时序逻辑电路的仿真

本节主要介绍利用 NI Multisim 仿真软件对常用的时序逻辑电路进行仿真分析。

10.3.1 智力竞赛抢答器

智力竞赛抢答器电路能识别出 4 个数据中第一个到来的数据，而对随后到来的其他数据不再做出响应。至于哪一位数据到来，则可从 LED 指示看出。该电路主要用于智力竞赛抢答器中。在 NI Multisim 电路窗口中创建智力竞赛抢答器的仿真电路，如图 10-37 所示。

电路工作时，U1 的极性端 E0（POL）处于高电平，E1（CP）端由 $\overline{Q_0}\sim\overline{Q_3}$ 和复位开关产生的信号决定。复位开关 J5 断开时，由于 J1～J4 均为关断状态，D0～D3 均为低电平状态，所以 $\overline{Q_0}\sim\overline{Q_3}$ 为高电平，CP 端为低电平，锁存了前一次工作阶段的数据。新的工作阶段开始，复位开关 J5 闭合，U2A 的一个输入端接地为低电平，U4A 的输出也为低电平。所以 E1 端为高电平状态。以后，E1 端状态完全由 U4A 的输出决定。一旦数据开关（J1～

J4）有一个闭合，则 Q_0～Q_3 中必有一端最先处于高电平，相应的 LED 被点亮，指示出第一信号的位数。同时 U4A 的输出为高电平，迫使 E1 为低电平状态，在 CP 脉冲下降沿的作用下，第一位被锁存。电路对以后的信号便不再响应。

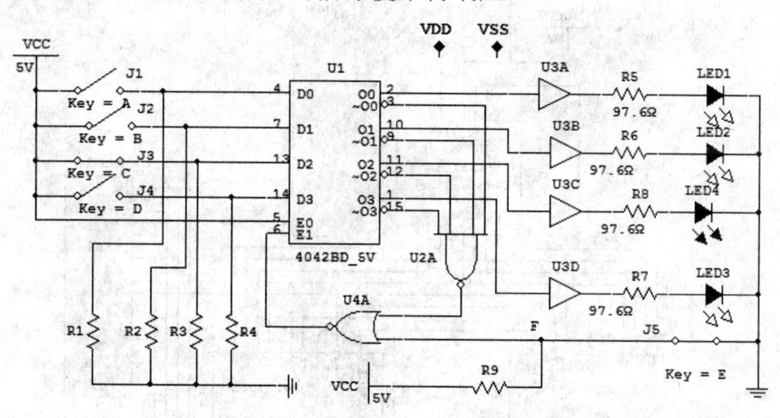

图 10-37　智力竞赛抢答器仿真电路

10.3.2　数字钟晶振时基电路

在 NI Multisim 电路窗口中创建数字钟晶振时基仿真电路，如图 10-38 所示。在该晶振时基电路中反相器 U2A、晶振 X1、电容 C1 和 C2 构成振荡频率为 327108Hz 的振荡器；其输出经反相器 U2C 整形后送至 12 位二进制计数器 4040BD 的 $\overline{CP}$ 端。4040BD 的输出端由发光二极管 LED1～LED3 置成分频系数为 $2^1+2^5+2^9=546$，经分频后在输出端 Q10 上便可输出一个 60Hz 的时钟信号供给数字钟集成电路。

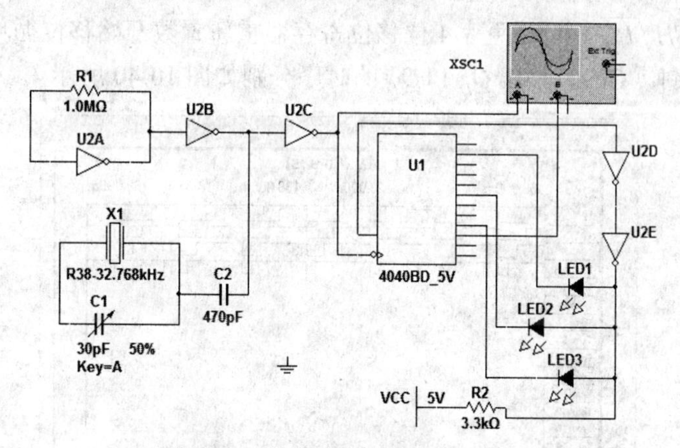

图 10-38　数字钟晶振时基仿真电路

启动仿真，单击示波器按钮，可以观察输出波形的变化。

10.3.3　程序计数分频器

程序计数器是模值可以改变的计数器。利用移位存储器和译码器可以构成程序计数器，例如，用 74LS138（3 线-8 线译码器）和 741105（4 位移位寄存器）可以构成模值为 2～8

的程序计数分频器，其电路如图 10-39 所示。

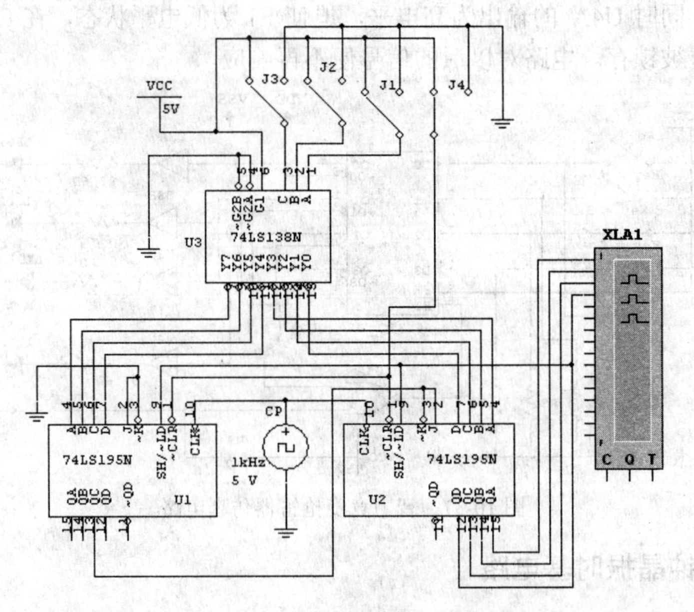

图 10-39　程序计数分频器

通过译码器将所需的分频比 CBA 译成 8 位二进制数 $Y_7Y_6Y_5Y_4Y_3Y_2Y_1Y_0$，其中只有一位 Y_i 为 0，与其他七位不同，它代表译码器输入的分频比。再通过两片 4 位移位寄存器对带有分频比信息的二进制数 $Y_7Y_6Y_5Y_4Y_3Y_2Y_1Y_0$ 进行移位，当 Y_i 被移到 Q_D 输出时，说明输出开始变化，产生下降沿；在下一个脉冲来时输出又恢复到原来的高电平，并产生一个负脉冲，该脉冲便置位端复位（$SH/\overline{LD}=0$），两片 4 位移位寄存器重新置数开始移位循环。CBA 输入 111（8 分频）时，时钟（CP）、输出 Q_D 和 $\overline{Q}_D$ 的时序分别如图 10-40 所示。

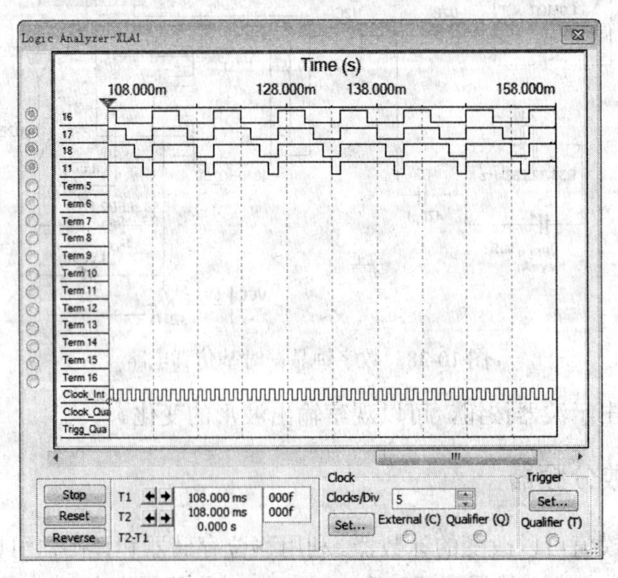

图 10-40　CBA 为 111（8 分频）的时序

10.3.4　序列信号产生电路

在数字系统中经常需要一些序列信号，即按一定的规则排列的 1 和 0 周期序列，产生序列信号的电路称为序列信号发生器。序列信号发生器可以利用计数器和组合逻辑电路来实现。例如，要实现一个序列为 01101001010001 的序列信号产生电路，应选用一个十四进制计数器，再加上数据选择器就即实现。利用一个 4 位十六进制计数器（74LS163），当计数器输出为 1101 时，产生复位信号，这样就构成一个十四进制计数器，同时计数器的输出端和数据选择器的地址端相连，并且把预产生的序列按一定顺序加在数据选择器的数据输入端。这样从数据选择器输出的即为所需的序列。

在 NI Multisim 电路窗口中创建如图 10-41 所示的序列产生器的仿真电路。

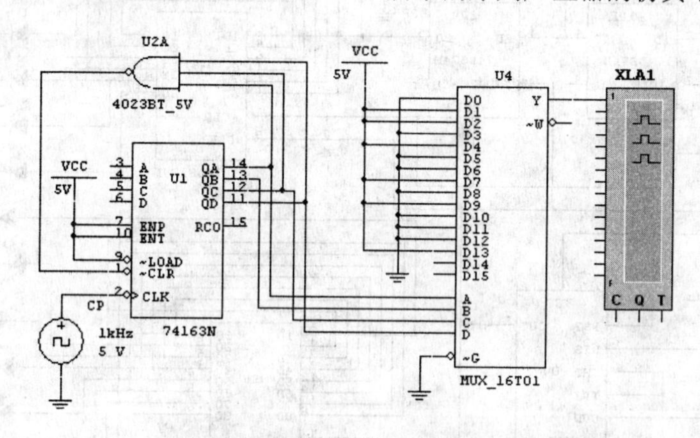

图 10-41　序列产生器的仿真电路

启动仿真，单击逻辑分析仪图标，序列产生电路的输入时钟和输出的波形如图 10-42 所示，从中可以观察序列产生电路输出一个为 01101001010001 的序列信号，仿真结果正确。

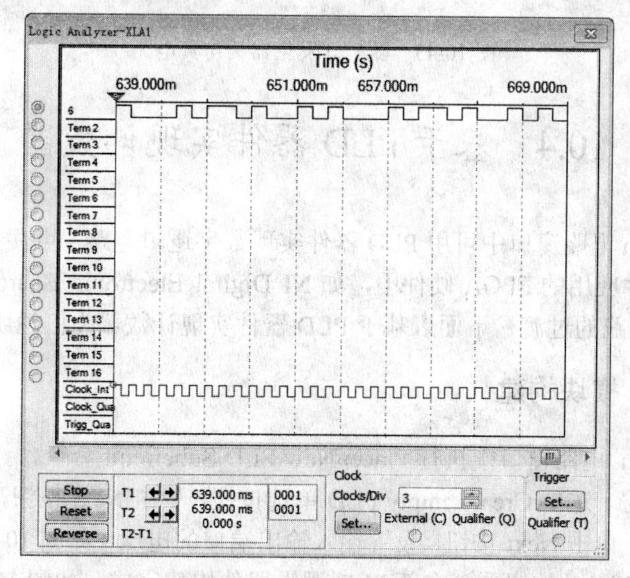

图 10-42　序列产生电路的输入时钟和输出的波形

10.3.5 随机灯发生器

随机灯发生器是 D 触发器和移位寄存器结合起来的一种运用。在 NI Multisim 电路窗口中创建如图 10-43 所示的随机灯发生器。其中，多谐振荡电路由 555 定时器构成。启动仿真，各个发光二极管不规则地随机闪烁。增大电阻 R1 和 R2，或增大电容 C，可以降低闪烁频率。

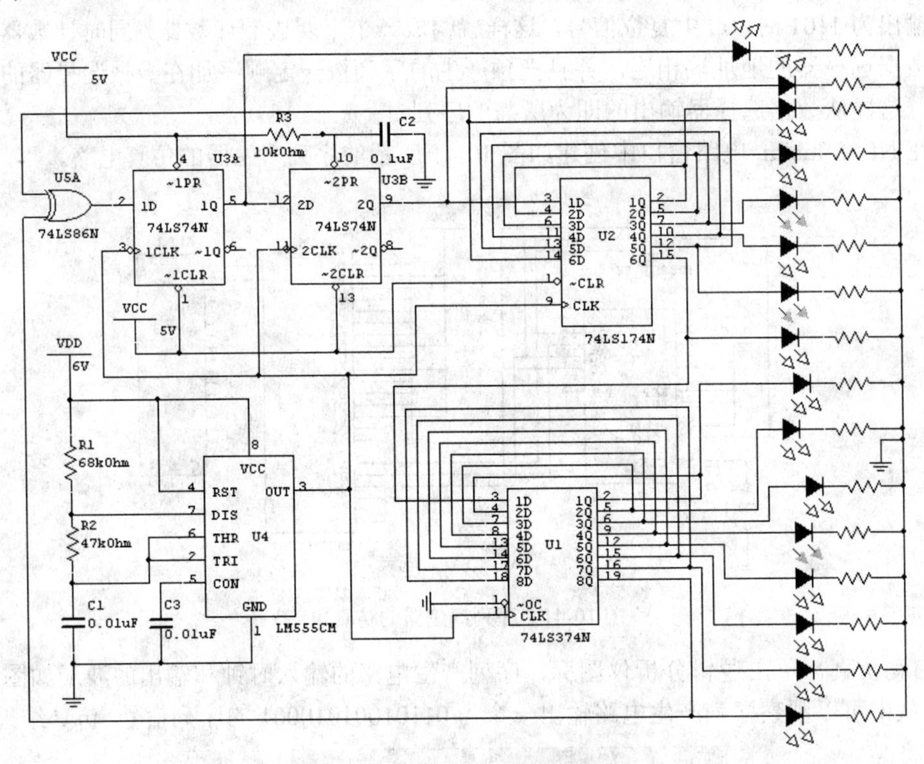

图 10-43 随机灯发生器的仿真电路

10.4 基于 PLD 器件实现计数器

在 NI Multisim 电路窗口中可用 PLD 器件实现数字逻辑电路，并生成原始的 VHDL 语言。在 VHDL 文件应用的 FPGA 硬件中，如 NI Digital Electronic Board，可以容易地实现仿真理论知识到实践的过渡。下面以基于 PLD 器件实现计数器为例说明。

10.4.1 新 PLD 模块构建

在 NI Multisim 电路窗口中执行 Place»New PLD Subcircuit 命令，打开如图 10-44 所示的新 PLD 设计向导，选中 Create empty PLD 单选按钮，单击 Next 按钮，设置电路名称（如图 10-45 所示）；再单击 Next 按钮，设置输入输出端口的电压（如图 10-46 所示，一般选默认值），最后单击 Finish 按钮，一个新 PLD 逻辑器件构建完成，如图 10-47 所示。

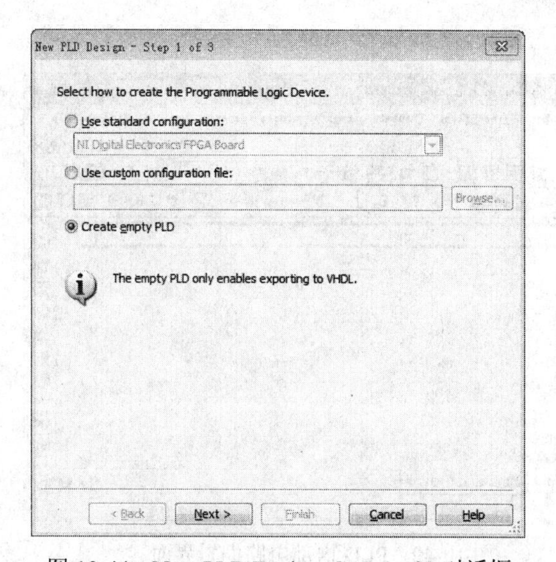

图 10-44　New PLD Design -Step 1 of 3 对话框

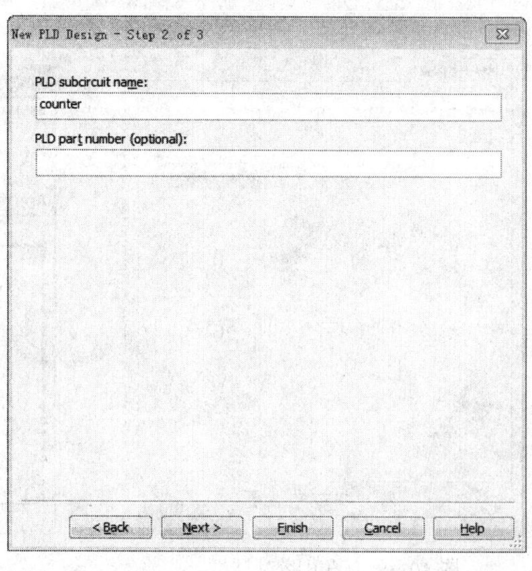

图 10-45　New PLD Design -Step 2 of 3 对话框

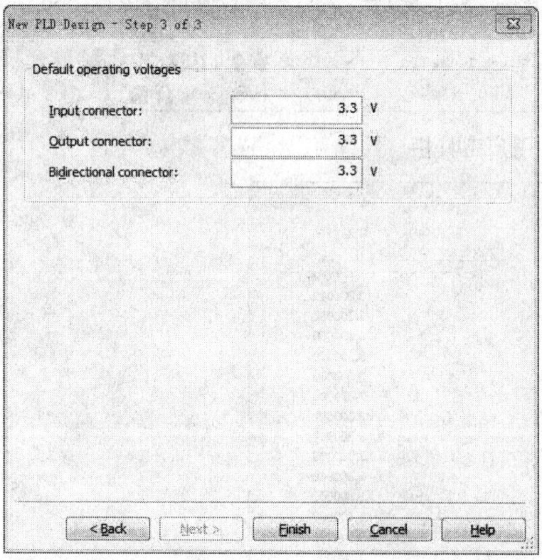

图 10-46　New PLD Design -Step 3 of 3 对话框

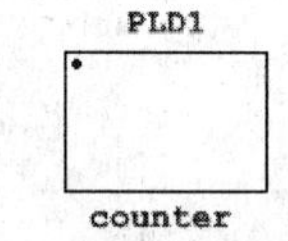

图 10-47　新 PLD 模块

10.4.2　NI Multisim 中的 PLD 用户界面

双击空 PLD 模块，弹出如图 10-48 所示的子电路对话框。单击 Open subsheet 按钮，弹出如图 10-49 所示的 PLD 内部电路编辑界面。

PLD 用户工具栏如图 10-50 所示。

其中，用于进行 PLD 逻辑检查，可根据 PLD 图生成 VHDL 语言。用于添加常用的元件与门、反相器、触发器、计数器显示器件等元器件。用于添加输入端口，用于添加输出端口，用于添加双向连接，用于进行 PLD 设置。单击按钮，可弹出如图 10-51 所示的 PLD 设置界面，用户可在此设置管脚的名称、模式及工作电压等参数。

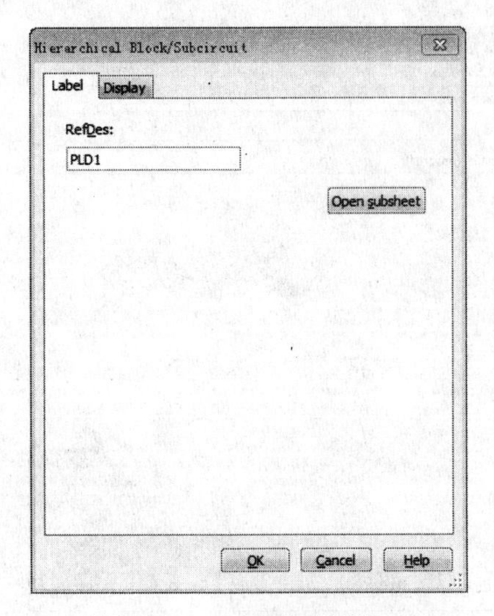

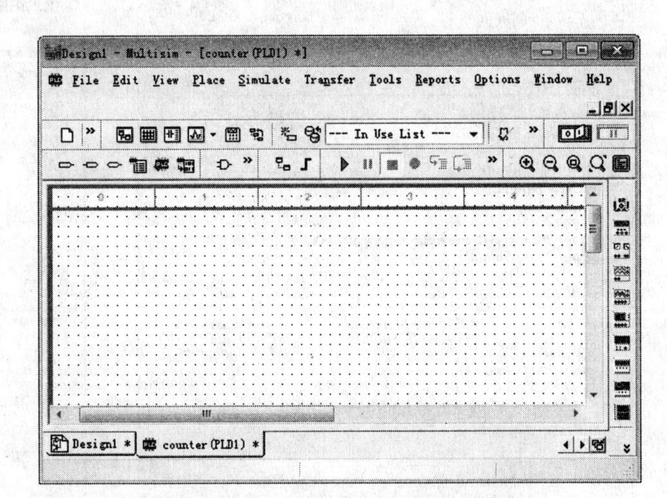

图 10-48　子电路对话框　　　　图 10-49　PLD 内部电路编辑界面

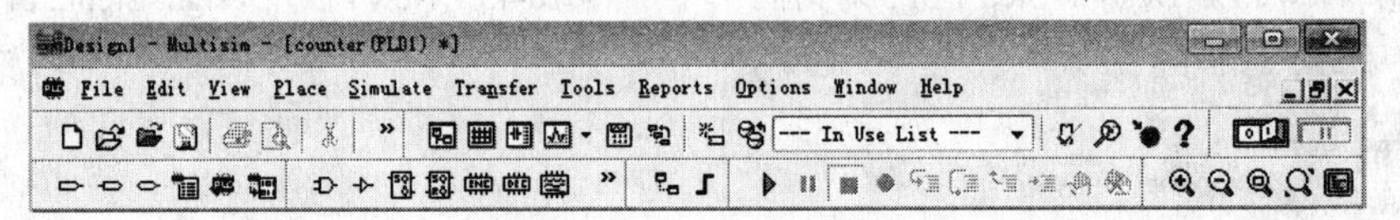

图 10-50　PLD 用户工具栏

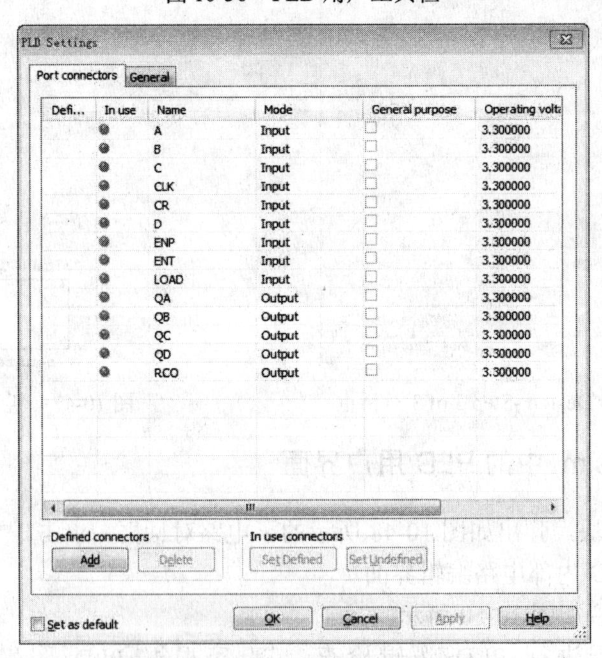

图 10-51　PLD 设置界面

10.4.3　创建 PLD 电路

在图 10-49 所示的 PLD 内部电路编辑界面中放置元件。单击 按钮选择计数器 CNTR_4BIN_S，并将其放置到电路窗口中。然后添加输入输出端口，放置到适当的位置。

对放置好的元件，按照电路图的连接关系，依次将各元件连接起来。对需要改变参数的元件，双击元件图标，弹出相应的元件属性对话框，利用此对话框可以修改元件的各种参数。图 10-52 所示是在 PLD 内部电路编辑界面创建基于 PLD 器件实现计数器。

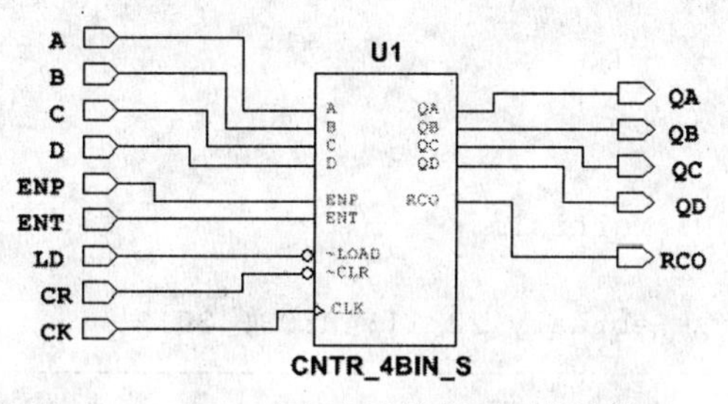

图 10-52 PLD 内部电路编辑界面的计数器

10.4.4 基于 PLD 器件实现计数器

创建 PLD 电路后，返回 NI Multisim 电路窗口，创建含计数器的 PLD 器件，如图 10-53 所示。

依次从相应的元件库中选取 VCC、V1、DCD_HEX、X1、GND 元件，将它们放置到适当的位置，并连线。启动仿真，观察仿真结果，如图 10-54 所示。

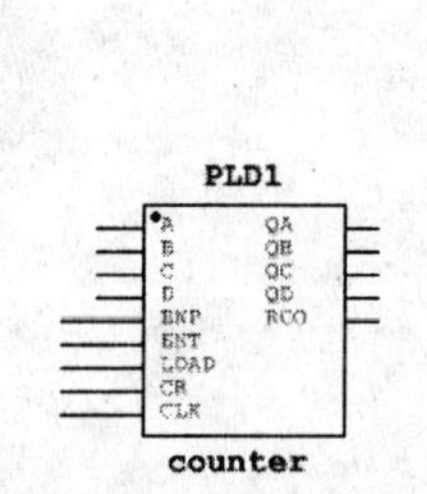

图 10-53 含计数器的 PLD 器件

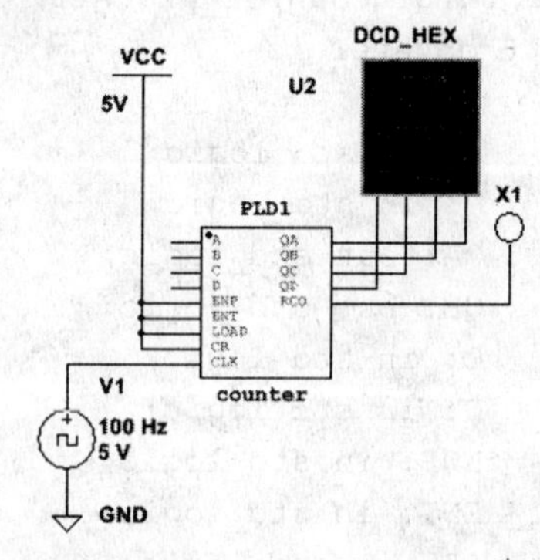

图 10-54 基于 PLD 器件实现计数器仿真

10.4.5 基于 PLD 器件实现计数器的 VHDL 语言

单击图 10-50 所示的 PLD 工具栏中的按钮，弹出如图 10-55 所示的 Export PLD to VHDL 对话框，单击 OK 按钮，完成 PLD 图转换成 VHDL 语言的过程。

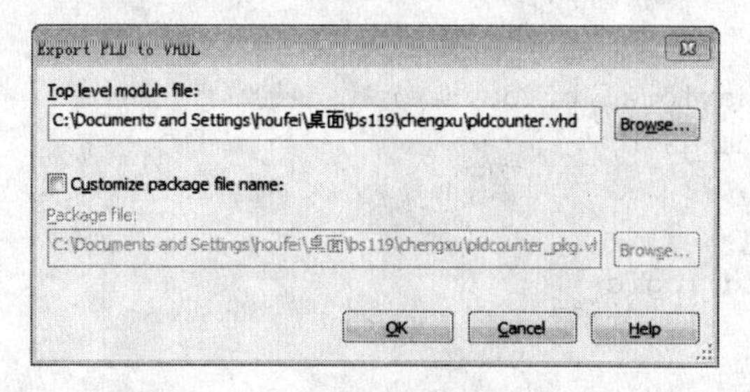

图 10-55 Export PLD to VHDL 对话框

用文本编辑器读出 PLD 器件实现计数器的 VHDL 程序，如下所述。

```
---------------------------------------------------------
-- Source File: C:\DOCUME~1\houfei\_uc2684c10762\bs1110\chengxu\PLDCOU~
2.MS1
-- Sheet: counter
-- RefDes: PLD1
-- Part Number:
-- Generated By: NI Multisim
-- Author: houfei
-- Date: Thursday, February 23 11:48:08, 2012
---------------------------------------------------------
---------------------------------------------------------
-- Use: This file defines the top-level of the design
-- Use With File:
---------------------------------------------------------
library ieee;
use ieee.std_logic_1164.ALL;
use ieee.numeric_std.ALL;

library work;
use work.pldcounter_pkg.ALL;
entity counter is
   port (
      A: in std_logic;
      B: in std_logic;
      QA: out std_logic;
      QB: out std_logic;
      C: in std_logic;
      D: in std_logic;
      ENP: in std_logic;
      ENT: in std_logic;
      LD: in std_logic;
      CR: in std_logic;
      CK: in std_logic;
      QC: out std_logic;
      QD: out std_logic;
      RCO: out std_logic
   );
end counter;
architecture behavioral of counter is
   component AUTO_IBUF
      port(
      I: in std_logic;
      O: out std_logic
   );
   end component;
```

```
    component AUTO_OBUF
       port(
       I: in std_logic;
       O: out std_logic
    );
    end component;
    component CNTR_4BIN_S_NI
       port(
  LOAD: in STD_LOGIC;
  CLR: in STD_LOGIC;
  ENP: in STD_LOGIC;
  ENT: in STD_LOGIC;
  CLK: in STD_LOGIC;
  A:in STD_LOGIC;
  B:in STD_LOGIC;
  C:in STD_LOGIC;
  D:in STD_LOGIC;
  RCO: out STD_LOGIC;
  QA: out STD_LOGIC;
  QB: out STD_LOGIC;
  QC: out STD_LOGIC;
  QD: out STD_LOGIC
 );
    end component;
    signal \1\ : std_logic;
    signal \2\ : std_logic;
    signal \3\ : std_logic;
    signal \4\ : std_logic;
    signal \6\ : std_logic;
    signal \5\ : std_logic;
    signal \14\ : std_logic;
    signal \13\ : std_logic;
    signal \12\ : std_logic;
    signal \11\ : std_logic;
    signal \10\ : std_logic;
    signal \10\ : std_logic;
    signal \8\ : std_logic;
    signal \7\ : std_logic;
begin
    A_AUTOBUF: AUTO_IBUF
       port map( I => A, O => \10\ );
    B_AUTOBUF: AUTO_IBUF
       port map( I => B, O => \8\ );
    QA_AUTOBUF: AUTO_OBUF
       port map( I => \10\, O => QA );
    QB_AUTOBUF: AUTO_OBUF
       port map( I => \11\, O => QB );
```

```
        C_AUTOBUF: AUTO_IBUF
            port map( I => C, O => \7\ );
        D_AUTOBUF: AUTO_IBUF
            port map( I => D, O => \4\ );
        ENP_AUTOBUF: AUTO_IBUF
            port map( I => ENP, O => \5\ );
        ENT_AUTOBUF: AUTO_IBUF
            port map( I => ENT, O => \6\ );
        LD_AUTOBUF: AUTO_IBUF
            port map( I => LD, O => \3\ );
        CR_AUTOBUF: AUTO_IBUF
            port map( I => CR, O => \2\ );
        CK_AUTOBUF: AUTO_IBUF
            port map( I => CK, O => \1\ );
        QC_AUTOBUF: AUTO_OBUF
            port map( I => \12\, O => QC );
        QD_AUTOBUF: AUTO_OBUF
            port map( I => \13\, O => QD );
        RCO_AUTOBUF: AUTO_OBUF
            port map( I => \14\, O => RCO );
        U1: CNTR_4BIN_S_NI
            port map( QA => \10\, QB => \11\, QC => \12\, QD => \13\, RCO => \14\,
A => \10\, B => \8\, C => \7\, D => \4\, ENP => \5\, ENT => \6\, LOAD => \3\,
CLR => \2\, CLK => \1\ );
    end behavioral;
```

10.5 数模和模数转换电路

10.5.1 数模转换电路（DAC）

数模转换电路（DAC）能够将一个模拟信号转换为数字信号。数模转换电路主要由数字寄存器、模拟电子开关、参考电源和电阻解码网络组成。数字寄存器用于存储数字量的各位数码，该数码分别控制对应的模拟电子开关，使数码为 1 的位在位权网络（在电阻解码网络中）上产生与其权位成正比的电流值，再由运算放大器（在电阻解码网络中）对各电流值求和，并转成电压值。

根据位权网络的不同，可以构成不同类型的 DAC，如权加电阻网络 DAC、R-2R 倒 T 形电阻网络 DAC 和单值电流型网络 DAC 等。

1. 权电阻网络 DAC

在 NI Multisim 电路窗口中创建如图 10-56 所示的权电阻网络 DAC。对模拟电子开关，当输入的信号为高电平（即为 1）时，开关接参考电压（V_{ref}），且 $V_{ref}=-5\text{V}$，$R_1=2^3R$，$R_2=2^2R$，$R_3=2R$，$R_4=R=10\text{k}\Omega$，$R_f=R_5=5\text{k}\Omega$。

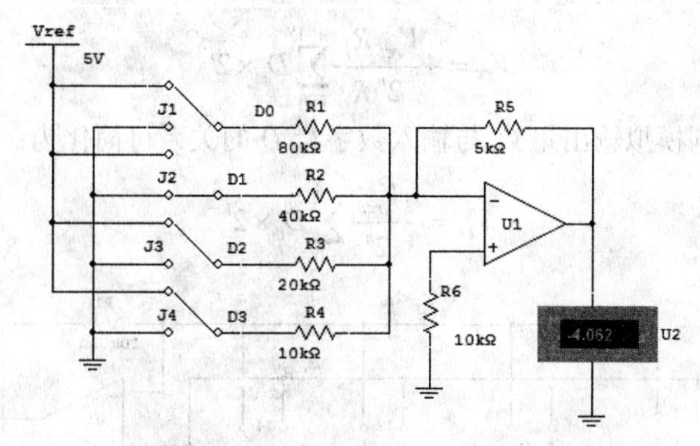

图 10-56　权电阻网络 DAC 的仿真电路

当输入为 1101 时，电压表读取的输出电压值为-4.062V，而理论计算结果为 $V_O=-\frac{V_{ref}R_5}{2^3R}\sum_{i=0}^{3}\left(D_i\times 2^i\right)=-4.0625\text{V}$，两者基本一致。同理，当输入 $D_3D_2D_1D_0$=0001 时，电压表读取的输出电压值为-0.312V，与理论计算所得-0.3125V 基本一致，电路实现了数模转换。

权电阻网络 DAC 的转换精度取决于基准电压和模拟电子开关、运算放大器和各权电阻值的精度。各权电阻阻值相差较大，且位数较多时，转换精度较低。

2. R－2R T 形电阻网络 DAC

R－2R T 形电阻网络 DAC 如图 10-57 所示。其中，$R_1=R_f=R$，$R_2=R_3=R_4=R_5=R$，$R_6=R_7=R_8=R_{10}=2R$。

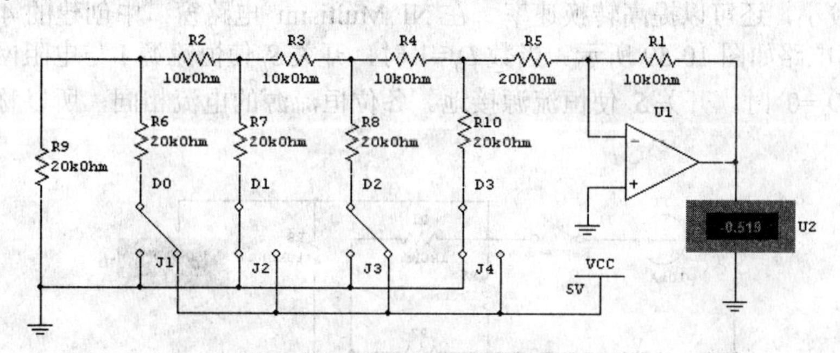

图 10-57　R－2R T 形电阻网络 DAC 的仿真电路

模拟输出量 V_O 与输入数字量 D 的关系：

$$V_O=-\frac{R_f}{3R}\times\frac{Vcc}{2^4}\times\sum_{i=0}^{3}(D_i\times 2^i)=-\frac{Vcc}{3\times 2^4}\times\sum_{i=0}^{3}(D_i\times 2^i)$$

当 $D_3D_2D_1D_0$=0101 时，通过 NI Multisim 仿真软件仿真可知，电压表读取输出电压值为-0.5110V，与理论计算值-0.5208V 基本一致。

3. R－2R 倒 T 形电阻网络 DAC

在 NI Multisim 电路窗口中创建的 R－2R 倒 T 形电阻网络 DAC 如图 10-58 所示。经过电路分析可知，模拟输出量 V_O 与输入数字量 D 的关系为：

$$V_O = -\frac{V_{ref} R_f}{2^n R} \sum_{i=0}^{n-1} D_i \times 2^i$$

若取 $R_f = R$，则模拟输出量 V_O 与输入数字量 D 的关系可简化为：

$$V_O = -\frac{V_{ref}}{2^n} \sum_{i=0}^{n-1} D_i \times 2^i$$

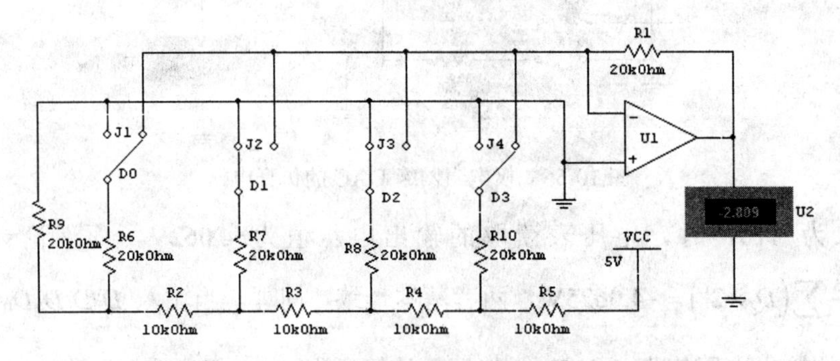

图 10-58　R－2R 倒 T 形电阻网络 DAC 的仿真电路

当输入 $D_3D_2D_1D_0$=1001 时，通过 NI Multisim 仿真软件仿真可知，电压表读取输出电压值为-2.8010V，与理论计算值 $V_O = -\frac{V_{ref}}{2^n} \sum_{i=0}^{n-1} D_i \times 2^i$ =-2.8125V 基本一致。

4．单值电流型 DAC

电流型 DAC 是将恒流源切换到电阻网络中，恒流源内阻大，相当于开路，对其转换精度的影响较小，还可以提高转换速率。在 NI Multisim 电路窗口中创建的 4 位单值电流型 DAC 仿真电路如图 10-59 所示。当数 D_i=1 时，开关 S_i 使恒流源 I 与电阻网络的对应结点接通；当 D_i=0 时，开关 S_i 使恒流源接地。各位恒流源的电流相同，所以称为单电流型网络。

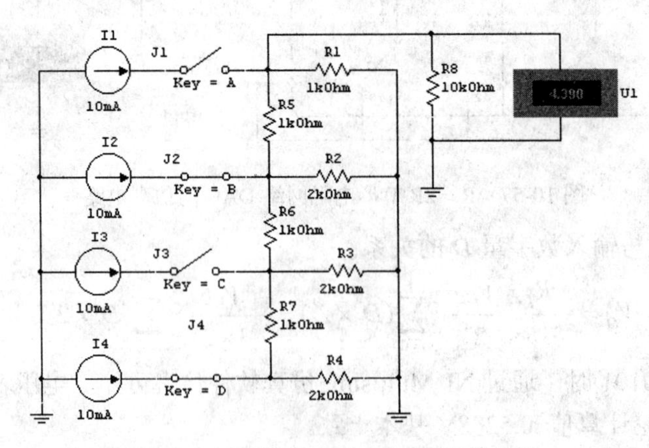

图 10-59　单值电流型 DAC 的仿真电路

单值电流型 DAC 的模拟输出量 V_O 与输入数字量 D 的关系为：

$$V_O = -\frac{2RI}{3\times 2^{n-1}}\sum_{i=0}^{n-1}(D_i \times 2^i)$$

若取 R=1kΩ，I=10mA，则当输入 $D_3D_2D_1D_0$=0101 时，通过 NI Multisim 仿真软件仿真，电压表读取的输出电压值为 4.3100V，与理论计算结果 $V_O = \frac{2RI}{3\times 2^3}\sum_{i=0}^{3} D_i \times 2^i = 4.17\text{V}$ 基本一致。

5. 开关树 D/A 转换器

3 位 D/A 转换器的电路如图 10-60 所示。

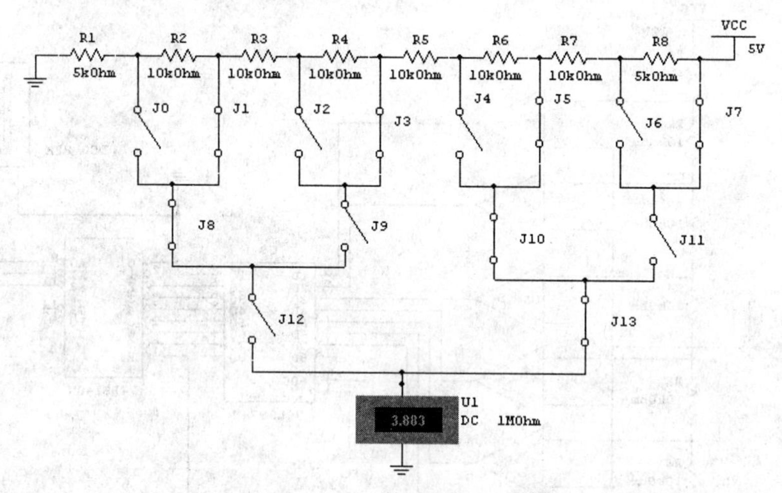

图 10-60　3 位 D/A 转换器电路

14 个开关构成了一个开关树，每个开关都要受到所输入的 3 位数码 D_2、D_1、D_0 的控制。表 10-1 列出了 3 位输入数码在不同情况下开关的闭合情况和输出的模拟电压值。

表 10-1　开关树 D/A 转换器的工作情况

输入数码			开关														输出
D_2	D_1	D_0	J0	J1	J2	J3	J4	J5	J6	J7	J8	J9	J10	J11	J12	J13	V_o
0	0	0	1	0	1	0	1	0	1	0	1	0	1	0	1	0	0
0	0	1	0	1	0	1	0	1	0	1	1	0	1	0	1	0	$Vcc/14$
0	1	0	1	0	1	0	1	0	1	0	0	1	0	1	1	0	$3Vcc/14$
0	1	1	0	1	0	1	0	1	0	1	0	1	0	1	1	0	$5Vcc/14$
1	0	0	1	0	1	0	1	0	1	0	1	0	1	0	0	1	$7Vcc/14$
1	0	1	0	1	0	1	0	1	0	1	1	0	1	0	0	1	$10Vcc/14$
1	1	0	1	0	1	0	1	0	1	0	0	1	0	1	0	1	$11Vcc/14$
1	1	1	0	1	0	1	0	1	0	1	0	1	0	1	0	1	$13Vcc/14$

假如输入数码 $D_2D_1D_0$=101，此时开关 J1、J3、J5、J7、J8、J10、J13 合上，其余开关断开，通过 NI Multisim 7 仿真软件仿真，然后电压表读取，可测得输出电压值为 3.883V，

与理论计算$V_O = \frac{V_{CC}}{7R} \times 4\frac{1}{2}R = \frac{9}{14}V_{CC} = 3.215$基本一致。

10.5.2 模数转换电路（ADC）

模拟信号经过取样、保持、量化和编码等 4 个过程可以转换为相应的数字信号。图 10-61 所示为 3 位并联比较型 ADC 仿真电路。它主要由比较器、分压电阻链、寄存器和优先编码器等 4 个部分组成。输入端 Vi 输入一个模拟量，输出得到数字量 $D_2D_1D_0$，并通过数码管进行显示。

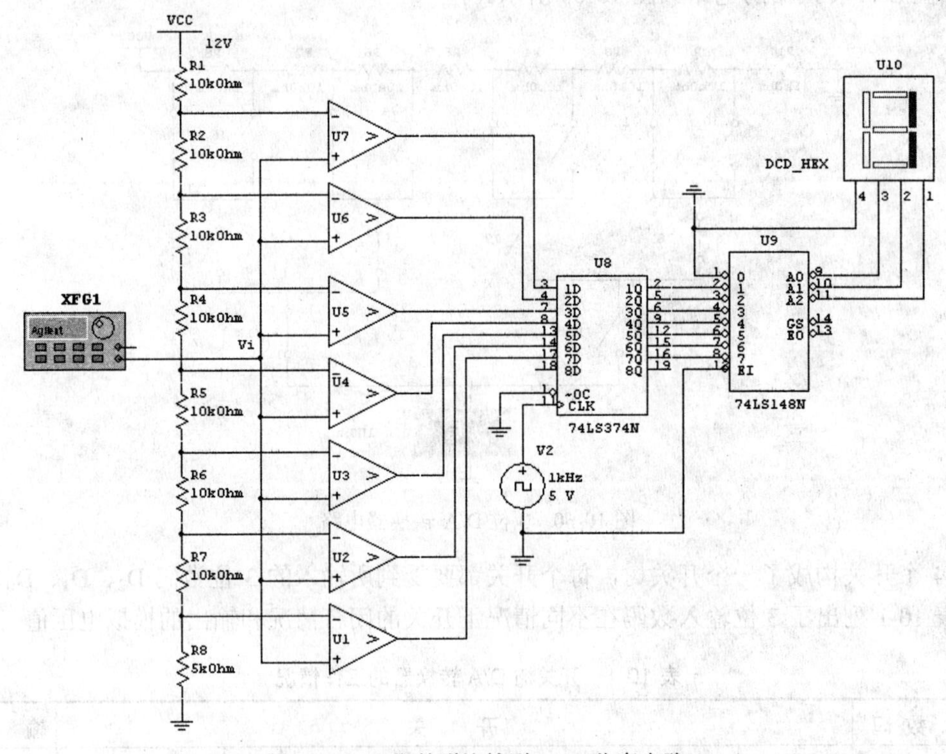

图 10-61 3 位并联比较型 ADC 仿真电路

若输出为 n 位数字量，则比较器将输入模拟量 V_i 划分 2^n 个量化级，并按四舍五入进行量化，其量化单位 $\Delta = \frac{V_{ref}}{2^n - 1}$，量化误差为$\frac{\Delta}{2}$，量化范围为$\left(2^n - \frac{1}{2}\right)\Delta$。当输入超出正常范围时，输出仍会保持为 111 不变，但此时的电路已进入“饱和”状态，不能再正常工作。

若输入模拟量 V_i=12.4V，启动仿真，数码管显示为 6。并联比较型 ADC 的转换速度转快，但成本高，功耗大。

10.6 555 定时器的应用

555 定时器是一种多用途单片集成电路，可以方便地构成施密特触发器、单稳态触发器和多谐振荡器。555 定时器使用灵活方便，因而得到了广泛的应用。

10.6.1　用 555 定时器构成施密特触发器

施密特触发器（双稳态触发器）的仿真电路如图 10-62 所示。

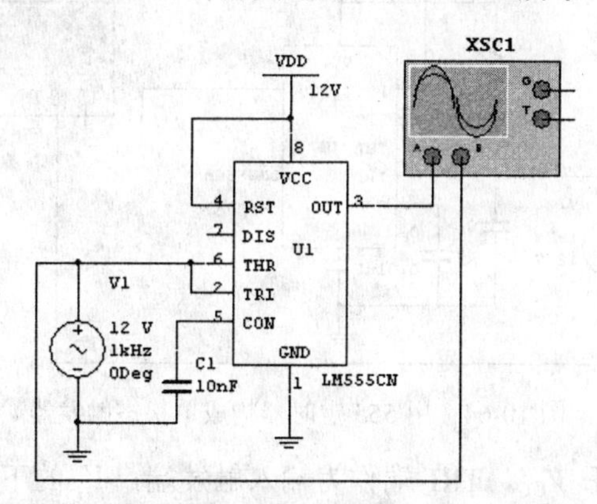

图 10-62　用 555 定时器构成施密特触发器的仿真电路

其中，CON 端所接电容 10μF 起滤波作用，用来提高比较器参考电压的可靠性。$\overline{R}$ 清零端接高电平 V_{CC}。将两个比较器的输入端 THR 和 TRI 连在一起，作为施密特触发器的输入端。

启动仿真，通过示波器观察电路输入 V_I 和输出波形，如图 10-63 所示。

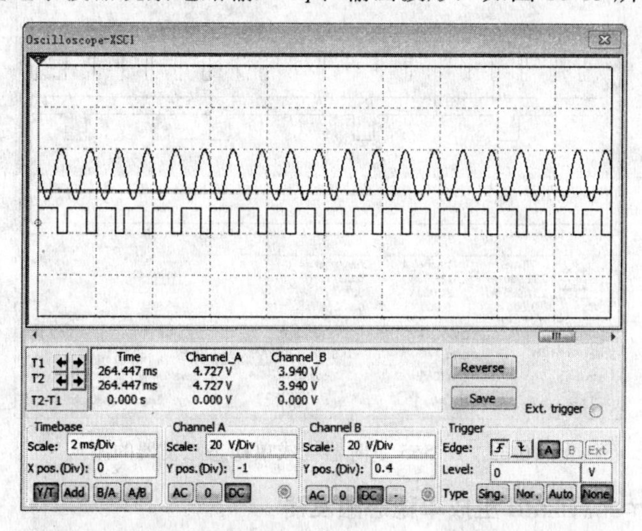

图 10-63　施密特触发器电路的输入 V_I 和输出 V_O 波形

10.6.2　用 555 定时器构成单稳态触发器

利用 555 定时器构成单稳态触发器有两种方法：一种是按图 10-64 所示电路连接 555 模块和相关器件得到单稳态触发器；另一种方法就是利用 NI Multisim 提供的 555 Timer Wizard 直接生成单稳态触发器。

1．用 555 定时器构成单稳态触发器

用 555 定时器构成单稳态触发器的电路如图 10-64 所示。

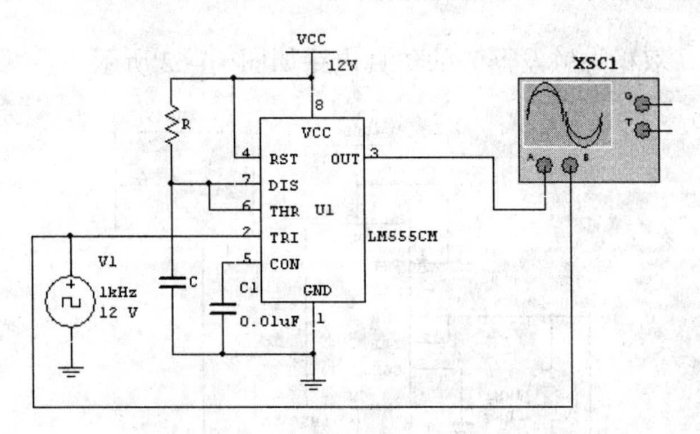

图 10-64　用 555 定时器构成单稳态触发器

其中，RST 接高电平 V_{CC}，TRI 端作为输入触发端，V_I 的下降沿触发。将 THR 端和 DIS 端接在一起，通过 R 接 V_{CC}，构成反相器，并通过电容 C 接地。这样就构成了一个积分型单稳态触发器。其输入与输出波形如图 10-65 所示，其中，A 通道是输出波形，B 通道是输入波形。为方便观察，可将 A 通道的波形上移 1 格，B 通道的波形下移 1.4 格。

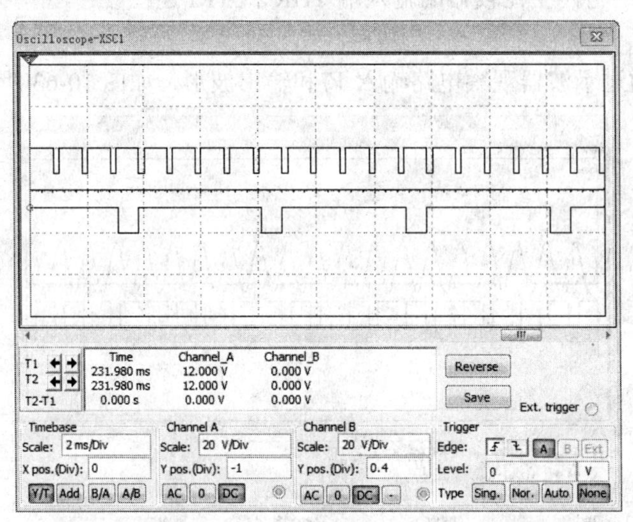

图 10-65　用 555 定时器构成单稳态触发器的波形

2．用 555 Timer Wizard 生成单稳态触发器

执行 Tools»555 Timer Wizard 命令，可弹出如图 10-66 所示的对话框。

输入电源电压、信号源的幅度、信号源的输出下限值、信号源的频率、信号脉冲的宽度、负载电阻 *Rf* 和电阻 *R* 的值，电容 *C* 和电容 *Cf* 的值，单击 Build circuit 按钮，即可生成所需电路。单击 Default settings 按钮，生成的仿真电路如图 10-67 所示。

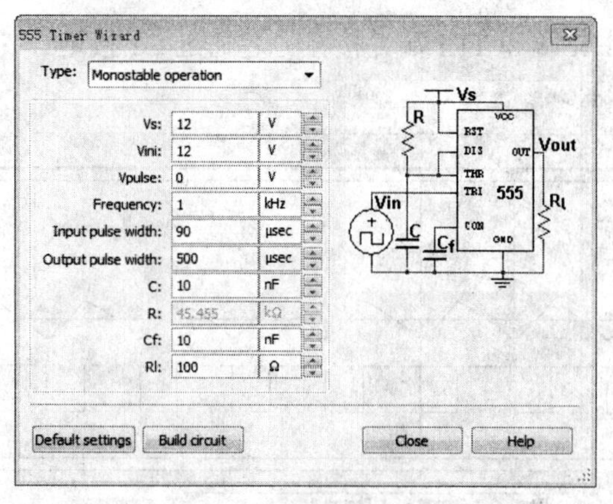

图 10-66　555 Timer Wizard 对话框

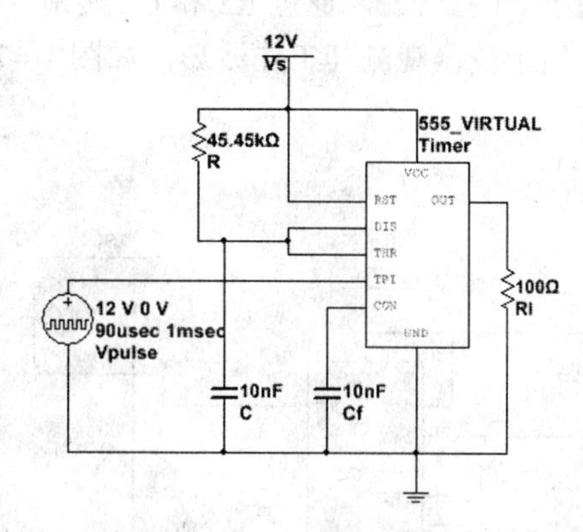

图 10-67　利用 555 Timer Wizard 生成单稳态触发器

用示波器观察电路的输入 V1 和输出信号，如图 10-68 所示。A 通道是输出波形，B 通道是输入波形。为方便观察，可将 A 通道的波形下移 1 格，B 通道的波形上移 0.6 格。可测得输出脉冲的宽度 t_W=0.502ms。而理论计算输出脉冲的宽度为 $t_W = RC\ln\frac{V_{CC}}{V_{CC}-\frac{2}{3}V_{CC}}$ =1.1RC=0.5=1.1ms，仿真结果与理论一致。通过改变 R 和 C 的值来可以改变输出脉冲的宽度。

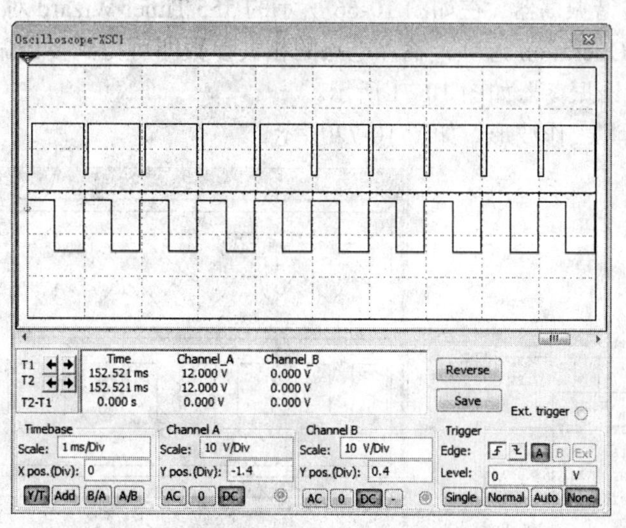

图 10-68　利用 555 Timer Wizard 生成单稳态触发器的工作波形

10.6.3　用 555 定时器构成多谐振荡器

利用 555 定时器构成多谐振荡器有两种方法：调用元件库中的 555 模块和相关器件组成多谐振荡器，或利用 NI Multisim 提供的 555 Timer Wizard 直接生成多谐振荡器。

1. 用 555 定时器构成多谐振荡器

用 555 定时器构成多谐振荡器的电路如图 10-69 所示。其中，RST 接高电平 V_{cc}，DIS

端通过 R1 接 Vcc，通过 R2 和 C2 接地，将 THR 端和 TRI 端并接在一起通过 C2 接地。

用示波器观测其工作波形，如图 10-70 所示。

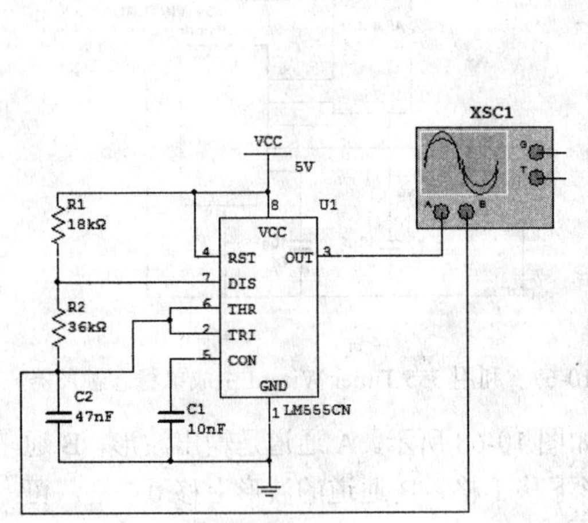

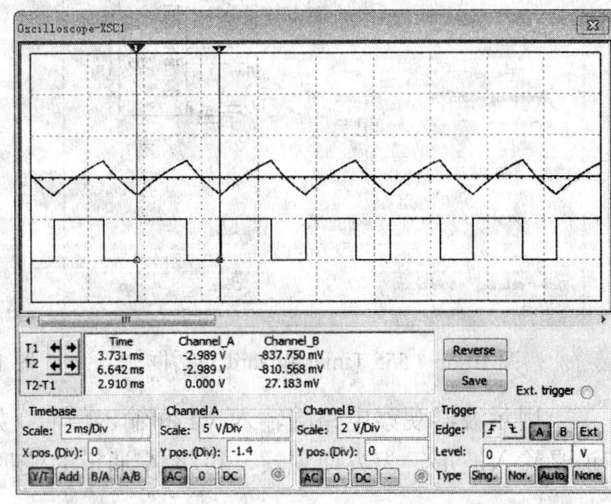

图 10-69　用 555 定时器构成的多谐振荡器　　图 10-70　用 555 定时器构成多谐振荡器工作波形

2．用 555 Timer Wizard 生成多谐振荡器

和利用 555 Timer Wizard 生成单稳态触发器类似，利用 NI Multisim 提供的 555 Timer Wizard 也可生成多谐振荡器。在如图 10-66 所示的 555 Timer Wizard 对话框的 Type 下拉列表中选择 Astable Operation 选项，输入电路的相关参数即可得到多谐振荡器。例如，使用默认参数生成的多谐振荡器如图 10-71 所示。

用示波器观测其工作波形，如图 10-72 所示。

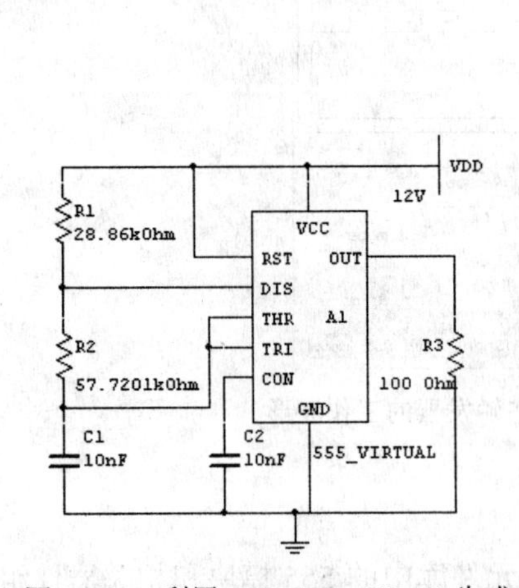

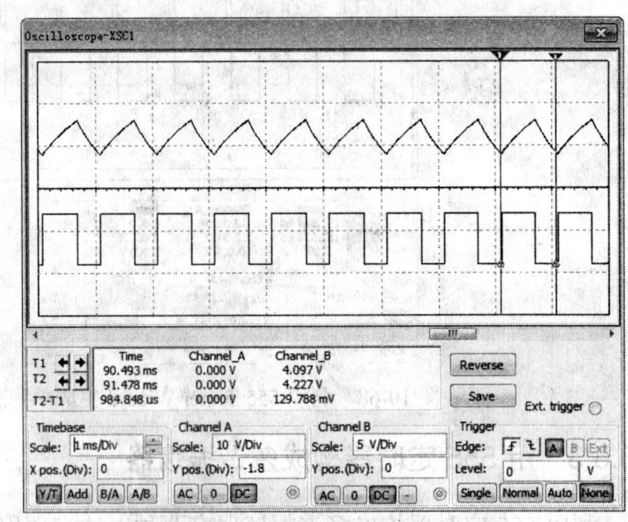

图 10-71　利用 555 Timer Wizard 生成多谐振荡器电路　　图 10-72　利用 555 Timer Wizard 生成多谐振荡器的工作波形

利用示波器可测得输出矩形脉冲的高电平持续时间 t_{w1} 为 0.61ms，低电平持续时间 t_{w2}=0.409ms。

用 555 定时器构成多谐振荡器的自激振荡过程实际上是电容 C 反复充电和放电的过程。在电容充电时，暂稳态保持时间为：$t_{w1}=0.7(R_1+R_2)C=0.612\,\text{ms}$；在电容 C 放电时，暂稳态保持时间为：$t_{w2}=0.7R_2C=0.40\,\text{ms}$。可见，理论计算与仿真结果一致。

10.6.4 用 555 定时器组成波群发生器

在 NI Multisim 电路窗口中创建如图 10-73 所示的电路。两个 555 电路分别构成两个频率不同的多谐振荡器，且左侧振荡器的振荡周期远大于右侧振荡器，将左侧振荡器的输出连到右侧振荡器的复位端。当左侧振荡器输出高电平时，右侧振荡器产生高频振荡；当左侧振荡器输出低电平时，右侧振荡器停止振荡，从而构成波群发生器。其工作波形如图 10-74 所示。

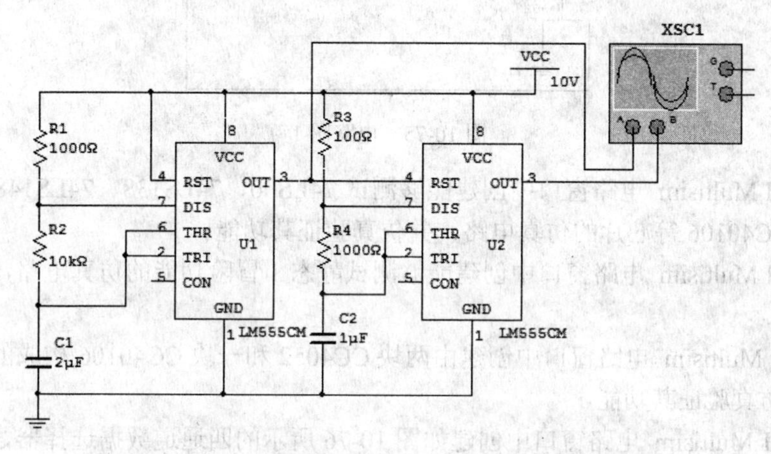

图 10-73　利用 555 定时器组成波群发生器仿真电路

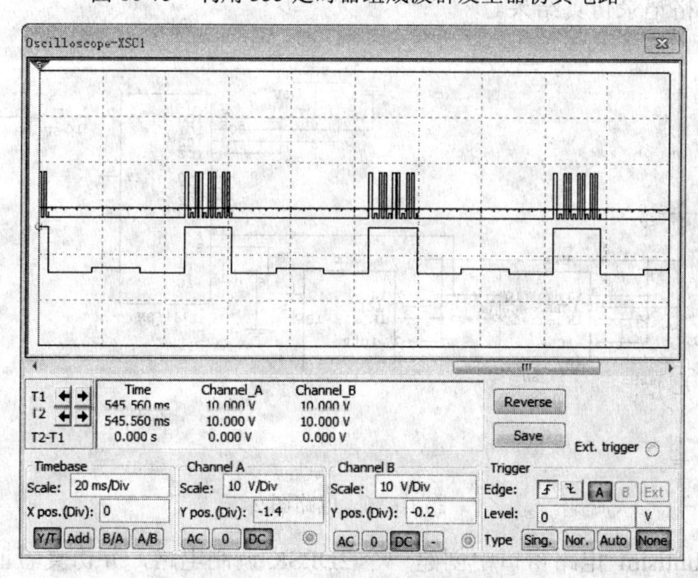

图 10-74　利用 555 定时器组成波群发生器的工作波形

习　题

1．利用 NI Multisim 中的逻辑转换仪，试求图 10-75 所示电路的逻辑函数。

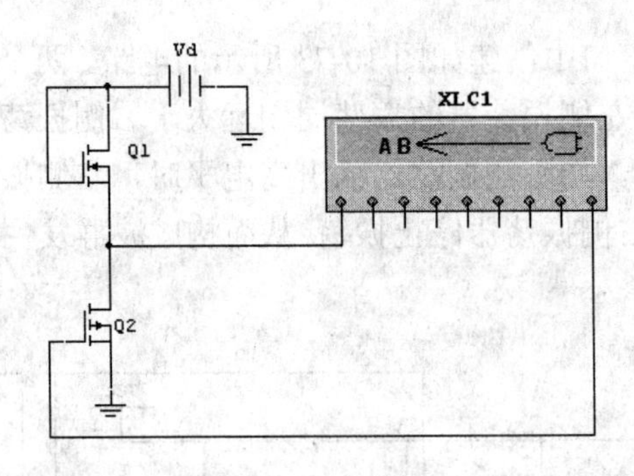

图 10-75　电路图 1

2．在 NI Multisim 电路窗口中创建能够测试 74LS00、74LS138、74LS148、74LS153、CC4052 和 CC40106 等芯片的仿真电路，并仿真验证其功能。

3．在 NI Multisim 电路窗口中创建能够测试静态 1 冒险功能的仿真电路，并仿真验证其功能。

4. 在 NI Multisim 电路窗口中创建由两块 CC4052 和一块 CC40106 构成的两路数据传输开关，并仿真验证其功能。

5．在 NI Multisim 电路窗口中创建如图 10-76 所示的四通道数据选择器，并对电路进行仿真，自拟表格记录仿真结果。

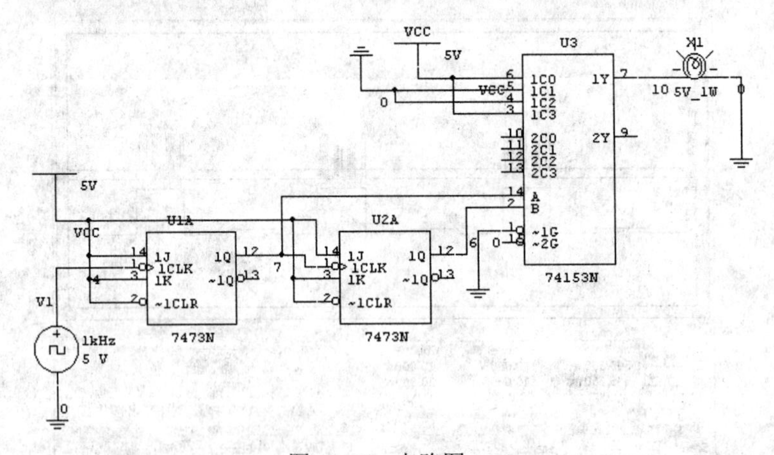

图 10-76　电路图 2

6．在 NI Multisim 电路窗口中创建一个 2DPSK 调制电路，并仿真验证其功能。

7．在 NI Multisim 电路窗口中创建能够测试 74LS74、74LS76、74LS160、74LS112、74LS1102、74LS10、CC401102 等芯片功能的仿真电路，并对电路进行仿真，自拟表格记

录仿真结果。

8．在 NI Multisim 电路窗口中创建由 JK 触发器转换为 D 触发器的仿真电路，并对电路进行仿真，自拟表格记录仿真结果。

9．在 NI Multisim 电路窗口中创建由两片 74LS1102、一片 74LS10 构成的同步二进制计数器，并对电路进行仿真。

10．在 NI Multisim 电路窗口中，利用同步十进制计数器 74LS160 设计以下电路。

（1）试用置零法设计一个七进制计数器；

（2）试用置数法设计一个五进制计数器，并对电路进行仿真。

11．在 NI Multisim 电路窗口中创建由三片 CC401102 构成的 401 进制计数器，并对电路进行仿真。

12．在 NI Multisim 电路窗口中，设计一个能自启动的 4 位环形计数器，有效循环状态为：0010－1010－1011－1001，并显示仿真结果。

13．在 NI Multisim 电路窗口中创建基于 PLD 器件的 4 位加法器，并对电路进行仿真。

14．在 NI Multisim 电路窗口中创建基于 PLD 器件的 4 位乘法器，并对电路进行仿真。

15．在 NI Multisim 电路窗口中创建基于 PLD 器件的数字钟，并对电路进行仿真。

16．在 NI Multisim 电路窗口中，利用 555 Timer Wizard 设计一个振荡频率为 3kHz 的单稳态电路，并对电路进行仿真。

第 11 章　NI Multisim 在高频电子线路中的应用

高频电子线路是对通信系统中的高频信号的产生、放大和处理等问题进行研究的一门课程。本章主要利用 NI Multisim 仿真软件对高频电子线路中的主要功能电路进行仿真分析，以便更好地掌握高频电子电路的功能和原理。

11.1　高频小信号谐振放大电路

高频小信号谐振放大电路主要用于接收机的高频放大器和中频放大器中，目的是对高频小信号进行线性电压放大。

11.1.1　高频小信号放大电路的组成

高频小信号谐振放大电路主要由晶体管、负载、输入信号和直流馈电等部分组成。例如图 11-1 所示电路，晶体管基极为正偏，工作在甲类，负载为 LC 并联谐振回路，调谐在输入信号的频率 465kHz 上。该放大电路能够对输入的高频小信号进行反相放大。

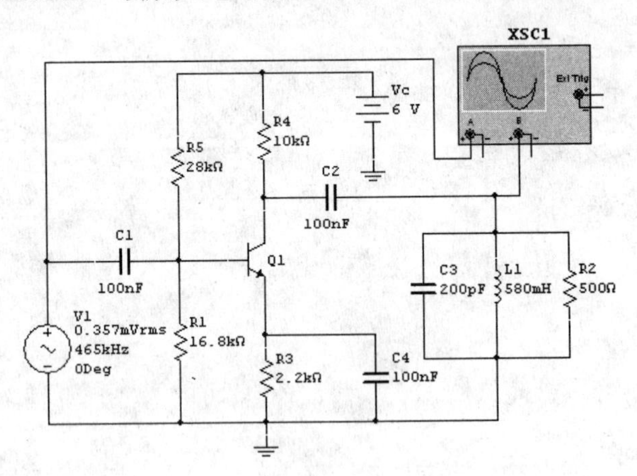

图 11-1　高频小信号谐振放大电路

在 NI Multisim 电路窗口中创建如图 11-1 所示的高频小信号谐振放大电路图，其中晶体管 Q1 选用虚拟晶体三极管。单击仿真按钮，就可以从示波器中观察到输入、输出信号的波形，如图 11-2 所示。

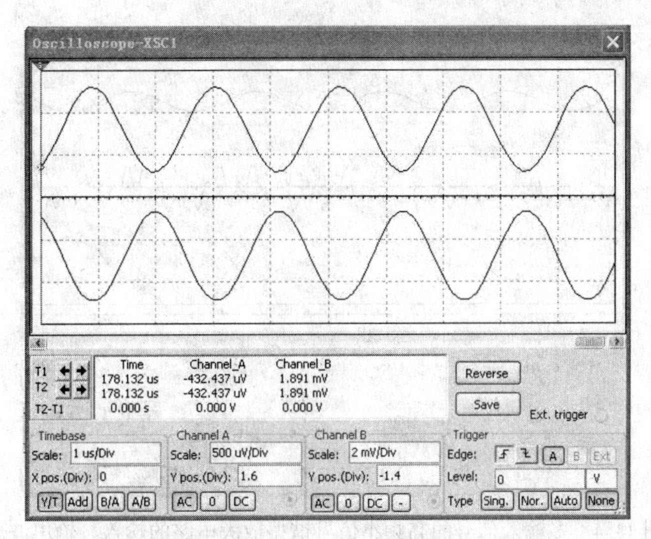

图 11-2　高频小信号谐振放大电路的输入、输出波形

由图 11-2 可知，高频小信号谐振放大电路的输出信号（示波器显示窗口中的下方信号）与输入信号（示波器显示窗口中的上方信号）反相，且从 A 通道、B 通道的刻度单位可以看出，输出信号的幅度比输入信号的幅度大得多。

11.1.2　高频小信号谐振放大电路的选频作用

在高频小信号谐振放大电路中，若将输入信号由单一频率改为多个频率，信号频率分别为 4650MHz 及其 2、4、8 次谐波（即 9300MHz、18600MHz、37200MHz），相应的谐振回路参数为 C3：2pF，L1：580pH。此时电路如图 11-3 所示。电路的输入、输出波形如图 11-4 所示。

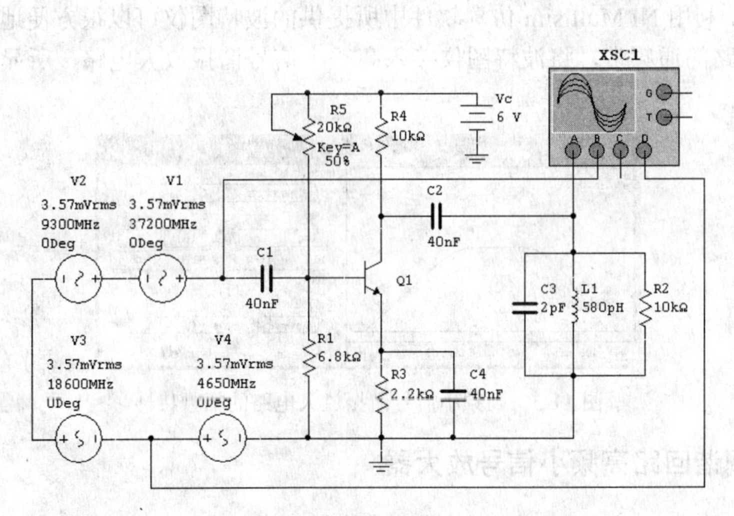

图 11-3　多输入信号的高频小信号谐振放大电路

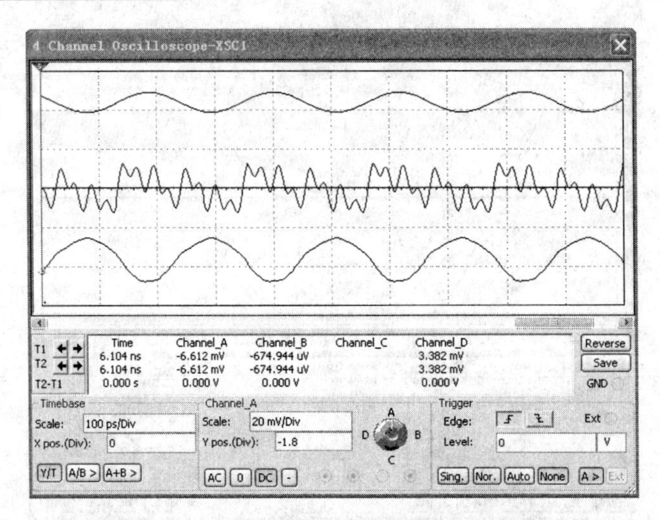

图 11-4　多输入信号的高频小信号谐振放大电路的输入、输出波形

在图 11-4 中，最上面的信号为待放大信号（频率为 4650MHz），中间为高频小信号谐振放大电路的输入信号，它由待放大信号及其 2、4、8 次谐波信号（作为干扰信号）叠加构成。最下面为输出信号。由于负载 LC 并联谐振回路调谐在 4650MHz 上，对该频率分量信号的放大量（即增益）最大，该频率分量信号的幅度就最大，而其他频率的信号输出幅度则相对较小。体现在输出波形上，输出信号近似于输入信号呈线性关系，极性相反，干扰信号得到了有效抑制。

11.1.3　高频小信号谐振放大电路的通频带和矩形系数

高频小信号谐振放大电路的通频带是放大器增益下降到最大值的$1/\sqrt{2}$（3dB）时所对应的频带范围。利用 NI Multisim 仿真软件中所提供的波特图仪可以很方便地观察上述高频小信号放大电路的通频带，将波特图仪接入高频小信号谐振放大电路，所显示的幅频特性如图 11-5 所示。

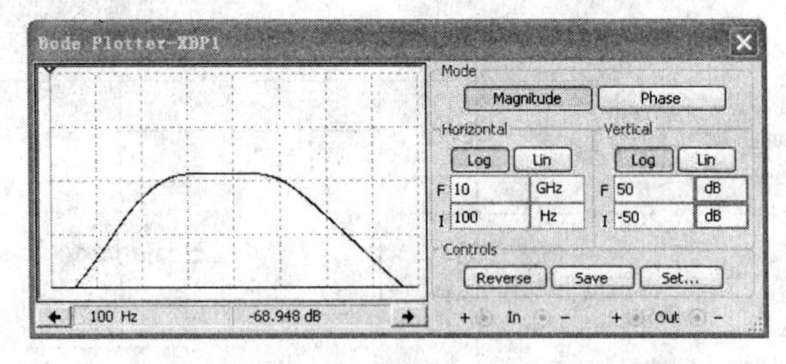

图 11-5　高频小信号谐振放大电路的幅频特性

11.1.4　双调谐回路高频小信号放大器

上述的单调谐放大器矩形系数等于 9.95，远远大于 1，滤波特性不理想。利用双调谐回路作为晶体管的负载，可以改善放大器的滤波特性，使矩形系数减少到 3.2。

在 NI Multisim 电路窗口中创建如图 11-6 所示的双调谐高频小信号谐振放大电路，单击仿真按钮，就可以从示波器中观察到输入、输出信号的波形，如图 11-7 所示。

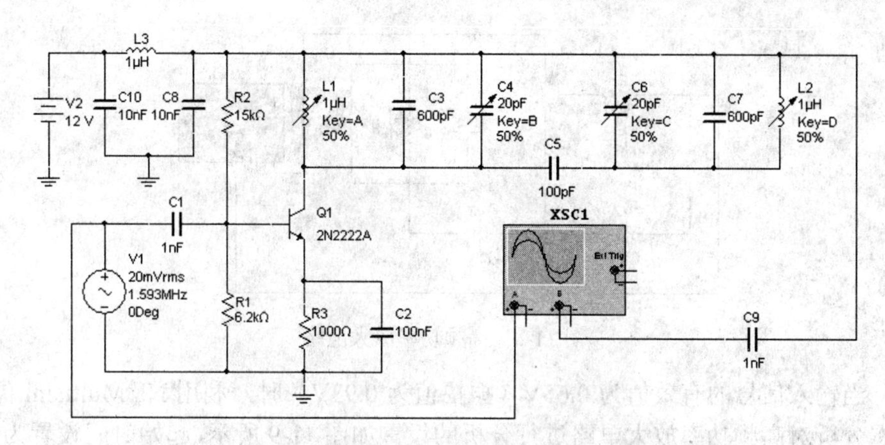

图 11-6　双调谐高频小信号谐振放大电路

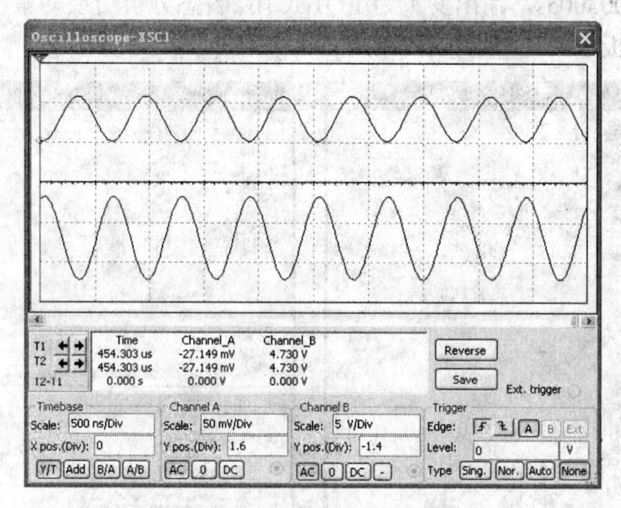

图 11-7　双调谐高频小信号谐振放大电路的输入、输出信号波形

11.2　高频功率放大电路

高频功率放大电路通常用在发射机末级功率放大器和末前级功率放大器中，主要对高频信号的功率进行放大，使其达到发射功率的要求。

11.2.1　高频功率放大电路的原理仿真

高频功率放大电路如图 11-8 所示。其电路特点是：晶体管工作在丙类，负载为并联谐振回路，调谐在输入信号的频率上，完成滤波和阻抗匹配的作用。

1．集电极电流 i_C 与输入信号之间的非线性关系

晶体管工作在丙类的目的是提高功率放大电路的效率，此时晶体管的导通时间小于输入信号的半个周期。因此，当输入信号为余弦信号时，集电极电流 i_C 将是周期性的余弦脉冲序列。

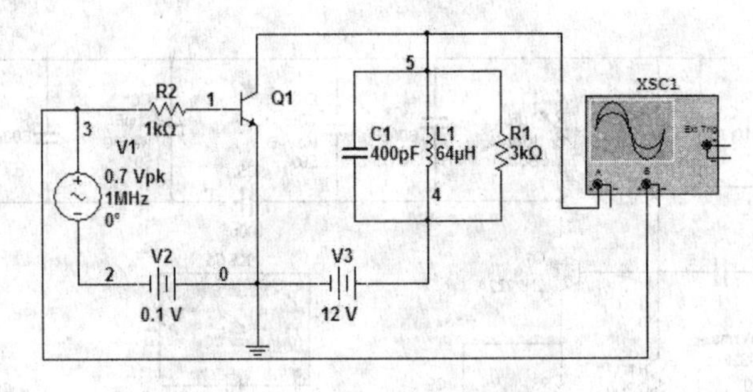

图 11-8　高频功率放大电路

（1）当输入信号的有效值为 0.65V（振幅值为 0.93V）时，利用 NI Multisim 仿真软件中的瞬态分析对高频功率放大电路进行分析的设置如图 11-9 所示，起始时间设置为 0.003s，终止时间设置为 0.003005s，输出变量为 I(Q1[IC])，瞬态分析结果即集电极电流如图 11-10 所示。可见，集电极电流是一串尖脉冲。

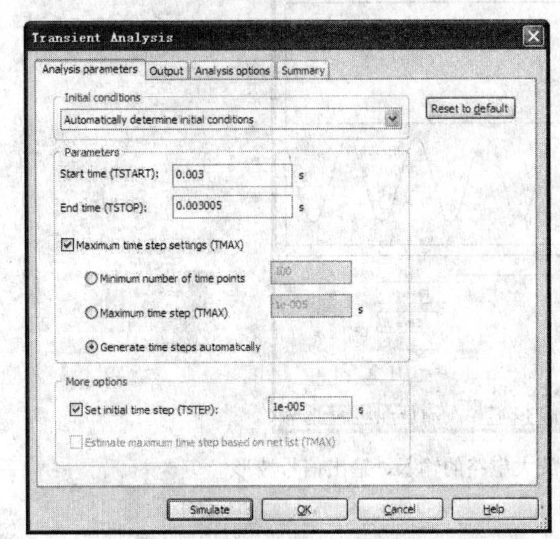

（a）瞬态分析 Analysis parameters 选项卡设置

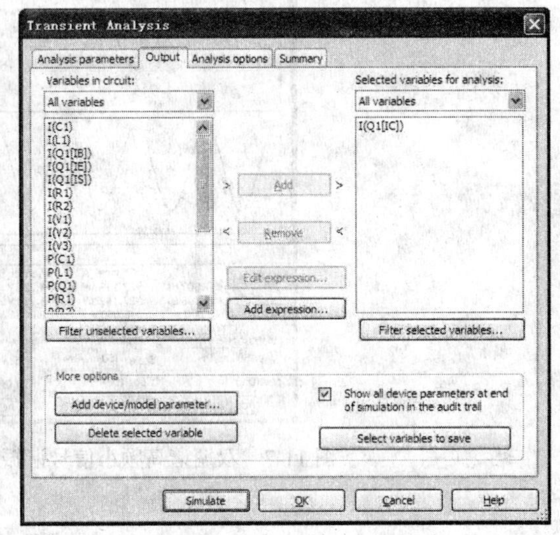

（b）瞬态分析 Output 选项卡设置

图 11-9　高频功率放大电路分析参数设置

（2）当输入信号的振幅为 1V 时，利用 NI Multisim 仿真软件中的瞬态分析对高频功率放大电路进行分析时，设置同（1），瞬态分析结果即集电极电流如图 11-11 所示。可见，集电极电流是一周期性的凹顶余弦脉冲。

2．输入与输出信号之间的线性关系

尽管由于晶体管的非线性工作，使集电极电流 i_C 与输入信号之间为非线性关系，但利用并联谐振回路的选频特性，使集电极电流 i_C 的基波分量将在回路两端产生较大的输出电压，而谐波分量所产生的输出幅度很小，可以忽略不计。这样输出信号将与输入信号成线性关系。

利用 NI Multisim 仿真软件创建如图 11-8 所示电路图，启动仿真按钮，示波器所显示的输入、输出信号的波形如图 11-12 所示。

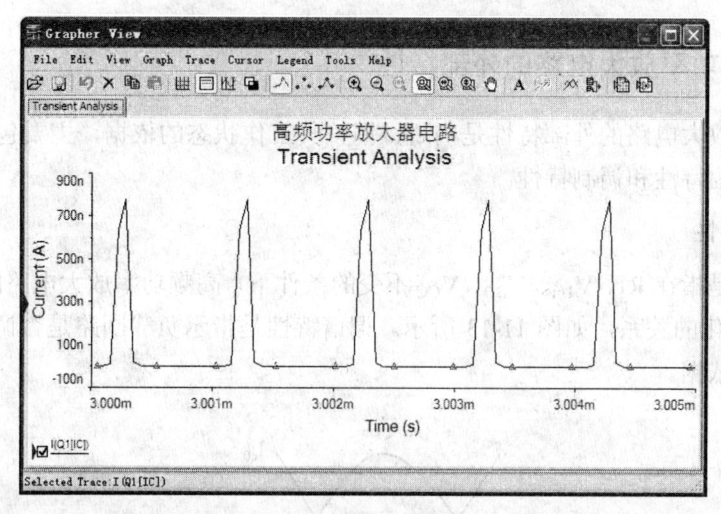

图 11-10 输入信号较小时的瞬态分析结果

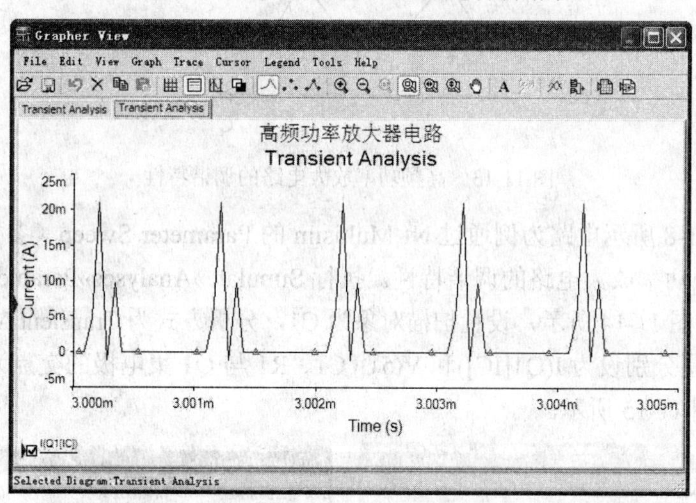

图 11-11 输入信号较大时的瞬态分析结果

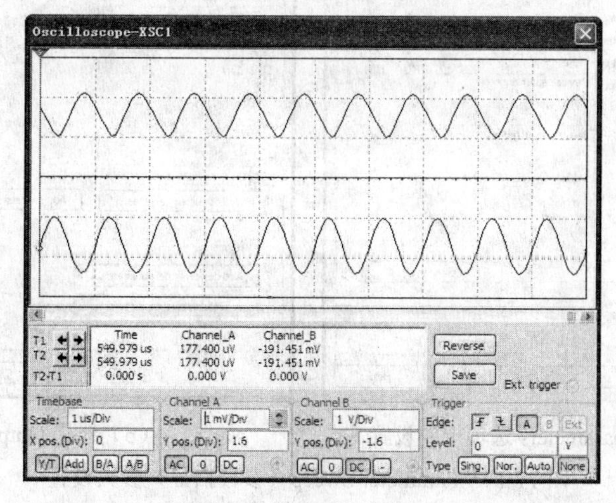

图 11-12 高频功率放大电路的输入、输出信号波形

11.2.2 高频功率放大电路的外部特性

高频功率放大电路的外部特性是判断、调整其工作状态的依据，主要包括调谐特性、负载特性、振幅特性和调制特性。

1．调谐特性

调谐特性是指在 R_1、V_{1m}、V_{BB}、V_{CC} 不变的条件下，高频功率放大电路的 I_{c0}、I_{e0}、V_{cm} 等变量随 C 变化的关系，如图 11-13 所示。调谐特性是指示负载回路是否调谐在输入载波频率上的重要依据。

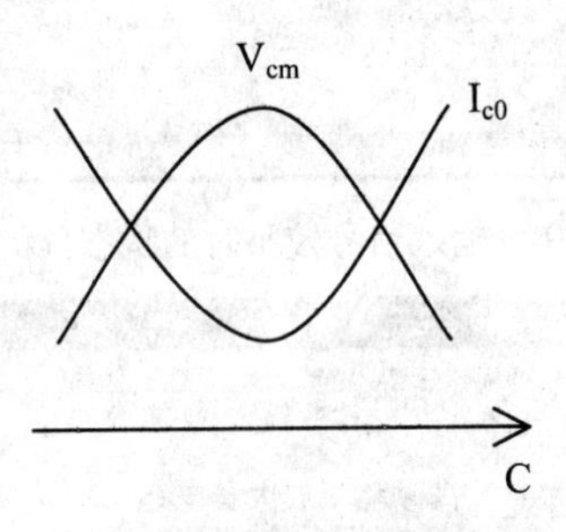

图 11-13 高频功率放大电路的调谐特性

下面以图 11-8 所示电路为例通过 NI Multisim 的 Parameter Sweep（参数扫描）分析方法具体说明高频功率放大电路的调谐特性。执行 Simulate»Analyses»Parameter Sweep 命令，打开对话框，如图 11-14 所示，设置扫描对象为 C1，分析方式为 Transient Analysis（瞬态分析），分析输出量分别设为 I(Q1[IC])和 V(5)（C1、R1 与 Q1 集电极的交点）。执行 Simulate 操作，结果如图 11-15 所示。

（a）对 Analysis parameters 选项卡的设置

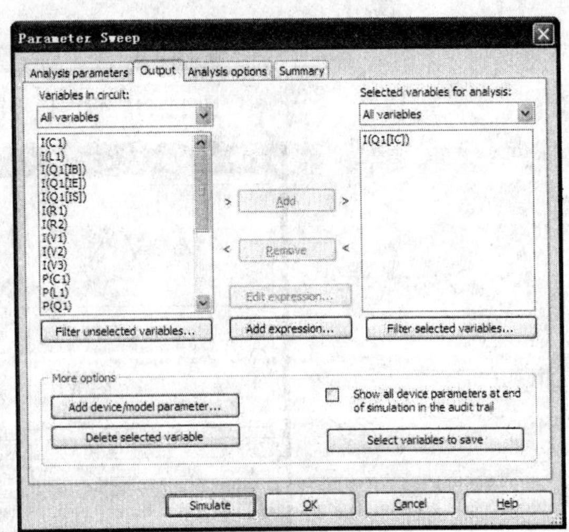

（b）选择 Output 选项卡

图 11-14 Parameter Sweep（参数扫描）参数设置

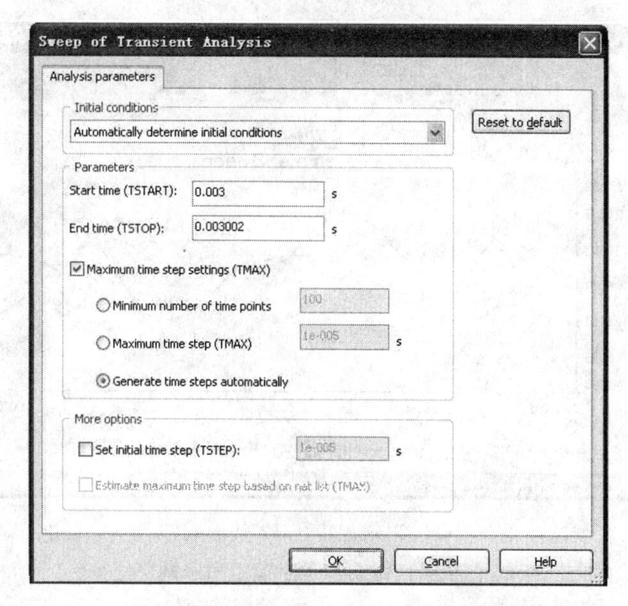

（c）设置 Transient Analysis 相关参数

图 11-14　Parameter Sweep（参数扫描）参数设置（续）

在图 11-15（a）中，C1=400pF 对应幅度最小的波形，在图 11-15（b）中，对应幅度最大的波形。可见当回路谐振（电容为 400pF）时，晶体管集电极电流 i_C 最小（对应于最下面的那条曲线），而当回路失谐时，i_C 将有所增加。与此同时，由于等效阻抗的减小，在回路两端所获得的输出电压 V_c 的幅度也将减小。

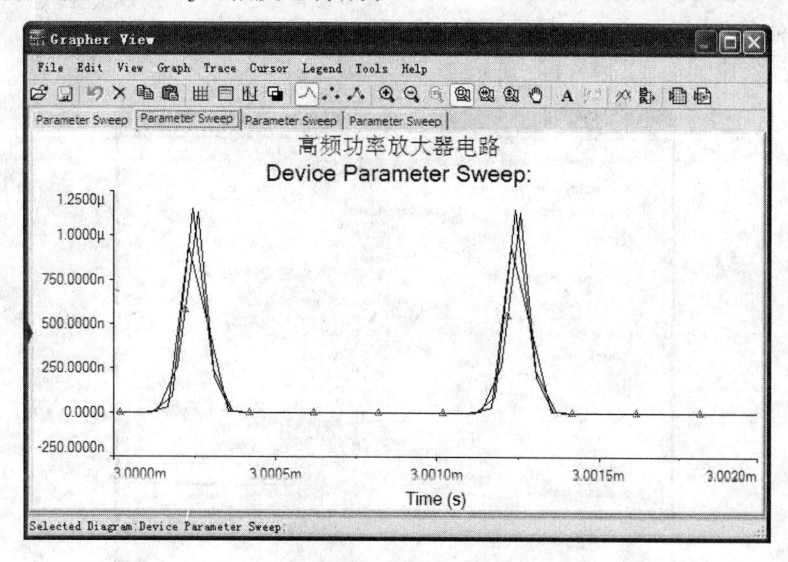

（a）对输出电路 i_C 的影响

图 11-15　谐振电容变化对输出的影响

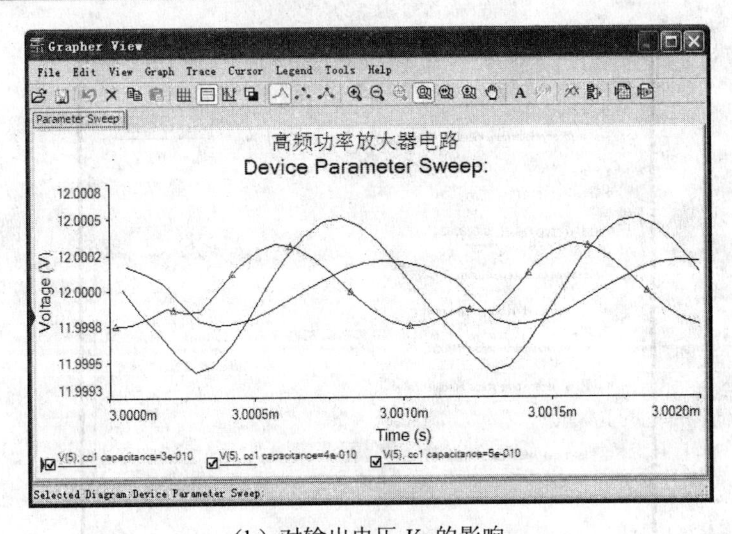

（b）对输出电压 *Vc* 的影响

图 11-15　谐振电容变化对输出的影响（续）

2. 负载特性

负载特性是指在 Vcc、V_{BB}、V_{1m} 不变的条件下，高频功率放大电路的工作状态（特别是 i_{cmax}、I_{c0}、I_{c1m}、V_{cm} 及功率）与 R1 之间的关系，负载特性如图 11-16 所示。

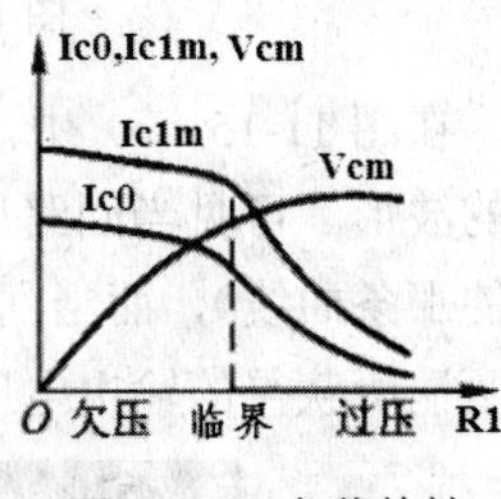

图 11-16　负载特性

在图 11-8 所示高频功率放大电路中，将 R1 作为扫描对象，同样利用参数扫描分析方法，根据图 11-17（a）所示进行相关参数设置，对 R1 选择 1kΩ、3kΩ、8kΩ 3 组不同值，观察回路的输出电压，结果如图 11-17（b）所示。

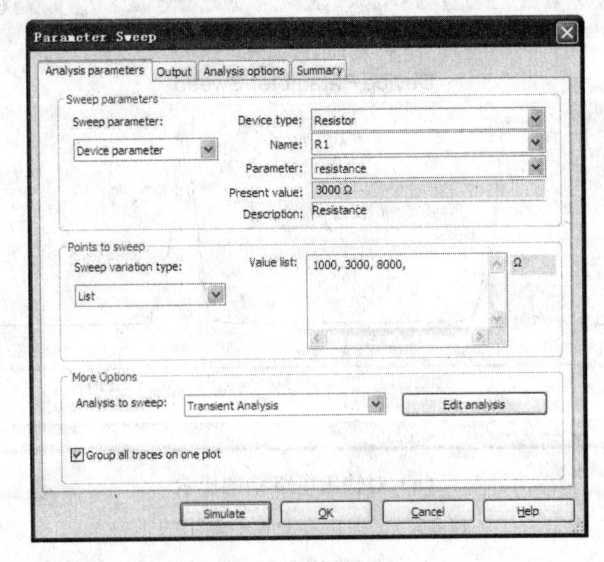

（a）参数设置

图 11-17　通过参数扫描分析高频功率放大器的负载特性

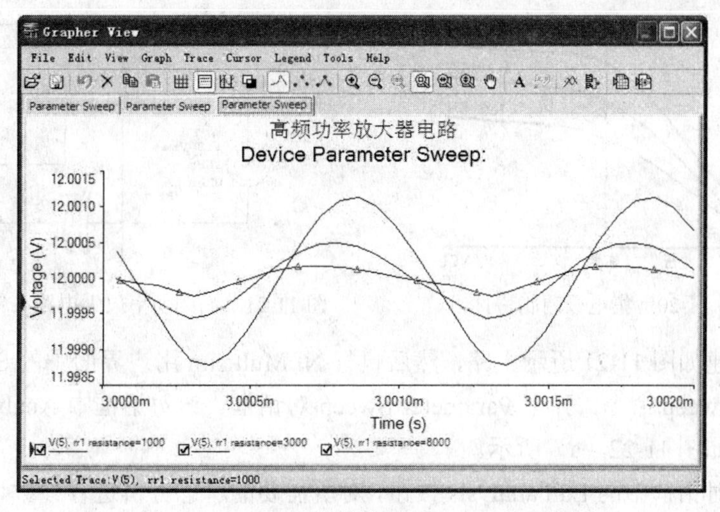

（b）分析结果

图 11-17　通过参数扫描分析高频功率放大器的负载特性（续）

在图 11-17（b）中，幅度最小的曲线对应 R_1=1kΩ，幅度最大的曲线对应 R_1=8kΩ。由此可见，*Vcm* 将随 R1 的增大而增大。

3．振幅特性

振幅特性是指在 R_1、V_{CC}、V_{BB} 不变的条件下，高频功率放大电路的 i_{cmax}、I_{c0}、I_{c1m}、V_{cm} 与 V_{1m} 之间的关系，如图 11-18 所示。

由图 11-19 可知，当输入信号源为 1.06Vrms 时，集电极电流 I_{c0} 为 0.717mA；若输入信号源为 0.5Vrms 时，重新启动仿真按钮，集电极电流 I_{c0} 为 0.555μA。由此可知，集电极电流 I_{c0} 随着输入信号源所产生信号振幅的减少而减少，且处于欠压工作时，减少的幅度很大。

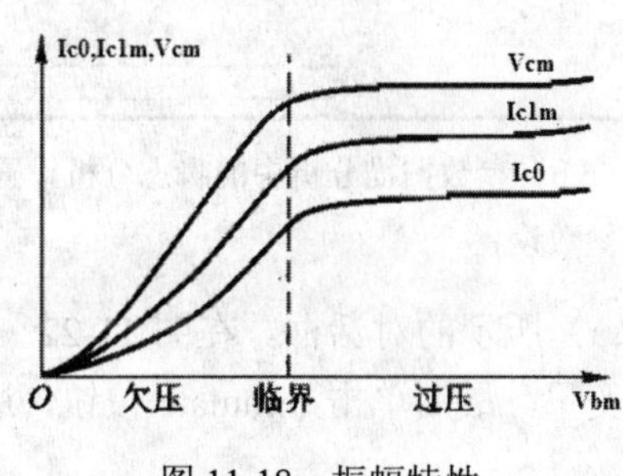

图 11-18　振幅特性

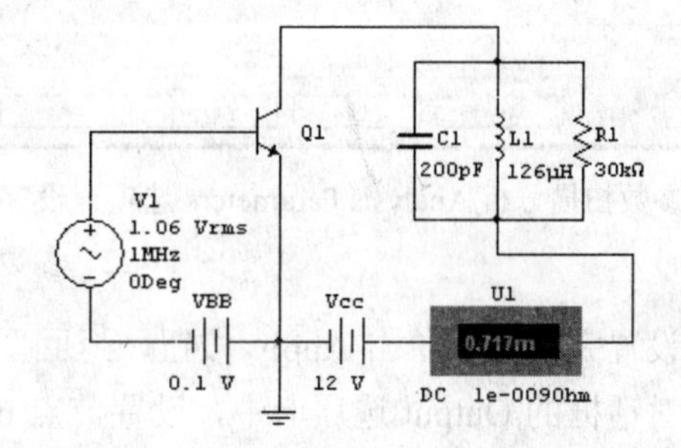

图 11-19　$V_{bm}(V_{1m})$变化对 I_{c0} 的影响

4．调制特性

（1）集电极调制特性

高频功率放大电路的集电极调制特性是指在 R_1、V_{1m}、V_{BB} 不变的条件下，其 i_{cmax}、I_{c0}、I_{c1}、*Vcm* 与 *Vcc* 之间的关系如图 11-20 所示。

下面以图 11-21 所示的高频功率放大电路为例，具体说明其集电极调制特性。

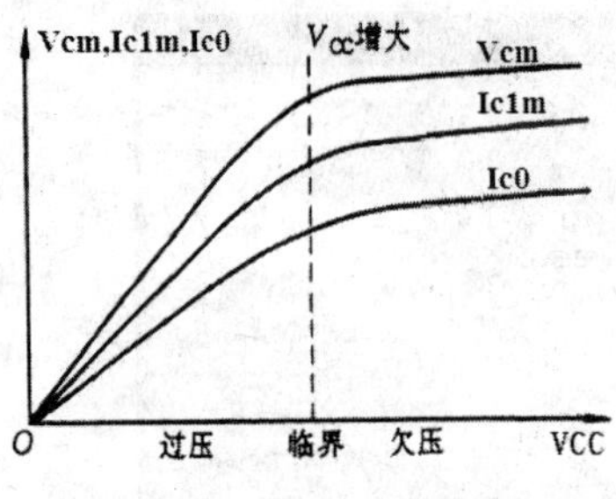

图 11-20　集电极调制特性

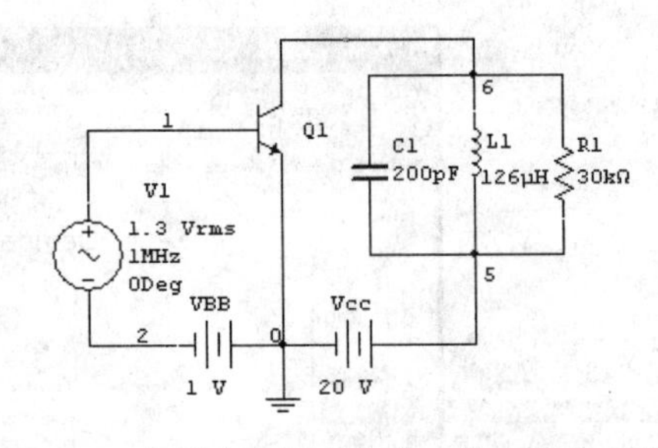

图 11-21　高频功率放大电路（集电极调制特性）

首先创建如图 11-21 所示电路，然后执行 NI Multisim 用户界面中的 Simulate»Analyses »Parameter Sweep 命令，弹出 Parameter Sweep 对话框。该对话框中 Analysis Parameters 选项卡的设置如图 11-22（a）所示。

单击该对话框中的 Edit analysis 按钮，对所需要的瞬态分析进行参数设置，具体设置如图 11-22（b）所示。

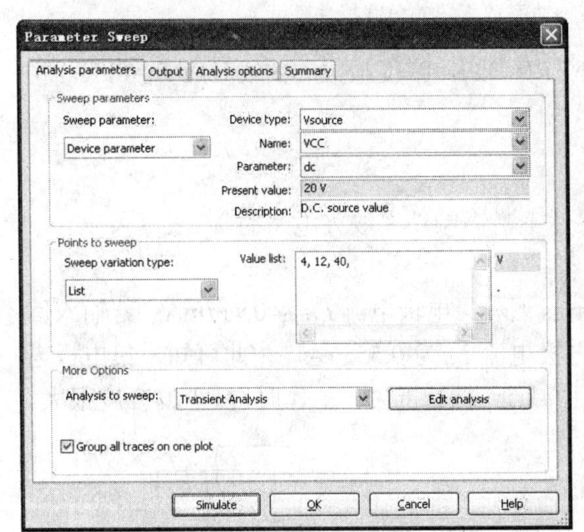

（a）参数扫描分析 Analysis Parameters 选项卡设置

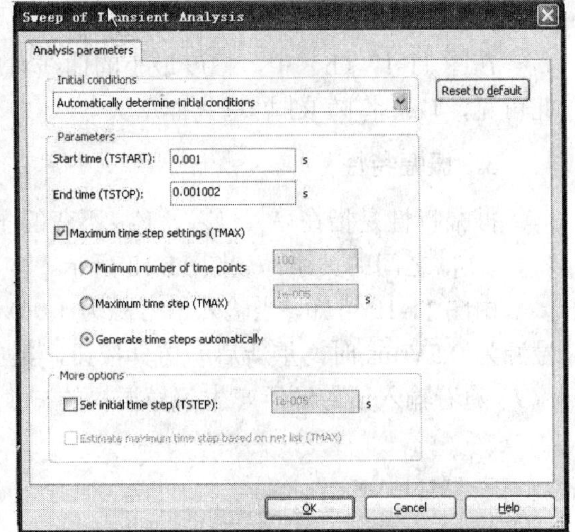

（b）参数扫描分析中的瞬态分析设置

图 11-22　参数扫描分析参数设置

设置完毕后，单击 Apply 按钮，返回图 11-22（a）所示的对话框。在图 11-22（a）所示的对话框的 Output 选项卡中，设置节点 6 为输出变量。最后单击 Simulate 按钮，进行参数扫描分析，分析结果如图 11-23 和图 11-24 所示。

在图 11-23 中，幅度最小的曲线为 V_{CC}=4V 的 I(Q1[IC])波形，其上分别是 V_{CC}=12V、40V 时的 I(Q1[IC])波形。可以明显地看出，随着 V_{CC} 的增加，电流 i_C 的幅度也增加，且从凹顶变成尖顶，即电路的工作状态从过压（V_{CC}=4V）变为欠压（V_{CC}=40V）。

在图 11-24 中，幅度最小的曲线为 V_{CC}=4V 的节点 6 的输出波形，其上分别是 V_{CC}=12V、40V 时节点 6 的输出波形。可以明显地看出，随着 V_{CC} 的增加，信号的幅度也增加。

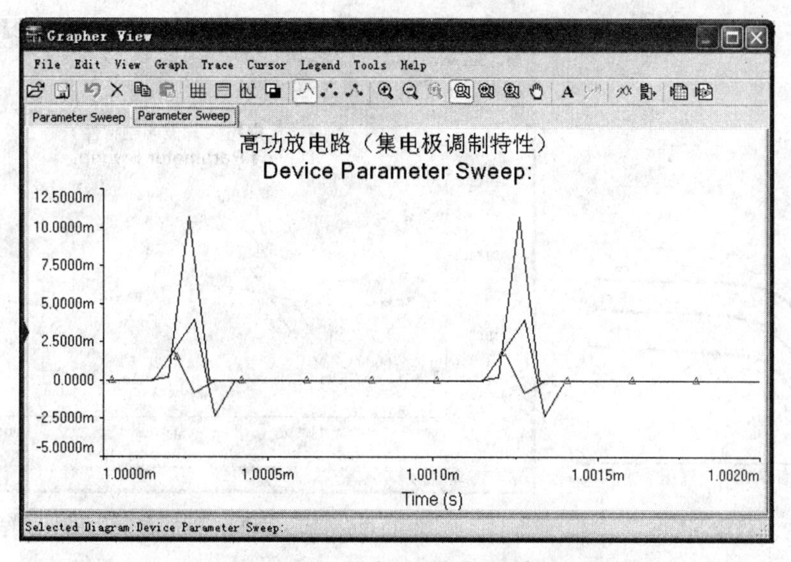

图 11-23　V_{CC} 变化对 ic 的影响

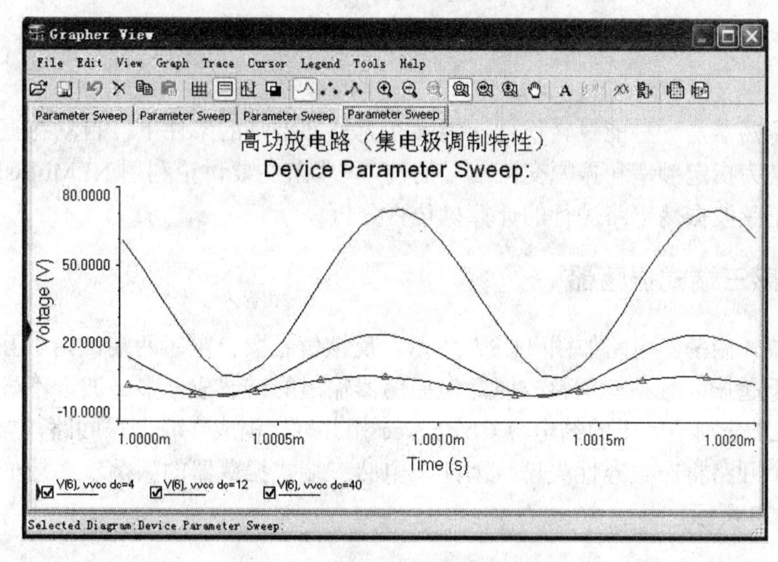

图 11-24　V_{CC} 变化对 Vc 的影响

（2）基极调制特性

高频功率放大电路的基极调制特性是指在 R_1、V_{1m}、V_{CC} 不变的条件下，其 i_{cmax}、I_{c0}、I_{c1}、V_{cm} 与 V_{BB} 之间的关系如图 11-25 所示。

下面仍然以图 11-21 所示电路为例，具体说明基极调制特性。基本步骤与集电极调制特性相同，只是将扫描的参数对象改为 V_{BB}，仿真的取样点分别为-0.7V、-1.0V 和-1.05V。仿真结果如图 11-26 所示。

在图 11-26 中，幅度最小的曲线为 V_{BB}=-1.05V 时节点 6 的输出波形，随着 V_{BB}=-1.0V、-0.7V，节点 6 的输出波形幅度增加，与图 11-25 所示的特性曲线相符。

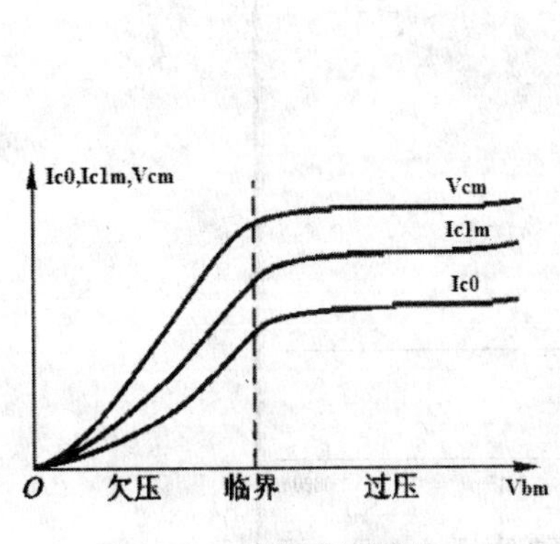

图 11-25 基极调制特性

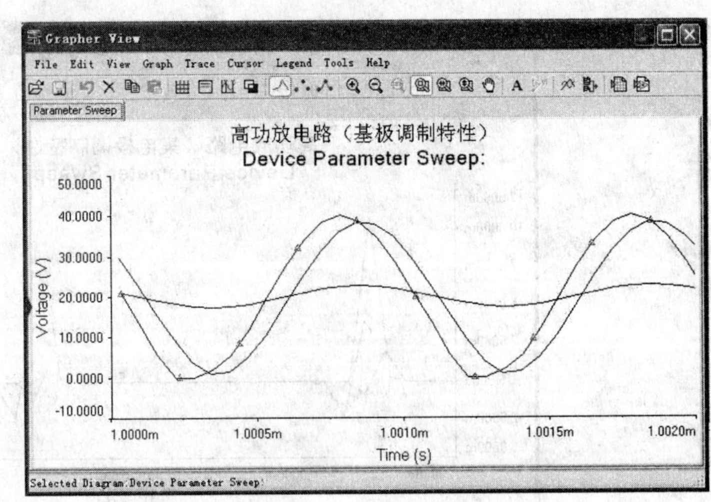

图 11-26 基极调制特性的参数扫描分析结果

11.3 正弦波振荡器

正弦波振荡器是一种能量转换器，能够在无外部激励的条件下，自动将直流电源所提供的功率转换为指定频率和振幅交流信号的功率。本节主要讨论利用 NI Multisim 仿真软件对各种高频正弦波振荡电路进行的计算机仿真分析。

11.3.1 电感三端式振荡器

电感三端式振荡器电路如图 11-27 所示。反馈信号取自电感两端，由于互感的作用，使振荡器易于起振，且频率调整方便。但振荡器输出的谐波成分多、波形不好；另外，由于电感 L1、L2 分别与管子的结电容 Cb'e、Cce 相并联，构成并联谐振回路，当振荡频率过高时，这两个回路将产生容性失谐。因此，电感三端式振荡器的振荡频率较低，其输出的波形如图 11-28 所示。

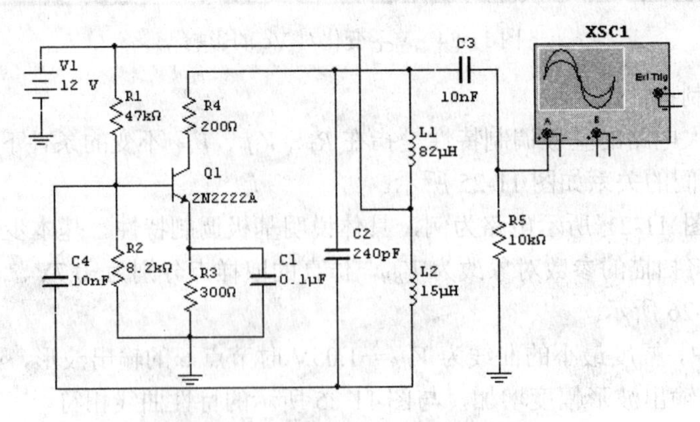

图 11-27 电感三端式振荡器电路

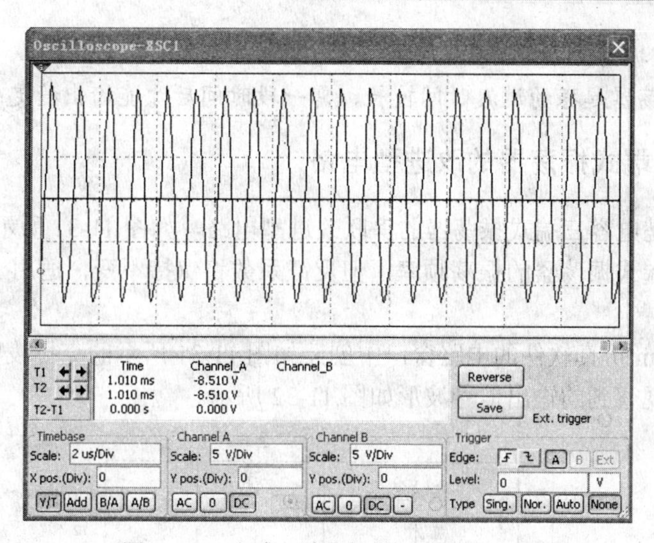

图 11-28　电感三端式振荡器的输出波形

11.3.2　电容三端式振荡器

电容三端式振荡器输出波形较好、振荡频率高、频率稳定性好，电路如图 11-29 所示。

在工程估算中，该振荡器的振荡频率为：

$$\omega_0 \approx \frac{1}{\sqrt{L_2 \frac{C_3 C_4}{C_3 + C_4})}}$$

通过改变电容 C4 的大小，可以改变振荡器的输出频率。例如，将电容 C4 的参数改为 100pF，则利用示波器即可观察到振荡器的频率变为 1.42MHz。

利用 NI Multisim 仿真软件对该电路进行仿真分析，在虚拟示波器中观察到的输出信号波形如图 11-30 所示。

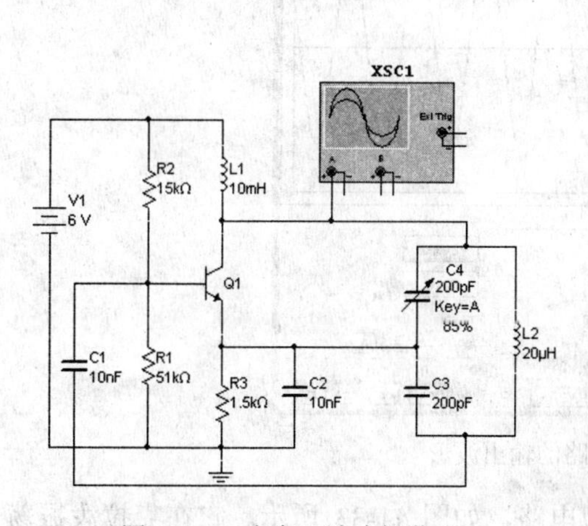

图 11-29　电容三端式振荡器

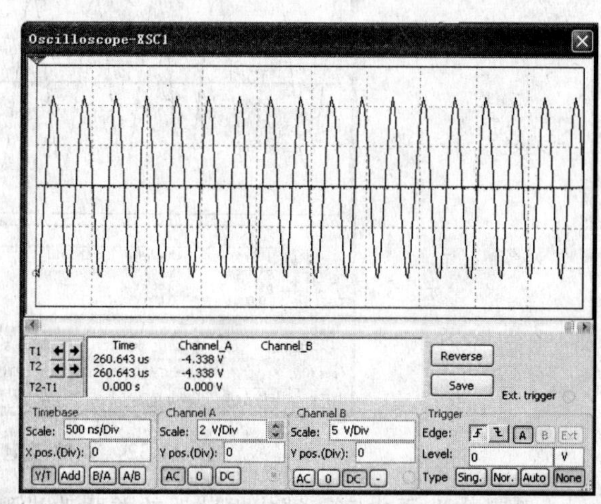

图 11-30　电容三端式振荡器的输出波形（正弦波不标准）

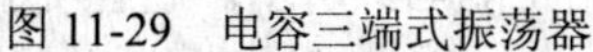

注意： ① 若创建振荡器电路仿真没有输出，按 A 键，给电路一个变化，就可以刺激电

路产生振荡。

② 振荡器起振的过渡时间较长，需一段时间后才能输出稳定的正弦信号。

11.3.3 电容三端式振荡器的改进型电路

克拉泼电路是电容三端式振荡器的串联改进型电路，如图 11-31 所示。通过改变 C3，可以改变电容三端式振荡器的振荡频率，但反馈系数将保持不变，适用于工作频率固定或变化很小的场合。

在 NI Multisim 仿真软件的电路窗口中创建如图 11-31 所示的克拉泼电路，启动仿真按钮，从示波器中观察到的输出信号波形如图 11-32 所示。

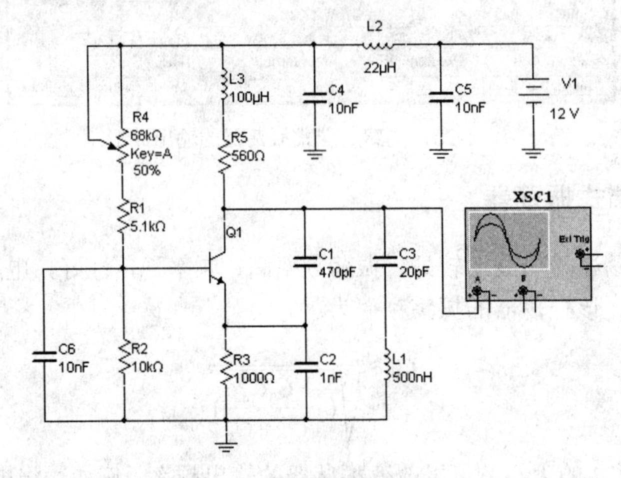

图 11-31 克拉泼电路

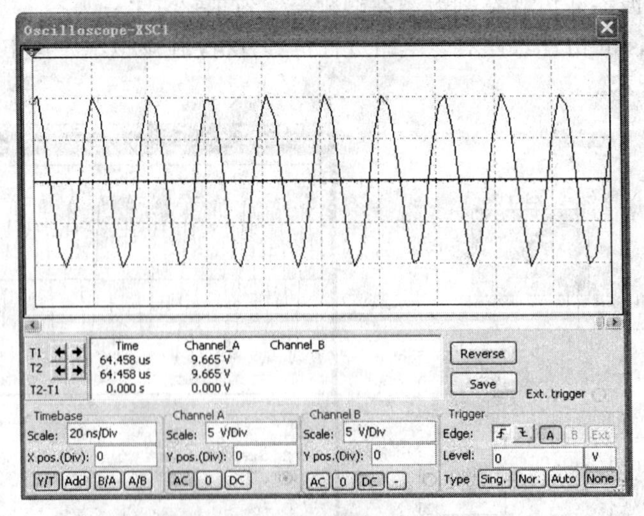

图 11-32 克拉泼电路的输出波形

西勒电路是电容三端式振荡器的并联改进型电路，如图 11-33 所示。它在克拉泼振荡器的基础上又进行了改进：将 C3 换成一个小的固定电容，而在电感两端并联一个可变电容 C4，克服了克拉泼电路的不足。振荡频率越高，西勒电路越容易起振。

在 NI Multisim 仿真软件的电路窗口中创建如图 11-33 所示的西勒电路，启动仿真按钮，从示波器中观察到的输出信号波形如图 11-34 所示。

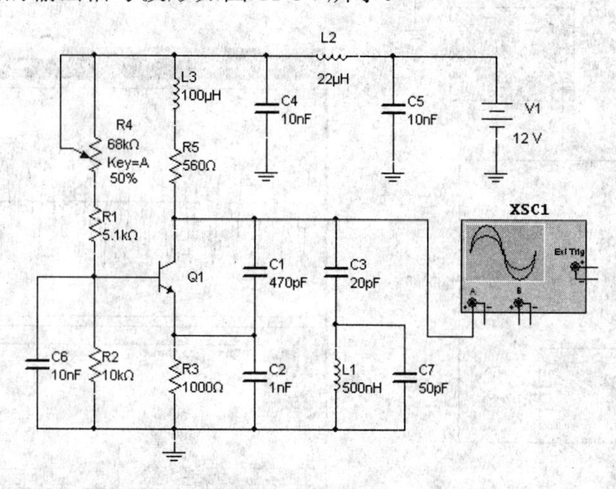

图 11-33　西勒电路

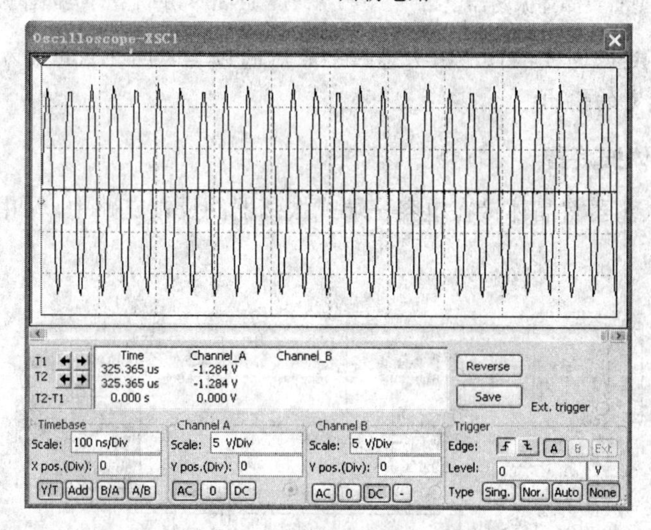

图 11-34　西勒电路输出波形

注意：西勒电路的过渡过程较长，需一段时间后才能输出稳定的正弦波信号。

11.3.4　石英晶体振荡器

石英晶体振荡器具有很高的频率稳定度，在仪器仪表、通信设备中都有广泛的应用。

1. 并联型晶体振荡器

用石英晶体替代振荡回路中的电感元件，即可构成并联型石英晶体振荡器。石英晶体振荡器具有很高的频率稳定度。

在 NI Multisim 仿真软件的电路窗口中创建如图 11-35 所示的晶体振荡器电路，启动仿真按钮，从示波器中观察到的输出信号波形如图 11-36 所示。

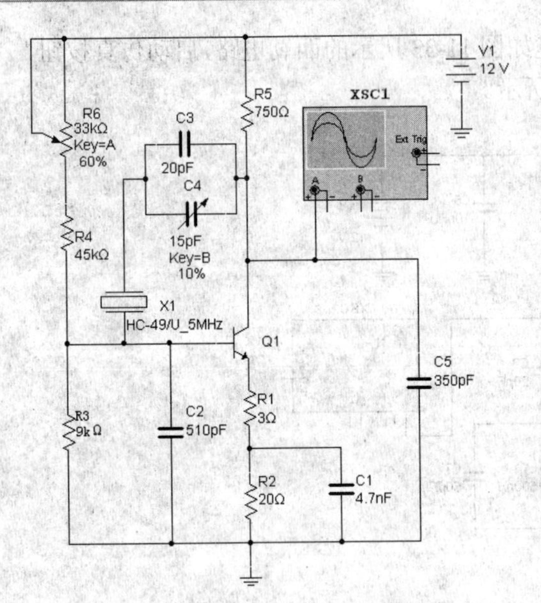

图 11-35　并联型石英晶体振荡器电路

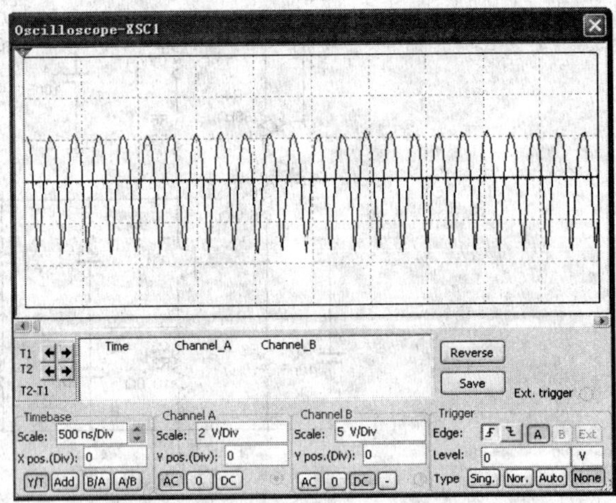

图 11-36　并联型石英晶体振荡器输出的波形

注意：该电路起振过程较长，在状态栏中显示的仿真时间（Tran）为 0.04s 后才能得到幅度稳定的输出。

2．串联型晶体振荡器

串联型晶体振荡器将晶体接在电容三端式振荡器的反馈支路中，如图 11-37 所示，其频率稳定度也很高。

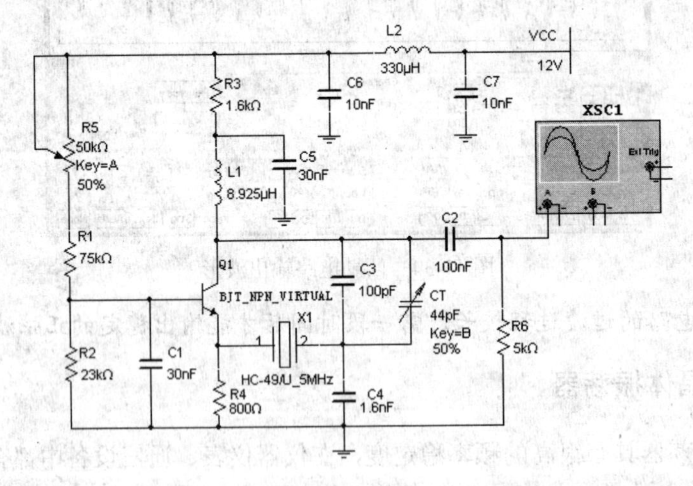

图 11-37　串联型石英晶体振荡器电路

在 NI Multisim 仿真软件的电路窗口中创建如图 11-37 所示的晶体振荡器电路，启动仿真按钮，从示波器中观察到的输出信号波形如图 11-38 所示。

注意：由于该电路起振过程较长，仿真运行时间较长后才能得到幅度稳定的输出。

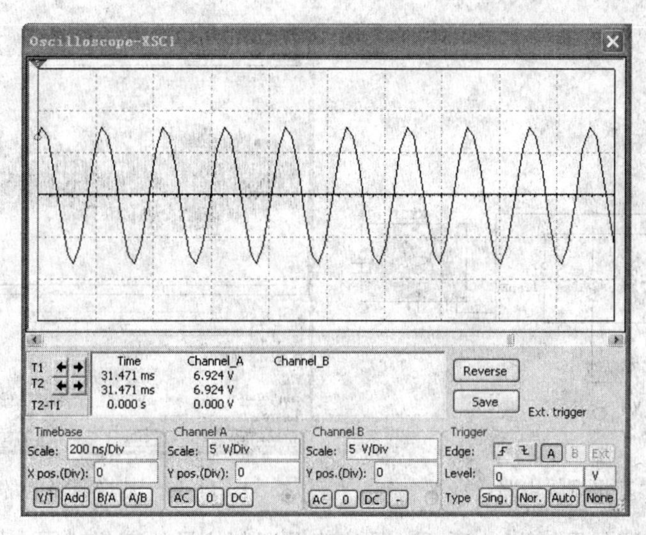

图 11-38　串联型石英晶体振荡器的输出波形

11.4　振幅调制与解调电路

振幅调制是用调制信号控制载波信号的振幅，使其振幅按调制信号的变化规律而变化，同时保持载波的频率及相位不变。而调幅波的解调则是指从已调波信号中恢复出原调制信号的过程。振幅调制分为普通调幅波（AM）、抑制载波的双边带（DSB）信号及单边带（SSB）信号等 3 种。

11.4.1　普通振幅调制（AM）

1．普通振幅调制的理论分析

设调制信号为 $v_{\Omega}(t)=V_{\Omega}\cos\Omega t$，载波信号为 $v_C(t)=V_C\cos\omega t$（ω>>Ω），则普通调幅波信号（AM）为 $v_{\mathrm{AM}}(t)=V_{Cm}(1+m_a\cos\Omega t)\cos\omega t$（$m_a=\dfrac{k_aV_{\Omega}}{V_{Cm}}$）。

2．普通振幅调制的实现

（1）高电平调幅电路

普通振幅调制可以在高频功率放大电路的基础上，利用其调制特性来实现。根据高频功率放大电路的基极调制特性和集电极调制特性，相应有基极调幅和集电极调幅两种电路。由于两种调幅都是在高频功率放大电路的基础上实现的，输出 AM 信号有较高的功率，因此被称为高电平调幅。下面利用 NI Multisim 仿真软件对这两种电路进行仿真分析。基极调幅电路如图 11-39 所示。在调制信号的变化范围内，晶体管始终工作在欠压状态；负载谐振回路调谐在载波频率 f_c 上，通频带为 2F，其输出波形如图 11-40 所示。

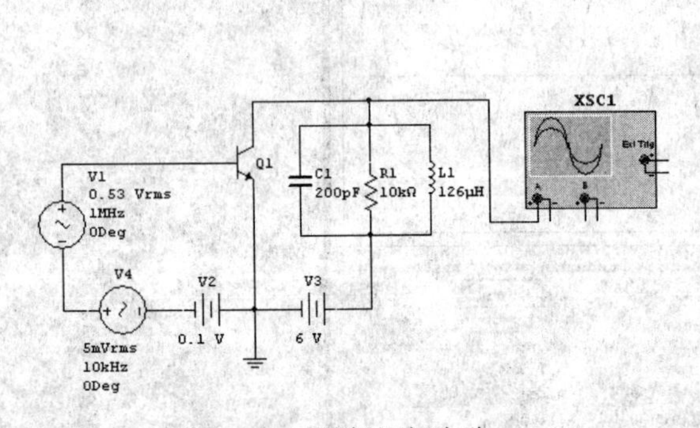

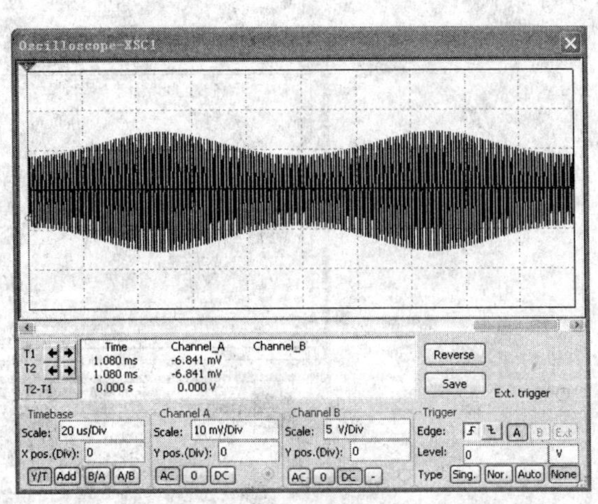

图 11-39　基极调幅电路　　　　图 11-40　基极调幅电路的输出信号波形

集电极调幅电路如图 11-41 所示。晶体管在调制信号的变化范围内始终工作在过压状态，而负载谐振回路调谐在载波频率 f_c 上，通频带为 2F，其输出波形如图 11-42 所示。

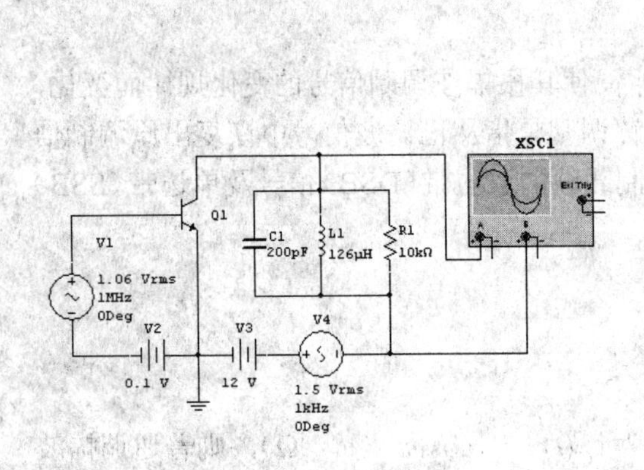

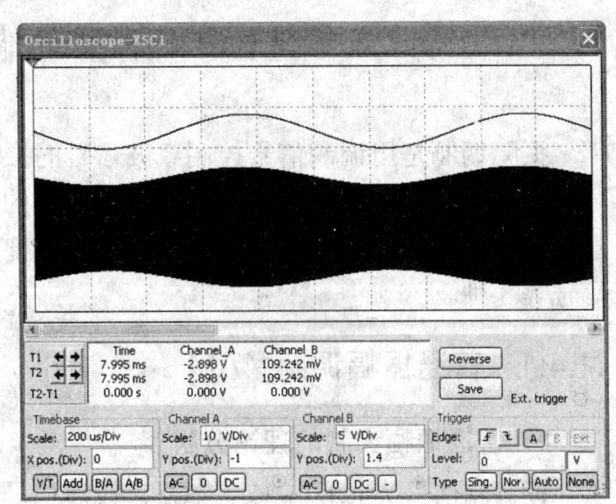

图 11-41　集电极调幅电路　　　　图 11-42　集电极调幅电路的输出

注意： 由于载波频率是调制信号频率的 1000 倍，为观察输出波形的振幅变化，示波器的扫描时间设为 500μs/Div，此时输出波形的每一个周期已无法观测，如想观察，可以减小示波器的扫描时间，如设为 20μs 即可。后面论述中也有类似情况发生，只要适当调整示波器的扫描时间即可。

（2）低电平调幅电路

从已调波信号的数学表达式不难看出，把调制信号与特定的直流信号叠加，再与载波信号相乘，即可得到振幅调制信号。因此，可以利用乘法电路实现振幅调制。常见的乘法电路有二极管电路、差分对电路和模拟乘法器电路等。

二极管平衡电路如图 11-43 所示，其输出的波形如图 11-44 所示。在电路中为减少无用组合频率的分量，应使二极管工作在大信号状态，即控制电压（即载波信号电压）的幅度至少应大于 0.5V。

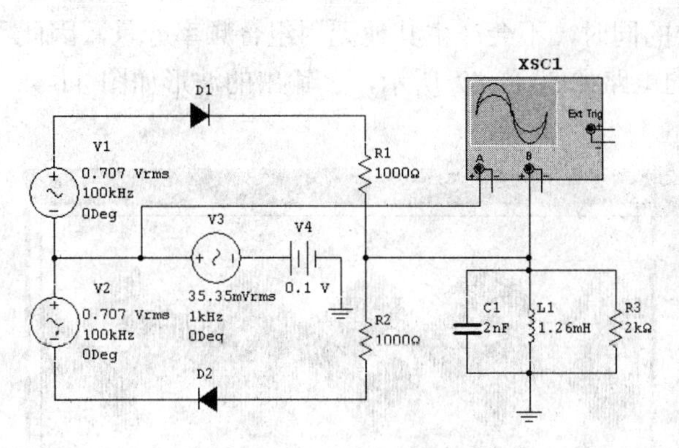

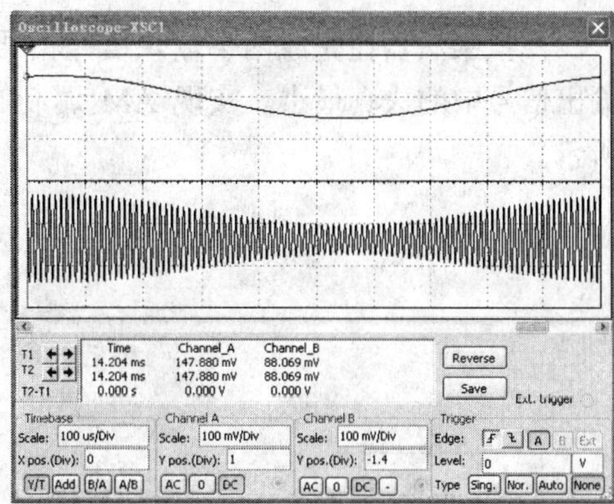

图 11-43　二极管平衡电路　　　　图 11-44　二极管平衡电路的 AM 信号输出波形

差分对电路是模拟乘法器的核心电路。利用其实现振幅调制的电路如图 11-45 所示，其输出的波形如图 11-46 所示。

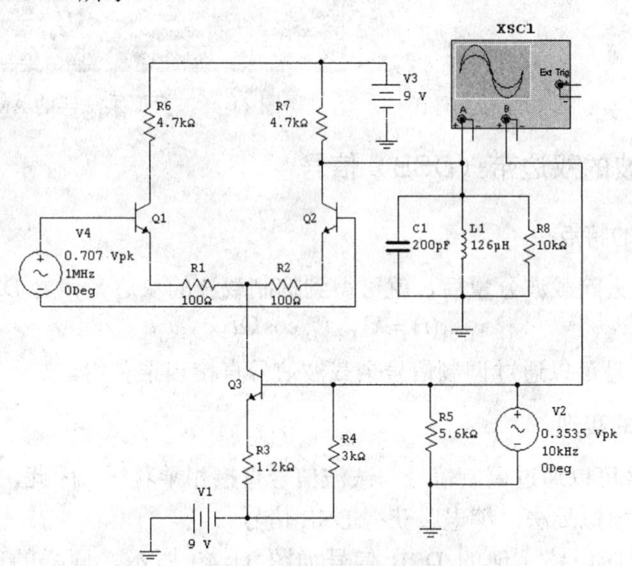

图 11-45　差分对电路组成的振幅调制电路

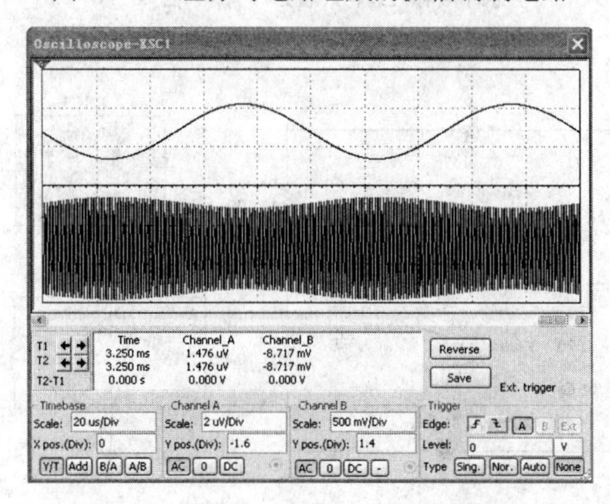

图 11-46　差分对电路的 AM 信号输出波形

模拟乘法器在完成两个输入信号相乘的同时，不会产生其他无用组合频率分量，因此输出信号中的失真最小。实现 AM 调制的电路如图 11-47 所示，其输出的波形如图 11-48 所示。

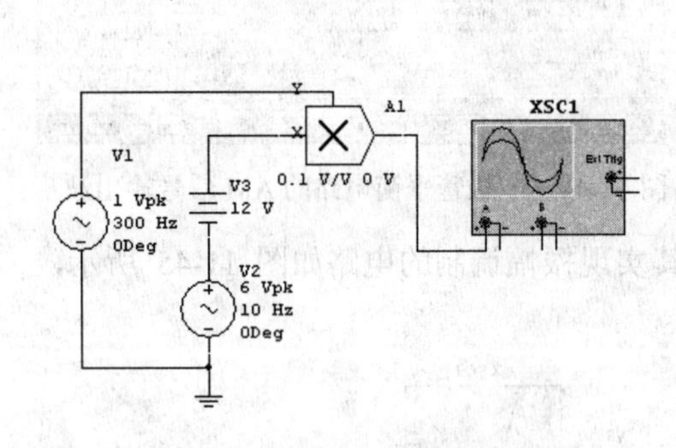

图 11-47　模拟乘法器电路实现 AM 调制

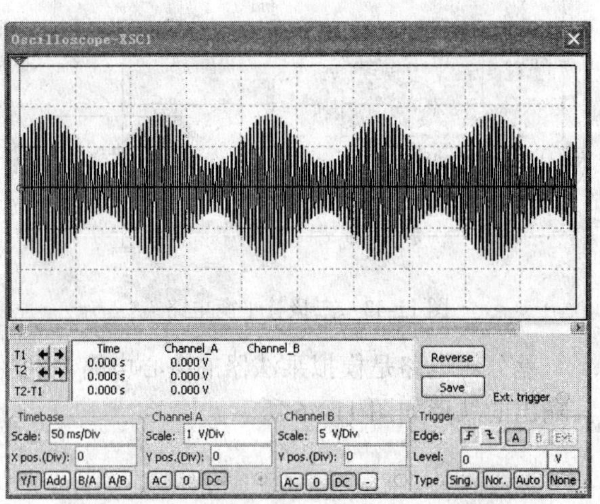

图 11-48　模拟乘法器的 AM 信号输出波形

11.4.2　抑制载波的双边带（DSB）信号

1. DSB 信号的特点

在 AM 信号中去除载波分量后，就可得到抑制载波的双边带信号 DSB：

$$v_{\mathrm{DSB}}(t)=kV_{Cm}V_{\Omega}\cos\Omega t\cos\omega_C t$$

可见，DSB 信号可以通过调制信号余载波信号直接相乘获得。

2. DSB 信号的实现

由于 DSB 信号可以通过调制信号与载波信号直接相乘获得，因此，可以通过二极管电路、差分对电路、模拟乘法器等电路获得 DSB 信号。

利用二极管平衡电路实现的 DSB 信号如图 11-49 所示。同样的理由，二极管平衡电路中的二极管也应在大信号条件下工作，且 $V_{cm}(V_1、V_2)>>V_{\Omega}(V_3)$。输出信号的波形如图 11-50 所示。

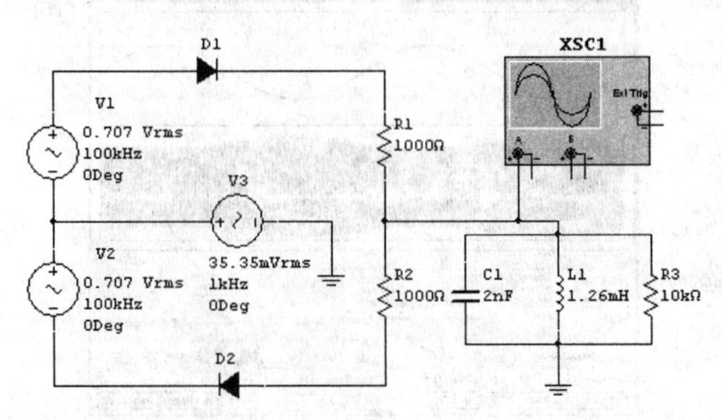

图 11-49　二极管平衡电路实现 DSB 调制

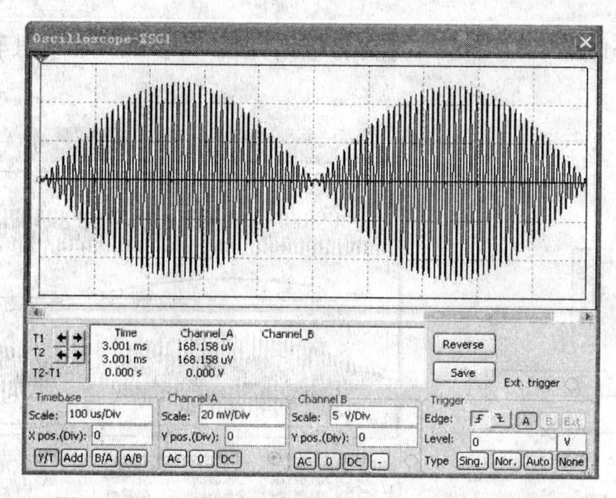

图 11-50　二极管平衡电路输出的 DSB 信号波形

利用差分对电路实现的 DSB 信号如图 11-51 所示，其输出信号的波形如图 11-52 所示。

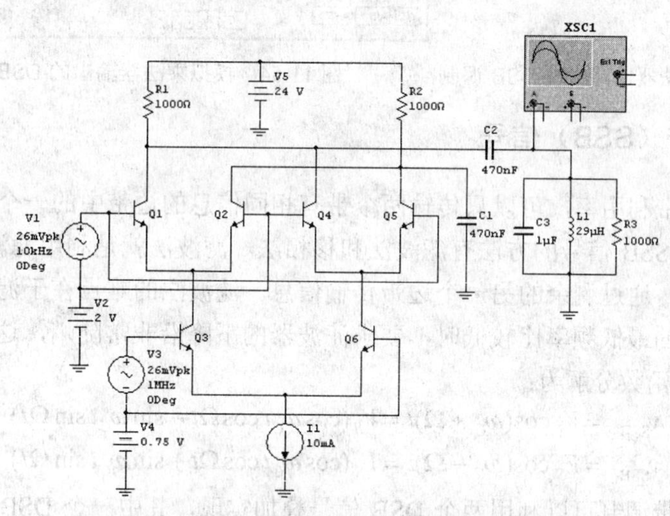

图 11-51　差分对电路实现 DSB 调制

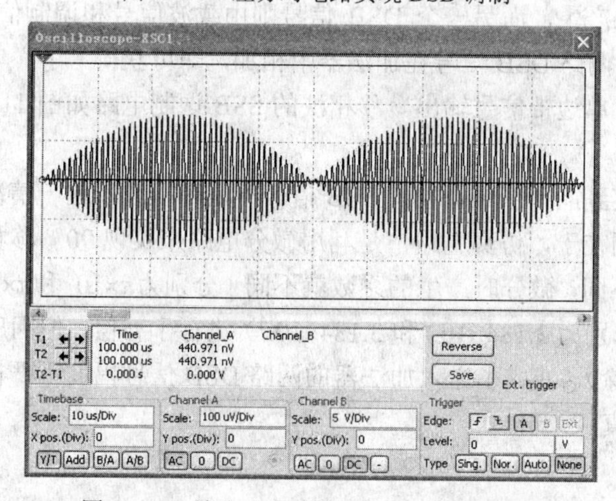

图 11-52　差分对电路输出的 DSB 信号波形

利用模拟乘法器电路实现 DSB 调制的电路如图 11-53 所示，其输出波形如图 11-54 所示。

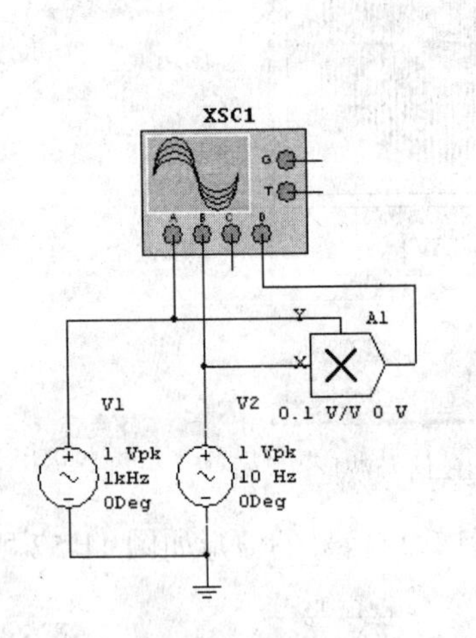

图 11-53　模拟乘法器电路实现 DSB 调制

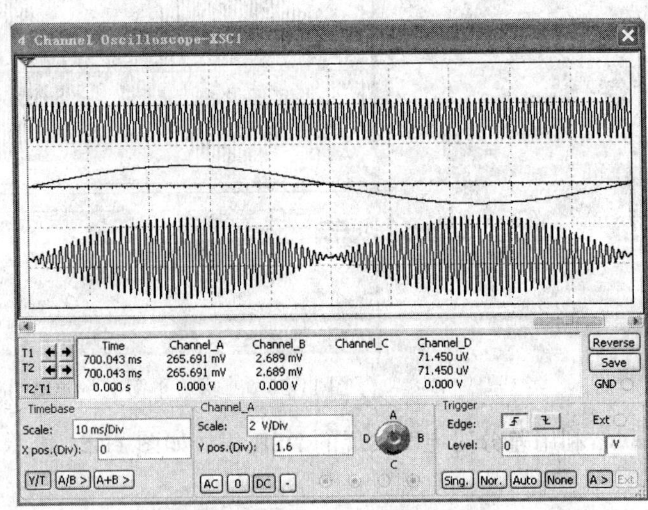

图 11-54　模拟乘法器输出的 DSB 信号波形

11.4.3　单边带（SSB）信号

为了提高频带利用率，可以只传输两个带有相同信息的边带中的一个，这就是单边带信号 SSB。实现 SSB 信号的方法有滤波法和移相法。滤波法就是利用滤波器滤除 DSB 信号中的一个边带，通过剩余的另一个边带传输信息。滤波法的难点在于滤波器的设计，特别是当调制信号的最低频率比较低时，要求滤波器的下降沿非常陡峭，这是难以实现的。对 SSB 信号进行函数分解为：

$$v_{\mathrm{SSB+}} = V_S\cos(\omega_C+\Omega)t = V_S(\cos\omega_C t\cos\Omega t - \sin\omega_C t\sin\Omega t)$$
$$v_{\mathrm{SSB-}} = V_S\cos(\omega_C-\Omega)t = V_S(\cos\omega_C t\cos\Omega t + \sin\omega_C t\sin\Omega t)$$

可见，单边带调制可以利用两个 DSB 信号叠加实现，其中一个 DSB 信号由载波信号和调制信号直接相乘产生，而另一个 DSB 信号则由载波信号和调制信号分别经过 90° 移相网络再相乘产生。两路 DSB 信号在加法器中相加，即可获得“下”单边带信号输出，而相减则可获得“上”单边带信号输出。移相法的 SSB 调制电路如图 11-55 所示，其实现的波形如图 11-56 所示。

从示波器中观察到的单音频调制的 SSB 信号不是等幅波，这一情况与理论分析不符。产生这一现象的原因在于，仿真电路中是利用微分电路来实现 90° 移相的。由于载波信号和调制信号的频率不同，微分时产生的系数就不同（分别为$\pi\times10^5$和$\pi\times10^3$），尽管通过调整微分电路的增益（分别为 3.184×10^{-6} 和 3.184×10^{-4}）进行了补偿，但因所取的增益值只能是近似的（$1/\pi$无法整除），造成了送入加法器的两路 DSB 信号幅度不严格相等，从而使输出的 SSB 信号存在失真。

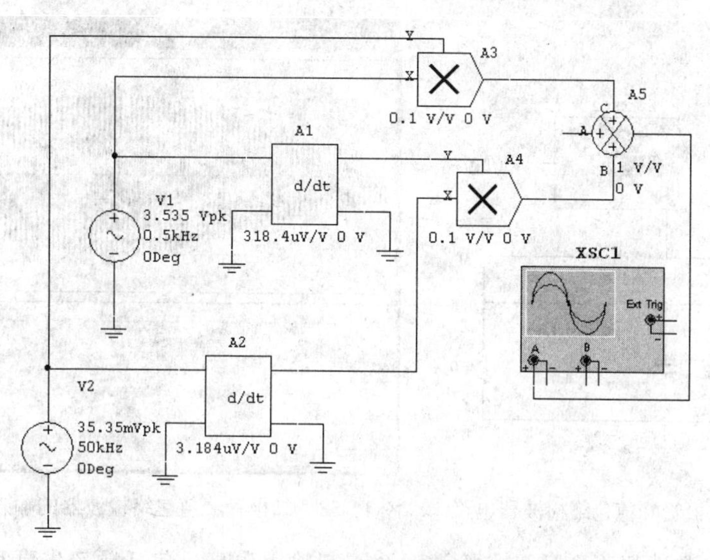

图 11-55　移相法的 SSB 调制电路

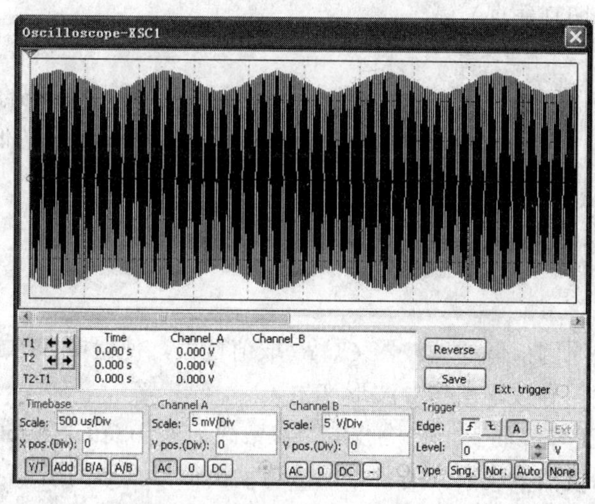

图 11-56　SSB 调制电路的输出波形

11.4.4　检波电路

根据调幅已调波形的不同，采用的检波方法也不相同。对于 AM 信号，由于其包络与调制信号呈线性关系，通常采用二极管峰值包络检波器电路；而对于 DSB 和 SSB 信号则必须采用同步检波的方法进行解调。

1．二极管峰值包络检波器电路

二极管峰值包络检波器电路如图 11-57 所示，由输入回路、二极管及低通滤波器等 3 部分组成。利用电容的充、放电作用，在 RC 低通滤波器两端获得与输入 AM 信号包络成正比的输出电压，从而完成对输入信号的解调。

在 NI Multisim 工作界面上，创建如图 11-57 所示的检波电路，设置调制度为 0.5。检查无误后，启动电路仿真，从示波器中观察到的输入、输出信号波形如图 11-58 所示。

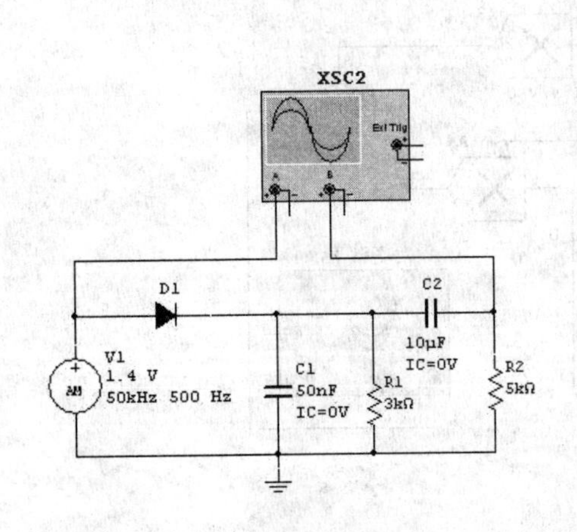

图 11-57　二极管峰值包络检波器电路

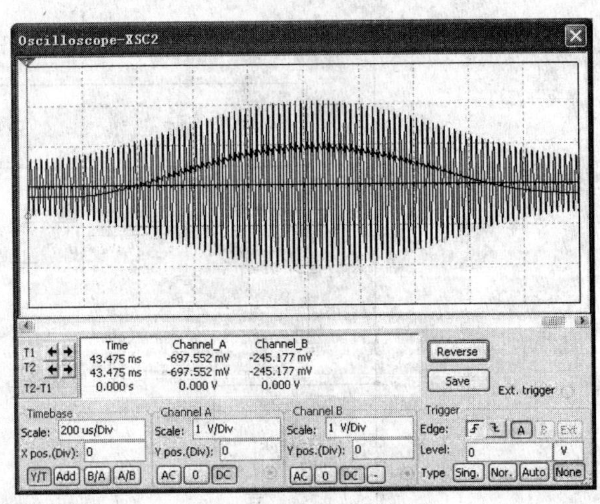

图 11-58　二极管峰值包络检波器的输入、输出信号波形

如果电路参数选择不合适，在检波时会引起输出失真，包括频率失真和两种非线性失真（惰性失真、底部切割失真）。

（1）频率失真。

① 高音频失真：低通滤波器中的电容 C 取值不够小，调制信号的高频部分被短路。

② 低音频失真：电路中隔直流电容 C_C 取值不够大，调制信号的低频部分被开路。

避免产生频率失真的条件为：

$$\frac{1}{\Omega_{\max}C} >> R_L，\quad \frac{1}{\Omega_{\min}C_C} << R_{i2}$$

（2）惰性失真。

惰性失真产生的原因：低通滤波器 C、R_L 取值过大，使得电容的放电速度跟不上输入信号包络的下降速度，导致输出信号波形产生失真。

在 NI Multisim 工作界面上，将检波电路参数改为 C=0.5μF，R=500kΩ。检查无误后，激活电路仿真，从示波器中观察到的输入信号与输出信号波形如图 11-59 所示。

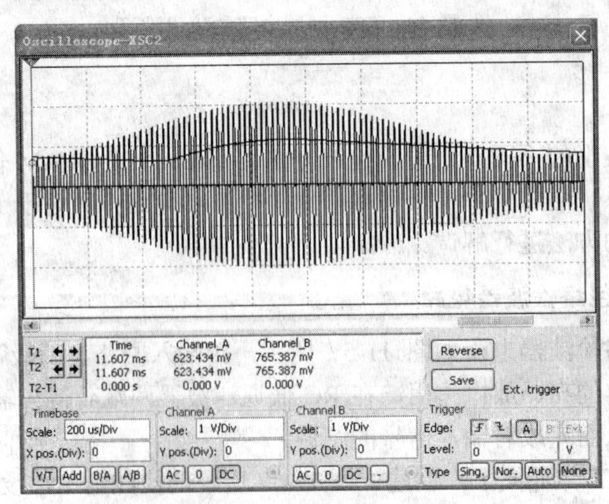

图 11-59　惰性失真波形

为避免惰性失真，上述参数应满足如下条件：

$$R_L C \leqslant \frac{\sqrt{1-m^2}}{m\Omega}$$

（3）底部切割失真（负峰切割失真）。

底部切割失真产生的原因：由于各直流电容的存在，使得交、直流负载电阻不等，造成已调波的底部（即负峰）被切割。

在 NI Multisim 工作界面上，将检波电路参数改为 R_2=1kΩ。检查无误后，激活电路仿真，从示波器中观察到的输入信号与输出信号波形如图 11-60 所示。

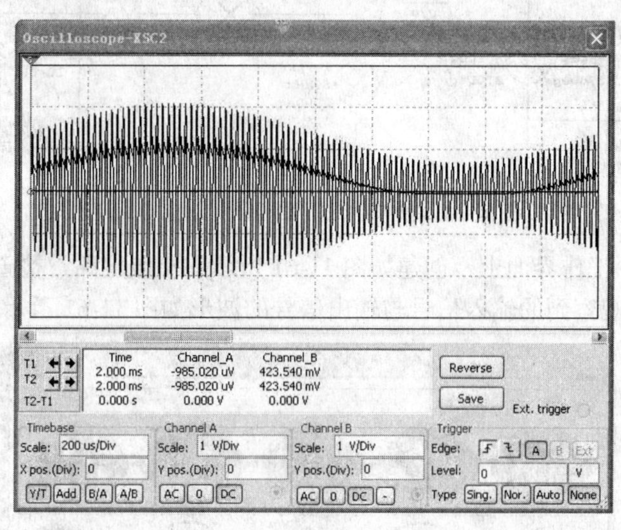

图 11-60　底部切割失真输入、输出信号波形

避免底部切割失真的条件：

$$m_{\max} \leqslant \frac{R_{i2}}{R_{i2}+R_L} = \frac{R_\Omega}{R_=}$$

式中，R_Ω为交流负载，$R_=$为直流负载。为使交流负载与直流负载尽可能相等，可采用分负载的方法。

2．同步检波器

对于 DSB、SSB 信号则必须采用同步检波电路进行解调。对于乘积型同步检波器，若设输入已调波信号 $v_S = V_S\cos\Omega t\cos\omega_C t$，插入载频 $v_r = V_r\cos\omega_C t$，则乘法器的输出为

$$v_1 = V_S V_r \cos\Omega t\cos\omega_C t\cos\omega_C t = \frac{1}{2}V_S V_r\cos\Omega t(1+\cos 2\omega_C t)$$

经低通滤波器滤除第二项高频分量，取出第一项可得

$$v_0 = \frac{1}{2}V_S V_r\cos\Omega t$$

正是所需的调制信号项。

乘法器既可以采用模拟乘法器电路，也可以通过二极管平衡电路、环形电路等电路来实现输入已调波信号与插入载频信号的相乘作用。图 11-61 即为模拟乘法器实现同步检波

的电路。电路中第一个乘法器的输出为一个 DSB 信号。该信号作为输入信号送入第二个乘法器中，与插入载频（与载频同频同相）相乘。第二个乘法器的输出经低通滤波器，即可得解调输出。

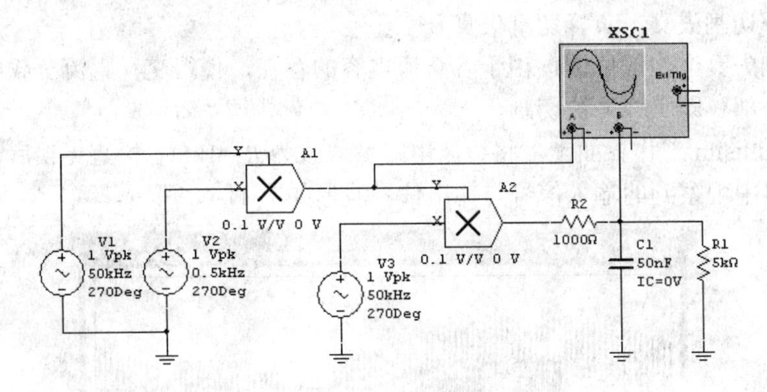

图 11-61　模拟乘法器实现同步检波电路 1

在 NI Multisim 工作界面上，创建如图 11-61 所示的检波电路，检查无误后，启动电路仿真，从示波器中观察到的输入信号与输出信号的波形如图 11-62 所示。

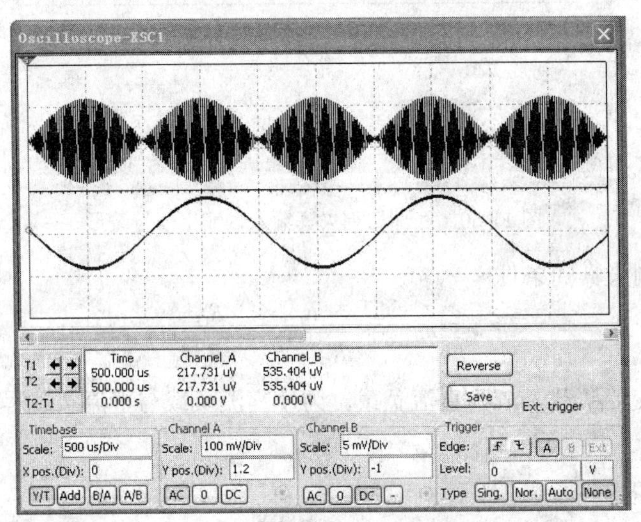

图 11-62　模拟乘法器实现同步检波的输入、输出信号

将电路中第二个乘法器的输入改为单音调制的 SSB 信号（取频率为 50.5kHz 的上边带信号，其中 50kHz 为原载波频率，0.5kHz 为调制信号频率），电路如图 11-63 所示。利用 NI Multisim 仿真，从示波器中观察到的输入、输出信号的波形如图 11-64 所示。

利用二极管电路的相乘作用也可以完成同步检波。图 11-65 即为 DSB 信号的二极管平衡解调器电路，电路中的乘法器用来产生一个 DSB 信号作为解调的输入，插入载频（与载频同频同相）则作为控制信号器。平衡电路的输出经低通滤波器，即可恢复出原调制信号。

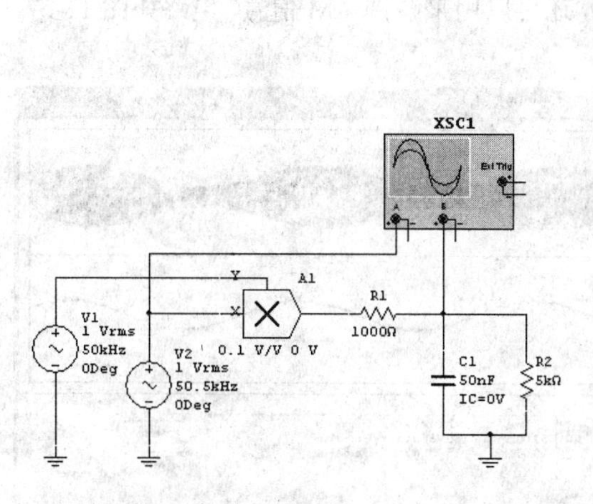

图 11-63　模拟乘法器实现同步检波电路 2

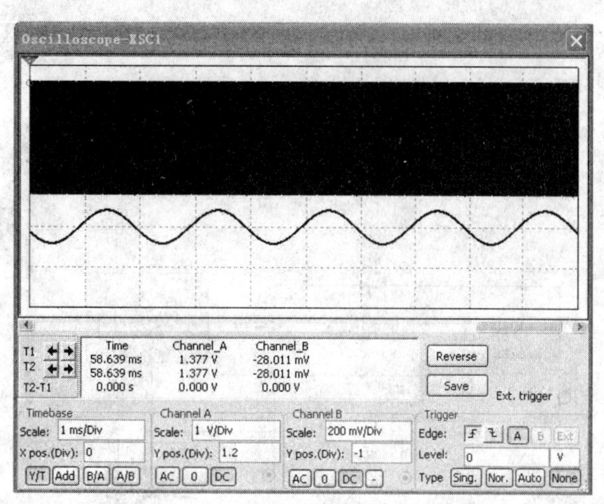

图 11-64　输入、输出信号波形

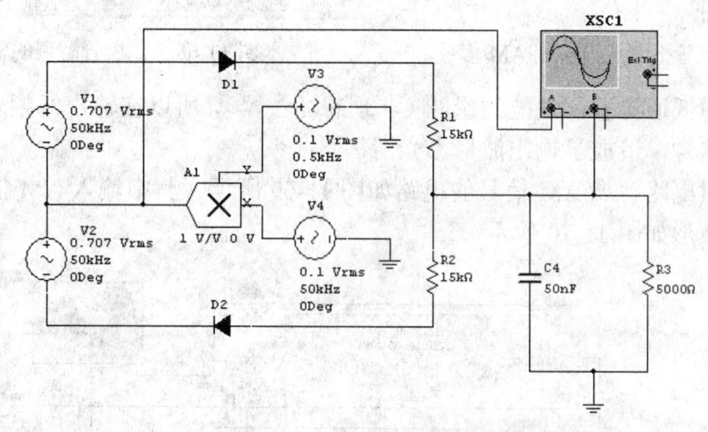

图 11-65　DSB 信号的二极管平衡解调器电路

在 NI Multisim 用户界面中创建如图 11-65 所示的检波电路，电路参数如图中所示。检查无误后，启动电路仿真，从示波器中观察到的输入信号与输出信号波形如图 11-66 所示。

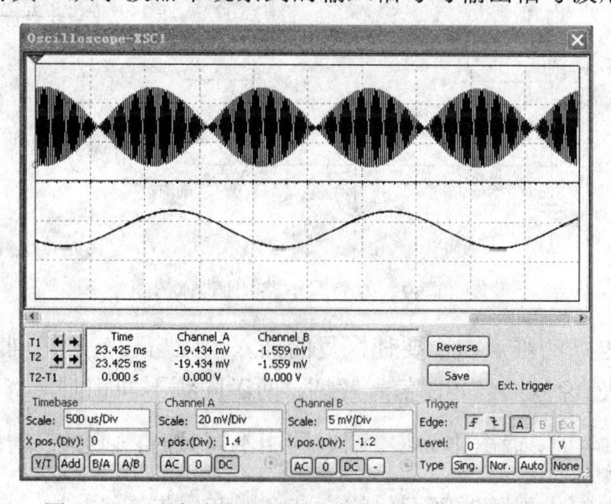

图 11-66　二极管解调 DSB 电路的输入、输出波形

同步检波电路不但可以解调 DSB、SSB 信号，还可以用来解调 AM 信号，电路如图 11-67 所示，输出波形如图 11-68 所示。

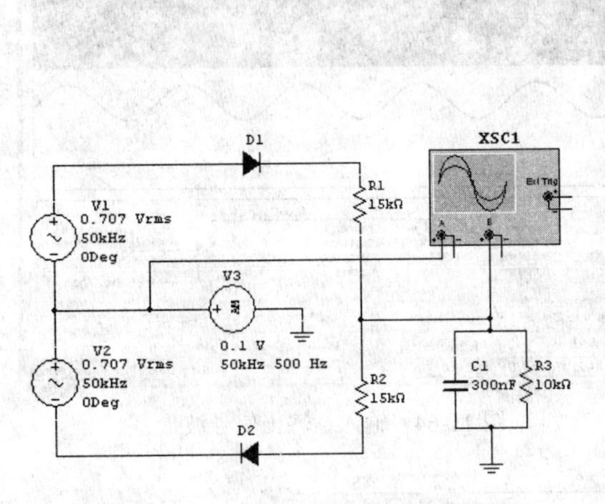

图 11-67　二极管平衡电路解调 AM 信号

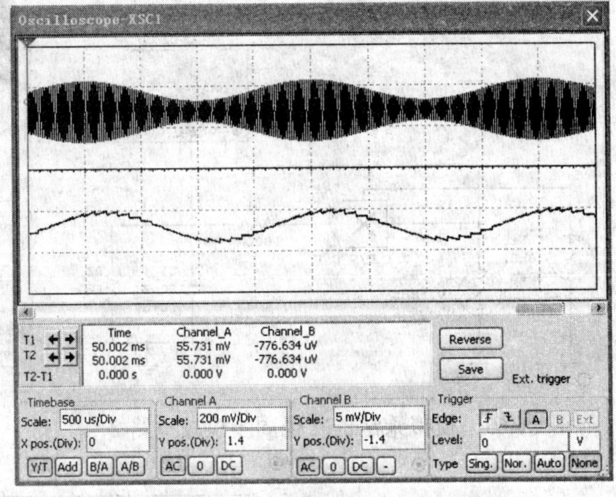

图 11-68　二极管解调的输出波形

由于电路中低通滤波器性能的影响（非理想滤波器），所以在输出低频解调信号上还叠加有高频纹波信号，造成了输出波形不光滑。

利用差分对电路解调 AM 信号的电路如图 11-69 所示（其中输入 AM 信号的 m_a=0.8），输入、输出的波形如图 11-70 所示。

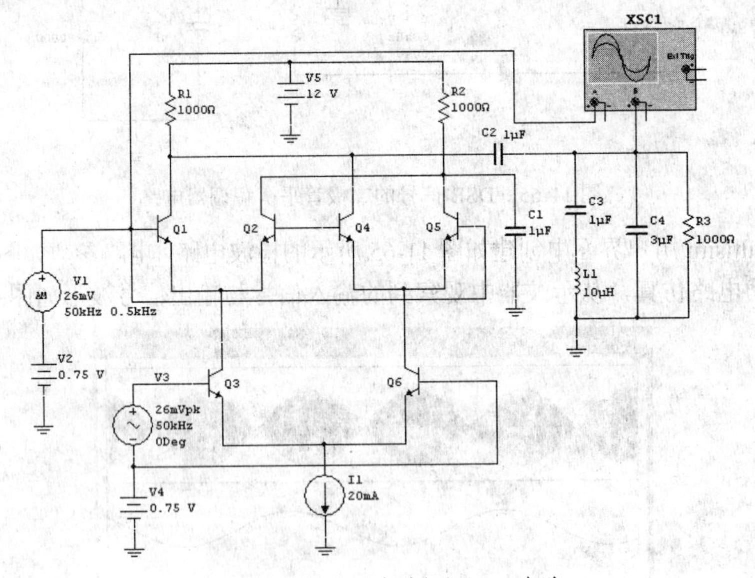

图 11-69　差分对电路解调 AM 电路

实现同步检波电路的难点在于要使恢复的插入载频与载波严格同步，因为如果两者不同步，将引起输出失真。对于 DSB 信号解调，两者同频不同相时，将在输出中引入振幅衰减因子 $\cos\varphi$，当 $\varphi=\dfrac{\pi}{2}$ 时，输出将为零；两者同相不同频时，则会在输出中引入 $\cos\Delta\omega_C t$ 项，使检波输出信号的振幅出现随时间变化的衰减，即产生失真。

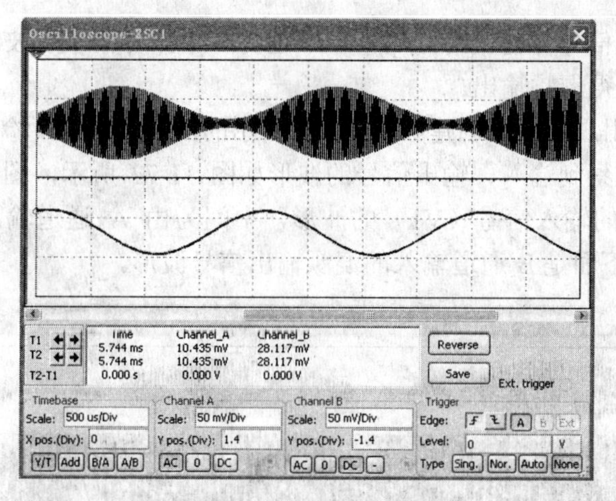

图 11-70　差分对电路解调 AM 电路的输入、输出波形

11.5　混　频　器

混频的作用是使信号的频率从载波的频率变换到另一频率，但在变换前后，信号的频谱结构不变。

11.5.1　三极管混频器电路

三极管混频器的电路如图 11-71 所示，它包括晶体三极管、输入信号源、本振信号源、输出回路和馈电电路。电路特点：（1）输入回路工作在输入信号的载波频率上，而输出回路则工作在中频频率（即 LC 选频回路的固有谐振频率 f_I）；（2）输入信号的幅度很小，在输入信号的动态范围内，三极管近似为线性工作；（3）本振信号与基极偏压 E_b 共同构成时变工作点。由于三极管工作在线性时变状态，存在随 V_L 周期变化的时变跨导 $g_m(t)$。

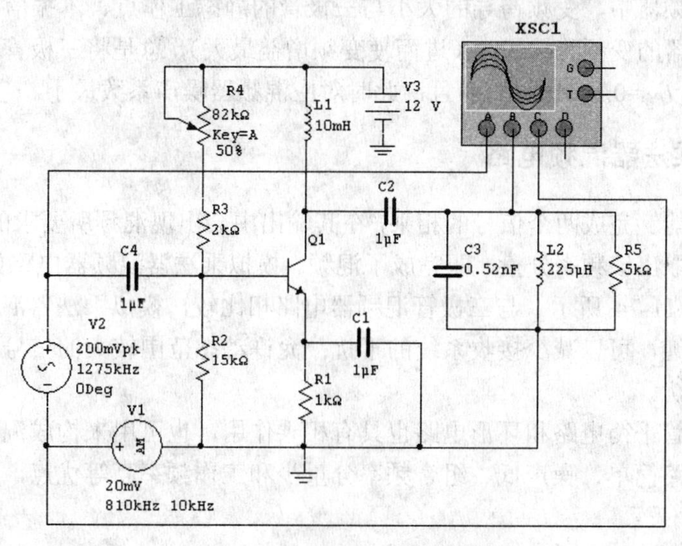

图 11-71　三极管混频器的电路

工作原理：输入信号与时变跨导的乘积中包含有本振与输入载波的差频项，用带通滤波器取出该项，即获得混频输出。

在 NI Multisim 用户界面中创建如图 11-71 所示的混频器电路，检查无误后，启动电路仿真。从示波器中观察到输入、输出信号的波形如图 11-72 所示，图中最上面的波形为由示波器 C 通道输入的输入信号（V1）的波形，中间为由 A 通道输入的三极管输入信号（V1+V2）波形，最下面是 B 通道输入的混频输出信号波形。

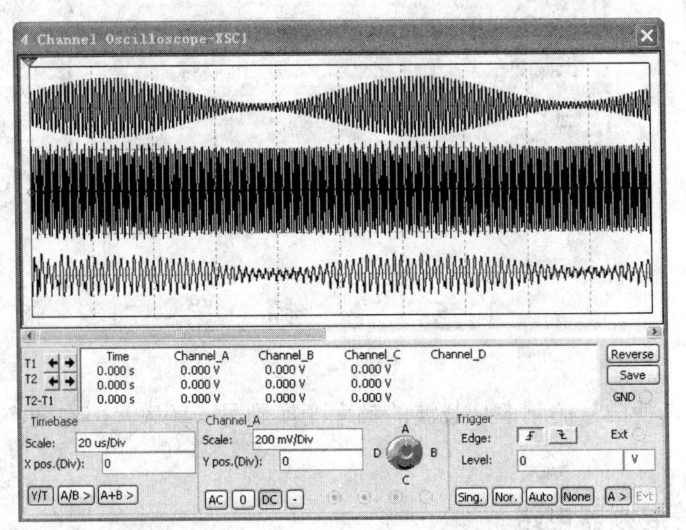

图 11-72　三极管混频器的输入、输出信号波形

由图 11-72 可知，混频输出波形存在失真，这是因为三极管为非线性器件，在混频的过程中除有用的混频输出信号（465kHz、455kHz、475kHz）外，还产生了一些无用频率分量，当这些频率分量位于负载的通频带内时，将叠加在有用输出信号上，引起失真。输出信号中所包含的频谱分量可以通过频谱分析仪对输出信号进行观测得到。

另外，在混频器中，变频跨导的大小与三极管的静态工作点、本振信号的幅度有关，通常为了使混频器的变频跨导最大（进而使变频增益最大），总是将三极管的工作点确定在 V_L=50～200mV，I_{EQ}=0.3～1mA。而且，此时对应混频器噪声系数最小。

11.5.2　模拟乘法器混频电路

模拟乘法器能够完成两个信号的相乘，在其输出中会出现混频所要求的差频（$\omega_L-\omega_C$），然后利用滤波器取出该频率分量，即完成了混频。模拟乘法器混频器电路如图 11-73 所示，其输出波形如图 11-74 所示。与三极管混频器电路相比较，模拟乘法器混频器的优点是：输出电流频谱较纯，可以减少接收系统的干扰；允许动态范围较大的信号输入，有利于减少交调、互调干扰。

另外，二极管平衡电路和环形电路也具有相乘作用，也可用来构成混频电路。二极管混频电路具有电路简单、噪声低、组合频率分量少和工作频率高等优点，多用于高质量通信设备中。

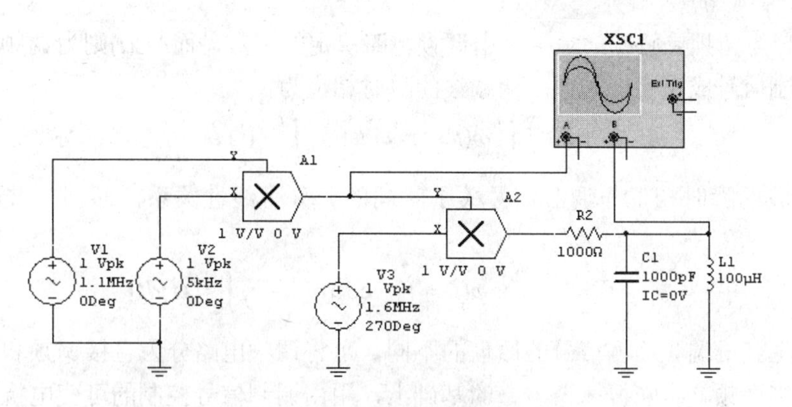

图 11-73 模拟乘法器混频电路

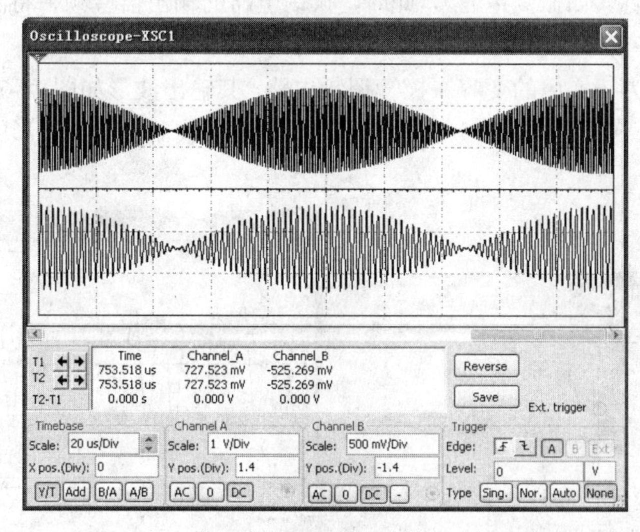

图 11-74 模拟乘法器混频电路输入、输出波形

10.6 频率调制与解调电路

所谓频率调制（即调频），是指用调制信号控制载波的瞬时频率，使其随调制信号线性变化，同时保持载波幅度不变的过程。调频因其抗干扰能力强等特点，在模拟通信中被广泛使用。

11.6.1 频率调制

若设调制信号为 $f(t)$，载波信号为

$$v_c = V_{Cm}\cos\varphi(t) = V_{Cm}\cos(\omega_c t + \varphi_0)$$

式中，$\varphi(t)$为载波信号的瞬时相位，ω_c 为载波角频率，φ_0 为载波的初始相位，通常为分析方便，令φ_0=0。根据频率调制的定义，调制信号为 $f(t)$的调频波瞬时角频率

$$\omega(t) = \omega_c + \Delta\omega(t) = \omega_c + k_f f(t)$$

式中，k_f 为调频灵敏度，是一个由调频电路决定的常数，而$\Delta\omega(t)$则为调频波的瞬时角频偏，与调制信号成正比例关系。调频波的瞬时相位为

$$\varphi(t)=\int_0^t \omega(t)dt=\omega_c t+k_f\int_0^t f(t)dt$$

即调频波的瞬时相位与调制信号关于时间的积分呈线性关系，而调频波信号则可表示为

$$v_{FM}(t)=V_{Cm}\cos\varphi(t)=V_{Cm}\cos[\omega_c t+k_f\int_0^t f(t)dt]$$

根据产生获得调频已调信号的原理的不同，可将调频电路分为直接调频和间接调频两类。其中直接调频就是在振荡器电路的基础上，用由调制信号控制的可变电抗（如变容二极管）替换振荡元件（如振荡电容），此时，振荡电路的输出信号频率将随调制信号变化而变化，从而实现频率调制。

图 11-75 所示为一实用的变容二极管调频电路，其输出波形如图 11-76 所示，由于调制信号的频率远远小于振荡器的自由振荡频率，所以在示波器窗口内波形的疏密变化很小，很难察觉。

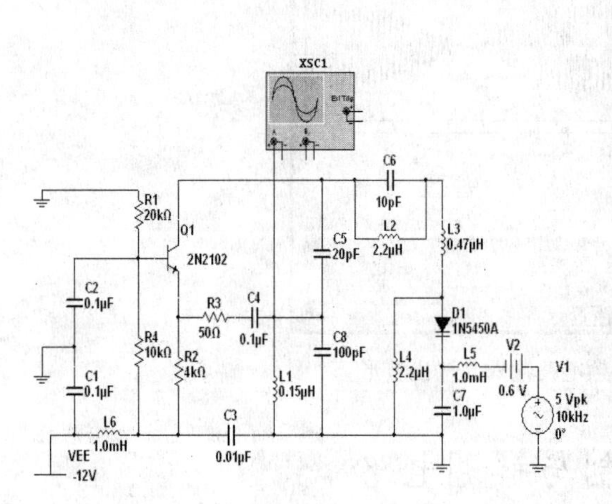

图 11-75　变容二极管直接调频电路

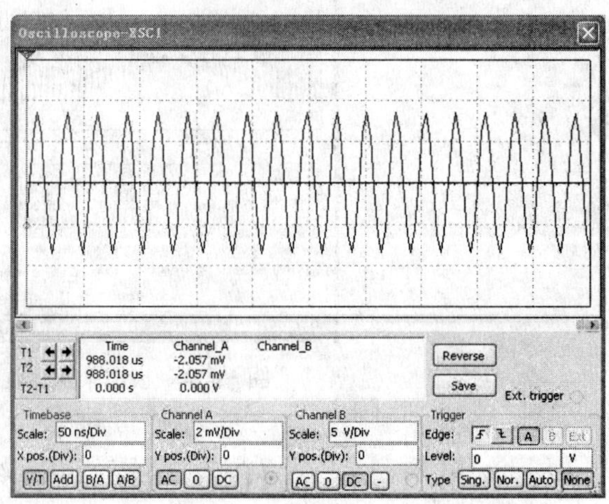

图 11-76　变容二极管直接调频电路输出波形

11.6.2　调频解调

鉴频就是从 FM 信号中恢复出原调制信号的过程，又称为频率检波。鉴频的方法很多，主要有振幅鉴频器、相位鉴频器、正交鉴频器、锁相环鉴频器等。下面分别以振幅鉴频器、锁相环鉴频器为例，说明 NI Multisim 仿真软件仿真鉴频的输入、输出信号。

如图 11-77 所示电路是利用失谐的 LC 谐振回路实现振幅鉴频，它利用 LC 谐振回路构成的频——幅变换网络将等幅的 FM 信号变换为 FM-AM 信号，然后利用包络检波电路恢复出原调制信号，其输出的波形如图 11-78 所示，上面波形为输入调频波信号，下面为鉴频输出信号。

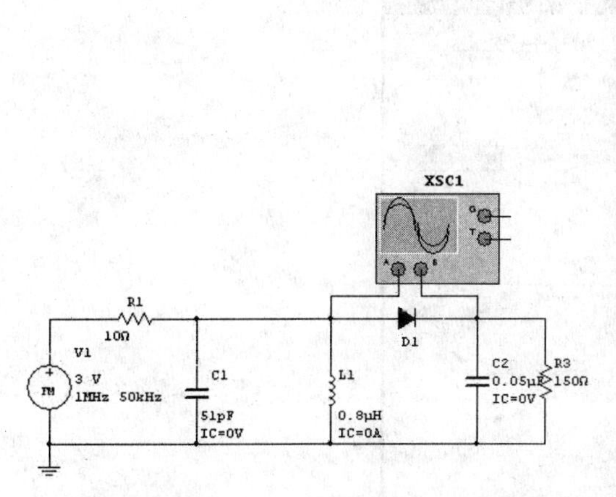

图 11-77　利用失谐的 LC 谐振回路实现振幅鉴频

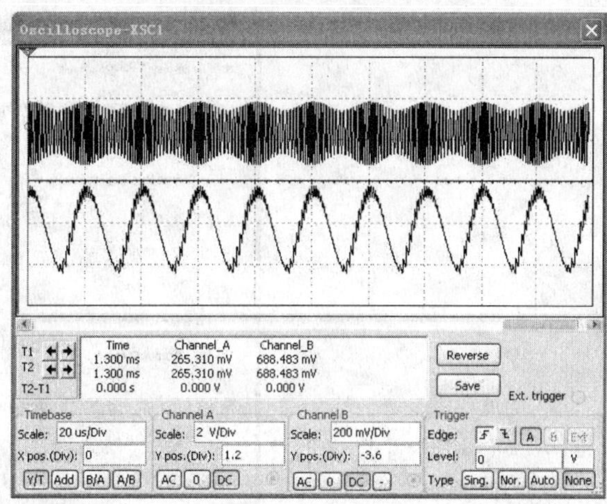

图 11-78　振幅鉴频电路的输入、输出波形

如图 11-79 所示为锁相环（PLL）鉴频器电路，该电路是利用锁相环能够实现无频差的频率跟踪这一特性，完成对 FM 信号解调的。NI Multisim 仿真软件提供了一个虚拟的 PLL，与真实的 PLL 一样，也由鉴相器（PD）、环路滤波器（LPF）、压控振荡器（VCO）3 部分组成。锁相环在环路锁定时，送入鉴相器的信号（分别连接在 PLLin、PDin 两个引脚上）频率相等，即此时 VCO 的输出与 FM 信号频率相等，而 VCO 之所以能够得到这样的输出信号，是因为 LPF 输出信号的控制，由此可以推断出，LPF 的输出（LPFout 引脚）与生成 FM 的原调制信号呈线性关系，可以作为鉴频输出信号。在图 11-80 所示的 3 个波形中，上面的一个是输入鉴频器的 FM 信号，中间的是 VCO 的输出，而最下面的是 LPF 的输出，即恢复出的原调制信号。

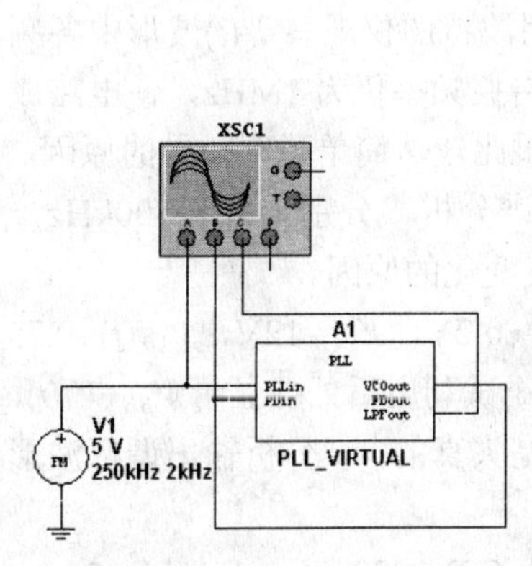

图 11-79　PLL 鉴频器电路

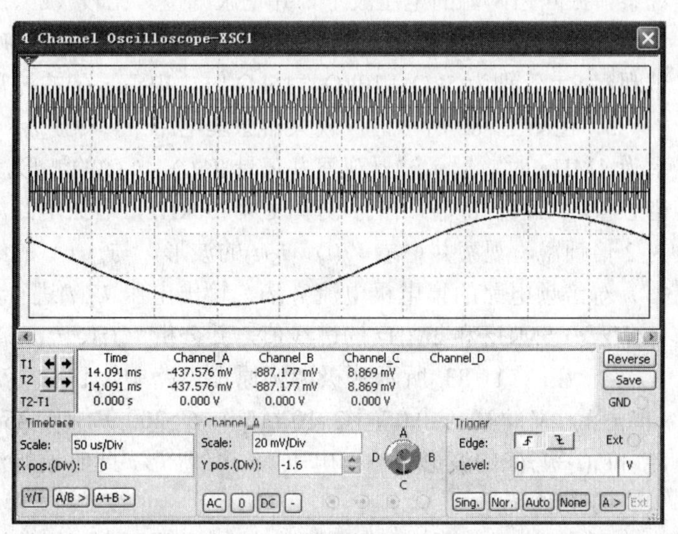

图 11-80　PLL 鉴频器输出波形

为了获得如图 11-80 所示的鉴频输出，需按图 11-81 所示对 PLL 的参数进行设置。

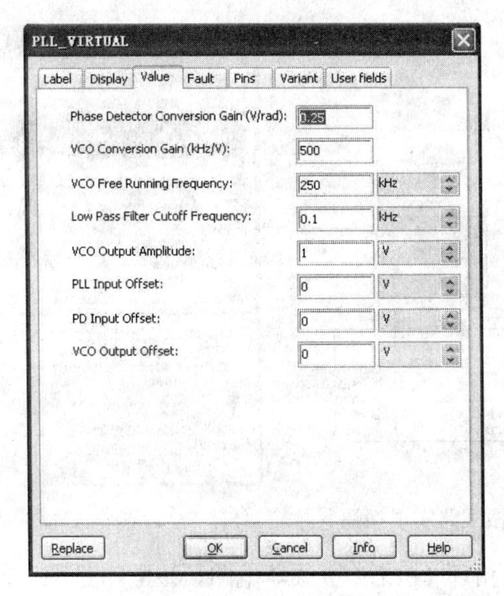

图 11-81　PLL 参数设置

习　题

1．谐振放大器电路如图 11-82 所示，晶体管采用 2N2222，试完成下列工作：（1）令 V_{BB}=0.7V 时，调整谐振回路，使 f_0=1MHz，观察谐振回路两端的电压波形；（2）令 V_{BB}=0V，V_{bmm}=0.65V，观察谐振回路两端的电压波形，并记录峰值；（3）令 V_{BB}=−0.2V，V_{bmm}=0.85V，观察谐振回路两端的电压波形，并记录峰值。比较（2）、（3）两种情况，分析差异的原因。

2．在图 11-82 所示谐振放大器电路中，令 V_{BB}=−0.1V，V_{bmm}=0.75V，信号频率为 fs=1MHz。试观察 R1 分别为 5kΩ、10kΩ、15kΩ 时，电流 $i_C(t)$的波形和输出电压 $Vo(t)$的峰峰值。

3．在图 11-82 所示谐振放大器原理电路中，令 V_{BB}=−0.1V，V_{bmm}=0.8V。（1）当信号频率为 1MHz 时，用示波器观察并记录 $V_o(t)$、$i_C(t)$的波形，用波特图仪观察 $i_C(t)$波形中各频谱分量。（2）若将输入信号频率改为 500kHz，谐振电路的谐振频率仍为 1MHz，使电路成为 2 倍频器，观察并记录 $V_o(t)$、$i_C(t)$的波形，与（1）的结果比较，简单说明差异的原因。（3）对倍频电路的集电极电流 $i_C(t)$、输出电压 $V_o(t)$进行频谱分析，分别记录 f=500kHz、1MHz、1.5MHz 和 2MHz 的谱线值，并分析 $V_o(t)$、$i_C(t)$谱线变化的原因。

4．在图 11-83 所示基极调幅原理电路中，已知 V_{BB}=−0.2V，V_{CC}=12V，$V_{1m}(t)$=0.75 $\sin 2\pi 10^6 t$（V），$V_b(t)$=0.05$\cos 2\pi 10^4 t$（V），C=200pF，L=126uH。试利用后处理显示 $V_{BB}+V_1(t)$，$V_{BB}+V_1(t)+V_b(t)$的波形和输出电压 $Vo(t)$的波形，此时调幅波是失真的，试分析输出调幅波形失真的原因。

5．在图 11-84 所示振幅鉴频电路中，若设所有三极管均为 Q2N2222，Vcc=10V，I_O=2mA，$RE1$=$RE2$=1kΩ，$RE3$=$RE4$=1kΩ，$C3$=$C4$=0.1μF，信号源内阻 Rs=0.4kΩ，Rc=3kΩ。试设计电路中电感、电容值，使鉴频特性零点频率为 1.3MH$_Z$。若设输入信号为单音调频信号，Vm=10mV，M_f=15rad，F=1kHz。（1）用波特图仪观察 T_1 和 T_2 管基极呈现的幅频特性；

（2）用后处理显示 $V_1(t)V_2(t)$波形；（3）描绘 T_3、T_4 管发射极经检波后的信号波形及输出波形。

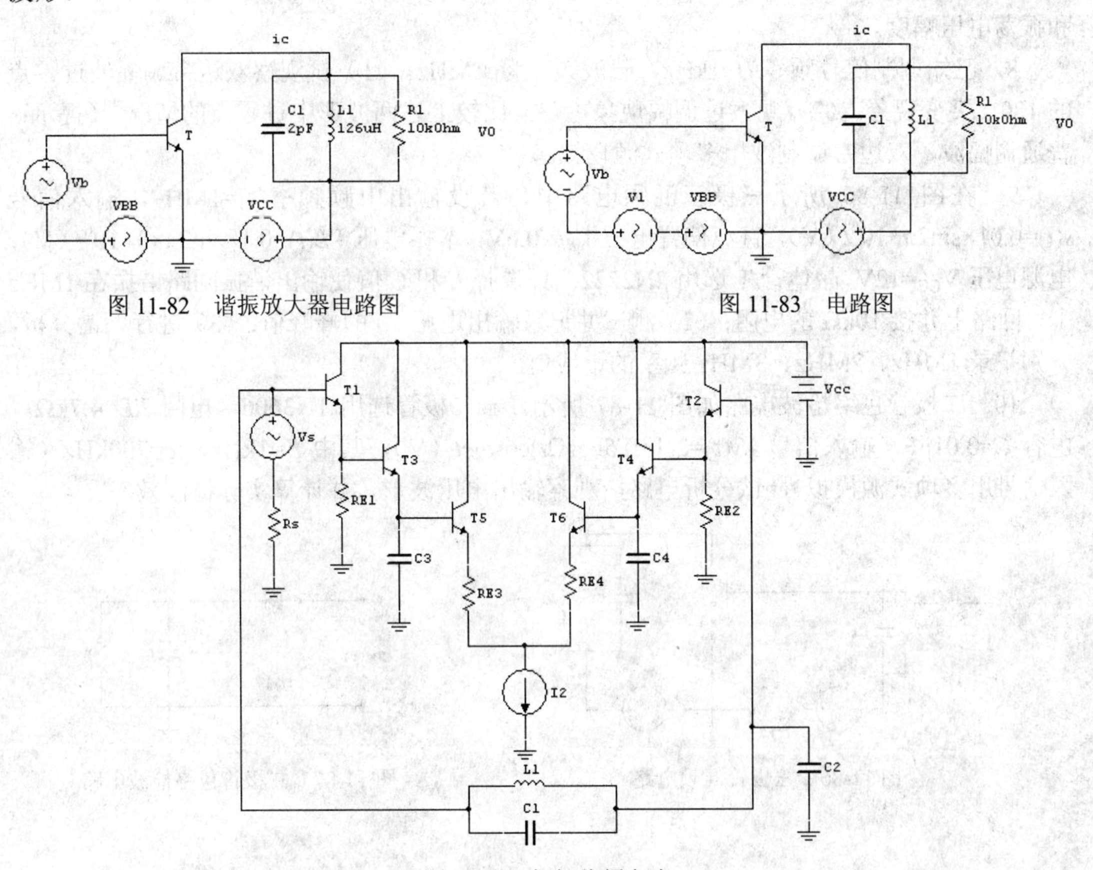

图 11-82　谐振放大器电路图　　　　图 11-83　电路图

图 11-84　振幅鉴频电路

6．三极管振荡电路如图 11-85 所示。已知电路中三极管参数为 I_S=10^{-16}A，β=100，r_c=10Ω。试用示波器观察振荡频率 *fosc*、振荡电压的幅度，并用波特图仪观察基波电流。

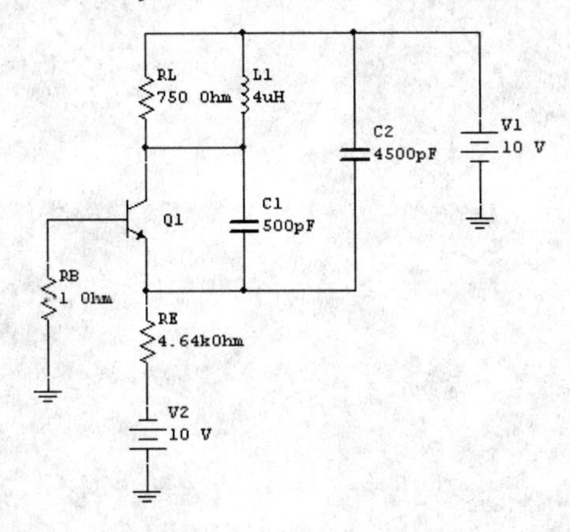

图 11-85　三极管振荡电路

7．在图 11-85 所示三极管振荡电路中，将电感 L1 换为 1MHz 的晶体，使电路构成并联型晶体振荡器。试用示波器观察 10～15μs 内集电极输出电压的波形，记录振荡频率 *fosc* 和振荡电压幅度。

8．已知调制信号频率为 1kHz，载波频率为 1MHz。（1）试观察双边带调幅波过零点的 180° 突变现象；（2）观察过调幅现象；（3）比较上述两波形中过零点的情况。（提示：普通调幅波，双边带调制波用多项式源模拟。）

9．在图 11-86 所示三极管混频电路中，若设输出中频频率 f_I=1MHz，输入信号 $s(t)=0.01\times\sin2\pi\times10^6t$（V），直流偏置电压 V_{BB}=0.6V，本振电压 $VL(t)=0.1\times\sin2\pi\times3\times10^6t$（V），电源电压 V_{CC}=12V，晶体管 T 选用 2N2222。（1）选择 *L* 和 *C* 值使输出谐振回路谐振在 1MHz 上，回路上并接 10kΩ 的电阻；（2）测试并记录输出电压 *Vo* 的峰峰值；（3）进行频谱分析，分别记录 1MHz、2MHz、3MHz 频率的谱线值。

10．二极管包络检波电路如图 11-87 所示。若二极管选用 1N3606，电阻 *RL*=4.7kΩ，电容 *C*=0.01μF。输入信号 $Vs(t)=2(1+0.5\cos\Omega t)\cos\omega ct$（V），其中 *F*=1kHz，*fc*=700kHz（输入信号用多项式源模拟），试分析电路，观察输出电压波形，并计算实际检波效率。

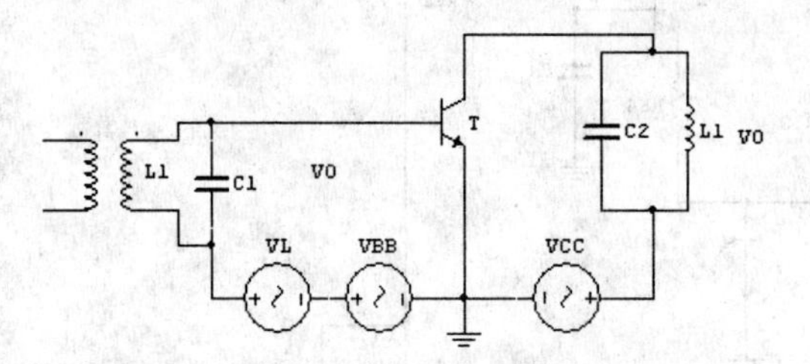

图 11-86　三极管混频电路

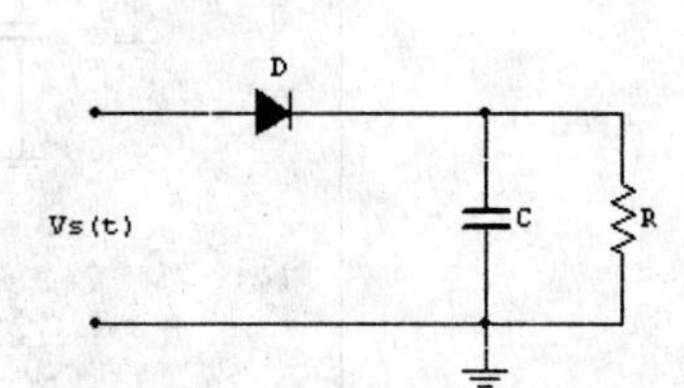

图 11-87　二极管包络检波电路

第 12 章　NI MultiMCU 单片机仿真

NI MultiMCU 模块为 NI Multisim 软件增添了微控制器（Microcontroller Unit）协同功能，用户能应用 NI Multisim 仿真软件使用汇编语言或 C 语言进行编程的微控制器，拓展了 NI Multisim 电路仿真的适用范围。本章应用 NI Multisim 仿真软件对进行含 MCU 的应用电路进行仿真。

12.1　NI MultiMCU 仿真平台介绍

NI MultiMCU 是 NI Multisim 软件中的一个嵌入式组件，它支持 Intel/Atmel 的 8051/8052 和 Microchip 的 PIC16F84/PIC16F84a，典型的外设有 RAM、ROM、键盘、图形和文字液晶，并有完整的调试功能，包括设置断点，查看寄存器，改写内存等。支持 C 语言，可以编写头文件和使用库，还可以将加载的外部二进制文件反汇编。NI MultiMCU 模块既可以与 NI Multisim 中的 SPICE 模型电路协同仿真，也能和 NI Multisim 中任意一个虚拟仪器共同使用以实现一个完整的系统仿真，包括微控制器以及全部所连接的模拟和数字 SPICE 元器件。

采用 NI MultiMCU 进行单片机仿真的基本步骤是：创建单片机硬件电路，编写和编译单片机仿真程序和在线调试。

12.2　基于 8051 用汇编语言实现开关量的输入/输出仿真设计

单片机的开关量输入/输出是单片机的基本内容，本节以此为例讨论基于 NI MultiMCU 单片机的仿真过程。

12.2.1　创建仿真的 8051 单片机硬件电路

1. 单片机的选取操作

启动 NI Multisim 软件，单击快捷工具栏中的图标（执行 Place»Component 命令），NI Multisim 软件弹出如图 12-1 所示的元器件库选择窗口。

从 MCU 元件库中选择 8051 单片机后，单击 OK 按钮，弹出如图 12-2 所示的 MCU Wizard（单片机设置向导）对话框，根据 MCU Wizard 逐步执行。

在图 12-2 中首先定义 MCU Workspace（工作空间）文件，即指定 Workspace 路径及 Workspace 名称（如 ex1）。

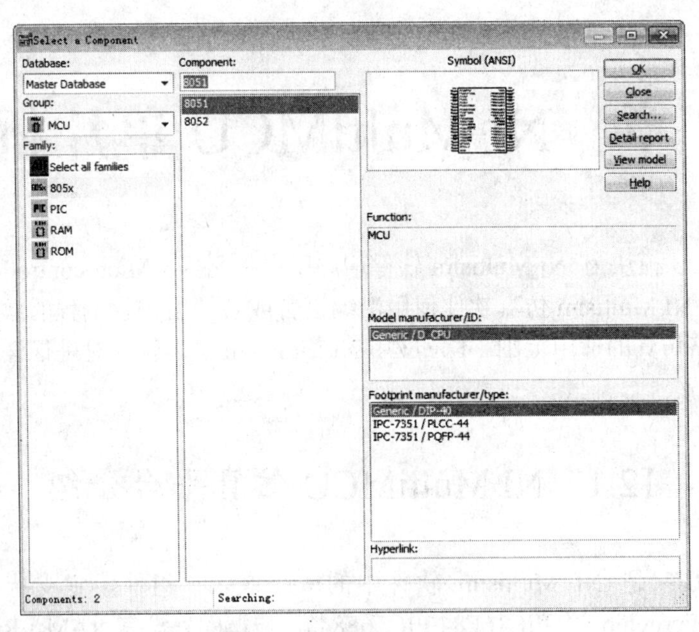

图 12-1　元器件库选择窗口

单击 Next 按钮，进入如图 12-3 所示的 MCU Wizard-Step 2 of 3 对话框，定义该 MCU 的项目。先确定文件来源，Standard 为标准类型，用系统自带的用户创建编译文件，Load External Hex File 类型则通过第三方编译器生成的可执行代码进行仿真，一般选 Standard 类型，然后确定编程语言（如选 Assembly 汇编语言）及编译工具（C 语言选 Hi-Tech C51-Lite compiler /汇编语言选 8051/8052Metalink assembler）；再确定该 MCU 的项目名称（如 ex1）。

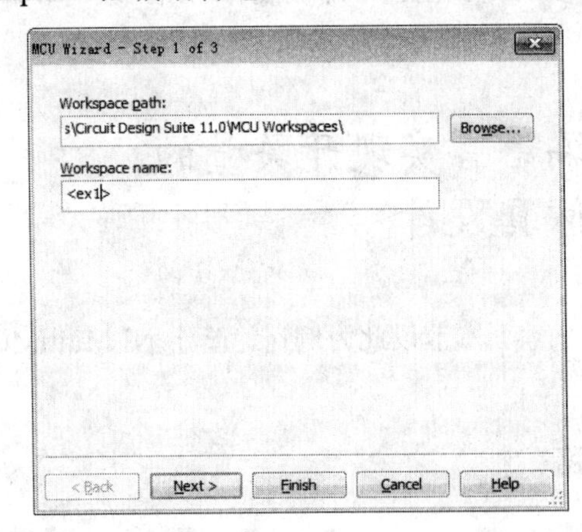

图 12-2　MCU Wizard-Step 1 of 3 对话框

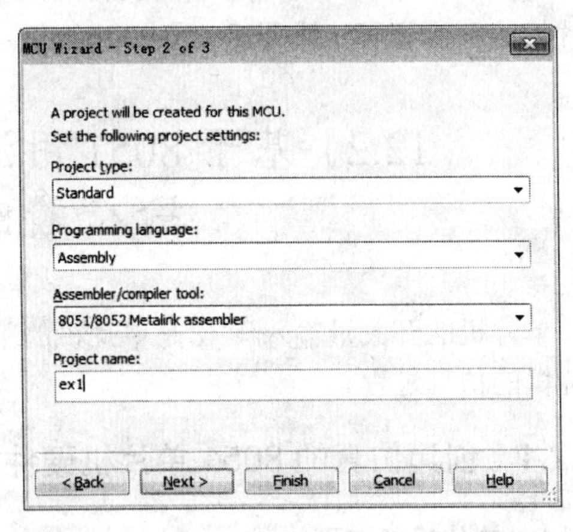

图 12-3　MCU Wizard-Step 2 of 3 对话框

单击 Next 按钮，进入如图 12-4 所示的 MCU Wizard-Step 3 of 3 对话框，定义该 MCU 的源文件。选中 Add source file 单选按钮，定义源文件的名称（如 main）。

最后，单击 Finish 按钮完成 MCU Wizard。保存设计文件，返回 NI Multisim 电路窗口。

2．设置单片机

在 NI Multisim 电路窗口中双击 U1(8051)，弹出如图 12-5 所示的元件属性 805x 对话框，在 Value 选项卡中可以设置 U1 的名称、封装、生产厂商、功能和 U1 内部的 RAM。除此之外，还可以扩展设置 RAM、ROM size、MCU 时钟频率等参数。

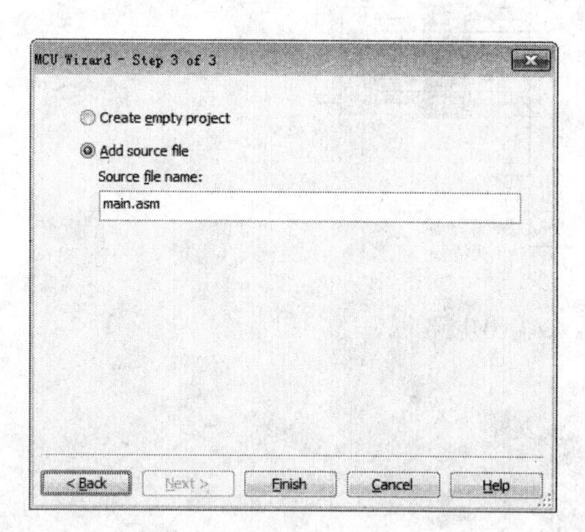

图 12-4　MCU Wizard-Step 3 of 3 对话框

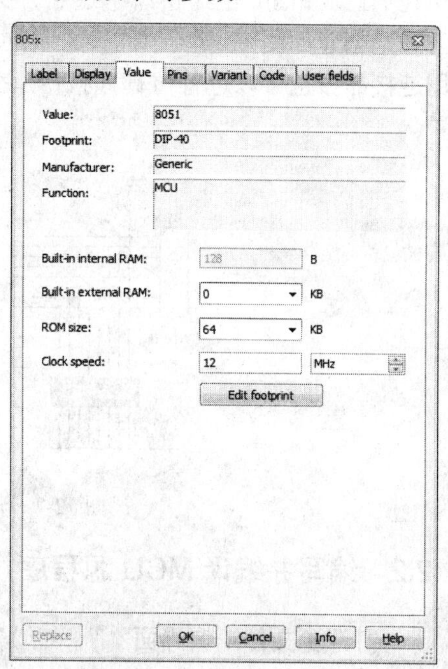

图 12-5　805x 对话框

在 805x 对话框的 Code 选项卡中单击 Properties... 按钮，或执行 MCU»MCU 8051 U1» MCU Code Manager 命令，NI Multisim 软件也会弹出如图 12-6 所示的 MCU Code Manager 对话框。

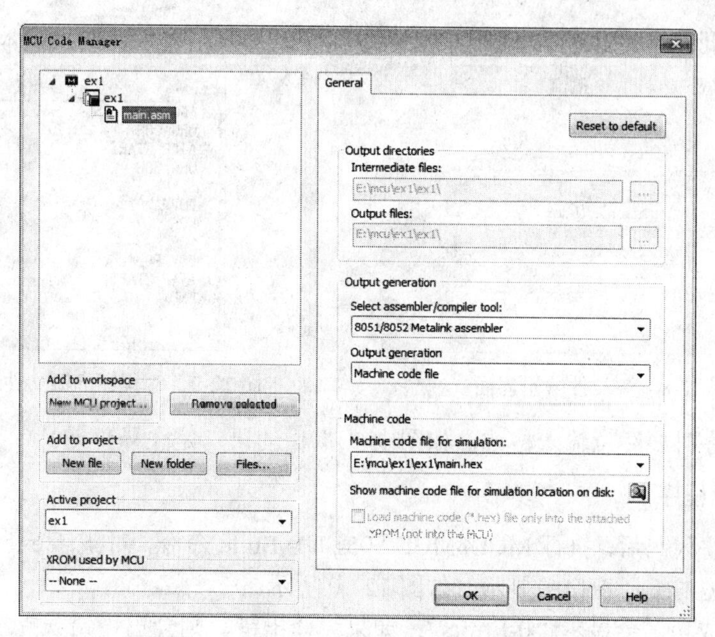

图 12-6　MCU Code Manager 对话框

3．放置并连接外围组件

在 NI Multisim 电路窗口中选用开关组件 J1、发光二极管组 LED1、排阻 R1 和 R2、电源和地创建如图 12-7 所示的开关量的输入/输出电路。需要说明的是，电路图中的单片机不用连接晶振也可以进行仿真，时钟频率已在图 12-5 所示的 805x 对话框的 Value 选项卡中设置。

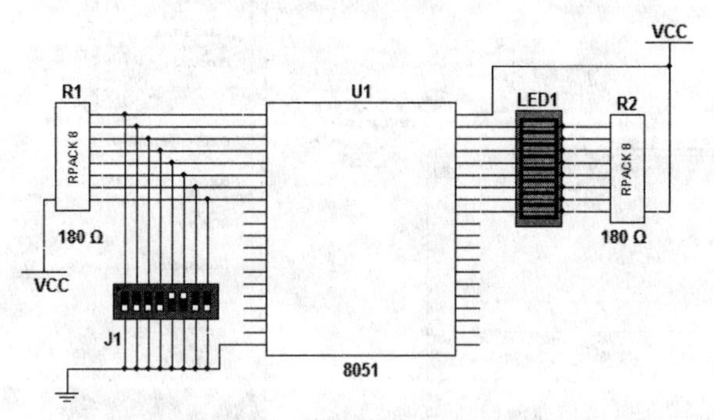

图 12-7　开关量的输入/输出电路

12.2.2　编写并编译 MCU 源程序

1．打开源文件编辑界面

在 NI Multisim 界面中打开如图 12-6 所示的 MCU Code Manager 对话框，选中 ex1 的源文件 main.asm，也可以在 NI Multisim 界面左侧的 Design Toolbox 列表中找到 main.asm 源文件并双击，弹出如图 12-8 所示的源文件编辑界面。

2．输入源程序代码

在图 12-8 的源文件编辑界面中输入源程序代码，如图 12-9 所示，并保存文件。

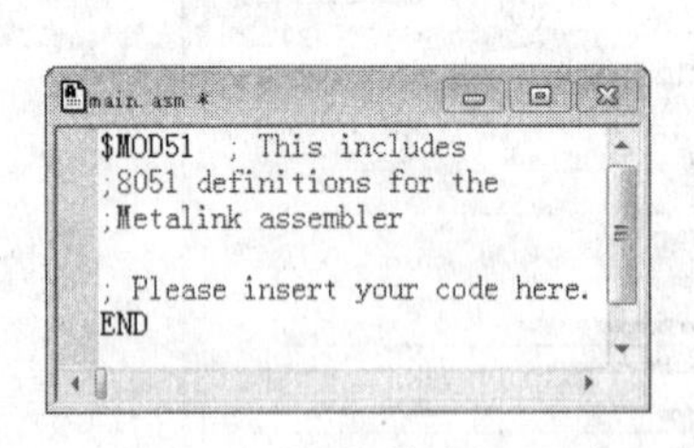

图 12-8　源文件编辑界面

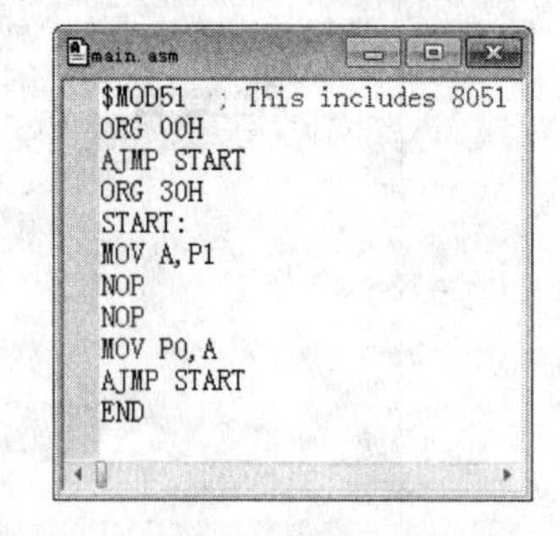

图 12-9　含程序的源文件编辑界面

编写源程序时要注意输入格式，如图中“;”后的语句是注释语句。

3．编译源程序

输入源程序代码后，执行 MCU»MCU 8051 U1»Build 命令，对激活 ex1 项目进行编译，执行结果在下方的编译窗口中显示，如图 12-10 所示。

如果编译成功，会显示“0-Errors”；如果编译出错，则会出现错误提示。双击出错的提示信息，定位到出错的程序行，查找错误并修改直至编译通过。

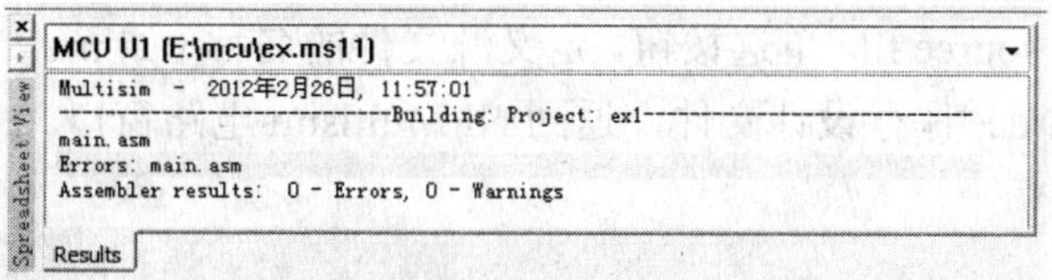

图 12-10　编译结果窗口

12.2.3　开关量的输入/输出仿真电路

汇编程序编译通过后，就可以回到电路图窗口，启动电路仿真，观察仿真结果。这时输出 LED1 上亮灯的顺序与输入开关变量 J1 拨上去的位置一一对应，如图 12-11 所示。仿真结果与理论设计一致。

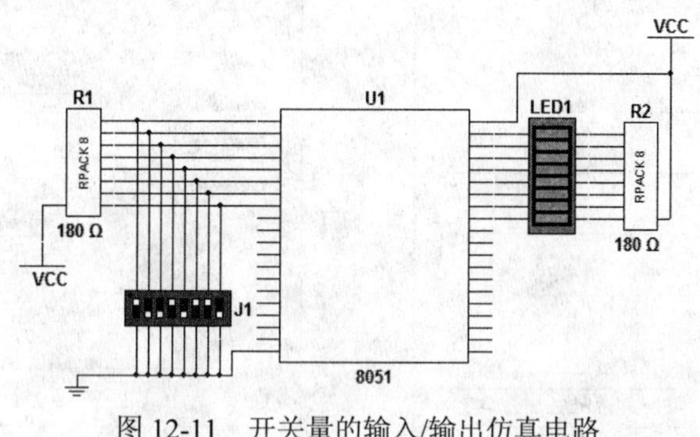

图 12-11　开关量的输入/输出仿真电路

12.3　基于 PIC 用 C 语言实现彩灯闪亮电路的仿真设计

美国 Microchip 公司的 PIC 单片机是采用 RISC 结构的嵌入式微控制器，其高速度、低电压、低功耗、大电流 LCD 驱动能力和低价位都体现了单片机产业的新趋势。本节，以基于 PIC 用 C 语言实现彩灯闪亮电路的仿真设计为例讨论 PIC 单片机的仿真过程。

12.3.1　创建仿真的 PIC 单片机硬件电路

1. 单片机的选取操作

启动 NI Multisim 软件，单击快捷工具栏中的 图标（或执行 Place»Component 命令），NI Multisim 软件弹出如图 12-1 所示的元器件库选择窗口。

从 MCU 元件库中选择 PIC16F84 单片机后单击 OK 按钮，弹出如图 12-2 所示的 MCU Wizard（单片机设置向导）对话框，根据 MCU Wizard 逐步执行。在图 12-2 中首先定义 MCU Workspace（工作空间）文件，即指定 Workspace 路径及 Workspace 名称（如 ex2）。

单击 Next 按钮，进入如图 12-12 所示的 MCU Wizard-Step 2 of 3 对话框，定义该 MCU 的项目。先确定文件来源为 Standard 标准类型，然后确定编程语言为 C 语言，编译工具为 Hi-Tech C51-Lite compiler，再确定该 MCU 的项目名称（如 ex2）。

单击 Next 按钮，进入如图 12-4 所示的 MCU Wizard- Step 3 of 3 对话框，定义该 MCU

的源文件。选中 Add source file 单选按钮，定义源文件的名称（如 main）。最后，单击 Finish 按钮完成 MCU Wizard。保存设计文件，返回 NI Multisim 电路窗口。

2．设置单片机

在 NI Multisim 电路窗口中双击 U1(PIC16F84)，弹出如图 12-13 所示的 PIC 元件属性对话框，在 Value 选项卡中设置 PIC16F84 器件的 MCU 时钟频率。

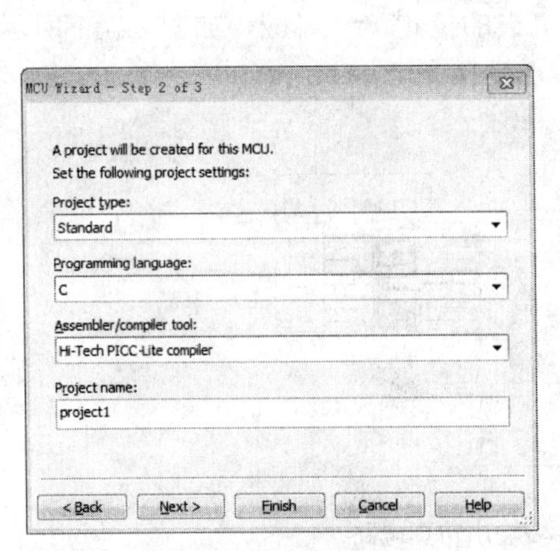

图 12-12　MCU Wizard-Step 2 of 3 对话框

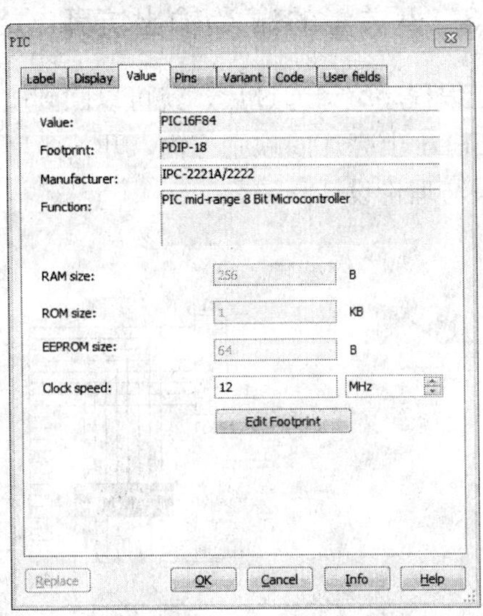

图 12-13　PIC 对话框

在 PIC 对话框的 Code 选项卡中单击 Properties... 按钮，或执行 MCU»MCU PIC16F84»MCU Code Manager 命令，NI Multisim 软件会弹出如图 12-14 所示的 MCU Code Manager 对话框。

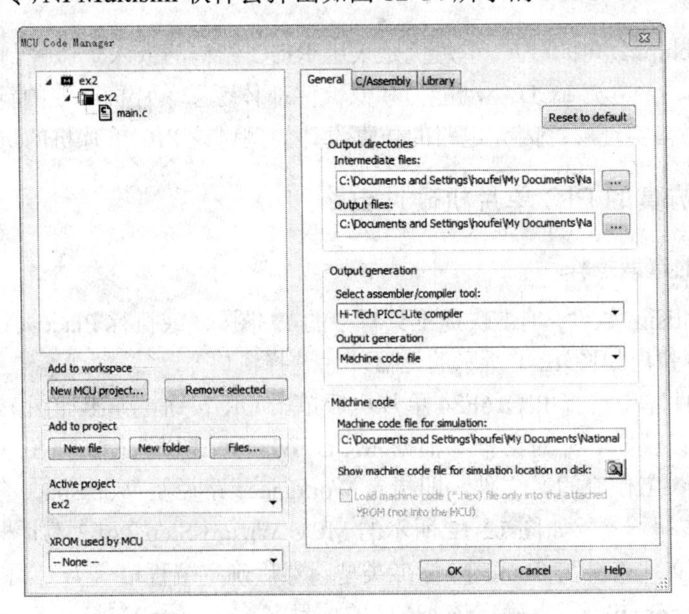

图 12-14　MCU Code Manager 对话框

3．放置并连接外围组件

在 NI Multisim 电路窗口中选用 LED（X1 和 X2）、电源和地创建如图 12-15 所示的彩灯闪亮电路。需要说明的是，电路图中的单片机不用连接晶振也可以进行仿真，时钟频率已在图 12-13 所示的 PIC 对话框的 Value 选项卡中设置。

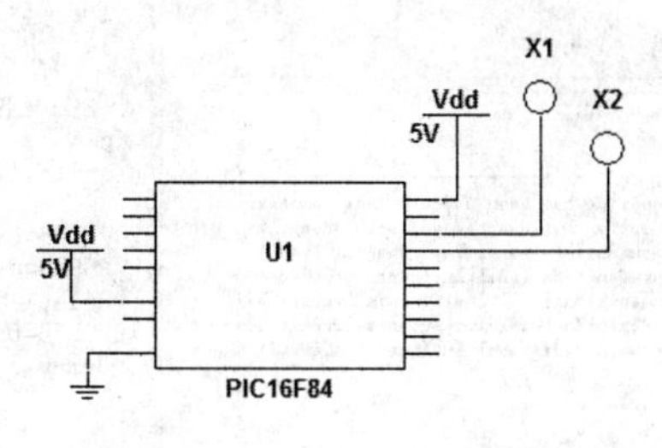

图 12-15　彩灯闪亮电路

12.3.2　编写并编译 MCU 源程序

1．打开源文件编辑界面

在 NI Multisim 界面打开如图 12-14 所示的 MCU Code Manager 对话框，选中 ex2 的源文件 main.c，也可以在 NI Multisim 界面左侧的 Design Toolbox 列表中找到 main.c 源文件并双击，弹出如图 12-16 所示的源文件编辑界面。

2．输入源程序代码

在图 12-16 的源文件编辑界面中输入源程序代码，如图 12-17 所示，并保存文件。

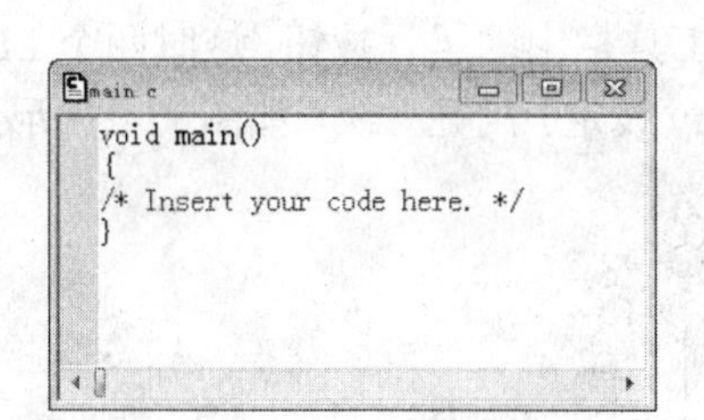

图 12-16　源文件编辑界面

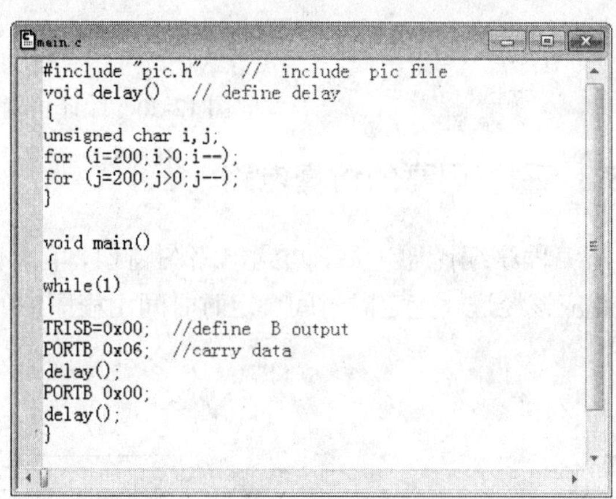

图 12-17　含程序的源文件编辑界面

注意：编写源程序时要在图中输入 PIC 头文件#include "pic.h"。

3．编译源程序

输入源程序代码后，执行 MCU»MCU PIC16F84»Build 命令，对激活 ex2 项目进行编译，执行结果在下方的编译窗口中显示，如图 12-18 所示。如果编译出错，则会出现如图 12-18 所示的“2-Errors”错误提示。

双击出错的提示信息，定位到出错的程序行进行修改，修改后的程序如图 12-19 所示。

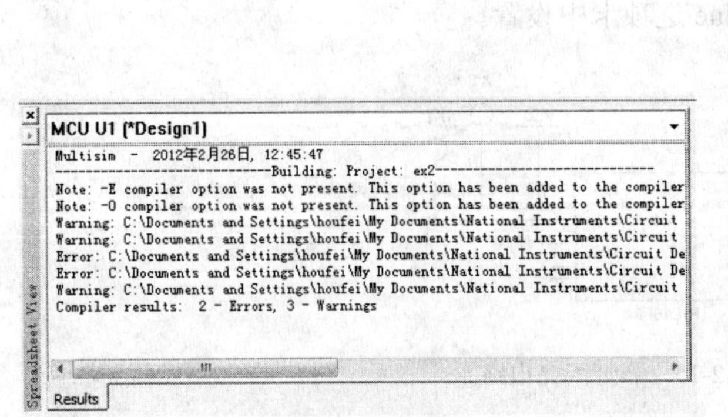

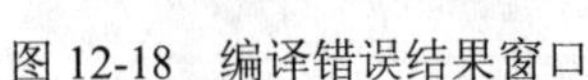

图 12-18 编译错误结果窗口

图 12-19 修改后程序的源文件编辑界面

修改之后再次进行编译，编译通过，出现如图 12-20 所示的编译正确结果提示，显示“0-Errors”。

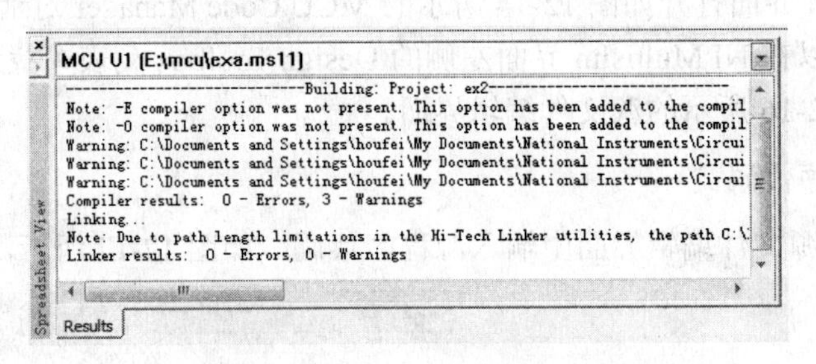

图 12-20 编译正确结果窗口

12.3.3 彩灯闪亮的仿真电路

汇编程序编译通过后，回到电路图窗口，单击快捷工具栏中的运行按钮，这时两个 LED 彩灯就应该经过一定定时时间（定时时间由程序中的 delay 设定）闪亮一次，如图 12-21 所示。

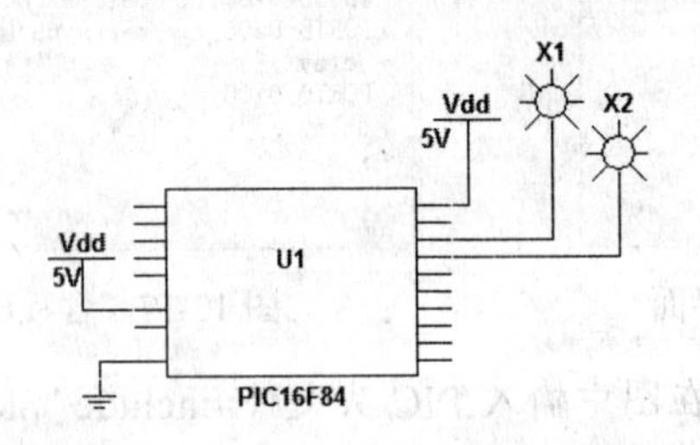

图 12-21 彩灯闪亮电路仿真电路

12.3.4 MultiMCU 在线调试

NI MultiMCU 不仅能实现电路仿真，而且还支持在线调试，用户可以边调试边在电路仿真窗口观察仿真输出结果。

1．MCU 调试工具

在快捷工具栏中显示的 NI MultiMCU 的调试工具如图 12-22 所示。

图 12-22　NI MultiMCU 的调试工具

图 12-22 中的图标从左至右功能依次是运行仿真、暂停仿真、停止仿真、暂停仿真（运行至下一次 MCU 指令指示边界）、单步进入、单步跳过、单步跳出，运行至光标处、设置断点和取消断点。

2．设置调试环境

（1）执行 MCU»MCU PIC16F84 U1M»Debug View 命令，打开如图 12-23 所示的调试窗口。

（2）执行 MCU»MCU PIC16F84 U1»Memory ViewM 命令，打开如图 12-24 所示的内部寄存器窗口。

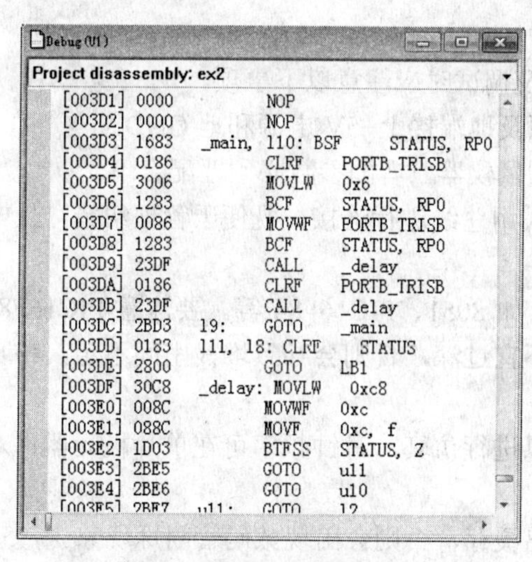

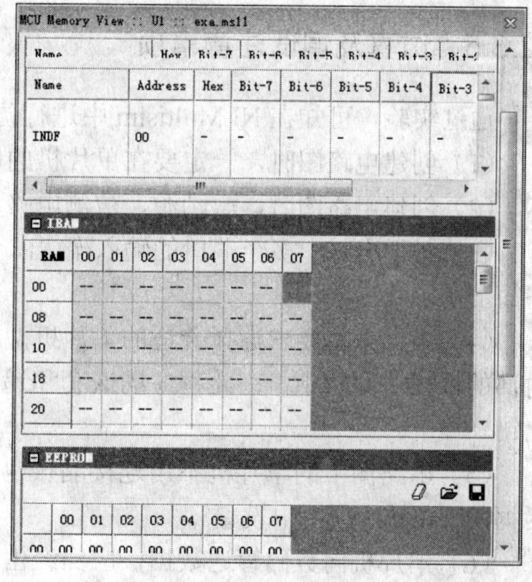

图 12-23　调试窗口　　　　图 12-24　内部寄存器窗口

（3）将内部寄存器窗口、调试窗口和电路窗口纵向排列，如图 12-25 所示。

3．调试源代码

打开如图 12-17 所示的源代码编辑器，为了便于调试，单击图标，在适当位置设置断点，启动仿真查看程序运行过程，观察图 12-25 中内部寄存的变化以及电路的同步仿真结果。在线调试可以帮助用户快速准确地发现程序中的语法错误及逻辑错误并排除。也可根据需要单击图标对程序进行单步调试。

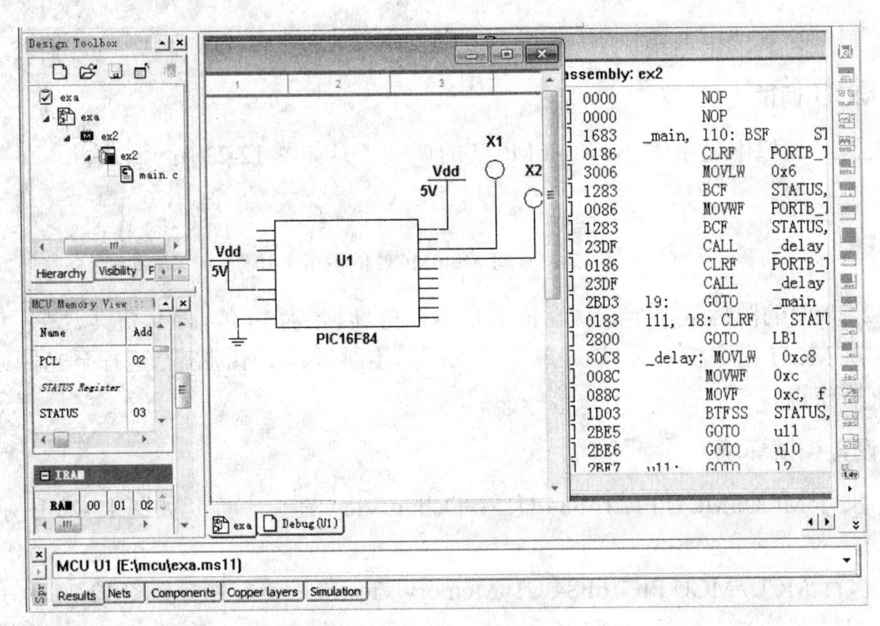

图 12-25　NI Multisim 电路仿真工作区

12.3.5　仿真及调试注意事项

通过实验，可知在 NI Multisim 中进行仿真及调试时应注意以下事项。

（1）创建电路图时，一定要在单片机的电源及地端接上+5V 电源和地 GND。

（2）创建电路图时，激励源、被测电路、测量仪器三者的参数必须匹配合理。

（3）对于电路中多个端口的输入/输出，应采用总线进行连接，既便于管理纠错，且电路简洁明了。

（4）根据系统要求选择合适的单片机型号，如 8051、PIC16F84 等。要注意 PIC16F84 内部的堆栈空间较小，因此程序的嵌套和递归不宜过深，否则会导致堆栈空间不足，仿真出错。

（5）电路图中的单片机不用连接晶振也可以进行仿真，时钟频率可在单片机元器件对话框的 Value 选项卡中设置。

（6）单片机向数码管送数据，应当经由输出缓存，否则会出现数码管闪烁现象。

（7）编写程序用汇编语言和 C 语言各有特色和优势。C 语言的可移植性强、程序可读性好，易于修改；但汇编语言在控制单片机底层硬件时更有效。

（8）用 C 语言编写程序时对不同类型的单片机，需要包含不同的头文件，如 PIC 系列单片机需包含的头文件为 pic.h；而 8051/8052 单片机需包含的头文件为 htc.h。

（9）单片机主程序必须是一个无限循环，以实现 PC 指针周而复始地分配使用，避免出现 PC 指针超出范围的情况。

（10）建议程序编写时尽量分层次采用模块操作，不要把所有操作都写在主程序中，便于调试和纠错。

12.4　单片机仿真设计实例

12.4.1　用 8052 实现流水灯的仿真

用 8052 实现 8 个 LED 灯的逐个点亮、相向点亮和逆向点亮等效果。

1. 创建仿真电路

在 NI Multisim 电路窗口中建立如图 12-26 所示的电路图。

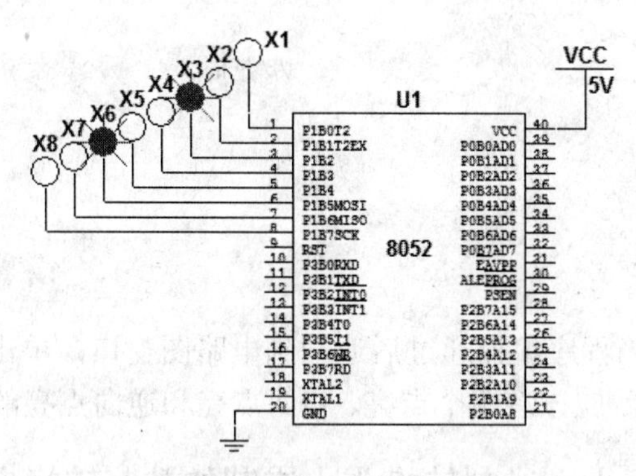

图 12-26　流水灯仿真电路

2. 仿真源程序

在源文件编辑界面中输入下面的源程序代码：

```
#include<htc.h>                          //8052仿真头文件
void delay(t)                            //延迟子程序
    {
      int j;
      for(j=0;j<t;j++);
    }
void main()                              //主程序
{
   unsigned char i,v1=1,v3=128,v4=1;
   P1=0;                                 //设定P1口全暗
   while(1)
    {
       delay(2);
       P1=0;
       for(i=0;i<7;i++)                  //由左至右点亮
        {
          P1=v1;
          v1=v1<<1;                      //左移1位
          delay(2);                      //延时
         }
       for(i=0;i<8;i++)                  //由右至左点亮
```

```
            {
              P1=v1;
              v1=v1>>1;                       //右移1位
              delay(2);                       //延时
             }
            v1=1;
            P1=0;
            delay(2);
           for(i=0;i<8;i++)                   //相向、逆向
            {
              P1=v3|v4;;
              v3=v3>>1;
              v4=v4<<1;
              delay(3);                       //延时
            }
            v3=128;
            v4=1;
        }
}
```

保存并编译程序，当程序编译通过后返回到电路图窗口，单击快捷工具栏中的运行按钮，这时 8 个 LED 彩灯就应该有逐个点亮、相向点亮和逆向点亮的效果，如图 12-26 所示。

12.4.2 用 8052 实现十六进制转换为十进制的数制转换电路仿真

用 8052 实现十六进制转换为十进制数制转换电路。

1．创建仿真电路

在 NI Multisim 电路窗口中建立如图 12-27 所示的电路图。

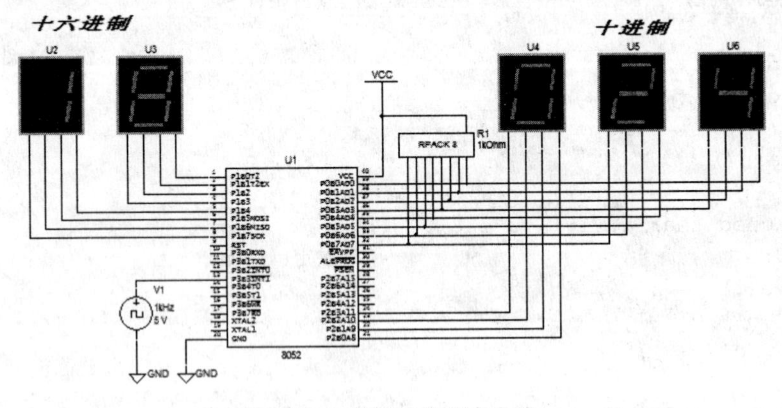

图 12-27　数制转换仿真电路

2．仿真源程序

在源文件编辑界面中输入下面的源程序代码：

```
$MOD52
LJMP                INIT
```

```
ORG                 0013H
LJMP                EXT1
LJMP                MAIN
INIT:
MOV                 SP,#20h
MOV                 R7, #00h                ;R7清0
LCALL               CLR_BCD                 ;LCD清0
LCALL               ENABLE_INTS             ;开中断
MAIN:
JMP                 MAIN
EXT1:
INC                 R7
LCALL               HEX2DEC                 ;十六进制转换十进制
LCALL               DEC_LCD                 ;LCD屏显示
       RETI
 ;Subroutines
CLR_BCD:
       MOV          P0, #00h                ;数码管清0
       MOV          P1, #00h
       MOV          P2, #00h
       RET

ENABLE_INTS:
       SETB         IT1
       SETB         EX1                     ;开EXT1中断
       SETB         EA
       RET
    HEX2DEC:
       MOV          A, R7                   ;送R7值到ACC
       MOV          B, #64h
       DIV          AB
       MOV          R3, A
       MOV          A, B
       MOV          B, #0Ah
       DIV          AB
       MOV          R2, A
       MOV          R1, B                   ;保留十进制低位在R1
       RET
    ;R3-R1 的值送到LCD
     DEC_LCD:
       ;HEX VALUE
       MOV          P1, R7
       ;DEC VALUE
       MOV          P2, R3                  ;送高位数码到P2
       MOV          A, R2                   ;送高位数码到R2
       SWAP         A                       ;交换数据
       ADD          A, R1
       MOV          P0, A                   ;BCD显示
       RET
```

```
        HALT:        JMP      HALT
        END
```

保存并编译程序，当程序编译通过后返回到电路图窗口，单击快捷工具栏中的运行按钮，这时数码管显示输入与输出的数值，如图 12-27 所示。

12.4.3 用 PIC16F84 实现 LCD 屏显示仿真

用 PIC16F84 实现 LCD 屏显示“Graphical LCD T6963C for Multisim”仿真电路。

1. 创建仿真电路

在 NI Multisim 电路窗口中建立如图 12-28 所示的电路图。

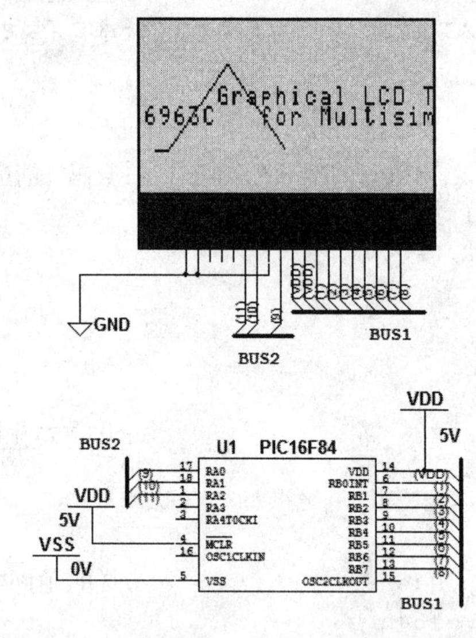

图 12-28　PIC16F84 LCD 显示仿真电路

2. 仿真源程序

在源文件编辑界面中输入下面的源程序代码：

```
#include "pic.h"                                           //PIC头文件
#define bitset(var,bitno) ((var) |= 1 << (bitno))
#define bitclr(var,bitno) ((var) &= ~(1 << (bitno))        //LCD曲线显示
const int CMD_SET_CURSOR    = 0x21;                        //设置指针
const int CMD_TXHOME        = 0x40;                        //设置文本首地址
const int CMD_TXAREA        = 0x41;                        //设置文本区域范围
const int CMD_GRHOME        = 0x42;                        //设置图形首地址
const int CMD_GRAREA        = 0x43;                        //设置图形区域范围
const int CMD_OFFSET        = 0x22;                        //设置结束指针
const int CMD_ADPSET        = 0x24;                        //设置指针偏移量
const int CMD_SETDATA_INC   = 0x0C0;                       //写数据
const int CMD_AWRON         = 0x0B0;                       //设置写入数据模式
const int CMD_AWROFF  = 0x0B2;                             //重置写入数据模式
   const int TEXT_NUM = 35;
```

```
//文本编码 "Graphical LCD T6963C for Multisim"
const char textTable[35] =
{ 0x27, 0x52, 0x41, 0x50, 0x48, 0x49, 0x43, 0x41, 0x4c, 0x00, \
  0x2C, 0x23, 0x24, 0x00, 0x34, 0x16, 0x19, 0x16, 0x13, 0x23, \
  0x00, 0x00, 0x00, 0x46, 0x4f, 0x52, 0x00, 0x2d, 0x55, 0x4c, \
  0x54, 0x49, 0x53, 0x49, 0x4d };
//设置端口 B为输出
void SetPortBOutput(void)
{
    PORTB = 0x00;
    bitset(STATUS, RP0);
    TRISB = 0X00;
    bitclr(STATUS, RP0);
}
void SendCommand(char cmd)
{
    SetPortBOutput();
    PORTB = cmd;
    PORTA = 0x0B;                       //将写命令就绪送往LCD (1012)
    bitset(PORTA, 2);
}
void SendDataByte(char databyte)
{
    SetPortBOutput();
    PORTB = databyte;
    PORTA = 0X0A;                       //写数据(1010)
    bitset(PORTA, 2);
}
void SendData(char highbyte, char lowbyte)
{
    SendDataByte(lowbyte);
    SendDataByte(highbyte);
}
void init(void)
{
    bitclr(STATUS, RP0);                //选择数据存储区 Bank 0
    PORTA = 0x00;
    PORTB = 0x00;
    bitset(STATUS, RP0);                //选择数据存储区 Bank 1
    OPTION = 0x80;                      //关闭低电平上拉使能
    TRISA = 0x00;                       //设置端口 A为输出模式
    TRISA = 0x00;                       //设置端口 B为输出模式
    bitclr(STATUS, RP0);
    PORTA = 0x0F;                       //指令未准备完毕
    //选择显示模式为文本+图形，指针关闭
    SendCommand( 0x9C );
    //设置图形首地址为 0x0000
    SendData(0,0);
    SendCommand(CMD_GRHOME);
    //设置文本首地址为 0x2941
```

```
    SendData(0x29, 0x41);
    SendCommand(CMD_TXHOME);
    //设置文字模式为OR, 使用内部CG
    SendCommand(0x80);
}
//将数组的文本编码写入LCD屏的内部RAM
void DisplayLCDText(void)
{
    int nIndex = 0;
    SendData(0x29, 0x7D);
    SendCommand(CMD_ADPSET);
    SendCommand(CMD_AWRON);
    for( nIndex = 0; nIndex<TEXT_NUM; nIndex++ )
    {
        SendDataByte(textTable[nIndex]);
    }
    SendCommand(CMD_AWROFF);
}
//从LCD屏首地址向右移动文本
void MoveTextRight(int startAddrHigh, int startAddrLow, int numSteps)
{
    int nIndex = 0;
    for( nIndex = 0; nIndex<numSteps; nIndex++ )
    {
        SendData(startAddrHigh, startAddrLow);
        SendCommand(CMD_TXHOME);
        startAddrLow--;
    }
}
//从LCD屏首地址向左移动文本
void MoveTextLeft(int startAddrHigh, int startAddrLow, int numSteps)
{
    int nIndex = 0;
    for( nIndex=0; nIndex<numSteps; nIndex++ )
    {
        SendData(startAddrHigh, startAddrLow);
        SendCommand(CMD_TXHOME);
        startAddrLow++;
    }
}
void main()
{
    init();
    DisplayLCDText();
    while( 1 )
    {
        MoveTextRight(0x29, 0x41, 20);
        MoveTextLeft(0x29, 0x2D, 20);
    }
}
```

保存并编译程序，当程序编译通过后返回到电路图窗口，单击快捷工具栏中的“运行”按钮，这时 LCD 屏显示“Graphical LCD T6963c for Multisim”，如图 12-28 所示。

12.4.4　PIC16F84A 的 EEPROM 读写仿真设计

用 PIC16F84A 实现将 5 个十六进制数 64H、63H、62H、61H、60H 依次写入 EEPROM，地址分别为 05H～01H（写数据时，给出写指示和写数据数码显示；5 个数据写完后，读出数据）的仿真电路。

1. 创建仿真电路

在 NI Multisim 电路窗口中建立如图 12-29 所示的仿真电路图。

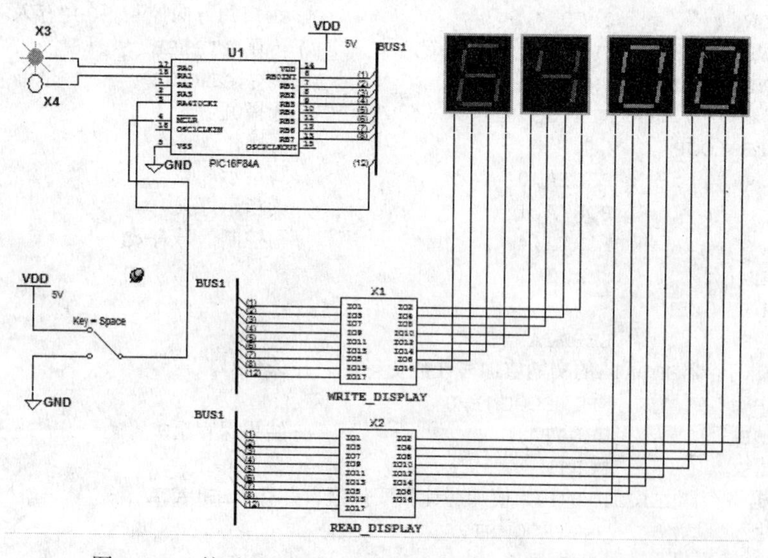

图 12-29　基于 PIC16F84A 的 EEPROM 读写仿真电路图

图 12-30 是图 12-29 的子电路，X1 是写控制电路，X2 是读控制电路。电路中 RA0 接写指示灯 X3，RA1 接写指示灯 X4。设置 PIC16F84A 的 RB 端口为输出接读写控制电路，同时 RB 端接数码管显示读写数据。RA4 为读写控制信号，当 RA4=1 时，电路完成写操作；当 RA4=0 时，电路完成读操作。

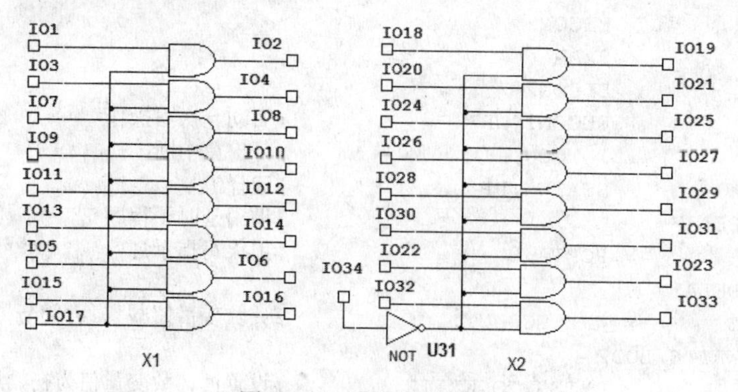

图 12-30　读写控制电路

2. 仿真源程序

在源文件编辑界面中输入下面的源程序代码：

```
#include "P16F84A.inc"                              ;MPASM汇编器包含对PIC16F84A的定义
DELAYCOUNT1        EQU    0x0C                      ;定义延时变量寄存器，地址为0CH
DELAYCOUNT2        EQU    0x0D                      ;定义延时变量寄存器，地址为0DCH
WRITECOUNT         EQU    0x0E                      ;定义写控制计数变量，地址为0CH
READCOUNT          EQU    0x0                       ;定义读控制计数变量，地址为0CH
    CONSTANT       BYTES_TO_WRITE=0x05              ;定义常数变量（写字节数）
    MOVLW          BYTES_TO_WRITE                   ;将常数变量值存入W
    MOVWF          WRITECOUNT                       ;再转存至WRITECOUNT
    BSF            STATUS,RP0                       ;选择1区
    MOVLW          0x00                             ;RB口的方向控制码00H存入W
    MOVWF          TRISB                            ;转存至TRISB
    MOVWF          TRISA                            ;转存至TRISB
    BCF            STATUS,RP0                       ;选择0区
    WRITE_LOOP                                      ;写操作
    BSF            PORTA,0                          ;写指示灯亮
    BCF            PORTA,1                          ;读指示灯灭
    BSF            PORTA,4                          ;写控制信号有效
    MOVLW           0x00
    MOVLW  0x5F
    MOVWF          EEDATA
    ;数据寄存器EEDATA的初始值加写计数变量值，并送至B口
    MOVF           WRITECOUNT,0
    ADDWF          EEDATA,0                         ;结果保存至W
    MOVWF          PORTB
    ;数据寄存器EEDATA 的初始值加写计数变量值，并存入EEDATA
    MOVF           WRITECOUNT,0
    ADDWF          EEDATA,1
    ;地址寄存器EEDATA 的初始值加写计数变量值，并存入EEADR
    ADDWF          EEADR,1
    BSF            STATUS,RP0                       ;选择1区
    BCF            INTCON,GIE                       ;关闭总中断
    BSF            EECON1,WREN                      ;允许写操作
    MOVLW          0x55                             ;用W作中转
    MOVWF          EECON2
    MOVLW          0xAA
    MOVWF          EECON2
    BSF            EECON1,WR                        ;启动一次写操作
    BSF            INTCON,GIE                       ;开放总中断
    BCF            STATUS,RP0                       ;选择0区
    CALL DELAY                                      ;调用延时子程序
    BCF            PORTA,0                          ;熄灭写指示灯
    CALL DELAY
    DECFSZ         WRITECOUNT,1                     ;计数变量值减1，并判断
    GOTO WRITE_LOOP
    MOVLW          BYTES_TO_WRITE                   ;设置读计数变量值为初始地址
    MOVWF          READCOUNT
```

```
READ_LOOP                                   ;读操作
    BCF         PORTA,0                     ;读指示灯亮
    BSF         PORTA,1                     ;写指示灯灭
    BCF         PORTA,4                     ;读控制信号有效
    MOVF        READCOUNT,0                 ;将地址存入地址寄存器EEADR
    MOVWF       EEADR
    BSF         STATUS,RP0                  ;选择1区
    BSF         EECON1,RD
    BCF         STATUS,RP0                  ;选择0区
    MOVF        EEDATA,0
    MOVWF       PORTB
    CALL        DELAY
    BCF         PORTA,1                     ;熄灭读指示灯
    CALL        DELAY
    DECFSZ      READCOUNT,1
    GOTO        READ_LOOP
    GOTO        ENDING
    DELAY                                   ;延时子程序
    MOVLW       0xF7                        ;S设置或重置参数
    MOVWF       DELAYCOUNT1
    MOVLW       0x00                        ;设置延迟参数2到0
DELAYLOOP1
    MOVWF       DELAYCOUNT2
DELAYLOOP2
    INCFSZ      DELAYCOUNT2,1
    GOTO DELAYLOOP2
    INCFSZ      DELAYCOUNT1,1
    GOTO DELAYLOOP1
    RETURN                                  ;延时子程序返回
    ENDING
    GOTO ENDING
    END
```

保存并编译程序，当程序编译通过后返回到电路图窗口，按 Space 键使 PIC16F84A 的 MCLR 端（Pin4）接高电平，单片机正常工作。单击快捷工具栏中的运行按钮，这时写数据数码管依次显示 64、63、62、61、60，显示每一个数据之前，读指示灯闪动一次。按 Space 键使 PIC16F84A 复位，数码管显示 00，指示灯 X3 和 X4 均不亮。

习　题

1．简述 MultiMCU 进行单片机仿真的基本步骤。

2．在 NI Multisim 软件中要求利用单片机作为控制器实现 8 路抢答器的电路仿真。

3．在 NI Multisim 软件中要求利用单片机作为控制器实现交通灯控制器的电路仿真。该交通灯控制器可以在 30～60s 内设定信号灯的交替时间，而且能显示信号灯的亮灭。

4．在 NI Multisim 软件中要求利用单片机作为控制器和液晶模块组构成数字电子钟的

电路仿真，液晶模块显示时间、日期、农历和闹钟，要具备整点报时功能和秒表功能。

5．在 NI Multisim 软件中仿真流水灯时硬件电路如图 12-31 所示，仿真时出错，请找出错误，并改正。

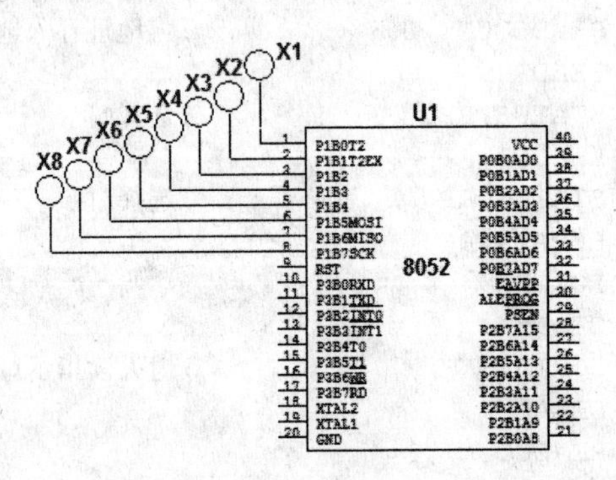

图 12-31　仿真流水灯时硬件电路

6．在 NI Multisim 软件中仿真流水灯时硬件电路正确但仿真时出错，软件提示如图 12-32 所示，请找出程序错误，并改正。

```
MCU U1 [E:\mcu\exd.ms11]
Warning: E:\mcu\liushuideng\ex4\main.c : 3    non-prototyped function declarat
Error: E:\mcu\liushuideng\ex4\main.c : 10    expression syntax
Error: E:\mcu\liushuideng\ex4\main.c : 40    expression syntax
Error: E:\mcu\liushuideng\ex4\main.c : 40    unexpected end of file
Compiler results:  3 - Errors, 1 - Warnings
```

图 12-32　仿真时软件提示

仿真程序如下：

```
#include<htc.h>
void delay(t)
  {
    int j;
    for(j=0;j<t;j++);
   }
void main()
{
   unsigned char i,v1=1,v3=128,v4=1
   P1=0;
   while(1)
    {
       delay(2);
       P1=0;
       for(i=0;i<7;i++)
        {
          P1=v1;
          v1=v1<<1;
          delay(2);
        }
       for(i=0;i<8;i++);
```

```
        {
           P1=v1;
           v1=v1>>1;
           delay(2);
         }
        v1=1;
        P1=0;
        delay(2);
        for(i=0;i<8;i++)
        {
           P1=v3|v4;;
           v3=v3>>1;
           v4=v4<<1;
           delay(3);
        }
        v3=128;
        v4=1;
   }
```

7．在 NI Multisim 软件中用 8052 实现 LCD 屏显示“U1=218.6V　T=290K”仿真电路。

8．在 NI Multisim 软件中要求利用单片机作为控制器实现 60s 定时器的电路仿真。

9．在 NI Multisim 软件中要求利用 PIC16F84 实现看门狗实验电路的仿真。

10．在 NI Multisim 软件中要求利用单片机作为控制器实现高 4 位自动计数、低 4 位手动计数的电路仿真。

11. 在 NI Multisim 软件中要求利用 PIC16F84 的 TMR0 模块定时功能设计 500ms 延时，实现二进制自动递减计数的电路仿真。

12. 在 NI Multisim 软件中要求利用单片机作为控制器实现带复位功能的简单计数器的电路。

第 13 章　虚拟面包板

13.1　面包板概述

面包板即万能电路实验板，由工程塑料和高弹性金属片加工而成，使用方便，寿命长，是专为电子电路的无焊接实验设计制造的。常用的电子元件可直接插入，免去了焊接，节省了电路的组装时间，而且元件可以重复使用，适合电子电路的组装、调试和训练。SYB-120 型面包板如图 13-1 所示。

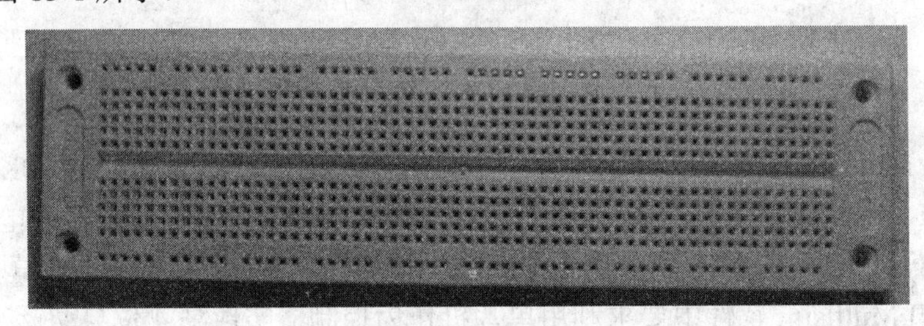

图 13-1　SYB-120 型面包板

由图 13-1 可知，该面包板分上电源区、元件区和下电源区等 3 个部分。上电源区和下电源区由一行的插孔构成的窄条，每 5 个插孔为一组，孔间距通常为 0.1 英寸（100mil），一行有 10 组，一般左边 3 组内部电气连通，中间 4 组内部电气连通，右边 3 组内部电气连通，但左边 3 组、中间 4 组以及右边 3 组之间是不连通的。面包板的元件区被一条凹槽分为上下两部分，上元件区部分每一列有 5 个孔，旁标有 A、B、C、D、E 等字母，其内部被一条金属簧片所接通，但竖列插孔之间是相互绝缘的。下元件区部分每一列也有 5 个孔，旁标有 F、G、H、I、J 等字母，每竖列的 5 个插孔也是相通的，竖列插孔之间也是相互绝缘的。

注意： 电源区的布局有可能随不同厂家产品而不同，使用前最好用万用表测试一下连接规则。

13.2　虚拟面包板

为了加强用户对面包板的使用，NI Multisim 11 软件中设有虚拟面包板，模拟真实面包板的使用环境，从而达到训练学生使用面包板的目的。具体启动虚拟面包板的步骤如下：

（1）执行 NI Multisim 11 仿真软件中的 File»New»Design 命令，创建一个新的电路图设计窗口。

（2）执行 NI Multisim 11 仿真软件中的 Tools»Show Breadboard 命令，弹出如图 13-2 所示的虚拟面包板 3D 操作界面。

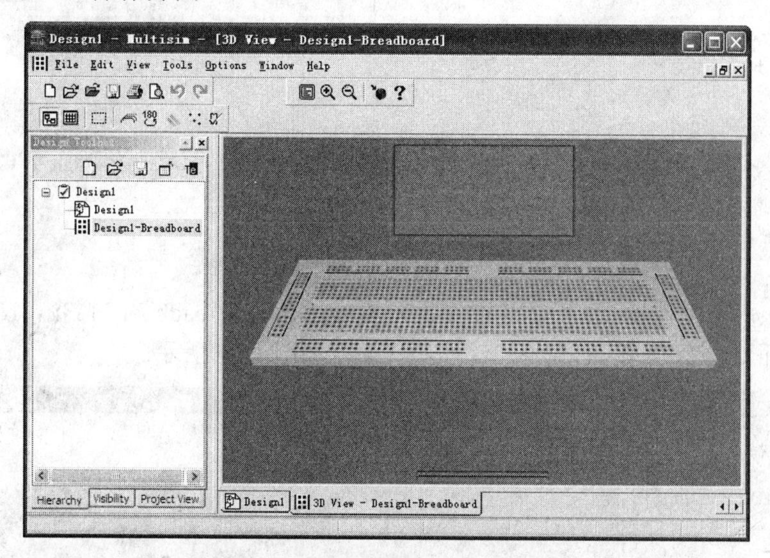

图 13-2　虚拟面包板 3D 操作界面

注意：如果在 NI Multisim 11 中创建的文件不是 Design，而是 NI ELEVS I/II Design 或 NI myDAQ Design，则显示工作区就不是图 13-2 所示虚拟面包板。

由图 13-2 可知，虚拟面包板 3D 操作界面主要由元件信息栏、虚拟面包板和元件盒组成。虚拟面包板的上方长方形区域是元件信息栏，用于显示元件的相关信息。虚拟面包板的下方是元件盒，用于存放即将放置在虚拟面包板的元件，由于没有创建电路，故此时元件盒处于关闭状态。默认的虚拟面包板四周有 4 个边条，其中元件区左侧的边条称为顶部边条，元件区右侧的边条称为底部边条，元件区上方的边条称为右边条，元件区下方的边条称为左边条。元件区被一条横槽分为上下两个部分，主要用于放置集成电路芯片。

13.3　虚拟面包板的常用操作

在虚拟面包板上搭接电路与在真实面包板上搭接电路非常相似，下面以 NI Multisim 11 自带的例子 BasicDifferentialAmplifier.ms11 为例说明虚拟面包板常用的操作。

13.3.1　放置元件

放置元件是虚拟面包板最常用的操作之一，具体操作步骤如下：

（1）启动 NI Multisim 11 软件。

（2）打开 BasicDifferentialAmplifier.ms11。执行 Help»Find Examples 命令，弹出 NI Example Finder 对话框，在 Analog 文件夹中打开 Amplifier 文件夹，双击 BasicDifferential-Amplifier.ms11，打开的电路图如图 13-3 所示。

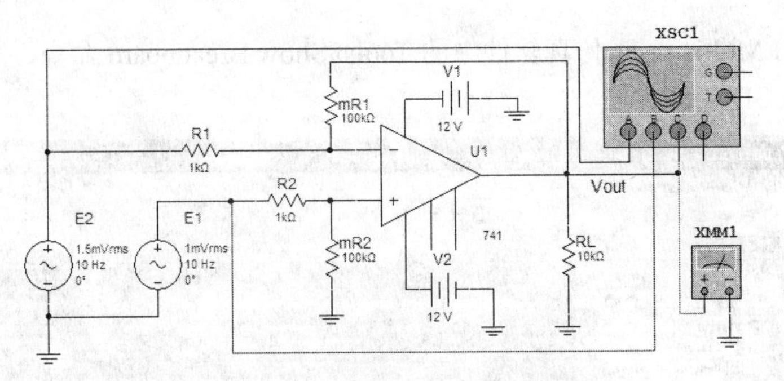

图 13-3　BasicDifferentialAmplifier 电路

（3）进入虚拟面包板 3D 操作界面。执行 Tools»Show Breadboard 命令，NI Multisim 11 软件操作界面就会变成虚拟面包板 3D 操作界面，如图 13-4 所示。

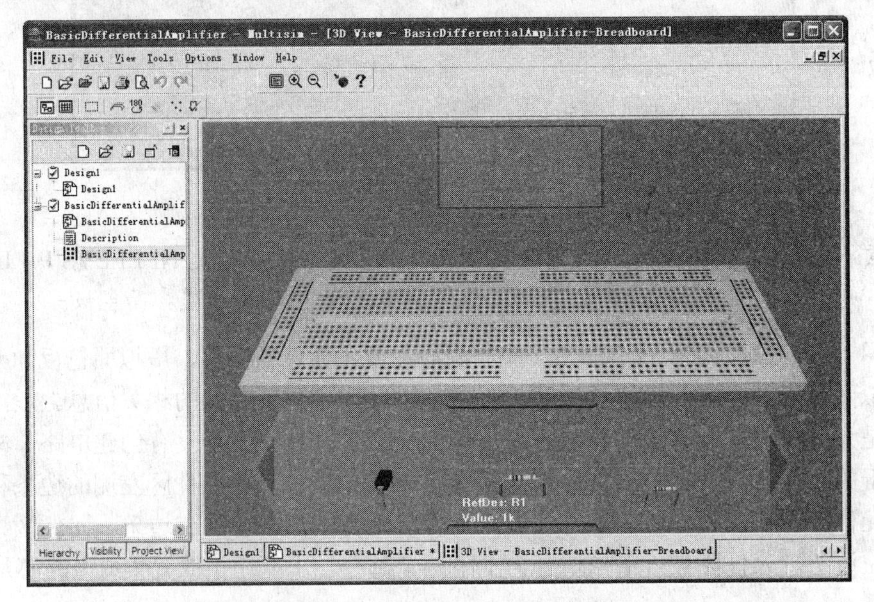

图 13-4　BasicDifferentialAmplifier 电路的 3D 操作界面

由图 13-4 可知，元件盒打开，其中显示 3 个元件，单击元件盒左右的箭头，可选择被放置的其他元件。

（4）放置元件。用鼠标指向要放置的元件，单击鼠标左键不放，移动鼠标到虚拟面包板适当位置，释放左键，即可将该元件放下。也可用鼠标指向元件双击鼠标左键，元件就随鼠标一起移动，再次单击鼠标左键可将该元件放下。依此类推，可以把元件盒中的所有元件放置到虚拟面包板上。在虚拟面包板上放置元件时需注意以下几点：

① 当元件的引脚即将插入虚拟面包板的插孔时，相应的插孔变成红色，且与之相连的插孔变成绿色，如图 13-5 所示。该功能给元件的引脚定位带来极大的方便。

图 13-5　放置元件时插孔变色

② 在虚拟面包板上，用鼠标指向元件并单击左键，元件变成红色，按 Ctrl+R 组合键时，元件就会顺时针转动 90°；

若按 Ctrl+Shift+R 组合键，元件就会逆时针转动 90°。

③ 在虚拟面包板上放置元件后，该元件在电路原理图中显示绿色，表示该元件已放置完毕。如将电阻 RL 放置到虚拟面包板后，电路图中的 RL 变成绿色，如图 13-6 所示。

④ 元件的封装决定元件的形状，执行 Place»Component 命令，在弹出的 Select a Component 对话框的 Footprint manufacturer/type 中可选择元件的封装。但有些元件封装的引脚与面包板插孔间隔不匹配，就会用长方体来表示。虚拟仪表根本就插不到面包板上，也会用长方体来表示。如图 13-3 所示电路图中的 AC 交流电源和示波器就用长方体来表示，它们的形状如图 13-7 所示。

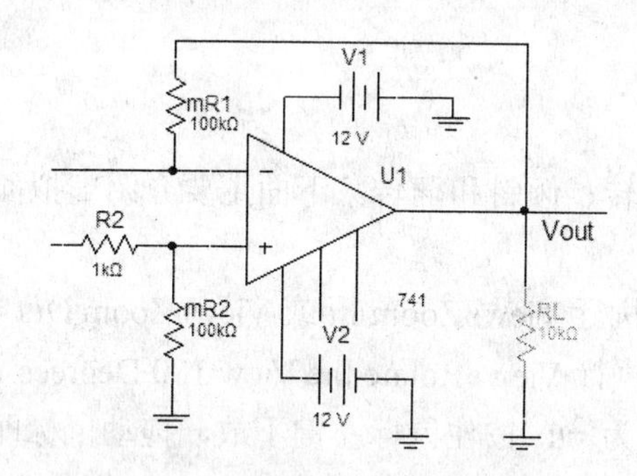

图 13-6 被放置的元件变成绿色

图 13-7 虚拟仪表的 3D 显示

13.3.2 放置连线

放置完元件后，接下来的工作就是用导线将连接在一起的元件引脚连接起来。连接应遵循以下几个原则：

（1）连线应越少越好。换句话说就是尽量用元件本身的引脚充当连线，这也就要求在放置元件时，不仅要美观，更重要的是布局要合理，将元件引脚连在一起的尽量插入连在一起的插孔上。

（2）连线应避免横跨元件。许多初学者为了减少连线的长度，喜欢将连线横跨在其他元件身上，岂不知这样会给以后更换元件带来困难。

（3）插导线时若感觉孔比较松动，最好换一个孔插接，否则很容易造成接触不良。

在 NI Multisim 11 软件的 3D View 界面中，连线主要通过鼠标来完成，此时鼠标有两种图标。当鼠标在面包板插孔上方时，其图标是┏，表示连线的起始端。当鼠标在插孔以外的地方，其图标是✣，用于操纵面包板，如偏转一个角度、倾斜、翻转等。用鼠标连线的操作步骤如下：

（1）确定起点。移动鼠标到导线要连接的起点插孔后，鼠标图标为┏，单击鼠标左键，导线的起始端点即可插入相应的插孔中。

（2）移动鼠标时，鼠标变成一根导线，它可以任意伸缩、随意旋转。同时，目标元件的引脚变成绿色，如图 13-8 所示。

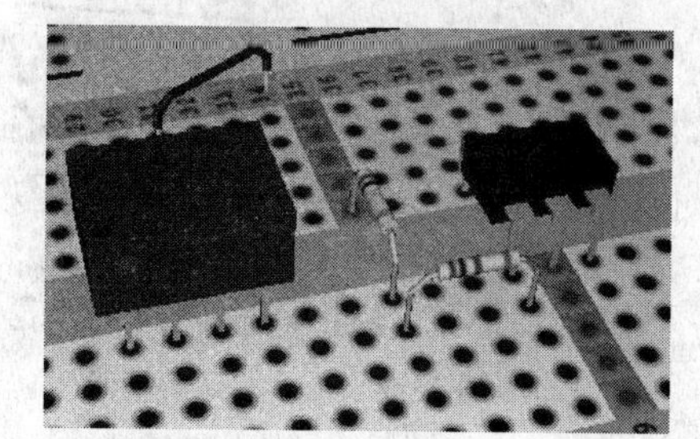

图 13-8 连线的目标引脚变成绿色

（3）移动鼠标到要连接的目标插孔上方，单击鼠标左键，则该导线连接完毕。当相同网络标号的连线都完成后，电路图中相应的连线就会变成绿色。依此类推，连接完所有连线后，电路图中的连线全部变成绿色。若发现某根连线未变色，说明连线工作尚未完成。

有时想通过改变连线的颜色区分电源线、各种信号线等，可直接用鼠标指向该连线，单击鼠标右键，在弹出的快捷菜单中选择 Change Wire Color 命令即可。

注意：连线完成后，可执行 Tools»DRC and Connectivity 命令进行连线检查，一是检查虚拟面包板上连线与电路图是否一致，二是检查虚拟面包板上的元件引脚有没有连好。

13.3.3 浏览虚拟面包板

虚拟面包板能像实物面包板一样，进行旋转、倾斜和翻转。下面主要介绍虚拟面包板的主要操作。

（1）要实现虚拟面包板的放大或缩小，可执行 View»Zoom In 或 View»Zoom Out 命令。

（2）要实现虚拟面包板的 180° 旋转，可执行 View»Rotate the View 180 Degrees 命令。

（3）将鼠标移动到非插孔区域，其图标变为，按住鼠标左键不放，拖动鼠标即可改变虚拟面包板的显示方向和角度。

（4）按下 Ctrl+Shift 组合键，再移动鼠标，虚拟面包板可以向前后左右移动。

注意：直接滚动鼠标中间的滚轮也可放大或缩小虚拟面包板。

13.3.4 浏览元件信息

利用元件信息栏可以快速查询元件的简明信息。若将鼠标指向某元件，则该元件的简明信息就显示在元件信息栏中，如用鼠标指向 BasicDifferentialAmplifier 电路中的运算放大器，则显示的信息如图 13-9 所示。若鼠标指向元件的引脚，则元件信息栏不仅显示该引脚的元件信息，同时显示该引脚的相关信息。如指向运算放大器的第 2 引脚，则元件信息栏显示的信息如图 13-10 所示。

图 13-9　元件的简明信息

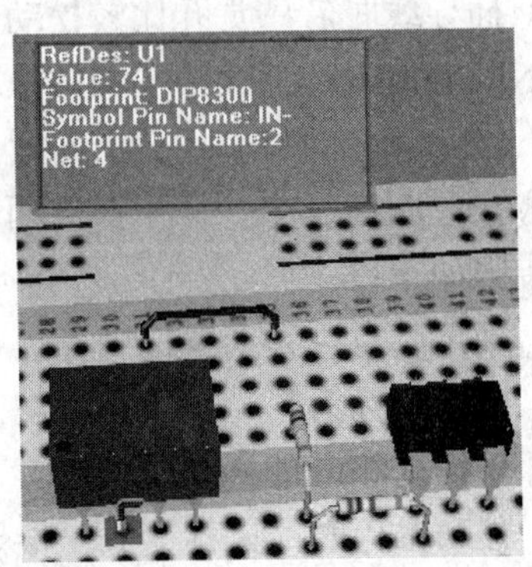

图 13-10　引脚的简明信息

13.4　虚拟面包板的界面设置

根据搭接电路图的难易程度，可对虚拟面包板的大小、上下左右的边条及其属性进行调整。

13.4.1　虚拟面包板的设置

在虚拟面包板的 3D 界面中，执行 Options»Breadboard Settings 命令，弹出 Breadboard Settings 对话框，如图 13-11 所示。

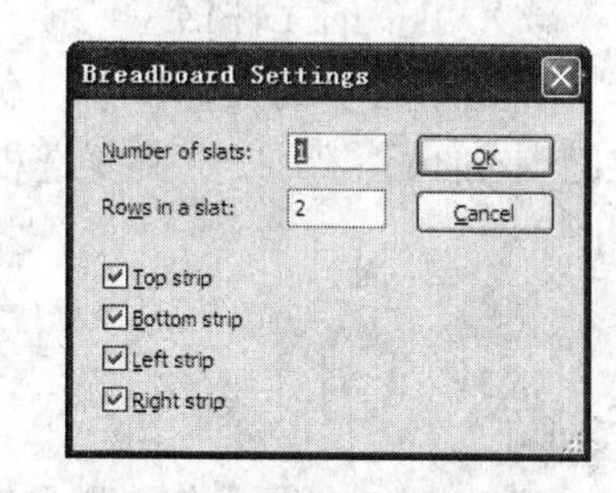

图 13-11　Breadboard Settings 对话框

- ☑ Number of slats：其默认值为 1，用于设置使用虚拟面包板的个数。
- ☑ Rows in a slat：其默认值为 2，表示每块虚拟面包板被横槽分割元件区的个数。
- ☑ Top strip：选中表示虚拟面包板顶部接插孔边条。
- ☑ Bottom strip：选中表示虚拟面包板底部接插孔边条。
- ☑ Left strip：选中表示虚拟面包板左边接插孔边条。
- ☑ Right strip：选中表示虚拟面包板右边接插孔边条。

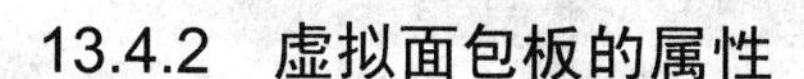

13.4.2　虚拟面包板的属性

在虚拟面包板的 3D 界面中，执行 Options»Global Preferences 命令，弹出 Global Preferences 对话框，通过设置其 3D Options 选项卡，可改变虚拟面包板的属性，如图 13-12 所示。

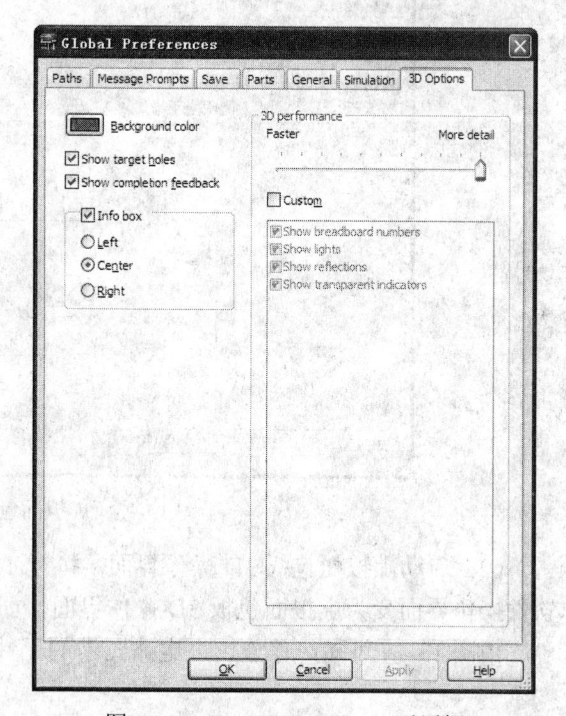

图 13-12　Global Preferences 对话框

- ☑ Background color：用于设置虚拟面包板背景的颜色。
- ☑ Show target holes：用于启动智能连线功能。选中该复选框，表示在虚拟面包板的 3D 界面中若导线的起点已固定，则目标引脚所在插孔呈绿色显示，以显示导线的目标接点，从而达到方便连线的功能。
- ☑ Show completion feedback：是将虚拟面包板 3D 界面中完成元件放置或导线连接信息反馈给电路

原理图的复选框。默认选中该复选框，则将元件从元件盒中取出并放置到虚拟面包板上，反映到电路原理图上使该元件颜色变绿。对于连线，就是完成某个网络标号的导线连接后，对应电路原理图上的连线颜色也变为绿色。

☑ Info Box：元件信息栏显示复选框。默认选中该复选框，即显示元件信息栏。其下还有 Left、Center 和 Right 等 3 个单选按钮，以确定元件信息栏显示在虚拟面包板的左侧、中间还是右侧。

☑ 3D performance：元件信息显示设置。滑块向 More detail 边移动，元件信息栏显示更多的元件信息，但仿真速度较慢。反之，滑块向 Faster 边移动，元件信息栏显示较少的元件信息，但仿真速度较快。

☑ custom：用户定义复选框，用户自己可定义虚拟面包板的一些功能。

13.5 应用举例

本节以一个差分放大电路为例，说明在虚拟面包板上搭接电路的具体步骤。

（1）创建电路图。启动 NI Multisim 11 软件，在默认的 Design1 工作界面上创建差分放大电路原理图，如图 13-13 所示。

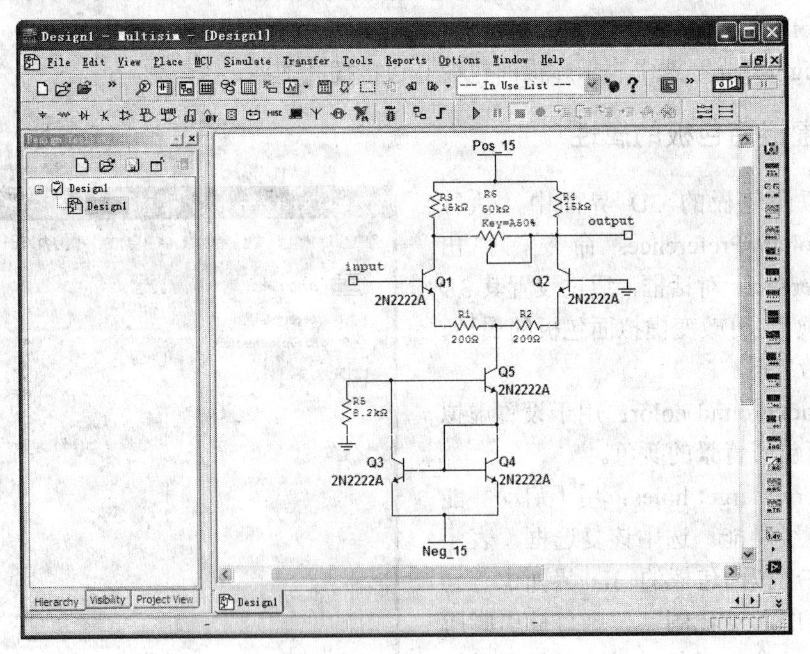

图 13-13　虚拟面包板电路原理图

（2）启动虚拟面包板 3D 操作界面。执行 Tools»Show Breadboard 命令，NI Multisim 11 软件操作界面变为虚拟面包板 3D 操作界面，如图 13-14 所示。

由图 13-14 可知，差分放大电路图中的元件已出现在元件盒中。

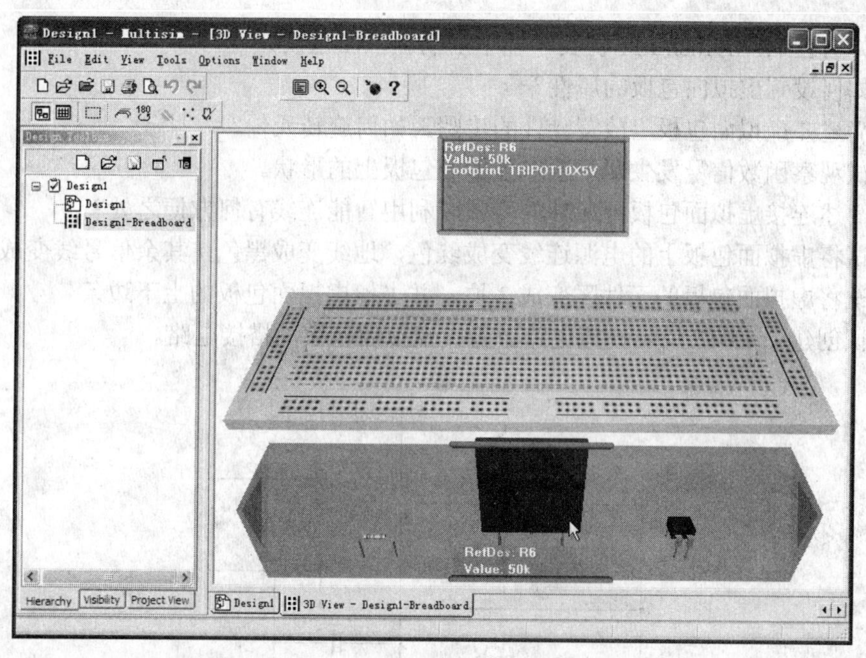

图 13-14　虚拟面包板 3D 操作界面

（3）放置元件。将元件盒中的所有元件合理地放置在虚拟面包板上，如图 13-15 所示。此时，可以发现电路图中的元件皆已变成绿色。

（4）连接导线。根据图 13-15 所示的元件布局图，将网络标号相同的元件引脚用导线连接起来，连接好的虚拟面包板如图 13-16 所示。

图 13-15　虚拟面包板中元件的布局图

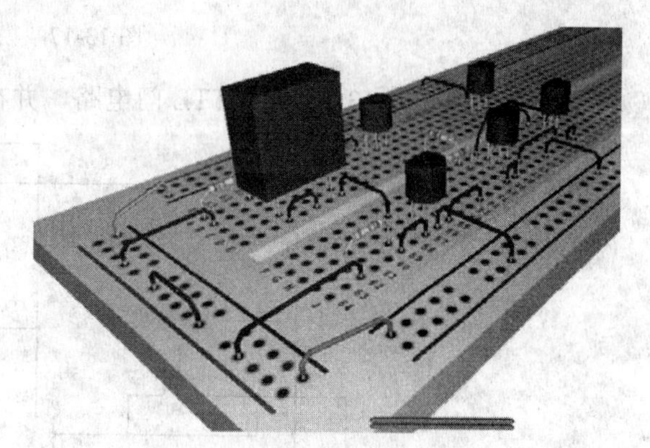

图 13-16　连接好的虚拟面包板

注意： 需连接元件背后的插孔，不要忘记旋转虚拟面包板后再连接导线。

至此，就完成了在虚拟面包板上搭建一个差分放大电路的全过程。

习　　题

1．什么是面包板？其内部电气连接特性是什么？

2．如何在 NI Multisim 11 仿真环境中启动虚拟面包板？

3．如何设置虚拟面包板的属性？

4．简述在虚拟面包板上放置元件的步骤，如何旋转元件？

5．试观察函数信号发生器放置在虚拟面包板上的形状。

6．简述连接虚拟面包板上元件的步骤，利用智能连线有何方便之处？

7．试将虚拟面包板上的电源连线变成红色，地线变成黑色，其余信号线变成绿色。

8．试将虚拟面包板的元件区变成 3 块，并去掉虚拟面包板的上下边条。

9．试创建图 13-17 所示模拟电路，并在虚拟面包板上搭接电路。

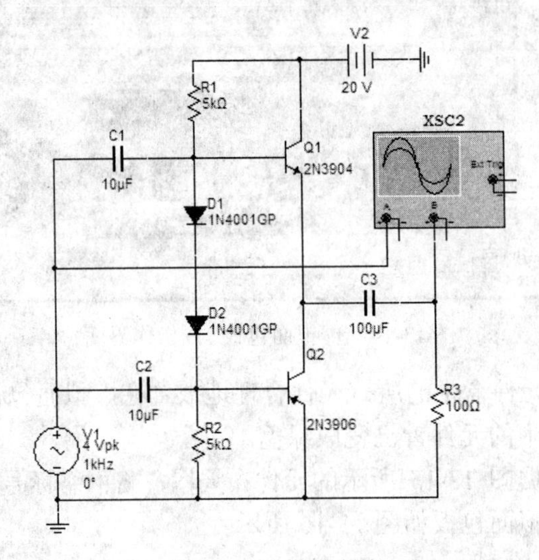

图 13-17　模拟电路

10．试创建图 13-18 所示 TTL 门电路，并在虚拟面包板上搭接电路。

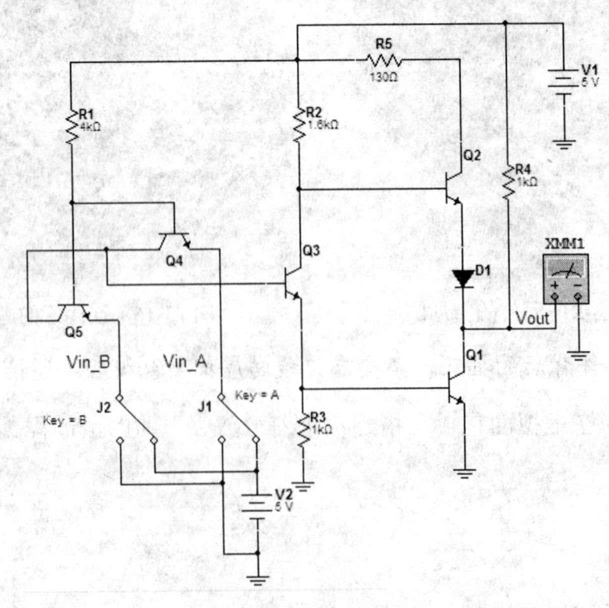

图 13-18　TTL 门电路

第 14 章　虚拟电子工作平台

14.1　概　　述

美国 NI 公司成功地将虚拟仪表应用到电子技术实验和电子产品开发过程中，并与通用电子面包板结合起来，研制开发了教学实验室虚拟仪表套件（ELVIS）。NI ELVIS 含有硬件和软件两个部分，NI 硬件含有数据采集卡和通用电子面包板，通过 USB 将 NI ELVIS 硬件平台连接到计算机，NI ELVIS 的软件主要是 NI 公司开发的一些虚拟仪表，如虚拟数字万用表、虚拟示波器、虚拟函数发生器等。开发人员可以在 NI ELVIS 硬件平台的面包板上搭接所实验的电路，利用 NI 公司的虚拟仪表提供必要的激励信号，并完成对电路性能指标的测试。

在 NI Multisim 11 的仿真环境中，不但可以完成电路的仿真，还能够完成 NI ELVIS 的仿真，称为虚拟 NI ELVIS。虚拟 NI ELVIS 和实物 NI ELVIS 在外貌和功能上几乎完全一样，操作方法也基本相同。区别仅在于实物 NI ELVIS 是将真实元件插入面包板上，用硬插线连接电路和测试点，并用虚拟仪表完成电路性能指标的测试；而虚拟 NI ELVIS 是在 NI Multisim 11 的仿真环境中创建虚拟 NI ELVIS 电路图，执行 Tools»Show Breadboard 命令，将 NI Multisim 11 的仿真环境转换为虚拟 NI ELVIS 3D 仿真环境，从元件盒中提取虚拟元件，并放置到虚拟面包板上，用虚拟导线连接元件和测试仪表，最后完成 NI ELVIS 的仿真，甚至在虚拟 NI ELVIS 3D 仿真环境中可以提供更多的虚拟仪表。

美国 NI 公司于 2003 年推出了 NI ELVIS I，随后又相继推出了 NI ELVIS II 和 NI ELVIS II^{+}，于 2009 年又推出了低价位的 NI myDAQ，由此构成目前 NI 公司的虚拟电子工作平台。这些虚拟电子平台非常适合在校学生，只要具备计算机，并配备有 NI ELVIS 或 myDAQ 软件，就可以不受环境的制约，自由地开发或实验电子电路。

本章重点介绍 NI Multisim 11 中虚拟 NI ELVIS I、虚拟 NI ELVIS II^{+}和虚拟 NI myDAQ 的操作界面、虚拟仪表使用和应用举例。

14.2　虚拟 NI ELVIS I

14.2.1　虚拟 NI ELVIS I 操作界面

虚拟 NI ELVIS I 是 NI Multisim 11 软件自带的一种虚拟仿真电路环境，即安装 NI Multisim 11 软件后，具有虚拟 ELVIS I 的仿真环境，不需要另外安装其他软件。首先启动 NI Multisim 11 软件，执行 File»New»NI ELVIS I Design 命令，NI Multisim 11 界面就会转换为如图 14-1 所示的虚拟 NI ELVIS I 电路仿真界面。

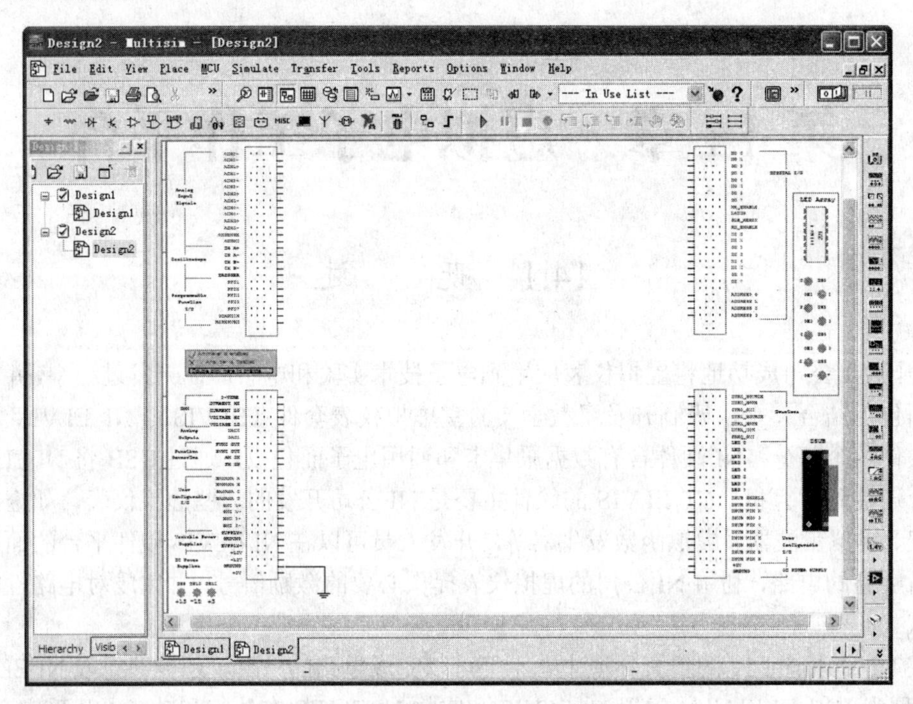

图 14-1　虚拟 NI ELVIS I 电路仿真界面

由图 14-1 可知，虚拟 NI ELVIS I 电路仿真界面主要含有 2 个左右放置的横档，与实物 NI ELVIS I 完全相同，左侧的横档主要有模拟信号输入端、示波器、可编程的函数 I/O 端、电流表与 IV 分析仪转换按键、数字万用表、模拟输出端、函数信号发生器、用户可配置 I/O 口、可变电源、直流稳压电源以及 3 个电源指示灯。右侧横条主要含有数字 I/O 口、计数器端口、用户可配置区域和+5V 直流稳压电源。

左右两个横档的引脚名称与实物 NI ELVIS I 完全相同，但在虚拟 NI ELVIS I 界面，引脚名称有两种不同的颜色，绿色引脚名称表示在 NI Multisim 11 中不能参与仿真，也不能在仿真界面中移动，仅为了与实物相对应。黑色引脚名称可以在 NI Multisim 11 中参与仿真。

虚拟 NI ELVIS I 电路仿真界面的左下角有 3 个发光二极管 DS9、DS10 和 DS11，如图 14-2 所示。它们分别是+15V、-15V 和+5V 的电源指示灯。

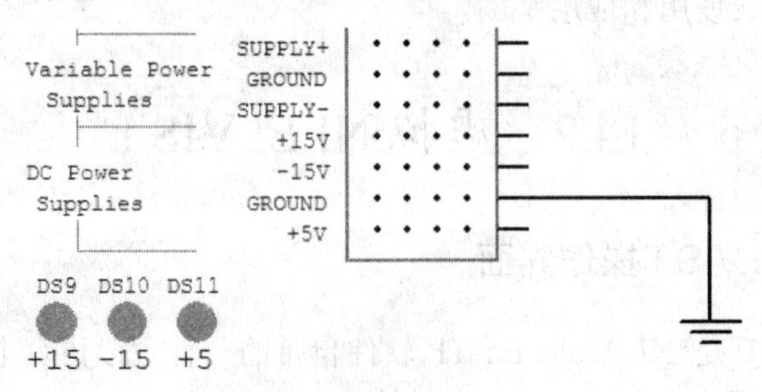

图 14-2　电源指示灯

注意：左侧横档的下端有一个接地连线，它是仿真时的参考地，不要随便删除。

在右侧横档中间右侧有一个发光二极管区域，分别是 DS0～DS7，如图 14-3 所示。它常用于指示电路中某个测试点的状态，使用时只要将测试点连接到右侧横档中 DI0～DI7 插孔中即可。

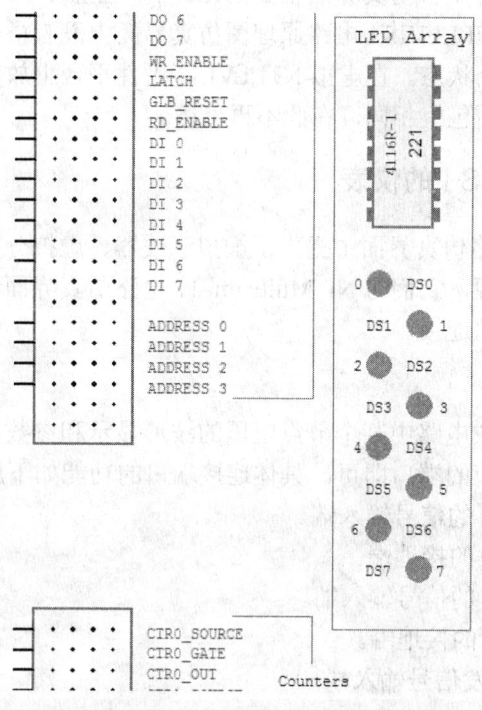

图 14-3　右侧横档区的 8 个发光二极管

执行 Tools»Show Breadboard 命令，虚拟 NI ELVIS I 电路仿真界面就会变成虚拟 NI ELVIS I 硬件平台仿真界面，如图 14-4 所示。

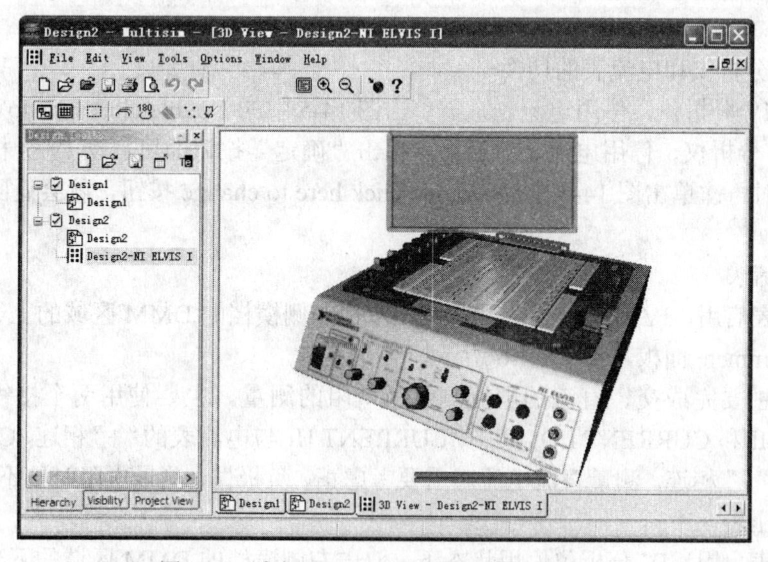

图 14-4　虚拟 NI ELVIS I 硬件平台仿真界面

注意：如果电路图文件是 NI Multisim 11 软件默认的 Design 文件，则显示的是虚拟面包板的仿真界面。

虚拟 NI ELVIS I 硬件平台仿真界面主要由元件盒、虚拟 NI ELVIS I 硬件平台和元件属性窗组成。由于在虚拟 NI ELVIS I 电路原理图仿真界面中没有搭建电路，故此时元件盒中无元件，元件盒呈现关闭状态。在虚拟 NI ELVIS I 硬件平台上放置元件和连线，以及上方的元件属性窗皆与虚拟面包板相同，在此不再赘述。

14.2.2 虚拟 NI ELVIS I 的仪表

虚拟 NI ELVIS I 电路仿真界面中提供了虚拟示波器、虚拟分析仪和电流表、虚拟函数信号发生器以及可变电源，它们与 NI Multisim 11 电路仿真界面的仪表具有相同的面板，本节主要介绍这些仪表的连接。

1. 虚拟示波器

虚拟示波器主要完成电路中某个节点电压的波形显示和参数测量，测量时只要将被测试节点连接到示波器相应的端口即可。具体连接端口的功能如下所述。

☑ CHA+：通道 A 的信号输入端。
☑ CHA−：通道 A 的接地端。
☑ CHB+：通道 B 的信号输入端。
☑ CHB−：通道 B 的接地端。
☑ TRIGGER：触发信号输入端。

2. IV 分析仪和电流表

启动虚拟 NI ELVIS I 电路仿真界面后，IV 分析仪和电流表共享相同的横档插孔，系统默认电流表启用，IV 分析仪停用，此时左侧横档中间的 IV 分析仪和电流表状态显示如图 14-5 所示。

（1）IV 分析仪和电流表的切换

要启用 IV 分析仪，停用电流表，需单击图 14-5 中的 Double click here to change 按钮，弹出启动 IV 分析仪、停用电流表对话框，单击“确定”按钮即可启动 IV 分析仪和停用电流表。若此时再次单击图 14-5 中的 Double click here to change 按钮，就会返回到系统默认仪表状态。

（2）电流表

在电流表启用、IV 分析仪停用状态下，双击左侧横档的 DMM 区域的上半部分，弹出 Ammeter/Ohmmete 面板，如图 14-6 所示。

电流表主要完成交、直流的电流测量或电阻的测量。主要使用两个接线端，分别是 CURRENT HI 和 CURRENT LO。其中，CURRENT HI 与电流表的“+”相连，CURRENT LO 与电流表的“−”相连。测量直流电流时需要考虑正、负极性，测量电阻时则不用区分极性。

（3）电压表

在电流表启用，IV 分析仪停用状态下，双击左侧横档的 DMM 区域的下半部分，弹出电压表面板，如图 14-7 所示。

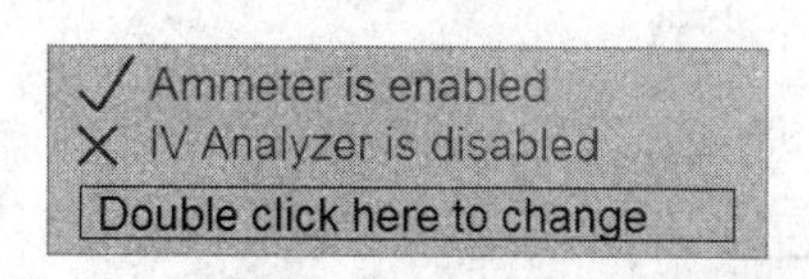

图 14-5　IV 分析仪和电流表的状态显示

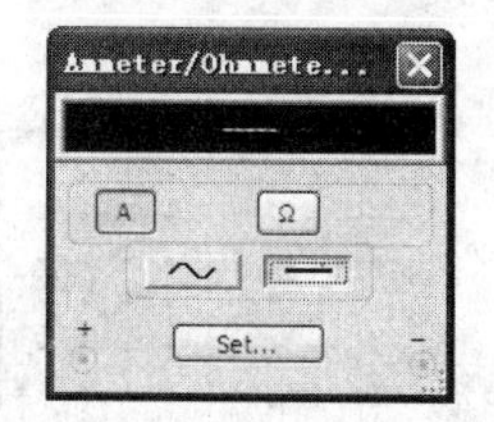

图 14-6　Ammeter/Ohmmete 面板

图 14-7　电压表

使用电压表测量时，主要使用 VOLTAGE HI 和 VOLTAGE LO 两个接线端，其中 VOLTAGE HI 与电压表的“+”端相连，VOLTAGE LO 与电压表的“-”端相连。

（4）IV 分析仪

在电流表停用，IV 分析仪启用状态下，双击左侧横档的 DMM 区域，弹出虚拟 IV 分析仪测试面板，如图 14-8 所示。

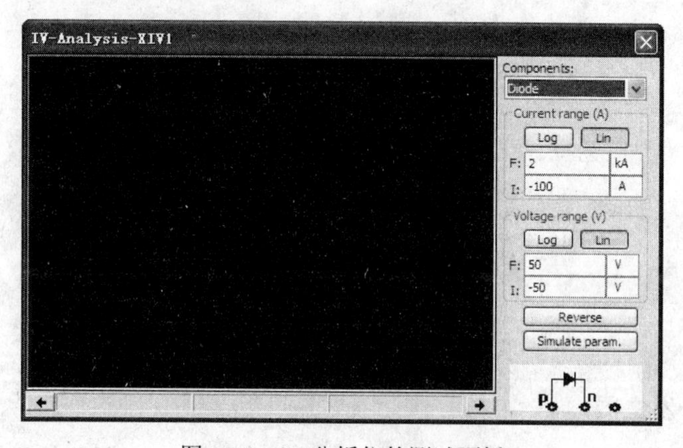

图 14-8　IV 分析仪的测试面板

IV 分析仪能够完成二极管、三极管和场效应管特性的测量。用到 3 个接线端，分别是 3-WIRE、CURRENT HI 和 CURRENT LO 等 3 个接线端，具体测量方法如图 14-9 所示。

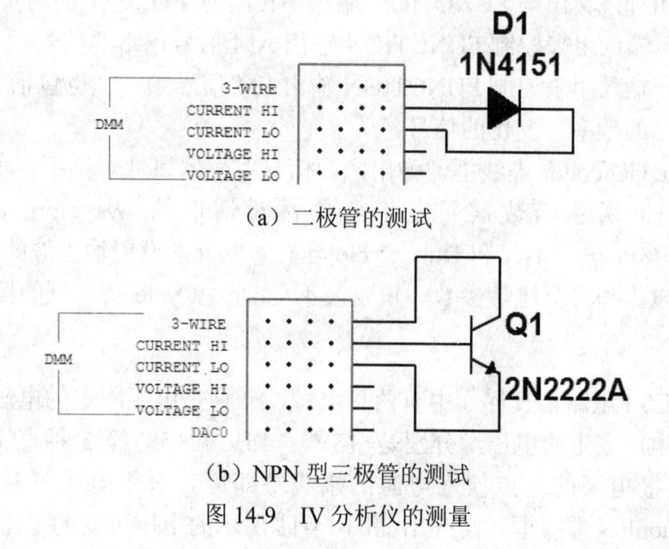

（a）二极管的测试

（b）NPN 型三极管的测试

图 14-9　IV 分析仪的测量

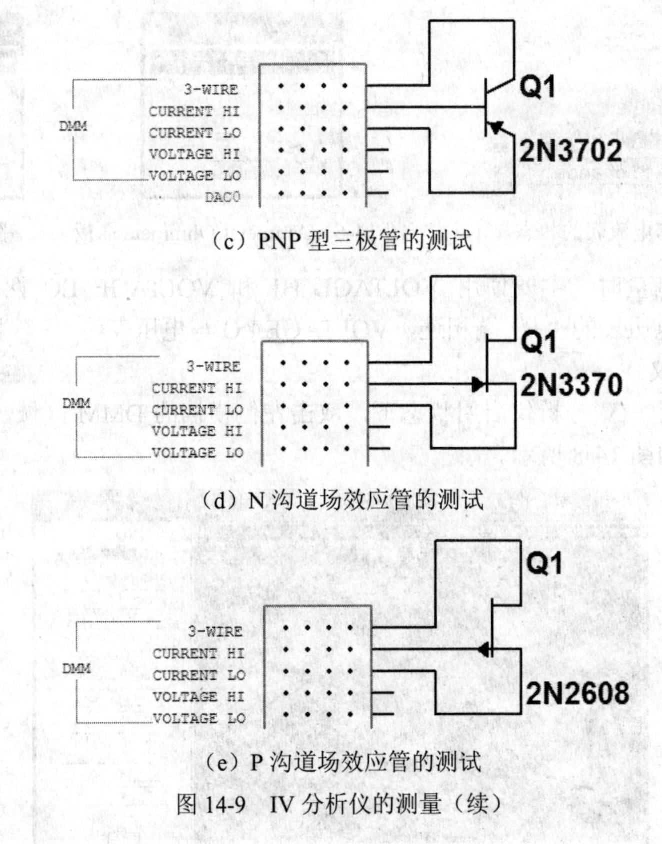

（c）PNP 型三极管的测试

（d）N 沟道场效应管的测试

（e）P 沟道场效应管的测试

图 14-9　IV 分析仪的测量（续）

3. 函数信号发生器

函数信号发生器用于在虚拟 NI ELVIS I 电路仿真界面中产生参数可控制的信号，它有 4 个接线端，其功能如下所述。

☑　FUNCTION：信号输出端。

☑　SYNC OUT：输出与 FUNCTION 端频率相同的 TTL 电平的同步信号。

☑　AM IN：输入用来控制 FUNCTION 输出 AM 信号包络的信号。

☑　FM IN：输入用来控制 FUNCTION 输出 FM 信号频率（也包括 SYNC OUT 输出同步信号的频率）变化的信号。

双击 Function Generator 虚线框，弹出函数信号发生器属性对话框，如图 14-10 所示。

通过图 14-10 所示函数信号发生器属性对话框的 Waveform、Frequency(F)、Amplitude(Vpk)、Voltage Offset 和 Duty Cycle 等文本框分别设置输出波的波形选择、频率、幅度、偏置直流电压和占空比等参数。正弦波不受 Duty Cycle 文本框的控制。

4. 电源

虚拟 NI ELVIS I 电路仿真界面中有两种电源，一种是电压固定的电压源，一种是电压可变的电压源。电压固定的电压源分别是+15V、-15V 和+5V 等 3 种直流稳压电源，连接时只要将需要连接电源的端点接入电源的接线端即可。对于电压可变的电压源，双击 Variable Power Supplies 虚线框，将弹出如图 14-11 所示的电压可变的电压源属性框。

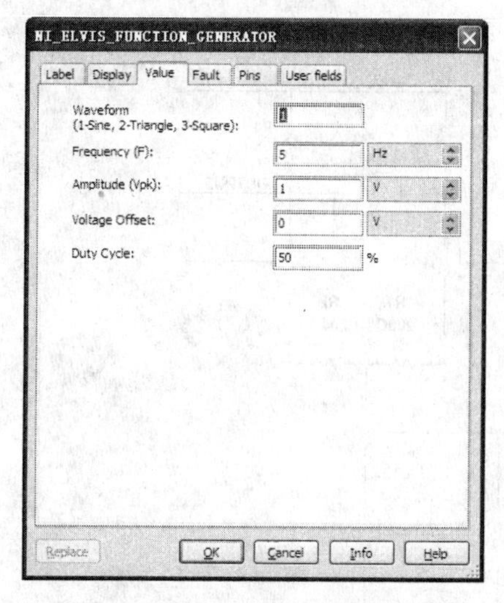

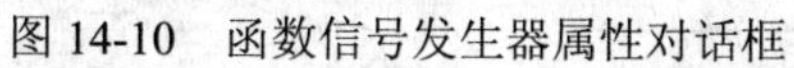
图 14-10　函数信号发生器属性对话框

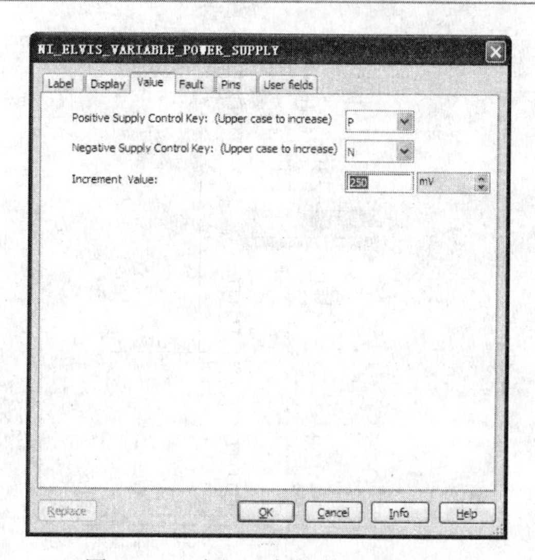

图 14-11　电压可变的电压源属性框

在图 14-11 中，通过 Positive Supply Control Key 下拉列表可以选择正可变电源的电压控制按键，默认的按键字母是 P。若要增加正可变电源的电压，需先按住 Shift 键，再按 P 键每次增加的电压增量由 Increment Value 条形框设置；直接按 P 键，可减少正可变电源的电压。

通过 Negative Supply Control Key 下拉列表可以选择负可变电源的电压控制按键，默认的按键字母是 N。若要增加负可变电源的电压，需先按住 Shift 键，再按 N 键。最大负电源电压为-12V，增大负电源电压实际上是往-12V 上增加。直接按 N 键，可减少负可变电源的电压。

注意：用电压表测量可变电压源的电压时，启动仿真后一定要先激活 NI Multisim 11 的标题框，否则，激活电压表后按 P 或 N 键，可变电压源的电压将不会发生改变。

14.2.3　虚拟 ELVIS I 应用举例

下面仍以第 13 章中在虚拟面包板上搭接差分放大电路为例说明在虚拟 NI ELVIS I 上搭接电路的具体步骤。其电路图如图 13-13 所示。

（1）创建虚拟 NI ELVIS I 电路图。启动 NI Multisim 11 软件，执行 File»New»NI ELVIS I Design 命令，NI Multisim 11 界面就会转换为虚拟 NI ELVIS I 电路仿真界面，在其上创建差分放大电路，建立好的电路如图 14-12 所示。

（2）启动虚拟面包板 3D 操作界面。执行 Tools»Show Breadboard 命令，虚拟 NI ELVIS I 电路仿真界面就会变成虚拟 NI ELVIS I 硬件平台仿真界面，如图 14-13 所示。

由图 14-13 可知，差分放大电路图中的元件已出现在元件盒中。

（3）放置元件。将元件盒中的所有元件合理地放置在虚拟面包板上，如图 14-14 所示。此时，可以发现电路图中的元件皆已变成绿色。

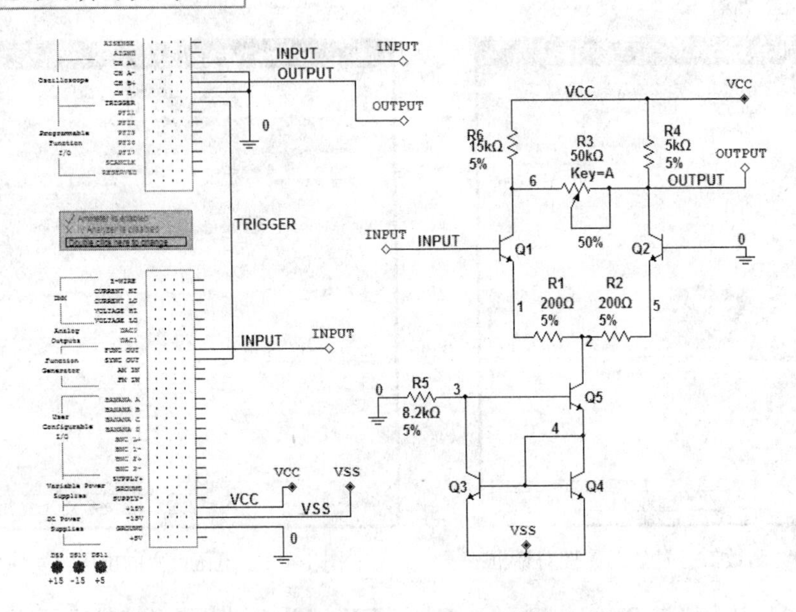

图 14-12　虚拟 NI ELVIS I 界面中的电路图

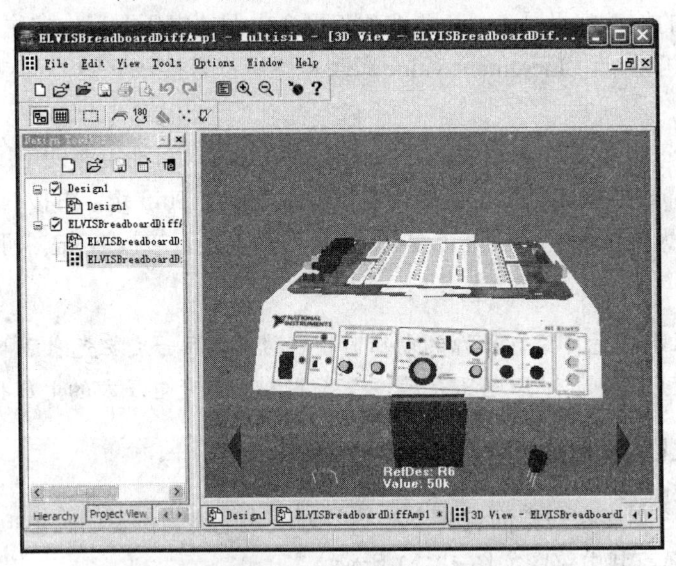

图 14-13　虚拟 NI ELVIS I 硬件平台仿真界面

图 14-14　虚拟 NI ELVIS I 中的元件布局图

（4）连接导线。根据图 14-14 所示的元件布局图，将网络标号相同的元件引脚用导线连接起来，连接好电路的虚拟 NI ELVIS I 平台如图 14-15 所示。

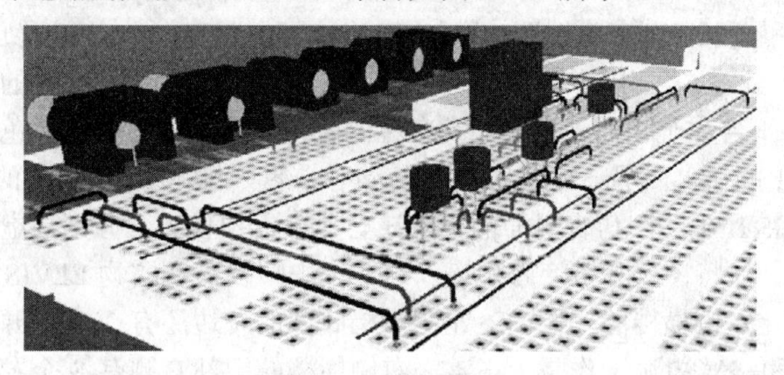

图 14-15　连接好电路的虚拟 NI ELVIS I 平台

至此，就完成了在虚拟 NI ELVIS I 平台上搭建差分放大电路的全过程。

14.3　虚拟 NI ELVIS II

14.3.1　虚拟 NI ELVIS II 操作界面

虚拟 NI ELVIS II 不是 NI Multisim 11 软件自带的一种虚拟仿真电路环境，安装完 NI Multisim 11 软件后，NI Multisim 11 电路仿真界面中菜单命令 File»New»NI ELVIS II Design 虚现，说明无法建立虚拟 NI ELVIS II 仿真电路。若需要建立虚拟 NI ELVIS II 仿真环境，需安装 NI 公司提供的 NI ELVISmx 软件，具体安装详见第 6 章。安装完毕后，执行 File »New»NI ELVIS II Design 命令，NI Multisim 11 电路仿真界面就变成虚拟 NI ELVIS II 电路仿真界面，如图 14-16 所示。

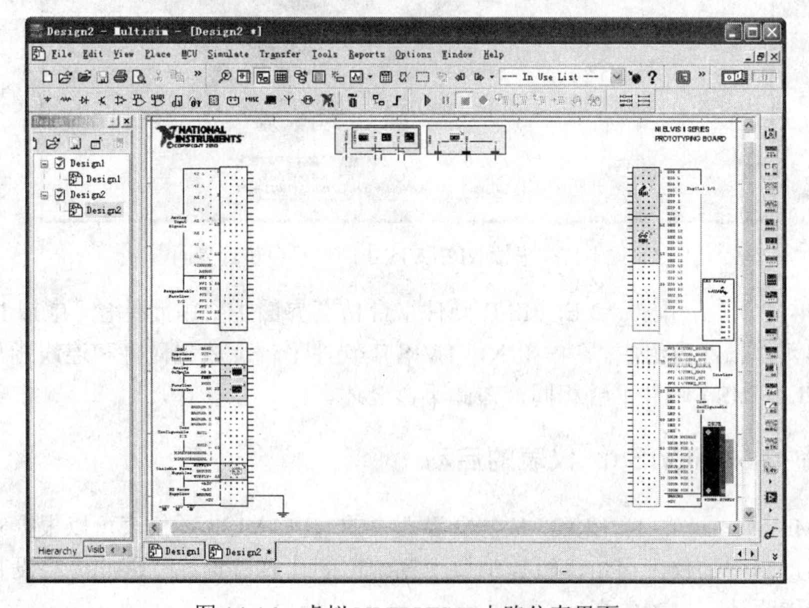

图 14-16　虚拟 NI ELVIS II 电路仿真界面

由图 14-16 可知，虚拟 NI ELVIS II 电路仿真界面左、右侧各有一个横档。左侧横档有模拟信号输入端、可编程函数的 I/O 端、阻抗分析仪、模拟信号输出端、函数信号发生器、用户配置 I/O 端和电源（可变电压源、+15V 直流稳压电源和-15V 直流稳压电源），右侧横档有数字 I/O 端、计数器、用户配置 I/O 端和+5V 直流电源。这些插孔的命名方法与实物 NI ELVIS II 硬件平台完全相同，只是插孔名称的颜色有两种，一种是黑色名称，表示能参与 NI Multisim 11 的仿真，另一种是绿色，表示不能参与 NI Multisim 11 的仿真。

在虚拟 ELVIS II 电路图仿真界面的顶部还有 4 个虚拟仪表，分别是虚拟示波器、虚拟动态信号分析仪、波特图仪和数字万用表。这 4 个虚拟仪表在实物 ELVIS II 中并不在面包板的上方，而是在左侧横档的左侧面。左侧横档底部的左边还有 3 个电源指示灯，用于指示+15V、-15V 和+5V 电源工作是否正常。右侧横档的中部右侧有 8 个发光二极管，用于指示连接到右侧横档 LED 0～LED 7 插孔中电路节点电平的高/低。

注意：左侧横条的下端有一个接地连线，它是仿真时的参考地，不要随便删除。

执行 Tools»Show Breadboard 命令，虚拟 NI ELVIS II 电路仿真界面就会变成虚拟 NI ELVIS II 硬件平台仿真界面，如图 14-17 所示。

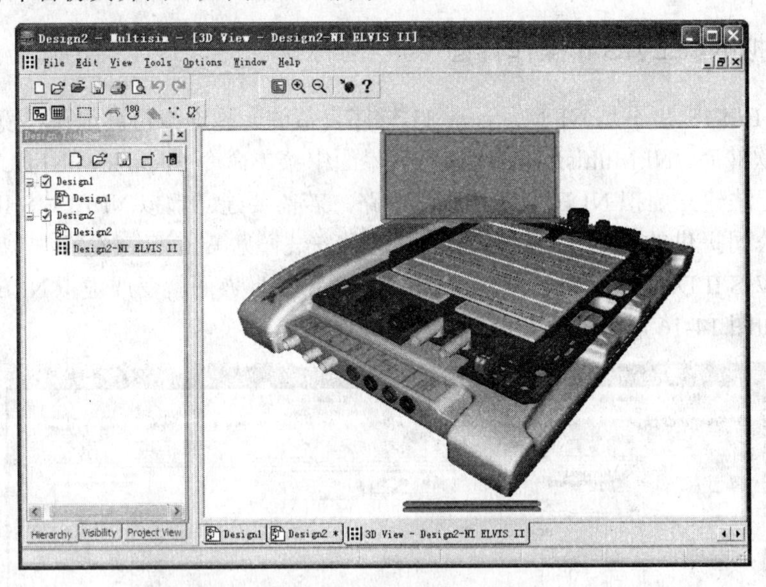

图 14-17　虚拟 NI ELVIS II 硬件平台仿真界面

由图 14-17 可知，虚拟 NI ELVIS II 硬件平台仿真界面主要由元件盒、虚拟 NI ELVIS II 硬件平台和元件属性窗组成。在虚拟 NI ELVIS II 硬件平台上放置元件和连线皆与虚拟面包板、虚拟 NI ELVIS I 硬件平台相同，在此不再赘述。

14.3.2　虚拟 NI ELVISmx 仪表的启动

在 NI Multisim 11 的 NI ELVIS II 仿真界面中的 NI ELVISmx 仪表可以根据实际情况被启用或停用，启用的仪表在仿真过程中要消耗一定的计算机资源。因此，将没有用到的仪表停用将会增强计算机的仿真速度。

如果 NI ELVISmx 仪表被停用，则一个红色的小“×”出现在该仪表图标的右上方，例如 NI ELVIS II 仿真界面顶部 3 个虚拟仪表停用时的状态如图 14-18 所示；反之，某仪表启用后，仪表图标右上方的红色的小“×”消失。

注意：直接从 NI ELVISmx 工具条放入 NI ELVIS II 仿真界面中的仪表不能被停用。

创建一个新的 NI ELVIS II 电路界面时，系统默认所有的 NI ELVISmx 仪表都被停用。启用这些仪表主要有以下 3 种方法。

方法 1：双击需要启用仪表的图标，该仪表就会弹出操作面板，同时启用该仪表。关闭该仪表的操作面板后就会发现仪表图标右上方的红色的小“×”消失。

方法 2：用鼠标指向需启用的仪表图标，单击鼠标右键，在弹出的快捷菜单中执行 NI ELVIS II Instrument Enabled in Simulation 命令，就会发现仪表图标右上方红色的小“×”消失，表示该仪表启用。

方法 3：执行 NI ELVIS II 电路仿真界面的 Simulate»NI ELVIS II Simulation Settings 命令，弹出 NI ELVIS II Simulation Settings 对话框，如图 14-19 所示。

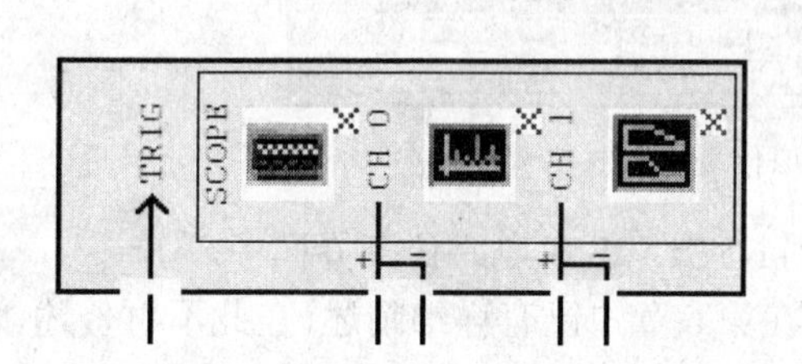

图 14-18　3 个虚拟仪表停用时的状态

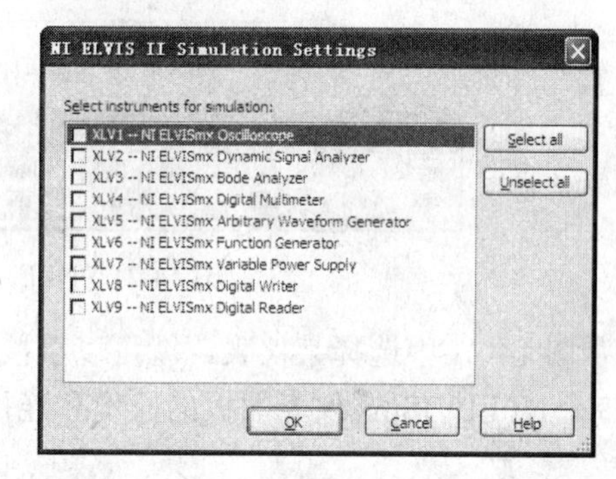

图 14-19　NI ELVIS II Simulation Settings 对话框

通过设置图 14-19 所示的对话框，就可以启用相应的 NI ELVISmx 仪表。

14.3.3　虚拟 NI ELVISmx 仪表的使用

在 NI ELVIS II 电路仿真界面中一共有 9 个 NI ELVISmx 仪表，分别是示波器、动态信号分析仪、波特图仪、数字万用表、任意波形发生器、函数信号发生器、可变电源、数字读取器和数字写入器。有以下 3 种方法将它们放入 NI ELVIS II 电路图仿真界面上。

方法 1：直接双击 NI ELVIS II 电路图仿真界面中左右两个横档上的仪表图标或顶部 4 个仪表图标，即可打开相应的 NI ELVISmx 仪表面板。例如，双击左侧横档上的图标，弹出如图 14-20 所示虚拟函数信号发生器面板。

方法 2：在 NI ELVIS II 电路仿真界面中，在菜单 Simulate»Instruments»NI ELVISmx Instruments 项下有 9 个 NI ELVISmx 仪表，选择需要的仪表即可将它放到 NI ELVIS II 电路图上。

方法 3：执行 Windows 中的“开始»所有程序»National Instruments»NI ELVISmx for NI ELVIS & NI myDAQ» NI ELVISmx Instrument Launcher”命令，Windows 界面中就会出现排

列在一起的 12 个 NI ELVIS 虚拟仪表，如图 14-21 所示。

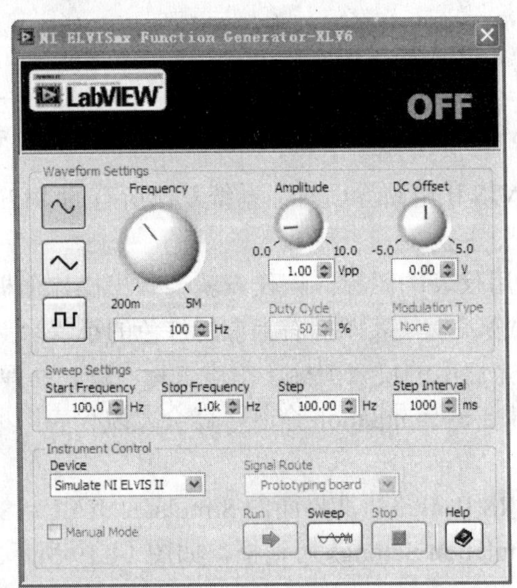

图 14-20　虚拟函数信号发生器面板

图 14-21　NI ELVIS 虚拟仪表工具条

从图 14-21 中选择某仪表，就可以直接放置到 NI ELVIS II 电路仿真界面中。

9 个 NI ELVISmx 仪表面板的操作和连接方法在第 6 章中已有详细阐述，在此不再赘述。

14.4　虚拟 NI myDAQ

NI myDAQ（Date Acquire）便携式仪器设备是 NI 公司推出的另一款适合大学工程类课程的便携式虚拟仪表设备，具有价位低、性价比高的特点，可以让学生在实验室之外，随时随地实践工程创新。在 NI Multisim 11 的电路仿真环境中也有对应的 NI myDAQ 的电路仿真。

虚拟 NI myDAQ 同虚拟 NI ELVIS II 一样，也不是 NI Multisim 11 软件本身自带的一种虚拟电路仿真环境，需安装 NI 公司提供的 NI ELVISmx 软件，具体安装详见第 6 章。安装完毕后，执行 File»New»NI myDAQ Design 命令，NI Multisim 11 电路仿真界面变成虚拟 NI myDAQ 电路仿真界面，如图 14-22 所示。

由图 14-22 可知，虚拟 NI myDAQ 电路仿真界面左上角是实物 NI myDAQ 的图片，界面的左侧是虚拟 NI myDAQ 的接线排，这些接线排在实物 NI myDAQ 的右侧面。仿真界面的顶部是虚拟万用表接线端，它在实物 NI myDAQ 的下侧面。仿真界面的右上角是 NI myDAQ 的图标。

注意：界面左侧的下端有一个接地连线，它是仿真时的参考地，不要随便删除。

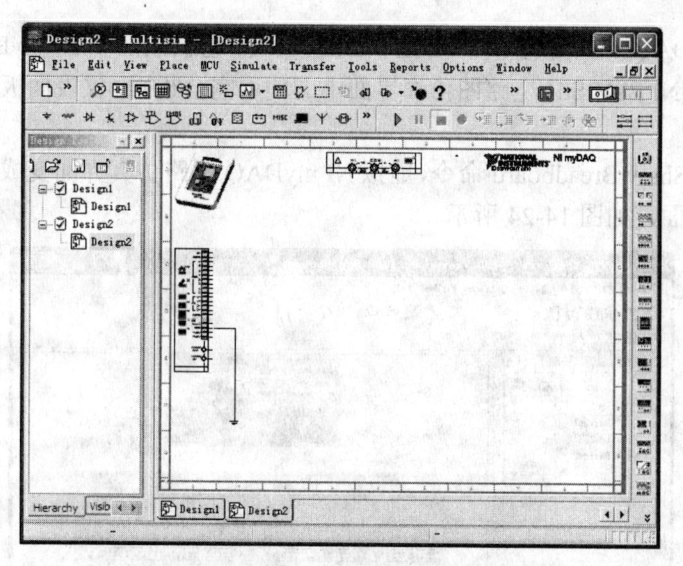

图 14-22　虚拟 NI myDAQ 电路仿真界面

界面左侧的接线排如图 14-23 所示，它由 20 芯的接线槽和 7 个可以在 NI myDAQ 电路图仿真界面中使用的虚拟仪表组成。20 芯的接线槽分别是+5V 电源、数字地、数据 I/O 端、模拟信号输入端、模拟地、模拟信号输出端、地、+15V 电源、-15V 电源、声音信号输入/输出端。7 个虚拟仪表分别是数据写入器、数据读取器、示波器、动态信号分析仪、波特图仪、任意信号发生器和函数信号发生器。

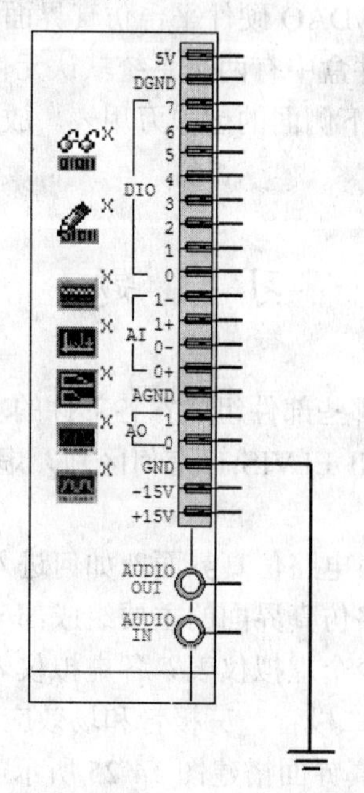

图 14-23　虚拟 NI myDAQ 的接线排

界面的顶部中间是虚拟数字万用表，它有 3 个香蕉接线插孔，分别是电压测量端、公共地和电流测量端。

虚拟 NI myDAQ 一共含有 8 个 NI ELVISmx 仪表，它们在虚拟 NI myDAQ 电路仿真界面中的使用与在 NI ELVIS II 电路图仿真界面中的使用完全相同，仪表面板的操作方法可详见第 6 章。

执行 Tools»Show Breadboard 命令，虚拟 NI myDAQ 电路仿真界面变成虚拟 NI myDAQ 硬件平台仿真界面，如图 14-24 所示。

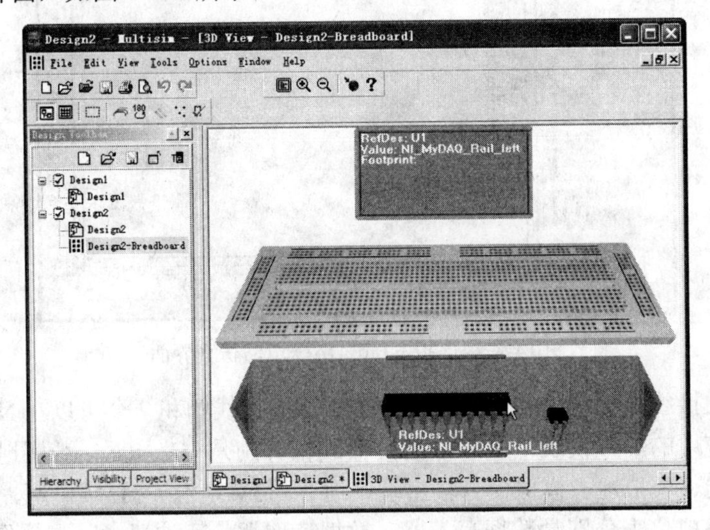

图 14-24　虚拟 NI myDAQ 硬件平台仿真界面

由图 14-24 可知，虚拟 NI myDAQ 硬件平台仿真界面由 3 部分组成，分别是元件属性窗、虚拟面包板和元件盒。在元件盒中有两个系统默认元件，一个是 NI myDAQ 右侧面 20 芯的接线槽，一个是 NI myDAQ 下侧面的虚拟万用表。放置元件的方法和连线方法均同虚拟面包板，在此不再赘述。

习　题

1．什么是 NI ELVIS？它由哪些部件组成？各部件的功能是什么？

2．虚拟 NI ELVISI 和虚拟 NI ELVIS II 有何区别？虚拟 NI ELVIS 和虚拟 NI myDAQ 有何区别？

3．如何进入虚拟 NI ELVIS I 电路仿真界面？如何进入 NI ELVIS I 的 3D 界面？

4．简述虚拟 NI ELVIS I 电路仿真界面的主要组成部分，各个部分的功能是什么？

5．虚拟 NI ELVIS I 共有多少个虚拟仪表？各虚拟仪表的引脚功能是什么？

6．试用 IV 分析仪仿真分析二极管、三极管和场效应管的特性曲线。

7．试在 NI ELVIS I 电路仿真界面搭建图 14-25 所示电路，然后在 NI ELVIS I 电路的 3D 界面模拟搭建实际电路。

8．简述虚拟 NI ELVIS II 电路仿真界面的主要组成部分，各个部分的功能是什么？

9．虚拟 NI ELVIS II 共有多少个虚拟仪表？

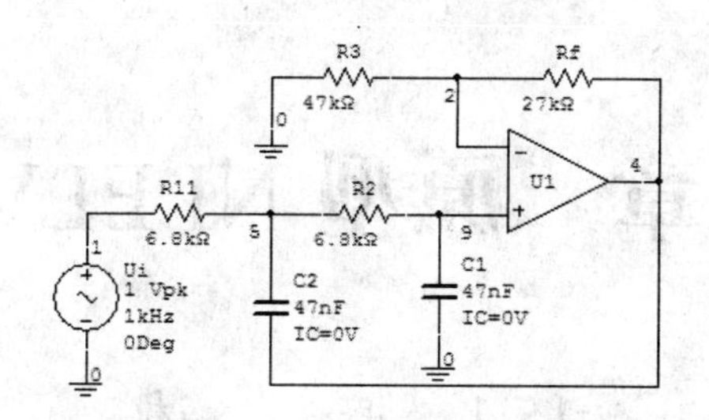

图 14-25　二阶有源低通滤波器电路

10．试在 NI ELVIS II 电路仿真界面搭建图 14-26 所示电路，然后在 NI ELVIS II 电路的 3D 界面模拟搭建实际电路。

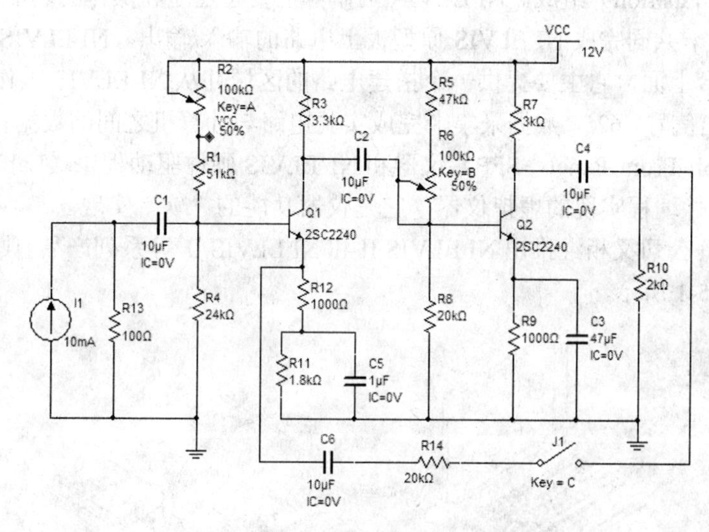

图 14-26　电路图 1

11．什么是 NI myDAQ？它与 NI ELVIS 的主要区别是什么？

12．NI myDAQ 输入、输出信号有哪些？自带的虚拟仪表是什么？

13．试在 NI ELVIS II 电路仿真界面搭建图 14-27 所示电路，然后在 NI ELVIS II 电路的 3D 界面模拟搭建实际电路。

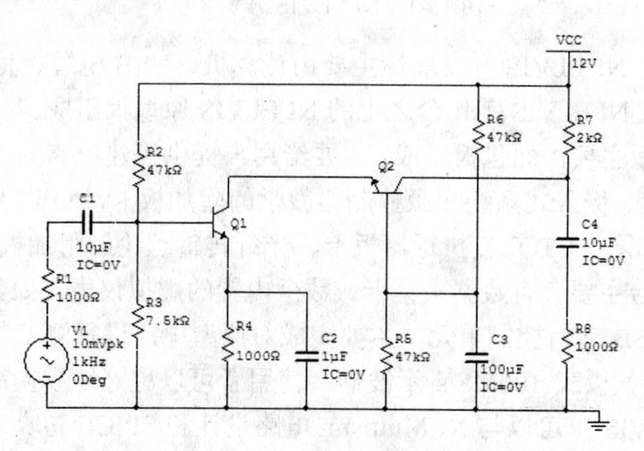

图 14-27　电路图 2

第 15 章 原型 NI ELVIS II$^+$

15.1 概 述

最早的 NI ELVIS 平台是由 NI ELVIS 原型板、NI ELVIS 工作台和 6251 的数据采集卡（DAQ：Data Acquisition）组成。NI ELVIS 工作台主要起连通和操作的功能，NI ELVIS 工作台与数据采集卡共同完成 NI ELVIS 原型板上电路的输入/输出。NI ELVIS 原型板放置在 NI ELVIS 工作台上面，它主要提供一个搭建电路的区域并从 NI ELVIS 工作台接入电路所需要的输入/输出信号。6251 数据采集卡完成实验电路与计算机之间的数据传输。软件包括软件前面板（Soft Front Panel，SFP）仪器和 NI ELVIS 硬件驱动程序（LabVIEW APIs）。SFP 仪器属于软件编程实现的虚拟仪器，它是仪器功能的“软”实现。

随后美国 NI 公司又相继推出 NI ELVIS II 和 NI ELVIS II$^+$等系列产品。典型的 NI ELVIS 开发环境如图 15-1 所示。

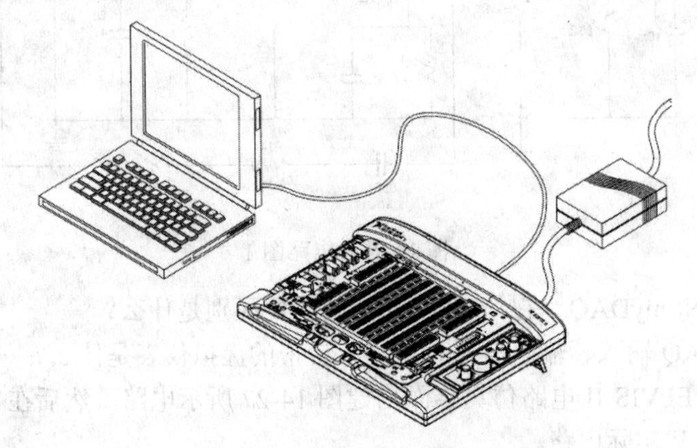

图 15-1 NI ELVIS 开发环境

由图 15-1 可知，NI ELVIS 开发环境主要由计算机、USB 电缆、稳压电源、NI ELVIS 工作台，以及放置在 NI ELVIS 工作台之上的 NI ELVIS 原型板组成。

NI ELVIS 原型板主要由面包板组成，主要给用户提供搭建电路的平台。NI 公司还配备了应用于控制、通信、嵌入式系统和微控制器教学的附加板卡，NI ELVIS II$^+$还新增了机电传感器板卡、垂直起降（VTOL）执行器板卡、光纤传输理论的附加板卡等。

NI ELVIS 工作台主要含有数据采集卡、数个内置的虚拟仪表（如数字万用表、示波器等）、与计算机的 USB 通信控制单元，主要完成对原型电路进行测量与数据传输任务。NI ELVISII$^+$还集成了一款板载 100MS/s 示波器，使用者可以更好地掌握高频测量技巧和高频电路的设计。NI ELVIS II$^+$可以与 NI Multisim 电路设计和 SPICE 仿真软件紧密集成，进行交互式仿真、电路分析实验和印刷电路板（PCB）创建。

NI ELVIS 加载了 LabVIEW 创建的软件前面板仪器以及仪器的源代码，用户无须编程可直接使用这些仪器，用户还可在 LabVIEW 下通过 Lab VIEW 修改软件前面板仪器的源代码来增强软件前面板仪器的功能。

3 种 NI ELVIS 平台特性比较如表 15-1 所示。

表 15-1　3 种 NI ELVIS 平台特性比较

特　　性	NI ELVIS I	NI ELVIS II	NI ELVIS II^{+}
12 种软件前面板仪器	√	√	√
PCI/PCMCIA	√	–	–
集成 USB	–	√	√
隔离数字万用表	–	√	√
NI DAQmx 软件	–	√	√
完美集成 Multisim	–	√	√
100MHz/s 示波器	–	–	√

本章以 NI ELVIS II^{+}为例说明 NI ELVIS 的硬件组成、主要性能指标和 NI ELVISmx 驱动程序。

15.2　原型 NI ELVIS II^{+}硬件

15.2.1　原型 NI ELVIS II^{+}硬件平台

NI ELVIS II^{+}硬件主要由 NI ELVIS II^{+}工作台和 NI ELVIS II^{+}原型板组成。

1. NI ELVIS II^{+}工作台

NI ELVIS II^{+}工作台如图 15-2 所示。

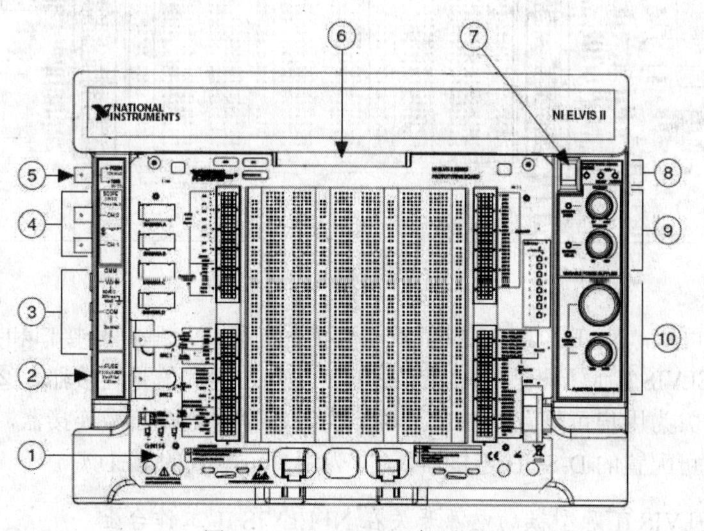

图 15-2　NI ELVIS II^{+}工作台

其中，① 为放置在 NI ELVIS II$^+$工作台之上的 NI ELVIS II$^+$原型板，② 为数字万用表的保险丝，③ 为虚拟数字万用表的表笔插孔，④ 为虚拟示波器的探头插孔，⑤ 为虚拟函数信号发生器的 BNC 输出口，⑥ 为 NI ELVIS II$^+$原型板与 NI ELVIS II$^+$工作台之间的信号连接器，⑦ 为 NI ELVIS II$^+$原型板的电源开关，⑧ 为 NI ELVIS II$^+$工作台的状态指示灯，⑨ 为可变电源的电压调整旋钮，⑩ 为函数信号发生器的频率、振幅手动调节旋钮。此外，在 NI ELVIS II$^+$工作台的侧面还有 NI ELVIS II$^+$工作台的电源开关和 USB 插孔。

注意：实际使用 NI ELVIS II$^+$套件时，被测电压不允许超过规定的极限值。如示波器的最大直流电压为 10V，最大交流电压的峰值为 20V；数字万用表的最大直流电压为 60V，最大交流电压的峰值为 20V。

NI ELVIS II$^+$工作台的状态指示灯有 3 个发光二极管，一个是电源指示灯，另外两个是 USB 状态指示灯。

2. NI ELVIS II$^+$原型板

NI ELVIS II$^+$原型板如图 15-3 所示。

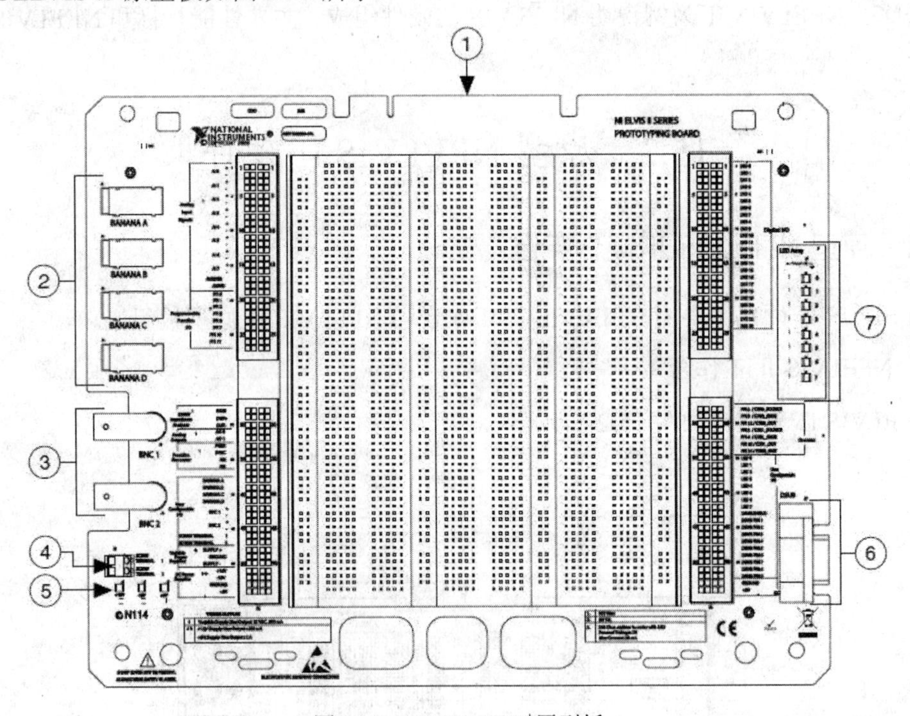

图 15-3 NI ELVIS II$^+$原型板

由图 15-3 可知，NI ELVIS II$^+$原型板主要由面包板、一些信号接口和指示灯组成。其中，① 为 NI ELVIS II$^+$原型板与 NI ELVIS II$^+$工作台之间的信号连接器，② 为用户可配置的香蕉插孔，③ 为用户可配置的 BNC，④ 为带螺钉固定的信号连接器，⑤ 为电源指示灯，⑥ 为用户可配置的 D-SUB 连接器，⑦ 为用户可配置的 LED 灯。

注意：NI ELVIS II$^+$原型板的电源开关在 NI ELVIS II$^+$工作台上。

15.2.2 NI ELVIS II$^+$原型板信号

在图 15-3 所示的 NI ELVIS II$^+$原型板左右两侧各配有两条有信号定义的面板条，各插孔信号定义如表 15-2 所示。

表 15-2　NI ELVIS II$^+$原型板的信号定义

信号名称	描　述
AI<0..7>±	模拟输入通道 0～7
AI SENSE	在 NRSE 模式中作为模拟输入感应信号
AI GND	模拟输入地
PFI<0..2>,<5..7>,<10..11>	PFI 线
BASE	基极激励
DUT+	测量电容、电感或阻抗分析仪、2 线、3 线分析仪的激励终端
DUT−	测量电容、电感或阻抗分析仪、2 线、3 线分析仪的虚拟地
AO<0..1>	模拟输出通道 0 和 1
FGEN	函数信号发生器的输出端
SYNC	函数信号发生器的输出信号的同步信号
AM	函数信号发生器输出振幅调制信号的调制信号输入端
FM	函数信号发生器输出频率调制信号的调制信号输入端
BANANA<A..D>	香蕉插孔 A-D
BNC<1..2>±	BNC 连接器 1 和 2
SCREW TERMINAL<1..2>	用户可配置的 I/O 端
SUPPLY+	可变正电源的输出端
GROUND	地
SUPPLY−	可变负电源的输出
+15V	+15V 固定电源输出端
−15V	−15V 固定电源输出端
GROUND	地
+5V	+5V 固定电源输出端
DIO<0..23>	数字 I/O 端
PFI8/CTR0_SOURCE	静态数字 I/O 端，或计数器 0 的 CTR0_SOURCE 端
PFI9/CTR0_GATE	静态数字 I/O 端，或计数器 0 的 CTR0_GATE 端
PFI12/CTR0_OUT	静态数字 I/O 端，或计数器 0 的 CTR0_OUT 端
PFI3/ CTR1_SOURCE	静态数字 I/O 端，或计数器 1 的 CTR1_SOURCE 端
PFI4/CTR1_GATE	静态数字 I/O 端，或计数器 1 的 CTR1_GATE 端
PFI13/CTR1_OUT	静态数字 I/O 端，或计数器 1 的 CTR1_OUT 端

续表

信 号 名 称	描 述
PFI14/FREQ_OUT	静态数字 I/O 端，或 FREQ_OUT
LED<0..7>	LED 灯 0～7
DSUB SHIELD	连接 DSUB 接口的 DSUB SHIELD 端
DSUB PIN<1..9>	DSUB 接口的引脚 1～9
+5V	+5V 直流稳压电源输出端
GROUND	地

注意：① NI ELVIS II$^+$原型板中的+15V、-15V 和+5V 电源皆通过接插件与 NI ELVIS 工作台中相应的电源相连，可直接使用 NI ELVIS II$^+$原型板中的电源。

② NI ELVIS II$^+$工作台中的数字万用表表笔、示波器探头并没有通过内部连线连接到 NI ELVIS 原型板上。

15.2.3 原型 NI ELVIS II$^+$主要性能指标

NI ELVIS II$^+$主要性能指标如下：

（1）模拟输入的最大采样速率为 1.25MS/s（单通道），最大输入电压为±10V。

（2）数字 I/O 端口有 24 个独立端口。

（3）任意波形发生器/模拟输出的数模转换器分辨率为 16 位。

（4）频率发生器的最大频率为 1MHz。

（5）数字万用表测量的最大直流电压为 60V，最大交流电压的峰值为 20V，最大直流电流为 2A。

（6）示波器通道最大输入直流电压为 10V，最大输入交流电压的峰值为 20V。

（7）电容的测量范围是 50pF～500μF，电感的测量范围是 100μH～100mH。

（8）函数发生器产生正弦波的频率范围是 0.186Hz～5MHz，方波与三角波的频率范围是 0.186Hz～1MHz，输出波形的最大峰峰值为 10V。

（9）示波器的最大采样速率为 100MS/s（双通道）。

（10）±15V 电源最大输出电流为 500mA，+5V 电源最大输出电流为 500mA。

（11）环境工作温度为 10℃～35℃，最大保存温度为 65℃，最高海拔为 2000m。

详细性能指标见附录 B。

15.3 NI ELVISmx 软件

NI 公司通过 NI ELVISmx 软件为用户提供了 12 种虚拟仪器，还公开了它们的源代码。用户不但能够通过虚拟仪表的交互式界面对仪器进行设置，而且可以根据自己的需求在 LabVIEW Express VI 或 LabVIEW Signal Express 中对虚拟仪表的功能进行重新配置，从而达到自定义采集数据并对其进行更为复杂分析的目的。

15.3.1　使用 NI ELVISmx 软面板仪表

NI 公司提供了 12 种 NI ELVISmx 软面板仪表，用户可以基于 NI ELVIS II+工作台直接使用。具体使用步骤如下：

（1）搭建 NI ELVIS II+使用环境。

（2）接通 NI ELVIS II+工作台的电源开关。计算机窗口右下角显示“发现 NI ELVIS II+!，单击此处可以使用该设备”对话框，单击后弹出“新数据采集设备”对话框，如图 15-4 所示。

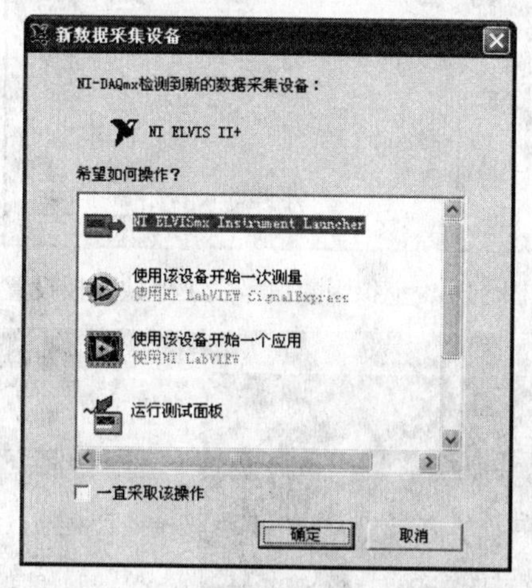

图 15-4　“新数据采集设备”对话框

注意：此时，USB 的 ACTIVE 指示灯闪烁，表示正在与计算机通信，随后熄灭。接着 USB 的 READY 指示灯常亮，表示 NI ELVIS 工作台已经通过高速 USB 连接到主机。

在图 15-4 所示对话框中，可以选择 NI ELVISmx Instrument Launcher，NI ELVIS 仪表启动器显示在计算机的桌面上，如图 15-5 所示。

图 15-5　NI ELVIS 仪表启动器

注意：① 还可以在 Windows 中启动 NI ELVIS 仪表启动器，执行“开始»所有程序»National Instruments»NI ELVISmx for NI ELVIS & NI myDAQ»NI ELVISmx Instrument Launcher”命令即可。

② NI ELVIS 虚拟仪表只能拖放一次，且部分虚拟仪表由于使用相同的 NI ELVIS 资源，不可同时使用。

启动虚拟仪表只要双击该虚拟仪表的图标即可。例如，让虚拟函数信号发生器产生频率为 100Hz、振幅为 1Vpp 的正弦波信号，软面板设置如图 15-6 所示；用虚拟示波器 CH0

直接观察 NI ELVIS II⁺工作台 FGEN 的 BNC 输出波形，如图 15-7 所示。

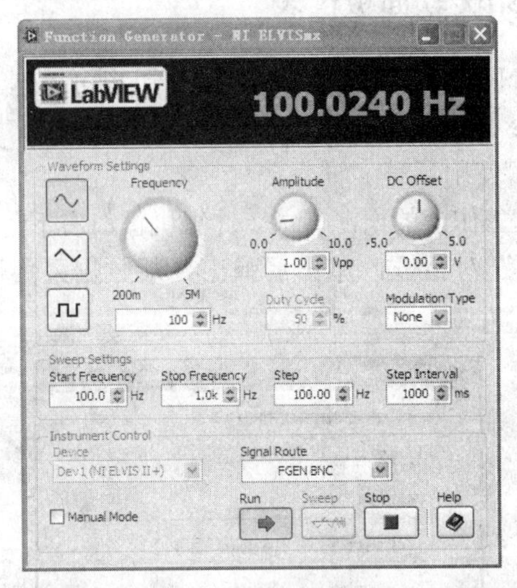

图 15-6　虚拟函数信号发生器软面板设置

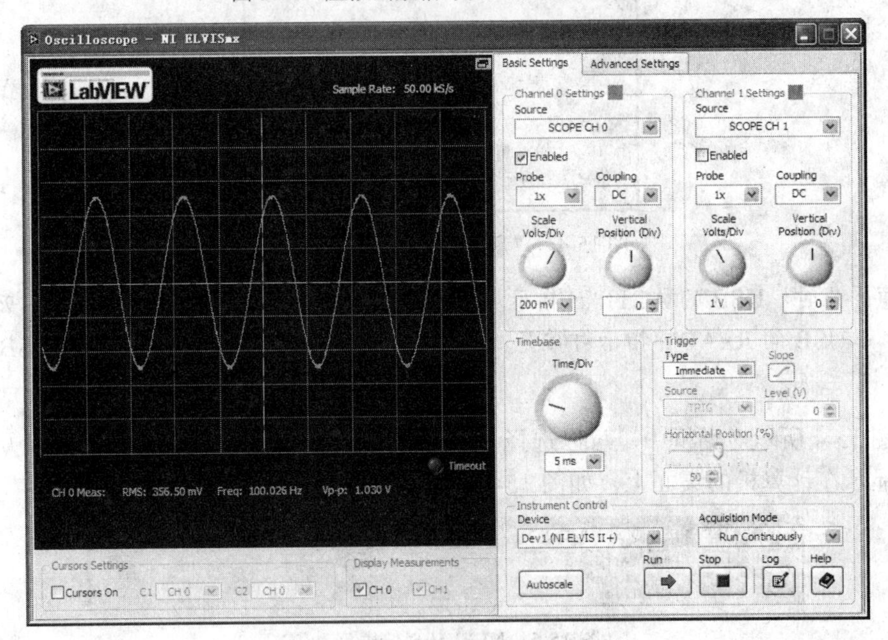

图 15-7　虚拟示波器 CH0 显示波形

由图 15-7 可知，虚拟示波器显示信号的频率为 100.026Hz、峰峰值为 1.030V，与虚拟函数信号发生器实际产生的信号频率为 100.0240Hz、峰峰值为 1.00V 基本相同（存在微小的误差）。由此可得出结论：NI ELVIS II⁺工作台的 FGEN BNC 端口输出信号就是虚拟函数信号发生器软面板所设置的信号。

注意：一定要接通 NI ELVIS II⁺工作台的电源开关，并且 USB 的 READY 指示灯亮后，方可启动 NI 公司提供的 12 种虚拟仪表，否则先启动的虚拟仪表在运行时会报错。

15.3.2　使用 NI ELVISmx 快捷虚拟仪表

NI ELVISmx 快捷虚拟仪表是将一些基本的 LabVIEW 虚拟仪表组合成具有一定功能的仪表，用户可以通过交互界面来配置它们的功能。这样就可以使经验不足的用户开发使用 LabVIEW 的虚拟仪表。具体使用 NI ELVISmx 快捷虚拟仪表的操作步骤如下：

（1）启动 LabVIEW 2010，弹出 LabVIEW 2010 的启动界面，如图 15-8 所示。

（2）单击 LabVIEW 2010 的启动界面“新建”下的 VI 图标，弹出未命名 1 的程序框图窗口和前面板窗口，执行程序框图窗口查看菜单下的函数命令，弹出如图 15-9 所示的“函数”窗口。

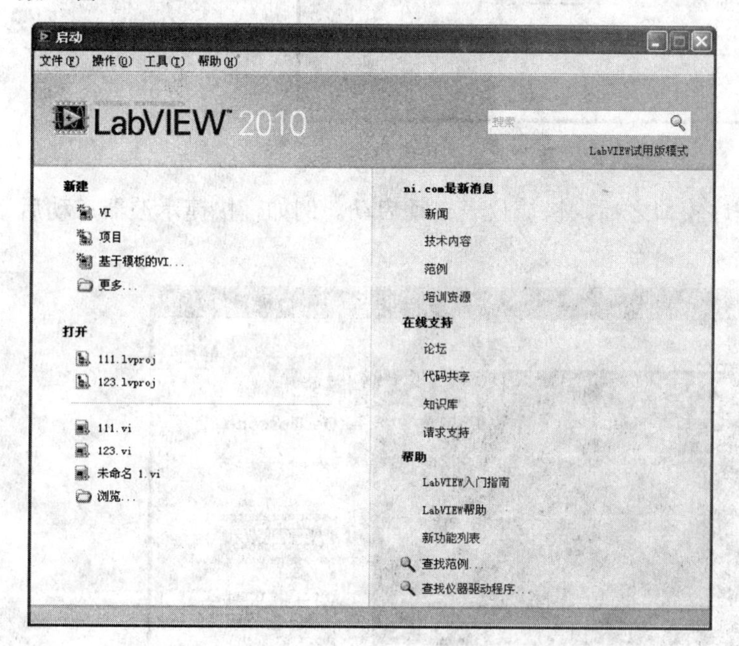

图 15-8　LabVIEW 2010 的启动界面

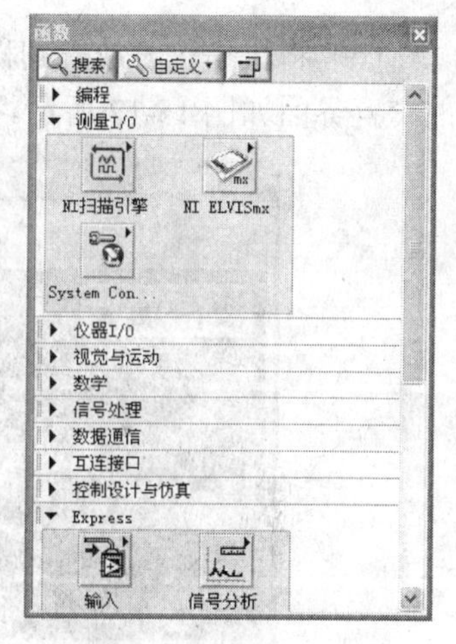

图 15-9　“函数”窗口

注意：安装 NI ELVISmx 4.2.3 后，LabVIEW 2010 函数窗口中的测量 I/O 项下才会出现 NI ELVISmx 图标。

（3）在图 15-9 所示“函数”窗口中，用鼠标右击测量 I/O 项下 NI ELVISmx 图标，弹出 LabVIEW 2010 软件自带的 NI ELVISmx 快捷仪表，如图 15-10 所示。

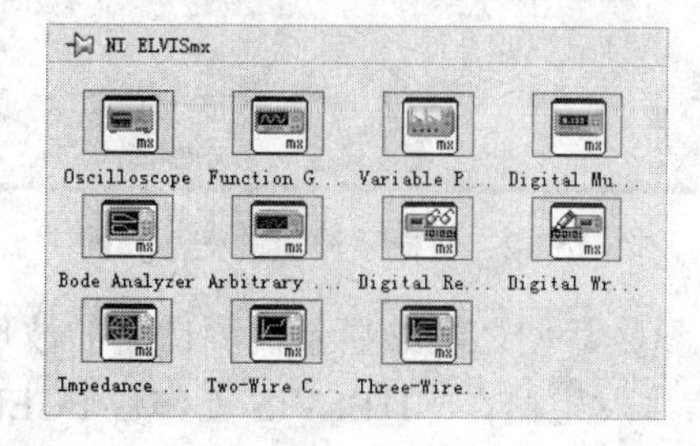

图 15-10　LabVIEW 2010 软件自带的 NI ELVISmx 快捷仪表

（4）选择所需要的快捷仪表。用鼠标指向所需要的快捷仪表，单击右键，在弹出的快捷菜单中选择“放置 VI”命令，移动鼠标到前面板窗口，单击左键，即可将选中的快捷仪表放置到程序窗口。例如，将快捷示波器放置到程序窗口如图 15-11 所示。

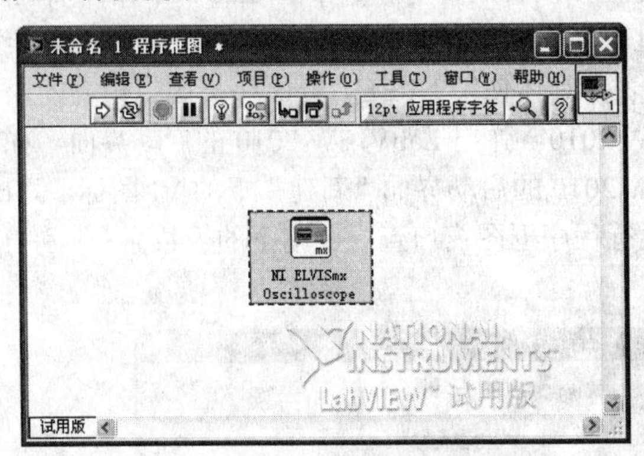

图 15-11　将快捷示波器放置到程序窗口

（5）将快捷仪表放置到程序窗口之后，快捷仪表自动启动。例如，快捷示波器启动后的交互界面如图 15-12 所示。

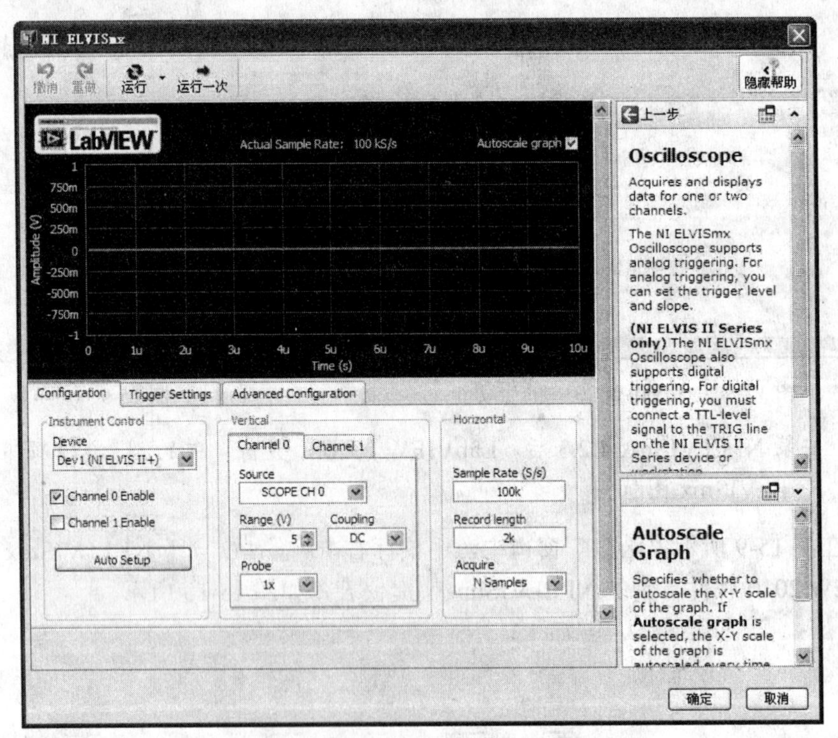

图 15-12　快捷示波器的交互界面

（6）配置快捷示波器的参数，使之能够显示被测试点的波形。例如，用该快捷示波器检测图 15-6 所示虚拟函数信号发生器在 NI ELVIS 工作台 FGEN 的 BNC 输出信号波形，单击图 15-12 中的“运行”按钮，快捷示波器检测到的波形如图 15-13 所示。

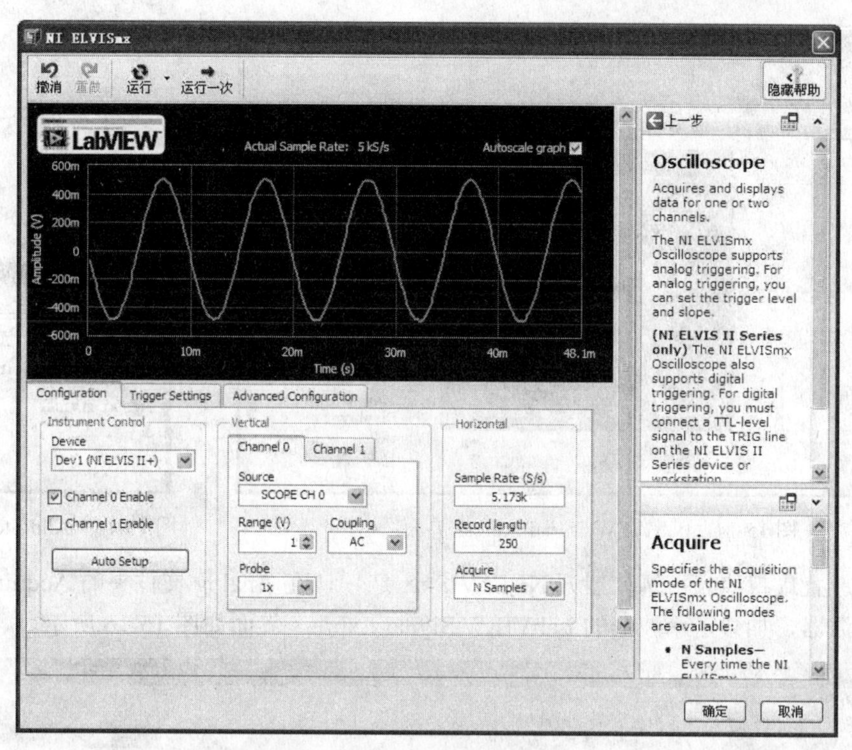

图 15-13　快捷示波器检测到的波形

15.3.3　在 LabVIEW Signal Express 中使用 NI ELVISmx 仪表

NI LabVIEW Signal Express 是一款基于 NI LabVIEW 图形化编程的交互式测量软件。它扩展了 LabVIEW 图形化系统设计平台，用户可以快速进行数据采集、产生、分析、对比和存储，并导入 Microsoft Excel 等电子数据表中，还提供了数据记录特性，包括警报监控和条件记录等。LabVIEW Signal Express 还可以比较虚拟仿真数据和实际测量数据，有效扩展了虚拟仪表的功能。

LabVIEW Signal Express 软件需要另外安装，并没有在 NI Circuit Design Suite 11 套件或 NI ElVISmx Software Suite 4.2.3 套件中，可以向 NI 公司索取 NI LabVIEW Signal Express LE 光盘（使用 30 天的完全版）或从 NI 网站下载，安装完毕即可使用。基于 NI ELVIS 的 LabVIEW Signal Express 软件使用方法如下：

（1）启动 LabVIEW Signal Express 软件，弹出如图 15-14 所示的 LabVIEW Signal Express 界面。

LabVIEW Signal Express 工作界面主要由左侧的项目窗口、中间的数据窗口和右侧的帮助窗口组成。

（2）单击项目窗口中的 Add Step 按钮，弹出 Add Step 对话框，如图 15-15 所示。

若已经安装了 NI ElVISmx Software Shite 4.2.3 套件，就会在 Add Step 对话框中出现 NI ELVISmx 选项。

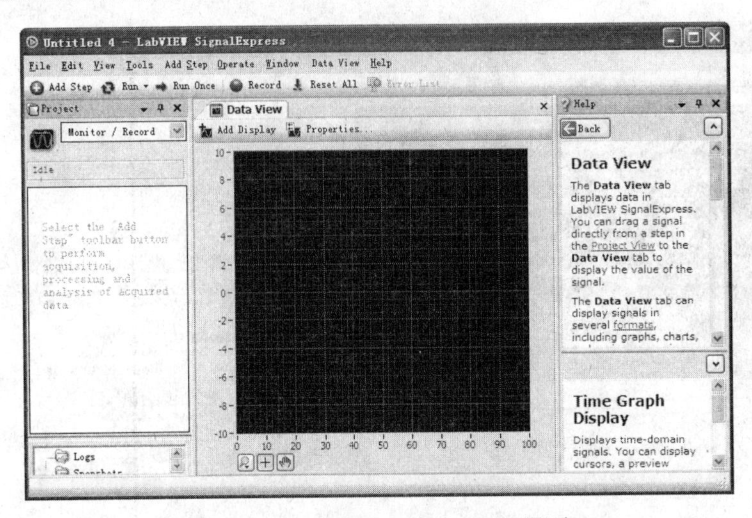

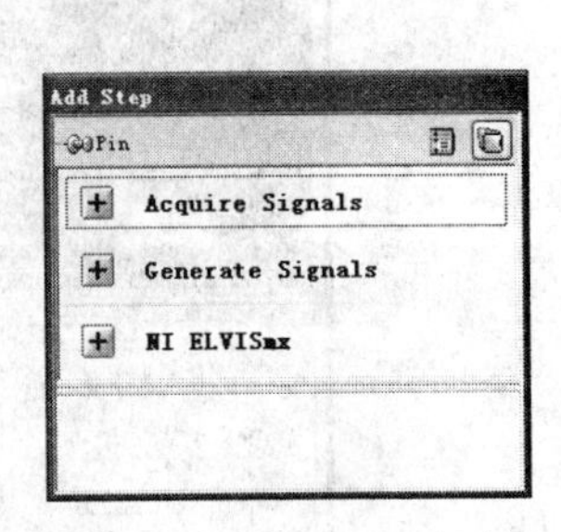

图 15-14　LabVIEW SignalExpress 界面　　　　图 15-15　Add Step 对话框

（3）放置虚拟仪表。例如展开 NI ELVISmx 选项，在 Analog 文件夹的 Acquire Signals 下选中示波器，加载了示波器的 LabVIEW Signal Express 界面如图 15-16 所示。

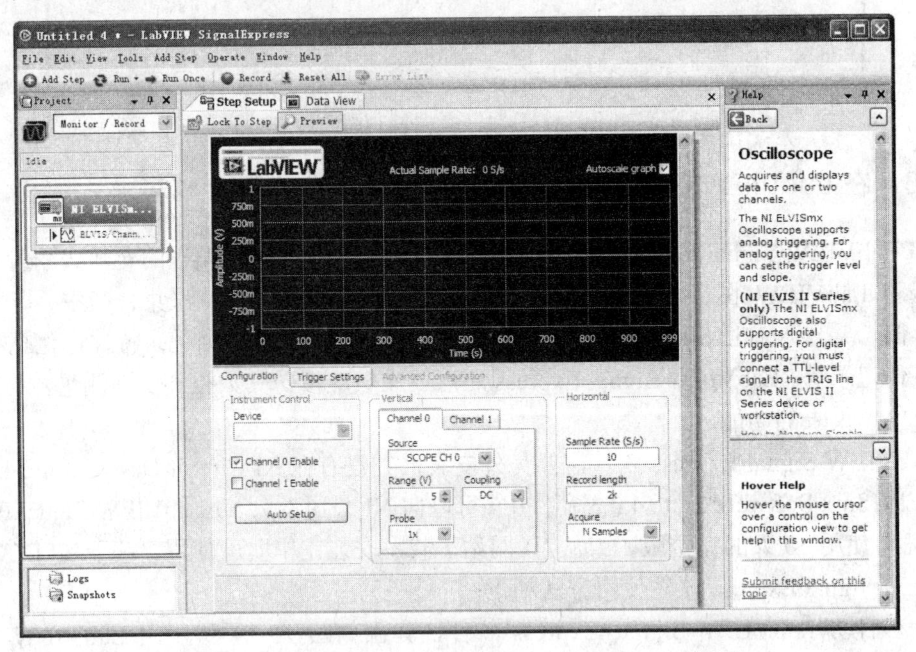

图 15-16　加载了示波器的 LabVIEW SignalExpress 界面

（4）完成虚拟仪表面板配置，即可进行测量。例如启动函数信号发生器，输出正弦波，其参数默认，用 NI ELVIS 工作台的虚拟示波器 CH0 探头测量 NI ELVIS 工作台虚拟函数信号发生器的 FGEN BNC 输出端信号，然后在 LabVIEW Signal Express 界面中单击 Run 按钮，LabVIEW Signal Express 中的虚拟示波器显示的信号如图 15-17 所示。

注意：若显示的波形不理想，可能是某些参数设置不合理，单击 Auto Setup 按钮即可。

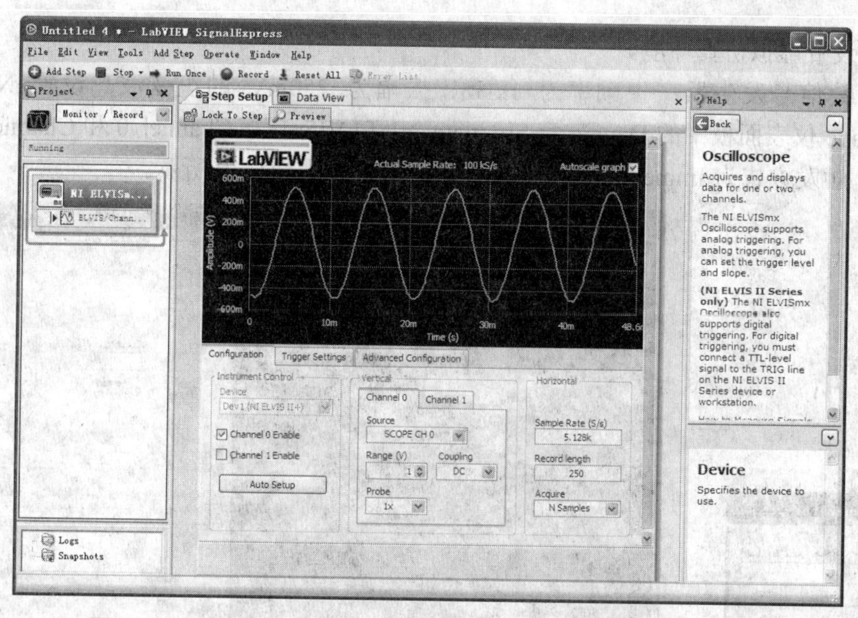

图 15-17　LabVIEW SignalExpress 界面中的虚拟示波器显示的信号

15.4　应 用 举 例

本节以三极管共发射极放大电路为例，具体说明 NI ELVIS II⁺在电路分析与设计中的应用。

1. 创建仿真电路

（1）启动 NI Multisim 11 仿真软件。

（2）在 NI Multisim 11 电路仿真界面中创建三极管共发射极放大电路，并放置相应的虚拟仪表，如图 15-18 所示。

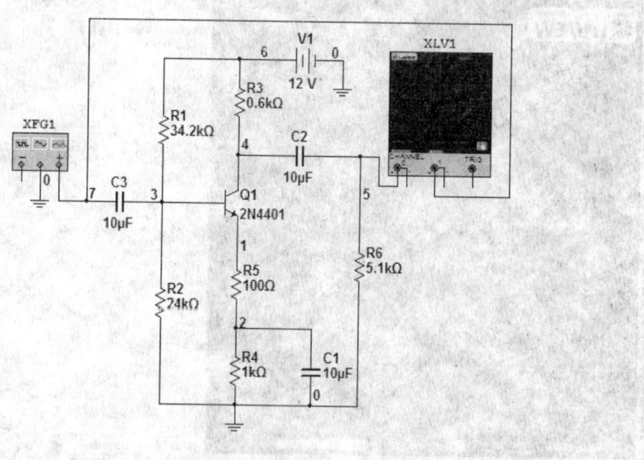

图 15-18　三极管共发射极放大电路

注意：测量输出波形的示波器不要选择 NI Multisim 11 本身自带的示波器，最好选用 NI ELVIS 仪表中的虚拟示波器，这样可以比较虚拟仿真与实际测试结果。

（3）设置虚拟仿真环境。

让函数信号发生器产生频率为 1kHz、振幅为 250mV 的正弦波。设置 NI ELVIS Oscilloscope 仪表面板中的 Device 为 Simulate NI ELVIS II^{+}，Channel 0 和 Channel 1 均为 Enabled，触发方式为 Immediate。设置好的仪表面板如图 15-19 所示。

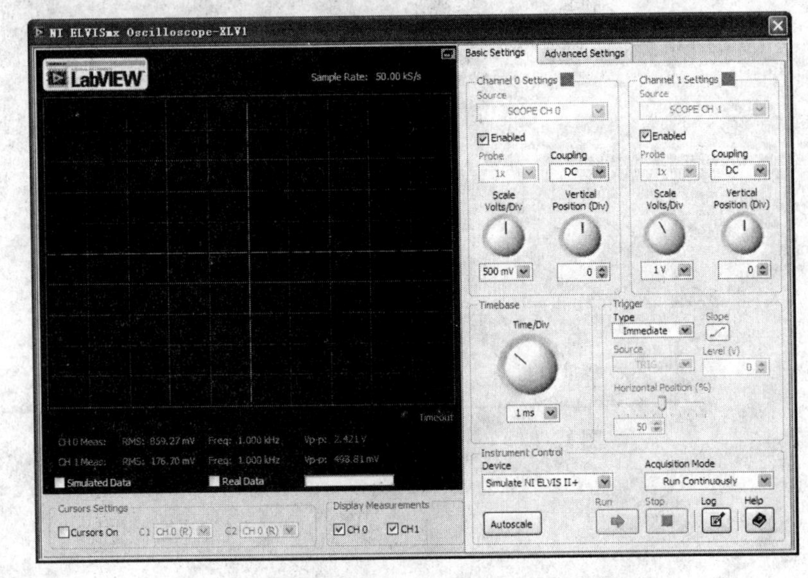

（a）函数信号发生器　　（b）NI ELVISmx Oscilloscope 面板

图 15-19　设置好的仪表面板

（4）观察输入/输出波形

单击 NI Multisim 11 仿真按钮，NI ELVISmx Oscilloscope 所显示的输入/输出波形如图 15-20 所示。

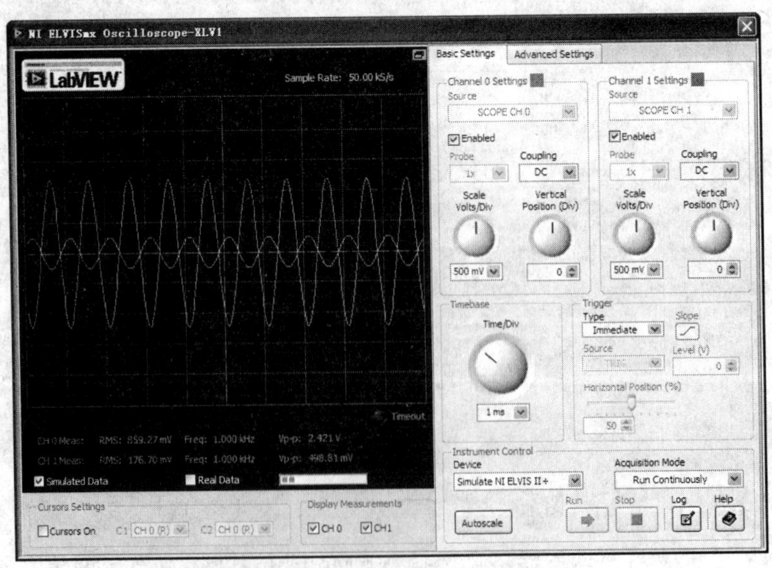

图 15-20　NI ELVISmx Oscilloscope 所显示的输入/输出波形

由图 15-20 可知，输入、输出正弦波的频率都是 1.000kHz，输入正弦波的峰峰值为 498.81mV，基本与函数信号发生器设置的信号的振幅为 250mV 相符（即峰峰值为 500mV）。

2．搭建实际电路

选择三极管的型号为 S9013，R1 的电阻用 10kΩ和 100kΩ的电位器串联替代，便于调节静态工作点，R3 电阻用 5.1kΩ的电位器替代，其余元件参数同图 15-18 所示电路，然后在 NI ELVIS II⁺原型板上搭建三极管共发射极放大电路。

3．构建测试环境

选用 NI ELVIS II⁺的+12V 直流稳压电源给电路供电，选用 NI ELVIS Function Generator 作为信号源，产生频率为 1kHz、峰峰值为 0.50V 的正弦波，其面板设置如图 15-21 所示。

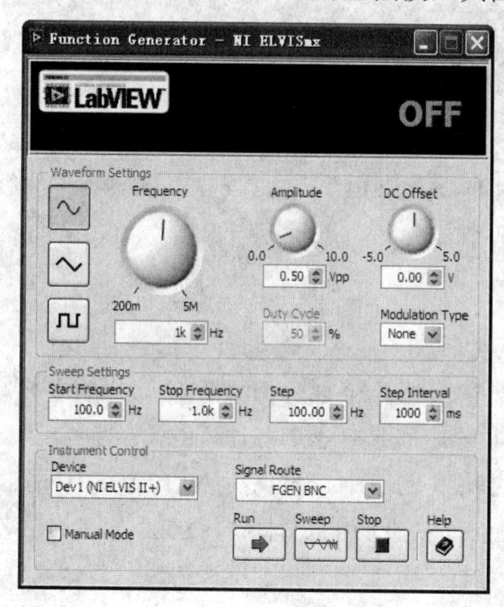

图 15-21 NI ELVIS Function Generator 面板设置

输出波形的观测仍选用先前的 NI ELVISmx Oscilloscope，不过先停止 NI Multisim 11 的虚拟仿真，就会发现虚拟仿真的输入/输出波形驻留在显示屏上。

4．实际电路测试

单击 NI ELVIS Function Generator 面板中的 Run 按钮，并将 NI ELVIS II⁺上的 FGEN BNC 输出加到三极管共发射极放大电路的输入耦合电容上。设置 NI ELVISmx Oscilloscope 面板上的 Device 为 Dev1(NI ELVIS II⁺)，用 NI ELVIS II⁺示波器的 CH0、CH1 探头分别观察三极管共发射极放大电路的输入/输出波形，单击 NI ELVISmx Oscilloscope 面板上的 Run 按钮，观察到的波形如图 15-22 所示。

由图 15-22 可知，实际电路的测试波形叠加在原示波器的显示屏上，测得输入信号峰峰值为 465.63mV，由于 NI ELVIS II⁺上的 FGEN BNC 输出加到实际电路输入端，实际电路对信号源输出信号的幅度略有影响，也符合实际情况。输出信号峰峰值为 2.413V，与虚拟仿真结果 2.421 相吻合中，说明虚拟仿真结果与实际电路测试结果吻合。

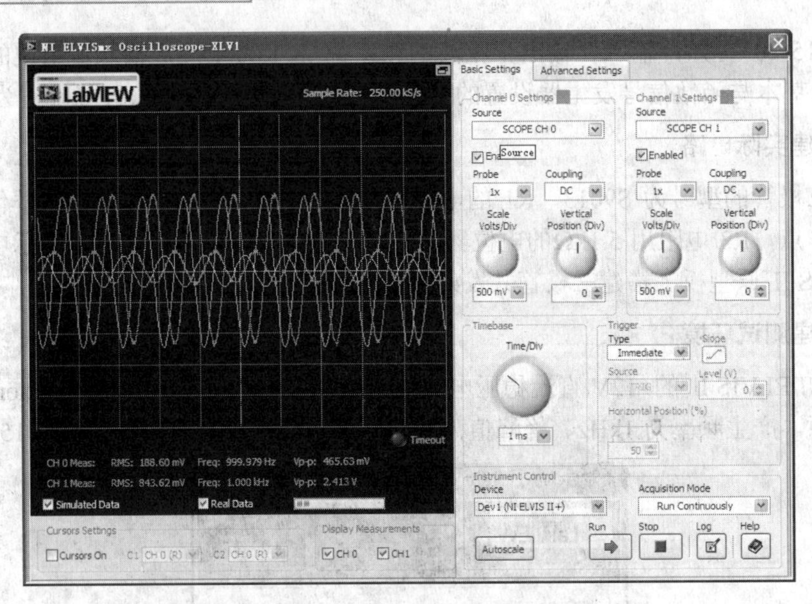

图 15-22 NI ELVISmx Oscilloscope 显示的波形

习 题

1．什么是 NI ELVIS？它由哪几个部分组成？各部分的主要功能是什么？

2．什么是 DAQ？其主要功能是什么？

3．3 种 NI ELVIS 平台特性比较中，你认为 NI ELVIS II$^+$突出的特点是什么？

4．NI ELVIS II$^+$工作台的主要功能是什么？它能提供的信号有哪些？信号的功能是什么？

5．NI ELVIS II$^+$原型板的主要功能是什么？它与 NI ELVIS II$^+$工作台有何区别？NI ELVIS II$^+$原型板能提供哪些信号？其功能是什么？

6．NI ELVIS II$^+$主要性能指标有哪些？

7．NI ELVISmx 驱动程序为 NI ELVIS II$^+$提供了哪些虚拟仪表？其接口信号的定义是什么？

8．试用虚拟示波器观察虚拟函数信号发生器产生的信号波形。

9．试写出在 NI Multisim 11 仿真界面中调用 NI ELVIS 仪表的步骤。

10．试写出在 LabVIEW Signal Express 中使用 NI ELVISmx 仪表的步骤。

11．试在 NI ELVIS II$^+$原型板上搭建如图 15-18 所示的三极管共发射极放大电路，用虚拟仪表产生输入信号，用虚拟示波器观察输入/输出波形，并与虚拟仿真结果进行比较。

第 16 章　原型 NI myDAQ

NI myDAQ 是一款适合大学工程类课程的便携式 DAQ 设备。该设备采用了德州仪器（Texas Instruments）的模拟电路芯片（如数据转换器、放大器及电源管理等器件），并且与 LabVIEW 图形化系统设计软件紧密结合起来，提供了 8 种基于 LabVIEW 的虚拟仪表，这些仪器分别是数字万用表、示波器、函数发生器、Bode 图仪、动态信号分析仪、任意波形发生器等，为学生在课外实践活动提供了完美的解决方案。本章主要介绍原型 NI myDAQ 的硬件、驱动程序和性能指标。

16.1　原型 NI myDAQ 的硬件

16.1.1　原型 NI myDAQ 的开发环境

原型 NI myDAQ 如图 16-1 所示。

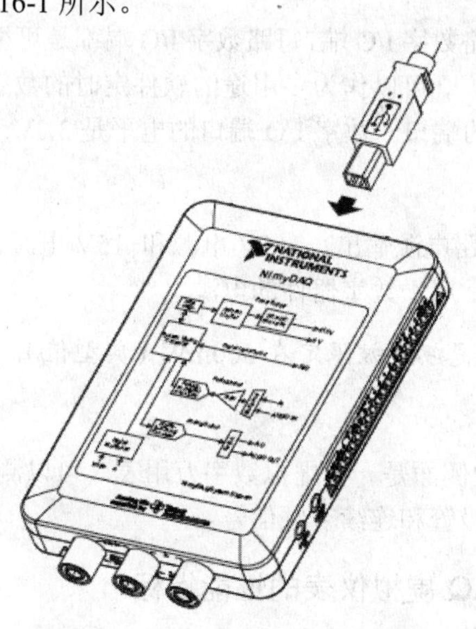

图 16-1　原型 NI myDAQ 示意图

由图 16-1 可知，原型 NI myDAQ 通过 USB 与计算机进行数据传输，且整个原型 NI myDAQ 的供电也来自 USB。在原型 NI myDAQ 底边侧面有 3 个香蕉插孔，分别是数字万用表测电压/电阻插孔、公共地插孔和测电流插孔。在原型 NI myDAQ 右边侧面有一排数据线，分别是+5V 电源、数字信号 I/O 接线端、模拟信号 I/O 接线端、−15V 电源、+15V 电源以及音频信号 I/O 插孔，如图 16-2 所示。

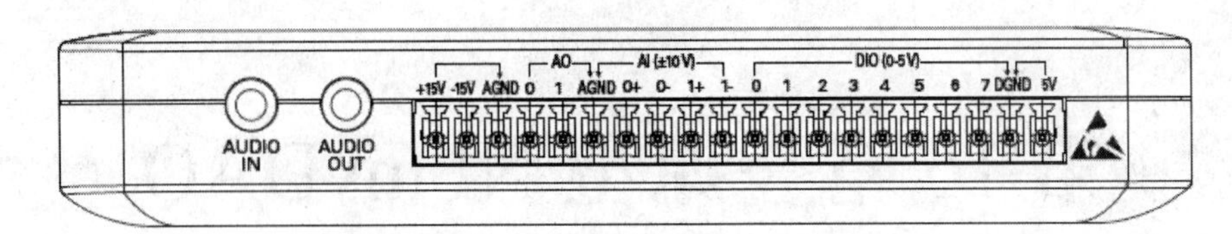

图 16-2 原型 NI myDAQ 右边侧面数据线

16.1.2 原型 NI myDAQ 的信号连接

1．模拟信号输入接线端

原型 NI myDAQ 有两路模拟信号输入，可以配置成高输入阻抗的差分电压输入或音频信号输入。两路模拟信号共享一个数模转换器，被测量的电压可以高达±10V，每个通道的采样率为 200kS/s，通常用于虚拟示波器、虚拟动态信号分析仪、虚拟波特图仪等虚拟仪表的模拟信号输入端口。对于音频信号，两个通道常用于立体声的左、右音频信号输入端。

2．模拟输出

原型 NI myDAQ 有两路模拟信号输出，两路通道有各自的数模转换器，可以输出高达±10V 的电压信号。若输出音频信号，它们常用于输出立体声信号的左、右音频信号。

3．数字 I/O 端

原型 NI myDAQ 有 8 路数字 I/O 端，每路数字 I/O 端都是可编程序的函数 Programmable Function Interface（PFI），既可以作为多用途的软件定时的数字输入或输出端，也可以作为数字计数器的特定功能的端口。数字 I/O 端口的电平是 3.3V，兼容 5V 电压输入。

4．电源

原型 NI myDAQ 有 3 路电源输出。+15V 电源和-15V 电源常用于模拟器件（如运算放大器）的电源，+5V 电源常用于数字器件的电源。

注意：3 路电源输出的总功率被限定在 500mW（典型值）。

5．数字万用表

原型 NI myDAQ 底边侧面是一个虚拟数字万用表，可以测量交/直流电压、交/直流电流、电阻，还可以检测二极管和连续音频信号。

16.1.3 原型 NI myDAQ 虚拟仪表的性能指标

原型 NI myDAQ 设备价格较低，其虚拟仪表的性能指标也不同于 NI ELVIS。原型 NI myDAQ 虚拟仪表的主要性能指标如下所述。

1．虚拟数字万用表

☑ DC 电压量程：60V、20V、2V 和 200mV。

☑ AC 电压量程：20V、2V 和 200mV。

☑ DC 电流量程：1A、200mA 和 20mA。

☑ AC 电流量程：1A、200mA 和 20mA。
☑ 电阻量程：20MΩ、2MΩ、200kΩ、20kΩ、2kΩ和 200Ω。
☑ 二极管：2V。
☑ 分辨率：3.5。

2．虚拟示波器

☑ 通道源：通道 AI 0 和 AI 1，或音频信号的两路输入端。
☑ 耦合：AI 通道仅支持直流耦合，音频信号的两路输入端仅支持交流耦合。
☑ Y 轴衰减（Volts/Div）
  ➢ AI 通道：5V、2V、1V、500mV、200mV、100mV、50mV、20mV 和 10mV。
  ➢ 音频通道：1V、500mV、200mV、100mV、50mV、20mV 和 10mV。
☑ 最大采样率：200kS/s。
☑ 时间基准（Time/Div）：5μs～200ms。
☑ 触发类型：立即和边沿。

3．虚拟函数信号发生器

☑ 输出通道：AO 0。
☑ 频率范围：0.2Hz～20kHz。

4．虚拟波特图仪

☑ 测量激励通道：AI 0。
☑ 测量相应通道：AI 1。
☑ 激励信号源：AO 0。
☑ 频率范围：1Hz～20kHz。

5．虚拟动态信号分析仪

☑ 被测信号源：AI 0 和 AI 1，或左、右音频信号。
☑ 电压范围：对于 AI 通道：±10V，±2V；对于音频信号：±2V。

6．虚拟任意信号发生器

☑ 输出通道：AO 0 和 AI 1，或左、右音频信号。
☑ 触发源：仅立即触发（不可改变）。

16.2　原型 NI myDAQ 的软件

原型 NI myDAQ 是一款 NI 公司研制的、低价格的 DAQ 设备。因此，在 NI ELVIS II$^+$上使用的相关软件，在 NI myDAQ 上也可同样使用，只是使用的虚拟仪表个数、性能指标有所不同。

16.2.1 使用 NI ELVISmx 软面板仪表

NI ELVISmx 是一款驱动程序，不仅支持 NI ELVIS 设备，也支持 NI myDAQ 设备。NI ELVISmx 使用基于 LabVIEW 的软面板仪表能够控制 NI myDAQ，为用户提供多种功能的软面板仪表。提供的软面板仪表主要有数字万用表、示波器、函数信号发生器、波特图仪、动态信号分析仪、任意信号发生器、读取器和写入器等。具体使用 NI myDAQ 的步骤如下：

（1）通过 USB 将 NI myDAQ 与计算机连接起来，计算机发现 NI myDAQ 硬件设备后同时启动 NI ELVISmx 仪表启动器，如图 16-3 所示。

图 16-3 NI myDAQ 设备的 NI ELVISmx 仪表启动器

由图 16-3 可知，有 4 个仪表图标虚现，不能使用。故 NI myDAQ 设备仅能使用 NI ELVISmx 提供的 8 种软面板仪表。

（2）具体使用某个软面板仪表，只要双击该软面板仪表图标即可。例如，用虚拟数字万用表测量一个 5 色环电阻，5 色环分别是橙、蓝、黑、红、棕（即 36K），虚拟数字万用表显示结果如图 16-4 所示。

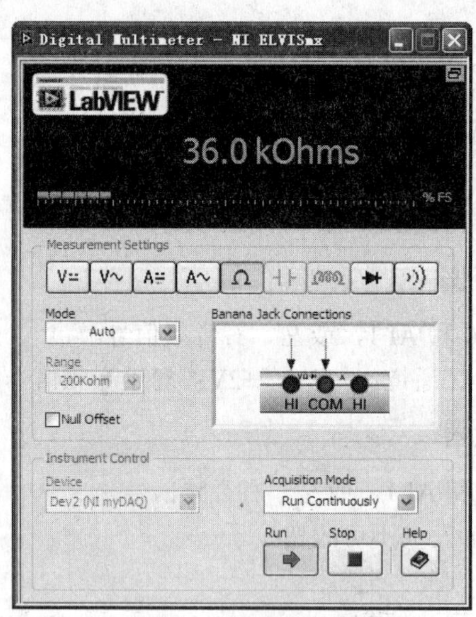

图 16-4 测量电阻

由图 16-4 可知，利用虚拟万用表测量结果为 36.0kOhms，与电阻标称值相符。且从 Device 下拉列表可以看到虚拟数字万用表识别 DAQ 设备为 Dev2(NI myDAQ)，也与实际 DAQ 设备相符。

注意： 若测量模式不是 Auto，则测量结果可能出现“+OVER”现象，原因是测量量程选择不合适。

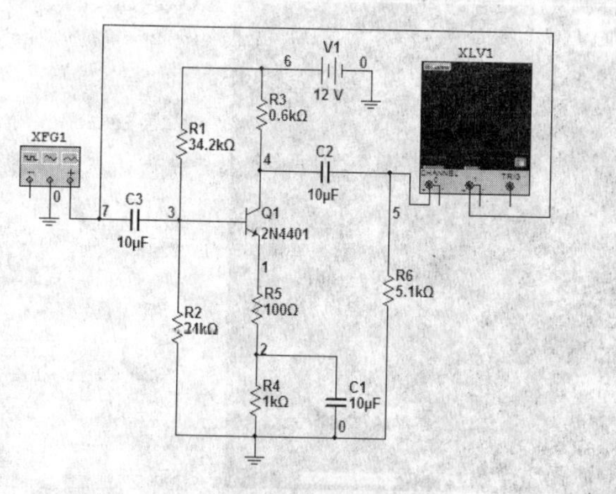

16.2.2　使用 NI ELVISmx 快捷虚拟仪表

安装了 NI LEVISmx 软件之后，NI myDAQ 设备也可以利用 LabVIEW Express VI 软件，允许用户为虚拟仪表配置参数而无须具备丰富的 NI LabVIEW 软件编程经验，达到开发 NI LabVIEW 程序应用的目的。具体使用 LabVIEW Express VI 的步骤如下：

（1）启动 LabVIEW 2010，弹出 LabVIEW 2010 的启动界面，如图 16-5 所示。

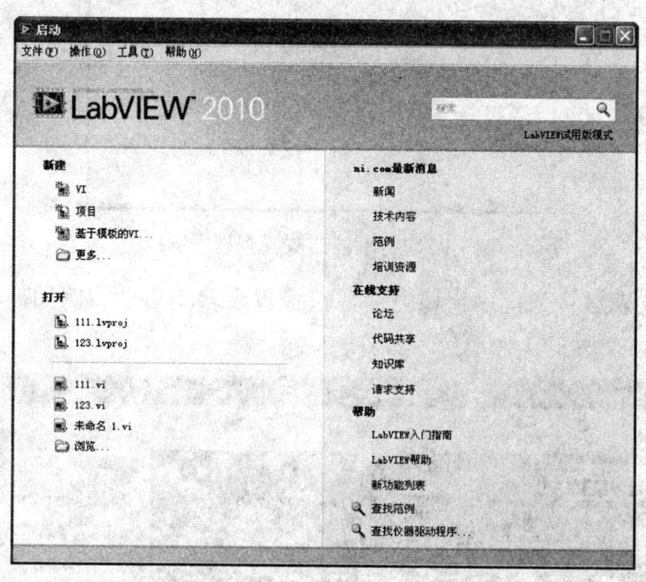

图 16-5　LabVIEW 2010 的启动界面

（2）单击 LabVIEW 2010 的启动界面“新建”下的 VI 图标，弹出未命名 1 的程序框图窗口和前面板窗口，执行程序框图窗口查看菜单下的函数命令，弹出如图 16-6 所示的“函数”窗口。

（3）在图 16-6 所示“函数”窗口中，用鼠标右击“测量 I/O”项下的 NI ELVISmx 图标，弹出 LabVIEW 2010 软件自带的 NI ELVISmx 快捷仪表，如图 16-7 所示。

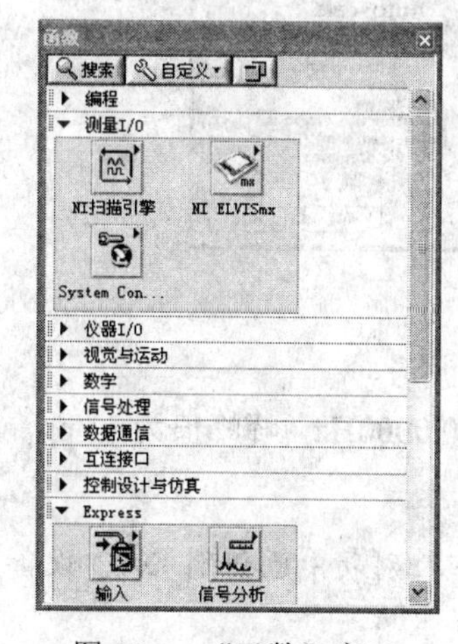

图 16-6　“函数”窗口

图 16-7　LabVIEW 2010 软件自带的 NI ELVISmx 快捷仪表

（4）选择所需要的快捷仪表。用鼠标指向所需要的快捷仪表，单击右键，在弹出的快捷菜单中选择“放置 VI”命令，移动鼠标到前面板窗口，单击左键即可将选中的快捷仪表放置到程序窗口。例如，将示波器放置到程序窗口，如图 16-8 所示。

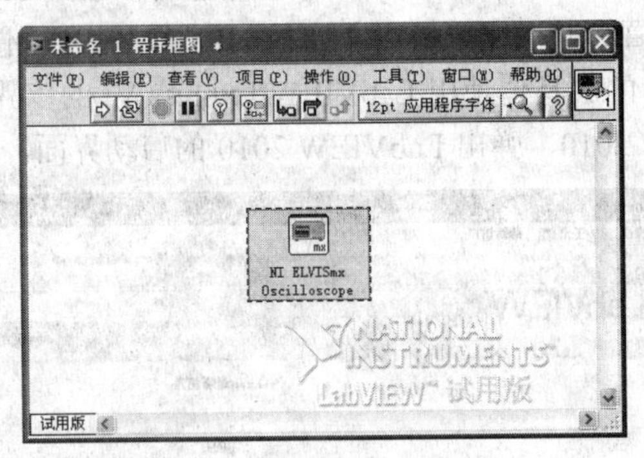

图 16-8　将示波器放置到程序窗口

（5）将快捷仪表放置到程序窗口之后，快捷仪表自动启动。例如，快捷示波器启动后的交互界面如图 16-9 所示。

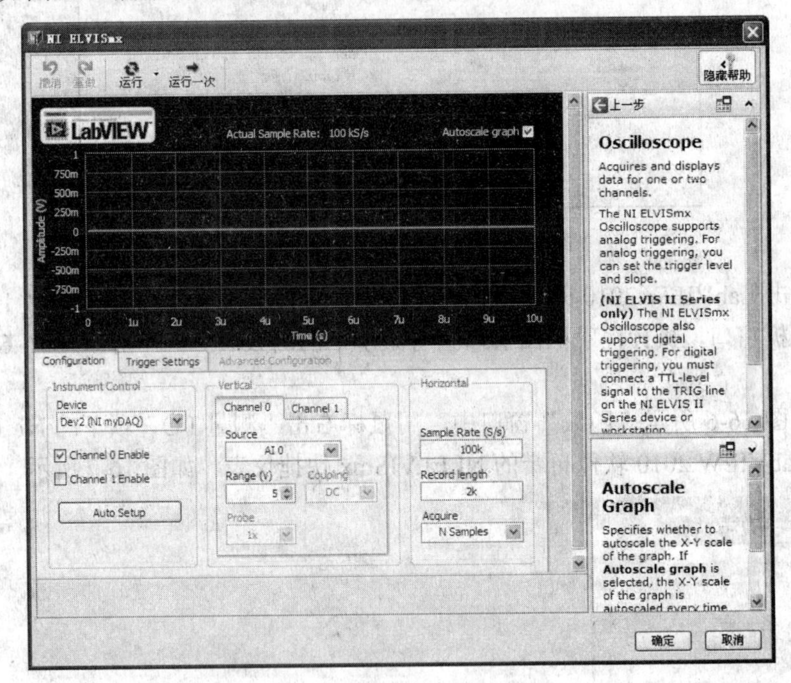

图 16-9　快捷示波器的交互界面

（6）配置快捷示波器的参数，使之能够显示被测试点的波形。

例如，用软面板函数信号发生器产生三角波，频率为 100.0000Hz，峰峰值为 1Vpp，其面板设置如图 16-10 所示。

注意：在图 16-10 中，Instrument Control 区的 Device 下拉列表中已识别 DAQ 设备为 NI myDAQ 设备。

用导线将 NI myDAQ 设备 AO 0，AGND 连接到 AI O-，即用 NI myDAQ 设备的虚拟示波器来检测 NI myDAQ 设备虚拟函数信号发生器输出的信号。启动虚拟函数信号发生器和虚拟示波器，虚拟示波器显示的波形如图 16-11 所示。

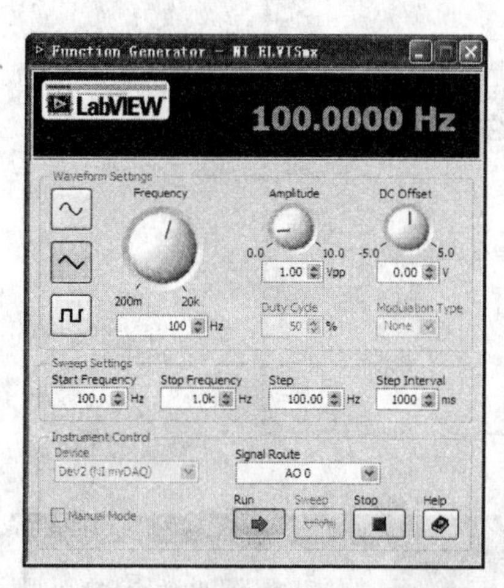

图 16-10　软面板函数信号发生器设置

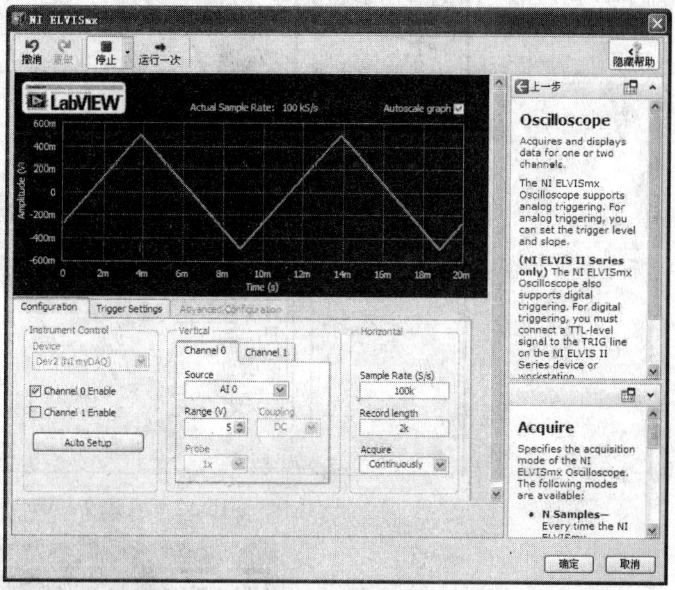

图 16-11　虚拟示波器显示的波形

由图 16-11 可知，三角波的波峰时刻为 4ms 和 14ms，即周期为 10ms，波动范围为-500mV～+500mV，即峰峰值为 1V。可见，显示波形参数与虚拟函数信号发生器的设置一致。

16.2.3　NI myDAQ 与 NI Multisim 11

用户可以利用 NI Multisim 11 来仿真电子电路，同时可以利用 NI myDAQ 测量实际电子电路，然后比较虚拟仿真数据和实际电路采样数据。具体实施步骤如下：

（1）启动 NI Multisim 11 软件。

（2）搭建 NI myDAQ 电路。执行 File»New»NI myDAQ Design 命令，NI Multisim 11 软件电路图仿真界面变成 NI myDAQ 电路图仿真界面。在其上搭建运算放大器电路，如图 16-12 所示。

（3）放置虚拟仪表。双击图 16-12 中的虚拟函数信号发生器和虚拟示波器图标，弹出虚拟函数信号发生器和虚拟示波器的软面板。对于虚拟函数信号发生器，在 Device 下拉列表中选择 Simulate NI myDAQ 选项，再选择正弦波，设置频率为 1Hz，峰峰值为 2.00Vpp。对于虚拟示波器，在 Device 下拉列表中选择 Simulate NI myDAQ 选项，Ch0 和 Ch1 的 Y 轴衰减分别设置为 2V 和 5V（Volts/Div），时间基准设置为 100ms（Time/Div）。设置好的虚拟仪表如图 16-13 所示。

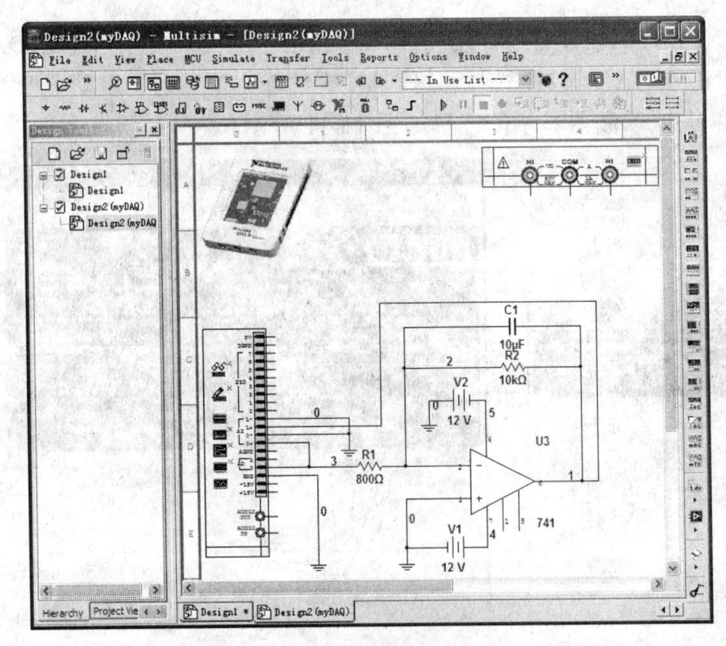

图 16-12　运算放大器电路

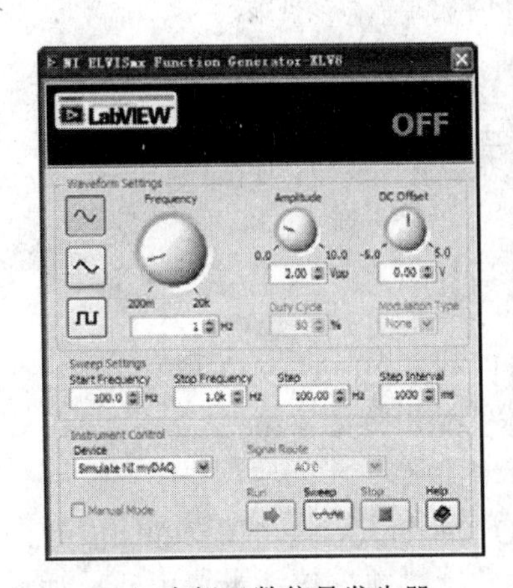

（a）虚拟函数信号发生器

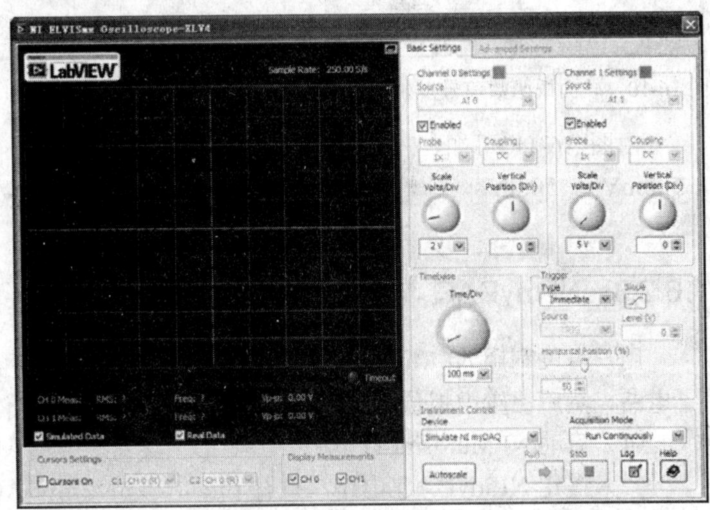

（b）虚拟示波器

图 16-13　虚拟仪表的设置

（4）启动仿真。启动 NI Multisim 11 电路图仿真界面的电路仿真，就会发现虚拟函数信号发生器和虚拟示波器皆被启动。虚拟示波器显示的波形如图 16-14 所示。

由图 16-14 可知，运算放大器电路输入信号的波形为正弦波、频率为 1Hz、峰峰值为 1.996V，与虚拟函数信号发生器设置的波形参数相符。运算放大器电路的输出信号的频率为 1Hz、峰峰值为 21.139V。

（5）测量实际硬件电路的信号。具体操作步骤如下：

① 停止 NI Multisim 11 软件的电路仿真。

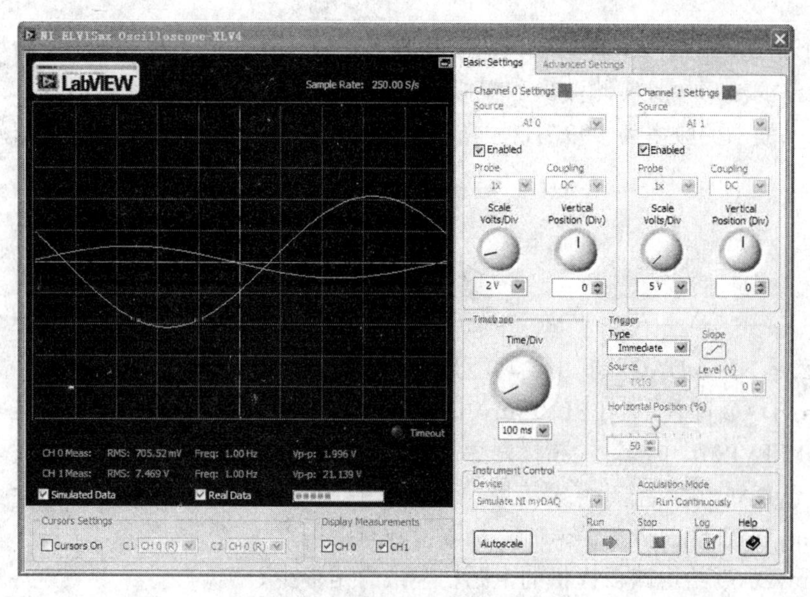

图 16-14　虚拟示波器显示的波形

② 对于虚拟函数信号发生器和虚拟示波器，在 Device 下拉列表中选择 Dev2(NI myDAQ)选项。

③ 将 NI myDAQ 的函数信号发生器输出端 AO 0 接到被测实际电路的输入端。

④ 将 NI myDAQ 的模拟信号输入端 AI 0（即虚拟示波器的 Ch0）接到实际电路中需要观察波形的节点上。

⑤ 依次启动虚拟函数信号发生器和虚拟示波器的仿真按钮，即可将实际电路的波形再次显示在虚拟示波器的屏幕上。此时，原虚拟仿真波形驻留在虚拟示波器的屏幕上，例如，观察加到实际电路输入端的波形如图 16-15 所示。

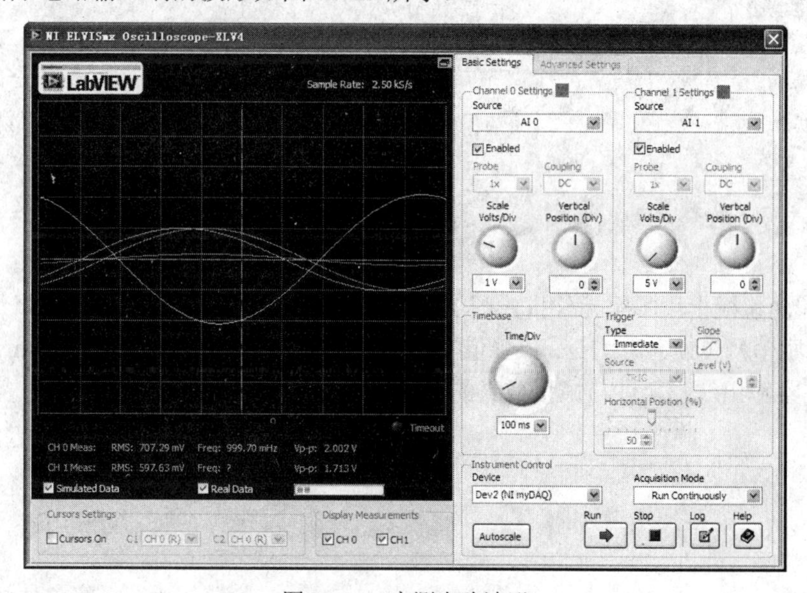

图 16-15　实测电路波形

⑥ 波形对比。由图 16-15 可知，原示波器上虚拟仿真波形仍在屏幕上，新增加的波形就是实测电路的波形，且实测波形和虚拟仿真波形基本一致。由示波器屏幕下方的参数可知，实测输入波形的频率为 999.7Hz，峰峰值为 2.002V，与原虚拟仿真输入信号参数几乎完全一致。

习　题

1．什么是 NI myDAQ？其主要功能是什么？

2．NI myDAQ 能使用 NI ELVISmx 中的哪些仪表？其引脚功能是什么？这些仪表的性能指标与 NI ELVIS II$^+$中的性能指标是否相同？若不同，有何异同点？

3．NI myDAQ 输入/输出信号有哪些？其功能是什么？

4．NI myDAQ 测量外部信号时，极限参数有哪些？

5．NI myDAQ 给电路板提供的电源功率最大是多少？

6．试总结虚拟 NI myDAQ 和原型 NI myDAQ 有何不同？

7．试写出在 LabVIEW 2010 中调用 NI myDAQ 性能仪表的步骤。

8．试在 NI Multisim 11 的 NI myDAQ 环境中搭建图 16-16 所示电路，利用虚拟函数信号发生器产生频率为 1Hz、峰峰值为 2.00Vpp 的正弦波，选用虚拟示波器观察仿真电路的输入/输出波形。

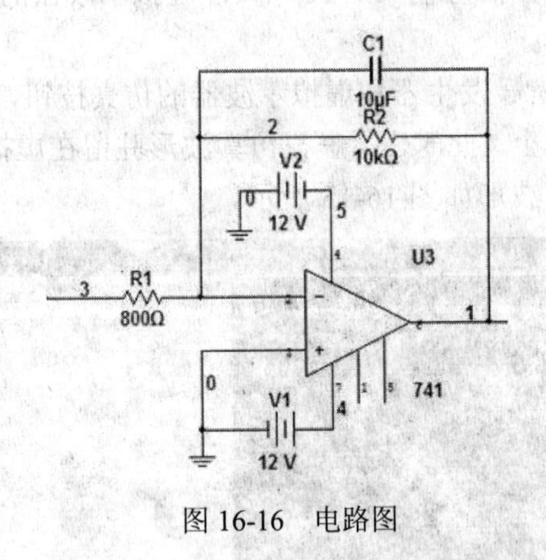

图 16-16　电路图

9．试在面包板上用真实元件搭建图 16-16 所示电路，利用原型 NI myDAQ 给该电路供电，提供激励信号（频率为 1Hz、峰峰值为 2.00Vpp 的正弦波），利用原型 NI myDAQ 的虚拟示波器观察输出波形，并与虚拟仿真的输出波形对比。

附录 A NI Multisim 版本比较表

捕捉功能	EWB 5	Multisim 6-8	Multisim 9	Multisim 10	Multisim 10.1	Multisim 11.0
标准逻辑组件的单一符号显示	▲			▲	▲	▲
电路限制*	▲	▲	▲	▲	▲	▲
黑盒*	▲	▲	▲	▲	▲	▲
子电路	▲	▲	▲	▲	▲	▲
交互式组件		▲	▲	▲	▲	▲
层次框		▲	▲	▲	▲	▲
额定/3D 虚拟组件*		▲	▲	▲	▲	▲
嵌入式问题			▲	▲	▲	▲
交互式部件的鼠标单击控制				▲	▲	▲
开关模式电源				▲	▲	▲
虚拟 NI ELVIS II 示意图和 3D 视图*					▲	▲
全局连接器						▲
页内连接器						▲
利用 Ultiboard 重新构建前/后向标注						▲
所见即所得网络系统						▲
项目打包和归档						▲
示例查找器						▲
SPICE 仿真	▲	▲	▲	▲	▲	▲
XSPICE 仿真		▲	▲	▲	▲	▲
导出至 Excel 和 LabVIEW		▲	▲	▲	▲	▲
部件创建向导		▲	▲	▲	▲	▲
导入/导出至.LVM 和.TDM			▲	▲	▲	▲
自定义 LabVIEW 仪器			▲	▲	▲	▲
SPICE 收敛助手				▲	▲	▲
BSIM 4 MOSFET 模型支持				▲	▲	▲
温度仿真参数				▲	▲	▲
为分析增加仿真探针				▲	▲	▲
测量探针				▲	▲	▲
微控制器（MCU）仿真				▲	▲	▲
MCU C 代码支持				▲	▲	▲
自动化 API				▲	▲	▲
输入/输出 LabVIEW 仪器					▲	▲
BSIM 4.6.3						▲

续表

捕 捉 功 能	EWB 5	Multisim 6-8	Multisim 9	Multisim 10	Multisim 10.1	Multisim 11.0
支持 BSIMSOI、EKV、VBIC						▲
高级二极管参数模型						▲
SPICE 网表查看器						▲
图形标注						▲
图形智能图例						▲
NI 硬件连接器						▲
仿真驱动仪器	7	18	20	22	22	22
集成 NI ELVIS 仪器					6	12
LabVIEW 仪器			4	4	4	6
分析次数	14	19	19	19	19	20

注意：仅院校类产品功能。

附录 B　NI ELVIS II+主要性能指标

1．模拟输入

☑　通道数：8 通道差分或 16 通道单端。
☑　ADC 分辨率：16 位。
☑　最大采样速率：1.25MS/s 单通道，1.00MS/s 多通道（总和）。
☑　输入范围：±10V、±5V、±2V、±1V、±0.5V、±0.2V 和±0.1V。
☑　用于模拟输入的最大工作电压（信号+共模）：±11V 对 AIGND。

2．任意波形发生器/模拟输出

☑　数模转换器分辨率：16 位。
☑　最大更新速率。
☑　1 通道：2.8MS/s。
☑　2 通道：2.0MS/s。
☑　定时分辨率：50ns。
☑　输出范围：±10V、±5V。
☑　电压转换速率：20V/μs。

3．数字 I/O 与 PFI

☑　通道：24 个数字 IO（端口 0），15 个 PFI（端口 1 与端口 2）。
☑　方向控制：每根线均能独立设置为输入或输出。
☑　下拉电阻：典型 50kΩ，最小 20kΩ。

4．通用计数器/定时器

☑　计数器/定时器：2。
☑　分辨率：32 位。
☑　计数器测量：边沿计数、脉冲、半周期、周期、双边沿分离。
☑　位置测量：带有 Z 通道重载的 X1、X2、X4 正交编码；双脉冲编码。
☑　输出应用：脉冲，带有动态更新的脉冲序列，分频、等效时间采样。
☑　外部基准时钟频率：0～20MHz。
☑　基准时钟精度：50ppm。
☑　最大频率：1MHz。
☑　输入：门，源，HW_Arm，Aux，A，B，Z，上下计数。

5．频率发生器

☑　通道：1。

- ☑ 基准时钟：10MHz、100kHz。
- ☑ 除数：1～16。
- ☑ 最大频率：1MHz。
- ☑ 基准时钟精度：50ppm。

6．数字万用表（DDM）

- ☑ 隔离函数：交流电压，交流电压，直流电流，交流电流，电阻，二极管。
- ☑ 隔离等级：60VDC/20Vrms，安装类别 I。
- ☑ 分辨率：51/2 位。
- ☑ 输入阻抗：11MΩ。
- ☑ 非隔离函数：电容，电感。

7．电流测量

- ☑ 直流范围：2A。
- ☑ 交流范围：500mArms，2Arms。
- ☑ 分流电阻：0.1Ω。
- ☑ 负载电压：<0.6V。
- ☑ 精度：参阅 ni.com/manual 的 NI ELVIS II$^+$规范。
- ☑ 输入保护：F 3.15 A 250 V，快速响应用户可更换的保险丝。

8．电阻测量

范围：100Ω、1kΩ、10kΩ、100kΩ、1MΩ、100MΩ。

9．二极管测量

- ☑ 范围：10V。
- ☑ 标称测试电流：100μA（10V 量程）。

10．电容测量

- ☑ 范围：50pF～500μF。
- ☑ 精度：1%。

11．电感测量

- ☑ 范围：100μH～100mH。
- ☑ 精度：1%。

12．函数发生器

- ☑ 通道：1。
- ☑ 输出波形类型：正弦、方波、三角波。
- ☑ 频率范围：0.186Hz～5MHz（正弦），0.186Hz～1MHz（方波与三角波）。
- ☑ 频率分辨率：0.186Hz。
- ☑ 波形幅度范围：10Vpp。

☑ 波形幅度分辨率：10 位。
☑ 波形幅度精度：1%±15mV。
☑ 波形偏置范围：±5V。
☑ 占空比范围：0～100%。
☑ 输出阻抗：50。
☑ 最大输出电流：100mA。

13. 调制

☑ 输入：2（AM 与 FM）。
☑ 调制输入范围：±10V。
☑ 幅度调制因子：10%/V。
☑ 频率调制因子：20%/V。

14. 示波器

☑ 通道数：2。
☑ 输入耦合：交流、直流、接地。
☑ 输入阻抗：1MΩ||21pF。
☑ 带宽（-3dB）：35MHz（40mVpp 范围）、50MHz（所有其他范围）。
☑ 可选噪声滤波器：20MHz。
☑ 交流耦合截止频率（-3dB）：12Hz。
☑ 分辨率：8 位。
☑ 最大采样速率：100MS/s（双通道）。
☑ 时基精度：50ppm。
☑ 波形内存：每通道 16384 个采样。
☑ 直流精度：参考 NI ELVIS II/II$^+$。

15. 波特图分析仪

☑ 相位分辨率：1Hz～200kHz（ELVIS II）；1Hz～5MHz（ELVIS II$^+$）。
☑ 精度：参阅 ni.com/manual 的 NI ELVIS II$^+$规范。

16. 电源

① +15V 电源。
☑ 输出电压（无负载）：+15V±5%。
☑ 最大输出电流：500mA。
☑ 短路保护：可重置电路分割器。
② -15V 电源。
☑ 输出电压（无负载）：-15V±5%。
☑ 最大输出电流：500mA。
☑ 短路保护：可重置电路分割器。

③ +5V 电源。

☑ 输出电压（无负载）：+5V±5%。
☑ 最大输出电流：2A。
☑ 短路保护：可重置电路分割器。

17. 正极可编程电源

☑ 输出电压：0～+12V。
☑ 电压设定值分辨率：10 位。
☑ 电压精度（无负载）：100mV。
☑ 最大输出电流：500mA。
☑ 短路保护：可自重置电流限制器。

18. 负极可编程电源

☑ 输出电压：0～-12V。
☑ 电压设定值分辨率：10 位。
☑ 电压精度（无负载）：100mV。
☑ 最大输出电流：500mA。
☑ 短路保护：自重置限流器。

19. 校准

☑ 建议预热时间：15 分钟。
☑ 校准间隔：1 年。

20. 环境

☑ 工作温度：10℃～35℃。
☑ 保存温度：65℃。
☑ 湿度：10%～90%相对湿度，无冷凝。
☑ 最大海拔：2000m。
☑ 污染等级（仅室内使用）：2。

注意：除非是另外指出，以上所列出的是在 25℃下的典型性能。

参考文献

1．熊伟，侯传教，梁青，孟涛．Multisim 7 电路设计及仿真应用．北京：清华大学出版社，2005
2．聂典等．基于 NI Multisim 11 的 PLD/PIC/PLC 的仿真设计．北京：电子工业出版社，2011
3．黄智伟等．基于 NI Multisim 的电子电路计算机仿真设计与分析（修订版）．北京：电子工业出版社，2011
4．聂典，丁伟．基于 Multisim 10 的 51 单片机仿真实战教程．北京：电子工业出版社，2010
5．聂典，丁伟．Multisim 10 计算机仿真在电子电路设计中的应用．北京：电子工业出版社，2009
6．张新喜等．Multisim 10 电路仿真及应用．北京：机械工业出版社，2011
7．雷跃等．NI Multisim 11 电路仿真应用．北京：电子工业出版社，2011
8．王冠华．Multisim11 电路设计及应用．北京：国防工业出版社，2010
9．李海燕．Multisim & Ultiboard 电路设计与虚拟仿真．北京：电子工业出版社，2012
10．顾宝良．通信电子线路．第 2 版．北京：电子工业出版社，2007
11．谢嘉奎．电子线路（非线性部分）．第 4 版．北京：高等教育出版社，2004
12．袁宏，李忠波等．电子设计与仿真技术．第 2 版．北京：机械工业出版社，2010
13．高宁．电子技术学习指南与习题解答．北京：清华大学出版社，2009
14．http://zone.ni.com/devzone/cda/tut/p/id/9032
15．http://zone.ni.com/devzone/cda/tut/p/id/12627
16．http://www.ni.com/nielvis/zhs
17．http://zone.ni.com/wv/app/doc/p/id/wv_2549
18．http://www.ni.com/multisim/zhs
19．NI Multisim 11 Getting Started. National Instruments Corporation, 2011
20．NI Multisim for Education. National Instruments Corporation, 2011
21．NI Multisim Fundamentals. National Instruments Corporation, 2011
22．NI LabVIEW 入门指南. National Instruments Corporation, 2010
23．NI LabVIEW 快速参考指南. National Instruments Corporation, 2010